适用同济·第八版

高等数学同步辅导

（上册）

主　编　张天德　孙钦福
副主编　栾世霞　王　颜

山东科学技术出版社
·济南·

图书在版编目（CIP）数据

高等数学同步辅导. 上册 / 张天德，孙钦福主编. -- 济南：山东科学技术出版社，2023.7（2023.11重印）
（大学数学同步辅导丛书）
ISBN 978-7-5723-1693-7

Ⅰ. ①高…　Ⅱ. ①张…　②孙…　Ⅲ. ①高等数学–高等学校–教学参考资料　Ⅳ. ①O13

中国国家版本馆CIP数据核字（2023）第125923号

高等数学同步辅导（上册）
GAODENG SHUXUE TONGBU FUDAO（SHANGCE）

责任编辑：段　琰
装帧设计：孙小杰

主管单位：山东出版传媒股份有限公司
出 版 者：山东科学技术出版社
　　　　　地址：济南市市中区舜耕路517号
　　　　　邮编：250003　　电话：（0531）82098088
　　　　　网址：www.lkj.com.cn
　　　　　电子邮件：sdkj@sdcbcm.com
发 行 者：山东科学技术出版社
　　　　　地址：济南市市中区舜耕路517号
　　　　　邮编：250003　　电话：（0531）82098067
印 刷 者：山东华立印务有限公司
　　　　　地址：山东省济南市莱芜高新区钱塘江街019号
　　　　　邮编：271100　　电话：（0531）76216033

规格：16开（184 mm × 260 mm）
印张：23.5
版次：2023年7月第1版　　印次：2023年11月第4次印刷
定价：36.00元

前 言 QIANYAN

高等数学
同步辅导

　　高等数学是理工类专业一门重要的基础课程，也是硕士研究生入学考试的重点科目。为帮助、指导广大读者学好高等数学，我们编写了《高等数学同步辅导（上册）》，本书适用于同济大学数学科学学院主编的《高等数学.上册》（第八版），汇集了编者几十年丰富的教学经验，将典型例题及解题方法与技巧融入书中，本书将会成为读者学习高等数学的良师益友。

　　本书的章节划分和内容设置与同济第八版《高等数学.上册》一致。每章体例结构分为主要内容归纳、经典例题解析及解题方法总结及教材习题解答。每章最后还加入了总习题解答以及自测题与参考答案。

　　主要内容归纳　　该部分对每节必须掌握的概念、性质和公式进行了归纳，并对较易出错的地方作了适当的解析。

　　经典例题解析及解题方法总结　　列举每节不同难度、不同类型的重点题目，给出详细解答，以帮助读者理清解题思路，掌握基本解题方法和技巧。解题前的分析和解题后的方法总结，可以使读者举一反三、融会贯通。

　　教材习题解答　　每节与每章后都给出了与教材内容同步的习题原题及其解答，读者可以参考解答来检查学习效果。

　　自测题是编者根据多年教学及考研辅导的经验，精心挑选的典型题目。目的是在读者对各章内容有了全面了解之后，给读者一个检测、巩固所学知识的机会，从而使读者对各种题型产生更深刻的理解，并进一步掌握所学知识点，做到灵活运用。

　　本书由张天德、孙钦福主编，栾世霞、王颜副主编。由于编者水平有限，书中存在的不足之处敬请读者批评指正，以臻完善。

编　者

2023 年 7 月

目 录 MULU

高等数学
同步辅导

1

第一章 函数与极限

高等数学研究的对象是函数,所用的工具是极限,其思想理念贯彻于高等数学的始终.理解极限的概念,掌握极限的计算是学好高等数学的基础.

第一节 映射与函数

一、主要内容归纳

1. 集合 具有某种特定性质的事物或对象的全体称为集合,其中每个对象或事物称为集合的元素.

2. 邻域 设 $a,\delta\in R$ 且 $\delta>0$,则称开区间 $(a-\delta,a+\delta)$ 为点 a 的 δ 邻域,记作 $U(a,\delta)$,即 $U(a,\delta)=\{x|a-\delta<x<a+\delta\}$,其中点 a 称为邻域的中心,δ 称为邻域的半径.去掉中心 a 后,所得集合称为点 a 的去心 δ 邻域,记作 $\mathring{U}(a,\delta)$,即 $\mathring{U}(a,\delta)=\{x|0<|x-a|<\delta\}$.

3. 映射 设 X,Y 是两个非空集合,如存在一个对应法则 f,使得 $\forall x\in X$,按照法则 f 总有 Y 中唯一确定的元素 $y\in Y$ 与该 x 对应,则称 f 为从 X 到 Y 的映射,记为 $f: X\to Y$,其中 X 称为 f 的定义域,x 称为 f 的原象,y 称为 x 在 f 下的象,即 $y=f(x)$,并称集合 $\{y|y=f(x),x\in X\}$ 为 f 的值域.

4. 函数

(1)**函数的概念** 设有两个变量 x 与 y,D 是一个给定的数集.若对于每个数 $x\in D$,y 按照一定的规则 f 总有唯一确定的数值和它对应,则称 y 是 x 的函数,记为 $y=f(x)$.x 称为自变量,y 称为因变量,D 称为函数的定义域,f 表示由 x 确定 y 的对应法则.

构成函数关系的决定因素,一个是对应关系 f(即映射),另一个是定义域 D,只有当两者都相同时,才表示同一个函数.

(2)**反函数和复合函数**

①**反函数** 设函数 $y=f(x)$ 的定义域是 D,值域为 D_1,若 $\forall y\in D_1$,$\exists|x\in D$,使得 $f(x)=y$,如此确定了 x 是 y 的函数 $x=g(y)$,称它为 $y=f(x)$ 的反函数,记为 $x=f^{-1}(y)$,但习惯上记为 $y=f^{-1}(x)$.

直接函数 $y=f(x)$ 与其反函数 $y=f^{-1}(x)$ 的图形关于直线 $y=x$ 对称.

②**复合函数** 若函数 $y=f(u)$ 的定义域是 D_1,而函数 $u=\varphi(x)$ 的定义域是 D_2,且其值域

$D_3 \subset D_1$,则称 $y = f[\varphi(x)] (x \in D_2)$ 是由函数 $y = f(u)$ 和 $u = \varphi(x)$ 构成的复合函数.

注意:并不是任意两个函数都能构成复合函数的.只有当函数 $u = \varphi(x)$ 的值域包含在 $y = f(u)$ 的定义域中时才能构成复合函数.

求函数的定义域和函数表达式是这部分的常考题型.

(3)**分段函数** 分段函数是特别要注意的一类函数,它用几个不同解析式"分段"表示一个函数,所有解析式对应的自变量集合的并集是该函数的定义域.定义域的各段最多只能在端点处重合,重合时对应的函数值应该相等.图像分段的函数不一定是分段函数,分段函数的图像也可以是一条不断开的曲线(或曲面).

本节的难点是复合函数,重点是复合函数及分段函数.

5. 函数的主要性质

(1)**有界性** 设函数 $f(x)$ 在集合 D 上有定义,如果存在一个正常数 M,使得对于 x 在 D 上的任意取值,均有 $|f(x)| \leqslant M$,则称函数 $f(x)$ 在 D 上有界,否则称 $f(x)$ 在 D 上无界.

(2)**单调性** 设函数 $f(x)$ 在某区间 D 上有定义,如果对于 D 上任意两点 x_1, x_2,且 $x_1 < x_2$,均有 $f(x_1) < f(x_2)$(或 $f(x_1) > f(x_2)$),则称函数 $f(x)$ 在 D 上单调增加(或单调减少).单调增加与单调减少函数统称为单调函数.

(3)**奇偶性** 设函数 $f(x)$ 在关于原点对称的区间 D 上有定义,如果对 D 上任意点 x,均有 $f(-x) = f(x)$(或 $f(-x) = -f(x)$),则称函数 $f(x)$ 为偶函数(或奇函数).

(4)**周期性** 设函数 $f(x)$ 在集合 D 上有定义,如果存在正常数 T,使得对于 D 上任意 x,均有 $f(x+T) = f(x)$,则称 $f(x)$ 为周期函数,使上式成立的最小正数为周期函数的周期.

6. 基本初等函数与初等函数

常数函数 $y = C(C$ 为常数$)$,幂函数 $y = x^\alpha(\alpha \in R)$,指数函数 $y = a^x(a \neq 1, a > 0)$,对数函数 $y = \log_a x(a \neq 1, a > 0)$,三角函数和反三角函数称为基本初等函数.由基本初等函数经过有限次四则运算或有限次复合,并由一个式子表示的函数称为初等函数.

二、 经典例题解析及解题方法总结

【例1】 函数 $y = \sqrt{2-x} + \arccos \dfrac{x-1}{2}$ 的定义域为_____.

解 要使函数有意义,变量 x 必须同时满足

$$\begin{cases} 2-x \geqslant 0, \\ \left| \dfrac{x-1}{2} \right| \leqslant 1, \end{cases} \quad \text{即} \quad \begin{cases} x \leqslant 2, \\ -1 \leqslant \dfrac{x-1}{2} \leqslant 1. \end{cases}$$

解得 $-1 \leqslant x \leqslant 2$,因此定义域为 $[-1, 2]$.

故应填 $[-1, 2]$.

● **方法总结**

求初等函数的定义域有下列原则:(1)分母不能为零;(2)偶次根式的被开方数不能为负数;(3)对数的真数不能为零或负数;(4) $\arcsin x$ 或 $\arccos x$ 的定义域为 $|x| \leqslant 1$;(5) $\tan x$ 的定义域为 $x \neq k\pi + \dfrac{\pi}{2}, k \in Z$;(6) $\cot x$ 的定义域为 $x \neq k\pi, k \in Z$.

求复合函数的定义域,通常将复合函数看成一系列初等函数的复合,然后考查每个初等函数的定义域和值域,得到对应的不等式组,通过联立求解不等式组,就可以得到复合函数的定义域.

【例2】 设 $f\left(\dfrac{x+1}{x-1}\right)=3f(x)-2x$,求 $f(x)$.

解 令 $t=\dfrac{x+1}{x-1}$,则 $x=\dfrac{t+1}{t-1}$,于是 $f(t)=3f\left(\dfrac{t+1}{t-1}\right)-\dfrac{2t+2}{t-1}=3[3f(t)-2t]-\dfrac{2t+2}{t-1}$,

整理得 $8f(t)=6t+2\dfrac{t+1}{t-1}$,所以 $f(x)=\dfrac{3}{4}x+\dfrac{1}{4}\dfrac{x+1}{x-1}$.

【例3】 设 $g(x)=\begin{cases}2-x, & x\leqslant 0,\\ x+2, & x>0,\end{cases}$ $f(x)=\begin{cases}x^2, & x<0,\\ -x, & x\geqslant 0,\end{cases}$ 则 $g[f(x)]=($ $)$.

(A) $\begin{cases}2+x^2, & x<0,\\ 2-x, & x\geqslant 0\end{cases}$ (B) $\begin{cases}2-x^2, & x<0,\\ 2+x^2, & x\geqslant 0\end{cases}$

(C) $\begin{cases}2-x^2, & x<0,\\ 2-x, & x\geqslant 0\end{cases}$ (D) $\begin{cases}2+x^2, & x<0,\\ 2+x, & x\geqslant 0\end{cases}$

解 $g[f(x)]=\begin{cases}2-f(x), & f(x)\leqslant 0,\\ f(x)+2, & f(x)>0\end{cases}=\begin{cases}2+x, & x\geqslant 0,\\ x^2+2, & x<0\end{cases}=\begin{cases}2+x^2, & x<0,\\ 2+x, & x\geqslant 0.\end{cases}$

故应选(D).

● 方法总结

1. 本题考查将两个分段函数复合成一个复合函数的过程.先将 $g[f(x)]$ 表示为 $f(x)$ 的函数,再解不等式 $f(x)\leqslant 0$ 与 $f(x)>0$,最后将 $g[f(x)]$ 表示为 x 的函数.

2. 复合函数的求解方法主要有三种:(1)代入法:将一个函数中的自变量用另一个函数的表达式来代替,适用于初等函数的复合.(2)分析法:抓住最外层函数定义域的各区间段,结合中间变量的表达式及中间变量的定义域进行分析,适用于初等函数与分段函数的复合或两分段函数的复合.(3)图示法:a)画出中间变量 $u=\varphi(x)$ 的图像;b)将 $y=f(u)$ 的分界点在 xu 坐标平面上画出;c)写出 u 在不同区间上 x 所对应的变化区间;d)将 c 所得的结果代入 $y=f(u)$ 中,便得到复合函数 $f[\varphi(x)]$ 的表达式及相应的变化区间.适用于两分段函数的复合.

【例4】 函数 $y=\dfrac{1+\sqrt{1-x}}{1-\sqrt{1-x}}$ 的反函数为_____.

解 令 $t=\sqrt{1-x}$,则 $y=\dfrac{1+t}{1-t}$,所以 $t=\dfrac{y-1}{y+1}$,即 $\sqrt{1-x}=\dfrac{y-1}{y+1}$,从而

$x=1-\left(\dfrac{y-1}{y+1}\right)^2=\dfrac{4y}{(y+1)^2}$,因此反函数为 $y=\dfrac{4x}{(x+1)^2}$.

故应填 $y=\dfrac{4x}{(x+1)^2}$.

● **方法总结** ··

  反函数求解方法比较固定,即由 $y=f(x)$ 解出 x 的表达式,然后交换 x 与 y 的位置,即可求得反函数 $y=f^{-1}(x)$.

  【例5】 设对任何 $x\in(-\infty,+\infty)$,存在常数 $c\neq0$,使 $f(x+c)=-f(x)$. 证明 $f(x)$ 是周期函数.

  证 对任意 $x\in(-\infty,+\infty)$,有 $f(x+c)=-f(x)$,所以 $f(x+2c)=f[(x+c)+c]=-f(x+c)=f(x)$,故 $f(x)$ 为周期函数,$2c$ 是它的一个周期.

● **方法总结** ··

  判定函数为周期函数的主要方法:
  ①从定义出发,找到 $T\neq0$,使得 $f(x+T)=f(x)$;
  ②利用周期函数的运算性质证明.

  【例6】 已知函数 $f(x)$ 满足 $f(x+y)=f(x)+f(y)$,则 $f(x)$ 是_____.
  (A)奇函数 (B)偶函数 (C)非奇非偶函数 (D)不能确定

  解 因为 $f(x)+f(y)=f(x+y)$,所以 $f(0)+f(0)=f(0+0)$,从而 $f(0)=0$.

  因为 $f(0)=f(x-x)=f[x+(-x)]=f(x)+f(-x)$,所以 $f(-x)=-f(x)$,因此,$f(x)$ 是奇函数.

  故应选(A).

  【例7】 判定函数 $f(x)=\dfrac{a^x-1}{a^x+1}(a>0,a\neq1)$ 的奇偶性.

  分析 判定函数的奇偶性,关键是确定 $f(-x)$ 与 $f(x)$ 的关系. 此类问题通常分两步:第一步求出 $f(-x)$,第二步确定 $f(-x)$ 与 $f(x)$ 的关系.

  解 $f(-x)=\dfrac{a^{-x}-1}{a^{-x}+1}=\dfrac{1-a^x}{1+a^x}=-f(x)$. 所以函数 $f(x)=\dfrac{a^x-1}{a^x+1}$ 是奇函数.

● **方法总结** ··

  1. 判定函数奇偶性通常采用的方法有:
  (1)从定义出发,或者利用运算性质(奇函数的代数和为奇函数等).
  (2)证明 $f(-x)+f(x)=0$ 或 $f(-x)-f(x)=0$.

  2. 两个奇函数的和或差仍是奇函数;两个偶函数的和、差、积、商(除数不为 0)仍是偶函数;两个奇函数的积或商(除数不为 0)为偶函数;一个奇函数与一个偶函数的积、商(除数不为 0)为奇函数.

习题 1—1 解答

1. 求下列函数的自然定义域：

(1) $y=\sqrt{3x+2}$；　　　(2) $y=\dfrac{1}{1-x^2}$；　　　(3) $y=\dfrac{1}{x}-\sqrt{1-x^2}$；

(4) $y=\dfrac{1}{\sqrt{4-x^2}}$；　　　(5) $y=\sin\sqrt{x}$；　　　(6) $y=\tan(x+1)$；

(7) $y=\arcsin(x-3)$；　　　(8) $y=\sqrt{3-x}+\arctan\dfrac{1}{x}$；

(9) $y=\ln(x+1)$；　　　(10) $y=\mathrm{e}^{\frac{1}{x}}$.

解　(1) $3x+2\geqslant0\Rightarrow x\geqslant-\dfrac{2}{3}$ 即定义域为 $\left[-\dfrac{2}{3},+\infty\right)$.

(2) $1-x^2\neq0\Rightarrow x\neq\pm1$，即定义域为 $(-\infty,-1)\bigcup(-1,1)\bigcup(1,+\infty)$.

(3) $x\neq0$ 且 $1-x^2\geqslant0\Rightarrow x\neq0$ 且 $|x|\leqslant1$，即定义域为 $[-1,0)\bigcup(0,1]$.

(4) $4-x^2>0\Rightarrow|x|<2$，即定义域为 $(-2,2)$.

(5) $x\geqslant0$，即定义域为 $[0,+\infty)$.

(6) $x+1\neq k\pi+\dfrac{\pi}{2}(k\in\mathbf{Z})$ 即定义域为 $\left\{x\,\middle|\,x\in\mathbf{R}\,\text{且}\,x\neq\left(k+\dfrac{1}{2}\right)\pi-1,k\in\mathbf{Z}\right\}$.

(7) $|x-3|\leqslant1\Rightarrow2\leqslant x\leqslant4$，即定义域为 $[2,4]$.

(8) $3-x\geqslant0$ 且 $x\neq0$，即定义域为 $(-\infty,0)\bigcup(0,3]$.

(9) $x+1>0\Rightarrow x>-1$，即定义域为 $(-1,+\infty)$.

(10) $x\neq0$，即定义域为 $(-\infty,0)\bigcup(0,+\infty)$.

> 评注：本题是求函数的自然定义域，一般方法是先写出构成所求函数的各个简单函数的定义域，再求出这些定义域的交集，即得所求定义域. 下列简单函数及其定义域是经常用到的：
>
> $y=\dfrac{Q(x)}{P(x)}$, $P(x)\neq0$;　　　　　$y=\sqrt[2n]{x}$, $x\geqslant0$;
>
> $y=\log_a x$, $x>0$;　　　　　$y=\tan x$, $x\neq\left(k+\dfrac{1}{2}\right)\pi$, $k\in\mathbf{Z}$;
>
> $y=\cot x$, $x\neq k\pi$, $k\in\mathbf{Z}$;　　　　$y=\arcsin x$, $|x|\leqslant1$;
>
> $y=\arccos x$, $|x|\leqslant1$.

2. 下列各题中，函数 $f(x)$ 和 $g(x)$ 是否相同？为什么？

(1) $f(x)=\lg x^2$, $g(x)=2\lg x$；　　　　　(2) $f(x)=x$, $g(x)=\sqrt{x^2}$；

(3) $f(x)=\sqrt[3]{x^4-x^3}$, $g(x)=x\sqrt[3]{x-1}$；　　　(4) $f(x)=1$, $g(x)=\sec^2 x-\tan^2 x$.

解　(1) 不同，因为定义域不同.

(2) 不同，因为对应法则不同，$g(x)=\sqrt{x^2}=\begin{cases}x,&x\geqslant0,\\-x,&x<0.\end{cases}$

(3) 相同，因为定义域、对应法则均相同.

(4) 不同，因为定义域不同.

3. 设 $\varphi(x)=\begin{cases}|\sin x|,&|x|<\dfrac{\pi}{3},\\[2mm]0,&|x|\geqslant\dfrac{\pi}{3},\end{cases}$

求 $\varphi\left(\frac{\pi}{6}\right)$，$\varphi\left(\frac{\pi}{4}\right)$，$\varphi\left(-\frac{\pi}{4}\right)$，$\varphi(-2)$，并作出函数 $y=\varphi(x)$ 的图形.

解 $\varphi\left(\frac{\pi}{6}\right)=\left|\sin\frac{\pi}{6}\right|=\frac{1}{2}$，$\varphi\left(\frac{\pi}{4}\right)=\left|\sin\frac{\pi}{4}\right|=\frac{\sqrt{2}}{2}$，

$\varphi\left(-\frac{\pi}{4}\right)=\left|\sin\left(-\frac{\pi}{4}\right)\right|=\frac{\sqrt{2}}{2}$，$\varphi(-2)=0$.

$y=\varphi(x)$ 的图形如图 1—1 所示.

图 1—1

4. 讨论下列函数的有界性.

(1) $f(x)=\dfrac{x}{1+x^2}$；　　　　　　(2) $f(x)=\dfrac{1+x^2}{1+x^4}$.

解 (1) 对任意的 $x\in(-\infty,+\infty)$，有 $|f(x)|=\left|\dfrac{x}{1+x^2}\right|\leqslant\dfrac{1}{2}$，所以 $f(x)$ 在 $(-\infty,+\infty)$ 上有界.

(2) 当 $|x|=1$ 时，$|f(x)|=1$；

当 $|x|>1$ 时，$|f(x)|=\dfrac{1+x^2}{1+x^4}<\dfrac{1+x^4}{1+x^4}=1$；

当 $|x|<1$ 时，$|f(x)|=\dfrac{1+x^2}{1+x^4}\leqslant 1+x^2<2$.

所以，对任意的 $x\in(-\infty,+\infty)$，有 $|f(x)|<2$，即 $f(x)$ 在 $(-\infty,+\infty)$ 上有界.

5. 试证下列函数在指定区间内的单调性：

(1) $y=\dfrac{x}{1-x}$，$(-\infty,1)$；　　　　(2) $y=x+\ln x$，$(0,+\infty)$.

证 (1) $y=f(x)=\dfrac{x}{1-x}=-1+\dfrac{1}{1-x}$，$x\in(-\infty,1)$

设 $x_1<x_2<1$. 因为 $f(x_2)-f(x_1)=\dfrac{1}{1-x_2}-\dfrac{1}{1-x_1}=\dfrac{x_2-x_1}{(1-x_1)(1-x_2)}>0$，

所以 $f(x_2)>f(x_1)$，即 $f(x)$ 在 $(-\infty,1)$ 内单调增加.

(2) $y=f(x)=x+\ln x$，$x\in(0,+\infty)$.

设 $0<x_1<x_2$. 因为 $f(x_2)-f(x_1)=x_2+\ln x_2-x_1-\ln x_1=x_2-x_1+\ln\dfrac{x_2}{x_1}>0$，

所以，$f(x_2)>f(x_1)$，即 $f(x)$ 在 $(0,+\infty)$ 内单调增加.

6. 讨论下列函数的单调性：

(1) $f(x)=ax^2+bx+c$，其中 $a,b,c\in\mathbf{R},a\neq 0$；　　(2) $f(x)=\dfrac{ax+b}{cx+d}$，其中 $a,b,c,d\in\mathbf{R},c>0$.

解 (1) $f(x)=a\left(x+\dfrac{b}{2a}\right)^2+\dfrac{4ac-b^2}{4a}$.

当 $a>0$ 时，$f(x)$ 在 $\left(-\infty,-\dfrac{b}{2a}\right)$ 单调减少，$f(x)$ 在 $\left[-\dfrac{b}{2a},+\infty\right)$ 单调增加.

当 $a<0$ 时，$f(x)$ 在 $\left(-\infty,-\dfrac{b}{2a}\right)$ 单调增加，$f(x)$ 在 $\left[-\dfrac{b}{2a},+\infty\right)$ 单调减少.

(2) $f(x)=\dfrac{a}{c}+\dfrac{bc-ad}{c(cx+d)}$，

当 $bc-ad>0$ 时，$f(x)$ 分别在 $\left(-\infty,-\dfrac{d}{c}\right)$ 及 $\left(-\dfrac{d}{c},+\infty\right)$ 内单调减少；当 $bc-ad<0$ 时，$f(x)$

分别在 $\left(-\infty,-\dfrac{d}{c}\right)$ 及 $\left(-\dfrac{d}{c},+\infty\right)$ 内单调增加；当 $bc-ad=0$ 时，$f(x)=\dfrac{a}{c}$ 为常数函数，此时

$f(x)$ 既是单调不减函数又是单调不增函数.

7. 设 $f(x)$ 为定义在 $(-l,l)$ 内的奇函数,若 $f(x)$ 在 $(0,l)$ 内单调增加,证明 $f(x)$ 在 $(-l,0)$ 内也单调增加.

证 设 $-l<x_1<x_2<0$,则 $0<-x_2<-x_1<l$,由 $f(x)$ 是奇函数,得 $f(x_2)-f(x_1)=-f(-x_2)+f(-x_1)$. 因为 $f(x)$ 在 $(0,l)$ 内单调增加,所以 $f(-x_1)-f(-x_2)>0$,从而 $f(x_2)>f(x_1)$ 即 $f(x)$ 在 $(-l,0)$ 内也单调增加.

8. 设下面所考虑的函数都是定义在区间 $(-l,l)$ 上的. 证明:

(1)两个偶函数的和是偶函数,两个奇函数的和是奇函数;

(2)两个偶函数的乘积是偶函数,两个奇函数的乘积是偶函数,偶函数与奇函数的乘积是奇函数.

证 (1)设 $f_1(x)$,$f_2(x)$ 均为偶函数,则 $f_1(-x)=f_1(x)$,$f_2(-x)=f_2(x)$. 令 $F(x)=f_1(x)+f_2(x)$,
于是 $F(-x)=f_1(-x)+f_2(-x)=f_1(x)+f_2(x)=F(x)$,
故 $F(x)$ 为偶函数.

设 $g_1(x)$,$g_2(x)$ 是奇函数,则 $g_1(-x)=-g_1(x)$,$g_2(-x)=-g_2(x)$. 令 $G(x)=g_1(x)+g_2(x)$,于是
$$G(-x)=g_1(-x)+g_2(-x)=-g_1(x)-g_2(x)=-G(x),$$
故 $G(x)$ 为奇函数.

(2)设 $f_1(x)$,$f_2(x)$ 均为偶函数,则 $f_1(-x)=f_1(x)$,$f_2(-x)=f_2(x)$. 令 $F(x)=f_1(x) \cdot f_2(x)$.
于是 $F(-x)=f_1(-x) \cdot f_2(-x)=f_1(x)f_2(x)=F(x)$,
故 $F(x)$ 为偶函数.

设 $g_1(x)$,$g_2(x)$ 均为奇函数,则 $g_1(-x)=-g_1(x)$,$g_2(-x)=-g_2(x)$. 令 $G(x)=g_1(x) \cdot g_2(x)$. 于是 $G(-x)=g_1(-x) \cdot g_2(-x)=[-g_1(x)][-g_2(x)]=g_1(x) \cdot g_2(x)=G(x)$,
故 $G(x)$ 为偶函数.

设 $f(x)$ 为偶函数,$g(x)$ 为奇函数,则 $f(-x)=f(x)$,$g(-x)=-g(x)$. 令 $H(x)=f(x) \cdot g(x)$,
于是 $H(-x)=f(-x) \cdot g(-x)=f(x)[-g(x)]=-f(x) \cdot g(x)=-H(x)$,
故 $H(x)$ 为奇函数.

9. 下列函数中哪些是偶函数,哪些是奇函数,哪些既非偶函数又非奇函数?

(1)$y=x^2(1-x^2)$;　　　　(2)$y=3x^2-x^3$;　　　　(3)$y=\dfrac{1-x^2}{1+x^2}$;

(4)$y=x(x-1)(x+1)$;　　　(5)$y=\sin x-\cos x+1$;　　　(6)$y=\dfrac{a^x+a^{-x}}{2}(a>0,a\neq1)$.

解 (1)$y=f(x)=x^2(1-x^2)$,因为 $f(-x)=(-x)^2[1-(-x)^2]=x^2(1-x^2)=f(x)$,
所以 $f(x)$ 为偶函数.

(2)$y=f(x)=3x^2-x^3$,因为 　　　　$f(-x)=3(-x)^2-(-x)^3=3x^2+x^3$,
$$f(-x)\neq f(x),\text{且 } f(-x)\neq-f(x),$$
所以 $f(x)$ 既非偶函数又非奇函数.

(3)$y=f(x)=\dfrac{1-x^2}{1+x^2}$,因为 $f(-x)=\dfrac{1-(-x)^2}{1+(-x)^2}=\dfrac{1-x^2}{1+x^2}=f(x)$,
所以 $f(x)$ 为偶函数.

(4)$y=f(x)=x(x-1)(x+1)$,因为 $f(-x)=(-x)[(-x)-1][(-x)+1]=-x(x+1)(x-1)=-f(x)$,所以 $f(x)$ 为奇函数.

(5)$y=f(x)=\sin x-\cos x+1$,因为 $f(-x)=\sin(-x)-\cos(-x)+1=-\sin x-\cos x+1$,
$$f(-x)\neq f(x)\text{ 且 }f(-x)\neq-f(x),$$
所以 $f(x)$ 既非偶函数又非奇函数.

(6)$y=f(x)=\dfrac{a^x+a^{-x}}{2}$,因为 $f(-x)=\dfrac{a^{-x}+a^x}{2}=f(x)$,所以 $f(x)$ 为偶函数.

10. 下列各函数中哪些是周期函数?对于周期函数,指出其周期:

(1)$y=\cos(x-2)$;　　　　(2)$y=\cos 4x$;　　　　(3)$y=1+\sin\pi x$;

$(4)\ y=x\cos x$;　　　　　　　　　　$(5)\ y=\sin^2 x$.

解　(1)是周期函数,周期 $l=2\pi$.　　(2)是周期函数,周期 $l=\dfrac{\pi}{2}$.　　(3)是周期函数,周期 $l=2$.

(4)不是周期函数.　　(5)是周期函数,周期 $l=\pi$.

11. 求下列函数的反函数:

$(1)\ y=\sqrt[3]{x+1}$;　　　　　　　　$(2)\ y=\dfrac{1-x}{1+x}$;　　　　　　$(3)\ y=\dfrac{ax+b}{cx+d}\ (ad-bc\neq 0)$;

$(4)\ y=2\sin 3x\ \left(-\dfrac{\pi}{6}\leqslant x\leqslant\dfrac{\pi}{6}\right)$;　$(5)\ y=1+\ln(x+2)$;　　　　$(6)\ y=\dfrac{2^x}{2^x+1}$.

分析　函数 f 存在反函数的前提条件为:$f:D\rightarrow f(D)$ 是单射.本题中所给出的各函数易证均为单射,特别
(1)、(4)、(5)、(6)中的函数均为单调函数,故都存在反函数.

解　(1)由 $y=\sqrt[3]{x+1}$ 解得 $x=y^3-1$,即反函数为 $y=x^3-1$.

(2)由 $y=\dfrac{1-x}{1+x}$ 解得 $x=\dfrac{1-y}{1+y}$,即反函数为 $y=\dfrac{1-x}{1+x}$.

(3)由 $y=\dfrac{ax+b}{cx+d}$ 解得 $x=\dfrac{-dy+b}{cy-a}$,即反函数为 $y=\dfrac{-dx+b}{cx-a}$.

(4)由 $y=2\sin 3x\left(-\dfrac{\pi}{6}\leqslant x\leqslant\dfrac{\pi}{6}\right)$ 解得 $x=\dfrac{1}{3}\arcsin\dfrac{y}{2}$,即反函数为 $y=\dfrac{1}{3}\arcsin\dfrac{x}{2}$.

(5)由 $y=1+\ln(x+2)$ 解得 $x=\mathrm{e}^{y-1}-2$,即反函数为 $y=\mathrm{e}^{x-1}-2$.

(6)由 $y=\dfrac{2^x}{2^x+1}$ 解得 $x=\log_2\dfrac{y}{1-y}$,即反函数为 $y=\log_2\dfrac{x}{1-x}$.

12. 在下列各题中,求由所给函数构成的复合函数,并求该函数分别对应于给定自变量值 x_1 和 x_2 的函数值:

$(1)\ y=u^2,\ u=\sin x,\ x_1=\dfrac{\pi}{6},\ x_2=\dfrac{\pi}{3}$;　　　$(2)\ y=\sin u,\ u=2x,\ x_1=\dfrac{\pi}{8},\ x_2=\dfrac{\pi}{4}$;

$(3)\ y=\sqrt{u},\ u=1+x^2,\ x_1=1,\ x_2=2$;　　　$(4)\ y=\mathrm{e}^u,\ u=x^2,\ x_1=0,\ x_2=1$;

$(5)\ y=u^2,\ u=\mathrm{e}^x,\ x_1=1,\ x_2=-1$.

解　(1) $y=\sin^2 x,\ y_1=\dfrac{1}{4},\ y_2=\dfrac{3}{4}$.　　　(2) $y=\sin 2x,\ y_1=\dfrac{\sqrt{2}}{2},\ y_2=1$.

(3) $y=\sqrt{1+x^2},\ y_1=\sqrt{2},\ y_2=\sqrt{5}$.　　　(4) $y=\mathrm{e}^{x^2},\ y_1=1,\ y_2=\mathrm{e}$.

(5) $y=\mathrm{e}^{2x},\ y_1=\mathrm{e}^2,\ y_2=\mathrm{e}^{-2}$.

13. 设 $f(x)$ 的定义域 $D=[0,1]$,求下列各函数的定义域:

$(1)\ f(x^2)$;　　　　　　　　　　　　$(2)\ f(\sin x)$;

$(3)\ f(x+a)(a>0)$;　　　　　　　　　$(4)\ f(x+a)+f(x-a)(a>0)$.

解　(1) $0\leqslant x^2\leqslant 1\Rightarrow x\in[-1,1]$.

(2) $0\leqslant\sin x\leqslant 1\Rightarrow x\in[2n\pi,(2n+1)\pi],\ n\in\mathbf{Z}$.

(3) $0\leqslant x+a\leqslant 1\Rightarrow x\in[-a,1-a]$.

(4) $\begin{cases}0\leqslant x+a\leqslant 1,\\ 0\leqslant x-a\leqslant 1\end{cases}\Rightarrow$ 当 $0<a\leqslant\dfrac{1}{2}$ 时,$x\in[a,1-a]$;当 $a>\dfrac{1}{2}$ 时,定义域为 $\varnothing$(即空集).

14. 设 $f(x)=\begin{cases}1,&|x|<1,\\ 0,&|x|=1,\\ -1,&|x|>1,\end{cases}$ $g(x)=\mathrm{e}^x$,求 $f[g(x)]$ 和 $g[f(x)]$,并作出这两个函数的图形.

解　$f[g(x)]=f(\mathrm{e}^x)=\begin{cases}1,&x<0,\\ 0,&x=0,\\ -1,&x>0.\end{cases}$　　　$g[f(x)]=\mathrm{e}^{f(x)}=\begin{cases}\mathrm{e},&|x|<1,\\ 1,&|x|=1,\\ \mathrm{e}^{-1},&|x|>1.\end{cases}$

$f[g(x)]$ 与 $g[f(x)]$ 的图形依次如图 1-2,图 1-3 所示.

图 1-2

图 1-3

15. 已知水渠的横断面为等腰梯形,斜角 $\varphi=40°$(图 1-4). 当过水断面 $ABCD$ 的面积为定值 S_0 时,求湿周 $L(L=AB+BC+CD)$ 与水深 h 之间的函数关系式,并指明其定义域.

解 $AB=CD=\dfrac{h}{\sin 40°}$,又

$$S_0=\frac{1}{2}h[BC+(BC+2\cot 40°\cdot h)],$$

得 $\qquad BC=\dfrac{S_0}{h}-\cot 40°\cdot h,$

所以 $\qquad L=\dfrac{S_0}{h}+\dfrac{2-\cos 40°}{\sin 40°}h,$

图 1-4

而 $h>0$ 且 $\dfrac{S_0}{h}-\cot 40°\cdot h>0$ 因此湿周函数的定义域为 $(0,\sqrt{S_0\tan 40°})$.

16. 设 xOy 平面上有正方形 $D=\{(x,y)\mid 0\leqslant x\leqslant 1,0\leqslant y\leqslant 1\}$ 及直线 $l:x+y=t(t\geqslant 0)$. 若 $S(t)$ 表示正方形 D 位于直线 l 左下方部分的面积,试求 $S(t)$ 与 t 之间的函数关系.

解 当 $0\leqslant t\leqslant 1$ 时,$S(t)=\dfrac{1}{2}t^2$;当 $1<t\leqslant 2$ 时,$S(t)=1-\dfrac{1}{2}(2-t)^2=-\dfrac{1}{2}t^2+2t-1$;

当 $t>2$ 时,$S(t)=1$.

故 $\qquad S(t)=\begin{cases}\dfrac{1}{2}t^2, & 0\leqslant t\leqslant 1,\\[2mm] -\dfrac{1}{2}t^2+2t-1, & 1<t\leqslant 2,\\[2mm] 1, & t>2.\end{cases}$

17. 求联系华氏温度(用 F 表示)和摄氏温度(用 C 表示)的转换公式,并求
(1)90℉的等价摄氏温度和 $-5℃$ 的等价华氏温度;
(2)是否存在一个温度值,使华氏温度计和摄氏温度计的读数是一样的? 如果存在,那么该温度值是多少?

解 设 $F=mC+b$,其中 m,b 均为常数.

因为 $F=32°$ 相当于 $C=0°$,$F=212°$ 相当于 $C=100°$,所以 $b=32$, $m=\dfrac{212-32}{100}=1.8$.

故 $\qquad F=1.8C+32$ 或 $C=\dfrac{5}{9}(F-32)$.

(1)$F=90°$, $\qquad C=\dfrac{5}{9}(90-32)\approx 32.2°$.

$C=-5°$, $\qquad F=1.8\times(-5)+32=23°$.

(2)设温度值 t 符合题意,则有 $t=1.8t+32$, $t=-40$.
即华氏 $-40°$ 恰好也是摄氏 $-40°$.

18. 已知 Rt$\triangle ABC$ 中,直角边 AC、BC 的长度分别为 $20,15$,动点 P 从 C 出发,沿三角形边界按 $C\rightarrow B\rightarrow A$

方向移动;动点 Q 从 C 出发,沿三角形边界按 $C \to A \to B$ 方向移动,移动到两动点相遇时为止,且点 Q 移动的速度是点 P 移动的速度的 2 倍.设动点 P 移动的距离为 x,$\triangle CPQ$ 的面积为 y,试求 y 与 x 之间的函数关系.

解 因为 $AC=20$,$BC=15$,所以,$AB=\sqrt{20^2+15^2}=25$.

由 $20<2\times15<20+25$ 可知,点 P,Q 在斜边 AB 上相遇.

令 $x+2x=15+20+25$,得 $x=20$.即当 $x=20$ 时,点 P,Q 相遇.因此,所求函数的定义域为 $(0,20)$.

(1)当 $0<x<10$ 时,点 P 在 CB 上,点 Q 在 CA 上(图1—5).由 $|CP|=x$,$|CQ|=2x$,得 $y=x^2$.

(2)当 $10\leqslant x\leqslant15$ 时,点 P 在 CB 上,点 Q 在 AB 上(图1—6).

$$|CP|=x, \quad |AQ|=2x-20.$$

设点 Q 到 BC 的距离为 h,则 $\dfrac{h}{20}=\dfrac{|BQ|}{25}=\dfrac{45-2x}{25}$,

得 $h=\dfrac{4}{5}(45-2x)$,故 $y=\dfrac{1}{2}xh=\dfrac{2}{5}x(45-2x)=-\dfrac{4}{5}x^2+18x$.

(3)当 $15<x<20$ 时,点 P,Q 都在 AB 上(图1—7).

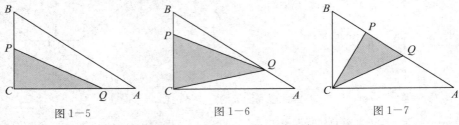

图1—5 图1—6 图1—7

$$|BP|=x-15, \quad |AQ|=2x-20, \quad |PQ|=60-3x.$$

设点 C 到 AB 的距离 h',则 $h'=\dfrac{15\times20}{25}=12$,得 $y=\dfrac{1}{2}|PQ|\cdot h'=-18x+360$.

综上可得 $y=\begin{cases} x^2, & 0<x<10, \\ -\dfrac{4}{5}x^2+18x, & 10\leqslant x\leqslant15, \\ -18x+360, & 15<x<20. \end{cases}$

第二节　数列的极限

一、主要内容归纳

1. 数列　一个定义在正整数集合上的函数 $a_n=f(n)$(称为整标函数),当自变量 n 按正整数 $1,2,3,\cdots$ 依次增大的顺序取值时,函数按相应的顺序排成一串数:$f(1)$,$f(2)$,$f(3)$,$\cdots$,$f(n)$,$\cdots$ 称为一个无穷数列,简称数列.数列中的每一个数称为数列的项,$f(n)$ 称为数列的一般项或通项.

2. 数列极限的定义

(1)设 $\{x_n\}$ 是一数列,如果存在常数 a,当 n 无限增大时,x_n 无限接近(或趋近)于 a,则称数列 $\{x_n\}$ 收敛,a 称为数列 $\{x_n\}$ 的极限,或称数列 $\{x_n\}$ 收敛于 a,记为 $\lim\limits_{n\to\infty}x_n=a$,或 $x_n\to a$.当

$n \to \infty$ 时,若不存在这样的常数 a,则称数列 $\{x_n\}$ 发散或不收敛,也可以说极限 $\lim\limits_{n \to \infty} x_n$ 不存在.

(2)设 $\{x_n\}$ 为一个数列,a 为一个常数. 若对任意给定的 $\varepsilon > 0$,都存在一个正整数 N,使得 $n > N$ 的一切 x_n 都满足不等式 $|x_n - a| < \varepsilon$,则称 a 为数列 $\{x_n\}$ 当 $n \to \infty$ 时的极限,记为

$$\lim\limits_{n \to \infty} x_n = a.$$

3. 数列极限的性质

(1)**唯一性** 收敛数列的极限是唯一的.

即若数列 $\{x_n\}$ 收敛,且 $\lim\limits_{n \to \infty} x_n = a$ 和 $\lim\limits_{n \to \infty} x_n = b$,则 $a = b$.

(2)**有界性** 假设数列 $\{x_n\}$ 收敛,则数列 $\{x_n\}$ 必有界,即存在常数 $M > 0$,使得 $|x_n| < M$ (对任意 $n \in N$). 这个性质中的 M 显然不是唯一的,重要的是它的存在性.

(3)**保号性** 假设数列 $\{x_n\}$ 收敛,其极限为 a.

①若有正整数 N,使得当 $n > N$ 时 $x_n > 0$(或 < 0),则 $a \geqslant 0$(或 $\leqslant 0$).

②若 $a > 0$(或 < 0),则有正整数 N,使得当 $n > N$ 时,$x_n > 0$(或 < 0).

(4)若数列 $\{x_n\}$ 收敛于 a,则它的任一子数列也收敛于 a.

二、经典例题解析及解题方法总结

【例 1】 用 $\varepsilon - N$ 方法证明:$\lim\limits_{n \to \infty} \dfrac{n!}{n^n} = 0$.

证 $\forall \varepsilon > 0$,要证 $\left| \dfrac{n!}{n^n} \right| = \dfrac{n!}{n^n} = \dfrac{1}{n} \cdot \dfrac{2}{n} \cdots \dfrac{n}{n} < \varepsilon$,实际上只须:$\dfrac{1}{n} \cdot \dfrac{2}{n} \cdots \dfrac{n}{n} < \dfrac{1}{n} \cdot \dfrac{n^{n-1}}{n^{n-1}} = \dfrac{1}{n} < \varepsilon$

即可,从而 $n > \dfrac{1}{\varepsilon}$,取 $N = \left[\dfrac{1}{\varepsilon} \right] + 1$,则当 $n > N$ 时,有 $\left| \dfrac{n!}{n^n} \right| < \varepsilon$ 成立.

故 $\lim\limits_{n \to \infty} \dfrac{n!}{n^n} = 0$.

【例 2】 "对任意给定的 $\varepsilon \in (0,1)$,总存在正整数 N,当 $n \geqslant N$ 时,恒有 $|x_n - a| \leqslant 2\varepsilon$"是数列 $\{x_n\}$ 收敛于 a 的( ).

(A)充分条件但非必要条件　　　　(B)必要条件但非充分条件

(C)充分必要条件　　　　　　　　(D)既非充分条件又非必要条件

解 由数列 $\{x_n\}$ 收敛于 a 的定义得"$\forall \varepsilon_1 > 0$,总存在正整数 N_1,当 $n > N_1$ 时,恒有 $|x_n - a| \leqslant \varepsilon_1$".

显然可推导出"对任意给定的 $\varepsilon \in (0,1)$,总存在正整数 N,当 $n \geqslant N$ 时,恒有 $|x_n - a| \leqslant 2\varepsilon$",则对于任意的 $\varepsilon_1 > 0$(不妨令 $0 < \varepsilon_1 < 1$,当 $\varepsilon_1 > 1$ 时,取 ε_2,使 $0 < \varepsilon_2 < 1 < \varepsilon_1$,用 ε_2 代替 ε_1 即可),取 $\varepsilon = \dfrac{1}{3}\varepsilon_1 > 0$,存在正整数 N,当 $n \geqslant N$ 时,恒有 $|x_n - a| \leqslant 2\varepsilon < \dfrac{2}{3}\varepsilon_1 < \varepsilon_1$,令 $N_1 = N - 1$,则满足"对任意给定的 $\varepsilon_1 > 0$,总存在正整数 N_1,当 $n > N_1$ 时,恒有 $|x_n - a| \leqslant \varepsilon_1$".

可见上述两种说法是等价的.

故应选(C).

● **方法总结** ．．．

    1. 用极限定义证明 $\lim\limits_{n\to\infty}x_n=a$ 是本节的难点.

    用定义证明 $\lim\limits_{n\to\infty}x_n=a$ 的关键在于给了 ε，求对应的 $N=N(\varepsilon)$，这往往通过解不等式实现，有时 N 可直接解出，有时要利用一些技巧将不等式放大. 读者熟练掌握解证不等式的技巧是攻克这一难点的关键.

    2. 正确理解数列极限的 $\varepsilon-N$ 定义.

    (1) $\varepsilon>0$ 的任意给定性，ε 是任意给定的正数，它是任意的，但一经给出，又可视为固定的，以便依 ε 来求 N，由于 $\varepsilon>0$ 的任意性，所以定义中的不等式 $|x_n-a|<\varepsilon$ 可改为 $|x_n-a|<k\varepsilon(k>0$ 为常数$)$，也可改为 $|x_n-a|\leqslant\varepsilon^2$，$|x_n-a|<\dfrac{1}{M}(M$ 是任意正数$)$，$|x_n-a|\leqslant\varepsilon$ 等等，其含义与 $|x_n-a|<\varepsilon$ 等价.

    (2) N 的相应存在性，N 依赖于 ε，通常记作 $N=N(\varepsilon)$，但 N 并不是唯一的，$N(\varepsilon)$ 是强调其依赖性的一个符号，并不是函数关系，这里，N 的存在性是重要的，一般不计较其大小. 所以，定义中的 $n>N$ 可改为 $n\geqslant N$.

    (3) 定义中"当 $n>N$ 时有 $|x_n-a|<\varepsilon$"是指下标 $n>N$ 的所有项 x_n 都进入数 a 的 ε 邻域：$x_n\in(a-\varepsilon,a+\varepsilon)$. 即在 a 的 ε 邻域外最多只有 $\{x_n\}$ 的有限项，由此可知：改变或增减数列 $\{x_n\}$ 的有限项，并不影响数列 $\{x_n\}$ 的收敛性.

    【例3】 设 $x_n=(1+\dfrac{1}{n})\sin\dfrac{n\pi}{2}$，证明数列 $\{x_n\}$ 发散.

    分析 若数列 $\{x_n\}$ 有极限，则由极限性质知道极限应是唯一的，要证明 $\{x_n\}$ 没有极限，只要找到两个子列分别收敛到不同的值即可.

    证 设 k 为正整数，若 $n=4k$，则

$$x_{4k}=\left(1+\dfrac{1}{4k}\right)\sin\dfrac{4k\pi}{2}=\left(1+\dfrac{1}{4k}\right)\sin2k\pi=0;$$

    若 $n=4k+1$，则

$$x_{4k+1}=\left(1+\dfrac{1}{4k+1}\right)\sin\left(\dfrac{4k\pi}{2}+\dfrac{\pi}{2}\right)=\left(1+\dfrac{1}{4k+1}\right)\sin\dfrac{\pi}{2}=1+\dfrac{1}{4k+1}\to1\quad(k\to\infty).$$

因此 $\{x_n\}$ 发散.

● **方法总结** ．．．

    在证明数列发散时，可采用下列两种方法：
    ①找两个极限不相等的子数列.   ②找一个发散的子数列.

    【例4】 (2015 数学三，4分) 设 $\{x_n\}$ 是数列，下列命题中不正确的是_____．
    (A) 若 $\lim\limits_{n\to\infty}x_n=a$，则 $\lim\limits_{n\to\infty}x_{2n}=\lim\limits_{n\to\infty}x_{2n+1}=a$ (B) 若 $\lim\limits_{n\to\infty}x_{2n}=\lim\limits_{n\to\infty}x_{2n+1}=a$，则 $\lim\limits_{n\to\infty}x_n=a$

(C)若$\lim\limits_{n\to\infty}x_n=a$,则$\lim\limits_{n\to\infty}x_{3n}=\lim\limits_{n\to\infty}x_{3n+1}=a$ (D)若$\lim\limits_{n\to\infty}x_{3n}=\lim\limits_{n\to\infty}x_{3n+1}=a$,则$\lim\limits_{n\to\infty}x_n=a$

解 由数列极限存在的充要条件,即$\lim\limits_{n\to\infty}x_n=a\Leftrightarrow\lim\limits_{n\to\infty}x_{2n}=\lim\limits_{n\to\infty}x_{2n+1}=a$,可知(A)(B)均正确.

由$\lim\limits_{n\to\infty}x_n=a$,则$\{x_n\}$的任一子列也收敛于$a$,可知(C)正确.

事实上,令$x_n=\begin{cases}1,n=3k,3k+1,\\0,n=3k+2,\end{cases}k=0,1,2,\cdots,$

则$\lim\limits_{n\to\infty}x_{3n}=\lim\limits_{n\to\infty}x_{3n+1}=1$,但$\{x_n\}$发散.

故应选(D).

【例5】（2017 数学二,4 分)设数列$\{x_n\}$收敛,则_____.

(A)$\lim\limits_{n\to\infty}\sin x_n=0$ 时,$\lim\limits_{n\to\infty}x_n=0$ （B）$\lim\limits_{n\to\infty}(x_n+\sqrt{|x_n|})=0$ 时,$\lim\limits_{n\to\infty}x_n=0$

(C)$\lim\limits_{n\to\infty}(x_n+x_n^2)=0$ 时,$\lim\limits_{n\to\infty}x_n=0$ （D）$\lim\limits_{n\to\infty}(x_n+\sin x_n)=0$ 时,$\lim\limits_{n\to\infty}x_n=0$

解 **方法一** 令$\lim\limits_{n\to\infty}x_n=A$,由$\lim\limits_{n\to\infty}(x_n+\sin x_n)=A+\sin A=0$,因 $x+\sin x$ 单调增加,故只有唯一零点,即 $x=0$,因此 $A=0$.

方法二 设$\lim\limits_{n\to\infty}x_n=A$,则$\lim\limits_{n\to\infty}\sin x_n=\sin A=0$,$\sin A=0$ 有无穷多个解.

$\lim\limits_{n\to\infty}(x_n+\sqrt{|x_n|})=A+\sqrt{|A|}=0$,则 $A=0$ 或 $A=-1$.

$\lim\limits_{n\to\infty}(x_n+x_n^2)=A+A^2=0$,则 $A=0$ 或 $A=-1$.

于是(A)(B)(C)被排除,故应选(D).

习题 1-2 解答

1. 下列各题中,哪些数列收敛,哪些数列发散?对收敛数列,通过观察数列$\{x_n\}$的变化趋势,写出他们的极限:

(1)$x_n=\dfrac{1}{2^n}$;   (2)$x_n=(-1)^n\dfrac{1}{n}$;

(3)$x_n=2+\dfrac{1}{n^2}$;   (4)$x_n=\dfrac{n-1}{n+1}$;

(5)$x_n=n(-1)^n$;   (6)$x_n=\dfrac{2^n-1}{3^n}$;

(7)$x_n=n-\dfrac{1}{n}$;   (8)$x_n=[(-1)^n+1]\dfrac{n+1}{n}$.

解 (1)收敛,$\lim\limits_{n\to\infty}\dfrac{1}{2^n}=0$.   (2)收敛,$\lim\limits_{n\to\infty}(-1)^n\dfrac{1}{n}=0$.

(3)收敛,$\lim\limits_{n\to\infty}(2+\dfrac{1}{n^2})=2$.   (4)收敛,$\lim\limits_{n\to\infty}\dfrac{n-1}{n+1}=1$.

(5)$\{n(-1)^n\}$发散.   (6)收敛,$\lim\limits_{n\to\infty}\dfrac{2^n-1}{3^n}=0$.

(7)$\{n-\dfrac{1}{n}\}$发散.   (8)$\{[(-1)^n+1]\dfrac{n+1}{n}\}$发散.

2. (1)数列的有界性是数列收敛的什么条件?

(2)无界数列是否一定发散?

(3)有界数列是否一定收敛?

解 (1)必要条件.

(2)一定发散.

(3)未必一定收敛,收数列 $\{(-1)^n\}$ 有界,但它是发散的.

3. 下列关于数列 $\{x_n\}$ 的极限是 a 的定义,哪些是对的,哪些是错的? 如果是对的,试说明理由;如果是错的,试给出一个反例.

(1)对于任意给定的 $\varepsilon>0$,存在 $N\in\mathbf{N}_+$,当 $n>N$ 时,不等式 $x_n-a<\varepsilon$ 成立;

(2)对于任意给定的 $\varepsilon>0$,存在 $N\in\mathbf{N}_+$,当 $n>N$ 时,有无穷多项 x_n,使不等式 $|x_n-a|<\varepsilon$ 成立;

(3)对于任意给定的 $\varepsilon>0$,存在 $N\in\mathbf{N}_+$,当 $n>N$ 时,不等式 $|x_n-a|<c\varepsilon$ 成立,其中 c 为某个正常数;

(4)对于任意给定的 $m\in\mathbf{N}_+$,存在 $N\in\mathbf{N}_+$,当 $n>N$ 时,不等式 $|x_n-a|<\dfrac{1}{m}$ 成立.

解 (1)错误. 如对数列 $\left\{(-1)^n+\dfrac{1}{n}\right\}$,$a=1$. 对任给的 $\varepsilon>0$(设 $\varepsilon<1$),存在 $N=\left[\dfrac{1}{\varepsilon}\right]$,当 $n>N$ 时,

$(-1)^n+\dfrac{1}{n}-1\leqslant\dfrac{1}{n}<\varepsilon$,但 $\left\{(-1)^n+\dfrac{1}{n}\right\}$ 的极限不存在.

(2)错误. 如对数列 $x_n=\begin{cases}n, & n=2k-1,\\ 1-\dfrac{1}{n}, & n=2k,\end{cases}$ $k\in\mathbf{N}_+$,$a=1$.

对任给的 $\varepsilon>0$(设 $\varepsilon<1$),存在 $N=\left[\dfrac{1}{\varepsilon}\right]$,当 $n>N$ 且 n 为偶数时,$|x_n-a|=\dfrac{1}{n}<\varepsilon$ 成立,但 $\{x_n\}$ 的极限不存在.

(3)正确. 对任给的 $\varepsilon>0$,取 $\dfrac{1}{c}\varepsilon>0$,按假设,存在 $N\in\mathbf{N}_+$,当 $n>N$ 时,不等式 $|x_n-a|<c\cdot\dfrac{1}{c}\varepsilon=\varepsilon$ 成立.

(4)正确. 对任给的 $\varepsilon>0$,取 $m\in\mathbf{N}_+$,使 $\dfrac{1}{m}<\varepsilon$. 按假设,存在 $N\in\mathbf{N}_+$,当 $n>N$ 时,不等式 $|x_n-a|<\dfrac{1}{m}<\varepsilon$ 成立.

*4. 设数列 $\{x_n\}$ 的一般项 $x_n=\dfrac{1}{n}\cos\dfrac{n\pi}{2}$. 问 $\lim\limits_{n\to\infty}x_n=$? 求出 N,使当 $n>N$ 时,x_n 与其极限之差的绝对值小于正数 ε. 当 $\varepsilon=0.001$ 时,求出数 N.

解 $\lim\limits_{n\to\infty}x_n=0$. 证明如下:

因为 $|x_n-0|=\left|\dfrac{1}{n}\cos\dfrac{n\pi}{2}\right|\leqslant\dfrac{1}{n}$,

要使 $|x_n-0|<\varepsilon$,只要 $\dfrac{1}{n}<\varepsilon$,即 $n>\dfrac{1}{\varepsilon}$. 所以 $\forall\varepsilon>0$,取 $N=\left[\dfrac{1}{\varepsilon}\right]$,则当 $n>N$ 时,就有 $|x_n-0|<\varepsilon$.

当 $\varepsilon=0.001$ 时,取 $N=\left[\dfrac{1}{\varepsilon}\right]=1\,000$. 即若 $\varepsilon=0.001$,只要 $n>1\,000$,就有 $|x_n-0|<0.001$.

*5. 根据数列极限的定义证明:

(1)$\lim\limits_{n\to\infty}\dfrac{1}{n^2}=0$; (2)$\lim\limits_{n\to\infty}\dfrac{3n+1}{2n+1}=\dfrac{3}{2}$; (3)$\lim\limits_{n\to\infty}\dfrac{\sqrt{n^2+a^2}}{n}=1$; (4)$\lim\limits_{n\to\infty}0.\underbrace{999\cdots9}_{n\uparrow}=1$.

证 (1)因为要使 $\left|\dfrac{1}{n^2}-0\right|=\dfrac{1}{n^2}<\varepsilon$,只要 $n>\dfrac{1}{\sqrt{\varepsilon}}$. 所以 $\forall\varepsilon>0$,取 $N=\left[\dfrac{1}{\sqrt{\varepsilon}}\right]$,则当 $n>N$ 时,就有

$\left|\dfrac{1}{n^2}-0\right|<\varepsilon$,即 $\lim\limits_{n\to\infty}\dfrac{1}{n^2}=0$.

（2）因为 $\left|\dfrac{3n+1}{2n+1}-\dfrac{3}{2}\right|=\dfrac{1}{2(2n+1)}<\dfrac{1}{4n}$，要使 $\left|\dfrac{3n+1}{2n+1}-\dfrac{3}{2}\right|<\varepsilon$，只要 $\dfrac{1}{4n}<\varepsilon$，即 $n>\dfrac{1}{4\varepsilon}$，所以 $\forall\varepsilon>0$，

取 $N=\left[\dfrac{1}{4\varepsilon}\right]$，则当 $n>N$ 时，就有 $\left|\dfrac{3n+1}{2n+1}-\dfrac{3}{2}\right|<\varepsilon$，即 $\lim\limits_{n\to\infty}\dfrac{3n+1}{2n+1}=\dfrac{3}{2}$．

> 评注：本题中所采用的证明方法是：先将 $|x_n-a|$ 等价变形，然后适当放大，使 N 容易由放大后的量小于 ε 的不等式中求出. 这在按定义证明极限的问题中是经常采用的.

（3）因为 $\left|\dfrac{\sqrt{n^2+a^2}}{n}-1\right|=\dfrac{\sqrt{n^2+a^2}-n}{n}=\dfrac{a^2}{n(\sqrt{n^2+a^2}+n)}<\dfrac{a^2}{2n^2}$，要使 $\left|\dfrac{\sqrt{n^2+a^2}}{n}-1\right|<\varepsilon$，只要 $\dfrac{a^2}{2n^2}<\varepsilon$，即 $n>\dfrac{|a|}{\sqrt{2\varepsilon}}$. 所以 $\forall\varepsilon>0$，取 $N=\left[\dfrac{|a|}{\sqrt{2\varepsilon}}\right]$，则当 $n>N$ 时，就有 $\left|\dfrac{\sqrt{n^2+a^2}}{n}-1\right|<\varepsilon$，即 $\lim\limits_{n\to\infty}\dfrac{\sqrt{n^2+a^2}}{n}=1$．

（4）因为 $|0.\underbrace{999\cdots9}_{n\text{个}}-1|=\dfrac{1}{10^n}$，要使 $|0.\underbrace{999\cdots9}_{n\text{个}}-1|<\varepsilon$，只要 $\dfrac{1}{10^n}<\varepsilon$，即 $n>\lg\dfrac{1}{\varepsilon}$. 所以 $\forall\varepsilon>0$（不妨设 $\varepsilon<1$），取 $N=\left[\lg\dfrac{1}{\varepsilon}\right]$，则当 $n>N$ 时，就有 $|0.\underbrace{999\cdots9}_{n\text{个}}-1|<\varepsilon$，即 $\lim\limits_{n\to\infty}0.\underbrace{999\cdots9}_{n\text{个}}=1$．

*6. 若 $\lim\limits_{n\to\infty}u_n=a$，证明 $\lim\limits_{n\to\infty}|u_n|=|a|$. 并举例说明：即使数列 $\{|x_n|\}$ 有极限，数列 $\{x_n\}$ 也未必有极限.

证 因为 $\lim\limits_{n\to\infty}u_n=a$，所以 $\forall\varepsilon>0$，$\exists N$，当 $n>N$ 时，有 $|u_n-a|<\varepsilon$，从而有
$$\big||u_n|-|a|\big|\leqslant|u_n-a|<\varepsilon,$$
故 $\lim\limits_{n\to\infty}|u_n|=|a|$.

但由 $\lim\limits_{n\to\infty}|u_n|=|a|$，并不能推得 $\lim\limits_{n\to\infty}u_n=a$. 例如，考虑数列 $\{(-1)^n\}$，虽然 $\lim\limits_{n\to\infty}|(-1)^n|=1$，但 $\{(-1)^n\}$ 没有极限.

*7. 设数列 $\{x_n\}$ 有界，又 $\lim\limits_{n\to\infty}y_n=0$，证明：$\lim\limits_{n\to\infty}x_ny_n=0$.

证 因数列 $\{x_n\}$ 有界，故 $\exists M>0$，使得对一切 n 有 $|x_n|\leqslant M$. $\forall\varepsilon>0$，由于 $\lim\limits_{n\to\infty}y_n=0$，故对 $\varepsilon_1=\dfrac{\varepsilon}{M}>0$，$\exists N$，当 $n>N$ 时，就有 $|y_n|<\varepsilon_1=\dfrac{\varepsilon}{M}$，从而有 $|x_ny_n-0|=|x_n|\cdot|y_n|<M\cdot\dfrac{\varepsilon}{M}=\varepsilon$，所以 $\lim\limits_{n\to\infty}x_ny_n=0$.

*8. 对于数列 $\{x_n\}$，若 $x_{2k-1}\to a(k\to\infty)$，$x_{2k}\to a(k\to\infty)$ 证明：$x_n\to a(n\to\infty)$.

证 因为 $x_{2k-1}\to a(k\to\infty)$，所以 $\forall\varepsilon>0$，$\exists k_1$，当 $k>k_1$ 时，有 $|x_{2k-1}-a|<\varepsilon$；又因为 $x_{2k}\to a(k\to\infty)$，所以对上述 $\varepsilon>0$，$\exists k_2$，当 $k>k_2$ 时，有 $|x_{2k}-a|<\varepsilon$. 取 $N=\max\{2k_1,2k_2\}$，则当 $n>N$ 时，有 $|x_n-a|<\varepsilon$，即 $\lim\limits_{n\to\infty}x_n=a$.

第三节　函数的极限

一、主要内容归纳

1. 函数极限的定义　设函数 $f(x)$ 在点 x_0 的邻域内（点 x_0 可除外）有定义，A 为一个常数. 若对任意给定的 $\varepsilon>0$，都存在一个正数 δ，使得满足 $0<|x-x_0|<\delta$ 的一切 x 所对应的

$f(x)$ 都满足不等式 $|f(x)-A|<\varepsilon$,则称 A 为函数 $f(x)$ 当 $x\to x_0$ 时的极限,记为 $\lim\limits_{x\to x_0}f(x)=A$.

2. 左极限和右极限的定义 若对于满足 $0<x_0-x<\delta$ $(0<x-x_0<\delta)$ 的一切 x 所对应的 $f(x)$ 都满足不等式 $|f(x)-A|<\varepsilon$,则称 A 为函数 $f(x)$ 当 x 自 x_0 左(右)侧趋于 x_0 时的极限,即左(右)极限,分别记为

$$\lim_{x\to x_0^-}f(x)=f(x_0-0)=A \qquad (\lim_{x\to x_0^+}f(x)=f(x_0+0)=A)$$

类似地,可以给出当 $x\to\infty$,$x\to+\infty$,$x\to-\infty$ 时,$f(x)$ 的极限为 A 的定义.

3. 极限的性质

(1)**唯一性** 若 $\lim\limits_{x\to x_0}f(x)=A$,则 A 必唯一.

(2)**有界性** 若 $\lim\limits_{x\to x_0}f(x)=A$,则 $f(x)$ 在 x_0 的某一邻域(x_0 除外)内是有界的.

(3)**保号性** 设 $f(x)$ 在 x_0 的某邻域(x_0 除外)内均有 $f(x)\geqslant 0$(或 $f(x)\leqslant 0$),且 $\lim\limits_{x\to x_0}f(x)=A$,则 $A\geqslant 0$(或 $A\leqslant 0$).

4. 充要条件 $\lim\limits_{x\to x_0}f(x)=A\Leftrightarrow f(x_0-0)=f(x_0+0)=A$.

$$\lim_{x\to\infty}f(x)=A\Leftrightarrow \lim_{x\to+\infty}f(x)=\lim_{x\to-\infty}f(x)=A.$$

5. 函数极限与数列极限的关系 若 $\lim\limits_{x\to x_0}f(x)=A$($A$ 为定数),$\{x_n\}$ 为 $f(x)$ 的定义域内任一收敛于 x_0 的数列,且满足 $x_n\neq x_0$ $(n\in\mathbf{N}^+)$,则有 $\lim\limits_{n\to\infty}f(x_n)=\lim\limits_{x\to x_0}f(x)=A$.

二、 经典例题解析及解题方法总结

【例1】 利用极限定义证明下列极限:

(1)$\lim\limits_{x\to 2}(5x+2)=12$; (2)$\lim\limits_{x\to a}\sqrt{x}=\sqrt{a}$ $(a>0)$.

证 (1)对 $\forall\varepsilon>0$,由 $|5x+2-12|=|5x-10|=5|x-2|<\varepsilon$ 得 $|x-2|<\dfrac{\varepsilon}{5}$,

故取 $\delta=\dfrac{\varepsilon}{5}$,则 $\forall\varepsilon>0$,$\exists\delta=\dfrac{\varepsilon}{5}>0$,当 $0<|x-2|<\delta$ 时,有 $|5x+2-12|<\varepsilon$,

即 $\lim\limits_{x\to 2}(5x+2)=12$.

● **方法总结** ⋯⋯⋯⋯⋯⋯⋯⋯⋯⋯⋯⋯⋯⋯⋯⋯⋯⋯⋯⋯⋯⋯⋯⋯⋯⋯⋯⋯⋯⋯⋯⋯⋯⋯⋯

用定义证明函数极限存在的步骤:

①对于任给的 $\varepsilon>0$,由不等式 $|f(x)-A|<\varepsilon$,经一系列适当放大可得:$|f(x)-A|<\cdots<c|x-x_0|<\varepsilon$($c$ 为正常数)(或 $|f(x)-A|<\cdots<cM(x)$(c 为正常数)).

②解不等式 $c|x-x_0|<\varepsilon$(或 $cM(x)<\varepsilon$),得 $|x-x_0|<\dfrac{\varepsilon}{c}$(或 $|x|>N(\varepsilon)$).

③取 $\delta=\dfrac{\varepsilon}{c}$(或取正数 $X=N(\varepsilon)$),则当 $0<|x-x_0|<\delta$ 时(或当 $|x|>X$ 时),总有

$|f(x)-A|<\varepsilon$，即 $\lim\limits_{x\to x_0}f(x)=A$（或 $\lim\limits_{x\to\infty}f(x)=A$）.

解题的关键在于对 $\forall\varepsilon>0$，找到 $\delta>0$，常用到不等式放大的方法.

(2)要使 $\sqrt{x}$ 有意义，须限制 x，不妨令：$|x-a|<a\Rightarrow0<x<2a$，

对 $\forall\varepsilon>0$，要证 $\exists\delta>0$，当 $0<|x-a|<\delta$ 时，有 $|\sqrt{x}-\sqrt{a}|=\left|\dfrac{x-a}{\sqrt{x}+\sqrt{a}}\right|<\dfrac{1}{\sqrt{a}}|x-a|<\varepsilon$，

取 $\delta=\min\{\sqrt{a}\varepsilon,a\}$，则当 $0<|x-a|<\delta$ 时，有 $|\sqrt{x}-\sqrt{a}|<\varepsilon$，即 $\lim\limits_{x\to a}\sqrt{x}=\sqrt{a}(a>0)$.

● **方法总结** ······

用定义证明某些极限时，一般地都需对原来的式子做适当的放大，然后再考虑如何取 δ. 若 $x\to x_0$，x_0 是有限值，在放大的式子中应想法保留住 $|x-x_0|$ 的一个因子，这样可便于利用 $|x-x_0|<\delta$ 来得到 $|f(x)-A|<\varepsilon$ 的结论，而 δ 的确定也正是基于这一点，且 δ 只与 ε 有关，δ 不依赖于 x. 对于任意给定的小正数 ε，与 ε 对应的小正数 δ 不唯一，δ 是用来说明变量 x 与常数 x_0 接近程度的.

【例2】 求函数 $f(x)=\dfrac{|x|}{x}$，$g(x)=\dfrac{1-a^{\frac{1}{x}}}{1+a^{\frac{1}{x}}}(a>1)$，当 $x\to0$ 时的左、右极限，并说明 $x\to0$ 时极限是否存在.

解 $\lim\limits_{x\to0^+}f(x)=\lim\limits_{x\to0^+}\dfrac{x}{x}=1$，$\quad\lim\limits_{x\to0^-}f(x)=\lim\limits_{x\to0^-}\left(-\dfrac{x}{x}\right)=-1$.

$\lim\limits_{x\to0^+}g(x)=\lim\limits_{x\to0^+}\dfrac{1-a^{\frac{1}{x}}}{1+a^{\frac{1}{x}}}=\lim\limits_{x\to0^+}\dfrac{a^{-\frac{1}{x}}-1}{a^{-\frac{1}{x}}+1}=-1$，$\quad\lim\limits_{x\to0^-}g(x)=\lim\limits_{x\to0^-}\dfrac{1-a^{\frac{1}{x}}}{1+a^{\frac{1}{x}}}=1$.

所以 $\lim\limits_{x\to0}f(x)$，$\lim\limits_{x\to0}g(x)$ 都不存在.

● **方法总结** ······

一般而言，证明一元函数的极限不存在，常用以下两种方法：

①若 $f(x_0^+)\neq f(x_0^-)$，或至少有一个不存在，则 $\lim\limits_{x\to x_0}f(x)$ 不存在，又当 $x\to\infty$ 时的极限式中若含有 $a^x(a>0,a\neq1)$ 或 $\arctan x,\operatorname{arccot}x$，应分别求出 $x\to+\infty$ 与 $x\to-\infty$ 时的极限值，若两者相等，则当 $x\to\infty$ 时极限存在；否则不存在.

②若存在 $x_n\to x_0,x_n\neq x_0$，$\lim\limits_{n\to\infty}f(x_n)$ 不存在或存在 $x_n\to x_0,x_n\neq x_0$ 及 $y_n\to x_0,y_n\neq x_0$，使得 $\lim\limits_{n\to\infty}f(x_n)\neq\lim\limits_{n\to\infty}f(y_n)$，则 $\lim\limits_{x\to x_0}f(x)$ 不存在.

【例3】 在求函数极限时，何时要考虑单侧极限?
解 在求函数极限的过程中，以下几种情形通常都需考虑单侧极限.
(1)分段函数在分界点处；(2)含有绝对值的函数；(3)取整函数；

(4)一些函数在特殊点处或无穷远处，如 $\cot x$ 在 $x=0$ 处，$\tan x$ 在 $x=\dfrac{\pi}{2}$ 处；$a^x(a>0,a\neq 1)$，e^x，$\arctan x$，$\operatorname{arccot} x$ 当 $x\to\infty$ 时，应特别注意事实：$\lim\limits_{x\to 0^+}a^{\frac{1}{x}}=+\infty$，$\lim\limits_{x\to 0^-}a^{\frac{1}{x}}=0\ (a>1)$.

例如，若 $f(x)=\begin{cases}\dfrac{3^{\frac{1}{x}}-1}{3^{\frac{1}{x}}+1}, & x\neq 0,\\[4mm] 2, & x=0,\end{cases}$ 则 $\lim\limits_{x\to 0}f(x)$ 不存在.

事实上，$f(0^+)=\lim\limits_{x\to 0^+}f(x)=\lim\limits_{x\to 0^+}\dfrac{3^{\frac{1}{x}}-1}{3^{\frac{1}{x}}+1}=\lim\limits_{x\to 0^+}\dfrac{1-\dfrac{1}{3^{\frac{1}{x}}}}{1+\dfrac{1}{3^{\frac{1}{x}}}}=1,$

$f(0^-)=\lim\limits_{x\to 0^-}f(x)=\lim\limits_{x\to 0^-}\dfrac{3^{\frac{1}{x}}-1}{3^{\frac{1}{x}}+1}=\lim\limits_{x\to 0^-}\dfrac{0-1}{0+1}=-1.$

习题 1—3 解答

1. 对图 1—8 所示的函数 $f(x)$，求下列极限，如极限不存在，说明理由.

   (1) $\lim\limits_{x\to -2}f(x)$；　　(2) $\lim\limits_{x\to -1}f(x)$；　　(3) $\lim\limits_{x\to 0}f(x)$.

   解　(1) $\lim\limits_{x\to -2}f(x)=0$.

   (2) $\lim\limits_{x\to -1}f(x)=-1$.

   (3) $\lim\limits_{x\to 0}f(x)$ 不存在，因为 $f(0^+)\neq f(0^-)$.

图 1—8

2. 对图 1—9 所示的函数 $f(x)$，下列陈述中哪些是对的，哪些是错的？

   (1) $\lim\limits_{x\to 0}f(x)$ 不存在；　　(2) $\lim\limits_{x\to 0}f(x)=0$；

   (3) $\lim\limits_{x\to 0}f(x)=1$；　　(4) $\lim\limits_{x\to 1}f(x)=0$；

   (5) $\lim\limits_{x\to 1}f(x)$ 不存在；

   (6) 对每个 $x_0\in(-1,1)$，$\lim\limits_{x\to x_0}f(x)$ 存在.

   解　(1) 错，$\lim\limits_{x\to 0}f(x)$ 存在与否，与 $f(0)$ 的值无关.

   (2) 对，因为 $f(0^+)=f(0^-)=0$.

   (3) 错，$\lim\limits_{x\to 0}f(x)$ 的值与 $f(0)$ 的值无关.

   (4) 错，$f(1^+)=0$，但 $f(1^-)=-1$，故 $\lim\limits_{x\to 1}f(x)$ 不存在

   (5) 对，因为 $f(1^-)\neq f(1^+)$.

   (6) 对.

图 1—9

3. 对图 1—10 所示的函数，下列陈述中哪些是对的，哪些是错的？

   (1) $\lim\limits_{x\to -1^+}f(x)=1$；　　(2) $\lim\limits_{x\to -1^-}f(x)$ 不存在；

   (3) $\lim\limits_{x\to 0}f(x)=0$；　　(4) $\lim\limits_{x\to 0}f(x)=1$；

   (5) $\lim\limits_{x\to 1^-}=1$；　　(6) $\lim\limits_{x\to 1}f(x)=0$；

   (7) $\lim\limits_{x\to 2^-}f(x)=0$；　　(8) $\lim\limits_{x\to 2}f(x)=0$.

   解　(1) 对.

图 1—10

(2)对,因为当 $x < -1$ 时,$f(x)$ 无定义.

(3)对,因为 $f(0^+) = f(0^-) = 0$.

(4)错,$\lim\limits_{x \to 0} f(x)$ 的值与 $f(0)$ 的值无关.

(5)对.

(6)对.

(7)对.

(8)错,因为当 $x > 2$ 时,$f(x)$ 无定义,$f(2^+)$ 不存在.

4. 求 $f(x) = \dfrac{x}{x}$,$\varphi(x) = \dfrac{|x|}{x}$,当 $x \to 0$ 时的左、右极限,并说明它们在 $x \to 0$ 时的极限是否存在.

解 $\lim\limits_{x \to 0^+} f(x) = \lim\limits_{x \to 0^+} \dfrac{x}{x} = \lim\limits_{x \to 0^+} 1 = 1,\quad \lim\limits_{x \to 0^-} f(x) = \lim\limits_{x \to 0^-} \dfrac{x}{x} = \lim\limits_{x \to 0^-} 1 = 1.$

因为,$\lim\limits_{x \to 0^+} f(x) = 1 = \lim\limits_{x \to 0^-} f(x)$,所以 $\lim\limits_{x \to 0} f(x) = 1$.

$$\lim\limits_{x \to 0^+} \varphi(x) = \lim\limits_{x \to 0^+} \dfrac{|x|}{x} = \lim\limits_{x \to 0^+} \dfrac{x}{x} = 1,\quad \lim\limits_{x \to 0^-} \varphi(x) = \lim\limits_{x \to 0^-} \dfrac{|x|}{x} = \lim\limits_{x \to 0^-} \dfrac{-x}{x} = -1.$$

因为 $\lim\limits_{x \to 0^+} \varphi(x) \neq \lim\limits_{x \to 0^-} \varphi(x)$,所以 $\lim\limits_{x \to 0} \varphi(x)$ 不存在.

*5. 根据函数极限的定义证明:

(1)$\lim\limits_{x \to 3}(3x - 1) = 8$; (2)$\lim\limits_{x \to 2}(5x + 2) = 12$; (3)$\lim\limits_{x \to -2} \dfrac{x^2 - 4}{x + 2} = -4$; (4)$\lim\limits_{x \to -\frac{1}{2}} \dfrac{1 - 4x^2}{2x + 1} = 2$.

解 (1)因为 $|(3x - 1) - 8| = |3x - 9| = 3|x - 3|$,要使 $|(3x - 1) - 8| < \varepsilon$,只要 $|x - 3| < \dfrac{\varepsilon}{3}$,所以 $\forall \varepsilon > 0$,

取 $\delta = \dfrac{\varepsilon}{3}$,则当 $0 < |x - 3| < \delta$ 时,就有 $|(3x - 1) - 8| < \varepsilon$,即 $\lim\limits_{x \to 3}(3x - 1) = 8$.

(2)因为 $|(5x + 2) - 12| = |5x - 10| = 5|x - 2|$,要使 $|(5x + 2) - 12| < \varepsilon$,只要 $|x - 2| < \dfrac{\varepsilon}{5}$,所以 $\forall \varepsilon >$

0,取 $\delta = \dfrac{\varepsilon}{5}$,则当 $0 < |x - 2| < \delta$ 时,就有 $|(5x + 2) - 12| < \varepsilon$,即 $\lim\limits_{x \to 2}(5x + 2) = 12$.

(3)因为 $x \to -2$,$x \neq -2$,$\left| \dfrac{x^2 - 4}{x + 2} - (-4) \right| = |x - 2 - (-4)| = |x + 2| = |x - (-2)|$,

要使 $\left| \dfrac{x^2 - 4}{x + 2} - (-4) \right| < \varepsilon$,只要 $|x - (-2)| < \varepsilon$,所以 $\forall \varepsilon > 0$,取 $\delta = \varepsilon$,则当 $0 < |x - (-2)| < \delta$ 时,

就有 $\left| \dfrac{x^2 - 4}{x + 2} - (-4) \right| < \varepsilon$,即 $\lim\limits_{x \to -2} \dfrac{x^2 - 4}{x + 2} = -4$.

(4)因为 $x \to -\dfrac{1}{2}$,$x \neq -\dfrac{1}{2}$,$\left| \dfrac{1 - 4x^2}{2x + 1} - 2 \right| = |1 - 2x - 2| = 2\left| x - \left(-\dfrac{1}{2}\right) \right|$,

要使 $\left| \dfrac{1 - 4x^2}{2x + 1} - 2 \right| < \varepsilon$,只要 $\left| x - \left(-\dfrac{1}{2}\right) \right| < \dfrac{\varepsilon}{2}$,所以 $\forall \varepsilon > 0$,取 $\delta = \dfrac{\varepsilon}{2}$,则当 $0 <$

$\left| x - \left(-\dfrac{1}{2}\right) \right| < \delta$ 时,就有 $\left| \dfrac{1 - 4x^2}{2x + 1} - 2 \right| < \varepsilon$,即 $\lim\limits_{x \to -\frac{1}{2}} \dfrac{1 - 4x^2}{2x + 1} = 2$.

*6. 根据函数极限的定义证明:

(1)$\lim\limits_{x \to \infty} \dfrac{1 + x^3}{2x^3} = \dfrac{1}{2}$; (2)$\lim\limits_{x \to +\infty} \dfrac{\sin x}{\sqrt{x}} = 0$.

证 (1)因为 $\left| \dfrac{1 + x^3}{2x^3} - \dfrac{1}{2} \right| = \dfrac{1}{2|x|^3}$. 要使 $\left| \dfrac{1 + x^3}{2x^3} - \dfrac{1}{2} \right| < \varepsilon$,只要 $\dfrac{1}{2|x|^3} < \varepsilon$,即 $|x| > \dfrac{1}{\sqrt[3]{2\varepsilon}}$,所以 $\forall \varepsilon > 0$,取

$X = \dfrac{1}{\sqrt[3]{2\varepsilon}}$,则当 $|x| > X$ 时,就有 $\left| \dfrac{1 + x^3}{2x^3} - \dfrac{1}{2} \right| < \varepsilon$,即 $\lim\limits_{x \to \infty} \dfrac{1 + x^3}{2x^3} = \dfrac{1}{2}$.

(2)因为$\left|\dfrac{\sin x}{\sqrt{x}}-0\right|\leqslant\dfrac{1}{\sqrt{x}}$,要使$\left|\dfrac{\sin x}{\sqrt{x}}-0\right|<\varepsilon$,只要$\dfrac{1}{\sqrt{x}}<\varepsilon$,即$x>\dfrac{1}{\varepsilon^2}$,所以$\forall\varepsilon>0$,取$X=\dfrac{1}{\varepsilon^2}$,则当$x>$

X时,就有$\left|\dfrac{\sin x}{\sqrt{x}}-0\right|<\varepsilon$,即$\lim\limits_{x\to+\infty}\dfrac{\sin x}{\sqrt{x}}=0$.

*7. 当$x\to2$时,$y=x^2\to4$.问δ等于多少,使当$|x-2|<\delta$时,$|y-4|<0.001$?

解 由于$x\to2$,$|x-2|\to0$,不妨设$|x-2|<1$,即$1<x<3$.

要使$|x^2-4|=|x+2|\,|x-2|<5|x-2|<0.001$,只要$|x-2|<\dfrac{0.001}{5}=0.0002$,

取$\delta=0.0002$,则当$0<|x-2|<\delta$时,就有$|x^2-4|<0.001$.

> 评注：先限定$|x-2|<1$,其目的是在$|x^2-4|=|x+2|\,|x-2|$中,将$|x+2|$放大为5,从而去掉
> 因子$|x+2|$,再令$5|x-2|<\varepsilon$,由此可以求出$|x-2|<\dfrac{\varepsilon}{5}$,从而找到$\delta$.这在按定义证明极限时,也是
> 经常采用的一种方法.

*8. 当$x\to\infty$时,$y=\dfrac{x^2-1}{x^2+3}\to1$.问$X$等于多少,使当$|x|>X$时,$|y-1|<0.01$?

解 因为$\left|\dfrac{x^2-1}{x^2+3}-1\right|=\dfrac{4}{x^2+3}<\dfrac{4}{x^2}$,要使$\left|\dfrac{x^2-1}{x^2+3}-1\right|<0.01$,只要$\dfrac{4}{x^2}<0.01$,即$|x|>20$,取$X=20$,则当

$|x|>X$时,就有$|y-1|<0.01$.

*9. 证明函数$f(x)=|x|$当$x\to0$时极限为零.

证 因为$||x|-0|=|x|=|x-0|$,所以$\forall\varepsilon>0$,取$\delta=\varepsilon$,则当$0<|x-0|<\delta$时,就有$||x|-0|<\varepsilon$,即$\lim\limits_{x\to0}|x|=0$.

*10. 证明：若$x\to+\infty$及$x\to-\infty$时,函数$f(x)$的极限都存在且都等于A,则$\lim\limits_{x\to\infty}f(x)=A$.

证 因为$\lim\limits_{x\to+\infty}f(x)=A$,所以$\forall\varepsilon>0$,$\exists X_1>0$,当$x>X_1$时,就有$|f(x)-A|<\varepsilon$.

又因为$\lim\limits_{x\to-\infty}f(x)=A$,所以对上面的$\varepsilon>0$,$\exists X_2>0$,当$x<-X_2$时,就有$|f(x)-A|<\varepsilon$.

取$X=\max\{X_1,X_2\}$,则当$|x|>X$,即$x>X$或$x<-X$时,就有$|f(x)-A|<\varepsilon$,即$\lim\limits_{x\to\infty}f(x)=A$.

*11. 根据函数极限的定义证明：函数$f(x)$当$x\to x_0$时极限存在的充分必要条件是左极限、右极限各自存在并且相等.

证 必要性 若$\lim\limits_{x\to x_0}f(x)=A$,则$\forall\varepsilon>0$,$\exists\delta>0$,当$0<|x-x_0|<\delta$时,就有$|f(x)-A|<\varepsilon$.

特别,当$0<x-x_0<\delta$时,有$|f(x)-A|<\varepsilon$,即$\lim\limits_{x\to x_0^+}f(x)=A$;当$0<x_0-x<\delta$时,有$|f(x)-A|<\varepsilon$,

即$\lim\limits_{x\to x_0^-}f(x)=A$.

充分性 若$\lim\limits_{x\to x_0^+}f(x)=A=\lim\limits_{x\to x_0^-}f(x)$,则$\forall\varepsilon>0$,$\exists\delta_1>0$,当$0<x-x_0<\delta_1$时,就有$|f(x)-A|<\varepsilon$;

又$\exists\delta_2>0$,当$0<x_0-x<\delta_2$时,就有$|f(x)-A|<\varepsilon$,取$\delta=\min\{\delta_1,\delta_2\}$,则当$0<|x-x_0|<\delta$时,就有

$|f(x)-A|<\varepsilon$,即$\lim\limits_{x\to x_0}f(x)=A$.

*12. 试给出$x\to\infty$时函数极限的局部有界性的定理,并加以证明.

解 局部有界性定理 如果$\lim\limits_{x\to\infty}f(x)=A$,那么存在常数$M>0$和$X>0$,使得当$|x|>X$时,有$|f(x)|\leqslant M$.

证明如下：因为$\lim\limits_{x\to\infty}f(x)=A$,所以对$\varepsilon=1>0$,$\exists X>0$,当$|x|>X$时,就有$|f(x)-A|<1$,从而

$|f(x)|\leqslant|f(x)-A|+|A|<1+|A|$,

取$M=|A|+1$,即有当$|x|>X$时,$|f(x)|\leqslant M$.

第四节　无穷小与无穷大

一、主要内容归纳

1. 无穷小与无穷大的定义

（1）**无穷小的定义**　若 $\lim\limits_{\substack{x \to x_0 \\ (x \to \infty)}} f(x) = 0$，则称 $f(x)$ 当 $x \to x_0$（$x \to \infty$）时为无穷小.

（2）**无穷大的定义**　若对任意给定的 $M > 0$，都存在一个正数 δ，使得满足 $0 < |x - x_0| < \delta$（$|x| > X$）的一切 x 所对应的 $f(x)$ 都满足不等式 $|f(x)| > M$，则称 $f(x)$ 当 $x \to x_0$（$x \to \infty$）时为无穷大，记为 $\lim\limits_{\substack{x \to x_0 \\ (x \to \infty)}} f(x) = \infty$

2. 无穷小与无穷大的关系　（以下所讨论的极限，都是在自变量同一变化过程中的极限）

若 $\lim f(x) = 0$　（$f(x) \neq 0$），　则 $\lim \dfrac{1}{f(x)} = \infty$；

若 $\lim f(x) = \infty$，　则 $\lim \dfrac{1}{f(x)} = 0$.

3. 无穷小与函数极限的关系

$\lim\limits_{\substack{x \to x_0 \\ (x \to \infty)}} f(x) = A$（$A$ 为常数）的充分必要条件是 $f(x) = A + \alpha$（其中 α 是当 $x \to x_0$（或 $x \to \infty$）时的无穷小）.

二、经典例题解析及解题方法总结

【例 1】 设数列 $\{x_n\}$ 与 $\{y_n\}$ 满足 $\lim\limits_{n \to \infty} x_n y_n = 0$，则下列断言正确的是_____.

（A）若 $\{x_n\}$ 发散，则 $\{y_n\}$ 必发散　　（B）若 $\{x_n\}$ 无界，则 $\{y_n\}$ 必有界

（C）若 $\{x_n\}$ 有界，则 $\{y_n\}$ 必为无穷小　（D）若 $\left\{\dfrac{1}{x_n}\right\}$ 为无穷小，则 $\{y_n\}$ 必为无穷小

解　（1）若取 $x_n = n$，$y_n = 0$，则 $\lim\limits_{n \to \infty} x_n y_n = 0$，且 $\{x_n\}$ 发散，但 $\{y_n\}$ 不发散，故（A）错误.

（2）若取 $x_n = n + (-1)^{n-1} n$，$y_n = n + (-1)^n n$，

则有 $\lim\limits_{n \to \infty} x_n y_n = \lim\limits_{n \to \infty} [n + (-1)^{n-1} n][n + (-1)^n n] = \lim\limits_{n \to \infty} 0 = 0$ 且 $\{x_n\}$ 无界，但 $\{y_n\}$ 无界，故（B）也不对.

（3）若取 $x_n = 0$，$\{y_n\}$ 为任何数列，则均有 $\lim\limits_{n \to \infty} x_n y_n = 0$，故（C）错误.

（4）若 $\left\{\dfrac{1}{x_n}\right\}$ 为无穷小，则 $\lim\limits_{n \to \infty} \dfrac{1}{x_n} = 0$，而 $\lim\limits_{n \to \infty} x_n y_n = \lim\limits_{n \to \infty} \dfrac{y_n}{\dfrac{1}{x_n}} = 0$，因此必有 $\lim\limits_{n \to \infty} y_n = 0$.

故应选（D）.

【例2】 指出下列哪些是无穷小量,哪些是无穷大量.

(1) $\dfrac{1}{x}$,当 $x\to 0$ 时; （2) $\dfrac{\sin x}{1+\cos x}$,当 $x\to 0$ 时;

(3) $\dfrac{x+1}{x^2-4}$,当 $x\to 2$ 时; （4) $\dfrac{x^4+2x^2-3}{x^2-3x+2}$,当 $x\to 1$ 时.

分析 由定义判定无穷小或无穷大需要判断其极限是零还是 ∞.

解 (1) $\lim\limits_{x\to 0}\dfrac{1}{x}=\infty\Rightarrow$ 当 $x\to 0$ 时,$\dfrac{1}{x}$ 为无穷大量.

(2) $\lim\limits_{x\to 0}\dfrac{\sin x}{1+\cos x}=0\Rightarrow$ 当 $x\to 0$ 时,$\dfrac{\sin x}{1+\cos x}$ 为无穷小量.

(3) $\lim\limits_{x\to 2}\dfrac{x+1}{x^2-4}=\lim\limits_{x\to 2}\dfrac{x+1}{(x-2)(x+2)}=\infty\Rightarrow$ 当 $x\to 2$ 时,$\dfrac{x+1}{x^2-4}$ 是无穷大量.

(4) $\lim\limits_{x\to 1}\dfrac{x^4+2x^2-3}{x^2-3x+2}=\lim\limits_{x\to 1}\dfrac{(x^2-1)(x^2+3)}{(x-1)(x-2)}=\lim\limits_{x\to 1}\dfrac{(x+1)(x^2+3)}{x-2}=-8\Rightarrow$ 当 $x\to 1$ 时,

$\dfrac{x^4+2x^2-3}{x^2-3x+2}$ 既不是无穷大量也不是无穷小量.

● **方法总结**

无穷小是一个变量,“0”是唯一的无穷小常数,任何一个绝对值很小很小的非零常数都不是无穷小.

习题 1—4 解答

1. 两个无穷小的商是否一定是无穷小? 举例说明之.

解 不一定. 例如 $\alpha(x)=2x$ 与 $\beta(x)=3x$ 都是当 $x\to 0$ 时的无穷小,但 $\dfrac{\alpha(x)}{\beta(x)}=\dfrac{2}{3}$ 却不是当 $x\to 0$ 时的无穷小.

*2. 根据定义证明:

(1) $y=\dfrac{x^2-9}{x+3}$ 为当 $x\to 3$ 时的无穷小.

(2) $y=x\sin\dfrac{1}{x}$ 为当 $x\to 0$ 时的无穷小.

证 (1)因为 $\left|\dfrac{x^2-9}{x+3}\right|=|x-3|$,所以 $\forall\varepsilon>0$,取 $\delta=\varepsilon$,则当 $0<|x-3|<\delta$ 时,就有 $\left|\dfrac{x^2-9}{x+3}\right|<\varepsilon$,即 $\dfrac{x^2-9}{x+3}$ 为当 $x\to 3$ 时的无穷小.

(2)因为 $\left|x\sin\dfrac{1}{x}\right|\leqslant|x|$,所以 $\forall\varepsilon>0$,取 $\delta=\varepsilon$,则当 $0<|x|<\delta$ 时,就有 $\left|x\sin\dfrac{1}{x}\right|<\varepsilon$,

即 $x\sin\dfrac{1}{x}$ 为当 $x\to 0$ 时的无穷小.

*3. 根据定义证明:函数 $y=\dfrac{1+2x}{x}$ 为当 $x\to 0$ 时的无穷大.问 x 应满足什么条件,能使 $|y|>10^4$?

证 因为 $\left|\dfrac{1+2x}{x}\right|=\left|\dfrac{1}{x}+2\right|\geqslant\left|\dfrac{1}{x}\right|-2$,要使 $\left|\dfrac{1+2x}{x}\right|>M$,只要 $\left|\dfrac{1}{x}\right|-2>M$,即 $|x|<\dfrac{1}{M+2}$,所以

$\forall M>0$,取 $\delta=\dfrac{1}{M+2}$,则当 $0<|x-0|<\delta$ 时,就有 $\left|\dfrac{1+2x}{x}\right|>M$,即 $\dfrac{1+2x}{x}$ 为当 $x\to 0$ 时的无穷大.

令 $M=10^4$，取 $\delta=\dfrac{1}{10^4+2}$，当 $0<|x-0|<\dfrac{1}{10^4+2}$ 时，就能使 $\left|\dfrac{1+2x}{x}\right|>10^4$．

> 评注：在本题的证明中，采取先将 $|f(x)|=\left|\dfrac{1+2x}{x}\right|$ 等价变形，然后适当缩小，使缩小后的量大于 M，从而求出 δ．这种方法在按定义证明函数在某个变化过程中为无穷大时，也是经常采用的．

4. 求下列极限并说明理由：

(1) $\lim\limits_{x\to\infty}\dfrac{2x+1}{x}$；　　　　　(2) $\lim\limits_{x\to 0}\dfrac{1-x^2}{1-x}$．

解　(1) $\lim\limits_{x\to\infty}\dfrac{2x+1}{x}=\lim\limits_{x\to\infty}\left(2+\dfrac{1}{x}\right)=2$．

理由：由定理 2，$\dfrac{1}{x}$ 为当 $x\to\infty$ 时的无穷小；再由定理 1，$\lim\limits_{x\to\infty}\left(2+\dfrac{1}{x}\right)=2$．

(2) $\lim\limits_{x\to 0}\dfrac{1-x^2}{1-x}=\lim\limits_{x\to 0}(1+x)=1$．理由：由定理 1，$\lim\limits_{x\to 0}(1+x)=1$．

5. 根据函数极限或无穷大定义，填写下表：

	$f(x)\to A$	$f(x)\to\infty$	$f(x)\to+\infty$	$f(x)\to-\infty$
$x\to x_0$	$\forall\varepsilon>0,\exists\delta>0$，使当 $0<\lvert x-x_0\rvert<\delta$ 时，即有 $\lvert f(x)-A\rvert<\varepsilon$	$\forall M>0,\exists\delta>0$，使当 $0<\lvert x-x_0\rvert<\delta$ 时，即有 $\lvert f(x)\rvert>M$	$\forall M>0,\exists\delta>0$，使当 $0<\lvert x-x_0\rvert<\delta$ 时，即有 $f(x)>M$	$\forall M>0,\exists\delta>0$，使当 $0<\lvert x-x_0\rvert<\delta$ 时，即有 $f(x)<-M$
$x\to x_0^+$	$\forall\varepsilon>0,\exists\delta>0$，使当 $0<x-x_0<\delta$ 时，即有 $\lvert f(x)-A\rvert<\varepsilon$	$\forall M>0,\exists\delta>0$，使当 $0<x-x_0<\delta$ 时，即有 $\lvert f(x)\rvert>M$	$\forall M>0,\exists\delta>0$，使当 $0<x-x_0<\delta$ 时，即有 $f(x)>M$	$\forall M>0,\exists\delta>0$，使当 $0<x-x_0<\delta$ 时，即有 $f(x)<-M$
$x\to x_0^-$	$\forall\varepsilon>0,\exists\delta>0$，使当 $0>x-x_0>-\delta$ 时，即有 $\lvert f(x)-A\rvert<\varepsilon$	$\forall M>0,\exists\delta>0$，使当 $0>x-x_0>-\delta$ 时，即有 $\lvert f(x)\rvert>M$	$\forall M>0,\exists\delta>0$，使当 $0>x-x_0>-\delta$ 时，即有 $f(x)>M$	$\forall M>0,\exists\delta>0$，使当 $0>x-x_0>-\delta$ 时，即有 $f(x)<-M$
$x\to\infty$	$\forall\varepsilon>0,\exists X>0$，使当 $\lvert x\rvert>X$ 时，即有 $\lvert f(x)-A\rvert<\varepsilon$	$\forall M>0,\exists X>0$，使当 $\lvert x\rvert>X$ 时，即有 $\lvert f(x)\rvert>M$	$\forall M>0,\exists X>0$，使当 $\lvert x\rvert>X$ 时，即有 $f(x)>M$	$\forall M>0,\exists X>0$，使当 $\lvert x\rvert>X$ 时，即有 $f(x)<-M$
$x\to+\infty$	$\forall\varepsilon>0,\exists X>0$，使当 $x>X$ 时，即有 $\lvert f(x)-A\rvert<\varepsilon$	$\forall M>0,\exists X>0$，使当 $x>X$ 时，即有 $\lvert f(x)\rvert>M$	$\forall M>0,\exists X>0$，使当 $x>X$ 时，即有 $f(x)>M$	$\forall M>0,\exists X>0$，使当 $x>X$ 时，即有 $f(x)<-M$
$x\to-\infty$	$\forall\varepsilon>0,\exists X>0$，使当 $x<-X$ 时，即有 $\lvert f(x)-A\rvert<\varepsilon$	$\forall M>0,\exists X>0$，使当 $x<-X$ 时，即有 $\lvert f(x)\rvert>M$	$\forall M>0,\exists X>0$，使当 $x<-X$ 时，即有 $f(x)>M$	$\forall M>0,\exists X>0$，使当 $x<-X$ 时，即有 $f(x)<-M$

6. 函数 $y=x\cos x$ 在 $(-\infty,+\infty)$ 内是否有界？这个函数是否为 $x\to\infty$ 时的无穷大？为什么？

解　因为 $\forall M>0$，总有 $x_0\in(M,+\infty)$，使 $\cos x_0=1$，从而 $y=x_0\cos x_0=x_0>M$，所以 $y=x\cos x$ 在 $(-\infty,+\infty)$ 内无界．又因为 $\forall M>0,X>0$，总有 $x_0\in(X,+\infty)$，使 $\cos x_0=0$，从而 $y=x_0\cos x_0=0<M$，所

以 $y=x\cos x$ 不是当 $x\to+\infty$ 时的无穷大.

7. 证明:函数在 $y=\dfrac{1}{x}\sin\dfrac{1}{x}$ 区间 $(0,1]$ 上无界,但这函数不是 $x\to0^+$ 时的无穷大.

证 先证函数 $y=\dfrac{1}{x}\sin\dfrac{1}{x}$ 在区间 $(0,1]$ 上无界.

因为 $\forall M>0$,取 $x_0=\dfrac{1}{2([M]+1)\pi+\dfrac{\pi}{2}}\in(0,1]$,则 $f(x_0)=2([M]+1)\pi+\dfrac{\pi}{2}>M$.

所以 $y=\dfrac{1}{x}\sin\dfrac{1}{x}$ 在 $(0,1]$ 上无界.

再证函数 $y=f(x)=\dfrac{1}{x}\sin\dfrac{1}{x}$ 不是 $x\to0^+$ 时的无穷大.

因为取 $M=1$. 对 $\forall\delta>0$. 取 $x_0=\dfrac{1}{2k\pi}\left(k>\dfrac{1}{2\delta\pi}\right)$,

则 $0<x_0=\dfrac{1}{2k\pi}<\delta$,但有 $f(x_0)=2k\pi\sin2k\pi=0<M$.

所以 $y=\dfrac{1}{x}\sin\dfrac{1}{x}$ 不是 $x\to0^+$ 时的无穷大.

8. 求函数 $f(x)=\dfrac{4}{2-x^2}$ 的图形的渐近线.

解 因为 $\lim\limits_{x\to\infty}f(x)=0$,所以 $y=0$ 是函数图形的水平渐近线.

因为 $\lim\limits_{x\to-\sqrt{2}}f(x)=\infty$,$\lim\limits_{x\to\sqrt{2}}f(x)=\infty$,所以 $x=-\sqrt{2}$ 及 $x=\sqrt{2}$ 都是函数图形的铅直渐近线.

第五节　极限运算法则

一、主要内容归纳

1. 函数极限的四则运算法则

以下运算法则对 $x\to x_0$ 和 $x\to\infty$ 均成立.

设 $\lim f(x)=A$,$\lim g(x)=B$(A、B 均为常数),则

$$\lim[f(x)\pm g(x)]=\lim f(x)\pm\lim g(x)=A\pm B$$

$$\lim[f(x)\cdot g(x)]=\lim f(x)\cdot\lim g(x)=A\cdot B$$

$$\lim\frac{f(x)}{g(x)}=\frac{\lim f(x)}{\lim g(x)}=\frac{A}{B}\quad(B\neq0)$$

以上结论对数列也成立,且上述法则成立的条件是各自的极限都存在,否则不可以进行极限的四则运算.

2. 无穷小运算法则

(1)有限多个无穷小的代数和仍是无穷小;

(2)有限多个无穷小之积仍是无穷小;

(3)有界函数与无穷小的乘积仍是无穷小.

所谓函数 $\varphi(x)$ 有界是指:存在常数 $M>0$,使当 $\varphi(x)$ 在 x 的变化过程中总有 $|\varphi(x)|\leqslant M$ 成立.

3. 复合函数的极限运算法则

设函数 $y=f[\varphi(x)]$ 是由函数 $u=\varphi(x)$ 与函数 $y=f(u)$ 复合而成，$f[\varphi(x)]$ 在点 x_0 的某去心邻域内有定义，若 $\lim\limits_{x \to x_0}\varphi(x)=u_0$，$\lim\limits_{u \to u_0}f(u)=A$，且存在 $\delta_1>0$，当 $x\in \mathring{U}(x_0,\delta_1)$ 时，有 $\varphi(x)\neq u_0$，则 $\lim\limits_{x \to x_0}f[\varphi(x)]=\lim\limits_{u \to u_0}f(u)=A$.

二、经典例题解析及解题方法总结

【例1】 求极限 $\lim\limits_{n \to \infty}[\sqrt{1+2+3+\cdots+n}-\sqrt{1+2+3+\cdots+(n-1)}]$.

解 原式 $=\lim\limits_{n \to \infty}\dfrac{n}{\sqrt{1+2+3+\cdots+n}+\sqrt{1+2+3+\cdots+(n-1)}}$

$=\lim\limits_{n \to \infty}\dfrac{n}{\sqrt{\dfrac{n(n+1)}{2}}+\sqrt{\dfrac{n(n-1)}{2}}}=\lim\limits_{n \to \infty}\dfrac{\sqrt{2}}{\sqrt{1+\dfrac{1}{n}}+\sqrt{1-\dfrac{1}{n}}}=\dfrac{\sqrt{2}}{2}$.

【例2】 求极限 $\lim\limits_{x \to -\infty}x(\sqrt{x^2+100}+x)$.

解 原式 $=\lim\limits_{x \to -\infty}\dfrac{100x}{\sqrt{x^2+100}-x}=\lim\limits_{x \to -\infty}\dfrac{100}{-\sqrt{1+\dfrac{100}{x^2}}-1}=-50$.

【例3】 求极限 $\lim\limits_{n \to \infty}\sin(\sqrt{n^2+1}\pi)$.

解 $\lim\limits_{n \to \infty}\sin(\sqrt{n^2+1}\pi)=\lim\limits_{n \to \infty}\sin(n+\sqrt{n^2+1}-n)\pi=\lim\limits_{n \to \infty}(-1)^n\sin(\sqrt{n^2+1}-n)\pi$

$=\lim\limits_{n \to \infty}(-1)^n\sin\dfrac{\pi}{\sqrt{n^2+1}+n}=0$.

【例4】 设函数 $f(x)=a^x(a>0,a\neq 1)$，则 $\lim\limits_{n \to \infty}\dfrac{1}{n^2}\ln[f(1)f(2)\cdots f(n)]=$ _____.

解 原式 $=\lim\limits_{n \to \infty}\dfrac{1}{n^2}\ln[a^1 a^2\cdots a^n]=\lim\limits_{n \to \infty}\dfrac{1}{n^2}\ln a^{\frac{n(n+1)}{2}}=\lim\limits_{n \to \infty}\dfrac{\dfrac{n(n+1)}{2}}{n^2}\ln a=\dfrac{1}{2}\ln a$.

故应填 $\dfrac{1}{2}\ln a$.

【例5】 求 $\lim\limits_{n \to \infty}(1+x)(1+x^2)(1+x^4)\cdots(1+x^{2^n})$，$(|x|<1)$.

解 原式 $=\lim\limits_{n \to \infty}\dfrac{(1-x)(1+x)(1+x^2)(1+x^4)\cdots(1+x^{2^n})}{1-x}=\lim\limits_{n \to \infty}\dfrac{1-(x^{2^n})^2}{1-x}=\dfrac{1}{1-x}$.

● 方法总结

①由以上例题可知，在求极限时，经常会碰到各种障碍使四则运算法则不能直接应用.如 $\dfrac{0}{0},\dfrac{\infty}{\infty},\infty-\infty$ 等不定式，此时应运用各种方法对函数作恒等变形，比如分解因式(如例3)、分子或分母有理化(如例1、例2)、三角恒等变形(如例4)、先求和(如例5)或先求积(如例6)再求极限等方法，从而使四则运算法则能顺利地运用.

②利用有界变量乘无穷小量的性质，是求极限问题的一个很好的技巧(如例4).

【例6】 指出下列所述数列的收敛性：

(1) 设 $\{x_n\}$ 收敛，$\{y_n\}$ 发散，则 $\{x_n+y_n\}$ _____；

(2) 设 $\{x_n\}$ 与 $\{y_n\}$ 均发散，则 $\{x_n+y_n\}$ _____；

(3) 设 $\{x_n\}$ 收敛，$\{y_n\}$ 发散，则 $\{x_n y_n\}$ _____.

解 (1) 数列 $\{x_n+y_n\}$ 发散. 事实上，令 $z_n=x_n+y_n$，若 $\{z_n\}=\{x_n+y_n\}$ 收敛，则 $y_n=z_n-x_n$，由条件知 $\{y_n\}$ 也收敛，这与已知 $\{y_n\}$ 发散矛盾，故 $\{x_n+y_n\}$ 发散.

(2) $\{x_n+y_n\}$ 收敛性不确定. 比如，令 $x_n=n+\dfrac{1}{n}$，$y_n=-n+\dfrac{1}{n}$，$z_n=n^2-\dfrac{1}{n}$，则 $x_n+y_n=\dfrac{2}{n}$，$x_n+z_n=n^2+n$，显然数列 $\{x_n\}$，$\{y_n\}$，$\{z_n\}$ 均发散，但是 $\{x_n+y_n\}$ 收敛，而 $\{x_n+z_n\}$ 发散.

(3) 数列 $\{x_n y_n\}$ 的收敛性不确定. 例如，取 $\{x_n\}=\dfrac{1}{n}$，$y_n=n$，$z_n=(-1)^n n$，则数列 $\{x_n\}$ 收敛，$\{y_n\}$ 与 $\{z_n\}$ 均发散，但 $\{x_n y_n\}=1$ 收敛，而 $\{x_n z_n\}=\{(-1)^n\}$ 发散.

● **方法总结**

由例6进一步说明，利用极限的四则运算法则是有条件的，只有当每个变量的极限都存在时才能用法则.

习题 1－5 解答

1. 计算下列极限：

(1) $\lim\limits_{x\to2}\dfrac{x^2+5}{x-3}$；

(2) $\lim\limits_{x\to\sqrt{3}}\dfrac{x^2-3}{x^2+1}$；

(3) $\lim\limits_{x\to1}\dfrac{x^2-2x+1}{x^2-1}$；

(4) $\lim\limits_{x\to0}\dfrac{4x^3-2x^2+x}{3x^2+2x}$；

(5) $\lim\limits_{h\to0}\dfrac{(x+h)^2-x^2}{h}$；

(6) $\lim\limits_{x\to\infty}\left(2-\dfrac{1}{x}+\dfrac{1}{x^2}\right)$；

(7) $\lim\limits_{x\to\infty}\dfrac{x^2-1}{2x^2-x-1}$；

(8) $\lim\limits_{x\to\infty}\dfrac{x^2+x}{x^4-3x^2+1}$；

(9) $\lim\limits_{x\to4}\dfrac{x^2-6x+8}{x^2-5x+4}$；

(10) $\lim\limits_{x\to\infty}\left(1+\dfrac{1}{x}\right)\left(2-\dfrac{1}{x^2}\right)$；

(11) $\lim\limits_{n\to\infty}\left(1+\dfrac{1}{2}+\dfrac{1}{4}+\cdots+\dfrac{1}{2^n}\right)$；

(12) $\lim\limits_{n\to\infty}\dfrac{1+2+3+\cdots+(n-1)}{n^2}$；

(13) $\lim\limits_{n\to\infty}\dfrac{(n+1)(n+2)(n+3)}{5n^3}$；

(14) $\lim\limits_{x\to1}\left(\dfrac{1}{1-x}-\dfrac{3}{1-x^3}\right)$.

解 (1) $\lim\limits_{x\to2}\dfrac{x^2+5}{x-3}=\dfrac{\lim\limits_{x\to2}(x^2+5)}{\lim\limits_{x\to2}(x-3)}=\dfrac{9}{-1}=-9$.

(2) $\lim\limits_{x\to\sqrt{3}}\dfrac{x^2-3}{x^2+1}=\dfrac{\lim\limits_{x\to\sqrt{3}}(x^2-3)}{\lim\limits_{x\to\sqrt{3}}(x^2+1)}=\dfrac{0}{4}=0$.

(3) $\lim\limits_{x\to1}\dfrac{x^2-2x+1}{x^2-1}=\lim\limits_{x\to1}\dfrac{(x-1)^2}{(x-1)(x+1)}=\lim\limits_{x\to1}\dfrac{x-1}{x+1}=\dfrac{\lim\limits_{x\to1}(x-1)}{\lim\limits_{x\to1}(x+1)}=\dfrac{0}{2}=0$.

$(4)\lim\limits_{x\to0}\dfrac{4x^3-2x^2+x}{3x^2+2x}=\lim\limits_{x\to0}\dfrac{4x^2-2x+1}{3x+2}=\dfrac{\lim\limits_{x\to0}(4x^2-2x+1)}{\lim\limits_{x\to0}(3x+2)}=\dfrac{1}{2}.$

$(5)\lim\limits_{h\to0}\dfrac{(x+h)^2-x^2}{h}=\lim\limits_{h\to0}\dfrac{h(2x+h)}{h}=\lim\limits_{h\to0}(2x+h)=2x.$

$(6)\lim\limits_{x\to\infty}\left(2-\dfrac{1}{x}+\dfrac{1}{x^2}\right)=\lim\limits_{x\to\infty}2-\lim\limits_{x\to\infty}\dfrac{1}{x}+\lim\limits_{x\to\infty}\dfrac{1}{x^2}=2-0+0=2.$

$(7)\lim\limits_{x\to\infty}\dfrac{x^2-1}{2x^2-x-1}=\lim\limits_{x\to\infty}\dfrac{1-\dfrac{1}{x^2}}{2-\dfrac{1}{x}-\dfrac{1}{x^2}}=\dfrac{\lim\limits_{x\to\infty}\left(1-\dfrac{1}{x^2}\right)}{\lim\limits_{x\to\infty}\left(2-\dfrac{1}{x}-\dfrac{1}{x^2}\right)}=\dfrac{1}{2}.$

$(8)\lim\limits_{x\to\infty}\dfrac{x^2+x}{x^4-3x^2+1}=\lim\limits_{x\to\infty}\dfrac{\dfrac{1}{x^2}+\dfrac{1}{x^3}}{1-\dfrac{3}{x^2}+\dfrac{1}{x^4}}=\dfrac{\lim\limits_{x\to\infty}\left(\dfrac{1}{x^2}+\dfrac{1}{x^3}\right)}{\lim\limits_{x\to\infty}\left(1-\dfrac{3}{x^2}+\dfrac{1}{x^4}\right)}=\dfrac{0}{1}=0.$

$(9)\lim\limits_{x\to4}\dfrac{x^2-6x+8}{x^2-5x+4}=\lim\limits_{x\to4}\dfrac{(x-4)(x-2)}{(x-4)(x-1)}=\lim\limits_{x\to4}\dfrac{x-2}{x-1}=\dfrac{\lim\limits_{x\to4}(x-2)}{\lim\limits_{x\to4}(x-1)}=\dfrac{2}{3}.$

$(10)\lim\limits_{x\to\infty}\left(1+\dfrac{1}{x}\right)\left(2-\dfrac{1}{x^2}\right)=\lim\limits_{x\to\infty}\left(1+\dfrac{1}{x}\right)\cdot\lim\limits_{x\to\infty}\left(2-\dfrac{1}{x^2}\right)=1\cdot2=2.$

$(11)\lim\limits_{n\to\infty}\left(1+\dfrac{1}{2}+\dfrac{1}{4}+\cdots+\dfrac{1}{2^n}\right)=\lim\limits_{n\to\infty}\dfrac{1-\dfrac{1}{2^{n+1}}}{1-\dfrac{1}{2}}=\lim\limits_{n\to\infty}2\left(1-\dfrac{1}{2^{n+1}}\right)=2\left(1-\lim\limits_{n\to\infty}\dfrac{1}{2^{n+1}}\right)=2.$

$(12)\lim\limits_{n\to\infty}\dfrac{1+2+3+\cdots+(n-1)}{n^2}=\lim\limits_{n\to\infty}\dfrac{n(n-1)}{2n^2}=\lim\limits_{n\to\infty}\dfrac{1}{2}\left(1-\dfrac{1}{n}\right)=\dfrac{1}{2}.$

$(13)\lim\limits_{n\to\infty}\dfrac{(n+1)(n+2)(n+3)}{5n^3}=\lim\limits_{n\to\infty}\dfrac{1}{5}\left(1+\dfrac{1}{n}\right)\left(1+\dfrac{2}{n}\right)\left(1+\dfrac{3}{n}\right)$

$$=\dfrac{1}{5}\lim\limits_{n\to\infty}\left(1+\dfrac{1}{n}\right)\lim\limits_{n\to\infty}\left(1+\dfrac{2}{n}\right)\lim\limits_{n\to\infty}\left(1+\dfrac{3}{n}\right)=\dfrac{1}{5}.$$

$(14)\lim\limits_{x\to1}\left(\dfrac{1}{1-x}-\dfrac{3}{1-x^3}\right)=\lim\limits_{x\to1}\dfrac{1+x+x^2-3}{1-x^3}=\lim\limits_{x\to1}\dfrac{(x-1)(x+2)}{(1-x)(1+x+x^2)}=\lim\limits_{x\to1}\dfrac{-(x+2)}{1+x+x^2}$

$$=-\dfrac{\lim\limits_{x\to1}(x+2)}{\lim\limits_{x\to1}(1+x+x^2)}=-\dfrac{3}{3}=-1.$$

2. 计算下列极限:

$(1)\lim\limits_{x\to2}\dfrac{x^3+2x^2}{(x-2)^2};$ $\qquad(2)\lim\limits_{x\to\infty}\dfrac{x^2}{2x+1};$ $\qquad(3)\lim\limits_{x\to\infty}(2x^3-x+1).$

解 (1)因为$\lim\limits_{x\to2}\dfrac{(x-2)^2}{x^3+2x^2}=\dfrac{\lim\limits_{x\to2}(x-2)^2}{\lim\limits_{x\to2}(x^3+2x^2)}=0$,所以$\lim\limits_{x\to2}\dfrac{x^3+2x^2}{(x-2)^2}=\infty.$

(2)因为$\lim\limits_{x\to\infty}\dfrac{2x+1}{x^2}=\lim\limits_{x\to\infty}\left(\dfrac{2}{x}+\dfrac{1}{x^2}\right)=0$,所以$\lim\limits_{x\to\infty}\dfrac{x^2}{2x+1}=\infty.$

(3)因为$\lim\limits_{x\to\infty}\dfrac{1}{2x^3-x+1}=\lim\limits_{x\to\infty}\dfrac{\dfrac{1}{x^3}}{2-\dfrac{1}{x^2}+\dfrac{1}{x^3}}=\dfrac{\lim\limits_{x\to\infty}\dfrac{1}{x^3}}{\lim\limits_{x\to\infty}\left(2-\dfrac{1}{x^2}+\dfrac{1}{x^3}\right)}=0$,所以$\lim\limits_{x\to\infty}(2x^3-x+1)=\infty.$

3. 计算下列极限:

$(1)\lim\limits_{x\to0}x^2\sin\dfrac{1}{x};$ $\qquad\qquad(2)\lim\limits_{x\to\infty}\dfrac{\arctan x}{x}.$

解 (1)因为 $x^2\to0(x\to0)$, $\left|\sin\dfrac{1}{x}\right|\leqslant1$,所以$\lim\limits_{x\to0}x^2\sin\dfrac{1}{x}=0.$

(2)因为 $\frac{1}{x}\to 0(x\to\infty)$，$|\arctan x|<\frac{\pi}{2}$，所以 $\lim\limits_{x\to\infty}\frac{\arctan x}{x}=0$.

4. 设 $\{a_n\}$，$\{b_n\}$，$\{c_n\}$ 均为非负数列，且 $\lim\limits_{n\to\infty}a_n=0$，$\lim\limits_{n\to\infty}b_n=1$，$\lim\limits_{n\to\infty}c_n=\infty$. 下列陈述中哪些是对的，哪些是错的? 如果是对的，说明理由;如果是错的，试给出一个反例.

(1)$a_n<b_n$，$n\in\mathbf{N}^+$；　　　　　　(2)$b_n<c_n$，$n\in\mathbf{N}^+$；

(3)$\lim\limits_{x\to\infty}a_nc_n$ 不存在；　　　　　　(4)$\lim\limits_{x\to\infty}b_nc_n$ 不存在.

解 (1)错. 例如 $a_n=\frac{1}{n}$，$b_n=\frac{n}{n+1}$，$n\in\mathbf{N}^+$，当 $n=1$ 时，$a_1=1>\frac{1}{2}=b_1$，故对任意 $n\in\mathbf{N}^+$ $a_n<b_n$ 不成立.

(2)错. 例如 $b_n=\frac{n}{n+1}$，$c_n=(-1)^n n$，$n\in\mathbf{N}^+$ 当 n 为奇数时，$b_n<c_n$ 不成立.

(3)错，例如 $a_n=\frac{1}{n^2}$，$c_n=n$，$n\in\mathbf{N}^+$. $\lim\limits_{n\to\infty}a_nc_n=0$.

(4)对. 因为，若 $\lim\limits_{n\to\infty}b_nc_n$ 存在，则 $\lim\limits_{n\to\infty}c_n=\lim\limits_{n\to\infty}(b_nc_n)\cdot\lim\limits_{n\to\infty}\frac{1}{b_n}$ 也存在，与已知条件矛盾.

5. 下列陈述中哪些是对的，哪些是错的? 如果是对的，说明理由;如果是错的，试给出一个反例.

(1)如果 $\lim\limits_{x\to x_0}f(x)$ 存在，但 $\lim\limits_{x\to x_0}g(x)$ 不存在，那么 $\lim\limits_{x\to x_0}[f(x)+g(x)]$ 不存在；

(2)如果 $\lim\limits_{x\to x_0}f(x)$ 和 $\lim\limits_{x\to x_0}g(x)$ 都不存在，那么 $\lim\limits_{x\to x_0}[f(x)+g(x)]$ 不存在；

(3)如果 $\lim\limits_{x\to x_0}f(x)$ 存在，但 $\lim\limits_{x\to x_0}g(x)$ 不存在，那么 $\lim\limits_{x\to x_0}[f(x)g(x)]$ 不存在；

(4)如果 $\lim\limits_{x\to x_0}f(x)$ 和 $\lim\limits_{x\to x_0}g(x)$ 都不存在，那么 $\lim\limits_{x\to x_0}[f(x)g(x)]$ 不存在.

解 (1)对. 因为若 $\lim\limits_{x\to x_0}[f(x)+g(x)]$ 存在，则 $\lim\limits_{x\to x_0}g(x)=\lim\limits_{x\to x_0}[f(x)+g(x)]-\lim\limits_{x\to x_0}f(x)$ 也存在，与已知条件矛盾.

(2)错. 例如 $f(x)=\operatorname{sgn}x,g(x)=-\operatorname{sgn}x$ 在 $x\to 0$ 时的极限都不存在，但 $f(x)+g(x)\equiv 0$ 在 $x\to 0$ 时的极限存在.

(3)错. 例如 $\lim\limits_{x\to 0}x=0$，$\lim\limits_{x\to 0}\sin\frac{1}{x}$ 不存在，但 $\lim\limits_{x\to 0}x\sin\frac{1}{x}=0$

(4)错. 例如 $f(x)=\begin{cases}x,x\geqslant 0,\\1,x<0,\end{cases}g(x)=\begin{cases}1,x\geqslant 0,\\x,x<0,\end{cases}$ 当 $x\to 0$ 时的极限都不存在，但 $f(x)g(x)\equiv x$ 当 $x\to 0$ 时的极限存在.

6. 设有收敛数列 $\{x_n\}$ 和 $\{y_n\}$，若从某项起，有 $x_n\geqslant y_n(n\geqslant N, N\in\mathbf{N}_+)$，且 $\lim\limits_{n\to\infty}x_n=A$，$\lim\limits_{n\to\infty}y_n=B$，证明:$A\geqslant B$.

证 $\forall\varepsilon>0$，由 $\lim\limits_{n\to\infty}x_n=A$ 知，$\exists N_1$，当 $n>N_1$ 时有 $A-\varepsilon<x_n<A+\varepsilon$；

由 $\lim\limits_{n\to\infty}y_n=B$ 知，$\exists N_2$，当 $n>N_2$ 时，有 $B-\varepsilon<y_n<B+\varepsilon$，取 $N_0=\max\{N,N_1,N_2\}$.

则当 $n>N_0$ 时，有 $B-\varepsilon<y_n\leqslant x_n<A+\varepsilon$，

即 $B<A+2\varepsilon$，由 $\varepsilon>0$ 的任意性知 $A\geqslant B$.

7. 证明本节定理 3 中的(2).

定理 3 (2)如果 $\lim f(x)=A$，$\lim g(x)=B$，那么

$$\lim[f(x)g(x)]=\lim f(x)\cdot\lim g(x)=AB.$$

证 因 $\lim f(x)=A$，$\lim g(x)=B$，由上节定理 1，有 $f(x)=A+\alpha$，　$g(x)=B+\beta$，

其中 α、β 都是无穷小，于是 $f(x)g(x)=(A+\alpha)(B+\beta)=AB+(A\beta+B\alpha+\alpha\beta)$，

由本节定理 2 推论 1、2，$A\beta$、$B\alpha$、$\alpha\beta$ 都是无穷小，再由本节定理 1，$(A\alpha+B\beta+\alpha\beta)$ 也是无穷小，由上节定理 1，得 $\lim f(x)g(x)=AB=\lim f(x)\cdot\lim g(x)$.

第六节　极限存在准则　两个重要极限

一、主要内容归纳

1. 两个准则

准则 Ⅰ（夹逼准则）　如果数列 $\{x_n\}$，$\{y_n\}$ 及 $\{z_n\}$ 满足下列条件：

(1) $y_n \leqslant x_n \leqslant z_n$，$n = 1, 2, \cdots$，

(2) $\lim\limits_{n \to \infty} y_n = \lim\limits_{n \to \infty} z_n = a$，则数列 $\{x_n\}$ 的极限存在，且 $\lim\limits_{n \to \infty} x_n = a$.

准则 Ⅰ′　设函数 $f(x)$、$g(x)$、$h(x)$ 有定义，且满足下列条件：

(1) 当 $x \in \{x \mid 0 < |x - x_0| < \delta\}$（或 $|x| > M$）时，有 $g(x) \leqslant f(x) \leqslant h(x)$ 成立；

(2) $\lim\limits_{\substack{x \to x_0 \\ (x \to \infty)}} g(x) = \lim\limits_{\substack{x \to x_0 \\ (x \to \infty)}} h(x) = a$，则 $\lim\limits_{\substack{x \to x_0 \\ (x \to \infty)}} f(x)$ 存在，且 $\lim\limits_{\substack{x \to x_0 \\ (x \to \infty)}} f(x) = a$.

准则 Ⅱ　单调有界数列必有极限.

2. 两个重要极限

(1) $\lim\limits_{x \to 0} \dfrac{\sin x}{x} = 1$，特点是 $\dfrac{0}{0}$ 型极限；

(2) $\lim\limits_{x \to 0} (1 + x)^{\frac{1}{x}} = \mathrm{e}$　或　$\lim\limits_{x \to \infty} \left(1 + \dfrac{1}{x}\right)^x = \mathrm{e}$，特点是 1^∞ 型极限.

二、经典例题解析及解题方法总结

【例 1】　设 $a > 0$，$x_1 > 0$，$x_{n+1} = \dfrac{1}{2}\left(x_n + \dfrac{a}{x_n}\right)$，$(n = 1, 2, \cdots)$

(1) 求证：数列 $\{x_n\}$ 单调减少且有下界.　　　(2) 求 $\lim\limits_{n \to \infty} x_n$.

证　(1) 显然 $x_n \geqslant 0 (n \geqslant 1)$ 因 $x_{n+1} = \dfrac{1}{2}\left(x_n + \dfrac{a}{x_n}\right) \geqslant \sqrt{x_n \cdot \dfrac{a}{x_n}} = \sqrt{a}\,(n \geqslant 2)$，故 $\{x_n\}$ 有下界，又 $x_{n+1} - x_n = \dfrac{1}{2}\left(x_n + \dfrac{a}{x_n}\right) - x_n = \dfrac{a - x_n^2}{2x_n} \leqslant 0 (n \geqslant 2)$，　即 $x_{n+1} \leqslant x_n$，

故数列 $\{x_n\}$ 单调减少.

(2) 由 (1) 知 $\lim\limits_{n \to \infty} x_n = A$ 存在. 对 $x_{n+1} = \dfrac{1}{2}\left(x_n + \dfrac{a}{x_n}\right)$ 两边取极限，得：$A = \dfrac{1}{2}\left(A + \dfrac{a}{A}\right)$，

解得 $A = \sqrt{a}$ 或 $A = -\sqrt{a}$（舍去）.

● 方法总结

　　单调有界性判别法主要分为两部分：单调、有界，是证明数列极限存在最常用的准则，是本节的难点. 证明数列单调性的方法常用归纳法、缩放法，也可证明 $x_{n+1} - x_n \geqslant 0$（或 $x_{n+1} - x_n \leqslant 0$）或 $x_{n+1} - x_n$ 与 $x_n - x_{n-1}$ 同号等.

【例2】 求 $\lim\limits_{n\to\infty}(\dfrac{1}{n^2+n+1}+\dfrac{2}{n^2+n+2}+\cdots+\dfrac{n}{n^2+n+n})$.

解 $\dfrac{1+2+\cdots+n}{n^2+n+n}\leqslant\dfrac{1}{n^2+n+1}+\dfrac{2}{n^2+n+2}+\cdots+\dfrac{n}{n^2+n+n}\leqslant\dfrac{1+2+\cdots+n}{n^2+n+1}$,

而 $\lim\limits_{n\to\infty}\dfrac{1+2+\cdots+n}{n^2+n+n}=\lim\limits_{n\to\infty}\dfrac{\frac{n(n+1)}{2}}{n^2+n+n}=\dfrac{1}{2}$, $\lim\limits_{n\to\infty}\dfrac{1+2+\cdots+n}{n^2+n+1}=\lim\limits_{n\to\infty}\dfrac{\frac{n(n+1)}{2}}{n^2+n+1}=\dfrac{1}{2}$,

所以由夹逼定理得:原式 $=\dfrac{1}{2}$.

故应填 $\dfrac{1}{2}$.

【例3】 $\lim\limits_{x\to0}\dfrac{3\sin x^2+x^2\cos\frac{1}{x}}{(1+\cos x)x}=$ _____.

解 原式 $=\lim\limits_{x\to0}\dfrac{1}{1+\cos x}\cdot\lim\limits_{x\to0}\dfrac{3\sin x^2+x^2\cos\frac{1}{x}}{x}=\dfrac{1}{2}\lim\limits_{x\to0}(3\dfrac{\sin x^2}{x}+x\cos\dfrac{1}{x})$

$=\dfrac{1}{2}(3\lim\limits_{x\to0}\dfrac{\sin x^2}{x^2}\cdot x+\lim\limits_{x\to0}x\cos\dfrac{1}{x})=\dfrac{1}{2}(3\times1\times0+0)=0$.

故应填 0.

【例4】 已知 $\lim\limits_{x\to\infty}\left(\dfrac{x^2}{x+1}-ax-b\right)=0$,其中 a,b 是常数,则

(A)$a=1,b=1$ (B)$a=-1,b=1$ (C)$a=1,b=-1$ (D)$a=-1,b=-1$

解 由 $\lim\limits_{x\to\infty}\left(\dfrac{x^2}{x+1}-ax-b\right)=\lim\limits_{x\to\infty}\left[\dfrac{1+(x^2-1)}{x+1}-ax-b\right]$

$=\lim\limits_{x\to\infty}\dfrac{1}{x+1}+\lim\limits_{x\to\infty}(x-1-ax-b)=\lim\limits_{x\to\infty}[(1-a)x-(1+b)]=0$,

知 $\lim\limits_{x\to\infty}(1-a)x=1+b$,由于 a,b 是常数,所以当且仅当 $\begin{cases}1-a=0,\\1+b=0\end{cases}$ 时上式才成立,故 $a=1$, $b=-1$.

故应选(C).

● 方法总结

这一类题,要求根据某个极限满足一定的条件,确定极限中参数的值或关系式,解决这类问题的基本思想是根据极限的求解方法,求得含有参数的极限值,让其满足给定的条件,从而求得参数值或关系式.

【例5】 (2010 数学三,4 分)若 $\lim\limits_{x\to0}\left[\dfrac{1}{x}-\left(\dfrac{1}{x}-a\right)e^x\right]=1$,则 $a=$ _____.

(A)0 (B)1 (C)2 (D)3

解　由 $\lim\limits_{x \to 0}\left[\dfrac{1}{x}-\left(\dfrac{1}{x}-a\right)\mathrm{e}^x\right]=\lim\limits_{x \to 0}\left(\dfrac{1-\mathrm{e}^x}{x}+a\mathrm{e}^x\right)=-1+a=1$，则 $a=2$. 故应选(C).

习题 1－6 解答

1. 计算下列极限：

(1) $\lim\limits_{x \to 0}\dfrac{\sin\omega x}{x}$;　　(2) $\lim\limits_{x \to 0}\dfrac{\tan 3x}{x}$;　　(3) $\lim\limits_{x \to 0}\dfrac{\sin 2x}{\sin 5x}$;

(4) $\lim\limits_{x \to 0}x\cot x$;　　(5) $\lim\limits_{x \to 0}\dfrac{1-\cos 2x}{x\sin x}$;　　(6) $\lim\limits_{n \to \infty}2^n\sin\dfrac{x}{2^n}$ (x 为不等于零的常数，$n\in\mathbf{N}_+$).

解　(1) 当 $\omega\neq 0$ 时，$\lim\limits_{x \to 0}\dfrac{\sin\omega x}{x}=\lim\limits_{x \to 0}\left(\omega\cdot\dfrac{\sin\omega x}{\omega x}\right)=\omega\lim\limits_{x \to 0}\dfrac{\sin\omega x}{\omega x}=\omega$;

当 $\omega=0$ 时，$\lim\limits_{x \to 0}\dfrac{\sin\omega x}{x}=0=\omega$,

故不论 ω 为何值，均有 $\lim\limits_{x \to 0}\dfrac{\sin\omega x}{x}=\omega$.

(2) $\lim\limits_{x \to 0}\dfrac{\tan 3x}{x}=\lim\limits_{x \to 0}\left(3\cdot\dfrac{\tan 3x}{3x}\right)=3\lim\limits_{x \to 0}\dfrac{\tan 3x}{3x}=3$.

(3) $\lim\limits_{x \to 0}\dfrac{\sin 2x}{\sin 5x}=\lim\limits_{x \to 0}\left(\dfrac{\sin 2x}{2x}\cdot\dfrac{5x}{\sin 5x}\cdot\dfrac{2}{5}\right)=\dfrac{2}{5}\lim\limits_{x \to 0}\dfrac{\sin 2x}{2x}\cdot\lim\limits_{x \to 0}\dfrac{5x}{\sin 5x}=\dfrac{2}{5}$.

(4) $\lim\limits_{x \to 0}x\cot x=\lim\limits_{x \to 0}\left(\dfrac{x}{\sin x}\cdot\cos x\right)=\lim\limits_{x \to 0}\dfrac{x}{\sin x}\cdot\lim\limits_{x \to 0}\cos x=1$.

(5) $\lim\limits_{x \to 0}\dfrac{1-\cos 2x}{x\sin x}=\lim\limits_{x \to 0}\dfrac{2\sin^2 x}{x\sin x}=2\lim\limits_{x \to 0}\dfrac{\sin x}{x}=2$.

(6) $\lim\limits_{n \to \infty}2^n\sin\dfrac{x}{2^n}=\lim\limits_{n \to \infty}\left(\dfrac{\sin\dfrac{x}{2^n}}{\dfrac{x}{2^n}}\cdot x\right)=x$.

2. 计算下列极限

(1) $\lim\limits_{x \to 0}(1-x)^{\frac{1}{x}}$;　　　　(2) $\lim\limits_{x \to 0}(1+2x)^{\frac{1}{x}}$;

(3) $\lim\limits_{x \to \infty}\left(\dfrac{1+x}{x}\right)^{2x}$;　　　　(4) $\lim\limits_{x \to \infty}\left(1-\dfrac{1}{x}\right)^{kx}$ (k 为正整数).

解　(1) $\lim\limits_{x \to 0}(1-x)^{\frac{1}{x}}=\lim\limits_{x \to 0}[1+(-x)]^{\frac{1}{(-x)}(-1)}=\mathrm{e}^{-1}$.

(2) $\lim\limits_{x \to 0}(1+2x)^{\frac{1}{x}}=\lim\limits_{x \to 0}[(1+2x)^{\frac{1}{2x}}]^2=\mathrm{e}^2$.

(3) $\lim\limits_{x \to \infty}\left(\dfrac{1+x}{x}\right)^{2x}=\lim\limits_{x \to \infty}\left[\left(1+\dfrac{1}{x}\right)^x\right]^2=\mathrm{e}^2$.

(4) $\lim\limits_{x \to \infty}\left(1-\dfrac{1}{x}\right)^{kx}=\lim\limits_{x \to \infty}\left[1+\dfrac{1}{(-x)}\right]^{(-x)(-k)}=\mathrm{e}^{-k}$.

*3. 根据函数极限的定义，证明极限存在的准则 I′.

准则 I′　如果

(1) $g(x)\leqslant f(x)\leqslant h(x)$，$x\in\mathring{U}(x_0,r)$ 或 $|x|>M$,

(2) $\lim\limits_{x \to x_0}g(x)=A$，$\lim\limits_{x \to x_0}h(x)=A$,

那么 $\lim\limits_{x \to x_0}f(x)$ 存在，且等于 A.

证　$\forall\varepsilon>0$，因 $\lim\limits_{x \to x_0}g(x)=A$，故 $\exists\delta_1>0$，当 $0<|x-x_0|<\delta_1$ 时，有 $|g(x)-A|<\varepsilon$，即

$$A-\varepsilon<g(x)<A+\varepsilon,\tag{3}$$

又因 $\lim\limits_{x \to x_0}h(x)=A$，故对上面的 $\varepsilon>0$，$\exists\delta_2>0$，当 $0<|x-x_0|<\delta_2$ 时，有 $|h(x)-A|<\varepsilon$，即

$$A-\varepsilon<h(x)<A+\varepsilon. \tag{4}$$

取 $\delta=\min\{\delta_1,\delta_2,r\}$，则当 $0<|x-x_0|<\delta$ 时，假设(1)及关系式(3)、(4)同时成立，从而有

$$A-\varepsilon<g(x)\leqslant f(x)\leqslant h(x)<A+\varepsilon,$$

即有 $|f(x)-A|<\varepsilon$. 因此 $\lim\limits_{x\to x_0}f(x)$ 存在，且等于 A.

> **评注** 对于 $x\to\infty$ 的情形，利用极限 $\lim\limits_{x\to\infty}f(x)=A$ 的定义及假设条件，可以类似地证明相应的准则 I'.

4. 利用极限存在准则证明：

(1) $\lim\limits_{n\to\infty}\sqrt{1+\dfrac{1}{n}}=1$;　　(2) $\lim\limits_{n\to\infty}n\left(\dfrac{1}{n^2+\pi}+\dfrac{1}{n^2+2\pi}+\cdots+\dfrac{1}{n^2+n\pi}\right)=1$;

(3) $\lim\limits_{x\to0}\sqrt[n]{1+x}=1$;　　(4) $\lim\limits_{x\to0^+}x\left[\dfrac{1}{x}\right]=1$.

证　(1) 因 $1<\sqrt{1+\dfrac{1}{n}}<1+\dfrac{1}{n}$，而 $\lim\limits_{n\to\infty}1=1$，$\lim\limits_{n\to\infty}\left(1+\dfrac{1}{n}\right)=1$，由夹逼准则，即得证.

(2) 因 $\dfrac{n}{n+\pi}\leqslant n\left(\dfrac{1}{n^2+\pi}+\dfrac{1}{n^2+2\pi}+\cdots+\dfrac{1}{n^2+n\pi}\right)\leqslant\dfrac{n^2}{n^2+\pi}$，

而 $\lim\limits_{n\to\infty}\dfrac{n}{n+\pi}=1$，$\lim\limits_{n\to\infty}\dfrac{n^2}{n^2+\pi}=1$，由夹逼准则，即得证.

(3) 当 $x>0$ 时，$1<\sqrt[n]{1+x}<1+x$；

当 $-1<x<0$ 时，$1+x<\sqrt[n]{1+x}<1$.

而 $\lim\limits_{x\to0}1=1$，$\lim\limits_{x\to0}(1+x)=1$. 由夹逼准则，即得证.

(4) 当 $x>0$ 时，$1-x<x\left[\dfrac{1}{x}\right]\leqslant1$. 而 $\lim\limits_{x\to0^+}(1-x)=1$，$\lim\limits_{x\to0^+}1=1$. 由夹逼准则，即得证.

5. 设数列 $\{x_n\}$ 满足：$x_1=\sqrt{2}$，$x_{n+1}=\sqrt{2+x_n}$ $(n\in\mathbf{N}_+)$. 证明：$\lim\limits_{n\to\infty}x_n$ 存在，并求此极限.

证　(1) 用数学归纳法证明 $x_n<2$.

(i) $x_1=\sqrt{2}<2$.

(ii) 假设 $x_k<2$，则 $x_{k+1}=\sqrt{2+x_k}<\sqrt{2+2}=2$，故 $x_n<2$，$\forall n\in\mathbf{N}_+$.

(2) 用数学归纳法证明 $\{x_n\}$ 单调增加.

(i) $x_1=\sqrt{2}<x_2=\sqrt{2+\sqrt{2}}$.

(ii) 假设 $x_k<x_{k+1}$，则 $x_k+2<x_{k+1}+2$，所以 $\sqrt{2+x_k}<\sqrt{2+x_{k+1}}$，即 $x_{k+1}<x_{k+2}$. 所以 $\{x_n\}$ 单调增加.

由单调有界准则知 $\lim\limits_{n\to\infty}x_n$ 存在，设 $\lim\limits_{n\to\infty}x_n=A$，在 $x_{n+1}=\sqrt{2+x_n}$ 两边取极限，得 $A=\sqrt{2+A}$，解得 $A=2$ 或 $A=-1$(舍去). 即 $\lim\limits_{n\to\infty}x_n=2$.

6. 设数列 $\{x_n\}$ 满足：$x_1\in(0,\pi)$，$x_{n+1}=\sin x_n$ $(n\in\mathbf{N}_+)$，证明 $\lim\limits_{n\to\infty}x_n$ 存在，并求此极限.

证　(1) 显然 $|x_{n+1}|=|\sin x_n|\leqslant1$，$n=1,2,\cdots$. 即 $\{x_n\}$ 有界.

(2) $x_{n+1}=\sin x_n\leqslant x_n$，$n=1,2,\cdots$. 即 $\{x_n\}$ 单调减少.

由单调有界准则知 $\lim\limits_{n\to\infty}x_n$ 存在，设 $\lim\limits_{n\to\infty}x_n=A$，在 $x_{n+1}=\sin x_n$ 两边取极限，得 $A=\sin A$，故 $A=0$. 即 $\lim\limits_{n\to\infty}x_n=0$.

第七节　无穷小的比较

一、主要内容归纳

1. 无穷小的比较

设 $\lim\alpha=0$，$\lim\beta=0$.

若 $\lim\dfrac{\beta}{\alpha}=0$，则称 β 是比 α 高阶的无穷小，记为 $\beta=o(\alpha)$；

若 $\lim\dfrac{\beta}{\alpha}=\infty$，则称 β 是比 α 低阶的无穷小；

若 $\lim\dfrac{\beta}{\alpha}=c\neq0$，则称 β 与 α 是同阶无穷小；

特别当 $c=1$ 时，则称 β 与 α 是等价无穷小，记作 $\alpha\sim\beta$.

2. 等价无穷小代换

(1) 若 $\lim\alpha=0$，$\lim\beta=0$，且 $\alpha\sim\alpha'$，$\beta\sim\beta'$，则 $\lim\dfrac{\alpha}{\beta}=\lim\dfrac{\alpha'}{\beta}=\lim\dfrac{\alpha}{\beta'}=\lim\dfrac{\alpha'}{\beta'}$.

(2) 设 $\alpha,\alpha',\beta,\beta'$ 都是在自变量同一变化过程中的无穷小，且 $\alpha\sim\alpha'$，$\beta\sim\beta'$，

如果 $\lim\dfrac{\beta}{\alpha}=c\neq1$（或 -1），则 $\alpha-\beta\sim\alpha'-\beta'$（或 $\alpha+\beta\sim\alpha'+\beta'$）.

3. 常见的等价无穷小　　设 $\alpha(x)\to0$，则

$\sin\alpha(x)\sim\alpha(x)$；　　　　　　　　　$\tan\alpha(x)\sim\alpha(x)$；

$\arcsin\alpha(x)\sim\alpha(x)$；　　　　　　　$\arctan\alpha(x)\sim\alpha(x)$；

$[e^{\alpha(x)}-1]\sim\alpha(x)$；　　　　　　　　$\ln[1+\alpha(x)]\sim\alpha(x)$；

$[1-\cos\alpha(x)]\sim\dfrac{1}{2}[\alpha(x)]^2$；　　　$[1+\alpha(x)]^k-1\sim k\alpha(x)\ (k\neq0)$；

$a^{\alpha(x)}-1\sim\alpha(x)\ln a\ (a>0,a\neq1)$.

4. 无穷小的阶数

若 $\lim\dfrac{\beta}{\alpha^k}=c\neq0$，则称 β 是 α 的 k 阶无穷小 $(k>0)$.

上式是判断无穷小阶数的基本方法.

二、经典例题解析及解题方法总结

【例 1】　若 $x\to0$ 时，$(1-ax^2)^{\frac{1}{4}}-1$ 与 $x\sin x$ 是等价无穷小，则 $a=$ _____.

解　当 $x\to0$ 时，$(1-ax^2)^{\frac{1}{4}}-1\sim-\dfrac{1}{4}ax^2$，$x\sin x\sim x^2$. 于是，根据题设有

$$\lim_{x\to0}\frac{(1-ax^2)^{\frac{1}{4}}-1}{x\sin x}=\lim_{x\to0}\frac{-\dfrac{1}{4}ax^2}{x^2}=-\frac{1}{4}a=1,$$

所以 $a=-4$.

故应填 -4.

【例2】 设当 $x\rightarrow0$ 时,$(1-\cos x)\ln(1+x^2)$ 是比 $x\sin x^n$ 高阶的无穷小,而 $x\sin x^n$ 是比 $e^{x^2}-1$ 高阶的无穷小,则正整数 $n=$ _____.

(A)1   (B)2   (C)3   (D)4

解 由于 $\ln(1+x^2)\sim x^2$,$\sin x^n\sim x^n$,$1-\cos x\sim\frac{1}{2}x^2$,$x\rightarrow0$.所以当 $x\rightarrow0$ 时有

$$(1-\cos x)\ln(1+x^2)\sim\frac{x^4}{2},\quad x\sin x^n\sim x^{n+1},\quad e^{x^2}-1\sim x^2.$$

由题目条件:$4>n+1>2$.

故 $n=2$.

【例3】 求下列极限.

$(1)\lim\limits_{x\rightarrow\infty}\dfrac{\sin\frac{1}{x}+\tan\frac{1}{x}}{\arcsin\frac{1}{x}}$; $(2)\lim\limits_{x\rightarrow0^+}\dfrac{1-\sqrt{\cos x}}{x(1-\cos\sqrt{x})}$.

解 (1)当 $x\rightarrow\infty$ 时,$\sin\frac{1}{x}\rightarrow0$,$\tan\frac{1}{x}\rightarrow0$,$\arcsin\frac{1}{x}\sim\frac{1}{x}$ 且 $\lim\limits_{x\rightarrow\infty}\dfrac{\sin\frac{1}{x}}{\tan\frac{1}{x}}=1\neq-1$,从而当

$x\rightarrow\infty$ 时,$\sin\frac{1}{x}+\tan\frac{1}{x}\sim\frac{1}{x}+\frac{1}{x}$,于是

$$\lim\limits_{x\rightarrow\infty}\dfrac{\sin\frac{1}{x}+\tan\frac{1}{x}}{\arcsin\frac{1}{x}}=\lim\limits_{x\rightarrow\infty}\dfrac{\frac{1}{x}+\frac{1}{x}}{\frac{1}{x}}=2.$$

$(2)\lim\limits_{x\rightarrow0^+}\dfrac{1-\sqrt{\cos x}}{x(1-\cos\sqrt{x})}=\lim\limits_{x\rightarrow0^+}\dfrac{1-\cos x}{x(1-\cos\sqrt{x})\cdot(1+\sqrt{\cos x})}$

$$=\lim\limits_{x\rightarrow0^+}\dfrac{1}{1+\sqrt{\cos x}}\cdot\lim\limits_{x\rightarrow0^+}\dfrac{\frac{1}{2}x^2}{x\cdot\frac{1}{2}x}=\frac{1}{2}.$$

【例4】 极限 $\lim\limits_{x\rightarrow0}[1+\ln(1+x)]^{\frac{2}{x}}=$ _____.

解 设 $y=[1+\ln(1+x)]^{\frac{2}{x}}$,则 $\ln y=\frac{2}{x}\ln[1+\ln(1+x)]$,

$$\lim\limits_{x\rightarrow0}\ln y=\lim\limits_{x\rightarrow0}\dfrac{2\ln[1+\ln(1+x)]}{x}=2\lim\limits_{x\rightarrow0}\dfrac{\ln(1+x)}{x}=2\lim\limits_{x\rightarrow0}\dfrac{x}{x}=2,$$

所以 原式 $=\lim\limits_{x\rightarrow0}y=\lim\limits_{x\rightarrow0}\exp(\ln y)=\exp(\lim\limits_{x\rightarrow0}\ln y)=e^2$.

故应填 e^2.

● **方法总结** ·············

> 幂指函数求极限常用对数法,即
> $$\lim_{x\to 0} f(x)^{g(x)} = \exp\left(\lim_{x\to 0} g(x) \cdot \ln f(x)\right).$$

【例5】 (2016 数学二,4 分)设 $a_1 = x(\cos\sqrt{x}-1)$, $a_2 = \sqrt{x}\ln(1+\sqrt[3]{x})$, $a_3 = \sqrt[3]{x+1}-1$. 当 $x\to 0^+$ 时,以上 3 个无穷小量按照从低阶到高阶排序是_____.

(A) a_1,a_2,a_3 (B) a_2,a_3,a_1 (C) a_2,a_1,a_3 (D) a_3,a_2,a_1

解 $x\to 0^+$ 时,有 $a_1 \sim x \cdot \left(-\dfrac{1}{2}x\right) = -\dfrac{1}{2}x^2$, $a_2 \sim \sqrt{x} \cdot \sqrt[3]{x} = x^{\frac{5}{6}}$, $a_3 \sim \dfrac{1}{3}x$,

故以上 3 个无穷小量从低阶到高阶的次序为 a_2,a_3,a_1.

故应选(B).

【例6】 (2014 数学二,4 分)当 $x\to 0^+$ 时,若 $\ln^\alpha(1+2x)$,$(1-\cos x)^{\frac{1}{\alpha}}$ 均是比 x 高阶的无穷小量,则 α 的取值范围是_____.

(A) $(2,+\infty)$ (B) $(1,2)$ (C) $\left(\dfrac{1}{2},1\right)$ (D) $\left(0,\dfrac{1}{2}\right)$

解 当 $x\to 0^+$ 时,$\ln^\alpha(1+2x) \sim (2x)^\alpha$,$(1-\cos x)^{\frac{1}{\alpha}} \sim \left(\dfrac{x^2}{2}\right)^{\frac{1}{\alpha}}$.

由题设得 $\alpha > 1$ 且 $\dfrac{2}{\alpha} > 1$,即 $1 < \alpha < 2$.

故应选(B).

习题 1—7 解答 ●·········

1. 当 $x\to 0$ 时,$2x-x^2$ 与 x^2-x^3 相比,哪一个是高阶无穷小?

解 因为 $\lim\limits_{x\to 0}(2x-x^2)=0$, $\lim\limits_{x\to 0}(x^2-x^3)=0$,

$$\lim_{x\to 0}\frac{x^2-x^3}{2x-x^2}=\lim_{x\to 0}\frac{x-x^2}{2-x}=0,$$

所以当 $x\to 0$ 时,x^2-x^3 是比 $2x-x^2$ 高阶的无穷小.

2. 当 $x\to 0$ 时,$(1-\cos x)^2$ 与 $\sin^2 x$ 相比,哪一个是高阶无穷小?

解 因为 $\lim\limits_{x\to 0}(1-\cos x)^2=0$, $\lim\limits_{x\to 0}\sin^2 x=0$, $\lim\limits_{x\to 0}\dfrac{(1-\cos x)^2}{\sin^2 x}=\lim\limits_{x\to 0}\dfrac{\left(\frac{1}{2}x^2\right)^2}{x^2}=0$,

所以当 $x\to 0$ 时,$(1-\cos x)^2$ 是比 $\sin^2 x$ 高阶的无穷小.

3. 当 $x\to 1$ 时,无穷小 $1-x$ 和 (1) $1-x^3$,(2) $\dfrac{1}{2}(1-x^2)$ 是否同阶?是否等价?

解 (1) $\dfrac{1-x}{1-x^3}=\dfrac{1-x}{(1-x)(1+x+x^2)}=\dfrac{1}{1+x+x^2} \to \dfrac{1}{3}(x\to 1)$,同阶,不等价.

(2) $\dfrac{1-x}{\frac{1}{2}(1-x^2)}=\dfrac{1-x}{\frac{1}{2}(1-x)(1+x)}=\dfrac{2}{1+x} \to 1(x\to 1)$,同阶,等价.

4. 证明：当 $x \to 0$ 时,有

(1) $\arctan x \sim x$;　　　　(2) $\sec x - 1 \sim \dfrac{x^2}{2}$.

证　(1) 令 $x = \tan t$,即 $t = \arctan x$,当 $x \to 0$ 时,$t \to 0$.

因为 $\lim\limits_{x \to 0} \dfrac{\arctan x}{x} = \lim\limits_{t \to 0} \dfrac{t}{\tan t} = 1$, 　所以 $\arctan x \sim x \ (x \to 0)$.

(2) 因为 $\lim\limits_{x \to 0} \dfrac{\sec x - 1}{\dfrac{x^2}{2}} = \lim\limits_{x \to 0} \left(\dfrac{1 - \cos x}{\dfrac{x^2}{2}} \cdot \dfrac{1}{\cos x} \right) = \lim\limits_{x \to 0} \left(\dfrac{2\sin^2 \dfrac{x}{2}}{\dfrac{x^2}{2}} \cdot \dfrac{1}{\cos x} \right) = \lim\limits_{x \to 0} \dfrac{\sin^2 \dfrac{x}{2}}{\left(\dfrac{x}{2} \right)^2} \cdot \lim\limits_{x \to 0} \dfrac{1}{\cos x} = 1$,

所以 $\sec x - 1 \sim \dfrac{x^2}{2} \ (x \to 0)$.

5. 利用等价无穷小的性质,求下列极限:

(1) $\lim\limits_{x \to 0} \dfrac{\tan 3x}{2x}$;　　　　(2) $\lim\limits_{x \to 0} \dfrac{\sin(x^n)}{(\sin x)^m}$ (n、m 为正整数);

(3) $\lim\limits_{x \to 0} \dfrac{\tan x - \sin x}{\sin^3 x}$;　　　　(4) $\lim\limits_{x \to 0} \dfrac{\sin x - \tan x}{(\sqrt[3]{1+x^2}-1)(\sqrt{1+\sin x}-1)}$.

解　(1) $\lim\limits_{x \to 0} \dfrac{\tan 3x}{2x} = \lim\limits_{x \to 0} \dfrac{3x}{2x} = \dfrac{3}{2}$.

(2) $\lim\limits_{x \to 0} \dfrac{\sin(x^n)}{(\sin x)^m} = \lim\limits_{x \to 0} \dfrac{x^n}{x^m} = \begin{cases} 0, & n > m, \\ 1, & n = m, \\ \infty, & n < m. \end{cases}$

(3) $\lim\limits_{x \to 0} \dfrac{\tan x - \sin x}{\sin^3 x} = \lim\limits_{x \to 0} \dfrac{\sec x - 1}{\sin^2 x} = \lim\limits_{x \to 0} \dfrac{\dfrac{x^2}{2}}{x^2} = \dfrac{1}{2}$.

> 评注:在用等价无穷小的代换求极限时,可以对分子或分母中的一个或若干个因子作代换,但一般不能对分子或分母中的某个加项作代换.例如,本题中若将分子中的 $\tan x$、$\sin x$ 均换成 x,那么分子成为 0,得出极限为 0,这就导致错误的结果.

(4) $\lim\limits_{x \to 0} \dfrac{\sin x - \tan x}{(\sqrt[3]{1+x^2}-1)(\sqrt{1+\sin x}-1)} = \lim\limits_{x \to 0} \dfrac{\sin x(1 - \sec x)}{\dfrac{1}{3}x^2 \cdot \dfrac{1}{2}\sin x} = \lim\limits_{x \to 0} \dfrac{-\dfrac{1}{2}x^2}{\dfrac{1}{6}x^2} = -3$.

6. 证明无穷小的等价关系具有下列性质:

(1) $\alpha \sim \alpha$(自反性);　　(2) 若 $\alpha \sim \beta$,则 $\beta \sim \alpha$(对称性);　　(3) 若 $\alpha \sim \beta$,$\beta \sim \gamma$,则 $\alpha \sim \gamma$(传递性).

证　(1) 因为 $\lim \dfrac{\alpha}{\alpha} = 1$,所以 $\alpha \sim \alpha$;

(2) 因为 $\alpha \sim \beta$,即 $\lim \dfrac{\alpha}{\beta} = 1$,所以 $\lim \dfrac{\beta}{\alpha} = 1$,即 $\beta \sim \alpha$;

(3) 因为 $\alpha \sim \beta$,$\beta \sim \gamma$,即 $\lim \dfrac{\alpha}{\beta} = 1$, $\lim \dfrac{\beta}{\gamma} = 1$ 所以 $\lim \dfrac{\alpha}{\gamma} = \lim \left(\dfrac{\alpha}{\beta} \cdot \dfrac{\beta}{\gamma} \right) = \lim \dfrac{\alpha}{\beta} \cdot \lim \dfrac{\beta}{\gamma} = 1$,

即 $\alpha \sim \gamma$.

第八节　函数的连续性与间断点

一、主要内容归纳

1. 函数的连续性

（1）函数 $f(x)$ 在 x_0 处连续的等价定义：

设 $y=f(x)$ 在 x_0 的某邻域内有定义.

①如果 $\lim\limits_{x \to x_0} f(x)$ 存在，且 $\lim\limits_{x \to x_0} f(x)=f(x_0)$，则称函数 $f(x)$ 在 x_0 处连续.

②如果对 $\forall \varepsilon > 0$，$\exists \delta > 0$，当 $|x-x_0| < \delta$ 时，有 $|f(x)-f(x_0)| < \varepsilon$，那么就称函数 $f(x)$ 在点 x_0 处连续.

③如果 $\lim\limits_{\Delta x \to 0} \Delta y = \lim\limits_{\Delta x \to 0} [f(x_0 + \Delta x) - f(x_0)] = 0$，则称函数 $f(x)$ 在 x_0 处连续.

（2）单侧连续

左连续　　如果 $\lim\limits_{x \to x_0^-} f(x) = f(x_0)$，则 $f(x)$ 在点 x_0 处左连续.

右连续　　如果 $\lim\limits_{x \to x_0^+} f(x) = f(x_0)$，则 $f(x)$ 在点 x_0 处右连续.

（3）函数 $f(x)$ 在 x_0 处连续的充要条件：它在 x_0 处左连续并且右连续.

（4）连续函数：在区间上每一点都连续的函数，叫做在该区间上的连续函数，或者说函数在该区间上连续. 如果区间包括端点，那么函数在左端点连续是指右连续，右端点连续是指左连续.

2. 函数的间断点

（1）定义：设 $f(x)$ 在点 x_0 的某去心邻域内有定义.

①如果 $f(x)$ 在 x_0 没有定义；

②虽然 $f(x)$ 在 x_0 有定义，但 $\lim\limits_{x \to x_0} f(x)$ 不存在；

③虽然 $f(x)$ 在 x_0 有定义且 $\lim\limits_{x \to x_0} f(x)$ 存在，但 $\lim\limits_{x \to x_0} f(x) \neq f(x_0)$.

如果满足以上三条中的任一条，则 x_0 称为函数 $f(x)$ 的间断点.

（2）间断点的分类

设 x_0 是函数 $f(x)$ 的间断点：

①虽然 $f(x)$ 在 x_0 没有定义，但 $\lim\limits_{x \to x_0} f(x)$ 存在，则称 x_0 为 $f(x)$ 的可去间断点；

②若 $f(x_0+0)$，$f(x_0-0)$ 都存在，但不相等，则称 x_0 为 $f(x)$ 的跳跃间断点；

③若 $\lim\limits_{x \to x_0} f(x) = \infty$，则称 x_0 为 $f(x)$ 的无穷间断点；

④在 $x \to x_0$ 的过程中，函数值 $f(x)$ 无限次地在摆动，则称 x_0 为 $f(x)$ 的振荡间断点.

可去间断点和跳跃间断点的左右极限都存在，这类间断点统称第一类间断点，除此之外的间断点都称为第二类间断点.

二、经典例题解析及解题方法总结

【例1】 设函数 $f(x)=\begin{cases}\dfrac{1-\mathrm{e}^{\tan x}}{\arcsin\dfrac{x}{2}}, & x>0,\\ a\mathrm{e}^{2x}, & x\leqslant 0\end{cases}$ 在 $x=0$ 处连续,则 $a=$ _____.

解 $\lim\limits_{x\to 0^+}f(x)=\lim\limits_{x\to 0^+}\dfrac{1-\mathrm{e}^{\tan x}}{\arcsin\dfrac{x}{2}}=-\lim\limits_{x\to 0^+}\dfrac{\tan x}{\dfrac{x}{2}}=-2,$

$\lim\limits_{x\to 0^-}f(x)=\lim\limits_{x\to 0^-}a\mathrm{e}^{2x}=a.$

由连续定义知:$a=-2$.

故应填 -2.

【例2】 设 $f(x)$ 在 $(-\infty,+\infty)$ 内有定义,且 $\lim\limits_{x\to\infty}f(x)=a$,$g(x)=\begin{cases}f(\dfrac{1}{x}), & x\neq 0,\\ 0, & x=0\end{cases}$

则( ).

(A)$x=0$ 必是 $g(x)$ 的第一类间断点

(B)$x=0$,$x=1$ 必是 $g(x)$ 的第二类间断点

(C)$x=0$ 必是 $g(x)$ 的连续点

(D)$g(x)$ 在点 $x=0$ 处的连续性与 a 的取值有关

解 若 $a=0$,则 $\lim\limits_{x\to 0}g(x)=\lim\limits_{x\to 0}f(\dfrac{1}{x})=0=g(0)$,从而 $g(x)$ 在 $x=0$ 处连续;

若 $a\neq 0$,则 $\lim\limits_{x\to 0}g(x)=\lim\limits_{x\to 0}f(\dfrac{1}{x})=a\neq g(0)$,从而 $g(x)$ 在 $x=0$ 处不连续.

故应选(D).

【例3】 设函数 $f(x)=\dfrac{1}{\mathrm{e}^{\frac{x}{x-1}}-1}$,则 _____.

(A)$x=0$,$x=1$ 都是 $f(x)$ 的第一类间断点

(B)$x=0$,$x=1$ 都是 $f(x)$ 的第二类间断点

(C)$x=0$ 是 $f(x)$ 的第一类间断点,$x=1$ 是 $f(x)$ 的第二类间断点

(D)$x=0$ 是 $f(x)$ 的第二类间断点,$x=1$ 是 $f(x)$ 的第一类间断点

解 由于函数 $f(x)$ 在 $x=0$,$x=1$ 处无定义,因此是间断点. 又因 $\lim\limits_{x\to 0}f(x)=\infty$,所以 $x=0$ 为第二类间断点;而 $\lim\limits_{x\to 1^+}f(x)=0$,$\lim\limits_{x\to 1^-}f(x)=-1$,所以 $x=1$ 为第一类间断点.

故应选(D).

● 方法总结

求函数的间断点并判定其类型的做题步骤为

(1)找出间断点 $x_1,x_2,\cdots,x_k$;(若函数是初等函数,则其间断点就是函数没定义的点).

(2)对每一个间断点 x_i,求极限 $\lim\limits_{x \to x_i^-} f(x)$ 及 $\lim\limits_{x \to x_i^+} f(x)$;

(3)判断类型:极限为常数时,属于第一类间断点,且为可去间断点;

左、右极限存在但不相等时,属于第一类间断点,且为跳跃间断点;

左、右极限至少有一个不存在时,属于第二类间断点;

极限为 ∞ 时,属于第二类间断点,且为无穷间断点.

【例4】 设 $f(x)=\lim\limits_{n \to \infty}\dfrac{(n-1)x}{nx^2+1}$,则 $f(x)$ 的间断点为 $x=$_____.

解 $f(x)=\lim\limits_{n \to \infty}\dfrac{(n-1)x}{nx^2+1}=\lim\limits_{n \to \infty}\dfrac{(1-\frac{1}{n})x}{x^2+\frac{1}{n}}=\dfrac{1}{x}$,所以 $f(x)$ 的间断点为 $x=0$.

故应填 0.

【例5】 (2017 数学一,数学二,数学三,4 分)若函数 $f(x)=\begin{cases}\dfrac{1-\cos\sqrt{x}}{ax}, & x>0, \\ b, & x \leqslant 0\end{cases}$ 在 x $=0$ 处连续,则_____.

(A)$ab=\dfrac{1}{2}$ (B)$ab=-\dfrac{1}{2}$ (C)$ab=0$ (D)$ab=2$

解 $f(0+0)=\lim\limits_{x \to 0^+}\dfrac{1-\cos\sqrt{x}}{ax}=\lim\limits_{x \to 0^+}\dfrac{\frac{1}{2}x}{ax}=\dfrac{1}{2a}$,$f(0)=f(0-0)=b$.

因 $f(x)$ 在 $x=0$ 处连续,故 $f(0+0)=f(0)=f(0-0)$,从而 $ab=\dfrac{1}{2}$.

故应选(A).

习题 1－8 解答

1. 设 $y=f(x)$ 的图形如图 1－11 所示,试指出 $f(x)$ 的全部间断点,并对可去间断点补充或修改函数值的定义,使它成为连续点.

解 $x=-1,0,1,2$ 均为 $f(x)$ 的间断点,除 $x=0$ 外它们均为 $f(x)$ 的可去间断点.补充定义 $f(-1)=f(2)=0$,修改定义使 $f(1)$ $=2$,则它们均成为 $f(x)$ 的连续点.

图 1－11

2. 研究下列函数的连续性,并画出函数的图形:

(1)$f(x)=\begin{cases}x^2, & 0 \leqslant x \leqslant 1, \\ 2-x, & 1 < x \leqslant 2;\end{cases}$

(2)$f(x)=\begin{cases}x, & -1 \leqslant x \leqslant 1, \\ 1, & x<-1 \text{ 或 } x>1.\end{cases}$

解 (1)$f(x)$ 在 $[0,1)$ 及 $(1,2]$ 内连续,在 $x=1$ 处,
$$\lim\limits_{x \to 1^-} f(x)=\lim\limits_{x \to 1^-} x^2=1,$$

$$\lim_{x\to 1^+}f(x)=\lim_{x\to 1^+}(2-x)=1,$$

又 $f(1)=1$,故 $f(x)$ 在 $x=1$ 处连续,因此 $f(x)$ 在 $[0,2]$ 上连续,函数的图形如图1—12所示.

图 1—12

图 1—13

(2) $f(x)$ 在 $(-\infty,-1)$ 与 $(-1,+\infty)$ 内连续,在 $x=-1$ 处间断,但右连续,因为在 $x=-1$ 处

$$\lim_{x\to -1^+}f(x)=\lim_{x\to -1^+}x=-1,\quad f(-1)=-1,$$

但 $\lim_{x\to -1^-}f(x)=\lim_{x\to -1^-}1=1,$

即 $\lim_{x\to -1^+}f(x)\neq\lim_{x\to -1^-}f(x).$

函数的图形如图1—13 所示.

3. 下列函数在指出的点处间断,说明这些间断点属于哪一类.如果是可去间断点,则补充或改变函数的定义使它连续:

(1) $y=\dfrac{x^2-1}{x^2-3x+2}$, $x=1$, $x=2$;

(2) $y=\dfrac{x}{\tan x}$, $x=k\pi$, $x=k\pi+\dfrac{\pi}{2}$ $(k=0,\pm 1,\pm 2,\cdots)$;

(3) $y=\cos^2\dfrac{1}{x}$, $x=0$;

(4) $y=\begin{cases}x-1, & x\leqslant 1,\\ 3-x, & x>1,\end{cases}$ $x=1$.

解 (1)对 $x=1$,因为 $f(1)$ 无定义,但

$$\lim_{x\to 1}\frac{x^2-1}{x^2-3x+2}=\lim_{x\to 1}\frac{(x-1)(x+1)}{(x-2)(x-1)}=\lim_{x\to 1}\frac{x+1}{x-2}=-2,$$

所以, $x=1$ 为第一类间断点(可去间断点),重新定义函数:

$$f_1(x)=\begin{cases}\dfrac{x^2-1}{x^2-3x+2}, & x\neq 1,2,\\ -2, & x=1,\end{cases}$$

则 $f_1(x)$ 在 $x=1$ 处连续.

因为 $\lim_{x\to 2}f(x)=\infty$,所以 $x=2$ 为第二类间断点(无穷间断点).

(2)对 $x=0$,因为 $f(0)$ 无定义, $\lim_{x\to 0}\dfrac{x}{\tan x}=\lim_{x\to 0}\dfrac{x}{x}=1$,所以 $x=0$ 为第一类间断点(可去间断点),重新定

义函数: $f_1(x)=\begin{cases}\dfrac{x}{\tan x}, & x\neq k\pi, k\pi+\dfrac{\pi}{2},\\ 1, & x=0\end{cases}$ $(k\in\mathbf{Z})$,

则 $f_1(x)$ 在 $x=0$ 处连续.

对 $x=k\pi$ $(k=\pm 1,\pm 2,\cdots)$,因为 $\lim_{x\to k\pi}\dfrac{x}{\tan x}=\infty$,所以 $x=k\pi(k=\pm 1,\pm 2,\cdots)$ 为第二类间断点(无穷间断点).

对 $x=k\pi+\dfrac{\pi}{2}(k\in\mathbf{Z})$，因为 $\lim\limits_{x\to k\pi+\frac{\pi}{2}}\dfrac{x}{\tan x}=0$，而函数在 $k\pi+\dfrac{\pi}{2}$ 处无定义，所以 $x=k\pi+\dfrac{\pi}{2}(k\in\mathbf{Z})$ 为

第一类间断点(可去间断点)，重新定义函数：

$$f_2(x)=\begin{cases}\dfrac{x}{\tan x}, & x\neq k\pi,\ k\pi+\dfrac{\pi}{2}, \\[2mm] 0, & x=k\pi+\dfrac{\pi}{2}\end{cases}(k\in\mathbf{Z}),$$

则 $f_2(x)$ 在 $x=k\pi+\dfrac{\pi}{2}(k\in\mathbf{Z})$ 处连续.

(3)对 $x=0$，因为 $\lim\limits_{x\to0^+}\cos^2\dfrac{1}{x}$ 及 $\lim\limits_{x\to0^-}\cos^2\dfrac{1}{x}$ 均不存在，所以 $x=0$ 为第二类间断点.

(4)对 $x=1$，因为 $\lim\limits_{x\to1^+}f(x)=\lim\limits_{x\to1^+}(3-x)=2$，$\lim\limits_{x\to1^-}f(x)=\lim\limits_{x\to1^-}(x-1)=0$，即左、右极限存在，但不相等，所以 $x=1$ 为第一类间断点(跳跃间断点).

> 评注：在讨论分段函数的连续性时，在函数的分界点处，必须分别考虑函数的左连续性和右连续性，只有函数在该点既左连续，又右连续，才能得出函数在该点连续.

4. 讨论函数 $f(x)=\lim\limits_{n\to\infty}\dfrac{1-x^{2n}}{1+x^{2n}}x$ 的连续性，若有间断点，则判别其类型.

解　$f(x)=\lim\limits_{n\to\infty}\dfrac{1-x^{2n}}{1+x^{2n}}x=\begin{cases}-x, & |x|>1, \\ 0, & |x|=1, \\ x, & |x|<1.\end{cases}$

在分界点 $x=-1$ 处，因为

$$\lim\limits_{x\to-1^-}f(x)=\lim\limits_{x\to-1^-}(-x)=1,\ \lim\limits_{x\to-1^+}f(x)=\lim\limits_{x\to-1^+}x=-1,$$
$$\lim\limits_{x\to-1^-}f(x)\neq\lim\limits_{x\to-1^+}f(x),$$

所以 $x=-1$ 为第一类间断点(跳跃间断点).

在分界点 $x=1$ 处，因为

$$\lim\limits_{x\to1^-}f(x)=\lim\limits_{x\to1^-}x=1,\ \lim\limits_{x\to1^+}f(x)=\lim\limits_{x\to1^+}(-x)=-1,$$
$$\lim\limits_{x\to1^-}f(x)\neq\lim\limits_{x\to1^+}f(x),$$

所 $x=1$ 为第一类间断点(跳跃间断点).

5. 下列陈述中，哪些是对的，哪些是错？如果是对的，说明理由；如果是错的，试给出一个反例.

(1)如果函数 $f(x)$ 在 a 连续，那么 $|f(x)|$ 也在 a 连续；

(2)如果函数 $|f(x)|$ 在 a 连续，那么 $f(x)$ 也在 a 连续.

解　(1)对. 因为 $||f(x)|-|f(a)||\leqslant|f(x)-f(a)|\to0(x\to a)$.

即 $\lim\limits_{x\to a}|f(x)|=|f(a)|$，所以 $|f(x)|$ 也在 a 连续.

(2)错. 例如 $f(x)=\begin{cases}1, & x\geqslant0, \\ -1, & x<0,\end{cases}$ 则 $|f(x)|$ 在 $x=0$ 处连续，而 $f(x)$ 在 $x=0$ 处不连续.

*6. 证明：若函数 $f(x)$ 在点 x_0 连续且 $f(x_0)\neq0$，则存在 x_0 的某一邻域 $U(x_0)$，当 $x\in U(x_0)$ 时，$f(x)\neq0$.

证　若 $f(x_0)>0$，因为 $f(x)$ 在 x_0 连续，对于 $\varepsilon=\dfrac{1}{2}f(x_0)>0$，$\exists\delta>0$，当 $x\in U(x_0,\delta)$ 时，有

$$|f(x)-f(x_0)|<\dfrac{1}{2}f(x_0),\quad 即\quad 0<\dfrac{1}{2}f(x_0)<f(x)<\dfrac{3}{2}f(x_0);$$

若 $f(x_0)<0$，因为 $f(x)$ 在 x_0 连续，对于 $\varepsilon=-\dfrac{1}{2}f(x_0)>0$，$\exists\,\delta>0$，当 $x\in U(x_0,\delta)$ 时，有

$$\left|f(x)-f(x_0)\right|<-\frac{1}{2}f(x_0),\quad\text{即}\quad\frac{3}{2}f(x_0)<f(x)<\frac{1}{2}f(x_0)<0;$$

因此，不论 $f(x_0)>0$ 或 $f(x_0)<0$，总存在 x_0 的某一邻域 $U(x_0)$，当 $x\in U(x_0)$ 时，$f(x)\neq0$.

*7. 设 $f(x)=\begin{cases}x, & x\in\mathbf{Q},\\ 0, & x\in\mathbf{Q}^{c}.\end{cases}$ 证明：

(1) $f(x)$ 在 $x=0$ 连续；

(2) $f(x)$ 在非零的 x 处都不连续.

证 (1) $\forall\,\varepsilon>0$，取 $\delta=\varepsilon$，则当 $|x-0|=|x|<\delta$ 时，$|f(x)-f(0)|=|f(x)|\leqslant|x|<\varepsilon$，

故 $\lim\limits_{x\to0}f(x)=f(0)$，即 $f(x)$ 在 $x=0$ 连续.

(2) 我们证明：$\forall\,x_0\neq0$，$f(x)$ 在 x_0 处不连续.

若 $x_0=r\neq0$，$r\in\mathbf{Q}$，则 $f(x_0)=f(r)=r$.

分别取一有理数列 $\{r_n\}:r_n\to r(n\to\infty)$，$r_n\neq r$；取一无理数列 $\{s_n\}:s_n\to r(n\to\infty)$，则

$$\lim\limits_{n\to\infty}f(r_n)=\lim\limits_{n\to\infty}r_n=r,\qquad\lim\limits_{n\to\infty}f(s_n)=\lim\limits_{n\to\infty}0=0,$$

而 $r\neq0$，由函数极限与数列极限的关系知 $\lim\limits_{x\to r}f(x)$ 不存在，故 $f(x)$ 在 x_0 处不连续.

若 $x_0=s$，$s\in\mathbf{Q}^{c}$. 同理可证：$f(x_0)=f(s)=0$，但 $\lim\limits_{x\to s}f(x)$ 不存在，故 $f(x)$ 在 x_0 处不连续.

8. 设 $f(x)$ 对任意实数 x,y，有 $f(x+y)=f(x)+f(y)$，且 $f(x)$ 在 $x=0$ 连续，证明 $f(x)$ 在 $\mathbf{R}$ 上连续.

证 对任意的 $x\in\mathbf{R}$，有 $f(x)=f(x+0)=f(x)+f(0)$，所以 $f(0)=0$，又 $f(x)$ 在 $x=0$ 连续，即 $\lim\limits_{x\to0}f(x)=f(0)=0$，从而对任意的 $x\in\mathbf{R}$，有

$$\lim\limits_{\Delta x\to0}f(x+\Delta x)=\lim\limits_{\Delta x\to0}\left[f(x)+f(\Delta x)\right]=f(x)+\lim\limits_{\Delta x\to0}f(\Delta x)=f(x)+0=f(x).$$

故 $f(x)$ 在 $\mathbf{R}$ 上连续.

第九节　连续函数的运算与初等函数的连续性

一、主要内容归纳

1. 连续函数的四则运算性质

若函数 $f(x)$、$g(x)$ 在点 x_0 连续，则 $f(x)\pm g(x)$、$f(x)g(x)$、$\dfrac{f(x)}{g(x)}$　$(g(x_0)\neq0)$ 在点 x_0 均连续；

2. 初等函数的连续性

一切初等函数在其定义区间内均连续.

本结论提供了求初等函数极限的一种方法，即求初等函数在其定义区间内某点的极限就是求函数在该点的值.

3. 复合函数的连续性

若函数 $u=\varphi(x)$ 在点 x_0 连续，函数 $y=f(u)$ 在点 $u_0=\varphi(x_0)$ 连续，则 $y=f[\varphi(x)]$ 在点 x_0 连续.

4. 反函数的连续性

设函数 $y=f(x)$ 在区间 (a,b) 内为单调增（减）的连续函数，其值域为 (A,B)，则必存在反函数 $x=f^{-1}(y)$，且 $x=f^{-1}(y)$ 在 (A,B) 内为单调增（减）的连续函数.

二、经典例题解析及解题方法总结

【例1】 设 $f(x)=\lim\limits_{n\to\infty}\dfrac{e^{nx}-1}{e^{nx}+1}$，讨论 $f(x)$ 的连续性.

解 先求出 $f(x)$ 的解析表达式.

当 $x>0$ 时，$e^{nx}\to+\infty(n\to\infty)$，则 $f(x)=1$；当 $x<0$ 时，$e^{nx}\to0(n\to\infty)$，则 $f(x)=-1$.

又 $x=0$ 时，$f(0)=0$.

于是 $f(x)=\begin{cases}-1,&x<0,\\0,&x=0,\\1,&x>0,\end{cases}$　显然，当 $x\neq0$ 时，$f(x)$ 连续；而当 $x=0$ 时，函数的左、右极限不相等，从而 $f(x)$ 间断.

【例2】 已知 $f(x)=\lim\limits_{n\to\infty}\dfrac{\ln(e^n+x^n)}{n}(x>0)$.

(1)求 $f(x)$；　(2)函数 $f(x)$ 在定义域内是否连续.

解 （1）当 $x<e$ 时，$f(x)=\lim\limits_{n\to\infty}\dfrac{\ln e^n+\ln\left[1+\left(\frac{x}{e}\right)^n\right]}{n}=1+\lim\limits_{n\to\infty}\dfrac{\left(\frac{x}{e}\right)^n}{n}=1$；

当 $x>e$ 时，$f(x)=\lim\limits_{n\to\infty}\dfrac{\ln x^n+\ln\left[1+\left(\frac{e}{x}\right)^n\right]}{n}=\ln x+\lim\limits_{n\to\infty}\dfrac{\left(\frac{e}{x}\right)^n}{n}=\ln x$；

当 $x=e$ 时，$f(e)=\lim\limits_{n\to\infty}\dfrac{\ln2+n}{n}=1$，所以 $f(x)=\begin{cases}1,&0<x\leqslant e,\\\ln x,&x>e.\end{cases}$

（2）由 $\lim\limits_{x\to e^-}f(x)=\lim\limits_{x\to e^+}f(x)=f(e)$，知 $f(x)$ 在 $x=e$ 连续；

又当 $0<x<e$ 时，$f(x)=1$ 连续；当 $x\geqslant e$ 时，$f(x)=\ln x$ 连续.

故 $f(x)$ 在 $(0,+\infty)$ 内连续.

【例3】 设 $f(x)=\begin{cases}\dfrac{\ln(1+2x)}{\sqrt{1+x}-\sqrt{1-x}},&-1\leqslant x<0,\\a,&x=0,\\x^2+b,&0<x\leqslant1,\end{cases}$　求 a、b 使 $f(x)$ 在 $x=0$ 处连续.

解 因为 $f(0^+)=\lim\limits_{x\to0^+}f(x)=\lim\limits_{x\to0^+}(x^2+b)=b$，

$$f(0^-)=\lim\limits_{x\to0^-}f(x)=\lim\limits_{x\to0^-}\dfrac{\ln(1+2x)}{\sqrt{1+x}-\sqrt{1-x}}=\lim\limits_{x\to0^-}\dfrac{2x(\sqrt{1+x}+\sqrt{1-x})}{2x}=2.$$

要使 $f(x)$ 在 $x=0$ 处连续,则应有 $f(0^+)=f(0^-)=f(0)$,即 $b=2=a$,

故当 $a=b=2$ 时,$f(x)$ 在 $x=0$ 处连续.

习题 1－9 解答

1. 求函数 $f(x)=\dfrac{x^3+3x^2-x-3}{x^2+x-6}$ 的连续区间,并求极限 $\lim\limits_{x\to 0}f(x)$,$\lim\limits_{x\to -3}f(x)$ 及 $\lim\limits_{x\to 2}f(x)$.

解　显然 $f(x)$ 在 $x_1=-3$,$x_2=2$ 处无意义,所以这两个点为间断点,此外函数处处连续,连续区间为
$(-\infty,-3)$,$(-3,2)$,$(2,+\infty)$.

因为 $f(x)=\dfrac{x^3+3x^2-x-3}{x^2+x-6}=\dfrac{(x^2-1)(x+3)}{(x+3)(x-2)}=\dfrac{x^2-1}{x-2}$,

所以 $\lim\limits_{x\to 0}f(x)=\dfrac{1}{2}$,　$\lim\limits_{x\to -3}f(x)=-\dfrac{8}{5}$,　$\lim\limits_{x\to 2}f(x)=\infty$.

2. 设函数 $f(x)$ 与 $g(x)$ 在点 x_0 连续,证明函数
$$\varphi(x)=\max\{f(x),g(x)\},\qquad \psi(x)=\min\{f(x),g(x)\}$$
在点 x_0 也连续.

证　$\varphi(x)=\max\{f(x),g(x)\}=\dfrac{1}{2}\big[f(x)+g(x)+|f(x)-g(x)|\big]$,

$\psi(x)=\min\{f(x),g(x)\}=\dfrac{1}{2}\big[f(x)+g(x)-|f(x)-g(x)|\big]$.

又,若 $f(x)$ 在点 x_0 连续,则 $|f(x)|$ 在点 x_0 也连续;连续函数的和、差仍连续,故 $\varphi(x)$、$\psi(x)$ 在点 x_0 也连续.

3. 求下列极限:

(1) $\lim\limits_{x\to 0}\sqrt{x^2-2x+5}$;

(2) $\lim\limits_{\alpha\to \frac{\pi}{4}}(\sin 2\alpha)^3$;

(3) $\lim\limits_{x\to \frac{\pi}{6}}\ln(2\cos 2x)$;

(4) $\lim\limits_{x\to 0}\dfrac{\sqrt{x+1}-1}{x}$;

(5) $\lim\limits_{x\to 1}\dfrac{\sqrt{5x-4}-\sqrt{x}}{x-1}$;

(6) $\lim\limits_{x\to \alpha}\dfrac{\sin x-\sin \alpha}{x-\alpha}$;

(7) $\lim\limits_{x\to +\infty}(\sqrt{x^2+x}-\sqrt{x^2-x})$;

(8) $\lim\limits_{x\to 0}\dfrac{\left(1-\frac{1}{2}x^2\right)^{\frac{2}{3}}-1}{x\ln(1+x)}$.

解　(1) $\lim\limits_{x\to 0}\sqrt{x^2-2x+5}=\sqrt{\lim\limits_{x\to 0}(x^2-2x+5)}=\sqrt{5}$.

(2) $\lim\limits_{\alpha\to \frac{\pi}{4}}(\sin 2\alpha)^3=(\lim\limits_{\alpha\to \frac{\pi}{4}}\sin 2\alpha)^3=\left(\sin \dfrac{\pi}{2}\right)^3=1$.

(3) $\lim\limits_{x\to \frac{\pi}{6}}\ln(2\cos 2x)=\ln(\lim\limits_{x\to \frac{\pi}{6}}2\cos 2x)=\ln\left(2\cos \dfrac{\pi}{3}\right)=\ln 1=0$.

(4) $\lim\limits_{x\to 0}\dfrac{\sqrt{x+1}-1}{x}=\lim\limits_{x\to 0}\dfrac{1}{\sqrt{x+1}+1}=\dfrac{1}{2}$.

(5) $\lim\limits_{x\to 1}\dfrac{\sqrt{5x-4}-\sqrt{x}}{x-1}=\lim\limits_{x\to 1}\dfrac{4}{\sqrt{5x-4}+\sqrt{x}}=2$.

(6) $\lim\limits_{x\to \alpha}\dfrac{\sin x-\sin \alpha}{x-\alpha}=\lim\limits_{x\to \alpha}\dfrac{2\sin \frac{x-\alpha}{2}\cos \frac{x+\alpha}{2}}{x-\alpha}=\lim\limits_{x\to \alpha}\dfrac{\sin \frac{x-\alpha}{2}}{\frac{x-\alpha}{2}}\cdot\lim\limits_{x\to \alpha}\cos \dfrac{x+\alpha}{2}=\cos \alpha$.

(7) $\lim\limits_{x\to +\infty}(\sqrt{x^2+x}-\sqrt{x^2-x})=\lim\limits_{x\to +\infty}\dfrac{2x}{\sqrt{x^2+x}+\sqrt{x^2-x}}=\lim\limits_{x\to +\infty}\dfrac{2}{\sqrt{1+\frac{1}{x}}+\sqrt{1-\frac{1}{x}}}=1$.

$(8)\lim\limits_{x\to 0}\dfrac{\left(1-\frac{1}{2}x^2\right)^{\frac{2}{3}}-1}{x\ln(1+x)}=\lim\limits_{x\to 0}\dfrac{\frac{2}{3}\cdot\left(-\frac{1}{2}x^2\right)}{x\cdot x}=-\dfrac{1}{3}.$

> 评注:本题及下一题求极限中,采用了以下几种常用的方法:
>
> (1)利用极限运算法则;
>
> (2)利用复合函数的连续性,将函数符号与极限符号交换次序;
>
> (3)利用一些初等方法:因式分解,分子或分母有理化,分子分母同乘或除以一个不为零的因子,消去分母中趋于零的因子等;
>
> (4)利用重要极限以及它们的变形;
>
> (5)利用等价无穷小替代.

4. 求下列极限:

$(1)\lim\limits_{x\to\infty}e^{\frac{1}{x}}$;

$(2)\lim\limits_{x\to 0}\ln\dfrac{\sin x}{x}$;

$(3)\lim\limits_{x\to\infty}\left(1+\dfrac{1}{x}\right)^{\frac{x}{2}}$;

$(4)\lim\limits_{x\to 0}(1+3\tan^2 x)^{\cot^2 x}$;

$(5)\lim\limits_{x\to\infty}\left(\dfrac{3+x}{6+x}\right)^{\frac{x-1}{2}}$;

$(6)\lim\limits_{x\to 0}\dfrac{\sqrt{1+\tan x}-\sqrt{1+\sin x}}{x\sqrt{1+\sin^2 x}-x}$;

$(7)\lim\limits_{x\to e}\dfrac{\ln x-1}{x-e}$;

$(8)\lim\limits_{x\to 0}\dfrac{e^{3x}-e^{2x}-e^x+1}{\sqrt[3]{(1-x)(1+x)}-1}$;

$(9)\lim\limits_{x\to\infty}x(e^{\frac{1}{2x}}-1)$;

$(10)\lim\limits_{x\to 1}\dfrac{x^2-1}{x-1}e^{\frac{1}{x-1}}.$

解 $(1)\lim\limits_{x\to\infty}e^{\frac{1}{x}}=e^{\lim\limits_{x\to\infty}\frac{1}{x}}=e^0=1.$

$(2)\lim\limits_{x\to 0}\ln\dfrac{\sin x}{x}=\ln\left(\lim\limits_{x\to 0}\dfrac{\sin x}{x}\right)=\ln 1=0.$

$(3)\lim\limits_{x\to\infty}\left(1+\dfrac{1}{x}\right)^{\frac{x}{2}}=\lim\limits_{x\to\infty}\left[\left(1+\dfrac{1}{x}\right)^{x}\right]^{\frac{1}{2}}=e^{\frac{1}{2}}=\sqrt{e}.$

$(4)\lim\limits_{x\to 0}(1+3\tan^2 x)^{\cot^2 x}=\lim\limits_{x\to 0}[(1+3\tan^2 x)^{\frac{1}{3}\cot^2 x}]^3=e^3.$

$(5)\lim\limits_{x\to\infty}\left(\dfrac{3+x}{6+x}\right)^{\frac{x-1}{2}}=\lim\limits_{x\to\infty}\left[\left(1-\dfrac{3}{6+x}\right)^{-\frac{6+x}{3}}\right]^{-\frac{3}{2}}\cdot\lim\limits_{x\to\infty}\left(1-\dfrac{3}{6+x}\right)^{-\frac{7}{2}}=e^{-\frac{3}{2}}.$

$(6)\lim\limits_{x\to 0}\dfrac{\sqrt{1+\tan x}-\sqrt{1+\sin x}}{x\sqrt{1+\sin^2 x}-x}=\lim\limits_{x\to 0}\dfrac{\tan x-\sin x}{x(\sqrt{1+\sin^2 x}-1)(\sqrt{1+\tan x}+\sqrt{1+\sin x})}$

$=\lim\limits_{x\to 0}\left(\dfrac{\sin x}{x}\cdot\dfrac{\sec x-1}{\sqrt{1+\sin^2 x}-1}\cdot\dfrac{1}{\sqrt{1+\tan x}+\sqrt{1+\sin x}}\right)$

$=\lim\limits_{x\to 0}\dfrac{\sin x}{x}\cdot\lim\limits_{x\to 0}\dfrac{\frac{1}{2}x^2}{\frac{1}{2}\sin^2 x}\cdot\lim\limits_{x\to 0}\dfrac{1}{\sqrt{1+\tan x}+\sqrt{1+\sin x}}$

$=1\times 1\times\dfrac{1}{2}=\dfrac{1}{2}.$

$(7)\lim\limits_{x\to e}\dfrac{\ln x-1}{x-e}\overset{x-e=t}{=\!=\!=}\lim\limits_{t\to 0}\dfrac{\ln(e+t)-\ln e}{t}=\lim\limits_{t\to 0}\dfrac{\ln\left(1+\frac{t}{e}\right)}{t}=\dfrac{1}{e}.$

$(8)\lim\limits_{x\to 0}\dfrac{e^{3x}-e^{2x}-e^x+1}{\sqrt[3]{(1-x)(1+x)}-1}=\lim\limits_{x\to 0}\dfrac{(e^{2x}-1)(e^x-1)}{(1-x^2)^{\frac{1}{3}}-1}=\lim\limits_{x\to 0}\dfrac{2x\cdot x}{-\frac{1}{3}x^2}=-6.$

(9) $\lim\limits_{x\to\infty} x(\mathrm{e}^{\frac{1}{2x}}-1) \xlongequal{t=\frac{1}{x}} \lim\limits_{t\to 0}\frac{\mathrm{e}^{\frac{t}{2}}-1}{t} = \lim\limits_{t\to 0}\frac{\frac{t}{2}}{t} = \frac{1}{2}$.

(10) $\lim\limits_{x\to 1^-}\dfrac{x^2-1}{x-1}\mathrm{e}^{\frac{1}{x-1}} = \lim\limits_{x\to 1^-}(x+1)\mathrm{e}^{\frac{1}{x-1}} = 0$, $\lim\limits_{x\to 1^+}\dfrac{x^2-1}{x-1}\mathrm{e}^{\frac{1}{x-1}} = \lim\limits_{x\to 1^+}(x+1)\mathrm{e}^{\frac{1}{x-1}} = +\infty$.

所以 $\lim\limits_{x\to 1}\dfrac{x^2-1}{x-1}\mathrm{e}^{\frac{1}{x-1}}$ 不存在且不为 ∞.

5. 设 $f(x)$ 在 **R** 上连续,且 $f(x)\neq 0$,$\varphi(x)$ 在 **R** 上有定义,且有间断点,则下列陈述中,那些是对的,哪些是错的? 如果是对的,说明理由;如果是错的,试给出一个反例.

(1) $\varphi[f(x)]$ 必有间断点; (2) $[\varphi(x)]^2$ 必有间断点;

(3) $f[\varphi(x)]$ 未必有间断点; (4) $\dfrac{\varphi(x)}{f(x)}$ 必有间断点;

解 (1) 错. 例如 $\varphi(x)=\mathrm{sgn}x$,$f(x)=\mathrm{e}^x$,$\varphi[f(x)]\equiv 1$,在 **R** 上处处连续.

(2) 错. 例如 $\varphi(x)=\begin{cases}1, & x\in\mathbf{R}, \\ -1, & x\in\mathbf{R}^C,\end{cases}$ $[\varphi(x)]^2\equiv 1$ 在 **R** 上处处连续.

(3) 对. 例如 $\varphi(x)$ 同 (2),$f(x)=|x|+1$,$f[\varphi(x)]\equiv 2$ 在 **R** 上处处连续.

(4) 对. 因为,若 $F(x)=\dfrac{\varphi(x)}{f(x)}$ 在 **R** 上处处连续,则 $\varphi(x)=F(x)f(x)$ 也在 **R** 上处处连续,这与已知条件矛盾.

6. 设函数 $\begin{cases}\mathrm{e}^x, & x<0, \\ a+x & x\geqslant 0,\end{cases}$ 应当怎样选择数 a,才能使得 $f(x)$ 成为在 $(-\infty,+\infty)$ 内的连续函数.

解 由初等函数的连续性,$f(x)$ 在 $(-\infty,0)$ 及 $(0,+\infty)$ 内连续,所以要使 $f(x)$ 在 $(-\infty,+\infty)$ 内连续,只要选择数 a,使 $f(x)$ 在 $x=0$ 处连续即可.

在 $x=0$ 处,$\lim\limits_{x\to 0^-}f(x)=\lim\limits_{x\to 0^-}\mathrm{e}^x=1$, $\lim\limits_{x\to 0^+}f(x)=\lim\limits_{x\to 0^+}(a+x)=a$, $f(0)=a$,

取 $a=1$,即有 $\lim\limits_{x\to 0^-}f(x)=\lim\limits_{x\to 0^+}f(x)=f(0)$,

即 $f(x)$ 在 $x=0$ 处连续. 于是,选择 $a=1$,$f(x)$ 就成为在 $(-\infty,+\infty)$ 内的连续函数.

第十节 闭区间上连续函数的性质

一、主要内容归纳

闭区间上连续函数的性质

(1) **最大值和最小值定理** 闭区间上的连续函数必取得最大值和最小值.

(2) **有界性定理** 闭区间上的连续函数在该区间上有界.

(3) **介值定理** 闭区间上的连续函数必取得介于它的最大值和最小值之间的一切值.

零点定理 设函数 $f(x)$ 在区间 $[a,b]$ 上连续,且 $f(a)\cdot f(b)<0$,则在开区间 (a,b) 内至少存在一点 ξ,使 $f(\xi)=0$.

二、经典例题解析及解题方法总结

【例1】 函数 $f(x)=\dfrac{|x|\sin(x-2)}{x(x-1)(x-2)^2}$ 在下列哪个区间内有界_____.

(A)$(-1,0)$ 　　　(B)$(0,1)$ 　　　(C)$(1,2)$ 　　　(D)$(2,3)$

解 当 $x \neq 0,1,2$ 时，$f(x)$ 连续，而

$$\lim_{x \to 0^-} f(x) = -\frac{\sin 2}{4}, \quad \lim_{x \to 0^+} f(x) = \frac{\sin 2}{4}, \quad \lim_{x \to 1} f(x) = \infty, \quad \lim_{x \to 2} f(x) = \infty,$$

所以函数 $f(x)$ 在 $(-1,0)$ 内有界.

故应选(A).

● 方法总结

一般地，若函数 $f(x)$ 在闭区间 $[a,b]$ 上连续，则 $f(x)$ 在 $[a,b]$ 上有界；若函数 $f(x)$ 在开区间 (a,b) 内连续，且 $\lim\limits_{x \to a^+} f(x)$ 与 $\lim\limits_{x \to b^-} f(x)$ 存在，则函数 $f(x)$ 在 (a,b) 内有界.

【例2】 证明方程 $x^3 - 9x - 1 = 0$ 恰有 3 个实根.

证 令 $f(x) = x^3 - 9x - 1$. 因为

$$f(-3) = -1 < 0, \quad f(-2) = 9 > 0, \quad f(0) = -1 < 0, \quad f(4) = 27 > 0,$$

又 $f(x)$ 在 $[-3,4]$ 上连续，所以 $f(x)$ 在 $(-3,-2),(-2,0),(0,4)$ 各区间内至少有一零点，即 $x^3 - 9x - 1 = 0$ 至少有 3 个实根. 又因为它是一元三次方程，所以方程恰有 3 个实根.

【例3】 设 $f(x)$ 在 $[a,b]$ 连续，且 $a < c < d < b$，证明：在 (a,b) 内至少存在一点 ξ，使得

$$pf(c) + qf(d) = (p+q)f(\xi),$$

其中 p,q 为任意正常数.

证 **方法一** 令 $F(x) = (p+q)f(x) - pf(c) - qf(d)$，可知 $F(x)$ 在 $[c,d]$ 上连续，注意到

$$F(c) = (p+q)f(c) - pf(c) - qf(d) = q[f(c) - f(d)],$$
$$F(d) = (p+q)f(d) - pf(c) - qf(d) = p[f(d) - f(c)],$$

故当 $f(c) - f(d) = 0$ 时，可知 c,d 均可取作 ξ；

而当 $f(c) - f(d) \neq 0$ 时，又 $p > 0, q > 0$，于是有

$$F(c)F(d) = -pq[f(c) - f(d)]^2 < 0,$$

由零点定理可知，至少存在一点 $\xi \in (c,d) \subset (a,b)$，使得 $F(\xi) = 0$，即

$$pf(c) + qf(d) = (p+q)f(\xi).$$

方法二 因为 $f(x)$ 在 $[a,b]$ 上连续，故 $f(x)$ 在 $[a,b]$ 上有最大值 M 与最小值 m，且有 $m \leqslant f(x) \leqslant M$

由于 $c,d \in [a,b]$，也有 $pm \leqslant pf(c) \leqslant pM, \quad qm \leqslant qf(d) \leqslant qM$，

两式相加得 $(p+q)m \leqslant pf(c) + qf(d) \leqslant (p+q)M$，

即 $m \leqslant \dfrac{pf(c) + qf(d)}{p+q} \leqslant M$.

由介值定理知，在 (a,b) 内至少存在一点 ξ，使得 $\dfrac{pf(c) + qf(d)}{p+q} = f(\xi)$，

即 $pf(c) + qf(d) = (p+q)f(\xi)$.

习题 1-10 解答 ·········

1. 假设函数 $f(x)$ 在闭区间 $[0,1]$ 连续,并且对 $[0,1]$ 上任一点 x 有 $0 \leqslant f(x) \leqslant 1$. 试证明 $[0,1]$ 中必存在一点 c,使得 $f(c) = c$(c 称为函数 $f(x)$ 的不动点).

   证 设 $F(x) = f(x) - x$,则 $F(0) = f(0) \geqslant 0$,$F(1) = f(1) - 1 \leqslant 0$.
   若 $F(0) = 0$ 或 $F(1) = 0$,则 0 或 1 即为 $f(x)$ 的不动点;若 $F(0) \geqslant 0$ 且 $F(1) < 0$,则由零点定理,必存在 $c \in (0,1)$,使 $F(c) = 0$,即 $f(c) = c$,这时 c 为 $f(x)$ 的不动点.

2. 证明方程 $x^5 - 3x = 1$ 至少有一个根介于 1 和 2 之间.

   证 设 $f(x) = x^5 - 3x - 1$,则 $f(x)$ 在闭区间 $[1,2]$ 上连续,且 $f(1) = -3 < 0$,$f(2) = 25 > 0$. 由零点定理,即知 $\exists \xi \in (1,2)$,使 $f(\xi) = 0$,ξ 即为方程的根.

3. 证明方程 $x = a\sin x + b$,其中 $a > 0$,$b > 0$,至少有一个正根,并且它不超过 $a + b$.

   证 设 $f(x) = x - a\sin x - b$,则 $f(x)$ 在闭区间 $[0, a+b]$ 上连续,且 $f(0) = -b < 0$,$f(a+b) = a[1 - \sin(a+b)]$,当 $\sin(a+b) < 1$ 时,$f(a+b) > 0$. 由零点定理,即知 $\exists \xi \in (0, a+b)$,使 $f(\xi) = 0$,即 ξ 为原方程的根,它是正根且不超过 $a+b$,当 $\sin(a+b) = 1$ 时,$f(a+b) = 0$,$a+b$ 就是满足条件的正根.

4. 证明任一最高次幂的指数为奇数的代数方程 $a_0 x^{2n+1} + a_1 x^{2n} + \cdots + a_{2n} x + a_{2n+1} = 0$ 至少有一实根,其中 $a_0, a_1, \cdots, a_{2n+1}$ 均为常数,$n \in \mathbf{N}$.

   证 不妨设 $a_0 > 0$. 由 $\lim\limits_{x \to +\infty} f(x) = \lim\limits_{x \to +\infty} x^{2n+1}\left(a_0 + \dfrac{a_1}{x} + \cdots + \dfrac{a_{2n}}{x^{2n}} + \dfrac{a_{2n+1}}{x^{2n+1}}\right) = +\infty$,

   $\lim\limits_{x \to -\infty} f(x) = \lim\limits_{x \to -\infty} x^{2n+1}\left(a_0 + \dfrac{a_1}{x} + \cdots + \dfrac{a_{2n}}{x^{2n}} + \dfrac{a_{2n+1}}{x^{2n+1}}\right) = -\infty$,

   可知,存在 $x_1 < 0$,使 $f(x_1) < 0$,存在 $x_2 > 0$,使 $f(x_2) > 0$. 又 $f(x)$ 在 $[x_1, x_2]$ 上连续. 由零点定理,存在 $\xi \in (x_1, x_2)$,使 $f(\xi) = 0$,故方程 $f(x) = 0$ 至少有一实根.

5. 证明:方程 $x^3 + 2x^2 - 4x - 1 = 0$ 有三个实根.

   证 令 $f(x) = x^3 + 2x^2 - 4x - 1$,则 $f(x)$ 在 $(-\infty, +\infty)$ 上连续,
   又 $f(-4) = -17 < 0$,$f(-2) = 7 > 0$,$f(0) = -1 < 0$,$f(3) = 22 > 0$.
   由零点定理知 $f(x) = 0$ 在 $(-4, -2)$,$(-2, 0)$,$(0, 3)$ 内各至少有一个根,又 $f(x) = 0$ 为三次方程,故方程 $x^3 + 2x^2 - 4x - 1 = 0$ 有三个实根.

6. 若 $f(x)$ 在 $[a,b]$ 上连续,$a < x_1 < x_2 < \cdots < x_n < b (n \geqslant 3)$,则在 (x_1, x_n) 内至少有一点 ξ,使
   $$f(\xi) = \frac{f(x_1) + f(x_2) + \cdots + f(x_n)}{n}.$$

   证 因为 $f(x)$ 在 $[a,b]$ 上连续,又 $[x_1, x_n] \subset [a,b]$,所以 $f(x)$ 在 $[x_1, x_n]$ 上连续. 设
   $$M = \max\{f(x) \mid x_1 \leqslant x \leqslant x_n\}, \qquad m = \min\{f(x) \mid x_1 \leqslant x \leqslant x_n\},$$
   则 $$m \leqslant \frac{f(x_1) + f(x_2) + \cdots + f(x_n)}{n} \leqslant M.$$

   若上述不等式中为严格不等号,则由介值定理知,$\exists \xi \in (x_1, x_n)$ 使 $f(\xi) = \dfrac{f(x_1) + f(x_2) + \cdots + f(x_n)}{n}$;

   若上述不等式中出现等号,如 $m = \dfrac{f(x_1) + f(x_2) + \cdots + f(x_n)}{n}$,

   则有 $f(x_1) = f(x_2) = \cdots = f(x_n) = m$,任取 $x_2, \cdots, x_{n-1}$ 中一点作为 ξ,即有 $\xi \in (x_1, x_n)$,使
   $$f(\xi) = \frac{f(x_1) + f(x_2) + \cdots + f(x_n)}{n}.$$

   如 $$\frac{f(x_1) + f(x_2) + \cdots + f(x_n)}{n} = M,$$
   同理可证.

*7. 设函数 $f(x)$ 对于闭区间 $[a,b]$ 上的任意两点 x、y，恒有 $|f(x)-f(y)|\leqslant L|x-y|$，其中 L 为正常数，且 $f(a)f(b)<0$. 证明：至少有一点 $\xi\in(a,b)$，使得 $f(\xi)=0$.

证 任取 $x_0\in(a,b)$，$\forall\varepsilon>0$，取 $\delta=\min\left\{\dfrac{\varepsilon}{L}, x_0-a, b-x_0\right\}$，则当 $|x-x_0|<\delta$ 时，由假设

$$|f(x)-f(x_0)|\leqslant L|x-x_0|<L\delta\leqslant\varepsilon,$$

所以 $f(x)$ 在 x_0 连续. 由 $x_0\in(a,b)$ 的任意性知，$f(x)$ 在 (a,b) 内连续.

当 $x_0=a$ 或 $x_0=b$ 时，取 $\delta=\dfrac{\varepsilon}{L}$，并将 $|x-x_0|<\delta$ 换成 $x\in[a,a+\delta)$ 或 $x\in(b-\delta,b]$，便可知 $f(x)$ 在 $x=a$ 右连续，在 $x=b$ 左连续. 从而 $f(x)$ 在 $[a,b]$ 上连续.

又由假设 $f(a)f(b)<0$，由零点定理即知 $\exists\xi\in(a,b)$，使得 $f(\xi)=0$.

*8. 证明：若 $f(x)$ 在 $(-\infty,+\infty)$ 内连续，且 $\lim\limits_{x\to\infty}f(x)$ 存在，则 $f(x)$ 必在 $(-\infty,+\infty)$ 内有界.

证 设 $\lim\limits_{x\to\infty}f(x)=A$，则对 $\varepsilon=1>0$，$\exists X>0$，当 $|x|>X$ 时，有

$$|f(x)-A|<1\Rightarrow|f(x)|\leqslant|f(x)-A|+|A|<|A|+1.$$

又，$f(x)$ 在 $[-X,X]$ 上连续，利用有界性定理，得：$\exists M>0$，对 $\forall x\in[-X,X]$，有 $|f(x)|\leqslant M$. 取 $M'=\max\{M,|A|+1\}$，即有 $|f(x)|\leqslant M'$，$\forall x\in(-\infty,+\infty)$.

*9. 在什么条件下，(a,b) 内的连续函数 $f(x)$ 为一致连续?

解 若 $f(a+0)$、$f(b-0)$ 均存在，设 $F(x)=\begin{cases} f(a+0), & x=a, \\ f(x), & x\in(a,b), \\ f(b-0), & x=b. \end{cases}$

易证 $F(x)$ 在 $[a,b]$ 上连续，从而 $F(x)$ 在 $[a,b]$ 上一致连续，也就有 $F(x)$ 在 (a,b) 内一致连续，即 $f(x)$ 在 (a,b) 内一致连续.

总习题一解答

1. 在"充分""必要"和"充分必要"三者中选择一个正确的填入下列空格内:

    (1)数列$\{x_n\}$有界是数列$\{x_n\}$收敛的_____条件. 数列$\{x_n\}$收敛是数列$\{x_n\}$有界的_____条件.

    (2)$f(x)$在x_0的某一去心邻域内有界是$\lim\limits_{x \to x_0} f(x)$存在的_____条件. $\lim\limits_{x \to x_0} f(x)$存在是$f(x)$在$x_0$的某一去心邻域内有界的_____条件.

    (3)$f(x)$在x_0的某一去心邻域内无界是$\lim\limits_{x \to x_0} f(x) = \infty$的_____条件. $\lim\limits_{x \to x_0} f(x) = \infty$是$f(x)$在$x_0$的某一去心邻域内无界的_____条件.

    (4)$f(x)$当$x \to x_0$时的右极限$f(x_0^+)$及$f(x_0^-)$左极限都存在且相等是$\lim\limits_{x \to x_0} f(x)$存在的_____条件.

    解 (1)必要,充分. (2)必要,充分. (3)必要,充分. (4)充分必要.

2. 已知函数 $f(x) = \begin{cases} (\cos x)^{-x^2}, & x \neq 0, \\ a, & x = 0 \end{cases}$ 在 $x = 0$ 连续,则 $a = $ _____.

    解 $a = f(0) = \lim\limits_{x \to 0} f(x) = \lim\limits_{x \to 0} (\cos x)^{-x^2} = 1$.

3. 以下两题中给出了四个结论,从中选出一个正确结论:

    (1)设 $f(x) = 2^x + 3^x - 2$,则当 $x \to 0$ 时,有( ).

    (A) $f(x)$与x是等价无穷小   (B) $f(x)$与x同阶但非等价无穷小

    (C) $f(x)$是比x高阶的无穷小   (D) $f(x)$是比x低阶的无穷小

    (2)设 $f(x) = \dfrac{e^{\frac{1}{x}} - 1}{e^{\frac{1}{x}} + 1}$,则 $x = 0$ 是 $f(x)$ 的( ).

    (A)可去间断点   (B)跳跃间断点   (C)第二类间断点   (D)连续点

    解 (1)因为$\lim\limits_{x \to 0} \dfrac{f(x)}{x} = \lim\limits_{x \to 0} \dfrac{2^x + 3^x - 2}{x} = \lim\limits_{x \to 0} \dfrac{2^x - 1}{x} + \lim\limits_{x \to 0} \dfrac{3^x - 1}{x} = \ln 2 + \ln 3 = \ln 6 \neq 1$,

    所以当$x \to 0$时,$f(x)$与x同阶但非等价无穷小,应选(B).

    (2)$f(0-0) = \lim\limits_{x \to 0^-} f(x) = -1$, $f(0+0) = \lim\limits_{x \to 0^+} f(x) = 1$,因为$f(0+0)$、$f(0-0)$均存在,但$f(0+0) \neq f(0-0)$,所以$x = 0$是$f(x)$的跳跃间断点,应选(B).

4. 设$f(x)$的定义域是$[0,1]$,求下列函数的定义域:

    (1)$f(e^x)$;   (2)$f(\ln x)$;   (3)$f(\arctan x)$;   (4)$f(\cos x)$

    解 (1)因为$0 \leqslant e^x \leqslant 1$,所以$x \leqslant 0$,即函数$f(e^x)$的定义域为$(-\infty, 0]$

    (2)因为$0 \leqslant \ln x \leqslant 1$,所以$1 \leqslant x \leqslant e$,即函数$f(\ln x)$的定义域为$[1, e]$.

    (3)因为$0 \leqslant \arctan x \leqslant 1$,所以$0 \leqslant x \leqslant \tan 1$,即函数$f(\arctan x)$的定义域为$[0, \tan 1]$.

    (4)因为$0 \leqslant \cos x \leqslant 1$,所以$2n\pi - \dfrac{\pi}{2} \leqslant x \leqslant 2n\pi + \dfrac{\pi}{2}$,$n \in \mathbf{Z}$,即函数$f(\cos x)$的定义域为

    $$\left[2n\pi - \frac{\pi}{2}, 2n\pi + \frac{\pi}{2}\right], n \in \mathbf{Z}.$$

5. 设 $f(x) = \begin{cases} 0, & x \leqslant 0, \\ x, & x > 0, \end{cases}$ $g(x) = \begin{cases} 0, & x \leqslant 0, \\ -x^2, & x > 0, \end{cases}$ 求 $f[f(x)]$, $g[g(x)]$, $f[g(x)]$, $g[f(x)]$.

    解 因为 $f[f(x)] = \begin{cases} 0, & f(x) \leqslant 0, \\ f(x), & f(x) > 0, \end{cases}$ 而 $f(x) \geqslant 0$, $x \in \mathbf{R}$,

所以 $f[f(x)]=f(x)$，$x\in\mathbf{R}$.

因为 $g[g(x)]=\begin{cases}0, & g(x)\leqslant 0,\\ -g^2(x), & g(x)>0,\end{cases}$ 而 $g(x)\leqslant 0$，$x\in\mathbf{R}$，

所以 $g[g(x)]=0$，$x\in\mathbf{R}$.

因为 $f[g(x)]=\begin{cases}0, & g(x)\leqslant 0,\\ g(x), & g(x)>0,\end{cases}$ 而 $g(x)\leqslant 0$，$x\in\mathbf{R}$，

所以 $f[g(x)]=0$，$x\in\mathbf{R}$.

因为 $g[f(x)]=\begin{cases}0, & f(x)\leqslant 0,\\ -f^2(x), & f(x)>0,\end{cases}$ 而 $f(x)\geqslant 0$，$x\in\mathbf{R}$，

所以 $g[f(x)]=g(x)$，$x\in\mathbf{R}$.

6. 利用 $y=\sin x$ 的图形作出下列函数的图形

(1)$y=|\sin x|$;　　　　(2)$y=\sin|x|$;　　　　(3)$y=2\sin\dfrac{x}{2}$.

解　$y=\sin x$ 的图形为如图 1—14 所示.

图 1—14

(1)$y=|\sin x|$ 应将 $y=\sin x$ 的下方图形翻至上方如图 1—15 所示.

图 1—15

(2)$y=\sin|x|$ 应将 $y=\sin x$ 的右方图形翻至左方如图 1—16 所示.

图 1—16

(3)$y=2\sin\dfrac{x}{2}$ 将 $y=\sin x$ 宽度拉宽高度升高,如图 1—17 所示.

图 1—17

7. 把半径为 R 的一圆形铁皮,自圆心处剪去中心角为 α 的一扇形后围成一无底圆锥.试建立该圆锥的体积 V 与角 α 间的函数关系.

解 设围成的圆锥底半径为 r,高为 h,则按题意(图 1—18)有

$$(2\pi-\alpha)R=2\pi r, \qquad h=\sqrt{R^2-r^2}.$$

故 $\qquad r=\dfrac{(2\pi-\alpha)R}{2\pi},$

$$h=\sqrt{R^2-\frac{(2\pi-\alpha)^2}{4\pi^2}R^2}=\frac{\sqrt{4\pi\alpha-\alpha^2}}{2\pi}R,$$

圆锥体积

$$V=\frac{1}{3}\pi\cdot\frac{(2\pi-\alpha)^2}{4\pi^2}R^2\cdot\frac{\sqrt{4\pi\alpha-\alpha^2}}{2\pi}R$$

$$=\frac{R^3}{24\pi^2}(2\pi-\alpha)^2\sqrt{4\pi\alpha-\alpha^2}\quad(0<\alpha<2\pi).$$

图 1—18

*8. 根据函数极限的定义证明 $\lim\limits_{x\to3}\dfrac{x^2-x-6}{x-3}=5.$

证 因为 $\left|\dfrac{x^2-x-6}{x-3}-5\right|=\left|\dfrac{(x-3)(x+2)}{x-3}-5\right|=|x-3|,$

要使 $\left|\dfrac{x^2-x-6}{x-3}-5\right|<\varepsilon$,只要 $|x-3|<\varepsilon$,所以 $\forall\varepsilon>0$,取 $\delta=\varepsilon$,则当 $0<|x-3|<\delta$ 时,就有

$\left|\dfrac{x^2-x-6}{x-3}-5\right|<\varepsilon.$

即 $\lim\limits_{x\to3}\dfrac{x^2-x-6}{x-3}=5.$

9. 求下列极限:

(1) $\lim\limits_{x\to1}\dfrac{x^2-x+1}{(x-1)^2}$;

(2) $\lim\limits_{x\to+\infty}x(\sqrt{x^2+1}-x)$;

(3) $\lim\limits_{x\to\infty}\left(\dfrac{2x+3}{2x+1}\right)^{x+1}$;

(4) $\lim\limits_{x\to0}\dfrac{\tan x-\sin x}{x^3}$;

(5) $\lim\limits_{x\to0}\left(\dfrac{a^x+b^x+c^x}{3}\right)^{\frac{1}{x}}$ $(a>0,a\neq1;b>0,b\neq1;c>0,c\neq1)$;

(6) $\lim\limits_{x\to\frac{\pi}{2}}(\sin x)^{\tan x}$;

(7) $\lim\limits_{x\to a}\dfrac{\ln x-\ln a}{x-a}$ $(a>0)$;

(8) $\lim\limits_{x\to0}\dfrac{x\tan x}{\sqrt{1-x^2}-1}$.

解 (1)因为 $\lim\limits_{x\to1}\dfrac{(x-1)^2}{x^2-x+1}=0$,所以 $\lim\limits_{x\to1}\dfrac{x^2-x+1}{(x-1)^2}=\infty$.

(2) $\lim\limits_{x\to+\infty}x(\sqrt{x^2+1}-x)=\lim\limits_{x\to+\infty}\dfrac{x(\sqrt{x^2+1}-x)(\sqrt{x^2+1}+x)}{\sqrt{x^2+1}+x}$

$$=\lim\limits_{x\to+\infty}\frac{x}{\sqrt{x^2+1}+x}=\lim\limits_{x\to+\infty}\frac{1}{\sqrt{1+\frac{1}{x^2}}+1}=\frac{1}{2}.$$

(3) $\lim\limits_{x\to\infty}\left(\dfrac{2x+3}{2x+1}\right)^{x+1}=\lim\limits_{x\to\infty}\left(1+\dfrac{1}{\frac{2x+1}{2}}\right)^{\frac{2x+1}{2}}\cdot\lim\limits_{x\to\infty}\left(\dfrac{2x+3}{2x+1}\right)^{\frac{1}{2}}=\mathrm{e}.$

(4) $\lim\limits_{x\to0}\dfrac{\tan x-\sin x}{x^3}=\lim\limits_{x\to0}\left(\dfrac{\sin x}{x}\cdot\dfrac{\sec x-1}{x^2}\right)=\lim\limits_{x\to0}\dfrac{\sin x}{x}\cdot\lim\limits_{x\to0}\dfrac{\frac{1}{2}x^2}{x^2}=\dfrac{1}{2}.$

(5) 因为 $\left(\dfrac{a^x+b^x+c^x}{3}\right)^{\frac{1}{x}}=\left(1+\dfrac{a^x+b^x+c^x-3}{3}\right)^{\frac{3}{a^x+b^x+c^x-3}\cdot\frac{1}{3}\left(\frac{a^x-1}{x}+\frac{b^x-1}{x}+\frac{c^x-1}{x}\right)}$,

而 $\quad\left(1+\dfrac{a^x+b^x+c^x-3}{3}\right)^{\frac{3}{a^x+b^x+c^x-3}}\to\mathrm{e}\ (x\to0),$

$\dfrac{a^x-1}{x}\to\ln a,\quad\dfrac{b^x-1}{x}\to\ln b,\quad\dfrac{c^x-1}{x}\to\ln c(x\to0),$

所以 $\lim\limits_{x\to0}\left(\dfrac{a^x+b^x+c^x}{3}\right)^{\frac{1}{x}}=\mathrm{e}^{\frac{1}{3}(\ln a+\ln b+\ln c)}=\sqrt[3]{abc}.$

(6) 因为 $(\sin x)^{\tan x}=\left[1+(\sin x-1)\right]^{\frac{1}{\sin x-1}\cdot(\sin x-1)\tan x}$,而

$\lim\limits_{x\to\frac{\pi}{2}}\left[1+(\sin x-1)\right]^{\frac{1}{\sin x-1}}=\mathrm{e},$

$$\lim\limits_{x\to\frac{\pi}{2}}(\sin x-1)\tan x=\lim\limits_{x\to\frac{\pi}{2}}\dfrac{\sin x-\sin\frac{\pi}{2}}{\sin\left(x+\frac{\pi}{2}\right)}\cdot\sin x=\lim\limits_{x\to\frac{\pi}{2}}\dfrac{2\sin\frac{x-\frac{\pi}{2}}{2}\cos\frac{x+\frac{\pi}{2}}{2}}{2\sin\frac{x+\frac{\pi}{2}}{2}\cos\frac{x+\frac{\pi}{2}}{2}}\cdot\sin x$$

$$=\lim\limits_{x\to\frac{\pi}{2}}\dfrac{\sin\left(\frac{x}{2}-\frac{\pi}{4}\right)}{\sin\left(\frac{x}{2}+\frac{\pi}{4}\right)}\cdot\sin x=0,$$

所以 $\lim\limits_{x\to\frac{\pi}{2}}(\sin x)^{\tan x}=\mathrm{e}^0=1.$

(7) 令 $x-a=t$,则 $x=a+t$,当 $x\to a$ 时,$t\to0.$ 故

$$\lim\limits_{x\to a}\dfrac{\ln x-\ln a}{x-a}=\lim\limits_{t\to0}\dfrac{\ln\left(1+\frac{t}{a}\right)}{t}=\dfrac{1}{a}\lim\limits_{t\to0}\ln\left(1+\dfrac{t}{a}\right)^{\frac{a}{t}}=\dfrac{1}{a}.$$

(8) $\lim\limits_{x\to0}\dfrac{x\tan x}{\sqrt{1-x^2}-1}=\lim\limits_{x\to0}\dfrac{x^2}{-\frac{1}{2}x^2}=-2.$

10. 设 $f(x)=\begin{cases}x\sin\dfrac{1}{x},&x>0,\\a+x^2,&x\leqslant0,\end{cases}$ 要使 $f(x)$ 在 $(-\infty,+\infty)$ 内连续,应怎样选择数 a?

解 $f(x)$ 在 $(-\infty,0)$ 及 $(0,+\infty)$ 内均连续,要使 $f(x)$ 在 $(-\infty,+\infty)$ 内连续,只要选择数 a,使 $f(x)$ 在 $x=0$ 处连续即可. 而

$$\lim\limits_{x\to0^+}f(x)=\lim\limits_{x\to0^+}x\sin\dfrac{1}{x}=0,\qquad\lim\limits_{x\to0^-}f(x)=\lim\limits_{x\to0^-}(a+x^2)=a,$$

又 $f(0)=a$,故应选择 $a=0$,$f(x)$ 在 $x=0$ 处连续,从而 $f(x)$ 在 $(-\infty,+\infty)$ 内连续.

11. 设 $f(x)=\lim\limits_{n\to\infty}\dfrac{1+x}{1+x^{2n}}$,求 $f(x)$ 的间断点,并说明间断点所属类型.

解 当 $|x|<1$ 时,$\lim\limits_{n\to\infty}\dfrac{1+x}{1+x^{2n}}=1+x$;当 $|x|>1$ 时,$\lim\limits_{n\to\infty}\dfrac{1+x}{1+x^{2n}}=0.$

故 $f(x)=\begin{cases}0, & x\leqslant-1,\\1+x, & -1<x<1,\\1, & x=1,\\0, & x>1.\end{cases}$

由于 $\lim\limits_{x\to-1^-}f(x)=\lim\limits_{x\to-1^+}f(x)=f(-1)=0$,所以 $x=-1$ 为连续点.

而 $\lim\limits_{x\to1^-}f(x)=2,\lim\limits_{x\to1^+}f(x)=0$,所以 $x=1$ 为第一类间断点.

12. 证明 $\lim\limits_{n\to\infty}\left(\dfrac{1}{\sqrt{n^2+1}}+\dfrac{1}{\sqrt{n^2+2}}+\cdots+\dfrac{1}{\sqrt{n^2+n}}\right)=1$.

证 因为 $\dfrac{n}{\sqrt{n^2+n}}<\dfrac{1}{\sqrt{n^2+1}}+\dfrac{1}{\sqrt{n^2+2}}+\cdots+\dfrac{1}{\sqrt{n^2+n}}<1$,

而 $\lim\limits_{n\to\infty}\dfrac{n}{\sqrt{n^2+n}}=\lim\limits_{n\to\infty}\dfrac{1}{\sqrt{1+\dfrac{1}{n}}}=1$, $\lim\limits_{n\to\infty}1=1$,

所以由夹逼准则,即得证.

13. 证明方程 $\sin x+x+1=0$ 在开区间 $\left(-\dfrac{\pi}{2},\dfrac{\pi}{2}\right)$ 内至少有一个根.

证 设 $f(x)=\sin x+x+1$,则 $f(x)$ 在 $\left[-\dfrac{\pi}{2},\dfrac{\pi}{2}\right]$ 上连续. 因为

$$f\left(-\dfrac{\pi}{2}\right)=\sin\left(-\dfrac{\pi}{2}\right)-\dfrac{\pi}{2}+1=-\dfrac{\pi}{2}<0,$$

$$f\left(\dfrac{\pi}{2}\right)=\sin\dfrac{\pi}{2}+\dfrac{\pi}{2}+1=\dfrac{\pi}{2}+2>0,$$

由介值定理,至少存在一点 $\xi\in\left(-\dfrac{\pi}{2},\dfrac{\pi}{2}\right)$,使 $f(\xi)=0$,即 $\sin\xi+\xi+1=0$. 所以方程 $\sin x+x+1=0$

在 $\left(-\dfrac{\pi}{2},\dfrac{\pi}{2}\right)$ 内至少有一个根.

14. 如果存在直线 $L:y=kx+b$,使得当 $x\to\infty$(或 $x\to+\infty,x\to-\infty$)时,曲线 $y=f(x)$ 上的动点 $M(x,y)$ 到直线 L 的距离 $d(M,L)\to0$,则称 L 为曲线 $y=f(x)$ 的**渐近线**. 当直线 L 的斜率 $k\neq0$ 时,称 L 为**斜渐近线**.

(1)证明:直线 $L:y=kx+b$ 为曲线 $y=f(x)$ 的渐近线的充分必要条件是

$$k=\lim_{\substack{x\to\infty\\(x\to+\infty\\x\to-\infty)}}\dfrac{f(x)}{x},\qquad b=\lim_{\substack{x\to\infty\\(x\to+\infty\\x\to-\infty)}}[f(x)-kx].$$

(2)求曲线 $y=(2x-1)\mathrm{e}^{\frac{1}{x}}$ 的斜渐近线;

(3)求曲线 $y=x\ln\left(\mathrm{e}+\dfrac{1}{x}\right)$ 的渐近线.

解 (1)就 $x\to+\infty$ 的情形证明,其他情形类似.

设 $L:y=kx+b$ 为曲线 $y=f(x)$ 的渐近线.

1° 若 $k\neq0$,如图 $1-19$ 所示,$k=\tan\alpha$(α 为 L 的倾角,$\alpha\neq\dfrac{\pi}{2}$),

曲线 $y=f(x)$ 上动点 $M(x,y)$ 到直线 L 的距离为 $|MK|$. 过 M 作横轴的垂线,交直线 L 于 K_1,则

$$|MK_1|=\dfrac{|MK|}{\cos\alpha}.$$

显然 $|MK|\to0(x\to+\infty)$ 与 $|MK_1|\to0$

图 $1-19$

$(x \to +\infty)$ 等价,而

$$|MK_1| = |f(x) - (kx + b)|.$$

因为 $L: y = kx + b$ 是曲线 $y = f(x)$ 的渐近线,

所以 $|MK| \to 0 (x \to +\infty) \Rightarrow |MK_1| \to 0 (x \to +\infty)$,

即 $\quad\quad \lim\limits_{x \to +\infty} [f(x) - (kx + b)] = 0$, ①

从而 $\quad \lim\limits_{x \to +\infty} [f(x) - kx] = \lim\limits_{x \to +\infty} [f(x) - (kx + b)] + b = 0 + b = b$, ②

$$\lim\limits_{x \to +\infty} \frac{f(x)}{x} = \lim\limits_{x \to +\infty} \frac{1}{x} [f(x) - kx] + k = 0 + k = k.$$ ③

反之,若②、③成立,则①成立,即 $L: y = kx + b$ 是曲线 $y = f(x)$ 的渐近线.

2° 若 $k = 0$,设 $L: y = b$ 是曲线 $y = f(x)$ 的水平渐近线,如图 1—20 所示. 按定义有 $|MK| \to 0 (x \to +\infty)$,而 $|MK| = |f(x) - b|$,故有

$$\lim\limits_{x \to +\infty} f(x) = b.$$ ④

$$\lim\limits_{x \to +\infty} \frac{f(x)}{x} = 0.$$ ⑤

反之,若④、⑤成立,即有

$$|MK| = |f(x) - b| \to 0 \ (x \to +\infty),$$

图 1—20

故 $y = b$ 是曲线 $y = f(x)$ 的水平渐近线.

(2)因为 $k = \lim\limits_{x \to \infty} \dfrac{f(x)}{x} = \lim\limits_{x \to \infty} \dfrac{(2x - 1)}{x} \mathrm{e}^{\frac{1}{x}} = 2$,

$\quad\quad b = \lim\limits_{x \to \infty} [f(x) - 2x] = \lim\limits_{x \to \infty} [(2x - 1)\mathrm{e}^{\frac{1}{x}} - 2x]$

$\quad\quad\quad = \lim\limits_{x \to \infty} 2x(\mathrm{e}^{\frac{1}{x}} - 1) - \lim\limits_{x \to \infty} \mathrm{e}^{\frac{1}{x}}$

$\quad\quad\quad = \lim\limits_{x \to \infty} 2 \dfrac{\mathrm{e}^{\frac{1}{x}} - 1}{\frac{1}{x}} - 1 = 2 \lim\limits_{u \to 0} \dfrac{\mathrm{e}^{u} - 1}{u} - 1 = 1$,

所以,所求曲线的渐近线为 $y = 2x + 1$.

(3)因为 $k = \lim\limits_{x \to \infty} \dfrac{f(x)}{x} = \lim\limits_{x \to \infty} \dfrac{x \ln\left(\mathrm{e} + \frac{1}{x}\right)}{x} = \lim\limits_{x \to \infty} \ln\left(\mathrm{e} + \frac{1}{x}\right) = 1$.

$\quad\quad b = \lim\limits_{x \to \infty} [f(x) - x] = \lim\limits_{x \to \infty} \left[x \ln\left(\mathrm{e} + \frac{1}{x}\right) - x\right] \xlongequal{t = \frac{1}{x}} \lim\limits_{t \to 0} \dfrac{\ln(\mathrm{e} + t) - 1}{t}$

$\quad\quad\quad = \lim\limits_{t \to 0} \dfrac{\ln\left(1 + \frac{t}{\mathrm{e}}\right)}{t} = \lim\limits_{t \to 0} \dfrac{\frac{t}{\mathrm{e}}}{t} = \dfrac{1}{\mathrm{e}}.$

所以所求的渐近线为 $y = x + \dfrac{1}{\mathrm{e}}$.

又因为 $\lim\limits_{x \to 0^{+}} x \ln\left(\mathrm{e} + \dfrac{1}{x}\right) = \lim\limits_{t \to +\infty} \dfrac{\ln(\mathrm{e} + t)}{t} = 0$

且 $\lim\limits_{x \to -\frac{1}{\mathrm{e}}^{-}} x \ln\left(\mathrm{e} + \dfrac{1}{x}\right) = \infty$,

所以 $x = -\dfrac{1}{\mathrm{e}}$ 为铅直渐近线.

因为 $\lim\limits_{x \to \infty} x \ln\left(\mathrm{e} + \dfrac{1}{x}\right) = 0$,

所以没有水平渐近线.

第一章自测题

一、填空题

1. 设 $f(x)$ 的定义域是 $[0,1]$,则 $f(2^x-3)$ 的定义域为 _____.

2. $\lim\limits_{x\to 0}(1+2x)^{\frac{1}{\sin x}}=$ _____.

3. 当 $x\to 0$ 时,$\alpha(x)=kx^2$ 与 $\beta(x)=\sqrt{1+x\arcsin x}-\sqrt{\cos x}$ 是等价无穷小,则 $k=$ _____.

4. 设 $f(x)=\lim\limits_{n\to\infty}\dfrac{(n+1)x}{nx^2+4}$,则 $f(x)$ 的间断点 $x=$ _____.

5. 极限 $\lim\limits_{x\to\infty}x\sin\dfrac{2x}{x^2+1}=$ _____.

6. 设函数 $f(x)=\begin{cases}\dfrac{1-e^{\tan x}}{\arcsin\dfrac{x}{3}}, & x>0,\\ ae^{2x}, & x\leqslant 0\end{cases}$ 在 $x=0$ 处连续,则 $a=$ _____.

二、选择题

1. $\lim\limits_{n\to\infty}x_n$ 存在是数列 $\{x_n\}$ 有界的( ).

(A)必要而非充分条件   (B)充分而非必要条件

(C)充要条件   (D)既非充分又非必要条件

2. $f(x)=x\cos x e^{\sin x}$ 是( ).

(A)偶函数   (B)周期函数   (C)单调函数   (D)无界函数

3. 当 $x\to 0$ 时,下列函数哪一个是 x 的三阶无穷小( ).

(A) $x^3(e^x-1)$ (B) $1-\cos x$ (C) $\sin x-\tan x$ (D) $\ln(1+x)$

4. 设函数 $f(x)=\dfrac{\sin(x-1)}{x(x-1)}$,则( ).

(A) $x=0$,$x=1$ 都是 $f(x)$ 的第一类间断点

(B) $x=0$,$x=1$ 都是 $f(x)$ 的第二类间断点

(C) $x=0$ 是 $f(x)$ 的第一类间断点,$x=1$ 是 $f(x)$ 的第二类间断点

(D) $x=0$ 是 $f(x)$ 的第二类间断点,$x=1$ 是 $f(x)$ 的第一类间断点

5. 当 $x\to 0$ 时,变量 $\dfrac{1}{x^2}\sin\dfrac{1}{x}$ 是( ).

(A)无穷小   (B)无穷大

(C)有界的,但不是无穷小量   (D)无界的,但不是无穷大量

6. 设对任意的 x,总有 $\varphi(x)\leqslant f(x)\leqslant g(x)$,且 $\lim\limits_{x\to\infty}[g(x)-\varphi(x)]=0$,则 $\lim\limits_{x\to\infty}f(x)$( ).

(A)存在且一定等于零   (B)存在但不一定等于零

(C)一定不存在   (D)不一定存在

三、解答题

1. 求下列极限

(1) $\lim\limits_{x\to 0}\dfrac{\sqrt{1+3x}-\sqrt[3]{1+2x}}{\ln(1+x)}$;   (2) $\lim\limits_{x\to -\infty}\dfrac{\sqrt{4x^2+x-1}+x+1}{\sqrt{x^2+\sin x}}$;

(3) $\lim\limits_{x\to 0}x\left[\dfrac{2}{x}\right]$ ($[x]$ 表示 x 的取整函数).

2. 设 $\lim\limits_{x\to +\infty}[(x^5+7x^4+2)^a-x]=b$,$b\neq 0$,试求常数 a,b.

3. 设 $f(x)=\begin{cases}x\cos\dfrac{1}{x}+1, & x>0,\\[2mm]2b+x^2, & x\leqslant 0,\end{cases}$ 当 b 为何值时，$f(x)$ 在 $x=0$ 处连续.

四、证明题

1. 设 $0<x_1<3$，$x_{n+1}=\sqrt{x_n(3-x_n)}(n=1,2,\cdots)$，证明数列 $\{x_n\}$ 的极限存在，并求此极限.

2. 设 $f(x)$ 在 $[a,b]$ 上连续，$x_i\in[a,b]$，$t_i>0(i=1,2,\cdots,n)$，且 $\sum_{i=1}^{n}t_i=1$，试证至少存在一点 $\xi\in[a,b]$，使 $f(\xi)=t_1f(x_1)+t_2f(x_2)+\cdots+t_nf(x_n)$

第一章自测题答案

一、**1.** $\dfrac{\ln 3}{\ln 2}\leqslant x\leqslant 2$ 或 $x\in\left[\log_2^3,2\right]$ **2.** e^2 **3.** $\dfrac{3}{4}$ **4.** 0 **5.** 2 **6.** -3

二、**1.** (B) **2.** (D)

3. (C) 因为当 $x\to 0$ 时，$\sin x-\tan x=\tan x\cdot(\cos x-1)\sim x\cdot\left(-\dfrac{1}{2}x^2\right)=-\dfrac{1}{2}x^3$.

4. (D) **5.** (D)

6. (D) 提示：如 $\varphi(x)=x$，$f(x)=x+e^{-|x|}$，$g(x)=x+2e^{-|x|}$，

则 $\varphi(x)\leqslant f(x)\leqslant g(x)$，且 $\lim_{x\to\infty}[g(x)-\varphi(x)]=0$，但 $\lim_{x\to\infty}f(x)$ 不存在.

又如 $\varphi(x)=0$，$f(x)=e^{-|x|}$，$g(x)=2e^{-|x|}$，则也有：

$\varphi(x)\leqslant f(x)\leqslant g(x)$，且 $\lim_{x\to\infty}[g(x)-\varphi(x)]=0$，但此时 $\lim_{x\to\infty}f(x)=\lim_{x\to\infty}e^{-|x|}=0$.

三、**1.** 解 (1) 原式 $=\lim_{x\to 0}\dfrac{\sqrt{1+3x}-1}{\ln(1+x)}-\lim_{x\to 0}\dfrac{\sqrt[3]{1+2x}-1}{\ln(1+x)}=\lim_{x\to 0}\dfrac{\dfrac{1}{2}\cdot 3x}{x}-\lim_{x\to 0}\dfrac{\dfrac{1}{3}\cdot 2x}{x}=\dfrac{5}{6}$.

(2) 原式 $=\lim_{x\to -\infty}\dfrac{3x^2-x-2}{\sqrt{x^2+\sin x}\left(\sqrt{4x^2+x-1}-x-1\right)}$

$=\lim_{x\to -\infty}\dfrac{3-\dfrac{1}{x}-\dfrac{2}{x^2}}{\sqrt{1+\dfrac{\sin x}{x^2}}\left(\sqrt{4+\dfrac{1}{x}-\dfrac{1}{x^2}}+1+\dfrac{1}{x}\right)}=1$.

(3) 因为 $\dfrac{2}{x}-1<\left[\dfrac{2}{x}\right]\leqslant\dfrac{2}{x}$，所以当 $x>0$ 时，$2-x<x\left[\dfrac{2}{x}\right]\leqslant 2$；

当 $x<0$ 时，$2-x>x\left[\dfrac{2}{x}\right]\geqslant 2$；又 $\lim_{x\to 0}(2-x)=2$，故 $\lim_{x\to 0}x\left[\dfrac{2}{x}\right]=2$.

2. 解 令 $t=x^{-1}$，则

$$\lim_{x\to +\infty}\left[(x^5+7x^4+2)^a-x\right]=\lim_{t\to 0^+}\dfrac{t^{1-5a}(1+7t+2t^5)^a-1}{t}$$

由于分母是无穷小量，根据极限存在的条件，必有

$$\lim_{t\to 0^+}\left[t^{1-5a}\cdot(1+7t+2t^5)^a-1\right]=0,$$

要使该极限存在，必须取 $5a=1$，把 $5a=1$ 代入原极限，并利用等价无穷小代换定理得

$$\lim_{x\to +\infty}\left[(x^5+7x^4+2)^a-x\right]=\lim_{t\to 0^+}\dfrac{[1+(7t+2t^5)]^a-1}{t}=\lim_{t\to 0}\dfrac{a(7t+2t^5)}{t}=7a,$$

根据原极限等于 b 的条件得 $7a=b$，所以 $a=\dfrac{1}{5}$，$b=\dfrac{7}{5}$.

3. 解 因为 $f(0+0)=\lim_{x\to 0^+}\left(x\cos\dfrac{1}{x}+1\right)=1$，$f(0)=2b$，$f(0-0)=\lim_{x\to 0^-}(2b+x^2)=2b$.

所以由 $f(0-0)=f(0+0)=f(0)$ 得 $b=\dfrac{1}{2}$，故当 $b=\dfrac{1}{2}$ 时，$f(x)$ 在 $x=0$ 连续.

四、1. 证　由 $0 < x_1 < 3$，知 $x_1, 3 - x_1$ 均为正数，

故　$0 < x_2 = \sqrt{x_1(3 - x_1)} \leqslant \dfrac{1}{2}(x_1 + 3 - x_1) = \dfrac{3}{2}$，

设　$0 < x_k \leqslant \dfrac{3}{2}(k > 1)$，

则　$0 < x_{k+1} = \sqrt{x_k(3 - x_k)} \leqslant \dfrac{1}{2}(x_k + 3 - x_k) = \dfrac{3}{2}$，

由数学归纳法知，对任意正整数 $n > 1$ 均有 $0 < x_n \leqslant \dfrac{3}{2}$，因而数列 $\{x_n\}$ 有界.

又当 $n > 1$ 时，$x_{n+1} - x_n = \sqrt{x_n(3 - x_n)} - x_n = \sqrt{x_n}\left(\sqrt{3 - x_n} - \sqrt{x_n}\right)$

$$= \frac{\sqrt{x_n}(3 - 2x_n)}{\sqrt{3 - x_n} + \sqrt{x_n}} \geqslant 0,$$

因而有 $x_{n+1} \geqslant x_n (n > 1)$，即数列 $\{x_n\}$ 单调增加.

由单调有界数列必有极限知 $\lim\limits_{n \to \infty} x_n$ 存在.

设 $\lim\limits_{n \to \infty} x_n = a$，在 $x_{n+1} = \sqrt{x_n(3 - x_n)}$ 两边取极限，得 $a = \sqrt{a(3 - a)}$，

解得　$a = \dfrac{3}{2}$，$a = 0$(舍去). 故　$\lim\limits_{n \to \infty} x_n = \dfrac{3}{2}$.

2. 证　因为 $f(x)$ 在 $[a, b]$ 上连续，所以 $m \leqslant f(x) \leqslant M$，其中 m, M 分别为 $f(x)$ 在 $[a, b]$ 上的最小值与最大值.

又　$x_i \in [a, b], t_i > 0(i = 1, 2, \cdots, n)$，所以 $m = \sum\limits_{i=1}^{n} mt_i \leqslant \sum\limits_{i=1}^{n} t_i f(x_i) \leqslant \sum\limits_{i=1}^{n} t_i M = M$，

从而由介值定理知至少存在一点 $\xi \in [a, b]$，使

$$f(\xi) = \sum_{i=1}^{n} t_i f(x_i) = t_1 f(x_1) + t_2 f(x_2) + \cdots + t_n f(x_n).$$

第二章 导数与微分

微分学是微积分的重要组成部分,它的基本概念是导数与微分.本章主要是利用极限这个工具讨论导数和微分的概念及其运算.应注意理解导数与微分之间的区别与联系,并熟练掌握求导公式及求导法则.

第一节 导数概念

一、主要内容归纳

1. 导数定义 设函数 $y=f(x)$ 在 x_0 点的某邻域内有定义,当自变量 x 在 x_0 点处取得增量 $\Delta x(\Delta x\neq 0)$ 时,相应地,函数 y 取得增量 $\Delta y=f(x_0+\Delta x)-f(x_0)$,如果极限

$$\lim_{\Delta x\to 0}\frac{\Delta y}{\Delta x}=\lim_{\Delta x\to 0}\frac{f(x_0+\Delta x)-f(x_0)}{\Delta x}$$

存在,则称函数 $y=f(x)$ 在 x_0 点可导,并称这个极限值为函数 $y=f(x)$ 在 x_0 点处的导数,记为

$$f'(x_0),y'(x_0),\frac{\mathrm{d}y}{\mathrm{d}x}\bigg|_{x=x_0}.$$

如果记 $x=x_0+\Delta x$,则导数又可表示为

$$f'(x_0)=\lim_{x\to x_0}\frac{f(x)-f(x_0)}{x-x_0}.$$

若极限 $\lim\limits_{\Delta x\to 0^-}\dfrac{\Delta y}{\Delta x}=\lim\limits_{\Delta x\to 0^-}\dfrac{f(x_0+\Delta x)-f(x_0)}{\Delta x}$ 存在,则该极限值称为 $f(x)$ 在 x_0 点的左导数,记作 $f'_-(x_0)$, 或 $f'_-(x_0)=\lim\limits_{x\to x_0^-}\dfrac{f(x)-f(x_0)}{x-x_0}$.

若极限 $\lim\limits_{\Delta x\to 0^+}\dfrac{\Delta y}{\Delta x}=\lim\limits_{\Delta x\to 0^+}\dfrac{f(x_0+\Delta x)-f(x_0)}{\Delta x}$ 存在,则该极限值称为 $f(x)$ 在 x_0 点的右导数,记作 $f'_+(x_0)$ 或 $f'_+(x_0)=\lim\limits_{x\to x_0^+}\dfrac{f(x)-f(x_0)}{x-x_0}$.

函数 $f(x)$ 在 x_0 点可导,且导数为 A 的充要条件是

$$f'(x_0)=f'_-(x_0)=f'_+(x_0)=A.$$

2. 导数的几何意义 导数 $f'(x_0)$ 在几何上表示曲线 $y=f(x)$ 在 $M(x_0,f(x_0))$ 点处的切线斜率.

曲线 $y=f(x)$ 在点 M 的切线方程是 $y=f'(x_0)(x-x_0)+f(x_0)$.

曲线 $y=f(x)$ 在点 M 的法线方程是

$$y=-\frac{1}{f'(x_0)}(x-x_0)+f(x_0)(\text{当} f'(x_0)\neq 0 \text{时}).$$

3. 可导函数的性质

(1)可导必连续,连续不一定可导,即连续是可导的必要而非充分条件,不连续一定不可导.

(2)可导的偶函数的导数是奇函数;可导的奇函数的导数是偶函数.

(3)可导的周期函数的导数仍是周期函数且周期不变.

二、 经典例题解析及解题方法总结

【例1】 设 $f(x)=x(x+1)(x+2)\cdots(x+n)$,求 $f'(0)$.

解 由 $f(x)$ 在点 $x=0$ 导数的定义知

$$f'(0)=\lim_{x\to 0}\frac{f(x)-f(0)}{x}=\lim_{x\to 0}(x+1)(x+2)\cdots(x+n)=n!.$$

【例2】 设函数 $f(x)=\begin{cases}\dfrac{x}{1+\mathrm{e}^{\frac{1}{x}}}, & x<0, \\ 0, & x=0, \\ \dfrac{2x}{1+\mathrm{e}^{x}}, & x>0,\end{cases}$ 则 $f(x)$ 在点 $x=0$ 处的导数为_____.

解 $f(x)$ 是分段函数,按定义分别求 $f(x)$ 在点 $x=0$ 处的左、右导数.

$$f'_-(0)=\lim_{x\to 0^-}\frac{\dfrac{x}{1+\mathrm{e}^{\frac{1}{x}}}-0}{x}=\lim_{x\to 0^-}\frac{1}{1+\mathrm{e}^{\frac{1}{x}}}=1,$$

$$f'_+(0)=\lim_{x\to 0^+}\frac{\dfrac{2x}{1+\mathrm{e}^{x}}-0}{x}=\lim_{x\to 0^+}\frac{2}{1+\mathrm{e}^{x}}=1,$$

因以上左、右导数存在且相等,所以 $f'(0)=1$.

故应填 1.

【例3】 函数 $f(x)=(x^2-x-2)|x^3-x|$ 不可导点的个数是_____.

(A)3   (B)2   (C)1   (D)0

解 方法一

$$f(x)=\begin{cases}-(x-2)x(x-1)(x+1)^2, & x\leqslant -1, \\ (x-2)x(x-1)(x+1)^2, & -1<x\leqslant 0, \\ -(x-2)x(x-1)(x+1)^2, & 0<x\leqslant 1, \\ (x-2)x(x-1)(x+1)^2, & x>1.\end{cases}$$

$f(x)$ 的不可导的可能点为 $x=-1,x=0,x=1$.

$$f'_-(-1)=\lim_{x\to -1^-}\frac{-(x-2)x(x-1)(x+1)^2}{x+1}=0,$$

$$f'_+(-1)=\lim_{x\to -1^+}\frac{(x-2)x(x-1)(x+1)^2}{x+1}=0,$$

所以由 $f'_-(-1)=f'_+(-1)$ 得: $x=-1$ 为 $f(x)$ 的可导点.

由
$$f'_-(0)=\lim_{x\to 0^-}\frac{(x-2)x(x-1)(x+1)^2}{x}=2,$$
$$f'_+(0)=\lim_{x\to 0^+}\frac{-(x-2)x(x-1)(x+1)^2}{x}=-2,$$
$$f'_-(1)=\lim_{x\to 1^-}\frac{-(x-2)x(x-1)(x+1)^2}{x-1}=4,$$
$$f'_+(1)=\lim_{x\to 1^+}\frac{(x-2)x(x-1)(x+1)^2}{x-1}=-4,$$

因此 $f(x)$ 的不可导点有两个: $x=0,x=1$.

故应选(B).

方法二 因为 $f(x)=(x-2)(x+1)\cdot|x|\cdot|x+1|\cdot|x-1|$,

由于含因子 $(x+1)\cdot|x+1|$,故 $f(x)$ 在 $x=-1$ 点可导.

于是 $f(x)$ 有两个不可导点 $x=0,x=1$.

故应选(B).

● **方法总结** ··

本题解法二使用下述结论讨论.

若 $\varphi(x)$ 在点 $x=x_0$ 处连续,则 $f(x)=|x-x_0|\varphi(x)$ 在 $x=x_0$ 处可导的充要条件是 $\varphi(x_0)=0$. 特别地,$|x-x_0|$ 在 $x=x_0$ 处不可导,而 $(x-x_0)|x-x_0|$ 在 $x=x_0$ 处可导.

【例4】 设 $f(x)$ 是 $(-\infty,+\infty)$ 上的非零函数,对任意 $x,y\in(-\infty,+\infty)$ 有 $f(x+y)=f(x)f(y)$,且 $f'(0)=1$,证明: $f'(x)=f(x)$.

证 因为对任意 $x,y\in(-\infty,+\infty)$ 有 $f(x+y)=f(x)f(y)$ 且 $f(x)$ 非零,令 $y=0$,所以 $f(x)=f(x)f(0)$,于是 $f(0)=1$.

任取 $x\in(-\infty,+\infty)$,使得 $f(x+\Delta x)=f(x)f(\Delta x)$.根据导数的定义得,
$$f'(x)=\lim_{\Delta x\to 0}\frac{f(x+\Delta x)-f(x)}{\Delta x}=\lim_{\Delta x\to 0}\frac{f(x)[f(\Delta x)-1]}{\Delta x}$$
$$=f(x)\cdot\lim_{\Delta x\to 0}\frac{f(\Delta x)-f(0)}{\Delta x}=f(x)\cdot f'(0)=f(x).$$

● **方法总结** ··

由以上例题可知,下列情况常用导数的定义求导数:①用导数定义求导数能使运算简化(如例1);②分段函数在分界点处的导数(如例2、例3);③抽象函数的导数或有关导数关系式的证明等(如例4).

【例5】 设函数 $f(x)$ 在点 x_0 处的导数 $f'(x_0)$ 存在,α,β 是常数,求极限
$$\lim_{h\to 0}\frac{f(x_0+\alpha h)-f(x_0-\beta h)}{h}.$$

解 因导数 $f'(x_0)$ 存在,则由导数定义与极限的运算法则得

$$\lim_{h \to 0} \frac{f(x_0 + \alpha h) - f(x_0 - \beta h)}{h} = \lim_{h \to 0} \frac{[f(x_0 + \alpha h) - f(x_0)] - [f(x_0 - \beta h) - f(x_0)]}{h}$$

$$= \alpha \lim_{h \to 0} \frac{f(x_0 + \alpha h) - f(x_0)}{\alpha h} + \beta \lim_{h \to 0} \frac{f(x_0 - \beta h) - f(x_0)}{-\beta h}$$

$$= \alpha f'(x_0) + \beta f'(x_0) = (\alpha + \beta) f'(x_0).$$

特别地,当 α, β 至少有一个为零时,上述结果显然成立.

● **方法总结** ···

特别地,当 $\alpha = \beta = 1$ 时,有

$$\lim_{h \to 0} \frac{f(x_0 + h) - f(x_0 - h)}{2h} = f'(x_0). \qquad ①$$

但是式①不能作为函数 $y = f(x)$ 在点 x_0 的导数定义,因为它与导数定义式

$$\lim_{h \to 0} \frac{f(x_0 + h) - f(x_0)}{h} = f'(x_0) \qquad ②$$

是不等价的. 事实上,若式②成立,则式①左边的极限存在,且等于 $f'(x_0)$. 但是,反之不成立,即若式①左边的极限存在,并不能保证式②左边的极限存在. 换言之,式①只是式②的必要条件,并不是充分条件.

这是因为式①中以 x_0 为中心的对称点 $x_0 + h, x_0 - h$ 处的函数值之差 $f(x_0 + h) - f(x_0 - h)$ 对点 x_0 处的函数值没有任何要求. 也就是说,极限 $\lim\limits_{h \to 0} \dfrac{f(x_0 + h) - f(x_0 - h)}{2h}$ 存在与否与点 x_0 处的函数值 $f(x_0)$ 无关. 不符合导数定义的要求. 例如,对于任何偶函数 $f(x)$, 极限

$$\lim_{h \to 0} \frac{f(0 + h) - f(0 - h)}{2h}$$

总是存在的,且为零,但是极限 $\lim\limits_{h \to 0} \dfrac{f(0 + h) - f(0)}{h}$ 却不一定存在. 例如函数:

$$f(x) = \begin{cases} \cos \dfrac{1}{x}, & x \neq 0, \\ 0, & x = 0 \end{cases} \quad \text{在 } x = 0 \text{ 处不连续,但有}$$

$$\lim_{h \to 0} \frac{f(0 + h) - f(0 - h)}{2h} = \lim_{h \to 0} \frac{\cos \dfrac{1}{h} - \cos \dfrac{1}{h}}{2h} = \lim_{h \to 0} 0 = 0.$$

但由于极限 $\lim\limits_{h \to 0} \dfrac{f(0 + h) - f(0)}{h} = \lim\limits_{h \to 0} \dfrac{\cos \dfrac{1}{h}}{h}$ 不存在,因此函数 $f(x)$ 在 $x = 0$ 处不可导.

【例6】 设 $f(x) = \begin{cases} x^2, & x \leqslant x_0, \\ ax + b, & x > x_0, \end{cases}$ 选取适合的 a、b 的值,使得 $f(x)$ 在 x_0 处连续、可导.

解 当 $x < x_0$ 时,$f(x) = x^2$ 是初等函数,因此连续;当 $x > x_0$ 时,$f(x) = ax + b$ 也是初等函数,因此也连续. 现只要讨论分界点 $x = x_0$ 处即可.

（1）连续性．
$$f(x_0)=x_0^2, \quad f(x_0-0)=\lim_{x\to x_0^-}x^2=x_0^2,$$
$$f(x_0+0)=\lim_{x\to x_0^+}f(x)=\lim_{x\to x_0^+}(ax+b)=ax_0+b,$$

要使 $f(x)$ 在 x_0 点连续，应有 $\quad x_0^2=ax_0+b\Rightarrow x_0^2-ax_0=b.$

（2）可导性．
$$f'_-(x_0)=\lim_{x\to x_0^-}\frac{f(x)-f(x_0)}{x-x_0}=\lim_{x\to x_0^-}\frac{x^2-x_0^2}{x-x_0}=\lim_{x\to x_0^-}(x+x_0)=2x_0,$$
$$f'_+(x_0)=\lim_{x\to x_0^+}\frac{f(x)-f(x_0)}{x-x_0}=\lim_{x\to x_0^+}\frac{ax+b-x_0^2}{x-x_0}=\lim_{x\to x_0^+}\frac{ax+x_0^2-ax_0-x_0^2}{x-x_0}=a.$$

由函数在这一点可导的充要条件有：
$$f'(x_0-0)=f'(x_0+0),即\ a=2x_0,代入\ b=x_0^2-ax_0=-x_0^2,$$

因此当 $\begin{cases}a=2x_0,\\b=-x_0^2\end{cases}$ 时，$f(x)$ 在 $x=x_0$ 处连续、可导.

● **方法总结** ⋯⋯⋯⋯⋯⋯⋯⋯⋯⋯⋯⋯⋯⋯⋯⋯⋯⋯⋯⋯⋯⋯

分段函数在分界点的极限、连续和可导问题一般应采用定义通过分界点左、右两端进行讨论．极限、连续、可导三者之间的关系是：可导⇒连续⇒极限存在．但反过来未必成立．

【例7】 （2022 数学二，10分）已知函数 $f(x)$ 在 $x=1$ 处可导，且 $\lim\limits_{x\to 0}\dfrac{f(e^{x^2})-3f(1+\sin^2 x)}{x^2}=2$，求 $f'(1)$.

解 由 $\lim\limits_{x\to 0}\dfrac{f(e^{x^2})-3f(1+\sin^2 x)}{x^2}=2$，且 $f(x)$ 在 $x=1$ 处连续，

可知 $\lim\limits_{x\to 0}[f(e^{x^2})-3f(1+\sin^2 x)]=-2f(1)=0$，故 $f(1)=0$.

则 $\lim\limits_{x\to 0}\dfrac{f(e^{x^2})-3f(1+\sin^2 x)}{x^2}=\lim\limits_{x\to 0}\dfrac{f(e^{x^2})-f(1)}{x^2}-3\lim\limits_{x\to 0}\dfrac{f(1+\sin^2 x)-f(1)}{x^2}$

$$=\lim\limits_{x\to 0}\frac{f(1+e^{x^2}-1)-f(1)}{e^{x^2}-1}\cdot\frac{e^{x^2}-1}{x^2}-3\lim\limits_{x\to 0}\frac{f(1+\sin^2 x)-f(1)}{\sin^2 x}\cdot\frac{\sin^2 x}{x^2}$$

$$=f'(1)-3f'(1)=-2f'(1)=2.因此\ f'(1)=-1.$$

习题 2-1 解答 ●⋯⋯⋯⋯⋯⋯

1. 设物体绕定轴旋转，在时间间隔 $[0,t]$ 内转过角度 θ，从而转角 θ 是 t 的函数：$\theta=\theta(t)$ 如果旋转是匀速的，那么称 $\omega=\dfrac{\theta}{t}$ 为该物体旋转的角速度. 如果旋转是非匀速的，应怎样确定该物体在时刻 t_0 的角速度？

解 在时间间隔 $[t_0,t_0+\Delta t]$ 内的平均角速度 $\bar{\omega}=\dfrac{\Delta\theta}{\Delta t}=\dfrac{\theta(t_0+\Delta t)-\theta(t_0)}{\Delta t}$.

在时刻 t_0 的角速度 $\omega=\lim\limits_{\Delta t\to 0}\bar{\omega}=\lim\limits_{\Delta t\to 0}\dfrac{\Delta\theta}{\Delta t}=\theta'(t_0)$.

2. 当物体的温度高于周围介质的温度时,物体就不断冷却.若物体的温度 T 与时间 t 的函数关系为 $T = T(t)$,应怎样确定物体在时刻 t 的冷却速度?

解 在时间间隔 $[t, t+\Delta t]$ 内平均冷却速度 $\bar{v} = \dfrac{\Delta T}{\Delta t} = \dfrac{T(t+\Delta t) - T(t)}{\Delta t}$.

在时刻 t 的冷却速度 $v = \lim\limits_{\Delta t \to 0} \dfrac{\Delta T}{\Delta t} = \lim\limits_{\Delta t \to 0} \dfrac{T(t+\Delta t) - T(t)}{\Delta t} = T'(t)$.

3. 设某工厂生产 x 件产品的成本为 $C(x) = 2\,000 + 100x - 0.1x^2$(元),

函数 $C(x)$ 称为成本函数,成本函数 $C(x)$ 的导数 $C'(x)$ 在经济学中称为边际成本.试求

(1)当生产 100 件产品时的边际成本;

(2)生产第 101 件产品的成本,并与(1)中求得的边际成本作比较,说明边际成本的实际意义.

解 (1) $C'(x) = 100 - 0.2x$,$\qquad C'(100) = 100 - 20 = 80$(元/件).

(2) $C(101) = 2\,000 + 100 \times 101 - 0.1 \times (101)^2 = 11\,079.9$(元),

$\qquad C(100) = 2\,000 + 100 \times 100 - 0.1 \times (100)^2 = 11\,000$(元),

$\qquad C(101) - C(100) = 11\,079.9 - 11\,000 = 79.9$(元).

即生产第 101 件产品的成本为 79.9 元,与(1)中求得的边际成本比较,可以看出边际成本 $C'(x)$ 的实际意义是近似表达产量达到 x 单位时再增加一个单位产品所需的成本.

4. 设函数 $f(x) = \dfrac{(x-1)(x-2)\cdots(x-n)}{(x+1)(x+2)\cdots(x+n)}$,求 $f'(1)$.

解 $f'(1) = \lim\limits_{x \to 1} \dfrac{f(x) - f(1)}{x-1} = \lim\limits_{x \to 1} \dfrac{(x-2)(x-3)\cdots(x-n)}{(x+1)(x+2)\cdots(x+n)} = \dfrac{(-1)^{n-1} \cdot (n-1)!}{(n+1)!} = \dfrac{(-1)^{n-1}}{n(n+1)}$.

5. 证明 $(\cos x)' = -\sin x$.

证 $(\cos x)' = \lim\limits_{\Delta x \to 0} \dfrac{\cos(x+\Delta x) - \cos x}{\Delta x} = \lim\limits_{\Delta x \to 0} \dfrac{-2\sin\left(x + \dfrac{\Delta x}{2}\right)\sin\dfrac{\Delta x}{2}}{\Delta x}$

$\qquad = \lim\limits_{\Delta x \to 0} \left[-\sin\left(x + \dfrac{\Delta x}{2}\right)\right]\dfrac{\sin\dfrac{\Delta x}{2}}{\dfrac{\Delta x}{2}} = -\sin x$.

6. 下列各题中均假定 $f'(x_0)$ 存在,按照导数定义观察下列极限,指出 A 表示什么:

(1) $\lim\limits_{\Delta x \to 0} \dfrac{f(x_0 - \Delta x) - f(x_0)}{\Delta x} = A$;

(2) $\lim\limits_{x \to 0} \dfrac{f(x)}{x} = A$,其中 $f(0) = 0$,且 $f'(0)$ 存在;

(3) $\lim\limits_{h \to 0} \dfrac{f(x_0 + h) - f(x_0 - h)}{h} = A$.

解 (1) $A = \lim\limits_{\Delta x \to 0} \dfrac{f(x_0 - \Delta x) - f(x_0)}{\Delta x} = -\lim\limits_{-\Delta x \to 0} \dfrac{f(x_0 + (-\Delta x)) - f(x_0)}{-\Delta x} = -f'(x_0)$.

(2) 由于 $f(0) = 0$,故 $A = \lim\limits_{x \to 0} \dfrac{f(x)}{x} = \lim\limits_{x \to 0} \dfrac{f(x) - f(0)}{x - 0} = f'(0)$.

(3) $A = \lim\limits_{h \to 0} \dfrac{f(x_0 + h) - f(x_0 - h)}{h} = \lim\limits_{h \to 0} \left[\dfrac{f(x_0 + h) - f(x_0)}{h} - \dfrac{f(x_0 - h) - f(x_0)}{h}\right]$

$\qquad = \lim\limits_{h \to 0} \dfrac{f(x_0 + h) - f(x_0)}{h} + \lim\limits_{-h \to 0} \dfrac{f(x_0 + (-h)) - f(x_0)}{-h} = 2f'(x_0)$.

以下两题中,选择给出的四个结论中一个正确的结论:

7. 设 $f(x)=\begin{cases}\dfrac{2}{3}x^3, & x\leqslant 1,\\ x^2, & x>1,\end{cases}$ 则 $f(x)$ 在 $x=1$ 处的( ).

    (A)左、右导数都存在   (B)左导数存在,右导数不存在

    (C)左导数不存在,右导数存在   (D)左、右导数都不存在

  解 $f'_-(1)=\lim\limits_{x\to 1^-}\dfrac{f(x)-f(1)}{x-1}=\lim\limits_{x\to 1^-}\dfrac{\frac{2}{3}x^3-\frac{2}{3}}{x-1}=\lim\limits_{x\to 1^-}\dfrac{2}{3}\cdot\dfrac{x^3-1}{x-1}=\lim\limits_{x\to 1^-}\dfrac{2}{3}(x^2+x+1)=2;$

    $f'_+(1)=\lim\limits_{x\to 1^+}\dfrac{f(x)-f(1)}{x-1}=\lim\limits_{x\to 1^+}\dfrac{x^2-\frac{2}{3}}{x-1}=\infty,$

  故该函数左导数存在,右导数不存在,因此应选(B).

8. 设 $f(x)$ 可导,$F(x)=f(x)(1+|\sin x|)$,则 $f(0)=0$ 是 $F(x)$ 在 $x=0$ 处可导的( ).

    (A)充分必要条件.   (B)充分条件但非必要条件.

    (C)必要条件但非充分条件.   (D)既非充分条件又非必要条件.

  解 $F'_+(0)=\lim\limits_{x\to 0^+}\dfrac{F(x)-F(0)}{x-0}=\lim\limits_{x\to 0^+}\dfrac{f(x)(1+\sin x)-f(0)}{x}$

    $=\lim\limits_{x\to 0^+}\left[\dfrac{f(x)-f(0)}{x}+f(x)\dfrac{\sin x}{x}\right]=f'(0)+f(0),$

    $F'_-(0)=\lim\limits_{x\to 0^-}\dfrac{F(x)-F(0)}{x-0}=\lim\limits_{x\to 0^-}\dfrac{f(x)(1-\sin x)-f(0)}{x}$

    $=\lim\limits_{x\to 0^-}\left[\dfrac{f(x)-f(0)}{x}-f(x)\dfrac{\sin x}{x}\right]=f'(0)-f(0),$

  当 $f(0)=0$ 时,$F'_+(0)=F'_-(0)$,反之当 $F'_+(0)=F'_-(0)$ 时,$f(0)=0$,因此应选(A).

9. 求下列函数的导数:

    (1)$y=x^4$;   (2)$y=\sqrt[3]{x^2}$;   (3)$y=x^{1.6}$;   (4)$y=\dfrac{1}{\sqrt{x}}$;

    (5)$y=\dfrac{1}{x^2}$;   (6)$y=x^3\sqrt[5]{x}$;   (7)$y=\dfrac{x^2\sqrt[3]{x^2}}{\sqrt{x^5}}$.

  解 (1)$y'=4x^3$.   (2)$y=x^{\frac{2}{3}}$, $y'=\dfrac{2}{3}x^{-\frac{1}{3}}$.

    (3)$y'=1.6x^{0.6}$.   (4)$y=x^{-\frac{1}{2}}$, $y'=-\dfrac{1}{2}x^{-\frac{3}{2}}$.

    (5)$y=x^{-2}$, $y'=-2x^{-3}$.   (6)$y=x^{\frac{16}{5}}$, $y'=\dfrac{16}{5}x^{\frac{11}{5}}$.

    (7)$y=x^{2+\frac{2}{3}-\frac{5}{2}}=x^{\frac{1}{6}}$, $y'=\dfrac{1}{6}x^{-\frac{5}{6}}$.

10. 已知物体的运动规律为 $s=t^3$m,求这物体在 $t=2$s 时的速度.

  解 $v=\dfrac{\mathrm{d}s}{\mathrm{d}t}=3t^2$, $v\big|_{t=2}=12(\mathrm{m/s})$.

11. 试证明:

    (1)若 $f(x)$ 为可导的奇函数,则 $f'(x)$ 为偶函数.

    (2)若 $f(x)$ 为可导的偶函数,则 $f'(x)$ 为奇函数.

(3)如果 $f(x)$ 为偶函数,且 $f'(0)$ 存在,则 $f'(0)=0$.

证 (1)设 $f(x)$ 为可导的奇函数,则 $f(-x)=-f(x)$.

$$f'(-x)=\lim_{\Delta x \to 0}\frac{f(-x+\Delta x)-f(-x)}{\Delta x}=\lim_{\Delta x \to 0}\frac{-f(x-\Delta x)+f(x)}{\Delta x}$$
$$=\lim_{\Delta x \to 0}\frac{f(x-\Delta x)-f(x)}{-\Delta x}=f'(x).$$

故 $f'(x)$ 为偶函数.

(2)设 $f(x)$ 为可导的偶函数,则 $f(-x)=f(x)$.

$$f'(-x)=\lim_{\Delta x \to 0}\frac{f(-x+\Delta x)-f(-x)}{\Delta x}=\lim_{\Delta x \to 0}\frac{f(x-\Delta x)-f(x)}{\Delta x}$$
$$=\lim_{\Delta x \to 0}\frac{f(x-\Delta x)-f(x)}{\Delta x}=-f'(x).$$

故 $f'(x)$ 为奇函数.

(3)$f(x)$ 为偶函数,故有 $f(-x)=f(x)$.

因为 $f'(0)=\lim_{x \to 0}\frac{f(x)-f(0)}{x-0}=\lim_{x \to 0}\frac{f(-x)-f(0)}{x-0}=-\lim_{-x \to 0}\frac{f(-x)-f(0)}{-x-0}=-f'(0)$,

所以 $f'(0)=0$.

12. 求曲线 $y=\sin x$ 在具有下列横坐标的各点处切线的斜率:$x=\frac{2}{3}\pi$;$x=\pi$.

解 由导数的几何意义知 $k_1=y'\big|_{x=\frac{2}{3}\pi}=\cos x\big|_{x=\frac{2}{3}\pi}=-\frac{1}{2}$,$k_2=y'\big|_{x=\pi}=\cos x\big|_{x=\pi}=-1$.

13. 求曲线 $y=\cos x$ 上点 $(\frac{\pi}{3},\frac{1}{2})$ 处的切线方程和法线方程.

解 $y'\big|_{x=\frac{\pi}{3}}=(-\sin x)\big|_{x=\frac{\pi}{3}}=-\frac{\sqrt{3}}{2}$,

故曲线在点 $(\frac{\pi}{3},\frac{1}{2})$ 处的切线方程为

$$y-\frac{1}{2}=-\frac{\sqrt{3}}{2}\left(x-\frac{\pi}{3}\right),\quad 即 \quad \frac{\sqrt{3}}{2}x+y-\frac{1}{2}\left(1+\frac{\sqrt{3}}{3}\pi\right)=0.$$

在点 $(\frac{\pi}{3},\frac{1}{2})$ 处的法线方程为

$$y-\frac{1}{2}=\frac{2}{\sqrt{3}}\left(x-\frac{\pi}{3}\right),\quad 即 \quad \frac{2\sqrt{3}}{3}x-y+\frac{1}{2}-\frac{2\sqrt{3}}{9}\pi=0.$$

14. 求曲线 $y=e^x$ 在点 $(0,1)$ 处的切线方程.

解 $y'\big|_{x=0}=e^x\big|_{x=0}=1$,故曲线在点 $(0,1)$ 处的切线方程为

$$y-1=1\cdot(x-0),\quad 即 \quad x-y+1=0.$$

15. 在抛物线 $y=x^2$ 上取横坐标为 $x_1=1$ 及 $x_2=3$ 的两点,作过这两点的割线.问该抛物线上哪一点的切线平行于这条割线?

解 割线的斜率 $k=\frac{3^2-1^2}{3-1}=\frac{8}{2}=4$.

假设抛物线上点 (x_0,x_0^2) 处的切线平行于该割线,则有

$$(x^2)'\big|_{x=x_0}=4,\quad 即 \quad 2x_0=4.$$

故 $x_0=2$,由此得所求点为 $(2,4)$.

16. 讨论下列函数在 $x=0$ 处的连续性与可导性：

(1) $y=|\sin x|$；

(2) $y=\begin{cases} x^2\sin\dfrac{1}{x}, & x\neq 0, \\ 0, & x=0. \end{cases}$

解　(1) $\lim\limits_{x\to 0}f(x)=\lim\limits_{x\to 0}|\sin x|=0=f(0)$，故 $y=|\sin x|$ 在 $x=0$ 处连续．又

$$f'_-(0)=\lim_{x\to 0^-}\frac{f(x)-f(0)}{x-0}=\lim_{x\to 0^-}\frac{-\sin x}{x}=-1,$$

$$f'_+(0)=\lim_{x\to 0^+}\frac{f(x)-f(0)}{x-0}=\lim_{x\to 0^+}\frac{\sin x}{x}=1,$$

$f'_-(0)\neq f'_+(0)$，故 $y=|\sin x|$ 在 $x=0$ 处不可导．

(2) $\lim\limits_{x\to 0}f(x)=\lim\limits_{x\to 0}x^2\sin\dfrac{1}{x}=0=f(0)$，故函数在 $x=0$ 处连续．又

$$f'(0)=\lim_{x\to 0}\frac{f(x)-f(0)}{x-0}=\lim_{x\to 0}\frac{x^2\sin\dfrac{1}{x}}{x}=\lim_{x\to 0}x\sin\frac{1}{x}=0,$$

故函数在 $x=0$ 处可导．

17. 设函数 $f(x)=\begin{cases} x^2, & x\leqslant 1, \\ ax+b, & x>1. \end{cases}$ 为了使函数 $f(x)$ 在 $x=1$ 处连续且可导，a、b 应取什么值？

解　要函数 $f(x)$ 在 $x=1$ 处连续，应有

$$\lim_{x\to 1^-}f(x)=\lim_{x\to 1^+}f(x)=f(1),\quad 即\quad 1=a+b.$$

要函数 $f(x)$ 在 $x=1$ 处可导，应有 $f'_-(1)=f'_+(1)$，而

$$f'_-(1)=\lim_{x\to 1^-}\frac{f(x)-f(1)}{x-1}=\lim_{x\to 1^-}\frac{x^2-1}{x-1}=2,$$

$$f'_+(1)=\lim_{x\to 1^+}\frac{f(x)-f(1)}{x-1}=\lim_{x\to 1^+}\frac{ax+b-1}{x-1}=\lim_{x\to 1^+}\frac{a(x-1)+a+b-1}{x-1}=\lim_{x\to 1^+}\frac{a(x-1)}{x-1}=a.$$

故 $a=2,b=-1$．

18. 已知 $f(x)=\begin{cases} x^2, & x\geqslant 0, \\ -x, & x<0, \end{cases}$ 求 $f'_+(0)$ 及 $f'_-(0)$，又 $f'(0)$ 是否存在？

解　$f'_-(0)=\lim\limits_{x\to 0^-}\dfrac{f(x)-f(0)}{x-0}=\lim\limits_{x\to 0^-}\dfrac{-x-0}{x}=-1,\ f'_+(0)=\lim\limits_{x\to 0^+}\dfrac{f(x)-f(0)}{x-0}=\lim\limits_{x\to 0^+}\dfrac{x^2-0}{x}=0.$

由于 $f'_-(0)\neq f'_+(0)$，故 $f'(0)$ 不存在．

19. 已知 $f(x)=\begin{cases} \sin x, & x<0, \\ x, & x\geqslant 0, \end{cases}$ 求 $f'(x)$．

解　$f'_-(0)=\lim\limits_{x\to 0^-}\dfrac{f(x)-f(0)}{x-0}=\lim\limits_{x\to 0^-}\dfrac{\sin x}{x}=1,\ f'_+(0)=\lim\limits_{x\to 0^+}\dfrac{f(x)-f(0)}{x-0}=\lim\limits_{x\to 0^+}\dfrac{x}{x}=1.$

由于 $f'_-(0)=f'_+(0)=1$，故 $f'(0)=1$．因此 $f'(x)=\begin{cases} \cos x, & x<0, \\ 1, & x\geqslant 0. \end{cases}$

20. 证明：双曲线 $xy=a^2$ 上任一点处的切线与两坐标轴构成的三角形的面积都等于 $2a^2$．

证　设 (x_0,y_0) 为双曲线 $xy=a^2$ 上任一点，曲线在该点处的切线斜率 $k=\left(\dfrac{a^2}{x}\right)'\bigg|_{x=x_0}=-\dfrac{a^2}{x_0^2}$，

切线方程为 $y-y_0=-\dfrac{a^2}{x_0^2}(x-x_0)$　或　$\dfrac{x}{2x_0}+\dfrac{y}{2y_0}=1$，

由此可得所构成的三角形的面积为 $A=\dfrac{1}{2}|2x_0||2y_0|=2a^2$．

第二节　函数的求导法则

一、主要内容归纳

1. 基本初等函数的导数公式

(1) $(c)'=0$；

(2) $(x^\mu)'=\mu x^{\mu-1}$　（μ 为实数）；

(3) $(\sin x)'=\cos x$；

(4) $(\cos x)'=-\sin x$；

(5) $(\tan x)'=\sec^2 x$；

(6) $(\cot x)'=-\csc^2 x$；

(7) $(\sec x)'=\sec x\tan x$；

(8) $(\csc x)'=-\csc x\cot x$；

(9) $(a^x)'=a^x\ln a$　（$a>0,a\neq 1$）；

(10) $(e^x)'=e^x$；

(11) $(\log_a x)'=\dfrac{1}{x\ln a}$　（$a>0,a\neq 1$）；

(12) $(\ln x)'=\dfrac{1}{x}$；

(13) $(\arcsin x)'=\dfrac{1}{\sqrt{1-x^2}}$；

(14) $(\arccos x)'=-\dfrac{1}{\sqrt{1-x^2}}$；

(15) $(\arctan x)'=\dfrac{1}{1+x^2}$；

(16) $(\text{arccot}\,x)'=-\dfrac{1}{1+x^2}$.

2. 导数的四则运算法则　设函数 $u(x),v(x)$ 在 x 点可导，则

(1) $[u(x)\pm v(x)]'=u'(x)\pm v'(x)$；

(2) $[u(x)v(x)]'=u'(x)v(x)+u(x)v'(x)$；

(3) $\left[\dfrac{u(x)}{v(x)}\right]'=\dfrac{u'(x)v(x)-u(x)v'(x)}{[v(x)]^2}$　（$v(x)\neq 0$）.

3. 复合函数的求导法则　若 $u=\varphi(x)$ 在 x 点可导，而 $y=f(u)$ 在对应点 $u(u=\varphi(x))$ 可导，则复合函数 $y=f[\varphi(x)]$ 在 x 点可导，且

$$y'(x)=f'(u)\varphi'(x).$$

4. 反函数的求导法则　若单调连续函数 $x=\varphi(y)$ 在 y 点可导，且其导数 $\varphi'(y)\neq 0$，则它的反函数 $y=f(x)$ 在对应点 x 可导，且

$$f'(x)=\frac{1}{\varphi'(y)},\quad \text{或}\quad \frac{\mathrm{d}y}{\mathrm{d}x}=\frac{1}{\dfrac{\mathrm{d}x}{\mathrm{d}y}}.$$

二、经典例题解析及解题方法总结

【例 1】 设 $f(x)=(x-a)\varphi(x)$，其中 $\varphi(x)$ 在 $x=a$ 处连续，求 $f'(a)$.

解　由导数的定义知 $f'(a)=\lim\limits_{x\to a}\dfrac{f(x)-f(a)}{x-a}=\lim\limits_{x\to a}\dfrac{(x-a)\varphi(x)-0}{x-a}=\lim\limits_{x\to a}\varphi(x)$.

因为 $\varphi(x)$ 在 $x=a$ 处连续，从而有 $\lim\limits_{x\to a}\varphi(x)=\varphi(a)$，故 $f'(a)=\varphi(a)$.

方法总结

求含有抽象函数的导数时,一定要注意所给抽象函数满足的条件,否则就会出错. 在本例中我们只知道 $\varphi(x)$ 在 $x=a$ 处连续,并不知 $\varphi'(x)$ 是否存在,因此下述作法是错误的.

因为 $f'(x)=\varphi(x)+(x-a)\cdot\varphi'(x)$;所以 $f'(a)=\varphi(a)$.

这个结果虽然正确,但只是一个巧合,由于题设条件中并未告知 $\varphi'(x)$ 存在,故不能应用两个函数乘积的求导法则求 $f'(x)$,本例只能用导数定义求 $f'(a)$.

【例2】 设 $y=(\cos x)^{x^2}$,求 y'.

解 方法一 将函数 $y=(\cos x)^{x^2}$ 化为指数函数的形式 $y=(\cos x)^{x^2}=\mathrm{e}^{x^2\ln\cos x}$,由复合函数的求导法则得 $y'=\mathrm{e}^{x^2\ln\cos x}\left(2x\ln\cos x+x^2\dfrac{-\sin x}{\cos x}\right)$,

即 $y'=(\cos x)^{x^2}(2x\ln\cos x-x^2\tan x)$.

方法二 对数求导法

对 $y=(\cos x)^{x^2}$ 两边取对数得 $\ln y=x^2\ln\cos x$,

在方程 $\ln y=x^2\ln\cos x$ 两边对 x 求导数得 $\dfrac{1}{y}y'=2x\ln\cos x+x^2\cdot\dfrac{-\sin x}{\cos x}$,

即 $y'=y(2x\ln\cos x-x^2\tan x)=(\cos x)^{x^2}(2x\ln\cos x-x^2\tan x)$.

方法总结

本题所用的两种方法,是求形如 $y=f(x)^{g(x)}$ 类型函数的导数的典型方法. 显然求导数的方法不是唯一的,可根据题目所给条件及不同的需要灵活选择适当的方法.

【例3】 试确定常数 a,b 的值,使函数 $f(x)=\begin{cases}1+\ln(1-2x), & x\leqslant0,\\ a+b\mathrm{e}^x, & x>0\end{cases}$ 在 $x=0$ 处可导,并求出此时的 $f'(x)$.

解 因要使函数 $f(x)$ 在 $x=0$ 处可导,故 $f(x)$ 在 $x=0$ 处连续,即

$$\lim_{x\to0^-}f(x)=\lim_{x\to0^+}f(x)=f(0)=1,$$

得 $a+b=1$,即当 $a+b=1$ 时,函数 $f(x)$ 在 $x=0$ 处连续.

由导数定义及 $a+b=1$,有

$$f'_-(0)=\lim_{x\to0^-}\frac{f(x)-f(0)}{x-0}=\lim_{x\to0^-}\frac{[1+\ln(1-2x)]-1}{x}=-2,$$

$$f'_+(0)=\lim_{x\to0^+}\frac{f(x)-f(0)}{x-0}=\lim_{x\to0^+}\frac{(a+b\mathrm{e}^x)-1}{x}=\lim_{x\to0^+}\frac{b(\mathrm{e}^x-1)}{x}=b.$$

要使 $f(x)$ 在 $x=0$ 处可导,应有 $b=f'_+(0)=f'_-(0)=-2$,故 $a=3$.

即当 $a=3,b=-2$ 时,函数 $f(x)$ 在 $x=0$ 处可导,且 $f'(0)=-2$. 于是

$$f'(x)=\begin{cases}-\dfrac{2}{1-2x}, & x\leqslant0,\\ -2\mathrm{e}^x, & x>0.\end{cases}$$

【例 4】 (2023 数学一,数学二,5 分)设函数 $y=f(x)$ 由 $\begin{cases} x=2t+|t|, \\ y=|t|\sin t \end{cases}$ 确定,则_____.

(A)$f(x)$ 连续,$f'(0)$ 不存在　　　　(B)$f'(0)$ 存在,$f'(x)$ 在 $x=0$ 处不连续

(C)$f'(x)$ 连续,$f''(0)$ 不存在　　　　(D)$f''(0)$ 存在,$f''(x)$ 在 $x=0$ 处不连续

解　当 $t\geqslant 0$ 时,$\begin{cases} x=3t, \\ y=t\sin t, \end{cases}$ 即 $y=\dfrac{x}{3}\sin\dfrac{x}{3}$.

当 $t<0$ 时,$\begin{cases} x=t, \\ y=-t\sin t, \end{cases}$ 即 $y=-x\sin x$.

所以 $y=\begin{cases} \dfrac{x}{3}\sin\dfrac{x}{3}, & x\geqslant 0, \\ -x\sin x, & x<0, \end{cases}$ 从而 $\lim\limits_{x\to 0^+}f(x)=\lim\limits_{x\to 0^-}f(x)=f(0)=0$.

$f'_+(0)=\lim\limits_{x\to 0^+}\dfrac{f(x)-f(0)}{x-0}=\lim\limits_{x\to 0^+}\dfrac{\dfrac{x}{3}\sin\dfrac{x}{3}}{x}=0$,

$f'_-(0)=\lim\limits_{x\to 0^-}\dfrac{f(x)-f(0)}{x-0}=\lim\limits_{x\to 0^-}\dfrac{-x\sin x}{x}=0$,

所以 $f'(x)=\begin{cases} \dfrac{1}{3}\sin\dfrac{x}{3}+\dfrac{x}{9}\cos\dfrac{x}{9}, & x>0, \\ 0, & x=0, \\ -\sin x-x\cos x, & x<0. \end{cases}$

$\lim\limits_{x\to 0^+}f'(x)=\lim\limits_{x\to 0^-}f'(x)=f'(0)=0$,

所以 $f'(x)$ 在 $x=0$ 处连续,即 $f'(x)$ 连续.

$\lim\limits_{x\to 0^+}\dfrac{f'(x)-f'(0)}{x-0}=\lim\limits_{x\to 0^+}\dfrac{\dfrac{1}{3}\sin\dfrac{x}{3}+\dfrac{x}{9}\cos\dfrac{x}{3}}{x}=\dfrac{2}{9}$,

$\lim\limits_{x\to 0^-}\dfrac{f'(x)-f'(0)}{x-0}=\lim\limits_{x\to 0^-}\dfrac{-\sin x-x\cos x}{x}=-2$,即 $f''_+(0)\neq f''_-(0)$,所以 $f''(0)$ 不存在.

故应选(C).

【例 5】 (2021 数学三,5 分)若 $y=\cos e^{-\sqrt{x}}$,则 $\dfrac{dy}{dx}\Big|_{x=1}=$ _____.

解　$\dfrac{dy}{dx}=-\sin e^{-\sqrt{x}}\cdot e^{-\sqrt{x}}\cdot\left(-\dfrac{1}{2\sqrt{x}}\right)$,故 $\dfrac{dy}{dx}\Big|_{x=1}=\dfrac{1}{2e}\sin\dfrac{1}{e}$.

故应填 $\dfrac{1}{2e}\sin\dfrac{1}{e}$.

【例 6】 求下列函数的导函数.

(1)$y=(x^2+\cos x)^5$;(2)$y=e^{\cos x^3}$;(3)$y=\arcsin\sqrt{\ln\cos x}$;(4)$y=\dfrac{1}{\sqrt{\sin\dfrac{1}{x}}}$.

解　(1) $y'=[(x^2+\cos x)^5]'=5(x^2+\cos x)^4(x^2+\cos x)'=5(x^2+\cos x)^4(2x-\sin x)$.

(2) $y'=(e^{\cos x^3})'=e^{\cos x^3}(\cos x^3)'=e^{\cos x^3}\cdot(-\sin x^3)\cdot(x^3)'=-3x^2\sin x^3 e^{\cos x^3}$.

(3) 首先分析复合成分,$y=\arcsin u,u=\sqrt{v},v=\ln w,w=\cos x$,依复合函数求导的链式法则得:

$$y' = \frac{dy}{dx} = \frac{dy}{du} \cdot \frac{du}{dv} \cdot \frac{dv}{dw} \cdot \frac{dw}{dx} = \frac{1}{\sqrt{1-u^2}} \cdot \frac{1}{2\sqrt{v}} \cdot \frac{1}{w} \cdot (-\sin x)$$

$$= \frac{1}{\sqrt{1-\ln\cos x}} \cdot \frac{1}{2\sqrt{\ln\cos x}} \cdot \frac{1}{\cos x} \cdot (-\sin x) = -\frac{\tan x}{2\sqrt{\ln\cos x(1-\ln\cos x)}}.$$

(4) $y = \dfrac{1}{\sqrt{\sin\frac{1}{x}}} = \left(\sin\frac{1}{x}\right)^{-\frac{1}{2}}$, $y' = -\dfrac{1}{2}\left(\sin\frac{1}{x}\right)^{-\frac{3}{2}}\cos\frac{1}{x} \cdot \left(-\frac{1}{x^2}\right) = \dfrac{\cot\frac{1}{x}}{2x^2 \cdot \sqrt{\sin\frac{1}{x}}}.$

● 方法总结

　　复合函数的求导关键在于搞清复合关系,从外层到内层一步一步进行求导运算,不要遗漏,尤其当既有四则运算,又有复合函数运算时,要根据题目中给出的函数表达式决定先用四则运算求导法则还是先用复合函数求导法则。

● 习题 2—2 解答

1. 推导余切函数及余割函数的导数公式:
$$(\cot x)' = -\csc^2 x; \qquad (\csc x)' = -\csc x\cot x.$$

解　$(\cot x)' = \left(\dfrac{\cos x}{\sin x}\right)' = \dfrac{-\sin x\sin x - \cos x\cos x}{\sin^2 x} = -\dfrac{1}{\sin^2 x} = -\csc^2 x.$

　　$(\csc x)' = \left(\dfrac{1}{\sin x}\right)' = \dfrac{-\cos x}{\sin^2 x} = -\csc x\cot x.$

2. 求下列函数的导数:

(1) $y = x^3 + \dfrac{7}{x^4} - \dfrac{2}{x} + 12$; 　　(2) $y = 5x^3 - 2^x + 3e^x$; 　　(3) $y = 2\tan x + \sec x - 1$;

(4) $y = \sin x\cos x$; 　　(5) $y = x^2\ln x$; 　　(6) $y = 3e^x\cos x$;

(7) $y = \dfrac{\ln x}{x}$; 　　(8) $y = \dfrac{e^x}{x^2} + \ln 3$; 　　(9) $y = x^2\ln x\cos x$;

(10) $s = \dfrac{1+\sin t}{1+\cos t}$.

解　(1) $y' = 3x^2 - \dfrac{28}{x^5} + \dfrac{2}{x^2}$.

　　(2) $y' = 15x^2 - 2^x\ln 2 + 3e^x$.

　　(3) $y' = 2\sec^2 x + \sec x\tan x = \sec x(2\sec x + \tan x)$.

　　(4) $y' = \left(\dfrac{1}{2}\sin 2x\right)' = \dfrac{1}{2} \cdot 2\cos 2x = \cos 2x$.

　　(5) $y' = 2x\ln x + x^2 \cdot \dfrac{1}{x} = x(2\ln x + 1)$.

　　(6) $y' = 3e^x\cos x - 3e^x\sin x = 3e^x(\cos x - \sin x)$.

　　(7) $y' = \dfrac{\frac{1}{x} \cdot x - \ln x}{x^2} = \dfrac{1-\ln x}{x^2}$.

　　(8) $y' = \dfrac{e^x \cdot x^2 - 2xe^x}{x^4} = \dfrac{e^x(x-2)}{x^3}$.

　　(9) $y' = 2x\ln x\cos x + x^2 \cdot \dfrac{1}{x}\cos x + x^2\ln x(-\sin x) = 2x\ln x\cos x + x\cos x - x^2\ln x\sin x$.

$(10)s'=\dfrac{\cos t(1+\cos t)-(1+\sin t)(-\sin t)}{(1+\cos t)^2}=\dfrac{1+\sin t+\cos t}{(1+\cos t)^2}.$

3. 求下列函数在给定点处的导数:

$(1)y=\sin x-\cos x,$ 求 $y'\big|_{x=\frac{\pi}{6}}$ 和 $y'\big|_{x=\frac{\pi}{4}}$;

$(2)\rho=\theta\sin\theta+\dfrac{1}{2}\cos\theta,$ 求 $\dfrac{\mathrm{d}\rho}{\mathrm{d}\theta}\Big|_{\theta=\frac{\pi}{4}}$;

$(3)f(x)=\dfrac{3}{5-x}+\dfrac{x^2}{5},$ 求 $f'(0)$ 和 $f'(2)$.

解 $(1)y'=\cos x+\sin x,$ $y'\big|_{x=\frac{\pi}{6}}=\cos\dfrac{\pi}{6}+\sin\dfrac{\pi}{6}=\dfrac{\sqrt{3}+1}{2},$ $y'\big|_{x=\frac{\pi}{4}}=\cos\dfrac{\pi}{4}+\sin\dfrac{\pi}{4}=\sqrt{2}.$

$(2)\dfrac{\mathrm{d}\rho}{\mathrm{d}\theta}=\sin\theta+\theta\cos\theta+\dfrac{1}{2}(-\sin\theta)=\dfrac{1}{2}\sin\theta+\theta\cos\theta,$

$\dfrac{\mathrm{d}\rho}{\mathrm{d}\theta}\Big|_{\theta=\frac{\pi}{4}}=\dfrac{1}{2}\sin\dfrac{\pi}{4}+\dfrac{\pi}{4}\cos\dfrac{\pi}{4}=\dfrac{\sqrt{2}}{4}\Big(1+\dfrac{\pi}{2}\Big).$

$(3)f'(x)=\dfrac{3}{(5-x)^2}+\dfrac{2}{5}x,$ $f'(0)=\dfrac{3}{25},$ $f'(2)=\dfrac{1}{3}+\dfrac{4}{5}=\dfrac{17}{15}.$

4. 以初速 v_0 竖直上抛的物体,其上升高度 s 与时间 t 的关系是 $s=v_0t-\dfrac{1}{2}gt^2,$ 求:

(1)该物体的速度 $v(t)$;

(2)该物体达到最高点的时刻.

解 $(1)v(t)=\dfrac{\mathrm{d}s}{\mathrm{d}t}=v_0-gt.$ (2)物体达到最高点的时刻 $v=0,$ 即 $v_0-gt=0,$ 故 $t=\dfrac{v_0}{g}.$

5. 求曲线 $y=2\sin x+x^2$ 上横坐标为 $x=0$ 的点处的切线方程和法线方程.

解 $y'=2\cos x+2x,$ $y'\big|_{x=0}=2,$ $y\big|_{x=0}=0,$

因此曲线在点 $(0,0)$ 处的切线方程为 $y-0=2(x-0),$ 即 $2x-y=0,$

法线方程为 $y-0=-\dfrac{1}{2}(x-0),$ 即 $x+2y=0.$

6. 求下列函数的导数:

$(1)y=(2x+5)^4;$ $(2)y=\cos(4-3x);$ $(3)y=e^{-3x^2};$ $(4)y=\ln(1+x^2);$

$(5)y=\sin^2x;$ $(6)y=\sqrt{a^2-x^2};$ $(7)y=\tan x^2;$ $(8)y=\arctan e^x;$

$(9)y=(\arcsin x)^2;$ $(10)y=\ln\cos x.$

解 $(1)y'=4(2x+5)^3\cdot2=8(2x+5)^3.$

$(2)y'=-\sin(4-3x)(-3)=3\sin(4-3x).$

$(3)y'=e^{-3x^2}\cdot(-6x)=-6xe^{-3x^2}.$

$(4)y'=\dfrac{1}{1+x^2}\cdot2x=\dfrac{2x}{1+x^2}.$

$(5)y'=2\sin x\cos x=\sin 2x.$

$(6)y'=\dfrac{1}{2\sqrt{a^2-x^2}}(-2x)=-\dfrac{x}{\sqrt{a^2-x^2}}.$

$(7)y'=\sec^2x^2\cdot2x=2x\sec^2x^2.$

$(8)y'=\dfrac{1}{1+(e^x)^2}\cdot e^x=\dfrac{e^x}{1+e^{2x}}.$

$(9)y'=2\arcsin x\cdot\dfrac{1}{\sqrt{1-x^2}}=\dfrac{2}{\sqrt{1-x^2}}\arcsin x.$

$(10)y'=\dfrac{1}{\cos x}(-\sin x)=-\tan x.$

7. 求下列函数的导数：

(1) $y=\arcsin(1-2x)$；

(2) $y=\dfrac{1}{\sqrt{1-x^2}}$；

(3) $y=e^{-\frac{x}{2}}\cos3x$；

(4) $y=\arccos\dfrac{1}{x}$；

(5) $y=\dfrac{1-\ln x}{1+\ln x}$；

(6) $y=\dfrac{\sin2x}{x}$；

(7) $y=\arcsin\sqrt{x}$；

(8) $y=\ln(x+\sqrt{a^2+x^2})$；

(9) $y=\ln(\sec x+\tan x)$；

(10) $y=\ln(\csc x-\cot x)$.

解 (1) $y'=\dfrac{1}{\sqrt{1-(1-2x)^2}}\cdot(-2)=-\dfrac{1}{\sqrt{x-x^2}}$.

(2) $y'=\dfrac{-\dfrac{(-2x)}{2\sqrt{1-x^2}}}{(\sqrt{1-x^2})^2}=\dfrac{x}{\sqrt{(1-x^2)^3}}$.

(3) $y'=-\dfrac{1}{2}e^{-\frac{x}{2}}\cos3x-3e^{-\frac{x}{2}}\sin3x=-\dfrac{1}{2}e^{-\frac{x}{2}}(\cos3x+6\sin3x)$.

(4) $y'=-\dfrac{1}{\sqrt{1-\left(\dfrac{1}{x}\right)^2}}\cdot\left(-\dfrac{1}{x^2}\right)=\dfrac{|x|}{x^2\sqrt{x^2-1}}$.

(5) $y'=\dfrac{-\dfrac{1}{x}(1+\ln x)-(1-\ln x)\cdot\dfrac{1}{x}}{(1+\ln x)^2}=-\dfrac{2}{x(1+\ln x)^2}$.

(6) $y'=\dfrac{2x\cos2x-\sin2x}{x^2}$.

(7) $y'=\dfrac{1}{\sqrt{1-(\sqrt{x})^2}}\cdot\dfrac{1}{2\sqrt{x}}=\dfrac{1}{2\sqrt{x-x^2}}$.

(8) $y'=\dfrac{1}{x+\sqrt{a^2+x^2}}\left(1+\dfrac{2x}{2\sqrt{a^2+x^2}}\right)=\dfrac{1}{x+\sqrt{a^2+x^2}}\cdot\dfrac{x+\sqrt{a^2+x^2}}{\sqrt{a^2+x^2}}=\dfrac{1}{\sqrt{a^2+x^2}}$.

(9) $y'=\dfrac{1}{\sec x+\tan x}(\sec x\tan x+\sec^2 x)=\sec x$.

(10) $y'=\dfrac{1}{\csc x-\cot x}(-\csc x\cot x+\csc^2 x)=\csc x$.

8. 求下列函数的导数：

(1) $y=\left(\arcsin\dfrac{x}{2}\right)^2$；

(2) $y=\ln\tan\dfrac{x}{2}$；

(3) $y=\sqrt{1+\ln^2 x}$；

(4) $y=e^{\arctan\sqrt{x}}$；

(5) $y=\sin^n x\cos nx$；

(6) $y=\arctan\dfrac{x+1}{x-1}$；

(7) $y=\dfrac{\arcsin x}{\arccos x}$；

(8) $y=\ln\ln\ln x$；

(9) $y=\dfrac{\sqrt{1+x}-\sqrt{1-x}}{\sqrt{1+x}+\sqrt{1-x}}$；

(10) $y=\arcsin\sqrt{\dfrac{1-x}{1+x}}$.

解 (1) $y'=2\arcsin\dfrac{x}{2}\cdot\dfrac{1}{\sqrt{1-\left(\dfrac{x}{2}\right)^2}}\cdot\dfrac{1}{2}=\dfrac{2\arcsin\dfrac{x}{2}}{\sqrt{4-x^2}}$.

(2) $y'=\dfrac{1}{\tan\dfrac{x}{2}}\cdot\sec^2\dfrac{x}{2}\cdot\dfrac{1}{2}=\dfrac{1}{2\sin\dfrac{x}{2}\cos\dfrac{x}{2}}=\dfrac{1}{\sin x}=\csc x$.

(3) $y'=\dfrac{1}{2\sqrt{1+\ln^2 x}}\cdot2\ln x\cdot\dfrac{1}{x}=\dfrac{\ln x}{x\sqrt{1+\ln^2 x}}$.

(4) $y'=e^{\arctan\sqrt{x}}\cdot\dfrac{1}{1+(\sqrt{x})^2}\cdot\dfrac{1}{2\sqrt{x}}=\dfrac{1}{2\sqrt{x}(1+x)}e^{\arctan\sqrt{x}}$.

$(5)\ y'=n\sin^{n-1}x\cos x\cos nx+\sin^n x(-\sin nx)\cdot n=n\sin^{n-1}x(\cos x\cos nx-\sin x\sin nx)$
$\qquad=n\sin^{n-1}x\cos(n+1)x.$

$(6)\ y'=\dfrac{1}{1+\left(\dfrac{x+1}{x-1}\right)^2}\cdot\dfrac{(x-1)-(x+1)}{(x-1)^2}=\dfrac{-2}{(x-1)^2+(x+1)^2}=-\dfrac{1}{1+x^2}.$

$(7)\ y'=\dfrac{\dfrac{1}{\sqrt{1-x^2}}\arccos x-\arcsin x\left(-\dfrac{1}{\sqrt{1-x^2}}\right)}{(\arccos x)^2}=\dfrac{\arccos x+\arcsin x}{\sqrt{1-x^2}\,(\arccos x)^2}=\dfrac{\pi}{2\sqrt{1-x^2}\,(\arccos x)^2}.$

$(8)\ y'=\dfrac{1}{\ln\ln x}\cdot\dfrac{1}{\ln x}\cdot\dfrac{1}{x}=\dfrac{1}{x\ln x\ln\ln x}.$

$(9)\ y'=\dfrac{\left(\dfrac{1}{2\sqrt{1+x}}+\dfrac{1}{2\sqrt{1-x}}\right)(\sqrt{1+x}+\sqrt{1-x})-(\sqrt{1+x}-\sqrt{1-x})\left(\dfrac{1}{2\sqrt{1+x}}-\dfrac{1}{2\sqrt{1-x}}\right)}{(\sqrt{1+x}+\sqrt{1-x})^2}$

$\qquad=\dfrac{1}{2}\dfrac{\dfrac{1}{\sqrt{1+x}\,\sqrt{1-x}}(\sqrt{1+x}+\sqrt{1-x})^2+\dfrac{1}{\sqrt{1+x}\,\sqrt{1-x}}(\sqrt{1+x}-\sqrt{1-x})^2}{2+2\sqrt{1-x^2}}$

$\qquad=\dfrac{1}{4}\dfrac{2+2}{(1+\sqrt{1-x^2})\sqrt{1-x^2}}=\dfrac{1-\sqrt{1-x^2}}{x^2\sqrt{1-x^2}}.$

$(10)\ y'=\dfrac{1}{\sqrt{1-\left(\sqrt{\dfrac{1-x}{1+x}}\right)^2}}\cdot\dfrac{1}{2\sqrt{\dfrac{1-x}{1+x}}}\cdot\dfrac{-(1+x)-(1-x)}{(1+x)^2}=-\dfrac{1}{\sqrt{1-\dfrac{1-x}{1+x}}}\cdot\dfrac{1}{\sqrt{\dfrac{1-x}{1+x}}}\cdot\dfrac{1}{(1+x)^2}$

$\qquad=-\dfrac{1}{\sqrt{2x}(1+x)\sqrt{1-x}}=-\dfrac{1}{(1+x)\sqrt{2x(1-x)}}.$

9. 设函数 $f(x)$ 和 $g(x)$ 可导,且 $f^2(x)+g^2(x)\neq0$,试求函数 $y=\sqrt{f^2(x)+g^2(x)}$ 的导数.

解　$y'=\dfrac{1}{2\sqrt{f^2(x)+g^2(x)}}[2f(x)f'(x)+2g(x)g'(x)]=\dfrac{f(x)f'(x)+g(x)g'(x)}{\sqrt{f^2(x)+g^2(x)}}.$

10. 设 $f(x)$ 可导,求下列函数的导数 $\dfrac{\mathrm{d}y}{\mathrm{d}x}$:

$(1)\ y=f(x^2);\qquad\qquad(2)\ y=f(\sin^2 x)+f(\cos^2 x);\qquad\qquad(3)\ y=\dfrac{f(\mathrm{e}^x)}{\mathrm{e}^{f(x)}}.$

解　$(1)\ y'=f'(x^2)2x=2xf'(x^2).$

$\qquad(2)\ y'=f'(\sin^2 x)2\sin x\cos x+f'(\cos^2 x)2\cos x(-\sin x)=\sin2x[f'(\sin^2 x)-f'(\cos^2 x)].$

$\qquad(3)\ y=\mathrm{e}^{-f(x)}f(\mathrm{e}^x),y'=-\mathrm{e}^{-f(x)}f'(x)f(\mathrm{e}^x)+\mathrm{e}^{-f(x)}f'(\mathrm{e}^x)\mathrm{e}^x=\mathrm{e}^{-f(x)}[f'(\mathrm{e}^x)\mathrm{e}^x-f(\mathrm{e}^x)f'(x)].$

11. 求下列函数的导数:

$(1)\ y=\mathrm{e}^{-x}(x^2-2x+3);\qquad\qquad(2)\ y=\sin^2 x\cdot\sin(x^2);\qquad\qquad(3)\ y=\left(\arctan\dfrac{x}{2}\right)^2;$

$(4)\ y=\dfrac{\ln x}{x^n};\qquad\qquad(5)\ y=\dfrac{\mathrm{e}^t-\mathrm{e}^{-t}}{\mathrm{e}^t+\mathrm{e}^{-t}};\qquad\qquad(6)\ y=\ln\cos\dfrac{1}{x};$

$(7)\ y=\mathrm{e}^{-\sin^2\frac{1}{x}};\qquad\qquad(8)\ y=\sqrt{x+\sqrt{x}};\qquad\qquad(9)\ y=x\arcsin\dfrac{x}{2}+\sqrt{4-x^2};$

$(10)\ y=\arcsin\dfrac{2t}{1+t^2}.$

解　$(1)\ y'=-\mathrm{e}^{-x}(x^2-2x+3)+\mathrm{e}^{-x}(2x-2)=\mathrm{e}^{-x}(-x^2+4x-5).$

$\qquad(2)\ y'=2\sin x\cos x\cdot\sin(x^2)+\sin^2 x\cos(x^2)\cdot2x=\sin2x\sin(x^2)+2x\sin^2 x\cos(x^2).$

$\qquad(3)\ y'=2\arctan\dfrac{x}{2}\cdot\dfrac{1}{1+\left(\dfrac{x}{2}\right)^2}\cdot\dfrac{1}{2}=\dfrac{4}{4+x^2}\arctan\dfrac{x}{2}.$

$(4) y' = \dfrac{\dfrac{1}{x}x^n - nx^{n-1}\ln x}{x^{2n}} = \dfrac{1 - n\ln x}{x^{n+1}}.$

$(5) y' = \dfrac{(e^t + e^{-t})(e^t + e^{-t}) - (e^t - e^{-t})(e^t - e^{-t})}{(e^t + e^{-t})^2} = \dfrac{4}{(e^t + e^{-t})^2}.$ 或 $y' = (\mathrm{th}\,t)' = \dfrac{1}{\mathrm{ch}^2 t}.$

$(6) y' = \dfrac{1}{\cos\dfrac{1}{x}}\left(-\sin\dfrac{1}{x}\right) \cdot \left(-\dfrac{1}{x^2}\right) = \dfrac{1}{x^2}\tan\dfrac{1}{x}.$

$(7) y' = e^{-\sin^2\frac{1}{x}}\left(-2\sin\dfrac{1}{x}\cos\dfrac{1}{x}\right) \cdot \left(-\dfrac{1}{x^2}\right) = \dfrac{1}{x^2}\sin\dfrac{2}{x}e^{-\sin^2\frac{1}{x}}.$

$(8) y' = \dfrac{1}{2\sqrt{x + \sqrt{x}}}\left(1 + \dfrac{1}{2\sqrt{x}}\right) = \dfrac{2\sqrt{x} + 1}{4\sqrt{x}\sqrt{x + \sqrt{x}}}.$

$(9) y' = \arcsin\dfrac{x}{2} + x \cdot \dfrac{1}{\sqrt{1 - \left(\dfrac{x}{2}\right)^2}} \cdot \dfrac{1}{2} + \dfrac{(-2x)}{2\sqrt{4 - x^2}} = \arcsin\dfrac{x}{2} + \dfrac{x}{\sqrt{4 - x^2}} - \dfrac{x}{\sqrt{4 - x^2}} = \arcsin\dfrac{x}{2}.$

$(10) y' = \dfrac{1}{\sqrt{1 - \left(\dfrac{2t}{1 + t^2}\right)^2}} \cdot \dfrac{2(1 + t^2) - 2t \cdot 2t}{(1 + t^2)^2} = \dfrac{1 + t^2}{\sqrt{(1 - t^2)^2}} \cdot \dfrac{2(1 - t^2)}{(1 + t^2)^2}$

$\qquad = \dfrac{2(1 - t^2)}{|1 - t^2|(1 + t^2)} = \begin{cases} \dfrac{2}{1 + t^2}, & |t| < 1, \\ -\dfrac{2}{1 + t^2}, & |t| > 1. \end{cases}$

*12. 求下列函数的导数：

$(1) y = \mathrm{ch}(\mathrm{sh}\,x);$ $(2) y = \mathrm{sh}\,x \cdot e^{\mathrm{ch}\,x};$ $(3) y = \mathrm{th}(\ln x);$ $(4) y = \mathrm{sh}^3 x + \mathrm{ch}^2 x;$

$(5) y = \mathrm{th}(1 - x^2);$ $(6) y = \mathrm{arsh}(x^2 + 1);$ $(7) y = \mathrm{arch}(e^{2x});$ $(8) y = \arctan(\mathrm{th}\,x);$

$(9) y = \ln\mathrm{ch}\,x + \dfrac{1}{2\mathrm{ch}^2 x};$ $(10) y = \mathrm{ch}^2\left(\dfrac{x-1}{x+1}\right).$

解 $(1) y' = \mathrm{sh}(\mathrm{sh}\,x) \cdot \mathrm{ch}\,x = \mathrm{ch}\,x\,\mathrm{sh}(\mathrm{sh}\,x).$

$(2) y' = \mathrm{ch}\,x\,e^{\mathrm{ch}\,x} + \mathrm{sh}\,x\,e^{\mathrm{ch}\,x}\mathrm{sh}\,x = e^{\mathrm{ch}\,x}(\mathrm{ch}\,x + \mathrm{sh}^2 x).$

$(3) y' = \dfrac{1}{\mathrm{ch}^2(\ln x)} \cdot \dfrac{1}{x} = \dfrac{1}{x\,\mathrm{ch}^2(\ln x)}.$

$(4) y' = 3\mathrm{sh}^2 x\,\mathrm{ch}\,x + 2\mathrm{ch}\,x\,\mathrm{sh}\,x = \mathrm{sh}\,x\,\mathrm{ch}\,x(3\mathrm{sh}\,x + 2).$

$(5) y' = \dfrac{1}{\mathrm{ch}^2(1 - x^2)} \cdot (-2x) = -\dfrac{2x}{\mathrm{ch}^2(1 - x^2)}.$

$(6) y' = \dfrac{1}{\sqrt{1 + (x^2 + 1)^2}} \cdot 2x = \dfrac{2x}{\sqrt{x^4 + 2x^2 + 2}}.$

$(7) y' = \dfrac{1}{\sqrt{(e^{2x})^2 - 1}} \cdot e^{2x} \cdot 2 = \dfrac{2e^{2x}}{\sqrt{e^{4x} - 1}}.$

$(8) y' = \dfrac{1}{1 + (\mathrm{th}\,x)^2} \cdot \dfrac{1}{\mathrm{ch}^2 x} = \dfrac{1}{1 + \dfrac{\mathrm{sh}^2 x}{\mathrm{ch}^2 x}} \cdot \dfrac{1}{\mathrm{ch}^2 x} = \dfrac{1}{\mathrm{ch}^2 x + \mathrm{sh}^2 x} = \dfrac{1}{1 + 2\mathrm{sh}^2 x}.$

$(9) y' = \dfrac{1}{\mathrm{ch}\,x}\mathrm{sh}\,x - \dfrac{1}{(2\mathrm{ch}^2 x)^2} \cdot 4\mathrm{ch}\,x\,\mathrm{sh}\,x = \dfrac{\mathrm{sh}\,x}{\mathrm{ch}\,x} - \dfrac{\mathrm{sh}\,x}{\mathrm{ch}^3 x} = \dfrac{\mathrm{sh}\,x(\mathrm{ch}^2 x - 1)}{\mathrm{ch}^3 x} = \dfrac{\mathrm{sh}^3 x}{\mathrm{ch}^3 x} = \mathrm{th}^3 x.$

$(10) y' = 2\mathrm{ch}\left(\dfrac{x-1}{x+1}\right)\mathrm{sh}\left(\dfrac{x-1}{x+1}\right) \cdot \dfrac{x+1 - (x-1)}{(x+1)^2} = \dfrac{2}{(x+1)^2}\mathrm{sh}\left(2 \cdot \dfrac{x-1}{x+1}\right).$

13. 设函数 $f(x)$ 和 $g(x)$ 均在点 x_0 的某一邻域内有定义，$f(x)$ 在 x_0 处可导，$f(x_0) = 0$，$g(x)$ 在 x_0 处连续，试讨论 $f(x)g(x)$ 在 x_0 处的可导性.

解 由 $f(x)$ 在 x_0 处可导，且 $f(x_0) = 0$，则有 $f'(x_0) = \lim\limits_{x \to x_0}\dfrac{f(x) - f(x_0)}{x - x_0} = \lim\limits_{x \to x_0}\dfrac{f(x)}{x - x_0}.$

由 $g(x)$ 在 x_0 处连续,则有 $\lim\limits_{x \to x_0} g(x) = g(x_0)$,故

$$\lim_{x \to x_0} \frac{f(x)g(x) - f(x_0)g(x_0)}{x - x_0} = \lim_{x \to x_0} \frac{f(x)}{x - x_0} g(x) = f'(x_0)g(x_0),$$

即 $f(x)g(x)$ 在 x_0 处可导,其导数为 $f'(x_0)g(x_0)$.

14. 设函数 $f(x)$ 满足下列条件:

(1) $f(x+y) = f(x)f(y)$,对一切 $x, y \in \mathbf{R}$;

(2) $f(x)$ 在 $x=0$ 处可导.

试证明 $f(x)$ 在 $\mathbf{R}$ 上处处可导,且 $f'(x) = f(x)f'(0)$.

证 令 $x = y = 0$,得 $f(0) = f(0) \cdot f(0)$,故 $f(0) = 0$ 或 1.

(1) 若 $f(0) = 0$,则 $f(x) = f(x) \cdot f(0) = 0$,于是 $f'(x) = 0$,即有 $f(x)$ 在 $\mathbf{R}$ 上处处可导,且 $f'(x) = 0 = f(x) \cdot f'(0)$.

(2) 若 $f(0) = 1$,则对 $\forall x \in \mathbf{R}$,有

$$f'(x) = \lim_{\Delta x \to 0} \frac{f(x + \Delta x) - f(x)}{\Delta x} = \lim_{\Delta x \to 0} \frac{f(x)f(\Delta x) - f(x)}{\Delta x} = f(x) \lim_{\Delta x \to 0} \frac{f(\Delta x) - 1}{\Delta x}$$

$$= f(x) \lim_{\Delta x \to 0} \frac{f(\Delta x) - f(0)}{\Delta x} = f(x)f'(0).$$

即 $f(x)$ 在 $\mathbf{R}$ 上处处可导,且 $f'(x) = f(x)f'(0)$.

综上结论成立.

第三节 高阶导数

一、 主要内容归纳

1. 定义

函数 $f(x)$ 的导数的导数,称为 $f(x)$ 的二阶导数,记为 $f''(x)$;一般 $f(x)$ 的 $(n-1)$ 阶导数的导数称为 $f(x)$ 的 n 阶导数,记为 $f^{(n)}(x)$. 二阶及二阶以上的导数称为高阶导数.

设函数 $u = u(x)$,$v = v(x)$ 具有 n 阶导数,则

$$(u \pm v)^{(n)} = u^{(n)} \pm v^{(n)}, \qquad (ku)^{(n)} = ku^{(n)},$$

$$(uv)^{(n)} = \sum_{k=0}^{n} C_n^k u^{(n-k)} v^{(k)} = u^{(n)} v + n u^{(n-1)} v' + \frac{n(n-1)}{2!} u^{(n-2)} v'' + \cdots + n u' v^{(n-1)} + u v^{(n)},$$

称为莱布尼茨 n 阶导数公式.

2. 常用的高阶导数公式

(1) $(a^x)^{(n)} = a^x \ln^n a \quad (a > 0)$;　　　　(2) $(e^x)^{(n)} = e^x$;

(3) $(\sin kx)^{(n)} = k^n \sin(kx + \frac{n\pi}{2})$;　　　　(4) $(\cos kx)^{(n)} = k^n \cos(kx + \frac{n\pi}{2})$;

(5) $\left(\dfrac{1}{ax+b}\right)^{(n)} = (-1)^n \dfrac{a^n n!}{(ax+b)^{n+1}}$;　　　　(6) $[\ln(ax+b)]^{(n)} = (-1)^{n-1} \dfrac{(n-1)! \, a^n}{(ax+b)^n}$.

二、 经典例题解析及解题方法总结

【例1】 设 $y = \ln\sqrt{\dfrac{1-x}{1+x^2}}$,则 $y''|_{x=0} = $ _____ .

解　$y=\dfrac{1}{2}\left[\ln(1-x)-\ln(1+x^2)\right]$，　$y'=\dfrac{1}{2}\left(\dfrac{-1}{1-x}-\dfrac{2x}{1+x^2}\right)$，

$y''=\dfrac{1}{2}\left[-\dfrac{1}{(1-x)^2}-\dfrac{2(1-x^2)}{(1+x^2)^2}\right]$，　$y''|_{x=0}=-\dfrac{3}{2}$.

故应填 $-\dfrac{3}{2}$.

【例2】 (2022 数学三,5分)已知函数 $f(x)=\mathrm{e}^{\sin x}+\mathrm{e}^{-\sin x}$，则 $f'''(2\pi)=$ _____.

解　**方法一**　$f(x)=\mathrm{e}^{\sin x}+\mathrm{e}^{-\sin x}$ 是周期为 2π 的偶函数,求导不改变函数的周期性,只改变函数的奇偶性,因此 $f'''(x)$ 是周期为 2π 的奇函数,故 $f'''(2\pi)=f'''(0)=0$.

方法二　直接求三阶导数.

故应填 0.

【例3】 设 $f(x)=\dfrac{1-x}{1+x}$，则 $f^{(n)}(x)=$ _____.

解　$f(x)=-1+2(1+x)^{-1}$，$f'(x)=2\cdot(-1)\cdot(1+x)^{-2}$，

$f''(x)=2\cdot(-1)(-2)\cdot(1+x)^{-3}$，$f'''(x)=2\cdot(-1)(-2)(-3)\cdot(1+x)^{-4}$，$\cdots$，

$f^{(n)}(x)=2\cdot(-1)(-2)\cdot\cdots\cdot(-n)\cdot(1+x)^{-n-1}=\dfrac{(-1)^n\cdot2\cdot n!}{(1+x)^{n+1}}$.

故应填 $\dfrac{(-1)^n\cdot2\cdot n!}{(1+x)^{n+1}}$.

● **方法总结** ......

(1)求 $f(x)$ 的 n 阶导数时,一般先求出前几阶导数,从中找出规律,进而得出 $f(x)$ 的 n 阶导数表达式.

(2)对于某些复杂函数求高阶导数,需先化简、恒等变形,化为常见函数类,再求其 n 阶导数.

【例4】 设 $y=\sin^3 x+\sin x\cos x$，求 $y^{(n)}$.

分析　利用三倍角公式 $\sin3x=3\sin x-4\sin^3 x$，二倍角公式 $\sin2x=2\sin x\cos x$.

解　由 $y=\sin^3 x+\sin x\cos x=\dfrac{3}{4}\sin x-\dfrac{1}{4}\sin3x+\dfrac{1}{2}\sin2x$，

得　$y^{(n)}=\dfrac{3}{4}\sin\left(x+\dfrac{n}{2}\pi\right)-\dfrac{3^n}{4}\sin\left(3x+\dfrac{n}{2}\pi\right)+2^{n-1}\sin\left(2x+\dfrac{n}{2}\pi\right)$.

● **方法总结** ......

在求函数的高阶导数时,有些三角函数可以先化为 $\sin kx$ 与 $\cos kx$ 的和或差的形式,然后再利用 n 阶导数公式

$$(\sin kx)^{(n)}=k^n\sin\left(kx+\dfrac{n\pi}{2}\right)，\quad(\cos kx)^{(n)}=k^n\cos\left(kx+\dfrac{n\pi}{2}\right)\quad 即可.$$

如　$y=\sin^4 x-\cos^4 x=(\sin^2 x-\cos^2 x)(\sin^2 x+\cos^2 x)=\sin^2 x-\cos^2 x=-\cos2x$，

则　$y^{(n)}=-2^n\cos\left(2x+\dfrac{n\pi}{2}\right)=2^n\sin\left(2x+\dfrac{n-1}{2}\pi\right)$.

习题 2—3 解答

1. 求下列函数的二阶导数：

(1) $y=2x^2+\ln x$;　　　(2) $y=e^{2x-1}$;　　　(3) $y=x\cos x$;

(4) $y=e^{-t}\sin t$;　　　(5) $y=\sqrt{a^2-x^2}$;　　　(6) $y=\ln(1-x^2)$;

(7) $y=\tan x$;　　　(8) $y=\dfrac{1}{x^3+1}$;　　　(9) $y=(1+x^2)\arctan x$;

(10) $y=\dfrac{e^x}{x}$;　　　(11) $y=xe^{x^2}$;　　　(12) $y=\ln(x+\sqrt{1+x^2})$.

解　(1) $y'=4x+\dfrac{1}{x}$,　　　$y''=4-\dfrac{1}{x^2}$.

(2) $y'=e^{2x-1}\cdot 2=2e^{2x-1}$,　$y''=2e^{2x-1}\cdot 2=4e^{2x-1}$.

(3) $y'=\cos x+x(-\sin x)=\cos x-x\sin x$,　$y''=-\sin x-\sin x-x\cos x=-2\sin x-x\cos x$.

(4) $y'=e^{-t}(-1)\sin t+e^{-t}\cos t=e^{-t}(\cos t-\sin t)$,

　　$y''=e^{-t}(-1)(\cos t-\sin t)+e^{-t}(-\sin t-\cos t)=e^{-t}(-2\cos t)=-2e^{-t}\cos t$.

(5) $y'=\dfrac{-2x}{2\sqrt{a^2-x^2}}=-\dfrac{x}{\sqrt{a^2-x^2}}$,　$y''=-\dfrac{\sqrt{a^2-x^2}-x\cdot\dfrac{(-2x)}{2\sqrt{a^2-x^2}}}{(\sqrt{a^2-x^2})^2}=\dfrac{-a^2}{(a^2-x^2)^{\frac{3}{2}}}$.

(6) $y'=\dfrac{1}{1-x^2}\cdot(-2x)=\dfrac{2x}{x^2-1}$,　$y''=\dfrac{2(x^2-1)-2x\cdot(2x)}{(x^2-1)^2}=-\dfrac{2(1+x^2)}{(1-x^2)^2}$.

(7) $y'=\sec^2 x$,　　　$y''=2\sec^2 x\tan x$.

(8) $y'=\dfrac{-3x^2}{(x^3+1)^2}$,　$y''=-\dfrac{3[2x(x^3+1)^2-x^2\cdot 2(x^3+1)\cdot 3x^2]}{(x^3+1)^4}=\dfrac{6x(2x^3-1)}{(x^3+1)^3}$.

(9) $y'=2x\arctan x+(1+x^2)\cdot\dfrac{1}{1+x^2}=2x\arctan x+1$,

　　$y''=2\arctan x+2x\dfrac{1}{1+x^2}=2\arctan x+\dfrac{2x}{1+x^2}$.

(10) $y'=\dfrac{xe^x-e^x}{x^2}=\dfrac{(x-1)e^x}{x^2}$,　$y''=\dfrac{(e^x+(x-1)e^x)x^2-2x(x-1)e^x}{x^4}=\dfrac{e^x(x^2-2x+2)}{x^3}$.

(11) $y'=e^{x^2}+xe^{x^2}\cdot 2x=(1+2x^2)e^{x^2}$,　$y''=4xe^{x^2}+(1+2x^2)e^{x^2}\cdot 2x=2x(3+2x^2)e^{x^2}$.

(12) $y'=\dfrac{1}{x+\sqrt{1+x^2}}\left(1+\dfrac{2x}{2\sqrt{1+x^2}}\right)=\dfrac{1}{\sqrt{1+x^2}}$,　$y''=\dfrac{-\dfrac{2x}{2\sqrt{1+x^2}}}{(\sqrt{1+x^2})^2}=-\dfrac{x}{\sqrt{(1+x^2)^3}}$.

2. 设 $f(x)=(x+10)^6$,　　　求 $f'''(2)$.

解　$f'(x)=6(x+10)^5$,　$f''(x)=30(x+10)^4$,　$f'''(x)=120(x+10)^3$,

　　$f'''(2)=120\times 12^3=207\,360$.

3. 设 $f''(x)$ 存在，求下列函数的二阶导数 $\dfrac{d^2 y}{dx^2}$:

(1) $y=f(x^2)$;　　　(2) $y=\ln[f(x)]$.

解　(1) $y'=f'(x^2)\cdot 2x=2xf'(x^2)$,　$y''=2f'(x^2)+2xf''(x^2)\cdot 2x=2f'(x^2)+4x^2 f''(x^2)$.

(2) $y'=\dfrac{f'(x)}{f(x)}$,　　　$y''=\dfrac{f''(x)f(x)-f'^2(x)}{f^2(x)}$.

4. 试从 $\dfrac{dx}{dy}=\dfrac{1}{y'}$ 导出：(1) $\dfrac{d^2 x}{dy^2}=-\dfrac{y''}{(y')^3}$;　　　(2) $\dfrac{d^3 x}{dy^3}=\dfrac{3(y'')^2-y'y'''}{(y')^5}$.

解　(1) $\dfrac{d^2 x}{dy^2}=\dfrac{d}{dy}\left(\dfrac{dx}{dy}\right)=\dfrac{d}{dx}\left(\dfrac{1}{y'}\right)\cdot\dfrac{dx}{dy}=-\dfrac{y''}{(y')^2}\cdot\dfrac{1}{y'}=-\dfrac{y''}{(y')^3}$.

(2) $\dfrac{\mathrm{d}^3 x}{\mathrm{d}y^3}=\dfrac{\mathrm{d}}{\mathrm{d}y}\left(\dfrac{\mathrm{d}^2 x}{\mathrm{d}y^2}\right)=\dfrac{\mathrm{d}}{\mathrm{d}x}\left(\dfrac{-y''}{(y')^3}\right)\dfrac{\mathrm{d}x}{\mathrm{d}y}=-\dfrac{y'''(y')^3-y''\cdot 3(y')^2 y''}{(y')^6}\cdot\dfrac{1}{y'}=\dfrac{3(y'')^2-y'y'''}{(y')^5}.$

5. 已知物体的运动规律为 $s=A\sin\omega t(A,\omega$ 是常数$)$,求该物体运动的加速度,并验证:$\dfrac{\mathrm{d}^2 s}{\mathrm{d}t^2}+\omega^2 s=0.$

解　$\dfrac{\mathrm{d}s}{\mathrm{d}t}=A\cos\omega t\cdot\omega=A\omega\cos\omega t,\qquad \dfrac{\mathrm{d}^2 s}{\mathrm{d}t^2}=-A\omega^2\sin\omega t,$

故 $\dfrac{\mathrm{d}^2 s}{\mathrm{d}t^2}+\omega^2 s=-A\omega^2\sin\omega t+\omega^2 A\sin\omega t=0.$

6. 密度大的陨星进入大气层时,当它离地心为 s km 时的速度与 $\sqrt{s}$ 成反比,试证陨星的加速度与 s^2 成反比.

证　由题意知 $v=\dfrac{\mathrm{d}s}{\mathrm{d}t}=\dfrac{k}{\sqrt{s}}$,其中 k 为比例系数,则

$$a=\dfrac{\mathrm{d}^2 s}{\mathrm{d}t^2}=\dfrac{\mathrm{d}}{\mathrm{d}s}\left(\dfrac{k}{\sqrt{s}}\right)\cdot\dfrac{\mathrm{d}s}{\mathrm{d}t}=-\dfrac{1}{2}\cdot\dfrac{k}{s^{\frac{3}{2}}}\cdot\dfrac{k}{\sqrt{s}}=-\dfrac{k^2}{2s^2},$$

即陨星的加速度与 s^2 成反比.

7. 假设质点沿 x 轴运动的速度为 $\dfrac{\mathrm{d}x}{\mathrm{d}t}=f(x)$,试求该质点运动的加速度.

解　质点运动的加速度为

$$a=\dfrac{\mathrm{d}^2 x}{\mathrm{d}t^2}=\dfrac{\mathrm{d}}{\mathrm{d}x}(f(x))\cdot\dfrac{\mathrm{d}x}{\mathrm{d}t}=f'(x)f(x).$$

8. 设函数 $f(x)=\begin{cases}\mathrm{e}^x\cos x, & x\leqslant 0,\\ ax^2+bx+c, & x>0,\end{cases}$ 试选择常数 a,b,c,使 $f(x)$ 具有二阶导数.

解　(1) 由 $f(x)$ 在 $x=0$ 处连续可得 $c=1.$

(2) $f'_-(0)=\lim\limits_{x\to 0^-}\dfrac{f(x)-f(0)}{x}=\lim\limits_{x\to 0^-}\dfrac{\mathrm{e}^x\cos x-1}{x}=\lim\limits_{x\to 0^-}\dfrac{\mathrm{e}^x(\cos x-1)+\mathrm{e}^x-1}{x}$

$=\lim\limits_{x\to 0^-}\dfrac{\mathrm{e}^x(\cos x-1)}{x}+\lim\limits_{x\to 0^-}\dfrac{\mathrm{e}^x-1}{x}=\lim\limits_{x\to 0^-}\dfrac{\mathrm{e}^x\cdot\left(-\dfrac{x^2}{2}\right)}{x}+\lim\limits_{x\to 0^-}\dfrac{x}{x}=0+1=1.$

$f'_+(0)=\lim\limits_{x\to 0^+}\dfrac{f(x)-f(0)}{x}=\lim\limits_{x\to 0^+}\dfrac{ax^2+bx}{x}=b.$

由 $f(x)$ 在 $x=0$ 处可导可得 $b=1.$

所以 $f'(x)=\begin{cases}\mathrm{e}^x(\cos x-\sin x), & x\leqslant 0,\\ 2ax+1, & x>0.\end{cases}$

(3) $f''_+(0)=\lim\limits_{x\to 0^+}\dfrac{f'(x)-f'(0)}{x}=\lim\limits_{x\to 0^+}\dfrac{2ax+1-1}{x}=2a,$

$f''_-(0)=\lim\limits_{x\to 0^-}\dfrac{f'(x)-f'(0)}{x}=\lim\limits_{x\to 0^-}\dfrac{\mathrm{e}^x(\cos x-\sin x)-1}{x}$

$=\lim\limits_{x\to 0^-}\left(\dfrac{\mathrm{e}^x\cos x-1}{x}-\dfrac{\mathrm{e}^x\cdot\sin x}{x}\right)=\lim\limits_{x\to 0^-}\dfrac{\mathrm{e}^x\cos x-1}{x}-\lim\limits_{x\to 0^-}\mathrm{e}^x\cdot\dfrac{\sin x}{x}=1-1=0.$

由 $f(x)$ 在 $x=0$ 处二阶可导,可得 $2a=0$,即 $a=0.$

综上可得,当 $a=0,b=1,c=1$ 时,$f(x)$ 具有二阶导数.

9. 求下列函数所指定的阶的导数:

(1) $y=\mathrm{e}^x\cos x$,求 $y^{(4)}$;　　　(2) $y=x^2\sin 2x$,求 $y^{(50)}$.

解　(1) 利用莱布尼茨公式 $(uv)^n=\sum\limits_{k=0}^{n}\mathrm{C}_n^k u^{(n-k)}v^{(k)},$

其中 $\mathrm{C}_n^k=\dfrac{n(n-1)(n-2)\cdots(n-k+1)}{k!}.$

$$(e^x\cos x)^{(4)}=(e^x)^{(4)}\cos x+4(e^x)'''(\cos x)'+\frac{4\times3}{2!}(e^x)''(\cos x)''+\frac{4\times3\times2}{3!}(e^x)'(\cos x)'''+e^x(\cos x)^{(4)}$$

$$=e^x\cos x-4e^x\sin x+6e^x(-\cos x)+4e^x\sin x+e^x\cos x=-4e^x\cos x.$$

(2)由$(\sin2x)^{(n)}=2^n\sin\left(2x+\frac{n\pi}{2}\right)$及莱布尼茨公式

$$(x^2\sin2x)^{(50)}=x^2(\sin2x)^{(50)}+50(x^2)'(\sin2x)^{(49)}+\frac{50\cdot49}{2!}(x^2)''(\sin2x)^{(48)}$$

$$=2^{(50)}x^2\sin\left(2x+\frac{50\pi}{2}\right)+100\cdot2^{(49)}x\sin\left(2x+\frac{49\pi}{2}\right)+\frac{50\cdot49}{2}\cdot2\cdot2^{(48)}\sin\left(2x+\frac{48\pi}{2}\right)$$

$$=2^{50}\left(-x^2\sin2x+50x\cos2x+\frac{1225}{2}\sin2x\right).$$

*10. 求下列函数的 n 阶导数的一般表达式:

(1)$y=x^n+a_1x^{n-1}+a_2x^{n-2}+\cdots+a_{n-1}x+a_n(a_1,a_2,\cdots,a_n$ 都是常数);

(2)$y=\sin^2x$;　　　　(3)$y=x\ln x$;　　　　(4)$y=xe^x$.

解　(1)$y'=nx^{n-1}+a_1(n-1)x^{n-2}+a_2(n-2)x^{n-3}+\cdots+a_{n-1}$,

$y''=n(n-1)x^{n-2}+a_1(n-1)(n-2)x^{n-3}+\cdots+a_{n-2}$,

……

$y^{(n)}=n(n-1)(n-2)\cdots3\cdot2\cdot1=n!$.

(2)$y=\sin^2x=\frac{1}{2}(1-\cos2x)$,　$y^{(n)}=\frac{-1}{2}\cos\left(2x+\frac{n\pi}{2}\right)\cdot2^n=-2^{n-1}\cos\left(2x+\frac{n\pi}{2}\right)$.

(3)$y'=\ln x+x\cdot\frac{1}{x}=\ln x+1$,　$y''=\frac{1}{x},y^{(n)}=\frac{(-1)^{n-2}(n-2)!}{x^{n-1}}$　$(n\geqslant2)$.

(4)$y'=e^x+xe^x=(1+x)e^x$,　$y''=e^x+(1+x)e^x=(2+x)e^x$.

设 $y^{(k)}=(k+x)e^x$, 则 $y^{(k+1)}=e^x+(k+x)e^x=(1+k+x)e^x$,故 $y^{(n)}=(n+x)e^x$.

*11. 求函数 $f(x)=x^2\ln(1+x)$ 在 $x=0$ 处的 n 阶导数 $f^{(n)}(0)(n\geqslant3)$.

解　本题可用莱布尼茨公式求解.

设 $u=\ln(1+x),v=x^2$,则 $u^{(n)}=\frac{(-1)^{n-1}(n-1)!}{(1+x)^n}(n=1,2,\cdots)$, $v'=2x,v''=2,v^{(k)}=0(k\geqslant3)$. 故由

莱布尼茨公式,得

$$f^{(n)}(x)=\frac{(-1)^{n-1}(n-1)!}{(1+x)^n}\cdot x^2+n\frac{(-1)^{n-2}(n-2)!}{(1+x)^{n-1}}\cdot2x+\frac{n(n-1)}{2}\cdot\frac{(-1)^{n-3}(n-3)!}{(1+x)^{n-2}}\cdot2\quad(n\geqslant3),$$

$$f^{(n)}(0)=\frac{(-1)^{n-1}n!}{n-2}\quad(n\geqslant3).$$

第四节　隐函数及由参数方程确定的函数的导数
相关变化率

一、主要内容归纳

1. 隐函数的导数

求由方程 $F(x,y)=0$ 所确定的隐函数 $y=y(x)$ 的导数 $y'(x)$ 的方法为:在方程 $F(x,y)=0$ 两边同时对 x 求导,并注意 y 是 x 的函数,而所有关于 y 的函数均为以 y 为中间变量的 x 的复合函数,最后解出 y'.

2. 参数方程确定的函数的导数

设 $\begin{cases} x=\varphi(t), \\ y=\psi(t) \end{cases}$ 确定了 y 是 x 的函数，t 为参数，$\varphi(t),\psi(t)$ 均有二阶导数且 $\varphi'(t)\neq 0$，

则 $\dfrac{dy}{dx}=\dfrac{dy/dt}{dx/dt}=\dfrac{\psi'(t)}{\varphi'(t)}$.

$$\frac{d^2 y}{dx^2}=\frac{d}{dx}\left(\frac{dy}{dx}\right)=\frac{d}{dt}\left(\frac{dy}{dx}\right)\cdot\frac{dt}{dx}=\frac{d}{dt}\left(\frac{\psi'(t)}{\varphi'(t)}\right)\cdot\frac{1}{\varphi'(t)}$$

$$=\frac{\psi''(t)\varphi'(t)-\psi'(t)\varphi''(t)}{[\varphi'(t)]^3}.$$

二、经典例题解析及解题方法总结

【例1】 求由方程 $\sqrt{x^2+y^2}=a\mathrm{e}^{\arctan\frac{y}{x}}$ 所确定的隐函数 y 的二阶导数，其中 $a>0$ 是常数.

解 为简化计算先取对数得 $\dfrac{1}{2}\ln(x^2+y^2)=\ln a+\arctan\dfrac{y}{x}$，

两边对 x 求导得 $\dfrac{1}{2}\dfrac{2x+2yy'}{x^2+y^2}=0+\dfrac{1}{1+\left(\dfrac{y}{x}\right)^2}\cdot\dfrac{xy'-y}{x^2}$，

化简得 $\qquad x+yy'=xy'-y$，　　　　　　　　　　　　　　　　　　　①

解得 $\qquad y'=\dfrac{x+y}{x-y}$. （$x\neq y$）　　　　　　　　　　　　　②

由①式两边对 x 求导得：$1+(y')^2+yy''=y'+xy''-y'=xy''$，

即 $1+(y')^2+yy''=xy''$，

将 $y'=\dfrac{x+y}{x-y}$ 代入上式并化简得 $y''=\dfrac{2(x^2+y^2)}{(x-y)^3}$.

方法总结

求隐函数的二阶导数，一般有两种解法：

(1)先求出 y'（注意，结果中一般含有 y），再继续求二阶导数；

(2)对方程两边同时求导两次，然后再解出 y''.（如例1）

无论是哪一种解法，在求导时，都应该记住 y 是 x 的函数. 在 y'' 的结果中，如果含有 y'，应将一阶导数的结果代入. 总之最后结果中只能含有 x、y. 如果要求点 x_0 的二阶导数，应先求出对应的 y_0 及 $y'\big|_{(x_0,y_0)}$，然后代入求出的 y'' 中.

【例2】 已知函数 $y=y(x)$ 由方程 $\mathrm{e}^y+6xy+x^2-1=0$ 确定，则 $y''(0)=$ _____.

解 方程两边关于 x 求导，得

$$\mathrm{e}^y y'+6y+6xy'+2x=0,$$

$$y'=-\frac{6y+2x}{\mathrm{e}^y+6x},\qquad 且\quad y'(0)=y'\bigg|_{\substack{x=0\\y=0}}=0.$$

对上式关于 x 求导得

$$y''=-\frac{(6y'+2)(\mathrm{e}^y+6x)-(6y+2x)(\mathrm{e}^y y'+6)}{(\mathrm{e}^y+6x)^2},$$

把 $x=0,y=0,y'(0)=0$ 代入得 $y''(0)=-2$.

故应填 -2.

方法总结

（1）欲求由方程 $F(x,y)=0$ 所确定的隐函数 $y=f(x)$ 的一阶导数，要把方程中的 x 看作自变量，而将 y 视为 x 的函数，方程中关于 y 的函数便是 x 的复合函数，用复合函数的求导法则，便可得到关于 y' 的一次方程，从中解得 y' 即为所求.

（2）若求 $y'\big|_{x=x_0}$，由于（1）中所得 y' 的表达式通常是用隐函数 y 及自变量 x 表示的，所以，在计算 $x=x_0$ 时的导数时，通常由原方程解出相应的 y_0，然后将 (x_0,y_0) 一起代入 y' 的表达式中，便可求得 $y'\big|_{x=x_0}$.

【例3】 （2023 数学二，5 分）曲线 $3x^3=y^5+2y^3$ 在 $x=1$ 对应点处的法线斜率为_____.

解 两边同时对 x 求导，得 $9x^2=5y^4y'+6y^2y'$，　　　　　①

当 $x=1$ 时，$3=y^5+2y^3$，得 $y=1$.

将 $(1,1)$ 代入①得 $y'=\dfrac{9}{11}$，所以法线斜率为 $k=-\dfrac{1}{y'}=-\dfrac{11}{9}$.

故应填 $-\dfrac{11}{9}$.

【例4】 在求由参数方程 $\begin{cases} x=a\cos t+\ln 3,\\ y=b\sin t \end{cases}$ 确定的函数 $y=f(x)$ 的二阶导数 $\dfrac{\mathrm{d}^2y}{\mathrm{d}x^2}$ 时，试问下面的解法正确吗？

$$\frac{\mathrm{d}y}{\mathrm{d}x}=\frac{y'(t)}{x'(t)}=\frac{b\cos t}{-a\sin t}=-\frac{b}{a}\cot t,$$

$$\frac{\mathrm{d}^2y}{\mathrm{d}x^2}=\frac{\mathrm{d}}{\mathrm{d}x}\left(\frac{\mathrm{d}y}{\mathrm{d}x}\right)=\left(-\frac{b}{a}\cot t\right)'=-\frac{b}{a}(-\csc^2 t)=\frac{b}{a}\csc^2 t.$$

解 不正确.上述解法中一阶导数是正确的，但二阶导数的求法是错误的.二阶导数 $\dfrac{\mathrm{d}^2y}{\mathrm{d}x^2}$ 是一阶导数 $\dfrac{\mathrm{d}y}{\mathrm{d}x}$ 关于 x 的导数，而不是一阶导数 $\dfrac{\mathrm{d}y}{\mathrm{d}x}$ 关于 t 的导数.

正确的解法是

$$\frac{\mathrm{d}^2y}{\mathrm{d}x^2}=\frac{\mathrm{d}}{\mathrm{d}x}\left(\frac{\mathrm{d}y}{\mathrm{d}x}\right)=\frac{\mathrm{d}}{\mathrm{d}t}\left(\frac{\mathrm{d}y}{\mathrm{d}x}\right)\cdot\frac{\mathrm{d}t}{\mathrm{d}x}=\frac{\dfrac{\mathrm{d}}{\mathrm{d}t}\left(\dfrac{\mathrm{d}y}{\mathrm{d}x}\right)}{\dfrac{\mathrm{d}x}{\mathrm{d}t}}=\frac{\dfrac{\mathrm{d}}{\mathrm{d}t}\left(-\dfrac{b}{a}\cot t\right)}{\dfrac{\mathrm{d}}{\mathrm{d}t}(a\cos t+\ln 3)}=-\frac{b}{a^2}\csc^3 t.$$

方法总结

由参数方程所确定的函数的一阶导数一般都是参数 t 的函数，而所求函数的二阶导数 $\dfrac{\mathrm{d}^2y}{\mathrm{d}x^2}$ 是 $\dfrac{\mathrm{d}y}{\mathrm{d}x}$ 再对 x 求导，事实上是一种复合函数的求导问题，因此求高阶导数（如二阶导数）时，应视参数 t 为中间变量，再利用复合函数求导法求导即可.

【例5】 求曲线 $\begin{cases} x=\mathrm{e}^t\sin2t, \\ y=\mathrm{e}^t\cos t \end{cases}$ 在点$(0,1)$处的法线方程.

解 由 $x=0,y=1$ 得 $t=0$,因为

$$\frac{\mathrm{d}y}{\mathrm{d}x}=\frac{y'(t)}{x'(t)}=\frac{\mathrm{e}^t\cos t-\mathrm{e}^t\sin t}{\mathrm{e}^t\sin2t+2\mathrm{e}^t\cos2t}=\frac{\cos t-\sin t}{\sin2t+2\cos2t},$$

所以 $\left.\dfrac{\mathrm{d}y}{\mathrm{d}x}\right|_{(0,1)}=\left.\dfrac{\mathrm{d}y}{\mathrm{d}x}\right|_{t=0}=\dfrac{1}{2}$,即曲线在$(0,1)$处的切线斜率为$\dfrac{1}{2}$,从而知法线斜率为$-2$.

法线方程为:$y-1=-2(x-0)$,即 $y+2x-1=0$.

【例6】 (2021 数学二,5分)有一圆柱体底面半径与高随时间变化的速率分别为$2\mathrm{cm/s}$,$-3\mathrm{cm/s}$,当底面半径为 $10\mathrm{cm}$,高为 $5\mathrm{cm}$ 时,圆柱体的体积与表面积随时间变化的速率分别为_____.

(A)$125\pi\mathrm{cm}^3/\mathrm{s}$,$40\pi\mathrm{cm}^2/\mathrm{s}$ (B)$125\pi\mathrm{cm}^3/\mathrm{s}$,$-40\pi\mathrm{cm}^2/\mathrm{s}$

(C)$-100\pi\mathrm{cm}^3/\mathrm{s}$,$40\pi\mathrm{cm}^2/\mathrm{s}$ (D)$-100\pi\mathrm{cm}^3/\mathrm{s}$,$-40\pi\mathrm{cm}^2/\mathrm{s}$

解 设圆柱体底面半径为 R,高为 h,则$\dfrac{\mathrm{d}R}{\mathrm{d}t}=2$,$\dfrac{\mathrm{d}h}{\mathrm{d}t}=-3$.

体积 $V=\pi R^2h$,表面积 $S=2\pi Rh+2\pi R^2$,

故$\dfrac{\mathrm{d}V}{\mathrm{d}t}=2\pi R\cdot\dfrac{\mathrm{d}R}{\mathrm{d}t}h+R^2\pi\dfrac{\mathrm{d}h}{\mathrm{d}t}$,$\dfrac{\mathrm{d}S}{\mathrm{d}t}=2\pi\dfrac{\mathrm{d}R}{\mathrm{d}t}h+2\pi R\dfrac{\mathrm{d}h}{\mathrm{d}t}+4\pi R\cdot\dfrac{\mathrm{d}R}{\mathrm{d}t}$,

即$\left.\dfrac{\mathrm{d}V}{\mathrm{d}t}\right|_{R=10,h=5}=-100\pi$,$\left.\dfrac{\mathrm{d}S}{\mathrm{d}t}\right|_{R=10,h=5}=40\pi$.

故应选(C).

● **方法总结** ··

求相关变化率问题的步骤:

(1)根据题意,建立相关变量之间的等量关系式;

(2)在所得等式两边同时对 t 求导;

(3)代入变量在指定时刻的值及变化率,从而求出未知变化率.

另外,相关变化率问题大部分是实际问题,解题的关键在于把实际问题用数学语言表达出来,即要写出问题的函数表达式.

习题 2—4 解答 ·············

1. 求由下列方程所确定的隐函数的导数$\dfrac{\mathrm{d}y}{\mathrm{d}x}$:

(1)$y^2-2xy+9=0$;   (2)$x^3+y^3-3axy=0$;

(3)$xy=\mathrm{e}^{x+y}$;   (4)$y=1-x\mathrm{e}^y$.

解 (1)在方程两端分别对 x 求导,得 $2yy'-2y-2xy'=0$,从而 $y'=\dfrac{y}{y-x}$.

(2)在方程两端分别对 x 求导,得 $3x^2+3y^2y'-3ay-3axy'=0$,从而 $y'=\dfrac{ay-x^2}{y^2-ax}$.

(3)在方程两端分别对 x 求导,得 $y+xy'=\mathrm{e}^{x+y}(1+y')$,从而 $y'=\dfrac{\mathrm{e}^{x+y}-y}{x-\mathrm{e}^{x+y}}$.

(4)在方程两端分别对 x 求导,得 $y'=-\mathrm{e}^y-x\mathrm{e}^y y'$,从而 $y'=\dfrac{-\mathrm{e}^y}{1+x\mathrm{e}^y}$.

2. 求曲线 $x^{\frac{2}{3}}+y^{\frac{2}{3}}=a^{\frac{2}{3}}$ 在点 $(\dfrac{\sqrt{2}}{4}a,\dfrac{\sqrt{2}}{4}a)$ 处的切线方程和法线方程.

解 由导数的几何意义知,所求切线的斜率为 $k=y'\big|_{(\frac{\sqrt{2}}{4}a,\frac{\sqrt{2}}{4}a)}$,

在曲线方程两端分别对 x 求导,得 $\dfrac{2}{3}x^{-\frac{1}{3}}+\dfrac{2}{3}y^{-\frac{1}{3}}y'=0$,

从而 $y'=-\dfrac{x^{-\frac{1}{3}}}{y^{-\frac{1}{3}}}$, $\qquad y'\big|_{(\frac{\sqrt{2}}{4}a,\frac{\sqrt{2}}{4}a)}=-1$.

于是所求的切线方程为 $y-\dfrac{\sqrt{2}}{4}a=-1\left(x-\dfrac{\sqrt{2}}{4}a\right)$, 即 $x+y=\dfrac{\sqrt{2}}{2}a$.

法线方程为 $y-\dfrac{\sqrt{2}}{4}a=1\cdot\left(x-\dfrac{\sqrt{2}}{4}a\right)$, 即 $x-y=0$.

3. 设曲线 C 的方程为 $x^2y-xy^2=2$,试找出 C 上有水平切线和铅直切线的点.

解 在 $x^2y-xy^2=2$ 两边对 x 求导,得 $2xy+x^2y'-y^2-2xyy'=0$,$y'=\dfrac{2xy-y^2}{2xy-x^2}$.

(1)令 $y'=0$,得 $2xy-y^2=0$,所以 $y=2x(y=0$ 舍去),代入 $x^2y-xy^2=2$ 可得 $x=-1,y=-2$. 即 C 上有水平切线的点为 $(-1,-2)$.

(2)令 $2xy-x^2=0$,得 $x=2y(x=0$ 舍去),代入 $x^2y-xy^2=2$ 可得 $x=2,y=1$,即 C 上有铅直切线的点为 $(2,1)$.

4. 求由下列方程所确定的隐函数的二阶导数 $\dfrac{\mathrm{d}^2y}{\mathrm{d}x^2}$:

(1)$b^2x^2+a^2y^2=a^2b^2$; (2)$y=\tan(x+y)$; (3)$y=1+x\mathrm{e}^y$; (4)$y-2x=(x-y)\ln(x-y)$.

解 (1)应用隐函数的求导方法,得 $2xb^2+2a^2yy'=0$,

于是 $\quad y'=-\dfrac{b^2x}{a^2y}$,$y''=-\dfrac{b^2}{a^2}\cdot\dfrac{y-xy'}{y^2}=-\dfrac{b^4}{a^2y^3}$.

(2)应用隐函数的求导方法,得

$\qquad y'=\sec^2(x+y)(1+y')=[1+\tan^2(x+y)](1+y')=(1+y^2)(1+y')$,

于是 $y'=\dfrac{1+y^2}{1-(1+y^2)}=-\dfrac{1}{y^2}-1$,$y''=\dfrac{2y'}{y^3}=-\dfrac{2(1+y^2)}{y^5}=-2\csc^2(x+y)\cot^3(x+y)$.

(3)应用隐函数的求导方法,得 $y'=\mathrm{e}^y+x\mathrm{e}^y y'$,于是

$\qquad y'=\dfrac{\mathrm{e}^y}{1-x\mathrm{e}^y}$,

$\qquad y''=\dfrac{\mathrm{e}^y\cdot y'(1-x\mathrm{e}^y)-\mathrm{e}^y(-\mathrm{e}^y-x\mathrm{e}^y y')}{(1-x\mathrm{e}^y)^2}=\dfrac{\mathrm{e}^y y'+\mathrm{e}^{2y}}{(1-x\mathrm{e}^y)^2}=\dfrac{\mathrm{e}^{2y}(2-x\mathrm{e}^y)}{(1-x\mathrm{e}^y)^3}=\dfrac{\mathrm{e}^{2y}(3-y)}{(2-y)^3}$.

(4)在方程 $y-2x=(x-y)\ln(x-y)$ 两边对 x 求导,得

$\qquad y'-2=(1-y')\ln(x-y)+(1-y')①$,$y'=\dfrac{3+\ln(x-y)}{2+\ln(x-y)}$,

在①式两边再对 x 求导,得

$\qquad y''=-y''\ln(x-y)+\dfrac{(1-y')^2}{x-y}-y''$,

$\qquad y''=\dfrac{(1-y')^2}{[2+\ln(x-y)](x-y)}=\dfrac{1}{[2+\ln(x-y)]^3(x-y)}$.

5. 用对数求导法求下列函数的导数:

(1)$y=\left(\dfrac{x}{1+x}\right)^x$; (2)$y=\sqrt[5]{\dfrac{x-5}{\sqrt[5]{x^2+2}}}$;

$(3)\, y = \dfrac{\sqrt{x+2}\,(3-x)^4}{(x+1)^5}$; $\qquad\qquad (4)\, y = \sqrt{x\sin x\,\sqrt{1-\mathrm{e}^x}}$.

解 (1)在 $y = \left(\dfrac{x}{1+x}\right)^x$ 两端取对数,得 $\ln y = x[\ln x - \ln(1+x)]$.

在上式两端分别对 x 求导,并注意到 $y = y(x)$,得

$$\dfrac{y'}{y} = [\ln x - \ln(1+x)] + x\left(\dfrac{1}{x} - \dfrac{1}{1+x}\right) = \ln\dfrac{x}{1+x} + \dfrac{1}{1+x},$$

于是

$$y' = y\left(\ln\dfrac{x}{1+x} + \dfrac{1}{1+x}\right) = \left(\dfrac{x}{1+x}\right)^x\left(\ln\dfrac{x}{1+x} + \dfrac{1}{1+x}\right).$$

(2)在 $y = \sqrt[5]{\dfrac{x-5}{\sqrt[5]{x^2+2}}}$ 两端取对数,得

$$\ln y = \dfrac{1}{5}\left[\ln(x-5) - \dfrac{1}{5}\ln(x^2+2)\right] = \dfrac{1}{5}\ln(x-5) - \dfrac{1}{25}\ln(x^2+2).$$

在上式两端分别对 x 求导,并注意到 $y = y(x)$,得

$$\dfrac{y'}{y} = \dfrac{1}{5}\cdot\dfrac{1}{x-5} - \dfrac{1}{25}\cdot\dfrac{2x}{x^2+2},$$

于是 $y' = y\left[\dfrac{1}{5(x-5)} - \dfrac{2x}{25(x^2+2)}\right] = \sqrt[5]{\dfrac{x-5}{\sqrt[5]{x^2+2}}}\left[\dfrac{1}{5(x-5)} - \dfrac{2x}{25(x^2+2)}\right].$

(3)在 $y = \dfrac{\sqrt{x+2}\,(3-x)^4}{(x+1)^5}$ 两端取对数,得

$$\ln y = \dfrac{1}{2}\ln(x+2) + 4\ln(3-x) - 5\ln(1+x).$$

在上式两端分别对 x 求导,并注意到 $y = y(x)$,得

$$\dfrac{y'}{y} = \dfrac{1}{2}\cdot\dfrac{1}{x+2} + 4\cdot\dfrac{(-1)}{3-x} - 5\cdot\dfrac{1}{1+x}$$

于是 $y' = y\left[\dfrac{1}{2(x+2)} - \dfrac{4}{3-x} - \dfrac{5}{1+x}\right] = \dfrac{\sqrt{x+2}\,(3-x)^4}{(x+1)^5}\left[\dfrac{1}{2(x+2)} - \dfrac{4}{3-x} - \dfrac{5}{1+x}\right].$

(4)在 $y = \sqrt{x\sin x\,\sqrt{1-\mathrm{e}^x}}$ 两端取对数,得

$$\ln y = \dfrac{1}{2}\left[\ln x + \ln\sin x + \dfrac{1}{2}\ln(1-\mathrm{e}^x)\right].$$

在上式两端分别对 x 求导,并注意到 $y = y(x)$,得

$$\dfrac{y'}{y} = \dfrac{1}{2}\left[\dfrac{1}{x} + \dfrac{\cos x}{\sin x} + \dfrac{1}{2}\cdot\dfrac{(-\mathrm{e}^x)}{1-\mathrm{e}^x}\right],$$

于是 $y' = y\left[\dfrac{1}{2x} + \dfrac{\cos x}{2\sin x} - \dfrac{\mathrm{e}^x}{4(1-\mathrm{e}^x)}\right] = \dfrac{1}{2}\sqrt{x\sin x\,\sqrt{1-\mathrm{e}^x}}\left[\dfrac{1}{x} + \cot x - \dfrac{\mathrm{e}^x}{2(1-\mathrm{e}^x)}\right].$

6. 求下列参数方程所确定的函数的导数 $\dfrac{\mathrm{d}y}{\mathrm{d}x}$:

$(1)\begin{cases} x = at^2, \\ y = bt^3; \end{cases}$ $\qquad\qquad (2)\begin{cases} x = \theta(1-\sin\theta), \\ y = \theta\cos\theta. \end{cases}$

解 $(1)\dfrac{\mathrm{d}y}{\mathrm{d}x} = \dfrac{\dfrac{\mathrm{d}y}{\mathrm{d}t}}{\dfrac{\mathrm{d}x}{\mathrm{d}t}} = \dfrac{3bt^2}{2at} = \dfrac{3b}{2a}\,t.$

$(2)\dfrac{\mathrm{d}y}{\mathrm{d}x} = \dfrac{\dfrac{\mathrm{d}y}{\mathrm{d}\theta}}{\dfrac{\mathrm{d}x}{\mathrm{d}\theta}} = \dfrac{\cos\theta - \theta\sin\theta}{1-\sin\theta + \theta(-\cos\theta)} = \dfrac{\cos\theta - \theta\sin\theta}{1-\sin\theta - \theta\cos\theta}.$

7. 已知 $\begin{cases} x=\mathrm{e}^t\sin t, \\ y=\mathrm{e}^t\cos t, \end{cases}$ 求当 $t=\dfrac{\pi}{3}$ 时 $\dfrac{\mathrm{d}y}{\mathrm{d}x}$ 的值.

解　$\dfrac{\mathrm{d}y}{\mathrm{d}x}=\dfrac{\dfrac{\mathrm{d}y}{\mathrm{d}t}}{\dfrac{\mathrm{d}x}{\mathrm{d}t}}=\dfrac{\mathrm{e}^t\cos t-\mathrm{e}^t\sin t}{\mathrm{e}^t\sin t+\mathrm{e}^t\cos t}=\dfrac{\cos t-\sin t}{\sin t+\cos t}.$

于是 $\dfrac{\mathrm{d}y}{\mathrm{d}x}\bigg|_{t=\frac{\pi}{3}}=\dfrac{\dfrac{1}{2}-\dfrac{\sqrt{3}}{2}}{\dfrac{\sqrt{3}}{2}+\dfrac{1}{2}}=\sqrt{3}-2.$

8. 写出下列曲线在所给参数值相应的点处的切线方程和法线方程：

(1) $\begin{cases} x=\sin t, \\ y=\cos 2t, \end{cases}$ 在 $t=\dfrac{\pi}{4}$ 处；　　　　(2) $\begin{cases} x=\dfrac{3at}{1+t^2}, \\ y=\dfrac{3at^2}{1+t^2}, \end{cases}$ 在 $t=2$ 处.

解　(1) $\dfrac{\mathrm{d}y}{\mathrm{d}x}=\dfrac{\dfrac{\mathrm{d}y}{\mathrm{d}t}}{\dfrac{\mathrm{d}x}{\mathrm{d}t}}=\dfrac{-2\sin 2t}{\cos t}=-4\sin t,\dfrac{\mathrm{d}y}{\mathrm{d}x}\bigg|_{t=\frac{\pi}{4}}=-2\sqrt{2}.$

$t=\dfrac{\pi}{4}$ 对应点 $\left(\dfrac{\sqrt{2}}{2},0\right)$，曲线在点 $\left(\dfrac{\sqrt{2}}{2},0\right)$ 处的切线方程为

$$y-0=-2\sqrt{2}\left(x-\dfrac{\sqrt{2}}{2}\right),\qquad 即\quad 2\sqrt{2}x+y-2=0.$$

法线方程为

$$y-0=\dfrac{1}{2\sqrt{2}}\left(x-\dfrac{\sqrt{2}}{2}\right),\qquad 即\quad \sqrt{2}x-4y-1=0.$$

(2) $\dfrac{\mathrm{d}y}{\mathrm{d}x}=\dfrac{\dfrac{\mathrm{d}y}{\mathrm{d}t}}{\dfrac{\mathrm{d}x}{\mathrm{d}t}}=\dfrac{\left(\dfrac{3at^2}{1+t^2}\right)'}{\left(\dfrac{3at}{1+t^2}\right)'}=\dfrac{\dfrac{3a\left[2t(1+t^2)-t^2\cdot 2t\right]}{(1+t^2)^2}}{\dfrac{3a\left[(1+t^2)-t\cdot 2t\right]}{(1+t^2)^2}}=\dfrac{2t}{1-t^2},\dfrac{\mathrm{d}y}{\mathrm{d}x}\bigg|_{t=2}=-\dfrac{4}{3},$

$t=2$ 对应点 $\left(\dfrac{6}{5}a,\dfrac{12}{5}a\right)$，曲线在点 $\left(\dfrac{6}{5}a,\dfrac{12}{5}a\right)$ 处的切线方程为

$$y-\dfrac{12}{5}a=-\dfrac{4}{3}\left(x-\dfrac{6}{5}a\right),\qquad 即\quad 4x+3y-12a=0.$$

法线方程为

$$y-\dfrac{12}{5}a=\dfrac{3}{4}\left(x-\dfrac{6}{5}a\right),\qquad 即\quad 3x-4y+6a=0.$$

9. 求下列参数方程所确定的函数的二阶导数 $\dfrac{\mathrm{d}^2y}{\mathrm{d}x^2}$：

(1) $\begin{cases} x=\dfrac{t^2}{2}, \\ y=1-t; \end{cases}$　　　　(2) $\begin{cases} x=a\cos t, \\ y=b\sin t; \end{cases}$　　　　(3) $\begin{cases} x=3\mathrm{e}^{-t}, \\ y=2\mathrm{e}^t; \end{cases}$

(4) $\begin{cases} x=f'(t), \\ y=tf'(t)-f(t), \end{cases}$ 设 $f''(t)$ 存在且不为零.

解　(1) $\dfrac{\mathrm{d}y}{\mathrm{d}x}=\dfrac{\dfrac{\mathrm{d}y}{\mathrm{d}t}}{\dfrac{\mathrm{d}x}{\mathrm{d}t}}=\dfrac{-1}{t},\qquad \dfrac{\mathrm{d}^2y}{\mathrm{d}x^2}=\dfrac{\dfrac{\mathrm{d}}{\mathrm{d}t}\left(\dfrac{\mathrm{d}y}{\mathrm{d}x}\right)}{\dfrac{\mathrm{d}x}{\mathrm{d}t}}=\dfrac{\dfrac{1}{t^2}}{t}=\dfrac{1}{t^3}.$

(2) $\dfrac{dy}{dx}=\dfrac{b\cos t}{-a\sin t}=-\dfrac{b}{a}\cot t,$　　$\dfrac{d^2y}{dx^2}=\dfrac{\dfrac{d}{dt}\left(\dfrac{dy}{dx}\right)}{\dfrac{dx}{dt}}=\dfrac{-\dfrac{b}{a}(-\csc^2 t)}{-a\sin t}=\dfrac{-b}{a^2\sin^3 t}.$

(3) $\dfrac{dy}{dx}=\dfrac{2e^t}{-3e^{-t}}=-\dfrac{2}{3}e^{2t},$　　$\dfrac{d^2y}{dx^2}=\dfrac{-\dfrac{4}{3}e^{2t}}{-3e^{-t}}=\dfrac{4}{9}e^{3t}.$

(4) $\dfrac{dy}{dx}=\dfrac{f'(t)+tf''(t)-f'(t)}{f''(t)}=t,$　　$\dfrac{d^2y}{dx^2}=\dfrac{1}{f''(t)}.$

*10. 求下列参数方程所确定的函数的三阶导数 $\dfrac{d^3y}{dx^3}$:

(1) $\begin{cases}x=1-t^2,\\ y=t-t^3;\end{cases}$　　　　　(2) $\begin{cases}x=\ln(1+t^2),\\ y=t-\arctan t.\end{cases}$

解　(1) $\dfrac{dy}{dx}=\dfrac{1-3t^2}{-2t}=-\dfrac{1}{2t}+\dfrac{3}{2}t,\dfrac{d^2y}{dx^2}=\dfrac{\dfrac{1}{2t^2}+\dfrac{3}{2}}{-2t}=-\dfrac{1}{4}\left(\dfrac{1}{t^3}+\dfrac{3}{t}\right),$

$\dfrac{d^3y}{dx^3}=\dfrac{-\dfrac{1}{4}\left(-\dfrac{3}{t^4}-\dfrac{3}{t^2}\right)}{-2t}=-\dfrac{3}{8t^5}(1+t^2).$

(2) $\dfrac{dy}{dx}=\dfrac{1-\dfrac{1}{1+t^2}}{\dfrac{2t}{1+t^2}}=\dfrac{t}{2},$　　$\dfrac{d^2y}{dx^2}=\dfrac{\dfrac{1}{2}}{\dfrac{2t}{1+t^2}}=\dfrac{1+t^2}{4t}=\dfrac{1}{4}\left(\dfrac{1}{t}+t\right),$

$\dfrac{d^3y}{dx^3}=\dfrac{\dfrac{1}{4}\left(-\dfrac{1}{t^2}+1\right)}{\dfrac{2t}{1+t^2}}=\dfrac{t^4-1}{8t^3}.$

11. 落在平静水面上的石头,产生同心波纹.若最外一圈波纹半径的增大速率总是 6m/s,问在 2s 末扰动水面面积的增大的速率为多少?

解　设最外一圈波纹的半径为 $r=r(t)$,圆的面积 $S=S(t)$. 在 $S=\pi r^2$ 两端分别对 t 求导,得

$$\dfrac{dS}{dt}=2\pi r\dfrac{dr}{dt}\text{当 }t=2\text{ 时},r=6\times2=12,\dfrac{dr}{dt}=6\text{ 代入上式得}$$

$$\dfrac{dS}{dt}\Big|_{t=2}=2\pi\times12\times6=144\pi(\text{m}^2/\text{s}).$$

12. 注水入深8m、上顶直径8m的正圆锥形容器中,其速率为 $4\text{m}^3/\min$. 当水深为5m时,其表面上升的速率为多少?

解　如图 2-1 所示,设在时刻 t 容器中的水深为 $h(t)$,水的容积为 $V(t)$,

$\dfrac{r}{4}=\dfrac{h}{8}$,即 $r=\dfrac{h}{2}$,$V=\dfrac{1}{3}\pi r^2h=\dfrac{1}{3}\pi\left(\dfrac{h}{2}\right)^2h=\dfrac{\pi}{12}h^3.$

$$\dfrac{dV}{dt}=\dfrac{\pi}{4}h^2\dfrac{dh}{dt},\qquad\text{即}\qquad\dfrac{dh}{dt}=\dfrac{4}{\pi h^2}\dfrac{dV}{dt}.$$

故 $\dfrac{dh}{dt}\Big|_{h=5}=\dfrac{4}{25\pi}\times4=\dfrac{16}{25\pi}\approx0.204(\text{m}/\min).$

图 2-1

13. 溶液自深18cm、顶直径12cm的正圆锥形漏斗中漏入一直径为10cm的圆柱形筒中. 开始时漏斗中盛满了溶液. 已知当溶液在漏斗中深为12cm时,其表面下降的速率为1cm/min. 问此时圆柱形筒中溶液表面上升的速率为多少?

解　如图 2-2,设在时刻 t 漏斗中的水深为 $H=H(t)$,圆柱形筒中水深为 $h=h(t)$.

建立 h 与 H 之间的关系:

$$\frac{1}{3}\pi\times6^2\cdot18-\frac{1}{3}\pi r^2 H=\pi\times5^2 h.$$

又 $\frac{r}{6}=\frac{H}{18}$,即 $r=\frac{H}{3}$. 故

$$\frac{1}{3}\pi\times6^2\times18-\frac{1}{3}\pi\left(\frac{H}{3}\right)^2 H=\pi\times5^2 h,$$

即 $216-\frac{1}{27}H^3=25h.$

图 2—2

上式两端分别对 t 求导,得 $-\frac{3}{27}H^2\frac{\mathrm{d}H}{\mathrm{d}t}=25\frac{\mathrm{d}h}{\mathrm{d}t}.$

当 $H=12$ 时,$\frac{\mathrm{d}H}{\mathrm{d}t}=-1$,此时 $\frac{\mathrm{d}h}{\mathrm{d}t}=\frac{1}{25}\left(-\frac{3}{27}H^2\frac{\mathrm{d}H}{\mathrm{d}t}\right)\Big|_{\substack{H=12\\ \frac{\mathrm{d}H}{\mathrm{d}t}=-1}}=\frac{16}{25}=0.64(\mathrm{cm/min}).$

第五节　函数的微分

一、主要内容归纳

1. 微分定义　若函数 $f(x)$ 在 x 点的增量 $\Delta y=f(x+\Delta x)-f(x)$,可表示为 $\Delta y=A\Delta x+o(\Delta x)$,其中:$A$ 是与 Δx 无关的量;当 $\Delta x\to0$ 时,$o(\Delta x)$ 是比 Δx 高阶的无穷小. 则称 $y=f(x)$ 在 x 点可微,而线性主部 $A\Delta x$ 称为 $y=f(x)$ 在 x 点的微分,记为 $\mathrm{d}y$ 或 $\mathrm{d}f(x)$,即 $\mathrm{d}y=\mathrm{d}f(x)=A\cdot\Delta x.$

当函数 $f(x)$ 可微时,微分中 Δx 的系数 $A=f'(x)$,记 $\mathrm{d}x=\Delta x$,称之为自变量的微分,微分表达式通常写为对称形式 $\mathrm{d}y=f'(x)\mathrm{d}x$,而导数就是函数微分与自变量微分之商(微商)

$$f'(x)=\frac{\mathrm{d}y}{\mathrm{d}x}.$$

2. 基本初等函数的微分公式

(1)$\mathrm{d}(C)=0$; 　　　　　　　　　(2)$\mathrm{d}(x^\mu)=\mu x^{\mu-1}\mathrm{d}x$　(μ 为实数);

(3)$\mathrm{d}(\sin x)=\cos x\mathrm{d}x$; 　　　　(4)$\mathrm{d}(\cos x)=-\sin x\mathrm{d}x$;

(5)$\mathrm{d}(\tan x)=\sec^2 x\mathrm{d}x$; 　　　　(6)$\mathrm{d}(\cot x)=-\csc^2 x\mathrm{d}x$;

(7)$\mathrm{d}(\sec x)=\sec x\tan x\mathrm{d}x$; 　　(8)$\mathrm{d}(\csc x)=-\csc x\cot x\mathrm{d}x$;

(9)$\mathrm{d}(a^x)=a^x\ln a\mathrm{d}x$　($a>0,a\neq1$); 　(10)$\mathrm{d}(\mathrm{e}^x)=\mathrm{e}^x\mathrm{d}x$;

(11)$\mathrm{d}(\log_a x)=\frac{1}{x\ln a}\mathrm{d}x$　($a>0,a\neq1$); 　(12)$\mathrm{d}(\ln x)=\frac{1}{x}\mathrm{d}x$;

(13)$\mathrm{d}(\arcsin x)=\frac{1}{\sqrt{1-x^2}}\mathrm{d}x$; 　(14)$\mathrm{d}(\arccos x)=-\frac{1}{\sqrt{1-x^2}}\mathrm{d}x$;

(15)$\mathrm{d}(\arctan x)=\frac{1}{1+x^2}\mathrm{d}x$; 　(16)$\mathrm{d}(\mathrm{arccot}x)=-\frac{1}{1+x^2}\mathrm{d}x.$

3. 微分四则运算法则　设函数 $u(x),v(x)$ 可微,则有

(1)$\mathrm{d}[u(x)\pm v(x)]=\mathrm{d}u(x)\pm\mathrm{d}v(x)$;

(2)$\mathrm{d}[u(x)v(x)]=v(x)\mathrm{d}u(x)+u(x)\mathrm{d}v(x)$;

(3) $d\left[\dfrac{u(x)}{v(x)}\right] = \dfrac{v(x)du(x) - u(x)dv(x)}{[v(x)]^2}$ $(v(x) \neq 0)$.

4. 微分的形式不变性 设函数 $u = \varphi(x)$ 在 x 点可微,函数 $y = f(u)$ 在相应的点 $u = \varphi(x)$ 处可微,则复合函数 $y = f[\varphi(x)]$ 在 x 点可微,且微分式

$$dy = f'[\varphi(x)]\varphi'(x)dx = f'(u)du.$$

这表明,不论 u 是自变量或中间变量,函数 $y = f(u)$ 的微分形式都是一样的,这个性质称为一阶微分形式的不变性.

5. 可微的充要条件 函数 $f(x)$ 在 x_0 点可微的充分必要条件是 $f(x)$ 在 x_0 点可导,且 $dy = f'(x_0)dx$.

6. 可微的必要条件 函数 $f(x)$ 在 x_0 点可微的必要条件是 $f(x)$ 在 x_0 点连续.

二、 经典例题解析及解题方法总结

【例 1】 设函数 $y = y(x)$ 由方程 $2^{xy} = x + y$ 所确定,则 $dy\big|_{x=0} = $ _____.

解 把 $x = 0$ 代入 $2^{xy} = x + y$ 得 $y = 1$.

对方程两端关于 x 求导得 $2^{xy} \cdot \ln 2 \cdot (y + xy') = 1 + y'$.

令 $x = 0, y = 1$,得 $y'\big|_{\substack{x=0 \\ y=1}} = \ln 2 - 1$,所以 $dy\big|_{\substack{x=0 \\ y=1}} = y'dx\big|_{\substack{x=0 \\ y=1}} = (\ln 2 - 1)dx$.

故应填 $(\ln 2 - 1)dx$.

【例 2】 设函数 $f(x) = \begin{cases} x^3 \sin \dfrac{1}{x}, & x \neq 0, \\ 0, & x = 0, \end{cases}$

证明:(1) $f(x)$ 在 $x = 0$ 处可微;(2) $f'(x)$ 在 $x = 0$ 处不可微.

证 (1) $\lim\limits_{x \to 0} \dfrac{f(x) - f(0)}{x - 0} = \lim\limits_{x \to 0} \dfrac{x^2 \sin \dfrac{1}{x}}{x} = 0.$

所以 $f(x)$ 在 $x = 0$ 处可导,且 $f'(0) = 0$,由于一元函数的可微与可导是等价的,所以 $f(x)$ 在 $x = 0$ 处可微.

(2) 当 $x \neq 0$ 时,显然

$$f'(x) = \left(x^3 \sin \dfrac{1}{x}\right)' = 3x^2 \sin \dfrac{1}{x} + x^3 \cos \dfrac{1}{x}\left(-\dfrac{1}{x^2}\right) = 3x^2 \sin \dfrac{1}{x} - x\cos \dfrac{1}{x}.$$

所以 $f'(x) = \begin{cases} 3x^2 \sin \dfrac{1}{x} - x\cos \dfrac{1}{x}, & x \neq 0, \\ 0, & x = 0, \end{cases}$

而 $\lim\limits_{x \to 0} \dfrac{f'(x) - f'(0)}{x - 0} = \lim\limits_{x \to 0}\left(3x \sin \dfrac{1}{x} - \cos \dfrac{1}{x}\right)$,极限不存在.

由导数定义知 $f'(x)$ 在 $x = 0$ 处不可导,从而在 $x = 0$ 处不可微.

● **方法总结** ···

> 由于 $y=f(x)$ 的可导与可微是等价的,因此通过判定函数在一点处的可导性,确定其可微性,而不是用微分的定义判定.

习题 2—5 解答 ● ··········

1. 已知 $y=x^3-x$,计算在 $x=2$ 处当 Δx 分别等于 $1,0.1,0.01$ 时的 Δy 及 dy.

解 $\Delta y=(x+\Delta x)^3-(x+\Delta x)-x^3+x=3x(\Delta x)^2+3x^2\Delta x+(\Delta x)^3-\Delta x,$
$dy=(3x^2-1)\Delta x.$ 于是

$$\Delta y\Big|_{\substack{x=2\\\Delta x=1}}=6\times1+3\times4+1^3-1=18, \qquad dy\Big|_{\substack{x=2\\\Delta x=1}}=11\times1=11;$$

$$\Delta y\Big|_{\substack{x=2\\\Delta x=0.1}}=6\times(0.1)^2+12\times(0.1)+(0.1)^3-0.1=1.161,$$

$$dy\Big|_{\substack{x=2\\\Delta x=0.1}}=11\times(0.1)=1.1;$$

$$\Delta y\Big|_{\substack{x=2\\\Delta x=0.01}}=6\times(0.01)^2+12\times(0.01)-(0.01)^3-0.01=0.110601,$$

$$dy\Big|_{\substack{x=2\\\Delta x=0.01}}=11\times(0.01)=0.11.$$

2. 设函数 $y=f(x)$ 的图形如图 2—3,试在图 2—3(a)、(b)、(c)、(d)中分别标出在点 x_0 的 dy、Δy 及 $\Delta y-dy$,并说明其正负.

解 (a)$\Delta y>0,\ dy>0,\ \Delta y-dy>0.$ (b)$\Delta y>0,\ dy>0,\ \Delta y-dy<0.$

(c)$\Delta y<0,\ dy<0,\ \Delta y-dy<0.$ (d)$\Delta y<0,\ dy<0,\ \Delta y-dy>0.$

(a)

(b)

(c)

(d)

图 2—3

3. 求下列函数的微分:

(1)$y=\dfrac{1}{x}+2\sqrt{x}$;   (2)$y=x\sin 2x$;

$(3)y=\dfrac{x}{\sqrt{x^2+1}}$; $\qquad\qquad$ $(4)y=\ln^2(1-x)$;

$(5)y=x^2\mathrm{e}^{2x}$; $\qquad\qquad$ $(6)y=\mathrm{e}^{-x}\cos(3-x)$;

$(7)y=\arcsin\sqrt{1-x^2}$; $\qquad$ $(8)y=\tan^2(1+2x^2)$;

$(9)y=\arctan\dfrac{1-x^2}{1+x^2}$; $\qquad$ $(10)s=A\sin(\omega t+\varphi)$ $(A,\omega,\varphi$ 是常数$)$.

解 $(1)\mathrm{d}y=y'\mathrm{d}x=\left(-\dfrac{1}{x^2}+\dfrac{1}{\sqrt{x}}\right)\mathrm{d}x$.

$(2)\mathrm{d}y=y'\mathrm{d}x=(\sin 2x+x\cos 2x\cdot 2)\mathrm{d}x=(\sin 2x+2x\cos 2x)\mathrm{d}x$.

$(3)\mathrm{d}y=y'\mathrm{d}x=\dfrac{\sqrt{x^2+1}-x\dfrac{x}{\sqrt{1+x^2}}}{(\sqrt{x^2+1})^2}\mathrm{d}x=\dfrac{\mathrm{d}x}{(x^2+1)^{\frac{3}{2}}}$.

$(4)\mathrm{d}y=y'\mathrm{d}x=2\ln(1-x)\cdot\dfrac{(-1)}{1-x}\mathrm{d}x=\dfrac{2}{x-1}\ln(1-x)\mathrm{d}x$.

$(5)\mathrm{d}y=y'\mathrm{d}x=(2x\mathrm{e}^{2x}+x^2\mathrm{e}^{2x}\cdot 2)\mathrm{d}x=2x(1+x)\mathrm{e}^{2x}\mathrm{d}x$.

$(6)\mathrm{d}y=y'\mathrm{d}x=[-\mathrm{e}^{-x}\cos(3-x)+\mathrm{e}^{-x}\sin(3-x)]\mathrm{d}x$
$\qquad=\mathrm{e}^{-x}[\sin(3-x)-\cos(3-x)]\mathrm{d}x$.

$(7)\mathrm{d}y=y'\mathrm{d}x=\left[\dfrac{1}{\sqrt{1-(\sqrt{1-x^2})^2}}\cdot\dfrac{(-2x)}{2\sqrt{1-x^2}}\right]\mathrm{d}x=-\dfrac{x}{|x|}\cdot\dfrac{\mathrm{d}x}{\sqrt{1-x^2}}$

$\qquad=\begin{cases}\dfrac{\mathrm{d}x}{\sqrt{1-x^2}}, & -1<x<0,\\[3mm] -\dfrac{\mathrm{d}x}{\sqrt{1-x^2}}, & 0<x<1.\end{cases}$

$(8)\mathrm{d}y=y'\mathrm{d}x=[2\tan(1+2x^2)\cdot\sec^2(1+2x^2)\cdot 4x]\mathrm{d}x$
$\qquad=8x\tan(1+2x^2)\sec^2(1+2x^2)\mathrm{d}x$.

$(9)\mathrm{d}y=y'\mathrm{d}x=\dfrac{1}{1+\left(\dfrac{1-x^2}{1+x^2}\right)^2}\cdot\dfrac{(-2x)(1+x^2)-(1-x^2)\cdot 2x}{(1+x^2)^2}\mathrm{d}x=-\dfrac{2x}{1+x^4}\mathrm{d}x$.

$(10)\mathrm{d}s=s'\mathrm{d}t=A\cos(\omega t+\varphi)\cdot\omega\mathrm{d}t=A\omega\cos(\omega t+\varphi)\mathrm{d}t$.

4. 将适当的函数填入下列括号内,使等式成立:

$(1)\mathrm{d}(\quad)=2\mathrm{d}x$; $\qquad\qquad$ $(2)\mathrm{d}(\quad)=3x\mathrm{d}x$;

$(3)\mathrm{d}(\quad)=\cos t\mathrm{d}t$; $\qquad\qquad$ $(4)\mathrm{d}(\quad)=\sin\omega x\mathrm{d}x(\omega\neq 0)$;

$(5)\mathrm{d}(\quad)=\dfrac{1}{1+x}\mathrm{d}x$; $\qquad\qquad$ $(6)\mathrm{d}(\quad)=\mathrm{e}^{-2x}\mathrm{d}x$;

$(7)\mathrm{d}(\quad)=\dfrac{1}{\sqrt{x}}\mathrm{d}x$; $\qquad\qquad$ $(8)\mathrm{d}(\quad)=\sec^2 3x\mathrm{d}x$.

解 $(1)\mathrm{d}(2x+C)=2\mathrm{d}x$. $\qquad\quad$ $(2)\mathrm{d}\left(\dfrac{3}{2}x^2+C\right)=3x\mathrm{d}x$.

$(3)\mathrm{d}(\sin t+C)=\cos t\mathrm{d}t$. $\qquad$ $(4)\mathrm{d}\left(-\dfrac{1}{\omega}\cos\omega x+C\right)=\sin\omega x\mathrm{d}x$.

$(5)\mathrm{d}(\ln(1+x)+C)=\dfrac{1}{1+x}\mathrm{d}x$. $\quad$ $(6)\mathrm{d}\left(-\dfrac{1}{2}\mathrm{e}^{-2x}+C\right)=\mathrm{e}^{-2x}\mathrm{d}x$.

$(7)\mathrm{d}(2\sqrt{x}+C)=\dfrac{1}{\sqrt{x}}\mathrm{d}x$. $\qquad$ $(8)\mathrm{d}\left(\dfrac{1}{3}\tan 3x+C\right)=\sec^2 3x\mathrm{d}x$.

上述 C 均为任意常数.

5. 如图 2—4 所示的电缆 $\overset{\frown}{AOB}$ 的长为 s,跨度为 $2l$,电缆的最低点 O 与杆顶连线 AB 的距离为 f,则电缆长可按下面公式计算：$s=2l\left(1+\dfrac{2f^2}{3l^2}\right)$,

当 f 变化了 Δf 时,电缆长的变化约为多少?

图 2—4

解 $s=2l\left(1+\dfrac{2f^2}{3l^2}\right),\qquad \Delta s\approx\mathrm{d}s=2l\cdot\dfrac{4f}{3l^2}\Delta f=\dfrac{8f}{3l}\Delta f.$

6. 设扇形的圆心角 $\alpha=60°$,半径 $R=100\,\mathrm{cm}$(图 2—5).如果 R 不变,α 减少 $30'$,问扇形面积大约改变了多少? 又如果 α 不变,R 增加 $1\,\mathrm{cm}$,问扇形面积大约改变了多少?

解 扇形面积公式为 $S=\dfrac{R^2}{2}\alpha$.于是 $\Delta S\approx\mathrm{d}S=\dfrac{R^2}{2}\Delta\alpha.$

将 $R=100$,$\Delta\alpha=-30'=-\dfrac{\pi}{360}$ 代入上式得

$$\Delta S\approx\dfrac{1}{2}\times100^2\times\left(-\dfrac{\pi}{360}\right)\approx-43.63\,(\mathrm{cm}^2).$$

又 $\Delta S\approx\mathrm{d}S\approx\alpha R\Delta R.$

将 $\alpha=\dfrac{\pi}{3}$,$R=100$,$\Delta R=1$ 代入上式得 $\Delta S\approx\dfrac{\pi}{3}\times100\times1\approx104.72\,(\mathrm{cm}^2).$

图 2—5

7. 计算下列三角函数值的近似值：

(1)$\cos 29°$;   (2)$\tan 136°$.

解 (1)由 $\cos x\approx\cos x_0+(\cos x)'\Big|_{x=x_0}\cdot(x-x_0)$,及取 $x_0=30°=\dfrac{\pi}{6}$ 得

$$\cos 29°=\cos\left(\dfrac{\pi}{6}-\dfrac{\pi}{180}\right)\approx\cos\dfrac{\pi}{6}+(-\sin x)\Big|_{x=\frac{\pi}{6}}\cdot\left(-\dfrac{\pi}{180}\right)\approx\dfrac{\sqrt{3}}{2}+\dfrac{\pi}{360}\approx0.874\,75.$$

(2)由 $\tan x\approx\tan x_0+(\tan x)'\Big|_{x=x_0}\cdot(x-x_0)$,及取 $x_0=\dfrac{3}{4}\pi$ 得

$$\tan 136°\approx\tan\dfrac{3}{4}\pi+\sec^2 x\Big|_{x=\frac{3}{4}\pi}\cdot\dfrac{\pi}{180}\approx-0.96509.$$

8. 计算下列反三角函数值的近似值：

(1)$\arcsin 0.500\,2$;   (2)$\arccos 0.499\,5$.

解 (1)由 $\arcsin x\approx\arcsin x_0+(\arcsin x)'\Big|_{x=x_0}\cdot(x-x_0)$ 及取 $x_0=0.5$ 得

$$\arcsin 0.500\,2\approx\arcsin 0.5+\dfrac{1}{\sqrt{1-x^2}}\Big|_{x=0.5}\cdot0.000\,2\approx30°47'$$

(2)由 $\arccos x\approx\arccos x_0+(\arccos x)'\Big|_{x=x_0}\cdot(x-x_0)$,及取 $x_0=0.5$ 得

$$\arccos 0.499\,5\approx\arccos 0.5-\dfrac{1}{\sqrt{1-x^2}}\Big|_{x=0.5}\cdot(-0.000\,5)\approx60°2'.$$

9. 当 $|x|$ 较小时,证明下列近似公式：

(1)$\tan x\approx x$(x 是角的弧度值);   (2)$\ln(1+x)\approx x$;   (3)$\sqrt[n]{1+x}\approx1+\dfrac{x}{n}$;

(4)$\mathrm{e}^x\approx1+x.$

并计算 $\tan 45'$ 和 $\ln 1.002$ 的近似值.

解 (1)$\tan x\approx\tan 0+(\tan x)'\Big|_{x=0}\cdot x=0+\sec^2 0\cdot x=x.$

(2)$\ln(1+x)\approx\ln(1+0)+\big[\ln(1+x)\big]'\Big|_{x=0}\cdot x=0+\dfrac{1}{1+0}x=x.$

(3) $\sqrt[n]{1+x} \approx \sqrt[n]{1+x} \Big|_{x=0} + \left(\sqrt[n]{1+x}\right)' \Big|_{x=0} \cdot x = 1 + \dfrac{1}{n}(1+x)^{\frac{1}{n}-1} \Big|_{x=0} \cdot x = 1 + \dfrac{1}{n}x.$

(4) $\mathrm{e}^x \approx \mathrm{e}^x \Big|_{x=0} + (\mathrm{e}^x)' \Big|_{} \cdot x = 1 + x.$

$\tan 45' = \tan 0.013\,09 \approx 0.013\,09, \qquad \ln(1.002) \approx 0.002.$

10. 计算下列各根式的近似值：

(1) $\sqrt[3]{996}$；　　　　(2) $\sqrt[6]{65}$.

解　由 $\sqrt[n]{1+x} \approx 1 + \dfrac{x}{n}$ 知

(1) $\sqrt[3]{996} = \sqrt[3]{1\,000 - 4} = 10\sqrt[3]{1 - \dfrac{4}{1\,000}} \approx 10\left[1 + \dfrac{1}{3}\left(-\dfrac{4}{1\,000}\right)\right] \approx 9.986\,7.$

(2) $\sqrt[6]{65} = \sqrt[6]{64 + 1} = 2\sqrt[6]{1 + \dfrac{1}{64}} \approx 2\left(1 + \dfrac{1}{6} \cdot \dfrac{1}{64}\right) \approx 2.005\,2.$

*11. 计算球体体积时，要求精确度在 2% 以内. 问这时测量直径 D 的相对误差不能超过多少？

解　由 $V = \dfrac{1}{6}\pi D^3$ 知 $\mathrm{d}V = \dfrac{\pi}{2}D^2\Delta D,$

于是由 $\left|\dfrac{\mathrm{d}V}{V}\right| = \left|\dfrac{\frac{\pi}{2}D^2\Delta D}{\frac{1}{6}\pi D^3}\right| = 3\left|\dfrac{\Delta D}{D}\right| \leqslant 2\%,$ 知 $\left|\dfrac{\Delta D}{D}\right| \leqslant \dfrac{0.02}{3} \approx 0.667\%.$

*12. 某厂生产如图 2—6 所示的扇形板，半径 $R = 200\text{mm}$，要求中心角 α 为 $55°$. 产品检验时，一般用测量弦长 l 的办法来间接测量圆心角 α. 如果测量弦长 l 时的误差 $\delta_l = 0.1\text{mm}$，问由此而引起的圆心角测量误差 δ_α 是多少？

解　如图 2—6，由 $\dfrac{l}{2} = R\sin\dfrac{\alpha}{2}$ 得 $\alpha = 2\arcsin\dfrac{l}{2R} = 2\arcsin\dfrac{l}{400},$

故 $\delta_\alpha = |\alpha_l'|\delta_l = \dfrac{2}{\sqrt{1 - \left(\dfrac{l}{400}\right)^2}} \cdot \dfrac{1}{400} \cdot \delta_l.$

图 2—6

当 $\alpha = 55°$ 时，$l = 2R\sin\dfrac{\alpha}{2} = 400\sin 27.5° \approx 184.7.$

将 $l \approx 184.7$，$\delta_l = 0.1$ 代入上式得

$$\delta_\alpha \approx \dfrac{2}{\sqrt{1 - \left(\dfrac{184.7}{400}\right)^2}} \times \dfrac{1}{400} \times 0.1 \approx 0.000\,56(\text{弧度}) = 1'55''.$$

总习题二解答

1. 在"充分""必要"和"充分必要"三者中选择一个正确的填入下列空格内:

   (1) $f(x)$ 在点 x_0 可导是 $f(x)$ 在点 x_0 连续的_____条件, $f(x)$ 在点 x_0 连续是 $f(x)$ 在点 x_0 可导的_____条件;

   (2) $f(x)$ 在点 x_0 的左导数 $f'_-(x_0)$ 及右导数 $f'_+(x_0)$ 都存在且相等是 $f(x)$ 在点 x_0 可导的_____条件;

   (3) $f(x)$ 在点 x_0 可导是 $f(x)$ 在点 x_0 可微的_____条件.

   解 (1) 充分, 必要.　　　　(2) 充分必要.　　　　(3) 充分必要.

2. 设 $f(x)=x(x+1)(x+2)\cdots(x+n)(n\geqslant 2)$, 则 $f'(0)=$_____.

   解 $f'(0)=\lim\limits_{x\to 0}\dfrac{f(x)-f(0)}{x-0}=\lim\limits_{x\to 0}[(x+1)(x+2)\cdots(x+n)]=n!$.

3. 下题中给出的四个结论, 从中选出一个正确的结论:

   设 $f(x)$ 在 $x=a$ 的某个邻域内有定义, 则 $f(x)$ 在 $x=a$ 处可导的一个充分条件是(　　).

   (A) $\lim\limits_{h\to +\infty}h\left[f\left(a+\dfrac{1}{h}\right)-f(a)\right]$ 存在　　　　(B) $\lim\limits_{h\to 0}\dfrac{f(a+2h)-f(a+h)}{h}$ 存在

   (C) $\lim\limits_{h\to 0}\dfrac{f(a+h)-f(a-h)}{2h}$ 存在　　　　(D) $\lim\limits_{h\to 0}\dfrac{f(a)-f(a-h)}{h}$ 存在

   解 由 $\lim\limits_{h\to +\infty}h\left[f\left(a+\dfrac{1}{h}\right)-f(a)\right]=\lim\limits_{h\to +\infty}\dfrac{f\left(a+\dfrac{1}{h}\right)-f(a)}{\dfrac{1}{h}}$ 存在, 仅可知 $f'_+(a)$ 存在, 故不能选(A).

   取 $f(x)=\begin{cases}1, & x\neq 0,\\ 0, & x=0,\end{cases}$ 显然 $\lim\limits_{h\to 0}\dfrac{f(0+2h)-f(0+h)}{h}=0$, 但 $f(x)$ 在 $x=0$ 处不可导, 故不能选择(B).

   取 $f(x)=|x|$, 显然 $\lim\limits_{h\to 0}\dfrac{f(0+h)-f(0-h)}{2h}=0$, 但 $f(x)$ 在 $x=0$ 处不可导, 故不能选择(C).

   而 $\lim\limits_{h\to 0}\dfrac{f(a)-f(a-h)}{h}=\lim\limits_{-h\to 0}\dfrac{f(a+(-h))-f(a)}{-h}$ 存在, 按导数定义知 $f'(a)$ 存在, 故选择(D).

4. 设有一根细棒, 取棒的一端作为原点, 棒上任意点的坐标为 x, 于是分布在区间 $[0,x]$ 上细棒的质量 m 与 x 存在函数关系 $m=m(x)$. 应怎样确定细棒在点 x_0 处的线密度(对于均匀细棒来说, 单位长度细棒的质量叫做这细棒的线密度)?

   解 在区间 $[x_0,x_0+\Delta x]$ 上的平均线密度为 $\bar{\rho}=\dfrac{\Delta m}{\Delta x}=\dfrac{m(x_0+\Delta x)-m(x_0)}{\Delta x}$.

   在点 x_0 处的线密度为 $\rho(x_0)=\lim\limits_{\Delta x\to 0}\dfrac{m(x_0+\Delta x)-m(x_0)}{\Delta x}=\dfrac{\mathrm{d}m}{\mathrm{d}x}\Big|_{x=x_0}$.

5. 根据导数的定义, 求 $f(x)=\dfrac{1}{x}$ 的导数.

   解 由导数的定义知, 当 $x\neq 0$ 时, $\left(\dfrac{1}{x}\right)'=\lim\limits_{\Delta x\to 0}\dfrac{\dfrac{1}{x+\Delta x}-\dfrac{1}{x}}{\Delta x}=\lim\limits_{\Delta x\to 0}\dfrac{-1}{x(x+\Delta x)}=-\dfrac{1}{x^2}$.

6. 求下列函数 $f(x)$ 的 $f'_-(0)$ 及 $f'_+(0)$, 又 $f'(0)$ 是否存在:

   (1) $f(x)=\begin{cases}\sin x, & x<0,\\ \ln(1+x), & x\geqslant 0;\end{cases}$　　　　(2) $f(x)=\begin{cases}\dfrac{x}{1+\mathrm{e}^{\frac{1}{x}}}, & x\neq 0,\\ 0, & x=0.\end{cases}$

   解 (1) $f'_-(0)=\lim\limits_{x\to 0^-}\dfrac{f(x)-f(0)}{x-0}=\lim\limits_{x\to 0^-}\dfrac{\sin x}{x}=1$,

$$f'_+(0)=\lim_{x\to 0^+}\frac{f(x)-f(0)}{x-0}=\lim_{x\to 0^+}\frac{\ln(1+x)}{x}=1.$$

由 $f'_-(0)=f'_+(0)=1$，知 $f'(0)=f'_-(0)=f'_+(0)=1$.

(2) $f'_-(0)=\lim_{x\to 0^-}\frac{f(x)-f(0)}{x-0}=\lim_{x\to 0^-}\dfrac{\dfrac{x}{1+e^{\frac{1}{x}}}-0}{x}=\lim_{x\to 0^-}\frac{1}{1+e^{\frac{1}{x}}}=1,$

$$f'_+(0)=\lim_{x\to 0^+}\frac{f(x)-f(0)}{x-0}=\lim_{x\to 0^+}\dfrac{\dfrac{x}{1+e^{\frac{1}{x}}}-0}{x}=\lim_{x\to 0^+}\frac{1}{1+e^{\frac{1}{x}}}=0.$$

由 $f'_-(0)\neq f'_+(0)$ 知 $f'(0)$ 不存在.

7. 讨论函数 $f(x)=\begin{cases} x\sin\dfrac{1}{x}, & x\neq 0 \\ 0, & x=0 \end{cases}$ 在 $x=0$ 处的连续性与可导性.

解 $\lim\limits_{x\to 0}f(x)=\lim\limits_{x\to 0}x\sin\dfrac{1}{x}=0=f(0)$，故 $f(x)$ 在 $x=0$ 处连续.

由 $\lim\limits_{x\to 0}\dfrac{f(x)-f(0)}{x-0}=\lim\limits_{x\to 0}\dfrac{x\sin\dfrac{1}{x}}{x}=\lim\limits_{x\to 0}\sin\dfrac{1}{x}$ 不存在，故 $f(x)$ 在 $x=0$ 处不可导.

8. 求下列函数的导数：

(1) $y=\arcsin(\sin x)$;　　　　　(2) $y=\arctan\dfrac{1+x}{1-x}$;

(3) $y=\ln\tan\dfrac{x}{2}-\cos x\cdot\ln\tan x$;　(4) $y=\ln(e^x+\sqrt{1+e^{2x}})$;　　　(5) $y=x^{\frac{1}{x}}\ (x>0)$.

解 (1) $y'=\dfrac{1}{\sqrt{1-\sin^2 x}}\cos x=\dfrac{\cos x}{|\cos x|}$.

(2) $y'=\dfrac{1}{1+\left(\dfrac{1+x}{1-x}\right)^2}\cdot\dfrac{(1-x)+(1+x)}{(1-x)^2}=\dfrac{1}{1+x^2}$.

(3) $y'=\dfrac{1}{\tan\dfrac{x}{2}}\cdot\sec^2\dfrac{x}{2}\cdot\dfrac{1}{2}+\sin x\ln\tan x-\cos x\dfrac{1}{\tan x}\sec^2 x=\sec^2 x-\sec^2 x=\sin x\cdot\ln\tan x$.

(4) $y'=\dfrac{1}{e^x+\sqrt{1+e^{2x}}}\left(e^x+\dfrac{2e^{2x}}{2\sqrt{1+e^{2x}}}\right)=\dfrac{e^x}{\sqrt{1+e^{2x}}}$.

(5) 先在等式两端分别取对数，得 $\ln y=\dfrac{\ln x}{x}$，再在所得等式两端分别对 x 求导，得

$$\dfrac{y'}{y}=\dfrac{\dfrac{1}{x}\cdot x-\ln x}{x^2}=\dfrac{1-\ln x}{x^2},$$

于是 $y'=x^{\frac{1}{x}-2}(1-\ln x)$.

9. 求下列函数的二阶导数：

(1) $y=\cos^2 x\cdot\ln x$;　　　　　(2) $y=\dfrac{x}{\sqrt{1-x^2}}$.

解 (1) $y'=2\cos x(-\sin x)\cdot\ln x+\cos^2 x\cdot\dfrac{1}{x}=-\sin 2x\cdot\ln x+\dfrac{\cos^2 x}{x}$.

$$y''=-2\cos 2x\cdot\ln x-\sin 2x\cdot\dfrac{1}{x}+\dfrac{2\cos x(-\sin x)\cdot x-\cos^2 x}{x^2}$$

$$=-2\cos 2x\cdot\ln x-\dfrac{2\sin 2x}{x}-\dfrac{\cos^2 x}{x^2}.$$

$(2)\,y'=\dfrac{\sqrt{1-x^2}-x\dfrac{(-2x)}{2\sqrt{1-x^2}}}{(\sqrt{1-x^2})^2}=\dfrac{1}{(1-x^2)^{\frac{3}{2}}}.$

$y''=-\dfrac{3}{2}\cdot(1-x^2)^{-\frac{5}{2}}\cdot(-2x)=\dfrac{3x}{(1-x^2)^{\frac{5}{2}}}.$

*10. 求下列函数的 n 阶导数:

$(1)\,y=\sqrt[m]{1+x}\,;$ $\qquad\qquad$ $(2)\,y=\dfrac{1-x}{1+x}.$

解 $(1)\,y'=\dfrac{1}{m}(1+x)^{\frac{1}{m}-1}$, $y''=\dfrac{1}{m}\left(\dfrac{1}{m}-1\right)(1+x)^{\frac{1}{m}-2},\cdots,$

$y^{(n)}=\dfrac{1}{m}\left(\dfrac{1}{m}-1\right)\cdots\left(\dfrac{1}{m}-n+1\right)(1+x)^{\frac{1}{m}-n}.$

$(2)\,$由 $\left(\dfrac{1}{1+x}\right)^{(n)}=\dfrac{(-1)^n n!}{(1+x)^{n+1}}$知

$y^{(n)}=\left(\dfrac{1-x}{1+x}\right)^{(n)}=\left(-1+\dfrac{2}{x+1}\right)^{(n)}=2\left(\dfrac{1}{x+1}\right)^{(n)}=\dfrac{2\cdot(-1)^n n!}{(1+x)^{n+1}}.$

11. 设函数 $y=y(x)$ 由方程 $\mathrm{e}^y+xy=\mathrm{e}$ 所确定,求 $y''(0)$.

解 把方程两边分别对 x 求导,得 $\mathrm{e}^y y'+y+xy'=0.$ $\qquad\qquad$①

将 $x=0$ 代入 $\mathrm{e}^y+xy=\mathrm{e}$ 得 $y=1$,再将 $x=0,y=1$ 代入①式得

$$y'\big|_{x=0}=-\dfrac{1}{\mathrm{e}},$$

在①式两边分别关于 x 再求导,可得 $\mathrm{e}^y y'^2+\mathrm{e}^y y''+y'+y'+xy''=0.$ $\qquad$②

将 $x=0,\ y=1,\ y'\big|_{x=0}=-\dfrac{1}{\mathrm{e}}$ 代入②式,得 $y''(0)=\dfrac{1}{\mathrm{e}^2}.$

12. 设 $y=y(x)$ 是由方程 $\begin{cases}\mathrm{e}^x=3t^2+2t+1,\\ t\sin y-y+\dfrac{\pi}{2}=0\end{cases}$ 所确定,求 $\dfrac{\mathrm{d}y}{\mathrm{d}x}\Big|_{t=0}.$

解 由 $\mathrm{e}^x=3t^2+2t+1$ 得 $x=\ln(3t^2+2t+1)$,所以 $\dfrac{\mathrm{d}x}{\mathrm{d}t}=\dfrac{6t+2}{3t^2+2t+1}.$

在 $t\sin y-y+\dfrac{\pi}{2}=0$ 两边对 t 求导,得

$\sin y+t\cdot\cos y\cdot\dfrac{\mathrm{d}y}{\mathrm{d}t}-\dfrac{\mathrm{d}y}{\mathrm{d}t}=0$,所以 $\dfrac{\mathrm{d}y}{\mathrm{d}t}=\dfrac{\sin y}{1-t\cos y}.$

当 $t=0$ 时,$x=0,y=\dfrac{\pi}{2}$,因此 $\dfrac{\mathrm{d}y}{\mathrm{d}x}\Big|_{t=0}=\dfrac{\dfrac{\mathrm{d}y}{\mathrm{d}t}}{\dfrac{\mathrm{d}y}{\mathrm{d}t}}\Bigg|_{t=0}=\dfrac{\sin y}{1-t\cos y}\cdot\dfrac{3t^2+2t+1}{6t+2}\Bigg|_{t=0}=\dfrac{1}{2}.$

13. 求下列由参数方程所确定的函数的一阶导数 $\dfrac{\mathrm{d}y}{\mathrm{d}x}$ 及二阶导数 $\dfrac{\mathrm{d}^2 y}{\mathrm{d}x^2}$:

$(1)\,\begin{cases}x=a\cos^3\theta,\\ y=a\sin^3\theta;\end{cases}$ $\qquad\qquad$ $(2)\,\begin{cases}x=\ln\sqrt{1+t^2},\\ y=\arctan t.\end{cases}$

解 $(1)\,\dfrac{\mathrm{d}y}{\mathrm{d}x}=\dfrac{\dfrac{\mathrm{d}y}{\mathrm{d}\theta}}{\dfrac{\mathrm{d}x}{\mathrm{d}\theta}}=\dfrac{3a\sin^2\theta\cos\theta}{3a\cos^2\theta(-\sin\theta)}=-\tan\theta,$

$\dfrac{\mathrm{d}^2 y}{\mathrm{d}x^2}=\dfrac{\dfrac{\mathrm{d}}{\mathrm{d}\theta}\left(\dfrac{\mathrm{d}y}{\mathrm{d}x}\right)}{\dfrac{\mathrm{d}x}{\mathrm{d}\theta}}=\dfrac{-\sec^2\theta}{-3a\cos^2\theta\sin\theta}=\dfrac{1}{3a}\sec^4\theta\csc\theta.$

(2) $\dfrac{\mathrm{d}y}{\mathrm{d}x}=\dfrac{\dfrac{\mathrm{d}y}{\mathrm{d}t}}{\dfrac{\mathrm{d}x}{\mathrm{d}t}}=\dfrac{\dfrac{1}{1+t^2}}{\dfrac{t}{1+t^2}}=\dfrac{1}{t}$，$\dfrac{\mathrm{d}^2y}{\mathrm{d}x^2}=\dfrac{\dfrac{\mathrm{d}}{\mathrm{d}t}\left(\dfrac{\mathrm{d}y}{\mathrm{d}x}\right)}{\dfrac{\mathrm{d}x}{\mathrm{d}t}}=\dfrac{-\dfrac{1}{t^2}}{\dfrac{t}{1+t^2}}=-\dfrac{1+t^2}{t^3}.$

14. 求曲线 $\begin{cases}x=2\mathrm{e}^t,\\ y=\mathrm{e}^{-t}\end{cases}$ 在 $t=0$ 相应的点处的切线方程及法线方程.

解 $\dfrac{\mathrm{d}y}{\mathrm{d}x}=\dfrac{\dfrac{\mathrm{d}y}{\mathrm{d}t}}{\dfrac{\mathrm{d}x}{\mathrm{d}t}}=\dfrac{-\mathrm{e}^{-t}}{2\mathrm{e}^t}=-\dfrac{1}{2\mathrm{e}^{2t}},$ $\qquad \dfrac{\mathrm{d}y}{\mathrm{d}x}\Big|_{t=0}=-\dfrac{1}{2}.$

$t=0$ 对应的点为 $(2,1)$，故曲线在点 $(2,1)$ 处的切线方程为

$$y-1=-\dfrac{1}{2}(x-2)，\qquad 即\quad x+2y-4=0.$$

法线方程为 $y-1=2(x-2)，\qquad 即\quad 2x-y-3=0.$

15. 已知 $f(x)$ 是周期为 5 的连续函数，它在 $x=0$ 的某个邻域内满足关系式

$$f(1+\sin x)-3f(1-\sin x)=8x+o(x)，$$

且 $f(x)$ 在 $x=1$ 处可导，求曲线 $y=f(x)$ 在点 $(6,f(6))$ 处的切线方程.

解 由 $f(x)$ 连续，令关系式两端令 $x\to0$，取极限得 $f(1)-3f(1)=0$，$\qquad f(1)=0.$

又 $\lim\limits_{x\to0}\dfrac{f(1+\sin x)-3f(1-\sin x)}{x}=8,$

而 $\lim\limits_{x\to0}\dfrac{f(1+\sin x)-3f(1-\sin x)}{x}=\lim\limits_{x\to0}\dfrac{f(1+\sin x)-3f(1-\sin x)}{\sin x}\cdot\lim\limits_{x\to0}\dfrac{\sin x}{x}$

$\xlongequal{令\ t=\sin x}\lim\limits_{t\to0}\dfrac{f(1+t)-3f(1-t)}{t}=\lim\limits_{t\to0}\dfrac{f(1+t)-f(1)}{t}+3\lim\limits_{t\to0}\dfrac{f(1-t)-f(1)}{-t}$

$=4f'(1)，$

故 $f'(1)=2.$ 由于 $f(x+5)=f(x)$，于是 $f(6)=f(1)=0$，

$$f'(6)=\lim\limits_{x\to0}\dfrac{f(6+x)-f(6)}{x}=\lim\limits_{x\to0}\dfrac{f(1+x)-f(1)}{x}=f'(1)=2，$$

因此，曲线 $y=f(x)$ 在点 $(6,f(6))$ 即 $(6,0)$ 处的切线方程为

$$y-0=2(x-6)，\qquad 即\quad 2x-y-12=0.$$

16. 当正在高度 H 水平飞行的飞机开始向机场跑道下降时，如图 2—7 所示，从飞机到机场的水平地面距离为 L.假设飞机下降的路径为三次函数 $y=ax^3+bx^2+cx+d$ 的图形，其中 $y\big|_{x=-L}=H,\ y\big|_{x=0}=0.$ 试确定飞机的降落路径.

解 建立坐标系如图 2—7 所示.根据题意，可知

$y\big|_{x=0}=0，\Rightarrow d=0.$

$y\big|_{x=-L}=H，\Rightarrow -aL^3+bL^2-cL=H.$

为使飞机平稳降落，尚需满足

$y'\big|_{x=0}=0，\Rightarrow c=0.$

$y'\big|_{x=-L}=0，\Rightarrow 3aL^2-2bL=0.$

图 2—7

解得 $a=\dfrac{2H}{L^3}$，$b=\dfrac{3H}{L^2}$.故飞机的降落路径为 $y=H\left[2\left(\dfrac{x}{L}\right)^3+3\left(\dfrac{x}{L}\right)^2\right].$

17. 甲船以 6km/h 的速率向东行驶，乙船以 8km/h 的速率向南行驶.在中午 12:00，乙船位于甲船之北 16km 处.问下午 1:00 两船相离的速率为多少？

解 设从中午十二点整起，经过 t h，甲船与乙船的距离为 $s=\sqrt{(16-8t)^2+(6t)^2}$，

故速率 $v=\dfrac{\mathrm{d}s}{\mathrm{d}t}=\dfrac{2(16-8t)\cdot(-8)+72t}{2\sqrt{(16-8t)^2+(6t)^2}}.$

当 $t=1$ 时(即下午 1:00)两船相离的速率为 $v|_{t=1}=\dfrac{-128+72}{20}=-2.8(\text{km/h})$.

18. 利用函数的微分代替函数的增量求 $\sqrt[3]{1.02}$ 的近似值.

解　利用 $\sqrt[3]{1+x}\approx1+\dfrac{1}{3}x$,取 $x=0.02$,得 $\sqrt[3]{1.02}\approx1+\dfrac{1}{3}\times0.02\approx1.007$.

19. 已知单摆的振动周期 $T=2\pi\sqrt{\dfrac{l}{g}}$,其中 $g=980\text{cm/s}^2$,l 为摆长(单位为 cm).设原摆长为 20cm,为使周期 T 增大 0.05s,摆长约需加长多少?

解　由 $\Delta T\approx\mathrm{d}T=\dfrac{\pi}{\sqrt{gl}}\Delta l$,得 $\Delta l=\dfrac{\sqrt{gl}}{\pi}\mathrm{d}T\approx\dfrac{\sqrt{gl}}{\pi}\Delta T$.

故 $\Delta l|_{l=20}\approx\dfrac{\sqrt{980\times20}}{3.14}\times0.05\approx2.23(\text{cm})$.

即原摆长约需加长 2.23(cm).

第二章自测题

一、填空题

1. 设 $f'(x_0)=-1$,则 $\lim\limits_{x\to0}\dfrac{x}{f(x_0-2x)-f(x_0-x)}=$ _____.

2. 设 $f'(0)=2$,则 $\lim\limits_{x\to0}\dfrac{f(3\sin x)-f(2\arctan x)}{x}=$ _____.

3. 设 $y=(1+\sin x)^x$,则 $\mathrm{d}y\big|_{x=\pi}=$ _____.

4. 设 $x+y=\tan y$,则 $\mathrm{d}y=$ _____.

5. 曲线 $y=\ln x$ 与直线 $x+y=1$ 垂直的切线方程为 _____.

6. (2022 数学二,5 分)已知函数 $y=y(x)$ 由方程 $x^2+xy+y^3=3$ 确定,则 $y''(1)=$ _____.

7. (2020 数学一,数学二,4 分)设 $\begin{cases}x=\sqrt{t^2+1},\\ y=\ln(t+\sqrt{t^2+1}),\end{cases}$ 则 $\dfrac{\mathrm{d}^2y}{\mathrm{d}x^2}\bigg|_{t=1}=$ _____.

8. (2021 数学一,数学二,5 分)设函数 $y=y(x)$ 由参数方程 $\begin{cases}x=2\mathrm{e}^t+t+1,\\ y=4(t-1)\mathrm{e}^t+t^2\end{cases}$ 确定,则 $\dfrac{\mathrm{d}^2y}{\mathrm{d}x^2}\bigg|_{t=0}=$ _____.

二、选择题

1. 设函数 $y=y(x)$ 由参数方程 $\begin{cases}x=t^2+2t,\\ y=\ln(1+t)\end{cases}$ 确定,则曲线 $y=y(x)$ 在 $x=3$ 处的法线与 x 轴交点的横坐标是(　　).

(A)$\dfrac{1}{8}\ln2+3$ 　　(B)$-\dfrac{1}{8}\ln2+3$ 　　(C)$-8\ln2+3$ 　　(D)$8\ln2+3$

2. 设 $f(x)$ 为不恒为零的奇函数,且 $f'(0)$ 存在,则函数 $g(x)=\dfrac{f(x)}{x}$ (　　).

(A)在 $x=0$ 左极限不存在 　　　　(B)没有间断点

(C)在 $x=0$ 右极限不存在 　　　　(D)有可去间断点 $x=0$

3. 设可导函数 $f(x)$ 是奇函数,则 $f'(x)$ 是(   ).

   (A)偶函数   (B)奇函数   (C)非奇非偶函数   (D)不确定

4. 设 $f(1+x)=af(x)$ 总成立,且 $f'(0)=b(a,b$ 为非零常数),则 $f(x)$ 在 $x=1$ 处(   ).

   (A)不可导   (B)$f'(1)=a$ (C)$f'(1)=b$ (D)$f'(1)=ab$

5. 设 $f(x)$ 可导且 $f'(x_0)=3$,则 $\Delta x \to 0$ 时,$f(x)$ 在 x_0 处的微分 $\mathrm{d}y$ 与 Δx 比较是(   )无穷小.

   (A)等价   (B)同阶   (C)低阶   (D)高阶

三、解答题

1. 设函数 $F(x)$ 在 $x=0$ 处可导且 $F(0)=0$,求 $\lim\limits_{x \to 0} \dfrac{F(1-\cos x)}{\tan x^2}$.

2. 设 $\begin{cases} x=t-\ln(1+t), \\ y=t^3+t^2, \end{cases}$ 求 $\dfrac{\mathrm{d}^2 y}{\mathrm{d}x^2}$.

3. 两曲线 $y=x^2+ax+b$ 与 $2y=-1+xy^3$ 相切于点 $(1,-1)$,求 a,b 的值.

4. 求 a,b 的值,使函数 $f(x)=\begin{cases} x^2+2x+3, & x \leqslant 0, \\ ax+b, & x>0 \end{cases}$ 在 $(-\infty,+\infty)$ 内连续、可导.

5. 已知 $f'(x)=\dfrac{1}{x}$,$y=f\left(\dfrac{x+1}{x-1}\right)$,求 $\dfrac{\mathrm{d}y}{\mathrm{d}x}$.

6. 设 $F(x)=\max\{f_1(x),f_2(x)\}$ 的定义域为 $(-1,1)$,其中 $f_1(x)=x+1$,$f_2(x)=(x+1)^2$,在定义域内求 $\dfrac{\mathrm{d}F(x)}{\mathrm{d}x}$.

7. 已知函数 $f(x)$ 在 $(0,+\infty)$ 内可导,$f(x)>0$,$\lim\limits_{x \to +\infty} f(x)=1$,且满足 $\lim\limits_{h \to 0}\left[\dfrac{f(x+hx)}{f(x)}\right]^{\frac{1}{h}}=\mathrm{e}^{\frac{1}{x}}$,求 $f(x)$.

第二章自测题答案

一、填空题

1. 解 因为 $\lim\limits_{x \to 0} \dfrac{f(x_0-2x)-f(x_0-x)}{x}=\lim\limits_{x \to 0} \dfrac{f(x_0-2x)-f(x_0)}{x}-\lim\limits_{x \to 0} \dfrac{f(x_0-x)-f(x_0)}{x}$

       $=-2f'(x_0)+f'(x_0)=-f'(x_0)=1.$

   即原式 $=1$,故应填 1.

2. 解 原式 $=\lim\limits_{x \to 0} \dfrac{f(3\sin x)-f(0)}{3\sin x} \cdot \dfrac{3\sin x}{x}-\lim\limits_{x \to 0} \dfrac{f(2\arctan x)-f(0)}{2\arctan x} \cdot \dfrac{2\arctan x}{x}$

       $=3 \times f'(0)-2 \times f'(0)=f'(0)=2,$

   故应填 2.

3. 解 因为 $\mathrm{d}y=y'(x)\mathrm{d}x=(1+\sin x)^x \cdot \left[\ln(1+\sin x)+\dfrac{x\cos x}{1+\sin x}\right]\mathrm{d}x$

       所以 $\mathrm{d}y\Big|_{x=\pi}=-\pi\mathrm{d}x.$

4. 解 $\mathrm{d}y=y'\mathrm{d}x=\cot^2 y\mathrm{d}x.$

5. 解 设切点为 (x_0,y_0),则 $y'(x_0)=\dfrac{1}{x_0}$,由题意知:$y'(x_0)=\dfrac{1}{x_0}=1$,所以 $x_0=1$,从而 $y_0=0$,即切线方程

       为:$y=x-1.$

6. 解 方程 $x^2+xy+y^3=3$,当 $x=1$ 时,$y(1)=1.$

   方程两端对 x 求导,得

   $2x+y+xy'+3y^2y'=0$,代入 $y(1)=1$,得 $y'(1)=-\dfrac{3}{4}.$

   上式两端再对 x 求导,得 $2+2y'+xy''+6y(y')^2+3y^2y''=0,$

代入 $y(1)=1, y'(1)=-\frac{3}{4}$，得 $y''(1)=-\frac{31}{32}$.

故应填 $-\frac{31}{32}$.

7. 解 $\frac{dx}{dt}=\frac{t}{\sqrt{t^2+1}}, \frac{dy}{dt}=\frac{1}{\sqrt{t^2+1}}, \frac{dy}{dx}=\frac{\dfrac{dy}{dt}}{\dfrac{dx}{dt}}=\frac{1}{t}.$

$$\frac{d^2y}{dx^2}=\frac{\dfrac{d}{dx}\left(\dfrac{1}{t}\right)}{}=\frac{\dfrac{d}{dt}\left(\dfrac{1}{t}\right)}{\dfrac{dx}{dt}}=\frac{-\dfrac{1}{t^2}}{\dfrac{t}{\sqrt{t^2+1}}}=-\frac{\sqrt{t^2+1}}{t^3},$$

则 $\left.\frac{d^2y}{dx^2}\right|_{t=1}=-\sqrt{2}.$

故应填 $-\sqrt{2}$.

8. 解 由 $x=2e^t+t+1$ 可知，$\frac{dx}{dt}=2e^t+1$；由 $y=4(t-1)e^t+t^2$ 可知，$\frac{dy}{dt}=4te^t+2t$，

故 $\frac{dy}{dx}=\frac{dy}{dt}\bigg/\frac{dx}{dt}=\frac{2t(2e^t+1)}{2e^t+1}=2t, \frac{d^2y}{dx^2}=\frac{d}{dt}\left(\frac{dy}{dx}\right)\bigg/\frac{dx}{dt}=\frac{2}{2e^t+1}.$

令 $t=0$，则 $\left.\frac{d^2y}{dx^2}\right|_{t=0}=\frac{2}{3}.$

故应填 $\frac{2}{3}$.

二、选择题

1. (A)

2. (D) 由题意可知 $f(0)=0, x=0$ 是 $g(x)$ 的间断点，则

$$\lim_{x\to 0}g(x)=\lim_{x\to 0}\frac{f(x)}{x}=\lim_{x\to 0}\frac{f(x)-f(0)}{x-0}=f'(0)$$

存在，所以 $x=0$ 为可去间断点. 故应选(D).

3. (A)

4. (D) 由题意知 $f(1+0)=af(0)$，即 $f(1)=af(0)$，于是

$$f'(1)=\lim_{x\to 0}\frac{f(1+x)-f(1)}{x}=\lim_{x\to 0}\frac{af(x)-af(0)}{x}=a\lim_{x\to 0}\frac{f(x)-f(0)}{x}=a\cdot f'(0)=ab.$$

故应选(D).

5. (B)

三、解答题

1. 解 原式 $=\lim_{x\to 0}\frac{F(1-\cos x)}{1-\cos x}\cdot\frac{1-\cos x}{\tan x^2}=\lim_{t\to 0}\frac{F(t)}{t}\cdot\lim_{x\to 0}\frac{\frac{1}{2}x^2}{x^2}=\frac{1}{2}\lim_{t\to 0}\frac{F(t)-F(0)}{t}$

$=\frac{1}{2}F'(0).$

2. 解 $\frac{dy}{dx}=\frac{dy}{dt}\bigg/\frac{dx}{dt}=(1+t)(3t+2)=3t^2+5t+2, \frac{d^2y}{dx^2}=\frac{d\left(\frac{dy}{dx}\right)}{dt}\bigg/\frac{dx}{dt}=\frac{(t+1)(6t+5)}{t}.$

3. 解 $y=x^2+ax+b$ 过点 $(1,-1)$，故 $a+b=-2, y'=2x+a$，

则 $y'(1)=2+a$ 由 $2y=-1+xy^3$ 得 $\frac{dy}{dx}=\frac{y^3}{2-3xy^2}$ 且 $\left.\frac{dy}{dx}\right|_{(1,-1)}=1.$

按题意 $2+a=1$,故由 $\begin{cases} a+b=-2, \\ 2+a=1, \end{cases}$ 得 $a=-1$,$b=-1$.

4. 解 因为当 $x>0$ 或 $x<0$ 时,$f(x)$ 均为多项式,所以 $f(x)$ 在 $(-\infty,+\infty)$ 上连续、可导.

欲使 $f(x)$ 在 $x=0$ 处连续,则应有 $f(0)=\lim\limits_{x\to 0^+}f(x)=\lim\limits_{x\to 0^+}f(x)$,但 $f(0)=3$,

所以,$b=3$.

欲使 $f(x)$ 在 $x=0$ 处可导,则应有 $f'_-(0)=f'_+(0)$,

但 $f'_-(0)=2$,$f'_+(0)=\lim\limits_{x\to 0^+}\dfrac{f(x)-f(0)}{x}=\lim\limits_{x\to 0^+}\dfrac{ax+b-3}{x}=a$,所以 $a=2$,

故当 $a=2$,$b=3$ 时,$f(x)$ 在 $(-\infty,+\infty)$ 内连续、可导.

5. 解 **方法一** 令 $u=\dfrac{x+1}{x-1}$ $(x\ne 1)$,则 $\dfrac{\mathrm{d}u}{\mathrm{d}x}=-\dfrac{2}{(x-1)^2}$,所以

$$\frac{\mathrm{d}y}{\mathrm{d}x}=\frac{\mathrm{d}y}{\mathrm{d}u}\frac{\mathrm{d}u}{\mathrm{d}x}=f'(u)\frac{\mathrm{d}u}{\mathrm{d}x}=\frac{1}{u}\left[-\frac{2}{(x-1)^2}\right]=\frac{2}{1-x^2}\quad(x\ne\pm 1).$$

方法二 $f'(x)=\dfrac{1}{x}$,$f(x)=\displaystyle\int\frac{1}{x}\mathrm{d}x=\ln|x|+C$,(这种方法在第四章介绍) 故

$$y=f\left(\frac{x+1}{x-1}\right)=\ln\left|\frac{x+1}{x-1}\right|+C,$$

所以 $\dfrac{\mathrm{d}y}{\mathrm{d}x}=\dfrac{2}{1-x^2}\quad(x\ne\pm 1)$.

6. 解 当 $-1<x\le 0$ 时,$x+1\ge(x+1)^2$,当 $0<x<1$ 时,$(x+1)^2>x+1$.

所以 $F(x)=\begin{cases} x+1, & -1<x\le 0, \\ (x+1)^2, & 0<x<1, \end{cases}$ $F'(x)=\begin{cases} 1, & -1<x<0, \\ 2(x+1), & 0<x<1. \end{cases}$

在分界点 $x=0$ 处

$$\lim_{x\to 0^-}\frac{F(x)-F(0)}{x-0}=\lim_{x\to 0^-}\frac{(x+1)-1}{x}=1,$$

$$\lim_{x\to 0^+}\frac{F(x)-F(0)}{x-0}=\lim_{x\to 0^+}\frac{(x+1)^2-1}{x}=2,$$

故 $F(x)$ 在 $x=0$ 处不可导,所以 $\dfrac{\mathrm{d}F(x)}{\mathrm{d}x}=\begin{cases} 1, & -1<x<0, \\ 2(x+1), & 0<x<1. \end{cases}$

7. 解 设 $y=\left(\dfrac{f(x+hx)}{f(x)}\right)^{\frac{1}{h}}$,则 $\ln y=\dfrac{1}{h}\ln\dfrac{f(x+hx)}{f(x)}$,

因为 $\lim\limits_{h\to 0}\ln y=\lim\limits_{h\to 0}\dfrac{1}{h}\ln\dfrac{f(x+hx)}{f(x)}=x[\ln f(x)]'$,故 $\lim\limits_{h\to 0}\left(\dfrac{f(x+hx)}{f(x)}\right)^{\frac{1}{h}}=\mathrm{e}^{x[\ln f(x)]'}$.

由已知条件得:$\mathrm{e}^{x[\ln f(x)]'}=\mathrm{e}^{\frac{1}{x}}$,因此 $x[\ln f(x)]'=\dfrac{1}{x}$.

即 $[\ln f(x)]'=\dfrac{1}{x^2}$,解之得 $f(x)=C\mathrm{e}^{-\frac{1}{x}}$,由 $\lim\limits_{x\to+\infty}f(x)=1$,得 $C=1$,故 $f(x)=\mathrm{e}^{-\frac{1}{x}}$.

第三章 微分中值定理与导数的应用

本章我们将利用导数来讨论函数的性质以及曲线的某些性态,并可用这些知识解决一些实际问题.而导数应用的理论基础是微分中值定理.

第一节 微分中值定理

一、主要内容归纳

1. 罗尔定理 设函数 $f(x)$ 在 $[a,b]$ 上连续,在 (a,b) 内可导,且 $f(a)=f(b)$,则至少存在一点 $\xi \in (a,b)$,使得 $f'(\xi)=0$.

2. 拉格朗日定理 设函数 $f(x)$ 在 $[a,b]$ 上连续,在 (a,b) 内可导,则至少存在一点 $\xi \in (a,b)$,使得

$$f(b)-f(a)=f'(\xi)(b-a).$$

3. 柯西定理 设函数 $f(x)$、$g(x)$ 在 $[a,b]$ 上连续,在 (a,b) 内可导,$g'(x)$ 在 (a,b) 内每一点处均不为零,则至少有一点 $\xi \in (a,b)$,使得

$$\frac{f(b)-f(a)}{g(b)-g(a)}=\frac{f'(\xi)}{g'(\xi)}.$$

二、经典例题解析及解题方法总结

【例1】 假设函数 $f(x)$ 和 $g(x)$ 在 $[a,b]$ 上存在二阶导数,并且

$$g''(x) \neq 0, \quad f(a)=f(b)=g(a)=g(b)=0,$$

证明:(1)在开区间 (a,b) 内 $g(x) \neq 0$.

(2)在开区间 (a,b) 内至少存在一点 ξ,使得 $\dfrac{f(\xi)}{g(\xi)}=\dfrac{f''(\xi)}{g''(\xi)}$.

分析 要证 $g(x) \neq 0$,一般可用反证法,而(2)可将结论变形为 $F'(\xi)=f(\xi)g''(\xi)-f''(\xi)g(\xi)$,由此得辅助函数 $F(x)=f(x)g'(x)-f'(x)g(x)$.

证 (1)若存在点 $c \in (a,b)$ 使 $g(c)=0$,则对 $g(x)$ 在 $[a,c]$ 和 $[c,b]$ 上分别利用罗尔定理: $g(a)=g(b)=g(c)=0$,存在 $\xi_1 \in (a,c)$,$\xi_2 \in (c,b)$ 使 $g'(\xi_1)=0=g'(\xi_2)$,对 $g'(x)$ 在 $[\xi_1,\xi_2]$ 上用罗尔定理,知存在 $\xi_3 \in (\xi_1,\xi_2) \subset (a,b)$ 使得 $g''(\xi_3)=0$.与题设 $g''(x) \neq 0$ 矛盾,故 $g(x)$ 在 (a,b) 上恒不为 0.

(2)令 $F(x)=f(x)g'(x)-f'(x)g(x)$,易知 $F(x)$ 在 $[a,b]$ 上连续,在 (a,b) 内可导,且

$F(a)=F(b)=0$，由罗尔定理，存在 $\xi\in(a,b)$，使得 $F'(\xi)=f(\xi)g''(\xi)-f''(\xi)g(\xi)=0$. 由(1)可知 $g(\xi)\neq0,g''(\xi)\neq0$，两边除以 $g(\xi)g''(\xi)$，得 $\dfrac{f(\xi)}{g(\xi)}=\dfrac{f''(\xi)}{g''(\xi)}$.

● **方法总结** ⋯⋯⋯⋯⋯⋯⋯⋯⋯⋯⋯⋯⋯⋯⋯⋯⋯

当欲证结论为"至少存在一点 $\xi\in(a,b)$ 使得某个等式成立"时，其证题程序一般为："第一步构造辅助函数 $F(x)$；第二步验证 $F(x)$ 满足罗尔定理条件".

而 $F(x)$ 的构造常用原函数法，其步骤为：

(1)把结论中的 ξ 换成 x；

(2)通过恒等变形化为易于消除导数或降低导数阶数的形式；

(3)利用观察法或后续讲的积分法及解微分方程的方法求出使等式成立的全部函数；

(4)移项使等式一边为常数，另一边为函数，该函数即为所构造的辅助函数.

【例2】 $f(x)=x^2,F(x)=x^3$ 在 $[0,1]$ 上分别就拉格朗日中值定理、柯西中值定理，计算相应的 ξ.

分析 对于给定函数表达式，在区间上应用中值定理时，其中值 ξ 可以直接计算.

解 对于 $f(x)=x^2$，由拉格朗日中值定理知：$\exists\,\xi_1\in(0,1)$ 满足等式

$$f(1)-f(0)=(1-0)f'(\xi_1), \quad \text{即} \quad 1-0=2\xi_1,$$

故 $\xi_1=\dfrac{1}{2}$，

对于 $F(x)=x^3$ 同理知：$\exists\,\xi_2\in(0,1)$ 满足等式，

$$F(1)-F(0)=(1-0)F'(\xi_2), \quad \text{即} \quad 1-0=3\xi_2^2,$$

故 $\xi_2=\dfrac{1}{\sqrt{3}}$.

最后对 $f(x)$、$F(x)$ 在 $[0,1]$ 上应用柯西中值定理知：$\exists\,\xi_3\in(0,1)$ 满足等式，

$$\frac{f(1)-f(0)}{F(1)-F(0)}=\frac{f'(\xi_3)}{F'(\xi_3)}, \quad \text{即} \quad \frac{1-0}{1-0}=\frac{2\xi_3}{3\xi_3^2},$$

故 $\xi_3=\dfrac{2}{3}$.

● **方法总结** ⋯⋯⋯⋯⋯⋯⋯⋯⋯⋯⋯⋯⋯⋯⋯⋯⋯

凡函数满足中值定理的条件，则适合中值等式的 ξ 总是存在的；而对于不同函数在同一区间上或者同一函数在不同区间上所产生的 ξ 是不同的，所以对于柯西中值定理中的中值等式 $\dfrac{f(b)-f(a)}{F(b)-F(a)}=\dfrac{f'(\xi)}{F'(\xi)}$，$\xi\in(a,b)$ 不能错误地理解为两个拉格朗日中值等式的商.

【例3】 以下四个命题中，正确的是_____.

(A)若 $f'(x)$ 在 $(0,1)$ 内连续，则 $f(x)$ 在 $(0,1)$ 内有界

(B)若 $f(x)$ 在 $(0,1)$ 内连续,则 $f(x)$ 在 $(0,1)$ 内有界

(C)若 $f'(x)$ 在 $(0,1)$ 内有界,则 $f(x)$ 在 $(0,1)$ 内有界

(D)若 $f(x)$ 在 $(0,1)$ 内有界,则 $f'(x)$ 在 $(0,1)$ 内有界

解 由拉格朗日中值定理 $f(x)-f(\frac{1}{2})=f'(\xi)(x-\frac{1}{2})$,$\xi$ 在 $(0,1)$ 之间.

由此可以看出,若 $f'(x)$ 在 $(0,1)$ 内有界,则 $f(x)$ 在 $(0,1)$ 内有界.

另外也可举反例用排除法:

设 $f(x)=\frac{1}{x}$,排除(A)、(B);设 $f(x)=\sqrt{x}$,排除(D).

故应选(C).

【例4】 设函数 $f(x)$ 在 $[a,b]$ 上连续,在 (a,b) 内可导,且 $f'(x)\neq0$. 证明存在 ξ、$\eta\in(a,b)$,使 $\dfrac{f'(\xi)}{f'(\eta)}=\dfrac{e^b-e^a}{b-a}\cdot e^{-\eta}$.

分析 把所证等式变形,使含 ξ、η 的表示式各在等式的一边,$\dfrac{f'(\eta)}{e^\eta}=\dfrac{b-a}{e^b-e^a}f'(\xi)$,对照中值公式可以看出,上式左端是柯西中值公式中含中值的一端,涉及的两个函数是 $f(x)$ 和 $g(x)=e^x$,故可考虑从上式左端出发,应用柯西定理证明.

证 易知 $f(x)$ 和 $g(x)=e^x$ 在 $[a,b]$ 上满足柯西中值定理的条件,

于是,存在 $\eta\in(a,b)$,使 $\dfrac{f'(\eta)}{e^\eta}=\dfrac{f(b)-f(a)}{e^b-e^a}$.

再由拉格朗日中值定理,存在 $\xi\in(a,b)$,使 $f(b)-f(a)=f'(\xi)(b-a)$,因此

$$\frac{f'(\eta)}{e^\eta}=\frac{f(b)-f(a)}{e^b-e^a}=\frac{b-a}{e^b-e^a}f'(\xi).$$

故存在 ξ、$\eta\in(a,b)$ 使 $\dfrac{f'(\xi)}{f'(\eta)}=\dfrac{e^b-e^a}{b-a}\cdot e^{-\eta}$.

● **方法总结** ‥‥‥‥‥‥‥‥‥‥‥‥‥‥‥‥‥‥‥‥‥‥‥‥‥‥‥‥

利用中值定理证明在 (a,b) 内至少存在 ξ,η,$\xi\neq\eta$ 满足某种关系式的命题.

此类命题证明方法是两次使用拉格朗日中值定理;或者两次使用柯西中值定理;或者一次利用拉格朗日定理,一次利用柯西定理,最后作变形运算.

【例5】 (2018 数学二,4 分) $\lim\limits_{x\to+\infty}x^2[\arctan(x+1)-\arctan x]=$ _____.

解 **方法一** 由拉格朗日中值定理,有

$\arctan(x+1)-\arctan x=\dfrac{1}{1+\xi^2}(x+1-x)$,其中 $x<\xi<x+1$.

于是 $\lim\limits_{x\to+\infty}x^2[\arctan(x+1)-\arctan x]=\lim\limits_{x\to+\infty}\dfrac{x^2}{1+\xi^2}$.

因 $1\leftarrow\dfrac{x^2}{1+(1+x)^2}<\dfrac{x^2}{1+\xi^2}<\dfrac{x^2}{1+x^2}\to1(x\to+\infty)$,故由夹逼准则知,$\lim\limits_{x\to+\infty}\dfrac{x^2}{1+\xi^2}=1$.

故 $\lim\limits_{x\to+\infty} x^2[\arctan(x+1)-\arctan x]=1$.

方法二 应用洛必达法则.

$$原式=\lim_{x\to+\infty}\frac{\arctan(x+1)-\arctan x}{\dfrac{1}{x^2}}=\lim_{x\to+\infty}\frac{\dfrac{1}{1+(x+1)^2}-\dfrac{1}{1+x^2}}{-\dfrac{2}{x^3}}$$

$$=\lim_{x\to+\infty}\frac{x^4+\dfrac{1}{2}x^3}{(x^2+1)(x^2+2x+2)}=1.$$

方法三 利用 $\arctan x-\arctan\beta=\arctan\dfrac{\alpha-\beta}{1+\alpha\beta}$.

$$\lim_{x\to+\infty} x^2[\arctan(x+1)-\arctan x]=\lim_{x\to+\infty} x^2\arctan\frac{1}{1+x(x+1)}=\lim_{x\to+\infty}\frac{x^2}{1+x(x+1)}=1.$$

故应填 1.

【例 6】 设 $a_1,a_2,\cdots,a_n$ 满足 $a_1-\dfrac{a_2}{3}+\dfrac{a_3}{5}+\cdots+(-1)^{n-1}\dfrac{a_n}{2n-1}=0$, $a_i\in\mathbf{R},i=1,2,\cdots,$

n. 证明方程 $a_1\cos x+a_2\cos 3x+\cdots+a_n\cos(2n-1)x=0$ 在 $\left(0,\dfrac{\pi}{2}\right)$ 内至少有一个实根.

证 设 $F(x)=a_1\sin x+\dfrac{a_2}{3}\sin 3x+\cdots+\dfrac{a_n}{2n-1}\sin(2n-1)x$, 则

$$F'(x)=a_1\cos x+a_2\cos 3x+\cdots+a_n\cos(2n-1)x,$$

$$F(0)=0,\quad F\left(\frac{\pi}{2}\right)=a_1-\frac{a_2}{3}+\frac{a_3}{5}+\cdots+(-1)^{n-1}\cdot\frac{a_n}{2n-1}=0.$$

由罗尔定理,至少存在一点 $\xi\in\left(0,\dfrac{\pi}{2}\right)$,使 $F'(\xi)=0$,即方程

$$a_1\cos x+a_2\cos 3x+\cdots+a_n\cos(2n-1)x=0$$

在 $\left(0,\dfrac{\pi}{2}\right)$ 内至少有一个实根.

● **方法总结** ....

利用中值定理验证方程根的思路主要有两种:

(1)把所证问题化为 $f^{(n)}(\xi)=0$ 形式.

当 $n=0$ 时,直接用连续函数的零点定理证明;

当 $n=1$ 时,应用罗尔定理证明;

当 $n=2$ 时,对导函数 $f'(x)$ 应用罗尔定理证明,$n>2$ 时,反复对高阶导数应用罗尔定理.

(2)把所证命题化为 $f'(\xi)=\dfrac{f(b)-f(a)}{b-a}$,$\xi\in(a,b)$,然后用拉格朗日定理证明.

以上思路的关键是要构造出适当的函数 $f(x)$ 及选择相应的区间 $[a,b]$.

【例7】 设函数 $f(x)$ 在 $[0,1]$ 连续,在 $(0,1)$ 内二阶可导,过点 $A(0,f(0))$ 与 $B(1,f(1))$ 的直线与曲线 $y=f(x)$ 相交于点 $C(c,f(c))(0<c<1)$,证明在 $(0,1)$ 内至少存在一点 ξ,使 $f''(\xi)=0$.

证 由于 $f(x)$ 在 $[0,c]$ 上满足拉格朗日中值定理,故存在 $\eta_1 \in (0,c))$ 使得

$$f'(\eta_1)=\frac{f(c)-f(0)}{c-0}=\frac{f(c)-f(0)}{c},$$

同理,在 $[c,1]$ 上存在 $\eta_2 \in (c,1)$,使得 $f'(\eta_2)=\dfrac{f(1)-f(c)}{1-c}$,而 $\dfrac{f(c)-f(0)}{c}$ 和 $\dfrac{f(1)-f(c)}{1-c}$ 都是过点 A、B 的直线斜率,从而

$$\frac{f(c)-f(0)}{c}=\frac{f(1)-f(c)}{1-c}, \quad 即\ f'(\eta_1)=f'(\eta_2).$$

故 $f'(x)$ 在 $[\eta_1,\eta_2]$ 上满足罗尔定理的条件,于是存在 $\xi \in (\eta_1,\eta_2) \subset (0,1)$,使得 $f''(\xi)=0$.

习题 3－1 解答

1. 验证罗尔定理对函数 $y=\ln\sin x$ 在区间 $\left[\dfrac{\pi}{6},\dfrac{5\pi}{6}\right]$ 上的正确性.

证 函数 $f(x)=\ln\sin x$ 在 $\left[\dfrac{\pi}{6},\dfrac{5\pi}{6}\right]$ 上连续,在 $\left(\dfrac{\pi}{6},\dfrac{5\pi}{6}\right)$ 内可导,又

$$f\left(\frac{\pi}{6}\right)=\ln\sin\frac{\pi}{6}=\ln\frac{1}{2}, \qquad f\left(\frac{5\pi}{6}\right)=\ln\sin\frac{5\pi}{6}=\ln\frac{1}{2},$$

即 $f\left(\dfrac{\pi}{6}\right)=f\left(\dfrac{5\pi}{6}\right)$,故 $f(x)$ 在 $\left[\dfrac{\pi}{6},\dfrac{5\pi}{6}\right]$ 上满足罗尔定理条件,由罗尔定理知至少存在一点 $\xi \in (\dfrac{\pi}{6},\dfrac{5\pi}{6})$,使 $f'(\xi)=0$. 又 $f'(x)=\dfrac{\cos x}{\sin x}=\cot x$,令 $f'(x)=0$ 得 $x=n\pi+\dfrac{\pi}{2}$ $(n=0,\pm1,\pm2,\cdots)$.

取 $n=0$ 得 $\xi=\dfrac{\pi}{2} \in (\dfrac{\pi}{6},\dfrac{5\pi}{6})$.

因此罗尔定理对函数 $y=\ln\sin x$ 在区间 $\left[\dfrac{\pi}{6},\dfrac{5\pi}{6}\right]$ 上是正确的.

2. 验证拉格朗日中值定理对函数 $y=4x^3-5x^2+x-2$ 在区间 $[0,1]$ 上的正确性.

证 函数 $f(x)=4x^3-5x^2+x-2$ 在区间 $[0,1]$ 上连续,在 $(0,1)$ 内可导,故 $f(x)$ 在 $[0,1]$ 上满足拉格朗日中值定理条件,从而至少存在一点 $\xi \in (0,1)$,使 $f'(\xi)=\dfrac{f(1)-f(0)}{1-0}=\dfrac{-2-(-2)}{1}=0$.

又 $f'(\xi)=12\xi^2-10\xi+1=0$,可知 $\xi=\dfrac{5\pm\sqrt{13}}{12} \in (0,1)$,因此拉格朗日中值定理对函数 $y=4x^3-5x^2+x-2$ 在区间 $[0,1]$ 上是正确的.

3. 对函数 $f(x)=\sin x$ 及 $F(x)=x+\cos x$ 在区间 $\left[0,\dfrac{\pi}{2}\right]$ 上验证柯西中值定理的正确性.

证 函数 $f(x)=\sin x$,$F(x)=x+\cos x$ 在区间 $\left[0,\dfrac{\pi}{2}\right]$ 上连续,在 $\left(0,\dfrac{\pi}{2}\right)$ 内可导,且在 $\left(0,\dfrac{\pi}{2}\right)$ 内 $F'(x)=1-\sin x\neq0$,故 $f(x)$、$F(x)$ 满足柯西中值定理条件,从而至少存在一点 $\xi \in \left(0,\dfrac{\pi}{2}\right)$,使 $\dfrac{f\left(\dfrac{\pi}{2}\right)-f(0)}{F\left(\dfrac{\pi}{2}\right)-F(0)}$

$=\dfrac{f'(\xi)}{F'(\xi)}$.

由 $\dfrac{1-0}{\frac{\pi}{2}-1}=\dfrac{\cos\xi}{1-\sin\xi}$,即 $\dfrac{\cos\xi}{1-\sin\xi}=\dfrac{2}{\pi-2}$,解得 $\xi=2\arctan\dfrac{4-\pi}{\pi}\in\left(0,\dfrac{\pi}{2}\right)$.

因此,柯西中值定理对函数 $f(x)=\sin x,F(x)=x+\cos x$ 在区间 $[0,\dfrac{\pi}{2}]$ 上是正确的.

4. 试证明对函数 $y=px^2+qx+r$ 应用拉格朗日中值定理时所求得的点 ξ 总是位于区间的正中间.

证 任取数值 a,b,不妨设 $a<b$,函数 $f(x)=px^2+qx+r$ 在区间 $[a,b]$ 上连续,在 (a,b) 内可导,故由拉格朗日中值定理知至少存在一点 $\xi\in(a,b)$,使
$$f(b)-f(a)=f'(\xi)(b-a),$$
即 $\qquad pb^2+qb+r-pa^2-qa-r=(2p\xi+q)(b-a).$

整理得 $\xi=\dfrac{a+b}{2}$. 即所求得的 ξ 总是位于区间的正中间.

5. 不用求出函数 $f(x)=(x-1)(x-2)(x-3)(x-4)$ 的导数,说明方程 $f'(x)=0$ 有几个实根,并指出它们所在的区间.

解 函数 $f(x)$ 分别在 $[1,2],[2,3],[3,4]$ 上连续,分别在 $(1,2),(2,3),(3,4)$ 内可导,且 $f(1)=f(2)=f(3)=f(4)=0$. 由罗尔定理知至少存在 $\xi_1\in(1,2),\xi_2\in(2,3),\xi_3\in(3,4)$,使
$$f'(\xi_1)=f'(\xi_2)=f'(\xi_3)=0.$$
即方程 $f'(x)=0$ 至少有三个实根,又方程 $f'(x)=0$ 为三次方程,故它至多有三个实根,因此方程 $f'(x)=0$ 有且仅有三个实根,它们分别位于区间 $(1,2),(2,3),(3,4)$ 内.

6. 证明恒等式:$\arcsin x+\arccos x=\dfrac{\pi}{2}$ $(-1\leqslant x\leqslant 1)$.

证 取函数 $f(x)=\arcsin x+\arccos x,x\in[-1,1]$,因 $f'(x)=\dfrac{1}{\sqrt{1-x^2}}-\dfrac{1}{\sqrt{1-x^2}}\equiv 0$,

故 $f(x)\equiv C$. 取 $x=0$,得 $f(0)=C=\dfrac{\pi}{2}$. 因此 $\arcsin x+\arccos x=\dfrac{\pi}{2}$, $x\in[-1,1]$.

7. 若方程 $a_0x^n+a_1x^{n-1}+\cdots+a_{n-1}x=0$ 有一个正根 $x=x_0$,证明方程 $a_0nx^{n-1}+a_1(n-1)x^{n-2}+\cdots+a_{n-1}=0$ 必有一个小于 x_0 的正根.

证 取函数 $f(x)=a_0x^n+a_1x^{n-1}+\cdots+a_{n-1}x$,则 $f(x)$ 在 $[0,x_0]$ 上连续,在 $(0,x_0)$ 内可导,且 $f(0)=f(x_0)=0$,由罗尔定理知至少存在一点 $\xi\in(0,x_0)$,使 $f'(\xi)=0$,即方程 $a_0nx^{n-1}+a_1(n-1)x^{n-2}+\cdots+a_{n-1}=0$ 必有一个小于 x_0 的正根.

8. 若函数 $f(x)$ 在 $[1,2]$ 上具有二阶导数,且 $f(2)=0$,又 $F(x)=(x-1)^2f(x)$,证明在 $(1,2)$ 内至少存在一点 ξ,使 $F''(\xi)=0$.

证 显然 $F(1)=0,F(2)=f(2)=0$. 对 $F(x)$ 在 $[1,2]$ 上应用罗尔定理,存在 $\xi_1\in(1,2)$,使 $F'(\xi_1)=0$.

又 $F'(x)=2(x-1)f(x)+(x-1)^2f'(x)$,所以 $F'(1)=0$.

再对 $F'(x)$ 在 $(1,\xi_1)$ 上应用罗尔定理,在 $(1,\xi_1)\subset(1,2)$ 内至少存在一点 ξ,使 $F''(\xi)=0$.

9. 设 $a>b>0$,$n>1$,证明:$nb^{n-1}(a-b)<a^n-b^n<na^{n-1}(a-b)$.

证 取函数 $f(x)=x^n$,则 $f(x)$ 在 $[b,a]$ 上连续,在 (b,a) 内可导,由拉格朗日中值定理知,至少存在一点 $\xi\in(b,a)$,使
$$f(a)-f(b)=f'(\xi)(a-b),\qquad 即\quad a^n-b^n=n\xi^{n-1}(a-b).$$
又 $0<b<\xi<a$,$n>1$,故 $0<b^{n-1}<\xi^{n-1}<a^{n-1}$.

因此 $nb^{n-1}(a-b)<n\xi^{n-1}(a-b)<na^{n-1}(a-b)$,

即 $nb^{n-1}(a-b)<a^n-b^n<na^{n-1}(a-b)$.

10. 设 $a>b>0$,证明:$\dfrac{a-b}{a}<\ln\dfrac{a}{b}<\dfrac{a-b}{b}$.

证 取函数 $f(x)=\ln x$,则 $f(x)$ 在 $[b,a]$ 上连续,在 (b,a) 内可导,由拉格朗日中值定理知,至少存在一点

$\xi\in(b,a)$，使 $f(a)-f(b)=f'(\xi)(a-b)$， 即 $\ln a-\ln b=\dfrac{1}{\xi}(a-b)$.

又 $0<b<\xi<a$，故 $0<\dfrac{1}{a}<\dfrac{1}{\xi}<\dfrac{1}{b}$，因此$\dfrac{a-b}{a}<\dfrac{a-b}{\xi}<\dfrac{a-b}{b}$， 即 $\dfrac{a-b}{a}<\ln\dfrac{a}{b}<\dfrac{a-b}{b}$.

11. 证明下列不等式：

(1) $|\arctan a-\arctan b|\leqslant|a-b|$；

(2) 当 $x>1$ 时，$e^x>ex$.

解 (1)当 $a=b$ 时，显然成立. 当 $a\neq b$ 时，取函数 $f(x)=\arctan x$，则 $f(x)$ 在 $[a,b]$ 或 $[b,a]$ 上连续，在 (a,b) 或 (b,a) 内可导，由拉格朗日中值定理知至少存在一点 $\xi\in(a,b)$ 或 (b,a)，使 $f(a)-f(b)=f'(\xi)(a-b)$，

即 $\qquad \arctan a-\arctan b=\dfrac{1}{1+\xi^2}(a-b)$，

故 $\qquad |\arctan a-\arctan b|=\dfrac{1}{1+\xi^2}|a-b|\leqslant|a-b|$.

(2)取函数 $f(t)=e^t$，则 $f(t)$ 在 $[1,x]$ 上连续，在 $(1,x)$ 内可导. 由拉格朗日中值定理知，至少存在一点 $\xi\in(1,x)$，使

$$f(x)-f(1)=f'(\xi)(x-1), \qquad 即 \quad e^x-e=e^\xi(x-1).$$

又 $1<\xi<x$，故 $e^\xi>e$，因此

$$e^x-e>e(x-1), \qquad 即 \quad e^x>ex.$$

12. 证明方程 $x^5+x-1=0$ 只有一个正根.

证 取函数 $f(x)=x^5+x-1$，则 $f(x)$ 在 $[0,1]$ 上连续，且

$$f(0)=-1<0, \qquad f(1)=1>0,$$

由零点定理知至少存在点 $x_1\in(0,1)$，使 $f(x_1)=0$，即方程 $x^5+x-1=0$ 在 $(0,1)$ 内至少有一个正根.

若方程 $x^5+x-1=0$ 还有一个正根 x_2，即 $f(x_2)=0$. 则由 $f(x)=x^5+x-1$ 在 $[x_1,x_2]$（或 $[x_2,x_1]$）上连续，在 (x_1,x_2)（或 x_2,x_1）内可导知 $f(x)$ 满足罗尔定理条件，故至少存在点 $\xi\in(x_1,x_2)$（或 (x_2,x_1)），使 $f'(\xi)=0$.

但 $f'(\xi)=5\xi^4+1>0$，矛盾. 因此方程 $x^5+x-1=0$ 只有一个正根.

*13. 设 $f(x),g(x)$ 在 $[a,b]$ 上连续，在 (a,b) 内可导，证明在 (a,b) 内有一点 ξ，使

$$\begin{vmatrix} f(a) & f(b) \\ g(a) & g(b) \end{vmatrix}=(b-a)\begin{vmatrix} f(a) & f'(\xi) \\ g(a) & g'(\xi) \end{vmatrix}.$$

证 取函数 $F(x)=\begin{vmatrix} f(a) & f(x) \\ g(a) & g(x) \end{vmatrix}$，由 $f(x),g(x)$ 在 $[a,b]$ 上连续，在 (a,b) 内可导知 $F(x)$ 在 $[a,b]$ 上连续，在 (a,b) 内可导，由拉格朗日中值定理知至少存在一点 $\xi\in(a,b)$，使$F(b)-F(a)=F'(\xi)(b-a)$.

即 $F(b)=\begin{vmatrix} f(a) & f(b) \\ g(a) & g(b) \end{vmatrix}$，$F(a)=\begin{vmatrix} f(a) & f(a) \\ g(a) & g(a) \end{vmatrix}=0$，

$$F'(x)=\begin{vmatrix} 0 & f(x) \\ 0 & g(x) \end{vmatrix}+\begin{vmatrix} f(a) & f'(x) \\ g(a) & g'(x) \end{vmatrix}=\begin{vmatrix} f(a) & f'(x) \\ g(a) & g'(x) \end{vmatrix},$$

故 $\begin{vmatrix} f(a) & f(b) \\ g(a) & g(b) \end{vmatrix}=\begin{vmatrix} f(a) & f'(\xi) \\ g(a) & g'(\xi) \end{vmatrix}(b-a)$.

14. 证明：若函数 $y=f(x)$ 在 $(-\infty,+\infty)$ 内满足关系式 $f'(x)=f(x)$，且 $f(0)=1$，则 $f(x)=e^x$.

证 取函数 $F(x)=\dfrac{f(x)}{e^x}$，因

$$F'(x)=\dfrac{f'(x)e^x-f(x)e^x}{e^{2x}}=\dfrac{f'(x)-f(x)}{e^x}=0,$$

故 $F(x)=C.$ 又 $F(0)=C=f(0)=1$,因此 $F(x)=1$,即 $\dfrac{f(x)}{\mathrm{e}^x}=1$,故 $f(x)=\mathrm{e}^x.$

*15.设函数 $y=f(x)$ 在 $x=0$ 的某邻域内具有 n 阶导数,且 $f(0)=f'(0)=\cdots=f^{(n-1)}(0)=0$,试用柯西中值定理证明:

$$\frac{f(x)}{x^n}=\frac{f^{(n)}(\theta x)}{n!}\quad(0<\theta<1).$$

证 已知 $f(x)$ 在 $x=0$ 的某邻域内具有 n 阶导数,在该邻域内任取点 x,由柯西中值定理得

$$\frac{f(x)}{x^n}=\frac{f(x)-f(0)}{x^n-0^n}=\frac{f'(\xi_1)}{n\xi_1^{n-1}},\quad\text{其中 }\xi_1\text{ 介于 }0\text{ 与 }x\text{ 之间}.$$

又

$$\frac{f'(\xi_1)}{n\xi_1^{n-1}}=\frac{f'(\xi_1)-f'(0)}{n(\xi_1^{n-1}-0^{n-1})}=\frac{f''(\xi_2)}{n(n-1)\xi_2^{n-2}},\quad\text{其中 }\xi_2\text{ 介于 }0\text{ 与 }\xi_1\text{ 之间}.$$

依次类推,得

$$\frac{f^{(n-1)}(\xi_{n-1})}{n!\,\xi_{n-1}}=\frac{f^{(n-1)}(\xi_{n-1})-f^{(n-1)}(0)}{n!\,(\xi_{n-1}-0)}=\frac{f^{(n)}(\xi_n)}{n!},$$

其中 ξ_n 介于 0 与 ξ_{n-1} 之间,记 $\xi_n=\theta x\ (0<\theta<1)$,因此

$$\frac{f(x)}{x^n}=\frac{f^{(n)}(\xi_n)}{n!}=\frac{f^{(n)}(\theta x)}{n!}\quad(0<\theta<1).$$

第二节　洛必达法则

一、主要内容归纳

1. 洛必达法则 I　设函数 $f(x)$ 与 $g(x)$ 满足:

(1)在点 x_0 的某一邻域内(点 x_0 可除外)有定义,且 $\lim\limits_{x\to x_0}f(x)=0$,$\lim\limits_{x\to x_0}g(x)=0$;

(2)在该邻域内可导,且 $g'(x)\neq0$;

(3)$\lim\limits_{x\to x_0}\dfrac{f'(x)}{g'(x)}$ 存在(或为 ∞),则 $\lim\limits_{x\to x_0}\dfrac{f(x)}{g(x)}=\lim\limits_{x\to x_0}\dfrac{f'(x)}{g'(x)}$ 存在(或为 ∞).

2. 洛必达法则 II　设函数 $f(x)$ 与 $g(x)$ 满足:

(1)在 x_0 的某一邻域内(点 x_0 可除外)有定义,且 $\lim\limits_{x\to x_0}f(x)=\infty$,$\lim\limits_{x\to x_0}g(x)=\infty$;

(2)在该邻域内可导,且 $g'(x)\neq0$;

(3)$\lim\limits_{x\to x_0}\dfrac{f'(x)}{g'(x)}$ 存在(或为 ∞),则 $\lim\limits_{x\to x_0}\dfrac{f(x)}{g(x)}=\lim\limits_{x\to x_0}\dfrac{f'(x)}{g'(x)}$ 存在 (或为 ∞).

以上两法则对于 $x\to\infty$ 时的未定式“$\dfrac{0}{0}$”,“$\dfrac{\infty}{\infty}$”同样适用.

二、经典例题解析及解题方法总结

【例1】　求下列极限.

(1) $\lim\limits_{x\to+\infty}\dfrac{x^2+\sin x}{x^2}$;

(2) $\lim\limits_{x\to0}\dfrac{x-\sin x}{x^2(\mathrm{e}^x-1)}$;

(3) $\lim_{x\to\infty}[x-x^2\ln(1+\frac{1}{x})]$; (4) $\lim_{x\to\infty}x[(1+\frac{1}{x})^x-e]$.

解　(1)利用洛必达法则得

$$\lim_{x\to+\infty}\frac{x^2+\sin x}{x^2}=\lim_{x\to+\infty}(1+\frac{1}{x^2}\cdot\sin x)=1+0=1.$$

● **方法总结** ·······

注意第二次使用洛必达法则时,不要忽视法则成立的第3个条件,即 $\lim_{x\to+\infty}\frac{f'(x)}{g'(x)}$ 必须存在或为无穷大.

(2)**方法一**　分母用 e^x-1 的等价无穷小代换,之后用洛必达法则.

$$\lim_{x\to0}\frac{x-\sin x}{x^2(e^x-1)}=\lim_{x\to0}\frac{x-\sin x}{x^3}\xlongequal{洛}\lim_{x\to0}\frac{1-\cos x}{3x^2}\xlongequal{洛}\lim_{x\to0}\frac{\sin x}{6x}\xlongequal{洛}\lim_{x\to0}\frac{\cos x}{6}=\frac{1}{6}.$$

方法二　对原式直接运用洛必达法则

$$\lim_{x\to0}\frac{x-\sin x}{x^2(e^x-1)}=\lim_{x\to0}\frac{1-\cos x}{2x(e^x-1)+x^2e^x}=\lim_{x\to0}\frac{\sin x}{2(e^x-1)+2xe^x+2xe^x+x^2e^x}$$

$$=\lim_{x\to0}\frac{\sin x}{2(e^x-1)+4xe^x+x^2e^x}=\lim_{x\to0}\frac{\cos x}{2e^x+4e^x+6xe^x+x^2e^x}$$

$$=\lim_{x\to0}\frac{\cos x}{6e^x+6xe^x+x^2e^x}=\frac{1}{6}.$$

● **方法总结** ·······

比较上面两种方法知:在求未定式的极限过程中,适当地运用等价无穷小代换可简化计算.

(3)令 $t=\frac{1}{x}$,则当 $x\to\infty$时,$t\to0$,

$$原式=\lim_{t\to0}[\frac{1}{t}-\frac{1}{t^2}\cdot\ln(1+t)]=\lim_{t\to0}\frac{t-\ln(1+t)}{t^2}=\lim_{t\to0}\frac{1-\frac{1}{1+t}}{2t}$$

$$=\lim_{t\to0}\frac{t}{2t(1+t)}=\lim_{t\to0}\frac{1}{2(1+t)}=\frac{1}{2}.$$

(4)令 $\frac{1}{x}=t$,则

$$原式=\lim_{t\to0}\frac{(1+t)^{\frac{1}{t}}-e}{t}=\lim_{t\to0}\frac{e^{\frac{1}{t}\ln(1+t)}-e}{t}=e\lim_{t\to0}\frac{e^{\frac{1}{t}\ln(1+t)-1}-1}{t}=e\lim_{t\to0}\frac{\frac{1}{t}\cdot\ln(1+t)-1}{t}$$

$$=e\lim_{t\to0}\frac{\ln(1+t)-t}{t^2}=e\lim_{t\to0}\frac{\frac{1}{1+t}-1}{2t}=\frac{e}{2}\lim_{t\to0}\frac{-1}{1+t}=-\frac{e}{2}.$$

【例 2】 试确定常数 A、B、C 的值,使得 $e^x(1+Bx+Cx^2)=1+Ax+o(x^3)$,其中 $o(x^3)$ 是当 $x\to 0$ 时比 x^3 高阶的无穷小.

解 根据题设和洛必达法则,由于

$$0=\lim_{x\to 0}\frac{e^x(1+Bx+Cx^2)-1-Ax}{x^3}=\lim_{x\to 0}\frac{e^x(1+B+Bx+2Cx+Cx^2)-A}{3x^2}$$

$$=\lim_{x\to 0}\frac{e^x[2C+1+2B+(B+4C)x+Cx^2]}{6x}=\lim_{x\to 0}\frac{B+4C+2Cx}{6}.$$

得 $\begin{cases}1+B-A=0,\\2B+2C+1=0,\\B+4C=0,\end{cases}$ 解得 $A=\dfrac{1}{3}$,$B=-\dfrac{2}{3}$,$C=\dfrac{1}{6}$.

【例 3】 求 $\lim\limits_{n\to\infty}\tan^n\left(\dfrac{\pi}{4}+\dfrac{2}{n}\right)$.

解 令 $f(x)=\tan^x\left(\dfrac{\pi}{4}+\dfrac{2}{x}\right)$,则 $f(n)=\tan^n\left(\dfrac{\pi}{4}+\dfrac{2}{n}\right)$ 且.

$$\lim_{x\to+\infty}f(x)=\lim_{x\to+\infty}\tan^x\left(\frac{\pi}{4}+\frac{2}{x}\right)=\lim_{x\to+\infty}e^{x\ln\tan\left(\frac{\pi}{4}+\frac{2}{x}\right)}$$

$$=e^{\lim\limits_{x\to+\infty}x\ln\tan\left(\frac{\pi}{4}+\frac{2}{x}\right)}=e^{\lim\limits_{x\to+\infty}\frac{\ln\tan\left(\frac{\pi}{4}+\frac{2}{x}\right)}{\frac{1}{x}}}=e^{\lim\limits_{x\to+\infty}\frac{2}{\tan\left(\frac{\pi}{4}+\frac{2}{x}\right)\cdot\cos^2\left(\frac{\pi}{4}+\frac{2}{x}\right)}}=e^4,$$

故 $\lim\limits_{n\to\infty}\tan^n\left(\dfrac{\pi}{4}+\dfrac{2}{n}\right)=\lim\limits_{x\to+\infty}\tan^x\left(\dfrac{\pi}{4}+\dfrac{2}{x}\right)=e^4.$

● 方法总结

因为对数列而言不存在导数,所以不能直接用洛必达法则求数列的极限,应先用洛必达法则求出相应函数的极限,然后由函数的极限与数列极限的关系得出所求数列极限.

【例 4】 (2020 数学一,4 分) $\lim\limits_{x\to 0}\left[\dfrac{1}{e^x-1}-\dfrac{1}{\ln(1+x)}\right]=$ _____.

解 **方法一** $\lim\limits_{x\to 0}\left[\dfrac{1}{e^x-1}-\dfrac{1}{\ln(1+x)}\right]=\lim\limits_{x\to 0}\dfrac{\ln(1+x)-e^x+1}{(e^x-1)\ln(1+x)}=\lim\limits_{x\to 0}\dfrac{\ln(1+x)-e^x+1}{x^2}$

$=\lim\limits_{x\to 0}\dfrac{\frac{1}{1+x}-e^x}{2x}=\dfrac{1}{2}\lim\limits_{x\to 0}\left[\dfrac{1}{1+x}\cdot\dfrac{1-(x+1)e^x}{x}\right]=\dfrac{1}{2}\lim\limits_{x\to 0}\left(\dfrac{1-e^x}{x}-e^x\right)=-1.$

方法二 运用泰勒公式.

因 $\ln(1+x)=x-\dfrac{x^2}{2}+o(x^2)$,$e^x=1+x+\dfrac{x^2}{2}+o(x^2)$.

$$\lim_{x\to 0}\frac{\ln(1+x)-e^x+1}{x^2}=\lim_{x\to 0}\frac{\left[x-\frac{x^2}{2}+o(x^2)\right]-\left[1+x+\frac{x^2}{2}+o(x^2)\right]+1}{x^2}$$

$$=\lim_{x\to 0}\frac{-x^2+o(x^2)}{x^2}=-1.$$

● **方法总结** ....

利用洛必达法则求未定式极限时应注意以下几个问题：

1. 审查计算的极限是不是未定式，如果不是未定式就不能使用洛必达法则. 例如，

$\lim\limits_{x\to 0}\dfrac{1-\cos x}{1+x^2}=\lim\limits_{x\to 0}\dfrac{(1-\cos x)'}{(1+x^2)'}=\lim\limits_{x\to 0}\dfrac{\sin x}{2x}=\dfrac{1}{2}$，这样计算是错误的，因为极限$\lim\limits_{x\to 0}\dfrac{1-\cos x}{1+x^2}$不是

$\dfrac{0}{0}$型的未定式，事实上，$\lim\limits_{x\to 0}\dfrac{1-\cos x}{1+x^2}=\dfrac{1-1}{1+0}=0$.

2. 如果极限$\lim\dfrac{f'(x)}{g'(x)}$不存在，计算极限$\lim\dfrac{f(x)}{g(x)}$就不能应用洛必达法则，但是不能

说明极限$\lim\dfrac{f(x)}{g(x)}$不存在. 例如，极限$\lim\limits_{x\to\infty}\dfrac{x+\sin x}{x}$是$\dfrac{\infty}{\infty}$型的未定式，应用洛必达法则，

$$\lim\limits_{x\to\infty}\dfrac{x+\sin x}{x}=\lim\limits_{x\to\infty}\dfrac{(x+\sin x)'}{x'}=\lim\limits_{x\to\infty}\dfrac{1+\cos x}{1}=\lim\limits_{x\to\infty}(1+\cos x)$$

不存在，但是不能说明$\lim\limits_{x\to\infty}\dfrac{x+\sin x}{x}$极限不存在，事实上$\lim\limits_{x\to\infty}\dfrac{x+\sin x}{x}=\lim\limits_{x\to\infty}(1+\dfrac{\sin x}{x})=1$，即

这个极限是存在的.

3. 应用洛必达法则计算未定式的极限，如果$\lim\dfrac{f'(x)}{g'(x)}$仍是未定式，则可以继续使用

洛必达法则.

4. 在应用洛必达法则计算未定式的极限时，如果出现极限$\dfrac{f^{(n)}(x)}{g^{(n)}(x)}$始终是$\dfrac{\infty}{\infty}$型未定

式，则不能用洛必达法则计算. 例如，$\lim\limits_{x\to +\infty}\dfrac{e^x-e^{-x}}{e^x+e^{-x}}$是$\dfrac{\infty}{\infty}$型未定式，使用洛必达法则，有

$$\lim\limits_{x\to +\infty}\dfrac{e^x-e^{-x}}{e^x+e^{-x}}=\lim\limits_{x\to +\infty}\dfrac{(e^x-e^{-x})'}{(e^x+e^{-x})'}=\lim\limits_{x\to +\infty}\dfrac{e^x+e^{-x}}{e^x-e^{-x}},$$

仍是$\dfrac{\infty}{\infty}$型未定式，如果再一次使用洛必达法则，则回到原来形式，故需要用其他方法解决：

$$\lim\limits_{x\to +\infty}\dfrac{e^x-e^{-x}}{e^x+e^{-x}}=\lim\limits_{x\to +\infty}\dfrac{1-\dfrac{1}{e^{2x}}}{1+\dfrac{1}{e^{2x}}}=1.$$

5. 应用洛必达法则计算未定式极限通常比其他方法简单，但是对于少数的未定式极限应用洛必达法则并不简单，甚至很繁琐. 例如，计算极限

$$\lim\limits_{x\to 0}\dfrac{e^x-e^{\sin x}}{x-\sin x}=\lim\limits_{x\to 0}\dfrac{e^x-e^{\sin x}\cos x}{1-\cos x}=\lim\limits_{x\to 0}\dfrac{e^x-e^{\sin x}\cos^2 x+e^{\sin x}\sin x}{\sin x}$$

$$=\lim\limits_{x\to 0}\dfrac{e^x-e^{\sin x}\cos^3 x+e^{\sin x}\sin 2x+\dfrac{1}{2}e^{\sin x}\sin 2x+e^{\sin x}\cos x}{\cos x}=1$$

如果用等价无穷小替换的方法却很简单，如

$$\lim_{x\to 0}\frac{e^x-e^{\sin x}}{x-\sin x}=\lim_{x\to 0}e^{\sin x}\ \frac{e^{x-\sin x}-1}{x-\sin x}=\lim_{x\to 0}e^{\sin x}\ \frac{x-\sin x}{x-\sin x}=1.$$

显然,应用洛必达法则计算这个极限并没有达到简化计算的目的.因此,大家在使用洛必达法则解题时,为了避免复杂的计算,应能化简尽可能先化简,并综合运用以下方法:函数的连续性与四则运算法则;适当的恒等变形(如分子或分母的有理化、三角恒等式等);利用已知极限和等价无穷小代换;利用换元法(即复合函数求极限)等.

习题 3—2 解答

1. 用洛必达法则求下列极限:

(1) $\lim\limits_{x\to 0}\dfrac{\ln(1+x)}{x}$;

(2) $\lim\limits_{x\to 0}\dfrac{e^x-e^{-x}}{\sin x}$;

(3) $\lim\limits_{x\to 0}\dfrac{\tan x-x}{x-\sin x}$;

(4) $\lim\limits_{x\to \pi}\dfrac{\sin 3x}{\tan 5x}$;

(5) $\lim\limits_{x\to \frac{\pi}{2}}\dfrac{\ln\sin x}{(\pi-2x)^2}$;

(6) $\lim\limits_{x\to a}\dfrac{x^m-a^m}{x^n-a^n}$ ($a\neq 0$);

(7) $\lim\limits_{x\to 0^+}\dfrac{\ln\tan 7x}{\ln\tan 2x}$;

(8) $\lim\limits_{x\to \frac{\pi}{2}}\dfrac{\tan x}{\tan 3x}$;

(9) $\lim\limits_{x\to +\infty}\dfrac{\ln\left(1+\dfrac{1}{x}\right)}{\operatorname{arccot}x}$;

(10) $\lim\limits_{x\to 0}\dfrac{\ln(1+x^2)}{\sec x-\cos x}$;

(11) $\lim\limits_{x\to 0}x\cot 2x$;

(12) $\lim\limits_{x\to 0}x^2 e^{\frac{1}{x^2}}$;

(13) $\lim\limits_{x\to 1}\left(\dfrac{2}{x^2-1}-\dfrac{1}{x-1}\right)$;

(14) $\lim\limits_{x\to 0}(e^x+x)^{\frac{1}{x}}$;

(15) $\lim\limits_{x\to 0^+}x^{\sin x}$;

(16) $\lim\limits_{x\to 0^+}\left(\dfrac{1}{x}\right)^{\tan x}$.

解 (1) $\lim\limits_{x\to 0}\dfrac{\ln(1+x)}{x}=\lim\limits_{x\to 0}\dfrac{\dfrac{1}{1+x}}{1}=1.$

(2) $\lim\limits_{x\to 0}\dfrac{e^x-e^{-x}}{\sin x}=\lim\limits_{x\to 0}\dfrac{e^x+e^{-x}}{\cos x}=\dfrac{2}{1}=2.$

(3) $\lim\limits_{x\to 0}\dfrac{\tan x-x}{x-\sin x}=\lim\limits_{x\to 0}\dfrac{\sec^2 x-1}{1-\cos x}=\lim\limits_{x\to 0}\dfrac{\tan^2 x}{\dfrac{x^2}{2}}=\lim\limits_{x\to 0}\dfrac{x^2}{\dfrac{x^2}{2}}=2.$

(4) $\lim\limits_{x\to \pi}\dfrac{\sin 3x}{\tan 5x}=\lim\limits_{x\to \pi}\dfrac{3\cos 3x}{5\sec^2 5x}=-\dfrac{3}{5}.$

(5) $\lim\limits_{x\to \frac{\pi}{2}}\dfrac{\ln\sin x}{(\pi-2x)^2}=\lim\limits_{x\to \frac{\pi}{2}}\dfrac{\dfrac{1}{\sin x}\cos x}{2(\pi-2x)\cdot(-2)}=-\lim\limits_{x\to \frac{\pi}{2}}\dfrac{\cot x}{4(\pi-2x)}=-\lim\limits_{x\to \frac{\pi}{2}}\dfrac{-\csc^2 x}{-8}=-\dfrac{1}{8}.$

(6) $\lim\limits_{x\to a}\dfrac{x^m-a^m}{x^n-a^n}=\lim\limits_{x\to a}\dfrac{mx^{m-1}}{nx^{n-1}}=\dfrac{m}{n}a^{m-n}(a\neq 0).$

(7) $\lim\limits_{x\to 0^+}\dfrac{\ln\tan 7x}{\ln\tan 2x}=\lim\limits_{x\to 0^+}\dfrac{\dfrac{1}{\tan 7x}\sec^2 7x\cdot 7}{\dfrac{1}{\tan 2x}\sec^2 2x\cdot 2}=\lim\limits_{x\to 0^+}\dfrac{\tan 2x}{\tan 7x}\cdot\dfrac{\sec^2 7x}{\sec^2 2x}\cdot\dfrac{7}{2}$

$\qquad=\lim\limits_{x\to 0^+}\dfrac{2x}{7x}\cdot\dfrac{\sec^2 7x}{\sec^2 2x}\cdot\dfrac{7}{2}=1.$

(8) $\lim\limits_{x\to \frac{\pi}{2}}\dfrac{\tan x}{\tan 3x}=\lim\limits_{x\to \frac{\pi}{2}}\dfrac{\sec^2 x}{3\sec^2 3x}=\lim\limits_{x\to \frac{\pi}{2}}\dfrac{\cos^2 3x}{3\cos^2 x}=\lim\limits_{x\to \frac{\pi}{2}}\dfrac{-6\cos 3x\sin 3x}{-6\cos x\sin x}=-\lim\limits_{x\to \frac{\pi}{2}}\dfrac{\cos 3x}{\cos x}$

$\qquad=-\lim\limits_{x\to \frac{\pi}{2}}\dfrac{-3\sin 3x}{-\sin x}=3.$

(9) $\lim\limits_{x\to+\infty}\dfrac{\ln\left(1+\dfrac{1}{x}\right)}{\operatorname{arccot}x}=\lim\limits_{x\to+\infty}\dfrac{\dfrac{1}{1+\dfrac{1}{x}}\left(-\dfrac{1}{x^2}\right)}{-\dfrac{1}{1+x^2}}=\lim\limits_{x\to+\infty}\dfrac{1+x^2}{x+x^2}=\lim\limits_{x\to+\infty}\dfrac{\dfrac{1}{x^2}+1}{\dfrac{1}{x}+1}=1.$

(10) $\lim\limits_{x\to0}\dfrac{\ln(1+x^2)}{\sec x-\cos x}=\lim\limits_{x\to0}\dfrac{\dfrac{2x}{1+x^2}}{\sec x\tan x+\sin x}=\lim\limits_{x\to0}\dfrac{x}{\sin x}\cdot\dfrac{\cos^2x}{1+\cos^2x}\cdot\dfrac{2}{1+x^2}=1.$

(11) $\lim\limits_{x\to0}x\cot2x=\lim\limits_{x\to0}\dfrac{x}{\tan2x}=\lim\limits_{x\to0}\dfrac{1}{2\sec^22x}=\dfrac{1}{2}.$

(12) $\lim\limits_{x\to0}x^2\mathrm{e}^{\frac{1}{x^2}}=\lim\limits_{x\to0}\dfrac{\mathrm{e}^{\frac{1}{x^2}}}{\dfrac{1}{x^2}}=\lim\limits_{x\to0}\dfrac{\mathrm{e}^{\frac{1}{x^2}}\left(\dfrac{1}{x^2}\right)'}{\left(\dfrac{1}{x^2}\right)'}=\lim\limits_{x\to0}\mathrm{e}^{\frac{1}{x^2}}=+\infty.$

(13) $\lim\limits_{x\to1}\left(\dfrac{2}{x^2-1}-\dfrac{1}{x-1}\right)=\lim\limits_{x\to1}\dfrac{-x+1}{x^2-1}=\lim\limits_{x\to1}\dfrac{-1}{2x}=-\dfrac{1}{2}.$

(14) $\lim\limits_{x\to0}(\mathrm{e}^x+x)^{\frac{1}{x}}=\mathrm{e}^{\lim\limits_{x\to0}\frac{\ln(\mathrm{e}^x+x)}{x}}=\mathrm{e}^{\lim\limits_{x\to0}\frac{\mathrm{e}^x+1}{\mathrm{e}^x+x}}=\mathrm{e}^2;$

(15) $\lim\limits_{x\to0^+}x^{\sin x}=\mathrm{e}^{\lim\limits_{x\to0^+}\sin x\ln x}=\mathrm{e}^{\lim\limits_{x\to0^+}\frac{\sin x}{x}\cdot x\ln x}=\mathrm{e}^{\lim\limits_{x\to0^+}x\ln x}=\mathrm{e}^{\lim\limits_{x\to0^+}\frac{\ln x}{\frac{1}{x}}}=\mathrm{e}^{\lim\limits_{x\to0^+}\frac{\frac{1}{x}}{-\frac{1}{x^2}}}=\mathrm{e}^{\lim\limits_{x\to0^+}(-x)}=\mathrm{e}^0=1.$

(16) $\lim\limits_{x\to0^+}\left(\dfrac{1}{x}\right)^{\tan x}=\mathrm{e}^{\lim\limits_{x\to0^+}\tan x\cdot\ln\frac{1}{x}}=\mathrm{e}^{-\lim\limits_{x\to0^+}\frac{\tan x}{x}\cdot x\ln x}=\mathrm{e}^{-\lim\limits_{x\to0^+}x\ln x}=\mathrm{e}^{-\lim\limits_{x\to0^+}\frac{\ln x}{\frac{1}{x}}}=\mathrm{e}^{-\lim\limits_{x\to0^+}\frac{\frac{1}{x}}{-\frac{1}{x^2}}}=\mathrm{e}^{\lim\limits_{x\to0^+}x}=\mathrm{e}^0=1.$

> 评注:在用洛必达法则求极限时,除了注意用洛必达法则对极限类型等的要求以外,还要注意求极限的过程中合理地应用重要极限、等价无穷小、初等变换等方法,以使运算过程更快捷、简洁.

2. 验证极限 $\lim\limits_{x\to\infty}\dfrac{x+\sin x}{x}$ 存在,但不能用洛必达法则得出.

证 由于 $\lim\limits_{x\to\infty}\dfrac{(x+\sin x)'}{(x)'}=\lim\limits_{x\to\infty}\dfrac{1+\cos x}{1}$ 不存在,故不能使用洛必达法则来求此极限,但并不表明此极限不存在,此极限可用以下方法求得:

$$\lim\limits_{x\to\infty}\dfrac{x+\sin x}{x}=\lim\limits_{x\to\infty}\left(1+\dfrac{\sin x}{x}\right)=1+0=1.$$

3. 验证极限 $\lim\limits_{x\to0}\dfrac{x^2\sin\dfrac{1}{x}}{\sin x}$ 存在,但不能用洛必达法则得出.

证 由于 $\lim\limits_{x\to0}\dfrac{\left(x^2\sin\dfrac{1}{x}\right)'}{(\sin x)'}=\lim\limits_{x\to0}\dfrac{2x\sin\dfrac{1}{x}-\cos\dfrac{1}{x}}{\cos x}$ 不存在,故不能使用洛必达法则来求此极限,但可用以下方法求此极限:

$$\lim\limits_{x\to0}\dfrac{x^2\sin\dfrac{1}{x}}{\sin x}=\lim\limits_{x\to0}\left(\dfrac{x}{\sin x}\cdot x\sin\dfrac{1}{x}\right)=\lim\limits_{x\to0}\dfrac{x}{\sin x}\cdot\lim\limits_{x\to0}x\sin\dfrac{1}{x}=1\times0=0.$$

*4. 讨论函数 $f(x)=\begin{cases}\left[\dfrac{(1+x)^{\frac{1}{x}}}{\mathrm{e}}\right]^{\frac{1}{x}}, & x>0,\\ \mathrm{e}^{-\frac{1}{2}}, & x\leqslant0\end{cases}$ 在点 $x=0$ 处的连续性.

解 $\lim\limits_{x\to0^+}f(x)=\lim\limits_{x\to0^+}\left[\dfrac{(1+x)^{\frac{1}{x}}}{\mathrm{e}}\right]^{\frac{1}{x}}=\mathrm{e}^{\lim\limits_{x\to0^+}\frac{1}{x}\ln\left[\frac{(1+x)^{\frac{1}{x}}}{\mathrm{e}}\right]},$

而 $\lim\limits_{x\to 0^+}\dfrac{1}{x}\left[\dfrac{1}{x}\ln(1+x)-1\right]=\lim\limits_{x\to 0^+}\dfrac{\ln(1+x)-x}{x^2}=\lim\limits_{x\to 0^+}\dfrac{\dfrac{1}{1+x}-1}{2x}$

$$=\lim\limits_{x\to 0^+}-\dfrac{1}{2(1+x)}=-\dfrac{1}{2},$$

故 $\lim\limits_{x\to 0^+}f(x)=\mathrm{e}^{-\frac{1}{2}}$，又

$$\lim\limits_{x\to 0^-}f(x)=\lim\limits_{x\to 0^-}\mathrm{e}^{-\frac{1}{2}}=\mathrm{e}^{-\frac{1}{2}},\qquad f(0)=\mathrm{e}^{-\frac{1}{2}}.$$

因为 $\lim\limits_{x\to 0^+}f(x)=\lim\limits_{x\to 0^-}f(x)=f(0)$，故函数 $f(x)$ 在 $x=0$ 处连续.

第三节　泰　勒　公　式

一、主要内容归纳

1. 泰勒定理　　若 $f(x)$ 在含有 x_0 的某个邻域内具有直到 $n+1$ 阶的导数，则对于该邻域内任意点 x，有 $f(x)=\sum\limits_{k=0}^{n}\dfrac{f^{(k)}(x_0)}{k!}(x-x_0)^k+\dfrac{f^{(n+1)}(\xi)}{(n+1)!}(x-x_0)^{n+1}$，其中 ξ 介于 x_0 与 x 之间，$f^{(0)}(x_0)=f(x_0)$.

2. 麦克劳林公式　　在 $x_0=0$ 展开的泰勒公式，也称为麦克劳林公式，即

$$f(x)=\sum\limits_{k=0}^{n}\dfrac{f^{(k)}(0)}{k!}x^k+\dfrac{f^{(n+1)}(\xi)}{(n+1)!}x^{n+1},$$

其中 ξ 介于 0 与 x 之间.

带有佩亚诺余项的麦克劳林展开式为

$$f(x)=f(0)+f'(0)x+\cdots+\dfrac{1}{n!}f^{(n)}(0)x^n+o(x^n).$$

3. 常用的六个泰勒展开式

$$\mathrm{e}^x=1+x+\dfrac{x^2}{2!}+\cdots+\dfrac{x^n}{n!}+o(x^n),$$

$$\sin x=x-\dfrac{x^3}{3!}+\dfrac{x^5}{5!}-\cdots+(-1)^n\dfrac{x^{2n+1}}{(2n+1)!}+o(x^{2n+1}),$$

$$\cos x=1-\dfrac{x^2}{2!}+\dfrac{x^4}{4!}-\dfrac{x^6}{6!}+\cdots+(-1)^n\dfrac{x^{2n}}{(2n)!}+o(x^{2n}),$$

$$\ln(1+x)=x-\dfrac{x^2}{2}+\dfrac{x^3}{3}-\cdots+(-1)^n\dfrac{x^{n+1}}{n+1}+o(x^{n+1}),$$

$$\dfrac{1}{1-x}=1+x+x^2+\cdots+x^n+o(x^n),$$

$$(1+x)^m=1+mx+\dfrac{m(m-1)}{2!}x^2+\cdots+\dfrac{m(m-1)\cdots(m-n+1)}{n!}x^n+o(x^n).$$

二、 经典例题解析及解题方法总结

【例1】 把 $f(x)=\ln\dfrac{1+x}{1-x}$ 在 $x=0$ 处展开成带有佩亚诺余项的泰勒公式.

解 $\ln\dfrac{1+x}{1-x}=\ln(1+x)-\ln(1-x)$

$$=\left[x-\frac{x^2}{2}+\frac{x^3}{3}+\cdots-\frac{x^{2n}}{2n}+o(x^{2n})\right]-\left[-x-\frac{x^2}{2}-\frac{x^3}{3}+\cdots-\frac{x^{2n}}{2n}+o(x^{2n})\right]$$

$$=2\left(x+\frac{x^3}{3}+\frac{x^5}{5}+\cdots+\frac{x^{2n-1}}{2n-1}\right)+o(x^{2n}).$$

● **方法总结**

将函数在某点处展成泰勒公式的方法:

(1)直接按公式展开,有时需将函数作简单变形,转化为可展开的形式.

(2)利用常用的泰勒公式,通过适当的变量代换,四则运算,复合以及逐项微分等方法将函数展开.

【例2】 求极限 $\lim\limits_{x\to0}\dfrac{1}{x}\left(\dfrac{1}{x}-\cot x\right)$.

解 用泰勒公式

$$\lim_{x\to0}\frac{1}{x}\left(\frac{1}{x}-\cot x\right)=\lim_{x\to0}\frac{1}{x}\left(\frac{1}{x}-\frac{\cos x}{\sin x}\right)=\lim_{x\to0}\frac{\sin x-x\cos x}{x^2\sin x}$$

$$=\lim_{x\to0}\frac{x-\dfrac{x^3}{3!}+o(x^4)-x\left(1-\dfrac{x^2}{2!}+\dfrac{x^4}{4!}+o(x^4)\right)}{x^2\sin x}=\lim_{x\to0}\frac{-\dfrac{x^3}{6}+\dfrac{x^3}{2}+o(x^4)}{x^2\sin x}$$

$$=-\frac{1}{6}+\frac{1}{2}=\frac{1}{3}.$$

● **方法总结**

在用泰勒公式求极限时,要灵活运用,分清哪些项要展开,哪些项可以保留,本题分母中的 $\sin x$ 是作为一个乘积因子,$x\to0$ 时与 x 是等价无穷小,因此可直接看作 x,而无须展开,而分子中的 $\sin x$ 则不同,要用泰勒公式展开,对于复杂函数的极限,泰勒公式是一个有力的工具,在寻找未定式极限时常用的方法是等价无穷小代换以及洛必达法则,事实上,$e^x-1=x+\dfrac{x^2}{2!}+o(x^2)$,所以也可以用 $x+\dfrac{x^2}{2}$ 来代换 $e^x-1(x\to0$ 时),而等价无穷小只利用了 $e^x-1=x+o(x)$ 的一阶性质,所以要求更精细的极限必须使用泰勒公式.

【例3】 设函数 $f(x)$ 在 $x=0$ 的某邻域内具有一阶连续导数,且 $f(0)\neq0$,$f'(0)\neq0$,若 $af(h)+bf(2h)-f(0)$ 在 $h\to0$ 时是比 h 高阶的无穷小,试确定 a、b 的值.

解 因为 $f(x)$ 在 $x=0$ 的某邻域内具有一阶连续导数,所以由泰勒公式采用佩亚诺余项得

$$f(x)=f(0)+f'(0)x+o(x),$$

所以 $f(h)=f(0)+f'(0)h+o(h),$ $f(2h)=f(0)+2f'(0)h+o(h),$

由此 $af(h)+bf(2h)-f(0)=(a+b-1)f(0)+(a+2b)f'(0)h+o(h),$

因此要使 $af(h)+bf(2h)-f(0)$ 为 h 高阶无穷小量必须有

$$\begin{cases} a+b-1=0, \\ a+2b=0, \end{cases} \quad 即 \begin{cases} a=2, \\ b=-1. \end{cases}$$

【例 4】 设 $f(x)$ 在点 $x=0$ 的某个邻域内二阶可导，且 $\lim\limits_{x\to0}\dfrac{\sin x+xf(x)}{x^3}=\dfrac{1}{2}$，求 $f(0)$，$f'(0)$ 及 $f''(0)$ 的值.

解 因为 $\sin x=x-\dfrac{1}{3!}x^3+o(x^3),$ $f(x)=f(0)+f'(0)x+\dfrac{1}{2!}f''(0)x^2+o(x^2).$

所以 $\dfrac{1}{2}=\lim\limits_{x\to0}\dfrac{\sin x+xf(x)}{x^3}$

$$=\lim\limits_{x\to0}\frac{1}{x^3}\left[x-\frac{1}{3!}x^3+o(x^3)+f(0)x+f'(0)x^2+\frac{1}{2!}f''(0)x^3+o(x^3)\right]$$

$$=\lim\limits_{x\to0}\frac{1}{x^3}\left[(1+f(0))x+f'(0)x^2+\left(\frac{1}{2}f''(0)-\frac{1}{6}\right)x^3+o(x^3)\right],$$

从而知 $1+f(0)=0,$ $f'(0)=0,$ $\dfrac{1}{2}f''(0)-\dfrac{1}{6}=\dfrac{1}{2},$

故 $f(0)=-1,$ $f'(0)=0,$ $f''(0)=\dfrac{4}{3}.$

【例 5】 (2021 数学一，5 分)设函数 $f(x)=\dfrac{\sin x}{1+x^2}$ 在 $x=0$ 处的三次泰勒多项式为 $ax+bx^2+cx^3$，则_____.

(A)$a=1,b=0,c=-\dfrac{7}{6}$ \qquad (B)$a=1,b=0,c=\dfrac{7}{6}$

(C)$a=-1,b=-1,c=-\dfrac{7}{6}$ \qquad (D)$a=-1,b=-1,c=\dfrac{7}{6}$

解 因为 $\sin x=x-\dfrac{x^3}{3!}+o(x^3),\dfrac{1}{1+x^2}=1-x^2+o(x^2),|x|<1.$

故 $\dfrac{\sin x}{1+x^2}=x-\dfrac{7}{6}x^3+o(x^3)$，即 $a=1,b=0,c=-\dfrac{7}{6}.$

故应选(A).

习题 3—3 解答

1. 按 $x-4$ 的幂展开多项式 $f(x)=x^4-5x^3+x^2-3x+4.$

解 因为 $f'(x)=4x^3-15x^2+2x-3,$

$f''(x)=12x^2-30x+2,$

$f'''(x)=24x-30,$

$f^{(4)}(x)=24,$

$f^{(n)}(x)=0\ (n\geqslant 5).$

$f(4)=-56,\quad f'(4)=21,\quad f''(4)=74,\quad f'''(4)=66,\quad f^{(4)}(4)=24.$

故　$x^4-5x^3+x^2-3x+4$

$$=f(4)+f'(4)(x-4)+\frac{f''(4)}{2!}(x-4)^2+\frac{f'''(4)}{3!}(x-4)^3+\frac{f^{(4)}(4)}{4!}(x-4)^4$$

$$=-56+21(x-4)+37(x-4)^2+11(x-4)^3+(x-4)^4.$$

2. 应用麦克劳林公式，按 x 的幂展开函数 $f(x)=(x^2-3x+1)^3.$

解　$f(x)=x^6-9x^5+30x^4-45x^3+30x^2-9x+1,\qquad f(0)=1,$

$f'(x)=6x^5-45x^4+120x^3-135x^2+60x-9,\qquad f'(0)=-9,$

$f''(x)=30x^4-180x^3+360x^2-270x+60,\qquad f''(0)=60,$

$f'''(x)=120x^3-540x^2+720x-270,\qquad f'''(0)=-270,$

$f^{(4)}=360x^2-1\,080x+720,\qquad f^{(4)}(0)=720,$

$f^{(5)}=720x-1\,080,\qquad f^{(5)}=-1\,080,$

$f^{(6)}=720,\qquad f^{(6)}(0)=720,$

$f^{(n)}=0\quad(n\geqslant 7),$

故　$(x^2-3x+1)^3$

$$=f(0)+f'(0)x+\frac{f''(0)}{2!}x^2+\frac{f'''(0)}{3!}x^3+\frac{f^{(4)}(0)}{4!}x^4+\frac{f^{(5)}(0)}{5!}x^5+\frac{f^{(6)}(0)}{6!}x^6$$

$$=1-9x+30x^2-45x^3+30x^4-9x^5+x^6.$$

3. 求函数 $f(x)=\sqrt{x}$ 按 $x-4$ 的幂展开的带有拉格朗日余项的 3 阶泰勒公式.

解　因为 $f(x)=\sqrt{x},\quad f'(x)=\frac{1}{2}x^{-\frac{1}{2}},\quad f''(x)=-\frac{1}{4}x^{-\frac{3}{2}},\quad f'''(x)=\frac{3}{8}x^{-\frac{5}{2}},$

$$f^{(4)}(x)=-\frac{15}{16}x^{-\frac{7}{2}},\quad f(4)=2,\quad f'(4)=\frac{1}{4},\quad f''(4)=-\frac{1}{32},\quad f'''(4)=\frac{3}{256}.$$

故 $\sqrt{x}=f(4)+f'(4)(x-4)+\frac{f''(4)}{2!}(x-4)^2+\frac{f'''(4)}{3!}(x-4)^3+\frac{f^{(4)}(\xi)}{4!}(x-4)^4$

$$=2+\frac{1}{4}(x-4)-\frac{1}{64}(x-4)^2+\frac{1}{512}(x-4)^3-\frac{15}{384\xi^{\frac{7}{2}}}(x-4)^4,$$

其中 ξ 介于 x 与 4 之间.

4. 求函数 $f(x)=\ln x$ 按 $x-2$ 的幂展开的带有佩亚诺型余项的 n 阶泰勒公式.

解　因为 $f^{(n)}(x)=\frac{(-1)^{n-1}(n-1)!}{x^n},f^{(n)}(2)=\frac{(-1)^{n-1}(n-1)!}{2^n},$故

$$\ln x=f(2)+f'(2)(x-2)+\frac{f''(2)}{2!}(x-2)^2+\frac{f'''(2)}{3!}(x-2)^3+\cdots$$

$$+\frac{f^{(n)}(2)}{n!}(x-2)^n+o[(x-2)^n]$$

$$=\ln2+\frac{1}{2}(x-2)-\frac{1}{2^3}(x-2)^2+\frac{1}{3\times2^3}(x-2)^3+\cdots$$

$$+(-1)^{n-1}\frac{1}{n\times2^n}(x-2)^n+o[(x-2)^n].$$

5. 求函数 $f(x)=\frac{1}{x}$ 按 $x+1$ 的幂展开的带有拉格朗日型余项的 n 阶泰勒公式.

解　因为 $f^{(n)}(x)=\frac{(-1)^n n!}{x^{n+1}},f^{(n)}(-1)=-n!,$故

$$\frac{1}{x}=f(-1)+f'(-1)(x+1)+\frac{f''(-1)}{2!}(x+1)^2+\frac{f'''(-1)}{3!}(x+1)^3+\cdots$$

$$+\frac{f^{(n)}(-1)}{n!}(x+1)^n+\frac{f^{(n+1)}(\xi)}{(n+1)!}(x+1)^{n+1}$$

$$=-[1+(x+1)+(x+1)^2+\cdots+(x+1)^n]+(-1)^{n+1}\xi^{-(n+2)}(x+1)^{n+1},$$

其中 ξ 介于 x 与 -1 之间.

6. 求函数 $f(x)=\tan x$ 的带有佩亚诺余项的 3 阶麦克劳林公式.

解 因为 $f(x)=\tan x$, $f'(x)=\sec^2 x$, $f''(x)=2\sec^2 x\tan x$, $f'''(x)=4\sec^2 x\tan^2 x+2\sec^4 x$,

$f(0)=0$, $f'(0)=1$, $f''(0)=0$, $f'''(0)=2$,

因此 $f(x)=x+\dfrac{x^3}{3}+o(x^3)$.

7. 求函数 $f(x)=xe^x$ 的带有佩亚诺余项的 n 阶麦克劳林公式.

解 因为 $f(x)=xe^x$, $f^{(n)}(x)=(n+x)e^x$(见习题 $2-3$,10(4)),$f^{(n)}(0)=n$,故

$$xe^x=f(0)+f'(0)x+\frac{1}{2!}f''(0)x^2+\cdots+\frac{1}{n!}f^{(n)}(0)x^n+o(x^n)$$

$$=x+x^2+\frac{x^3}{2!}+\cdots+\frac{x^n}{(n-1)!}+o(x^n).$$

8. 验证当 $0<x\leqslant\dfrac{1}{2}$ 时,按公式 $e^x\approx1+x+\dfrac{x^2}{2}+\dfrac{x^3}{6}$ 计算 e^x 的近似值时,所产生的误差小于 0.01,并求 $\sqrt{e}$ 的近似值,使误差小于 0.01.

证 设 $f(x)=e^x$,则 $f^{(n)}(0)=1$,故 $f(x)=e^x$ 的三阶麦克劳林公式为 $e^x=1+x+\dfrac{x^2}{2!}+\dfrac{x^3}{3!}+\dfrac{e^\xi}{4!}x^4$,

其中 ξ 介于 $0,x$ 之间. 按 $e^x\approx1+x+\dfrac{x^2}{2}+\dfrac{x^3}{6}$ 计算 e^x 的近似值时,其误差为 $|R_3(x)|=\dfrac{e^\xi}{4!}x^4$

当 $0<x\leqslant\dfrac{1}{2}$ 时,$0<\xi<\dfrac{1}{2}$,$|R_3(x)|\leqslant\dfrac{3^{\frac{1}{2}}}{4!}\left(\dfrac{1}{2}\right)^4\approx0.0045<0.01$,

$$\sqrt{e}\approx1+\frac{1}{2}+\frac{1}{2}\left(\frac{1}{2}\right)^2+\frac{1}{6}\left(\frac{1}{2}\right)^3\approx1.645.$$

9. 应用 3 阶泰勒公式求下列各数的近似值,并估计误差:

(1) $\sqrt[3]{30}$; (2) $\sin 18°$.

解 (1)因为 $f(x)=\sqrt[3]{1+x}=(1+x)^{\frac{1}{3}}\approx1+\dfrac{1}{3}x+\dfrac{\frac{1}{3}\left(\frac{1}{3}-1\right)}{2!}x^2+\dfrac{\frac{1}{3}\left(\frac{1}{3}-1\right)\left(\frac{1}{3}-2\right)}{3!}x^3$

$$=1+\frac{1}{3}x-\frac{1}{9}x^2+\frac{5}{81}x^3,$$

$$R_3(x)=\frac{\frac{1}{3}\left(\frac{1}{3}-1\right)\left(\frac{1}{3}-2\right)\left(\frac{1}{3}-3\right)}{4!}(1+\xi)^{\frac{1}{3}-4}x^4,$$

其中 ξ 介于 0 与 x 之间,故

$$\sqrt[3]{30}=\sqrt[3]{27+3}=3\sqrt[3]{1+\frac{1}{9}}\approx3\left[1+\frac{1}{3}\times\frac{1}{9}-\frac{1}{9}\left(\frac{1}{9}\right)^2+\frac{5}{81}\left(\frac{1}{9}\right)^3\right]\approx3.10724.$$

误差 $|R_3|=3\times\left|\dfrac{\frac{1}{3}\left(\frac{1}{3}-1\right)\left(\frac{1}{3}-2\right)\left(\frac{1}{3}-3\right)}{4!}(1+\xi)^{\frac{1}{3}-4}\left(\dfrac{1}{9}\right)^4\right|,$

ξ 介于 0 与 $\dfrac{1}{9}$ 之间,即 $0<\xi<\dfrac{1}{9}$,因此 $|R_3|=\left|\dfrac{80}{4!\times3^{11}}\right|\approx1.88\times10^{-5}$.

(2)已知 $\sin x\approx x-\dfrac{x^3}{3!}$,$R_4(x)=\dfrac{\sin\left(\xi+\frac{5}{2}\pi\right)}{5!}x^5$,$\xi$ 介于 0 与 $\dfrac{\pi}{10}$ 之间,故

$$\sin 18°=\sin\frac{\pi}{10}\approx\frac{\pi}{10}-\frac{1}{3!}\left(\frac{\pi}{10}\right)^3\approx0.3090,$$

$$|R_4|\leqslant\frac{1}{5!}\left(\frac{\pi}{10}\right)^5\approx2.55\times10^{-5}.$$

评注：利用 $R_3(x)=\dfrac{\sin\left(\xi+\frac{4}{2}\pi\right)}{4!}x^4,\ \xi\in\left(0,\frac{\pi}{10}\right)$，可得误差 $|R_3|\leqslant\dfrac{1}{4!}\left(\dfrac{\pi}{10}\right)^4\approx1.3\times10^{-4}.$

*10. 利用泰勒公式求下列极限：

(1) $\displaystyle\lim_{x\to+\infty}\left(\sqrt[3]{x^3+3x^2}-\sqrt[4]{x^4-2x^3}\right);$

(2) $\displaystyle\lim_{x\to0}\dfrac{\cos x-\mathrm{e}^{-\frac{x^2}{2}}}{x^2[x+\ln(1-x)]};$

(3) $\displaystyle\lim_{x\to0}\dfrac{1+\frac{1}{2}x^2-\sqrt{1+x^2}}{(\cos x-\mathrm{e}^{x^2})\sin x^2};$

(4) $\displaystyle\lim_{x\to\infty}\left[x-x^2\ln\left(1+\frac{1}{x}\right)\right].$

解 (1) $\displaystyle\lim_{x\to+\infty}\left(\sqrt[3]{x^3+3x^2}-\sqrt[4]{x^4-2x^3}\right)=\lim_{x\to+\infty}x\left[\left(1+\frac{3}{x}\right)^{\frac{1}{3}}-\left(1-\frac{2}{x}\right)^{\frac{1}{4}}\right].$

$$=\lim_{x\to+\infty}x\left[1+\frac{1}{3}\times\frac{3}{x}+o\left(\frac{1}{x}\right)-1+\frac{1}{4}\times\frac{2}{x}+o\left(\frac{1}{x}\right)\right]=\lim_{x\to+\infty}\left[\frac{3}{2}+\frac{o\left(\frac{1}{x}\right)}{\frac{1}{x}}\right]=\frac{3}{2}.$$

(2) $\displaystyle\lim_{x\to0}\dfrac{\cos x-\mathrm{e}^{-\frac{x^2}{2}}}{x^2[x+\ln(1-x)]}=\lim_{x\to0}\dfrac{1-\frac{x^2}{2}+\frac{x^4}{4!}+o(x^4)-1-\left(-\frac{x^2}{2}\right)-\frac{1}{2}\left(-\frac{x^2}{2}\right)^2+o(x^4)}{x^2\left[x+\left(-x-\frac{1}{2}x^2+o(x^2)\right)\right]}$

$$=\lim_{x\to0}\dfrac{\left(\frac{1}{4!}-\frac{1}{8}\right)x^4+o(x^4)}{-\frac{1}{2}x^4+o(x^4)}=\lim_{x\to0}\dfrac{-\frac{1}{12}+\frac{o(x^4)}{x^4}}{-\frac{1}{2}+\frac{o(x^4)}{x^4}}=\dfrac{-\frac{1}{12}}{-\frac{1}{2}}=\frac{1}{6}.$$

(3) $\displaystyle\lim_{x\to0}\dfrac{1+\frac{1}{2}x^2-\sqrt{1+x^2}}{(\cos x-\mathrm{e}^{x^2})\sin x^2}=\lim_{x\to0}\dfrac{1+\frac{1}{2}x^2-\left(1+\frac{1}{2}x^2-\frac{1}{8}x^4+o(x^4)\right)}{\left[1-\frac{1}{2}x^2+o(x^2)-1-x^2+o(x^2)\right][x^2+o(x^2)]}$

$$=\lim_{x\to0}\dfrac{\frac{1}{8}x^4+o(x^4)}{-\frac{3}{2}x^4+o(x^4)}=\lim_{x\to0}\dfrac{\frac{1}{8}+\frac{o(x^4)}{x^4}}{-\frac{3}{2}+\frac{o(x^4)}{x^4}}=\dfrac{\frac{1}{8}}{-\frac{3}{2}}=-\frac{1}{12}.$$

(4) $\displaystyle\lim_{x\to\infty}\left[x-x^2\ln\left(1+\frac{1}{x}\right)\right]=\lim_{x\to\infty}\left[x-x^2\left(\frac{1}{x}-\frac{1}{2}\cdot\frac{1}{x^2}+o\left(\frac{1}{x^2}\right)\right)\right]$

$$=\lim_{x\to\infty}\left[x-x+\frac{1}{2}+\frac{o\left(\frac{1}{x^2}\right)}{\frac{1}{x^2}}\right]=\frac{1}{2}.$$

11. 若函数 $f(x)$ 在 $(-\infty,+\infty)$ 内具有二阶导数，且 $f''(x)>0$，又 $\displaystyle\lim_{x\to0}\frac{f(x)}{x}=1$，证明：$f(x)\geqslant x,x\in(-\infty,+\infty).$

证 易知 $f(x)$ 在 $x=0$ 处连续，由 $\displaystyle\lim_{x\to0}\frac{f(x)}{x}=1$ 知 $f(0)=0$ 且 $f'(0)=1$，

将 $f(x)$ 在 $x=0$ 处展开，可得

$$f(x)=f(0)+f'(0)x+\frac{f''(\xi)}{2!}x^2=x+\frac{f''(\xi)}{2!}x^2\geqslant x(\xi\text{介于 0 与 }x\text{ 之间}).$$

第四节 函数的单调性与曲线的凹凸性

一、 主要内容归纳

1. 函数的单调性

设函数 $y=f(x)$ 在 $[a,b]$ 上连续,在 (a,b) 内可导.

(1)若在 (a,b) 内 $f'(x)>0$,则 $f(x)$ 在 $[a,b]$ 上单调增加;

(2)若在 (a,b) 内 $f'(x)<0$,则 $f(x)$ 在 $[a,b]$ 上单调减少.

2. 曲线的凹凸性与拐点

凹凸性定义 若曲线弧上每一点的切线都位于曲线的下方,则称这段弧是凹的,若曲线弧上每一点的切线都位于曲线的上方,则称这段弧是凸的.(这一定义与教材上所给定义是一致的)

曲线的凹凸性判别法 设函数 $f(x)$ 在区间 $[a,b]$ 上连续,在区间 (a,b) 内具有二阶导数.如果 $f''(x)\leqslant 0$,但 $f''(x)$ 在任何子区间中不恒为零,则曲线弧 $y=f(x)$ 是凸的;如果 $f''(x)\geqslant 0$,但 $f''(x)$ 在任何子区间不恒为零,则曲线弧 $y=f(x)$ 是凹的.

拐点定义 连续曲线凹与凸部分的分界点称为曲线的拐点.

因为拐点是曲线凹凸弧的分界点,所以在拐点横坐标左右两侧邻近处 $f''(x)$ 必然异号,而在拐点横坐标处 $f''(x)$ 等于零或不存在.

拐点存在的必要条件 设函数 $f(x)$ 在 x_0 点具有二阶导数,则点 $(x_0,f(x_0))$ 是曲线 $y=f(x)$ 的拐点的必要条件是 $f''(x_0)=0$.

二、 经典例题解析及解题方法总结

【例1】 求函数 $y=(2x-5)x^{\frac{2}{3}}$ 的单调区间.

解 函数 $y(x)$ 的定义域为 $(-\infty,+\infty)$,

$$y'=(2x^{\frac{5}{3}}-5x^{\frac{2}{3}})'=\frac{10}{3}x^{\frac{2}{3}}-\frac{10}{3}x^{-\frac{1}{3}}=\frac{10(x-1)}{3x^{\frac{1}{3}}}.$$

令 $y'=0$ 得 $x=1$,又 $y'(0)$ 不存在但 $y(0)=0$,列表如下:

x	$(-\infty,0)$	0	$(0,1)$	1	$(1,+\infty)$
y'	$+$	不存在	$-$	0	$+$
y	↗		↘		↗

由上表知,$(-\infty,0]$ 及 $[1,+\infty)$ 是函数的单调增加区间;$[0,1]$ 是函数的单调减少区间.

● **方法总结**

求 $y=f(x)$ 的单调区间步骤是:(1)明确定义域并找出无定义端点;(2)找出使 $f'(x)$ $=0$ 的点(驻点)及导数不存在但函数有意义的点(称这些点为极值疑点);(3)把全部上面列出的点按大小列在表上,它们把定义域分割成若干区间,分别根据每个区间上导数的符号判断其单调性.

【例2】 求曲线 $y=(x-2)^{\frac{5}{3}}-\frac{5}{9}x^2$ 的凹凸区间和拐点.

解 函数的定义域为:$(-\infty,+\infty)$.

$$y'=\frac{5}{3}(x-2)^{\frac{2}{3}}-\frac{10}{9}x,$$

$$y''=\frac{10[1-(x-2)^{\frac{1}{3}}]}{9(x-2)^{\frac{1}{3}}},$$

显然 $y''(2)$ 不存在,令 $y''=0$ 得 $x=3$,因此 $x_1=2$ 及 $x_2=3$ 是曲线 $y=(x-2)^{\frac{5}{3}}-\frac{5}{9}x^2$ 的拐点可疑点的横坐标,为此列表如下:

x	$(-\infty,2)$	2	$(2,3)$	3	$(3,+\infty)$
y''	$-$	不存在	$+$	0	$-$
$y(x)$	$\cap$	$-\frac{20}{9}$	$\cup$	-4	$\cap$

由上表可知:区间 $(-\infty,2]$ 及 $[3,+\infty)$ 是曲线 $y=(x-2)^{\frac{5}{3}}-\frac{5}{9}x^2$ 的凸区间;区间 $[2,3]$ 是曲线的凹区间;点 $(2,-\frac{20}{9})$ 及 $(3,-4)$ 是曲线的两个拐点.

● **方法总结**

判定曲线凹凸性或求函数的凹、凸区间、拐点的步骤是:(1)求出函数的定义域或指定区域,及二阶导数;(2)在区域内求出全部拐点疑点(二阶导数为 0 的点、二阶导数不存在但函数有意义的点),函数边界点及使函数无意义的端点,把这些点列在表上,根据二阶导数在各区间上的正负进行判断.

【例3】 (2023 数学二,5分)设函数 $f(x)=(x^2+a)e^x$,若 $f(x)$ 没有极值点,但曲线 $y=f(x)$ 有拐点,则 a 的取值范围是_____.

(A)$[0,1)$ (B)$[1,+\infty)$

(C)$[1,2)$ (D)$[2,+\infty)$

解 $f'(x)=(x^2+2x+a)e^x$,$f''(x)=(x^2+4x+a+2)e^x$,

$f(x)$无极值点,则 $f'(x) \geqslant 0$,因而 $\Delta_1 = 4-4a \leqslant 0$,即 $a \geqslant 1$.

$f(x)$有拐点,则 $\Delta_2 = 16-4(a+2) > 0, a < 2$. 所以 $a \in [1,2)$.

故应选(C).

【例4】 讨论曲线 $y = x + \dfrac{x}{x^2-1}$ 的凸凹性及拐点.

解 $y' = 1 + \dfrac{x^2-1-x(2x)}{(x^2-1)^2} = 1 + \dfrac{-x^2-1}{(x^2-1)^2}$

$$y'' = \frac{-2x(x^2-1)^2 + (x^2+1)2(x^2-1)2x}{(x^2-1)^4} = \frac{2x^3+6x}{(x^2-1)^3}.$$

令 $y'' = 0, \Rightarrow x = 0$,当 $-1 < x < 0$ 及 $x > 1$ 时,$y''(x) > 0$,当 $x < -1$ 及 $0 < x < 1$ 时,$y''(x) < 0$,

故 $y(x) = x + \dfrac{x}{x^2-1}$ 在 $(-\infty, -1) \cup (0,1)$ 是凸的,在 $(-1,0) \cup (1, +\infty)$ 是凹的,且以 $(0,0)$ 为拐点.

● **方法总结**

(1)求凹凸区间时,$f''(x) > 0$ 的解即为曲线的凹区间,$f''(x) < 0$ 的解即为曲线的凸区间;

(2)对二阶可导函数求拐点时,首先解得 $f''(x) = 0$,再考查解的附近左右两侧的二阶导数的正负号,如符号相反,则相应的点是拐点,如符号相同,则相应的点不是拐点.

【例5】 证明:当 $0 < a < b < \pi$ 时,$b\sin b + 2\cos b + \pi b > a\sin a + 2\cos a + \pi a$.

证 **方法一** 设 $f(x) = x\sin x + 2\cos x + \pi x,\ x \in [0, \pi]$,则
$$f'(x) = \sin x + x\cos x - 2\sin x + \pi = x\cos x - \sin x + \pi,$$
$$f''(x) = \cos x - x\sin x - \cos x = -x\sin x < 0,\ x \in (0, \pi),$$
故 $f'(x)$在$[0, \pi]$上单调减少,从而 $f'(x) > f'(\pi) = 0, x \in (0, \pi)$,因此 $f(x)$在$[0, \pi]$上单调增加,当 $0 < a < b < \pi$ 时,$f(b) > f(a)$,即
$$b\sin b + 2\cos b + \pi b > a\sin a + 2\cos a + \pi a.$$

方法二 设 $\varphi(x) = x\sin x + 2\cos x,\ x \in [0, \pi]$,在$[a,b]$上应用拉格朗日中值定理,有
$$\varphi(b) - \varphi(a) = \varphi'(\xi)(b-a),\quad \xi \in (a,b) \subset (0, \pi),$$
即
$$b\sin b + 2\cos b - a\sin a - 2\cos a = (\xi\cos\xi - \sin\xi)(b-a).$$
设 $g(x) = x\cos x - \sin x,\ x \in [0, \pi]$,则
$$g'(x) = \cos x - x\sin x - \cos x = -x\sin x < 0,\quad x \in (0, \pi).$$
因此 $g(x)$在$[0, \pi]$上单调减少,故 $\xi\cos\xi - \sin\xi > g(\pi) = -\pi$,于是
$$b\sin b + 2\cos b - a\sin a - 2\cos a > -\pi(b-a),$$
移项得 $b\sin b + 2\cos b + \pi b > a\sin a + 2\cos a + \pi a$

方法总结

利用导数的性质证明不等式是一种常用方法,它包含下面几种思路:

(1)利用微分中值定理.　　　　(2)利用泰勒公式.　　　　　(3)利用函数的单调性.

(4)利用最大最小值.　　　　　(5)利用函数的凹凸性.

解题的关键是要根据要证的结论作适当的辅助函数,把不等式的证明转化为利用导数来研究函数的特征,因此用导数证明不等式的本质是构造法.

【例6】 讨论曲线 $y=4\ln x+k$ 与 $y=4x+\ln^4 x$ 的交点个数.

解 问题等价于讨论方程 $\ln^4 x-4\ln x+4x-k=0$ 有几个不同的实根.

设 $\varphi(x)=\ln^4 x-4\ln x+4x-k$,则有 $\varphi'(x)=\dfrac{4(\ln^3 x-1+x)}{x}$. 不难看出,$x=1$ 是 $\varphi(x)$ 的驻点.

当 $0<x<1$ 时,$\varphi'(x)<0$,即 $\varphi(x)$ 单调减少;

当 $x>1$ 时,$\varphi'(x)>0$,即 $\varphi(x)$ 单调增加,故 $\varphi(1)=4-k$ 为函数 $\varphi(x)$ 的最小值.

当 $k<4$,即 $4-k>0$ 时,$\varphi(x)=0$ 无实根,即两条曲线无交点.

当 $k=4$,即 $4-k=0$ 时,$\varphi(x)=0$ 有唯一实根,即两条曲线只有一个交点.

当 $k>4$,即 $4-k<0$ 时,由于
$$\lim_{x\to 0^+}\varphi(x)=\lim_{x\to 0^+}\left[\ln x(\ln^3 x-4)+4x-k\right]=+\infty,$$
$$\lim_{x\to +\infty}\varphi(x)=\lim_{x\to +\infty}\left[\ln x(\ln^3 x-4)+4x-k\right]=+\infty,$$

故 $\varphi(x)=0$ 有两个实根,分别位于 $(0,1)$ 与 $(1,+\infty)$ 内,即两条曲线有两个交点.

【例7】 (2020数学二,4分)设函数 $f(x)$ 在区间 $[-2,2]$ 上可导,且 $f'(x)>f(x)>0$,则_____.

(A) $\dfrac{f(-2)}{f(-1)}>1$ 　　　　　　　　　　(B) $\dfrac{f(0)}{f(-1)}>\mathrm{e}$

(C) $\dfrac{f(1)}{f(-1)}<\mathrm{e}^2$ 　　　　　　　　　(D) $\dfrac{f(2)}{f(-1)}<\mathrm{e}^3$

解 令辅助函数 $F(x)=\dfrac{f(x)}{\mathrm{e}^x}$,则

$$F'(x)=\dfrac{f'(x)\mathrm{e}^x-f(x)\mathrm{e}^x}{\mathrm{e}^{2x}}=\dfrac{f'(x)-f(x)}{\mathrm{e}^x}>0,$$ 故 $F(x)$ 单调增加.

于是,$F(0)>F(-1)$,即 $\dfrac{f(0)}{\mathrm{e}^0}>\dfrac{f(-1)}{\mathrm{e}^{-1}}$,又 $f(x)>0$,则 $\dfrac{f(0)}{f(-1)}>\mathrm{e}$.

故应选(B).

习题 3-4 解答

1. 判定函数 $f(x)=\arctan x-x$ 的单调性.

解 $f'(x)=\dfrac{1}{1+x^2}-1=-\dfrac{x^2}{1+x^2}\leqslant 0$ 且 $f'(x)=0$ 仅在 $x=0$ 时成立.因此函数 $f(x)=\arctan x-x$ 在

$(-\infty,+\infty)$ 内单调减少.

2. 判定函数 $f(x)=x+\cos x$ 的单调性.

解 $f'(x)=1-\sin x\geqslant 0$,且当 $x=2n\pi+\dfrac{\pi}{2}(n=0,\pm 1,\pm 2,\cdots)$ 时,$f'(x)=0$.可以看出在 $(-\infty,+\infty)$ 的任一有限子区间上,使 $f'(x)=0$ 的点只有有限个.因此函数 $f(x)=x+\cos x$ 在 $(-\infty,+\infty)$ 内单调增加.

3. 确定下列函数的单调区间:

(1) $y=2x^3-6x^2-18x-7$;　　　　　　(2) $y=2x+\dfrac{8}{x}\ (x>0)$;

(3) $y=\dfrac{10}{4x^3-9x^2+6x}$;　　　　　　(4) $y=\ln(x+\sqrt{1+x^2})$;

(5) $y=(x-1)(x+1)^3$;　　　　　　(6) $y=\sqrt[3]{(2x-a)(a-x)^2}\ (a>0)$;

(7) $y=x^n\mathrm{e}^{-x}(n>0,x\geqslant 0)$;　　　　(8) $y=x+|\sin 2x|$.

解 (1)函数的定义域为 $(-\infty,+\infty)$,在 $(-\infty,+\infty)$ 内可导,且
$$y'=6x^2-12x-18=6(x-3)(x+1).$$
令 $y'=0$ 得驻点 $x_1=-1$,$x_2=3$,这两个驻点把 $(-\infty,+\infty)$ 分成三个部分区间 $(-\infty,-1)$,$(-1,3)$,$(3,+\infty)$.

当 $-\infty<x<-1$ 及 $3<x<+\infty$ 时,$y'>0$,因此函数在 $(-\infty,-1]$,$[3,+\infty)$ 上单调增加;

当 $-1<x<3$ 时,$y'<0$,因此函数在 $[-1,3]$ 上单调减少.

(2)函数的定义域为 $(0,+\infty)$,在 $(0,+\infty)$ 内可导,且
$$y'=2-\dfrac{8}{x^2}=\dfrac{2x^2-8}{x^2}=\dfrac{2(x-2)(x+2)}{x^2}.$$
令 $y'=0$,得驻点 $x_1=-2$(舍去),$x_2=2$.它把 $(0,+\infty)$ 分成两个部分区间 $(0,2)$,$(2,+\infty)$.

当 $0<x<2$ 时,$y'<0$ 因此函数在 $(0,2]$ 上单调减少;

当 $2<x<+\infty$ 时,$y'>0$ 因此函数在 $[2,+\infty)$ 上单调增加.

(3)函数除 $x=0$ 外处处可导,且
$$y'=\dfrac{-10(12x^2-18x+6)}{(4x^3-9x^2+6x)^2}=\dfrac{-120\left(x-\dfrac{1}{2}\right)(x-1)}{(4x^3-9x^2+6x)^2}.$$
令 $y'=0$,得驻点 $x_1=\dfrac{1}{2}$,$x_2=1$.这两个驻点及点 $x=0$ 把区间 $(-\infty,+\infty)$ 分成四个部分区间 $(-\infty,0)$,$\left(0,\dfrac{1}{2}\right)$,$\left(\dfrac{1}{2},1\right)$,$(1,+\infty)$.

当 $-\infty<x<0$,$0<x<\dfrac{1}{2}$,$1<x<+\infty$ 时,$y'<0$,因此函数在 $(-\infty,0)$,$\left(0,\dfrac{1}{2}\right]$,$[1,+\infty)$ 内单调减少;

当 $\dfrac{1}{2}<x<1$ 时,$y'>0$,因此函数在 $\left[\dfrac{1}{2},1\right]$ 上单调增加.

(4)函数在 $(-\infty,+\infty)$ 内可导,且
$$y'=\dfrac{1}{x+\sqrt{1+x^2}}\left(1+\dfrac{2x}{2\sqrt{1+x^2}}\right)=\dfrac{1}{\sqrt{1+x^2}}>0,$$
因此函数在 $(-\infty,+\infty)$ 内单调增加.

(5)函数在 $(-\infty,+\infty)$ 内可导,且
$$y'=(x+1)^3+(x-1)\cdot 3(x+1)^2=(x+1)^2(4x-2)=4(x+1)^2\left(x-\dfrac{1}{2}\right).$$
令 $y'=0$,得驻点 $x_1=-1$,$x_2=\dfrac{1}{2}$,这两个驻点把区间 $(-\infty,+\infty)$ 分成三个部分区间 $(-\infty,$

$-1),(-1,\dfrac{1}{2})$ 及 $(\dfrac{1}{2},+\infty)$.

当 $-\infty<x<-1$ 及 $-1<x<\dfrac{1}{2}$ 时,$y'<0$ 因此函数在 $(-\infty,\dfrac{1}{2}]$ 上单调减少;

当 $\dfrac{1}{2}<x<+\infty$ 时,$y'>0$,因此函数在 $[\dfrac{1}{2},+\infty)$ 上单调增加.

(6)函数在 $x_1=\dfrac{a}{2}$,$x_2=a$ 处不可导且在 $(-\infty,\dfrac{a}{2})$,$(\dfrac{a}{2},a)$,$(a,+\infty)$ 内可导

$$y'=\dfrac{1}{3}\cdot\dfrac{4a-6x}{\sqrt[3]{(2x-a)^2(a-x)}}.$$

令 $y'=0$,得驻点 $x_3=\dfrac{2a}{3}$,这个驻点及 $x_1=\dfrac{a}{2}$,$x_2=a$ 把区间 $(-\infty,+\infty)$ 分成四个部分区间 $(-\infty,\dfrac{a}{2})$,$(\dfrac{a}{2},\dfrac{2}{3}a)$,$(\dfrac{2}{3}a,a)$,$(a,+\infty)$.

当 $-\infty<x<\dfrac{a}{2}$ 及 $\dfrac{a}{2}<x<\dfrac{2}{3}a$,$a<x<+\infty$ 时,$y'>0$,因此函数在 $(-\infty,\dfrac{2}{3}a]$,$[a,+\infty)$ 上单调增加;

当 $\dfrac{2}{3}a<x<a$ 时,$y'<0$,因此函数在 $[\dfrac{2}{3}a,a]$ 上单调减少.

(7)函数在 $[0,+\infty)$ 内可导,且

$$y'=nx^{n-1}e^{-x}-x^ne^{-x}=x^{n-1}e^{-x}(n-x).$$

令 $y'=0$,得驻点 $x_1=n$,这个驻点把区间 $[0,+\infty)$ 分成两个部分区间 $[0,n]$,$[n,+\infty)$.

当 $0<x<n$ 时,$y'>0$ 因此函数在 $[0,n]$ 上单调增加;

当 $n<x<+\infty$ 时,$y'<0$,因此函数在 $[n,+\infty)$ 上单调减少.

(8)函数的定义域为 $(-\infty,+\infty)$,且

$$y=\begin{cases}x+\sin2x,&n\pi\leqslant x\leqslant n\pi+\dfrac{\pi}{2},\\x-\sin2x,&n\pi+\dfrac{\pi}{2}<x\leqslant(n+1)\pi\end{cases}\quad(n=0,\pm1,\pm2,\cdots),$$

$$y'=\begin{cases}1+2\cos2x,&n\pi<x<n\pi+\dfrac{\pi}{2},\\1-2\cos2x,&n\pi+\dfrac{\pi}{2}<x<(n+1)\pi\end{cases}\quad(n=0,\pm1,\pm2,\cdots),$$

令 $y'=0$,得驻点 $x=n\pi+\dfrac{\pi}{3}$ 及 $x=n\pi+\dfrac{5\pi}{6}$,按照这些驻点将区间 $(-\infty,+\infty)$ 分成下列部分区间

$$\left(n\pi,n\pi+\dfrac{\pi}{3}\right),\left(n\pi+\dfrac{\pi}{3},n\pi+\dfrac{\pi}{2}\right),\left(n\pi+\dfrac{\pi}{2},n\pi+\dfrac{5\pi}{6}\right),\left(n\pi+\dfrac{5\pi}{6},(n+1)\pi\right)$$

$$(n=0,\pm1,\pm2,\cdots).$$

当 $n\pi<x<n\pi+\dfrac{\pi}{3}$ 时,$y'>0$,因此函数在该区间内单调增加;

当 $n\pi+\dfrac{\pi}{3}<x<n\pi+\dfrac{\pi}{2}$ 时,$y'<0$,因此函数在该区间内单调减少;

当 $n\pi+\dfrac{\pi}{2}<x<n\pi+\dfrac{5\pi}{6}$ 时,$y'>0$,因此函数在该区间内单调增加;

当 $n\pi+\dfrac{5\pi}{6}<x<(n+1)\pi$ 时,$y'<0$,因此函数在该区间内单调减少.

综上可知,函数在 $[\dfrac{k\pi}{2},\dfrac{k\pi}{2}+\dfrac{\pi}{3}]$ 上单调增加,在 $[\dfrac{k\pi}{2}+\dfrac{\pi}{3},\dfrac{k\pi}{2}+\dfrac{\pi}{2}]$ 上单调减少（$k=0,\pm1,\pm2,\cdots$）.

4. 设函数 $f(x)$ 在定义域内可导,$y=f(x)$ 的图形如图 3-1 所示,则导函数 $f'(x)$ 的图形为图 3-2 中所示的四个图形中的哪一个?

解　由所给图形知,当 $x<0$ 时,$y=f(x)$ 单调增加,从而 $f'(x)\geqslant 0$,故排除 (A),(C);当 $x>0$ 时,随着 x 增大,$y=f(x)$ 先单调增加,然后单调减少, 再单调增加,因此随着 x 增大,先有 $f'(x)\geqslant 0$,然后 $f'(x)\leqslant 0$,继而又有 $f'(x)\geqslant 0$,故应选(D).

图 3-1

(A)　　　　(B)　　　　(C)　　　　(D)

图 3-2

5. 证明下列不等式:

(1)当 $x>0$ 时,$1+\dfrac{1}{2}x>\sqrt{1+x}$;

(2)当 $x>0$ 时,$1+x\ln(x+\sqrt{1+x^2})>\sqrt{1+x^2}$;

(3)当 $0<x<\dfrac{\pi}{2}$ 时,$\sin x+\tan x>2x$;

(4)当 $0<x<\dfrac{\pi}{2}$ 时,$\tan x>x+\dfrac{1}{3}x^3$;

(5)当 $x>4$ 时,$2^x>x^2$.

解　(1)取 $f(t)=1+\dfrac{1}{2}t-\sqrt{1+t}$,$t\in[0,x]$.

$$f'(t)=\frac{1}{2}-\frac{1}{2\sqrt{1+t}}=\frac{\sqrt{1+t}-1}{2\sqrt{1+t}}>0,\quad t\in(0,x).$$

因此,函数 $f(x)$ 在 $[0,x]$ 上单调增加,故当 $x>0$ 时,$f(x)>f(0)$. 即

$$1+\frac{1}{2}x-\sqrt{1+x}>1+\frac{1}{2}\cdot 0-\sqrt{1+0}=0.$$

亦即 $1+\dfrac{x}{2}>\sqrt{1+x}$　$(x>0)$.

(2)取 $f(t)=1+t\ln(t+\sqrt{1+t^2})-\sqrt{1+t^2}$,$t\in[0,x]$.

$$f'(t)=\ln(t+\sqrt{1+t^2})+\frac{t}{\sqrt{1+t^2}}-\frac{t}{\sqrt{1+t^2}}=\ln(t+\sqrt{1+t^2})>0,\ t\in(0,x).$$

因此,函数 $f(t)$ 在 $[0,x]$ 上单调增加,故当 $x>0$ 时,$f(x)>f(0)$,即

$$1+x\ln(x+\sqrt{1+x^2})-\sqrt{1+x^2}>1+0-1=0,$$

亦即 $1+x\ln(x+\sqrt{1+x^2})>\sqrt{1+x^2}$　$(x>0)$.

(3)取 $f(x)=\sin x+\tan x-2x$,$x\in(0,\dfrac{\pi}{2})$.

$f'(x)=\cos x+\sec^2 x-2$,

$f''=-\sin x+2\sec^2 x\tan x=\sin x(2\sec^3 x-1)>0$,$x\in(0,\dfrac{\pi}{2})$.

因此,$f'(x)$ 函数在 $[0,\dfrac{\pi}{2}]$ 上单调增加,故当 $x\in(0,\dfrac{\pi}{2})$ 时,$f'(x)>f'(0)=0$,从而 $f(x)$ 在 $[0,$

$\frac{\pi}{2}$]上单调增加,即 $f(x)>f(0)=0$,亦即 $\sin x+\tan x-2x>0$, $x\in(0,\frac{\pi}{2})$,

所以 $\sin x+\tan x>2x$, $x\in(0,\frac{\pi}{2})$.

(4)取 $f(x)=\tan x-x-\frac{1}{3}x^3$, $x\in[0,\frac{\pi}{2}]$.

$$f'(x)=\sec^2 x-1-x^2=\tan^2 x-x^2=(\tan x-x)(\tan x+x).$$

由 $g'(x)=(\tan x-x)'=\sec^2 x-1=\tan^2 x>0$

知 $g(x)=\tan x-x$ 在 $[0,x]$ 上单调增加,即 $g(x)=\tan x-x>g(0)=0$.

故 $f'(x)>0$, $x\in(0,\frac{\pi}{2})$.

从而 $f(x)$ 在 $[0,\frac{\pi}{2}]$ 上单调增加,因此 $f(x)>f(0)$, $x\in(0,\frac{\pi}{2})$.

即当 $0<x<\frac{\pi}{2}$ 时,$\tan x-x-\frac{1}{3}x^3>0$. 从而 $\tan x>x+\frac{1}{3}x^3$　　$(0<x<\frac{\pi}{2})$.

(5)取 $f(t)=t\ln 2-2\ln t$, $t\in[4,x]$.

$$f'(t)=\ln 2-\frac{2}{t}=\frac{\ln 4}{2}-\frac{2}{t}>\frac{\ln e}{2}-\frac{2}{4}=0,$$

故当 $x>4$ 时,$f(x)$ 单调增加,从而 $f(x)>f(4)=0$,即 $x\ln 2-2\ln x>0$,

亦即 $2^x>x^2$　　$(x>4)$.

6. 讨论方程 $\ln x=ax$(其中 $a>0$)有几个实根.

　　解　令 $f(x)=\ln x-ax$, $x\in(0,+\infty)$,则 $f'(x)=\frac{1}{x}-a$.

令 $f'(x)=0$,得驻点 $x=\frac{1}{a}$.

当 $0<x<\frac{1}{a}$ 时,$f'(x)>0$,因此函数 $f(x)$ 在 $(0,\frac{1}{a})$ 内单调增加;

当 $\frac{1}{a}<x<+\infty$ 时,$f'(x)<0$,因此函数 $f(x)$ 在 $(\frac{1}{a},+\infty)$ 内单调减少.

从而 $f(\frac{1}{a})$ 为最大值,又 $\lim\limits_{x\to 0^+}f(x)=-\infty$, $\lim\limits_{x\to+\infty}f(x)=-\infty$,

故当 $f(\frac{1}{a})=\ln\frac{1}{a}-1=0$,即 $a=\frac{1}{e}$ 时,曲线 $y=\ln x-ax$ 与 x 轴仅有一个交点,这时,原方程有唯一实根.

当 $f(\frac{1}{a})=\ln\frac{1}{a}-1>0$,即 $0<a<\frac{1}{e}$ 时,曲线 $y=\ln x-ax$ 与 x 轴有两个交点,这时,原方程有两个实根.

当 $f(\frac{1}{a})=\ln\frac{1}{a}-1<0$,即 $a>\frac{1}{e}$ 时,曲线 $y=\ln x-ax$ 与 x 轴没有交点,这时,原方程没有实根.

7. 单调函数的导函数是否必为单调函数? 研究下面这个例子:
$$f(x)=x+\sin x.$$

　　解　单调函数的导函数不一定是单调函数. 例如函数 $f(x)=x+\sin x$,由于 $f'(x)=1+\cos x\geqslant 0$,且 $f'(x)$ 在任何有限区间内只有有限个零点,因此函数 $f(x)$ 在 $(-\infty,+\infty)$ 内为单调增加函数,但它的导函数 $f'(x)=1+\cos x$ 在 $(-\infty,+\infty)$ 内却不是单调函数.

8. 设 I 为任一无穷区间,函数 $f(x)$ 在区间 I 上连续,I 内可导,试证明:如果 $f(x)$ 在 I 的任一有限的子区间上 $f'(x)\geqslant 0$(或 $f'(x)\leqslant 0$),且等号仅在有限多个点处成立,那么 $f(x)$ 在区间 I 上单调增加(或单调减少).

证 在 I 内任取两点 x_1、x_2,不妨设 $x_1<x_2$. 在 $[x_1,x_2]$ 上应用拉格朗日中值定理,得到
$$f(x_2)-f(x_1)=f'(\xi)(x_2-x_1)\geqslant 0 \quad (\text{或}\leqslant 0),$$
其中 $\xi\in(x_1,x_2)$,即 $f(x_2)\geqslant f(x_1)$(或 $f(x_2)\leqslant f(x_1)$),因此,$f(x)$ 在 I 上单调不减(或单调不增),从而对任一 $x\in[x_1,x_2]$,有
$$f(x_2)\geqslant f(x)\geqslant f(x_1) \quad (\text{或}\ f(x_2)\leqslant f(x)\leqslant f(x_1)).$$
若 $f(x_1)=f(x_2)$,则有 $f(x)\equiv f(x_1)$,$x\in[x_1,x_2]$,故 $f'(x)\equiv 0$,$x\in[x_1,x_2]$,这与 $f'(x)=0$ 在 I 的任一有限子区间上仅在有限多个点处成立的假定相矛盾,因此 $f(x_2)>f(x_1)$(或 $f(x_2)<f(x_1)$),即 $f(x)$ 在区间 I 上单调增加(或单调减少).

9. 判定下列曲线的凹凸性:

(1) $y=4x-x^2$;   (2) $y=\mathrm{sh}x$;

(3) $y=x+\dfrac{1}{x}$ ($x>0$);   (4) $y=x\arctan x$.

解 (1) $y'=4-2x$,$y''=-2<0$. 故曲线 $y=4x-x^2$ 在 $(-\infty,+\infty)$ 内是凸的.

(2) $y'=\mathrm{ch}x$,$y''=\mathrm{sh}x$,令 $y''=0$,得 $x=0$.

当 $-\infty<x<0$ 时,$y''<0$,因此曲线 $y=\mathrm{sh}x$ 在 $(-\infty,0]$ 内是凸的.

当 $0<x<+\infty$ 时,$y''>0$,因此曲线 $y=\mathrm{sh}x$ 在 $[0,+\infty)$ 内是凹的.

(3) $y'=1-\dfrac{1}{x^2}$,$y''=\dfrac{2}{x^3}>0$ ($x>0$),故曲线 $y=x+\dfrac{1}{x}$ 在 $(0,+\infty)$ 内是凹的.

(4) $y'=\arctan x+\dfrac{x}{1+x^2}$,$y''=\dfrac{1}{1+x^2}+\dfrac{1+x^2-x\cdot 2x}{(1+x^2)^2}=\dfrac{2}{(1+x^2)^2}>0$,

故曲线 $y=x\arctan x$ 在 $(-\infty,+\infty)$ 内是凹的.

10. 求下列函数图形的拐点及凹或凸的区间:

(1) $y=x^3-5x^2+3x+5$;   (2) $y=x\mathrm{e}^{-x}$;

(3) $y=(x+1)^4+\mathrm{e}^x$;   (4) $y=\ln(x^2+1)$;

(5) $y=\mathrm{e}^{\arctan x}$;   (6) $y=x^4(12\ln x-7)$.

解 (1) $y'=3x^2-10x+3$,$y''=6x-10$,令 $y''=0$ 得 $x=\dfrac{5}{3}$.

当 $-\infty<x<\dfrac{5}{3}$ 时,$y''<0$,因此曲线在 $\left(-\infty,\dfrac{5}{3}\right]$ 上是凸的;

当 $\dfrac{5}{3}<x<+\infty$ 时,$y''>0$,因此曲线在 $\left[\dfrac{5}{3},+\infty\right)$ 上是凹的.

故点 $\left(\dfrac{5}{3},\dfrac{20}{27}\right)$ 为拐点.

(2) $y'=\mathrm{e}^{-x}-x\mathrm{e}^{-x}=(1-x)\mathrm{e}^{-x}$,$y''=-\mathrm{e}^{-x}+(1-x)(-\mathrm{e}^{-x})=\mathrm{e}^{-x}(x-2)$,

令 $y''=0$,得 $x=2$.

当 $-\infty<x<2$ 时,$y''<0$,因此曲线在 $(-\infty,2]$ 上是凸的;

当 $2<x<+\infty$ 时,$y''>0$,因此曲线在 $(2,+\infty)$ 上是凹的.

故点 $\left(2,\dfrac{2}{\mathrm{e}^2}\right)$ 为拐点.

(3) $y'=4(x+1)^3+\mathrm{e}^x$,$y''=12(x+1)^2+\mathrm{e}^x>0$,因此曲线在 $(-\infty,+\infty)$ 内是凹的,曲线没有拐点.

(4) $y'=\dfrac{2x}{x^2+1}$,$y''=\dfrac{2(x^2+1)-2x\cdot 2x}{(x^2+1)^2}=\dfrac{-2(x-1)(x+1)}{(x^2+1)^2}$. 令 $y''=0$,得 $x_1=-1$,$x_2=1$.

当 $-\infty<x<-1$ 时,$y''<0$,因此曲线在 $(-\infty,-1]$ 上是凸的;

当 $-1<x<1$ 时,$y''>0$,因此曲线在 $[-1,1]$ 上是凹的;

当 $1<x<+\infty$ 时,$y''<0$,因此曲线在 $[1,+\infty)$ 上是凸的.

曲线有两个拐点,分别为 $(-1,\ln 2)$,$(1,\ln 2)$.

(5) $y'=e^{\arctan x}\dfrac{1}{1+x^2}$, $y''=\dfrac{-2e^{\arctan x}\left(x-\dfrac{1}{2}\right)}{(1+x^2)^2}$, 令 $y''=0$, 得 $x=\dfrac{1}{2}$.

当 $-\infty<x<\dfrac{1}{2}$ 时, $y''>0$, 因此曲线在 $\left[-\infty,\dfrac{1}{2}\right]$ 上是凹的;

当 $\dfrac{1}{2}<x<+\infty$ 时, $y''<0$, 因此曲线在 $\left[\dfrac{1}{2},+\infty\right]$ 上是凸的.

故点 $\left(\dfrac{1}{2},e^{\arctan\frac{1}{2}}\right)$ 为拐点.

(6) $y'=4x^3(12\ln x-7)+x^4\cdot\dfrac{12}{x}=4x^3(12\ln x-4)$,

$y''=12x^2(12\ln x-4)+4x^3\cdot\dfrac{12}{x}=144x^2\ln x\ (x>0)$.

令 $y''=0$, 得 $x=1$.

当 $0<x<1$ 时, $y''<0$, 因此曲线在 $(0,1]$ 上是凸的;

当 $1<x<+\infty$ 时, $y''>0$, 因此曲线在 $[1,+\infty)$ 上是凹的.

故点 $(1,-7)$ 为拐点.

11. 利用函数图形的凹凸性,证明下列不等式:

(1) $\dfrac{1}{2}(x^n+y^n)>\left(\dfrac{x+y}{2}\right)^n$ $(x>0,y>0,x\neq y,n>1)$;

(2) $\dfrac{e^x+e^y}{2}>e^{\frac{x+y}{2}}$ $(x\neq y)$;

(3) $x\ln x+y\ln y>(x+y)\ln\dfrac{x+y}{2}$ $(x>0,y>0,x\neq y)$;

(4) $\sin x>\dfrac{2x}{\pi}(0<x<\dfrac{\pi}{2})$.

证 (1) 取函数 $f(t)=t^n$, $t\in(0,+\infty)$.

$\qquad f'(t)=nt^{n-1}$, $f''(t)=n(n-1)t^{n-2}$, $t\in(0,+\infty)$.

当 $n>1$ 时, $f''(t)>0$, $t\in(0,+\infty)$, 因此 $f(t)=t^n$ 在 $(0,+\infty)$ 内图形是凹的, 故对任意 $x>0$,

$y>0$, $x\neq y$, 恒有 $\dfrac{1}{2}[f(x)+f(y)]>f\left(\dfrac{x+y}{2}\right)$,

即 $\dfrac{1}{2}(x^n+y^n)>\left(\dfrac{x+y}{2}\right)^n$ $(x>0,y>0,x\neq y,n>1)$.

(2) 取函数 $f(t)=e^t$, $t\in(-\infty,+\infty)$, $f'(t)=e^t$, $f''(t)=e^t>0$, $t\in(-\infty,+\infty)$.

因此 $f(t)=e^t$ 在 $(-\infty,+\infty)$ 内图形是凹的, 故对任何 $x,y\in(-\infty,+\infty)$, $x\neq y$, 恒有

$\qquad \dfrac{1}{2}[f(x)+f(y)]>f\left(\dfrac{x+y}{2}\right)$, 即 $\dfrac{1}{2}(e^x+e^y)>e^{\frac{x+y}{2}}$ $(x\neq y)$.

(3) 取函数 $f(t)=t\ln t$, $t\in(0,+\infty)$, $f'(t)=\ln t+1$, $f''(t)=\dfrac{1}{t}>0$, $t\in(0,+\infty)$.

因此 $f(t)=t\ln t$ 在 $(0,+\infty)$ 内图形是凹的, 故对任何 $x,y\in(0,+\infty)$, $x\neq y$, 恒有

$\qquad \dfrac{1}{2}[f(x)+f(y)]>f\left(\dfrac{x+y}{2}\right)$, 即 $\dfrac{1}{2}(x\ln x+y\ln y)>\dfrac{x+y}{2}\ln\dfrac{x+y}{2}$,

亦即 $x\ln x+y\ln y>(x+y)\ln\dfrac{x+y}{2}$ $(x\neq y)$.

(4) 令 $f(x)=\sin x-\dfrac{2}{\pi}x$, $x\in\left(0,\dfrac{\pi}{2}\right)$, 则 $f'(x)=\cos x-\dfrac{2}{\pi}$, $f''(x)=-\sin x<0$, $x\in\left(0,\dfrac{\pi}{2}\right)$.

所以 $f(x)$ 在 $\left(0,\dfrac{\pi}{2}\right)$ 上是凸的, 因而 $f(x)>\min\left\{f(0),f\left(\dfrac{\pi}{2}\right)\right\}=0$, 即 $\sin x>\dfrac{2}{\pi}x, x\in\left(0,\dfrac{\pi}{2}\right)$.

*12. 试证明曲线 $y=\dfrac{x-1}{x^2+1}$ 有三个拐点位于同一直线上.

证　$y'=\dfrac{(x^2+1)-2x(x-1)}{(x^2+1)^2}=\dfrac{-x^2+2x+1}{(x^2+1)^2}$,

$y''=\dfrac{(-2x+2)(x^2+1)^2-2(x^2+1)\cdot 2x(-x^2+2x+1)}{(x^2+1)^4}=\dfrac{2x^3-6x^2-6x+2}{(x^2+1)^3}$

$=\dfrac{2(x+1)[x-(2-\sqrt{3})][x-(2+\sqrt{3})]}{(x^2+1)^3}$.

令 $y''=0$, 得 $x_1=-1$, $x_2=2-\sqrt{3}$, $x_3=2+\sqrt{3}$.

当 $-\infty<x<-1$ 时, $y''<0$, 因此曲线在 $(-\infty,-1]$ 上是凸的;

当 $-1<x<2-\sqrt{3}$ 时, $y''>0$, 因此曲线在 $[-1,2-\sqrt{3}]$ 上是凹的;

当 $2-\sqrt{3}<x<2+\sqrt{3}$ 时, $y''<0$ 因此曲线在 $[2-\sqrt{3},2+\sqrt{3}]$ 上是凸的;

当 $2+\sqrt{3}<x<+\infty$ 时, $y''>0$ 因此曲线在 $[2+\sqrt{3},+\infty)$ 上是凹的.

故曲线有三个拐点, 分别为 $(-1,-1)$, $(2-\sqrt{3},\dfrac{1-\sqrt{3}}{4(2-\sqrt{3})})$, $(2+\sqrt{3},\dfrac{1+\sqrt{3}}{4(2+\sqrt{3})})$.

由于 $\dfrac{\dfrac{1-\sqrt{3}}{4(2-\sqrt{3})}-(-1)}{2-\sqrt{3}-(-1)}=\dfrac{\dfrac{1+\sqrt{3}}{4(2+\sqrt{3})}-(-1)}{2+\sqrt{3}-(-1)}=\dfrac{1}{4}$, 故这三个拐点在一条直线上.

13. 问 a,b 为何值时, 点 $(1,3)$ 为曲线 $y=ax^3+bx^2$ 的拐点?

解　$y'=3ax^2+2bx$, $y''=6ax+2b$.

由 $(1,3)$ 在曲线上, 有 $a+b=3$.

再由 $y''(1)=0$, 得 $6a+2b=0$, 解得 $a=-\dfrac{3}{2}$, $b=\dfrac{9}{2}$. 且此时容易验证当 $x<1$ 时, $y''>0$, 曲线在 $(-\infty,1]$ 上是凹的. 当 $x>1$ 时, $y''<0$, 曲线在 $[1,+\infty)$ 上是凸的. 即点 $(1,3)$ 为拐点.

14. 试决定曲线 $y=ax^3+bx^2+cx+d$ 中的 a,b,c,d, 使得 $x=-2$ 处曲线有水平切线, $(1,-10)$ 为拐点, 且点 $(-2,44)$ 在曲线上.

解　$y'=3ax^2+2bx+c$, $y''=6ax+2b$.

根据题意有 $y(-2)=44$, $y'(-2)=0$, $y(1)=-10$, $y''(1)=0$. 即

$$\begin{cases} -8a+4b-2c+d=44, \\ 12a-4b+c=0, \\ a+b+c+d=-10, \\ 6a+2b=0. \end{cases}$$

解得 $a=1,b=-3,c=-24,d=16$.

15. 试决定 $y=k(x^2-3)^2$ 中 k 的值, 使曲线的拐点处的法线通过原点.

解　$y'=2k(x^2-3)\cdot 2x=4kx(x^2-3)$,

$y''=4k(x^2-3)+4kx\cdot 2x=12k(x-1)(x+1)$.

令 $y''=0$, 得 $x_1=-1$, $x_2=1$.

当 $-\infty<x<-1$ 时, $y''>0$, 因此曲线在 $(-\infty,-1]$ 上是凹的;

当 $-1<x<1$ 时, $y''<0$, 因此曲线在 $[-1,1]$ 上是凸的;

当 $1<x<+\infty$ 时, $y''>0$, 因此曲线在 $[1,+\infty)$ 上是凹的, 从而知 $(-1,4k)$, $(1,4k)$ 为曲线的拐点.

由 $y'\big|_{x=-1}=8k$ 知过点 $(-1,4k)$ 的法线方程为 $Y-4k=-\dfrac{1}{8k}(X+1)$

要使该法线过原点, 则 $(0,0)$ 应满足方程, 将 $X=0,Y=0$ 代入上式, 得 $k=\pm\dfrac{\sqrt{2}}{8}$.

由 $y'|_{x=1}=-8k$ 知过点 $(-1,4k)$ 的法线方程为 $Y-4k=\dfrac{1}{8k}(X-1)$.

同理,要使该法线过原点,故将 $X=0,Y=0$ 代入上式得 $k=\pm\dfrac{\sqrt{2}}{8}$.

所以,当 $k=\pm\dfrac{\sqrt{2}}{8}$ 时,该曲线拐点处的法线通过原点.

* 16. 设 $y=f(x)$ 在 $x=x_0$ 的某邻域内具有三阶连续导数,如果 $f''(x_0)=0$,而 $f'''(x_0)\neq0$,试问 $(x_0,f(x_0))$ 是不是拐点? 为什么?

解　已知 $f'''(x_0)\neq0$,不妨设 $f'''(x_0)>0$,由于 $f'''(x)$ 在 $x=x_0$ 的某个邻域内连续,因此必存在 $\delta>0$,当 $x\in(x_0-\delta,x_0+\delta)$ 时,$f'''(x)>0$,故在 $(x_0-\delta,x_0+\delta)$ 内 $f''(x)$ 单调增加.

又已知 $f''(x_0)=0$,从而当 $x\in(x_0-\delta,x_0)$ 时,$f''(x)<f''(x_0)=0$,即函数 $f(x)$ 在 $(x_0-\delta,x_0)$ 内的图形是凸的,当 $x\in(x_0,x_0+\delta)$ 时,$f''(x)>f''(x_0)=0$,即函数 $f(x)$ 在 $(x_0,x_0+\delta)$ 内的图形是凹的,所以点 $(x_0,f(x_0))$ 为曲线的拐点.

第五节　函数的极值与最大值最小值

一、主要内容归纳

1. 函数的极值

极值的定义　设函数 $f(x)$ 在 x_0 点的某个邻域内有定义,对于该邻域内异于 x_0 的点 x,如果恒有 $f(x)<f(x_0)$,则称 $f(x_0)$ 为 $f(x)$ 的极大值,而称 x_0 为 $f(x)$ 的极大值点;如果恒有 $f(x)>f(x_0)$,则称 $f(x_0)$ 为 $f(x)$ 的极小值,而称 x_0 为 $f(x)$ 的极小值点.

极大值与极小值统称为极值,极大值点与极小值点统称为极值点.

极值的必要条件　设函数 $f(x)$ 在 x_0 点可导,且在 x_0 点取得极值,则必有 $f'(x_0)=0$.

2. 极值第一判别法

设函数 $f(x)$ 在 x_0 点的某个邻域内可导,且 $f'(x_0)=0$,那么

(1) 若当 $x<x_0$ 时,$f'(x)>0$;当 $x>x_0$ 时 $f'(x)<0$,则 $f(x_0)$ 是 $f(x)$ 的极大值.

(2) 若当 $x<x_0$ 时,$f'(x)<0$;当 $x>x_0$ 时 $f'(x)>0$,则 $f(x_0)$ 是 $f(x)$ 的极小值.

(3) 若在 x_0 的两侧,$f'(x)$ 的符号相同,则 $f(x_0)$ 不是极值.

3. 极值第二判别法

设函数 $f(x)$ 在 x_0 点处有二阶导数,且 $f'(x_0)=0$,$f''(x_0)\neq0$,则

(1) 当 $f''(x_0)<0$ 时,函数 $f(x)$ 在点 x_0 取得极大值;

(2) 当 $f''(x_0)>0$ 时,函数 $f(x)$ 在点 x_0 取得极小值.

4. 函数的最大值与最小值

设函数 $f(x)$ 在 $[a,b]$ 上连续,在 (a,b) 内仅有一个极值点,则若 x_0 是 $f(x)$ 的极大值点,那么 x_0 必为 $f(x)$ 在 $[a,b]$ 上的最大值点;若 x_0 是 $f(x)$ 的极小值点,那么 x_0 必为 $f(x)$ 在 $[a,b]$ 上的最小值点.

二、 经典例题解析及解题方法总结

【例1】 求函数 $f(x)=x-\dfrac{3}{2}x^{\frac{2}{3}}$ 的极值.

解 $f(x)$ 的定义域是 $(-\infty,+\infty)$,且 $f'(x)=1-x^{-\frac{1}{3}}$,$f'(0)$ 不存在,令:$f'(x)=0$ 得驻点 $x=1$,即 $x=0$ 及 $x=1$ 是 $f(x)$ 的极值可疑点;

当 $x<0$ 时,$f'(x)>0$,当 $0<x<1$ 时,$f'(x)<0$;而当 $x>1$ 时,$f'(x)>0$.

由此可知:当 $x=0$ 时,函数取得极大值 $f(0)=0$;

  当 $x=1$ 时,函数取得极小值 $f(1)=-\dfrac{1}{2}$.

方法总结

求极值的步骤

(1)求出函数 $f(x)$ 的全部极值疑点——驻点($f'(x)=0$ 的点)及导数不存在但函数有意义的内点;

(2)逐个地进行判断.判断的方法一般有两个

方法一:用第一种充分条件,求出导函数 $f'(x)$,根据极值疑点邻近 $f'(x)$ 的符号判断.如果极值疑点较多时,亦可先列表求出单调区间,然后根据各单调区间进行判断.

方法二:用第二种充分条件,即如果是驻点,用二阶导数在该点处的正负判断.

注意方法二的条件是极值疑点必为驻点;该点处存在二阶导数且不为0,否则应改用方法一判断.当 $f''(x)$ 存在但较复杂时,一般也用方法一判断.

【例2】 设函数 $y=y(x)$ 由方程 $2y^3-2y^2+2xy-x^2=1$ 所确定.试求 $y=y(x)$ 的驻点,并判定它是否为极值点.

解 在原方程两边对 x 求导可得 $6y^2y'-4yy'+2y+2xy'-2x=0$ 即
$$3y^2y'-2yy'+xy'+y-x=0, \qquad\qquad ①$$

令 $y'=0$,得 $y=x$.将此代入原方程,有 $2x^3-2x^2+2x^2-x^2=1$. 即 $2x^3-x^2-1=0$,从而得驻点 $x=1$.

在①式两边对 x 求导得 $(3y^2-2y+x)y''+2(3y-1)(y')^2+2y'-1=0$,

将 $x=1$,$y=1$,$y'(1)=0$ 代入上式得 $y''\big|_{(1,1)}=\dfrac{1}{2}>0$.

故驻点 $x=1$ 是 $y=y(x)$ 的极小值点.

【例3】 (2022 数学三,5分)已知 $a_n=\sqrt[n]{n}-\dfrac{(-1)^n}{n}$ $(n=1,2,\cdots)$,则 $\{a_n\}$ _____.

(A)有最大值,有最小值   (B)有最大值,没有最小值

(C)没有最大值,有最小值   (D)没有最大值,没有最小值.

解 $\lim\limits_{n\to\infty}a_n=1$,且 $a_1=2$,$a_2=\sqrt{2}-\dfrac{1}{2}<1$,则存在正整数 N,当 $n>N$ 时,$a_2<a_n<a_1$,

所以数列 $\{a_n\}$ 必存在最大值和最小值.

故应选(A).

【例 4】 设有一圆柱形容器,其底部材料的单位面积与侧面材料的单位面积的价格之比为 $3:2$,求容器 V 一定的条件下高与底面圆半径之比为多少时造价最省?

解 设底面半径为 r,高为 h,则 $\pi r^2 h = V$,即 $h = \dfrac{V}{\pi r^2}$.

又设底面单位造价为 $3p$,侧面单位造价为 $2p$,则总造价 y 为

$$y = 3p\pi r^2 + 2p \cdot 2\pi rh = 3p\pi r^2 + \frac{4pV}{r},$$

令 $y' = 6p\pi r - \dfrac{4pV}{r^2} = 0$ 得 $r = \sqrt[3]{\dfrac{2V}{3\pi}}$,又 $y'' = 6p + \dfrac{8pV}{r^3} > 0$,所以 $r = \sqrt[3]{\dfrac{2V}{3\pi}}$ 时总造价最省,

此时高 $h = \dfrac{V}{\pi r^2} = \sqrt[3]{\dfrac{9V}{4\pi}}$,所以 $\dfrac{h}{r} = \dfrac{\sqrt[3]{\dfrac{9V}{4\pi}}}{\sqrt[3]{\dfrac{2V}{3\pi}}} = \sqrt[3]{\dfrac{27}{8}} = \dfrac{3}{2}$.

所以高与底面半径之比为 $3:2$.

● **方法总结** ⋯⋯⋯⋯⋯⋯⋯⋯⋯⋯⋯⋯⋯⋯⋯⋯⋯⋯⋯⋯⋯⋯⋯⋯⋯⋯⋯⋯⋯⋯

> 求实际问题最值的关键是分清题目中各种量的相互关系.特别是抓住一些不变量,从而求出正确简洁的目标函数,利用导数便可解决问题.

【例 5】 (2023 数学三,10 分)已知可导函数 $y = y(x)$ 满足 $ae^x + y^2 + y - \ln(1+x)\cos y + b = 0$,且 $y(0) = 0$,$y'(0) = 0$.

(1)求 a,b 的值;(2)判断 $x = 0$ 是否为 $y(x)$ 的极值点.

解 (1)$x = 0$,$y = 0$,代入得 $a + b = 0$.

两边同时对 x 求导,得 $ae^x + 2yy' + y' - \dfrac{\cos y}{x+1} + \ln(x+1)\sin y \cdot y' = 0$. ①

将 $x = 0$,$y = 0$,$y'(0) = 0$ 代入得 $a = 1$,所以 $a = 1$,$b = -1$.

(2)①再对 x 求导,得

$$ae^x + 2(y')^2 + 2yy'' + y'' - \frac{-\sin y \cdot y' \cdot (x+1) - \cos y}{(x+1)^2} + \frac{\sin y}{x+1} \cdot y' + \ln(x+1)\cos y \cdot$$

$(y')^2 + \ln(x+1)\sin y \cdot y'' = 0$.

将 $x = 0$,$y = 0$,$y'(0) = 0$,$a = 1$ 代入上式得 $y''(0) = -2 < 0$.

所以 $x = 0$ 为 $y(x)$ 的极大值点.

【例 6】 (2019 数学二,数学三,10 分)已知函数 $f(x) = \begin{cases} x^{2x}, & x > 0, \\ xe^x + 1, & x \leqslant 0, \end{cases}$ 求 $f'(x)$,并求 $f(x)$ 的极值.

解 当 $x > 0$ 时,$f'(x) = (x^{2x})' = (e^{2x\ln x})' = e^{2x\ln x}(2\ln x + 2) = x^{2x}(2\ln x + 2)$.

当 $x<0$ 时，$f'(x)=(x\mathrm{e}^x+1)'=\mathrm{e}^x+x\mathrm{e}^x=(1+x)\mathrm{e}^x$.

当 $x=0$ 时，$\lim\limits_{x\to0^+}\dfrac{x^{2x}-1}{x}=\lim\limits_{x\to0^+}\dfrac{\mathrm{e}^{2x\ln x}-1}{x}=-\infty$，$\lim\limits_{x\to0^-}\dfrac{x\mathrm{e}^x+1-1}{x}=1$，所以 $f(x)$ 在 $x=0$ 处不可导.

又 $\lim\limits_{x\to0^+}f(x)=\lim\limits_{x\to0^+}x^{2x}=\mathrm{e}^{\lim\limits_{x\to0^+}2x\ln x}=\mathrm{e}^0=1=f(0)=\lim\limits_{x\to0^-}f(x)$，

故 $f(x)$ 在 $x=0$ 处连续但不可导.

综上所述，$f'(x)=\begin{cases}x^{2x}(2\ln x+2), & x>0,\\(1+x)\mathrm{e}^x, & x<0.\end{cases}$

令 $f'(x)=0$，得驻点为 $x=\dfrac{1}{\mathrm{e}},-1$.

对驻点 $x=\dfrac{1}{\mathrm{e}}$，当 $x>\dfrac{1}{\mathrm{e}}$ 时，$f'(x)>0$；当 $0<x<\dfrac{1}{\mathrm{e}}$ 时，$f'(x)<0$. 故 $f(x)$ 在 $x=\dfrac{1}{\mathrm{e}}$ 处取极小值 $f\left(\dfrac{1}{\mathrm{e}}\right)=\left(\dfrac{1}{\mathrm{e}}\right)^{\frac{2}{\mathrm{e}}}$.

对驻点 $x=-1$，当 $x<-1$ 时，$f'(x)<0$；当 $-1<x<0$ 时，$f'(x)>0$，故 $f(x)$ 在 $x=-1$ 处取极小值 $f(-1)=1-\dfrac{1}{\mathrm{e}}$.

对不可导点 $x=0$，当 $-1<x<0$ 时，$f'(x)>0$；当 $0<x<\dfrac{1}{\mathrm{e}}$ 时，$f'(x)<0$，且 $f(x)$ 在 $x=0$ 处连续. 故 $f(x)$ 在 $x=0$ 处取极大值 $f(0)=1$.

习题 3-5 解答

1. 求下列函数的极值：

(1) $y=2x^3-6x^2-18x+7$;

(2) $y=x-\ln(1+x)$;

(3) $y=-x^4+2x^2$;

(4) $y=x+\sqrt{1-x}$;

(5) $y=\dfrac{1+3x}{\sqrt{4+5x^2}}$;

(6) $y=\dfrac{3x^2+4x+4}{x^2+x+1}$;

(7) $y=\mathrm{e}^x\cos x$;

(8) $y=x^{\frac{1}{x}}$;

(9) $y=3-2(x+1)^{\frac{1}{3}}$;

(10) $y=x+\tan x$.

解 (1) $y'=6x^2-12x-18$，$y''=12x-12$. 令 $y'=0$ 得驻点 $x_1=-1$，$x_2=3$.

由 $y''\big|_{x=-1}=-24<0$ 知 $y\big|_{x=-1}=17$ 为极大值；

由 $y''\big|_{x=3}=24>0$ 知 $y\big|_{x=3}=-47$ 为极小值.

(2) 函数的定义域为 $(-1,+\infty)$，在 $(-1,+\infty)$ 内可导，且

$$y'=1-\frac{1}{1+x}, \qquad y''=\frac{1}{(1+x)^2}\ (x>-1).$$

令 $y'=0$ 得驻点 $x=0$. 由 $y''\big|_{x=0}=1>0$ 知 $y\big|_{x=0}=0$ 为极小值.

(3) $y'=-4x^3+4x=-4x(x^2-1)$，$y''=-12x^2+4$.

令 $y'=0$ 得驻点 $x_1=-1$，$x_2=1$，$x_3=0$.

由 $y''\big|_{x=-1}=-8<0$ 知 $y\big|_{x=-1}=1$ 为极大值,

由 $y''\big|_{x=1}=-8<0$ 知 $y\big|_{x=1}=1$ 为极大值,

由 $y''\big|_{x=0}=4>0$ 知 $y\big|_{x=0}=0$ 为极小值.

(4)函数的定义域为 $(-\infty,1]$,在 $(-\infty,1)$ 内可导,且

$$y'=1-\frac{1}{2\sqrt{1-x}}=\frac{2\sqrt{1-x}-1}{2\sqrt{1-x}}, \qquad y''=-\frac{1}{4}\cdot\frac{1}{(1-x)^{\frac{3}{2}}}.$$

令 $y'=0$ 得驻点 $x=\dfrac{3}{4}$ 由 $y''\big|_{x=\frac{3}{4}}=-2<0$ 知 $y\big|_{x=\frac{3}{4}}=\dfrac{5}{4}$ 为极大值.

(5) $y'=\dfrac{3\sqrt{4+5x^2}-(1+3x)\cdot\dfrac{10x}{2\sqrt{4+5x^2}}}{4+5x^2}=\dfrac{12-5x}{(4+5x^2)^{\frac{3}{2}}}=\dfrac{-5\left(x-\dfrac{12}{5}\right)}{(4+5x^2)^{\frac{3}{2}}}.$

令 $y'=0$ 得驻点 $x=\dfrac{12}{5}.$

当 $-\infty<x<\dfrac{12}{5}$ 时,$y'>0$,因此函数在 $\left(-\infty,\dfrac{12}{5}\right]$ 上单调增加;当 $\dfrac{12}{5}<x<+\infty$ 时,$y'<0$,因此函数

在 $\left[\dfrac{12}{5},+\infty\right)$ 上单调减少,从而 $y\left(\dfrac{12}{5}\right)=\dfrac{\sqrt{205}}{10}$ 为极大值.

(6) $y'=\dfrac{(6x+4)(x^2+x+1)-(2x+1)(3x^2+4x+4)}{(x^2+x+1)^2}=\dfrac{-x(x+2)}{(x^2+x+1)^2}.$

令 $y'=0$ 得驻点 $x_1=-2,\ x_2=0.$

当 $-\infty<x<-2$ 时,$y'<0$,因此函数在 $(-\infty,-2]$ 上单调减少;

当 $-2<x<0$ 时,$y'>0$,因此函数在 $[-2,0]$ 上单调增加;

当 $0<x<+\infty$ 时,$y'<0$,因此函数在 $[0,+\infty)$ 上单调减少.

从而可知 $y(-2)=\dfrac{8}{3}$ 为极小值,$y(0)=4$ 为极大值.

(7) $y'=e^x\cos x-e^x\sin x=e^x(\cos x-\sin x),\qquad y''=-2e^x\sin x.$

令 $y'=0$,得驻点 $x_k=2k\pi+\dfrac{\pi}{4},\ x_k'=2k\pi+\dfrac{5}{4}\pi\ (k=0,\pm1,\pm2,\cdots).$

由 $y''\big|_{x=2k\pi+\frac{\pi}{4}}=-\sqrt{2}e^{2k\pi+\frac{\pi}{4}}<0$ 知 $y\big|_{x=2k\pi+\frac{\pi}{4}}=\dfrac{\sqrt{2}}{2}e^{2k\pi+\frac{\pi}{4}}\ (k=0,\pm1,\pm2,\cdots)$ 为极大值,

由 $y''\big|_{x=2k\pi+\frac{5\pi}{4}}=\sqrt{2}e^{2k\pi+\frac{5\pi}{4}}>0$ 知 $y\big|_{x=2k\pi+\frac{5\pi}{4}}=\dfrac{-\sqrt{2}}{2}e^{2k\pi+\frac{5\pi}{4}}\ (k=0,\pm1,\pm2,\cdots)$ 为极小值.

(8)函数的定义域为 $(0,+\infty)$,在 $(0,+\infty)$ 内可导,且 $y'=(e^{\frac{1}{x}\ln x})'=e^{\frac{1}{x}\ln x}\cdot\dfrac{1-\ln x}{x^2}=x^{\frac{1}{x}-2}(1-\ln x),$

令 $y'=0$,得驻点 $x=e.$

当 $0<x<e$ 时,$y'>0$ 因此函数在 $(0,e]$ 上单调增加;当 $e<x<+\infty$ 时,$y'<0$,因此函数在 $[e,$

$+\infty)$ 上单调减少,从而可知 $y(e)=e^{\frac{1}{e}}$ 为极大值.

(9)当 $x\neq-1$ 时,$y'=-\dfrac{2}{3}\cdot\dfrac{1}{(x+1)^{\frac{2}{3}}}<0.$ 又 $x=-1$ 时函数有定义.因此可知函数在 $(-\infty,+\infty)$

单调减少,从而函数在 $(-\infty,+\infty)$ 内无极值.

(10)由 $y'=1+\sec^2 x>0$ 知所给函数在 $(-\infty,+\infty)$ 内除 $x\neq k\pi+\dfrac{\pi}{2}\ (k\in\mathbf{Z})$ 外单调增加,从而函数无

极值.

2. 试证明:如果函数 $y=ax^3+bx^2+cx+d$ 满足条件 $b^2-3ac<0$,那么这个函数没有极值.

证 $y'=3ax^2+2bx+c$,由 $b^2-3ac<0$ 知 $a\neq0$,$c\neq0$,y'是二次三项式,

$$\Delta=(2b)^2-4(3a)\cdot c=4(b^2-3ac)<0.$$

当 $a>0$ 时,y'的图像开口向上,且在 x 轴上方,故 $y'>0$,从而所给函数在$(-\infty,+\infty)$内单调增加.

当 $a<0$ 时,y'的图像开口向下,且在 x 轴下方,故 $y'<0$,从而所给函数在$(-\infty,+\infty)$内单调减少.

因此,只要条件 $b^2-3ac<0$ 成立,所给函数在$(-\infty,+\infty)$内单调,故函数在$(-\infty,+\infty)$内无极值.

3. 试问 a 为何值时,函数 $f(x)=a\sin x+\dfrac{1}{3}\sin 3x$ 在 $x=\dfrac{\pi}{3}$ 处取得极值? 它是极大值还是极小值? 并求此极值.

解 $f'=a\cos x+\cos 3x$ 函数在 $x=\dfrac{\pi}{3}$ 处取得极值,则 $f'\left(\dfrac{\pi}{3}\right)=0$,即 $a\cos\dfrac{\pi}{3}+\cos\pi=0$,故 $a=2$.

又 $f''(x)=-2\sin x-3\sin 3x$,$f''\left(\dfrac{\pi}{3}\right)=-2\sin\dfrac{\pi}{3}-3\sin\pi=-\sqrt{3}<0$,

因此 $f\left(\dfrac{\pi}{3}\right)=2\sin\dfrac{\pi}{3}+\dfrac{1}{3}\sin\pi=\sqrt{3}$ 为极大值.

4. 设函数 $f(x)$ 在 x_0 处有 n 阶导数,且 $f'(x_0)=f''(x_0)=\cdots=f^{(n-1)}(x_0)=0$,$f^{(n)}(x_0)\neq0$,证明:

(1)当 n 为奇数时,$f(x)$ 在 x_0 处不取得极值;

(2)当 n 为偶数时,$f(x)$ 在 x_0 处取得极值,且当 $f^{(n)}(x_0)<0$ 时,$f(x_0)$ 为极大值,当 $f^{(n)}(x_0)>0$时,$f(x_0)$ 为极小值.

证 由含佩亚诺余项的 n 阶泰勒公式及已知条件,得 $f(x)=f(x_0)+\dfrac{f^{(n)}(x_0)}{n!}(x-x_0)^n+o((x-x_0)^n)$,

即 $f(x)-f(x_0)=\dfrac{f^{(n)}(x_0)}{n!}(x-x_0)^n+o((x-x_0)^n)$,由此式可知 $f(x)-f(x_0)$ 在 x_0 某邻域内的符号

由 $\dfrac{f^{(n)}(x_0)}{n!}(x-x_0)^n$ 在 x_0 某邻域内的符号决定.

(1)当 n 为奇数时,$(x-x_0)^n$ 在 x_0 两侧异号,所以 $\dfrac{f^{(n)}(x_0)}{n!}(x-x_0)^n$ 在 x_0 两侧异号,从而 $f(x)-$

$f(x_0)$ 在 x_0 两侧异号,故 $f(x)$ 在 x_0 处不取得极值.

(2)当 n 为偶数时,在 x_0 两侧$(x-x_0)^n>0$,若 $f^{(n)}(x_0)<0$,则 $\dfrac{f^{(n)}(x_0)}{n!}(x-x_0)^n<0$,从而 $f(x)-$

$f(x_0)<0$,即 $f(x)<f(x_0)$,故 $f(x_0)$ 为极大值;若 $f^{(n)}(x_0)>0$,则 $\dfrac{f^{(n)}(x_0)}{n!}(x-x_0)^n>0$,从而

$f(x)-f(x_0)>0$,即 $f(x)>f(x_0)$,故 $f(x_0)$ 为极小值.

5. 试利用习题 4 的结论,讨论函数 $f(x)=e^x+e^{-x}+2\cos x$ 的极值.

解:$f'(x)=e^x-e^{-x}-2\sin x$, $f''(x)=e^x+e^{-x}-2\cos x$, $f'''(x)=e^x-e^{-x}+2\sin x$, $f^{(4)}(x)=e^x+e^{-x}$
$+2\cos x$,故 $f'(0)=f''(0)=f'''(0)=0$,$f^{(4)}(0)=4>0$,因此函数 $f(x)$ 在 $x=0$ 处有极小值,极小值
为 4.

6. 求下列函数的最大值、最小值:

(1)$y=2x^3-3x^2$,$-1\leqslant x\leqslant4$; (2)$y=x^4-8x^2+2$,$-1\leqslant x\leqslant3$; (3)$y=x+\sqrt{1-x}$,$-5\leqslant x\leqslant1$.

解 (1)函数在$[-1,4]$上可导,且 $y'=6x^2-6x=6x(x-1)$.

令 $y'=0$,得驻点 $x_1=0$,$x_2=1$,

比较 $y|_{x=-1}=-5$,$y|_{x=0}=0$,$y|_{x=1}=-1$,$y|_{x=4}=80$,

得函数的最大值为 $y|_{x=4}=80$,最小值为 $y|_{x=-1}=-5$.

(2)函数在$[-1,3]$上可导,且 $y'=4x^3-16x=4x(x-2)(x+2)$.

令 $y'=0$,得驻点 $x_1=-2$(舍去),$x_2=0$,$x_3=2$.

比较 $y|_{x=-1}=-5$,$y|_{x=0}=2$,$y|_{x=2}=-14$,$y|_{x=3}=11$,

得函数的最大值为 $y|_{x=3}=11$,最小值为 $y|_{x=2}=-14$.

(3)函数在 $[-5,1)$ 上可导,且 $y'=1-\dfrac{1}{2\sqrt{1-x}}=\dfrac{2\sqrt{1-x}-1}{2\sqrt{1-x}}$.

令 $y'=0$,得驻点 $x=\dfrac{3}{4}$,比较 $y|_{x=-5}=-5+\sqrt{6}$, $y|_{x=\frac{3}{4}}=\dfrac{5}{4}$, $y|_{x=1}=1$,

得函数的最大值为 $y|_{x=\frac{3}{4}}=\dfrac{5}{4}$,最小值为 $y|_{x=-5}=\sqrt{6}-5$.

7. 问函数 $y=2x^3-6x^2-18x-7(1\leqslant x\leqslant 4)$ 在何处取得最大值? 并求出它的最大值.

解 函数在 $[1,4]$ 上可导,且 $y'=6x^2-12x-18=6(x+1)(x-3)$.

令 $y'=0$,得驻点 $x_1=-1$(舍去),$x_2=3$,

比较 $y|_{x=1}=-29$, $y|_{x=3}=-61$, $y|_{x=4}=-47$,

得函数在 $x=1$ 处取得最大值,且最大值为 $y|_{x=1}=-29$.

8. 求下列函数在何处取得最小值或最大值:

(1)$y=x^2-\dfrac{54}{x}(x<0)$,最小值; (2)$y=\dfrac{x}{x^2+1}(x\geqslant 0)$,最大值.

解 (1)函数在 $(-\infty,0)$ 内可导,且 $y'=2x+\dfrac{54}{x^2}=\dfrac{2(x^3+27)}{x^2}$, $y''=2-\dfrac{108}{x^3}$.

令 $y'=0$,得驻点 $x=-3$. 由 $y''|_{x=-3}=6>0$ 知 $x=-3$ 为极小值点.

又函数在 $(-\infty,0)$ 内的驻点唯一,故极小值点就是最小值点,即 $x=-3$ 为最小值点,且最小值为 $y|_{x=-3}=27$.

(2)函数在 $[0,+\infty)$ 上可导,且 $y'=\dfrac{x^2+1-x\cdot 2x}{(x^2+1)^2}=\dfrac{1-x^2}{(x^2+1)^2}$, $y''=\dfrac{-2x(3-x^2)}{(x^2+1)^3}$.

令 $y'=0$,得驻点 $x=-1$(舍去),$x=1$. 由 $y''|_{x=1}=-\dfrac{1}{2}<0$ 知 $x=1$ 为极大值点.

又函数在 $[0,+\infty)$ 上的驻点唯一,故极大值点就是最大值点,即 $x=1$ 为最大值点,且最大值为 $y|_{x=1}=\dfrac{1}{2}$.

9. 设函数 $f_n(x)=nx(1-x)^n(n=1,2,3,\cdots)$,$M(n)=\max\limits_{x\in[0,1]}f_n(x)$,试求 $\lim\limits_{n\to\infty}M(n)$.

解 $f_n'(x)=n(1-x)^n-n^2x(1-x)^{n-1}$,令 $f_n'(x)=0$ 得 $x=\dfrac{1}{n+1}$,

则 $M(n)=\max\left\{f(0),f(1),f\left(\dfrac{1}{n+1}\right)\right\}=\left(\dfrac{n}{n+1}\right)^{n+1}$,

所以 $\lim\limits_{n\to\infty}M(n)=\lim\limits_{n\to\infty}\left(\dfrac{n}{n+1}\right)^{n+1}=\lim\limits_{n\to\infty}\dfrac{1}{\left(1+\frac{1}{n}\right)^{n+1}}=\dfrac{1}{e}$.

10. 某车间靠墙壁要盖一间长方形小屋,现有存砖只够砌 20m 长的墙壁. 问应围成怎样的长方形才能使这间小屋的面积最大?

解 如图 3-3,设这间小屋的宽为 x,长为 y,则小屋的面积为 $S=xy$.

已知 $2x+y=20$,即 $y=20-2x$,故

$S=x(20-2x)=20x-2x^2$,$x\in(0,10)$.

$S'=20-4x$, $S''=-4$.

图 3-3

令 $S'=0$,得驻点 $x=5$.

由 $S''<0$ 知 $x=5$ 为极大值点,又驻点唯一,

故极大值点就是最大值点,即当宽为 5m,长为 10m 时这间小屋的面积最大.

11. 要造一圆柱形油罐,体积为 V,问底半径 r 和高 h 各等于多少时,才能使表面积最小? 这时底直径与高

的比是多少?

解 已知 $\pi r^2 h=V$, 即 $h=\dfrac{V}{\pi r^2}$. 圆柱形油罐的表面积

$$A=2\pi r^2+2\pi rh=2\pi r^2+2\pi r\cdot\dfrac{V}{\pi r^2}=2\pi r^2+\dfrac{2V}{r},\ r\in(0,+\infty).$$

$$A'=4\pi r-\dfrac{2V}{r^2},\qquad\qquad A''=4\pi+\dfrac{4V}{r^3}.$$

令 $A'=0$, 得 $r=\sqrt[3]{\dfrac{V}{2\pi}}$. 由 $A''\big|_{r=\sqrt[3]{\frac{V}{2\pi}}}=4\pi+8\pi=12\pi>0$, 知 $r=\sqrt[3]{\dfrac{V}{2\pi}}$ 为极小值点, 又驻点唯一, 故极小

值点就是最小值点. 此时 $h=\dfrac{V}{\pi r^2}=2\sqrt[3]{\dfrac{V}{2\pi}}=2r$, 即 $2r:h=1:1$.

所以当底半径为 $r=\sqrt[3]{\dfrac{V}{2\pi}}$ 和高 $h=2\sqrt[3]{\dfrac{V}{2\pi}}$ 时, 才能使表面积最小.

这时底直径与高的比为 $1:1$.

12. 某地区防空洞的截面拟建成矩形加半圆(图 3—4). 截面的
面积为 5m^2. 问底宽 x 为多少时才能使截面的周长最小. 从
而使建造时所用的材料最省?

解 设截面的周长为 l, 已知

$$l=x+2y+\dfrac{\pi x}{2}\quad 及\quad xy+\dfrac{\pi}{2}\left(\dfrac{x}{2}\right)^2=5,$$

即 $y=\dfrac{5}{x}-\dfrac{\pi x}{8}$.

故 $l=x+\dfrac{\pi x}{4}+\dfrac{10}{x}$, $x\in\left(0,\sqrt{\dfrac{40}{\pi}}\right)$. $l'=1+\dfrac{\pi}{4}-\dfrac{10}{x^2}$, $l''=\dfrac{20}{x^3}$.

令 $l'=0$, 得驻点 $x=\sqrt{\dfrac{40}{4+\pi}}$.

由 $l''\big|_{x=\sqrt{\frac{40}{4+\pi}}}=\dfrac{20}{\left(\frac{40}{4+\pi}\right)^{\frac{3}{2}}}>0$ 知 $x=\sqrt{\dfrac{40}{4+\pi}}$ 为极小值点, 又驻点唯一, 故极小值点就是最小值点. 所

以当截面的底宽为 $x=\sqrt{\dfrac{40}{4+\pi}}$ 时, 才能使截面的周长最小, 从而使建造时所用的材料最省.

图 3—4

13. 设有质量为 5kg 的物体, 置于水平面上, 受力 $\boldsymbol{F}$ 的作用而开始移动(图 3—5). 设摩擦系数 $\mu=0.25$, 问
力 $\boldsymbol{F}$ 与水平线的交角 α 为多少时, 才可使力 $\boldsymbol{F}$ 的大小为最小?

解 如图 3—5, 力 $\boldsymbol{F}$ 的大小用 $|\boldsymbol{F}|$ 表示, 则由

$$|\boldsymbol{F}|\cos\alpha=(\boldsymbol{P}-|\boldsymbol{F}|\sin\alpha)\mu$$

知 $|\boldsymbol{F}|=\dfrac{\mu|\boldsymbol{P}|}{\cos\alpha+\mu\sin\alpha}$, $\alpha\in\left[0,\dfrac{\pi}{2}\right)$.

设 $y=\cos\alpha+\mu\sin\alpha$, $\alpha\in\left[0,\dfrac{\pi}{2}\right)$, 则 $y'=-\sin\alpha+\mu\cos\alpha$.

令 $y'=0$, 得驻点 $\alpha_0=\arctan\mu$. 又

$$y''\big|_{\alpha=\alpha_0}=-\cos\alpha_0-\mu\sin\alpha_0<0,$$

图 3—5

所以驻点 α_0 为极大值点, 又驻点唯一, 因此 α_0 为函数 $y=y(\alpha)$ 的最大值点, 这时, 即 $\alpha=\alpha_0=\arctan$
$(0.25)\approx14°2'$ 时, 力 $\boldsymbol{F}$ 的大小为最小.

14. 有一杠杆, 支点在它的一端. 在距支点 0.1m 处挂一质量为 49kg 的物体. 加力于杠杆的另一端使杠杆保
持水平(图 3—6). 如果杠杆的线密度为 5kg/m, 求最省力的杆长.

解 如图 3—6, 设最省力的杆长为 x, 则此时杠杆的重力为 $5gx$, 由力矩平衡公式 $x|\boldsymbol{F}|=49g\cdot0.1+$

$5gx \cdot \dfrac{x}{2}$ $(x>0)$,知

$$|\boldsymbol{F}|=\frac{4.9}{x}g+\frac{5}{2}gx, \qquad |\boldsymbol{F}|'=-\frac{4.9}{x^2}g+\frac{5}{2}g, \qquad |\boldsymbol{F}|''=\frac{9.8}{x^3}g.$$

令 $|\boldsymbol{F}|'=0$ 得驻点 $x=1.4$.

又,$|\boldsymbol{F}|''\Big|_{x=1.4}=\dfrac{9.8}{(1.4)^3}g>0$,故 $x=1.4$ 为极小值点,又驻点唯

一,因此 $x=1.4$ 也是最小值点,即杆长为 1.4m 时最省力.

图 3—6

15. 从一块半径为 R 的圆铁片上剪去一个扇形做成一个漏斗(图 3—7).
问留下的扇形的圆心角 φ 取多大时,做成的漏斗的容积最大?

解　如图 3—7,设漏斗的高为 h,顶面的圆半径为 r,则漏斗的容积为 $V=\dfrac{1}{3}\pi r^2 h$,又

$$2\pi r=R\varphi, \qquad h=\sqrt{R^2-r^2}.$$

故 $V=\dfrac{R^3}{24\pi^2}\sqrt{4\pi^2\varphi^4-\varphi^6}$ $(0<\varphi<2\pi)$.

$$V'=\frac{R^3}{24\pi^2}\cdot\frac{16\pi^2\varphi^3-6\varphi^5}{2\sqrt{4\pi^2\varphi^4-\varphi^6}}=\frac{R^3}{24\pi^2}\cdot\frac{8\pi^2\varphi-3\varphi^3}{\sqrt{4\pi^2-\varphi^2}}.$$

令 $V'=0$ 得 $\varphi=\sqrt{\dfrac{8}{3}}\pi=\dfrac{2\sqrt{6}}{3}\pi$.

当 $0<\varphi<\dfrac{2\sqrt{6}}{3}\pi$ 时,$V'>0$,故 V 在 $\left[0,\dfrac{2\sqrt{6}}{3}\pi\right]$ 内单调增加;

图 3—7

当 $\dfrac{2\sqrt{6}}{3}<\varphi<2\pi$ 时,$V'<0$,故 V 在 $\left[\dfrac{2\sqrt{6}}{3}\pi,2\pi\right)$ 内单调减少.

因此 $\varphi=\dfrac{2\sqrt{6}}{3}\pi$ 为极大值点,又驻点唯一,从而 $\varphi=\dfrac{2\sqrt{6}}{3}\pi$ 也是最大值点,即当 φ 取 $\dfrac{2\sqrt{6}}{3}\pi$ 时,做成的漏斗的容积最大.

16. 某吊车的车身高为 1.5m,吊臂长 15m. 现在要把一个 6m 宽、2m 高的屋架(图 3—8(a)),水平地吊到 6m 高的柱子上去(图 3—8(b)),问能否吊得上去?

(a)

(b)

图 3—8

解　如图 3—8,设吊臂对地面的倾角为 φ,屋架能够吊到最大高度为 h,由 $15\sin\varphi=h-1.5+2+3\tan\varphi$ 知

$$h=15\sin\varphi-3\tan\varphi-\frac{1}{2}. \quad h'=15\cos\varphi-\frac{3}{\cos^2\varphi} \quad h''=-15\sin\varphi-\frac{6\sin\varphi}{\cos^3\varphi}.$$

令 $h'=0$,得 $\cos\varphi=\sqrt[3]{\dfrac{1}{5}}$,即得唯一驻点 $\varphi_0=\arccos\sqrt[3]{\dfrac{1}{5}}\approx54°13'$.

又 $h''\Big|_{\varphi=\varphi_0}<0$,故 $\varphi_0\approx54°13'$ 为极大值点也是最大值点.

即当 $\varphi_0 \approx 54°13'$ 时,h 达到最大值 $h_0 = 15\sin 54°13' - 3\tan 54°13' - \dfrac{1}{2} \approx 7.506\text{m}$,而柱子高只有 6m,所以能吊得上去.

17. 一房地产公司有 50 套公寓出租. 当月租金定为 4 000 元时,公寓会全部租出去. 当月租金每增加 200 元时,就会多一套公寓租不出去. 而租出去的公寓平均每月需花费 400 元的维修费. 试问房租定为多少可获得最大收入?

解 设每套月房租为 x 元,则租不出去的房子套数为 $\dfrac{x-4\ 000}{200} = \dfrac{x}{200} - 20$,租出去的套数为 $50 -$

$\left(\dfrac{x}{200} - 20\right) = 70 - \dfrac{x}{200}$,租出去的每套房子获利 $(x-400)$ 元. 故总利润为

$$y = \left(70 - \dfrac{x}{200}\right)(x-400) = -\dfrac{x^2}{200} + 72x - 28\ 000.$$

$$y' = -\dfrac{x}{100} + 72, \qquad y'' = -\dfrac{1}{100}.$$

令 $y' = 0$,得驻点 $x = 7\ 200$.

由 $y'' < 0$ 知 $x = 7\ 200$ 为极大值点,又驻点唯一,这个极大值点就是最大值点. 即当每套房月租金定在 7 200 元时,可获得最大收入.

18. 已知制作一个背包的成本为 40 元,如果每一个背包的售出价格为 x 元,售出的背包数由

$$n = \dfrac{a}{x-40} + b(80-x)$$

给出,其中 a,b 为正常数,问什么样的售出价格能带来最大利润?

解 设利润函数为 $p(x)$,则 $p(x) = (x-40)n = a + b(x-40)(80-x)$, $p'(x) = b(120 - 2x)$,令 $p'(x) = 0$,得 $x = 60$(元).

由 $p''(x) = -2b < 0$ 知 $x = 60$ 为极大值点,又驻点唯一,这极大值点就是最大值点. 即售出价格定在 60 元时能带来最大利润.

第六节 函数图形的描绘

一、主要内容归纳

1. 曲线的渐近线

若 $\lim\limits_{x \to +\infty} f(x) = A$,则称直线 $y = A$ 为曲线 $y = f(x)$ 的水平渐近线(将 $x \to +\infty$ 改为 $x \to -\infty$ 仍有此定义).

若 $\lim\limits_{x \to x_0^+} f(x) = \infty$,则称直线 $x = x_0$ 为曲线 $y = f(x)$ 的铅直渐近线(将 $x \to x_0^+$ 改为 $x \to x_0^-$ 仍有此定义).

若 $\lim\limits_{x \to +\infty} \dfrac{f(x)}{x} = a$,且 $\lim\limits_{x \to +\infty} [f(x) - ax] = b$,则称直线 $y = ax + b$ 为曲线 $y = f(x)$ 的斜渐近线(将 $x \to +\infty$ 改为 $x \to -\infty$ 仍有此定义).

2. 作图步骤

(1)由函数 $f(x)$ 的表达式,标出定义域或指定的作图区域;

(2)判断 $f(x)$ 的奇偶性、周期性,(如果有这样的特性,可以缩小作图范围);

（3）求水平渐近线、铅直渐近线与斜渐近线；

（4）求出 $f'(x)$，$f''(x)$，从而求出作图的关键点：极值疑点，拐点疑点，函数 $f(x)$ 的边界点及无意义端点；

（5）列表；

（6）作图，如果作图的关键点（无意义点除外）不够，还可多描一些点，例如 $f(x)$ 与坐标轴的交点等.

二、 经典例题解析及解题方法总结

【例1】 曲线 $y=x\mathrm{e}^{\frac{1}{x^2}}$ _____.

(A)仅有水平渐近线　　　　　　　　　(B)仅有铅直渐近线

(C)既有铅直又有水平渐近线　　　　　(D)既有铅直又有斜渐近线

解 因为 $\lim\limits_{x\to 0^+}x\mathrm{e}^{\frac{1}{x^2}}\xlongequal{t=\frac{1}{x}}\lim\limits_{t\to+\infty}\dfrac{\mathrm{e}^{t^2}}{t}\xlongequal{洛}\lim\limits_{t\to+\infty}2t\mathrm{e}^{t^2}=+\infty$，故直线 $x=0$ 是曲线 $y=x\mathrm{e}^{\frac{1}{x^2}}$ 的铅直渐近线.

另一方面 $\qquad\qquad\lim\limits_{x\to\infty}\dfrac{y}{x}=\lim\limits_{x\to\infty}\mathrm{e}^{\frac{1}{x^2}}=1,$

且 $\qquad\lim\limits_{x\to\infty}(y-x)=\lim\limits_{x\to\infty}x(\mathrm{e}^{\frac{1}{x^2}}-1)=\lim\limits_{x\to\infty}\dfrac{\mathrm{e}^{\frac{1}{x^2}}-1}{\frac{1}{x}}=\lim\limits_{x\to\infty}\dfrac{\frac{1}{x^2}}{\frac{1}{x}}=\lim\limits_{x\to\infty}\dfrac{1}{x}=0,$

故直线 $y=x$ 是曲线 $y=x\mathrm{e}^{\frac{1}{x^2}}$ 的斜渐近线.

于是选(D).

【例2】 (2023 数学一,数学二,5 分)曲线 $y=x\ln\left(\mathrm{e}+\dfrac{1}{x-1}\right)$ 的斜渐近线方程为 _____.

(A)$y=x+\mathrm{e}$ 　　(B)$y=x+\dfrac{1}{\mathrm{e}}$ 　　(C)$y=x$ 　　(D)$y=x-\dfrac{1}{\mathrm{e}}$

解 $\lim\limits_{x\to\infty}\dfrac{x\ln\left(\mathrm{e}+\frac{1}{x-1}\right)}{x}=\lim\limits_{x\to\infty}\ln\left(\mathrm{e}+\dfrac{1}{x-1}\right)=1=a,$

$\lim\limits_{x\to\infty}\left[x\ln\left(\mathrm{e}+\dfrac{1}{x-1}\right)-x\right]\xlongequal{\frac{1}{x-1}=t}\lim\limits_{t\to 0}\dfrac{t+1}{t}[\ln(\mathrm{e}+t)-1]$

$=\lim\limits_{t\to 0}\dfrac{(t+1)\ln\left(1+\frac{t}{\mathrm{e}}\right)}{t}=\lim\limits_{t\to 0}\dfrac{(t+1)\frac{t}{\mathrm{e}}}{t}=\dfrac{1}{\mathrm{e}}=b,$

所以斜渐近线方程为 $y=x+\dfrac{1}{\mathrm{e}}$.

故应选(B).

【例3】 (2020 数学二,10 分)求曲线 $y=\dfrac{x^{1+x}}{(1+x)^x}(x>0)$ 的斜渐近线方程.

解 $a=\lim\limits_{x\to+\infty}\dfrac{f(x)}{x}=\lim\limits_{x\to+\infty}\left(\dfrac{x}{1+x}\right)^x=\lim\limits_{x\to+\infty}\dfrac{1}{\left(1+\frac{1}{x}\right)^x}=\dfrac{1}{\mathrm{e}},$

$$b=\lim_{x\to+\infty}\left[f(x)-\frac{x}{e}\right]=\lim_{x\to+\infty}x\left[\left(\frac{x}{1+x}\right)^x-\frac{1}{e}\right]=\frac{1}{e}\lim_{x\to+\infty}\frac{e^{x\ln\frac{x}{1+x}+1}-1}{\frac{1}{x}}$$

$$=\frac{1}{e}\lim_{x\to+\infty}\frac{x\ln\frac{x}{1+x}+1}{\frac{1}{x}}=\frac{1}{e}\lim_{x\to+\infty}\frac{\frac{1}{x}-\ln\left(1+\frac{1}{x}\right)}{\frac{1}{x^2}}\xlongequal{\frac{1}{x}=t}\frac{1}{e}\lim_{t\to0}\frac{t-\ln(1+t)}{t^2}=\frac{1}{2e},$$

故斜渐近线方程为 $y=\dfrac{x}{e}+\dfrac{1}{2e}$.

【例 4】 描绘函数 $y=(x+6)e^{\frac{1}{x}}$ 的图形.

解 (1)定义域为 $(-\infty,0)\bigcup(0,+\infty)$.

(2)讨论单调性、极值、凹凸、拐点.

$y'=\dfrac{x^2-x-6}{x^2}e^{\frac{1}{x}}$,令 $y'=0$,得 $x_1=-2,x_2=3$,

$y''=\dfrac{13x+6}{x^4}e^{\frac{1}{x}}$,令 $y''=0$,得 $x_3=-\dfrac{6}{13}$,

列表如下:

x	$(-\infty,-2)$	-2	$(-2,-\frac{6}{13})$	$-\frac{6}{13}$	$(-\frac{6}{13},0)$	0	$(0,3)$	3	$(3,+\infty)$
y'	$+$	0	$-$		$-$		$-$	0	$+$
y''	$-$	$-$	$-$	0	$+$		$+$	$+$	$+$
y	↗	极大值	↘		↘	不存在	↘	极小值	↗

极大值为 $y\big|_{x=-2}=\dfrac{4}{\sqrt{e}}$;极小值为 $y\big|_{x=3}=9\sqrt[3]{e}$;

拐点为 $\left(-\dfrac{6}{13},\dfrac{72}{13}e^{-13/6}\right)$.

由 $\lim_{x\to0^+}y=+\infty$,知 $x=0$ 为铅直渐近线. 因为

$$a=\lim_{x\to\infty}\frac{f(x)}{x}=\lim_{x\to\infty}\frac{(x+6)e^{\frac{1}{x}}}{x}=1,$$

$$b=\lim_{x\to\infty}[f(x)-x]=\lim_{x\to\infty}[(x+6)e^{\frac{1}{x}}-x]=7,$$

所以 $y=x+7$ 为斜渐近线.

此外,由于 $\lim_{x\to0^-}y=0$,可知函数曲线的左半支,当 $x\to0$ 时趋向

于原点.

综上所述,见图 3—9.

图 3—9

 方法总结

作出函数图像关键是利用导数把函数的增减区间、极值点、凹凸区间和拐点以及渐近线求出. 为了便于应用一般把这些性态用表格表示出来.

习题 3—6 解答

描绘下列函数的图形：

1. $y=\dfrac{1}{5}(x^4-6x^2+8x+7)$；　　　2. $y=\dfrac{x}{1+x^2}$；　　　　3. $y=e^{-(x-1)^2}$；

4. $y=x^2+\dfrac{1}{x}$；　　　　5. $y=\dfrac{\cos x}{\cos 2x}$.

解

1. (1)所给函数 $y=\dfrac{1}{5}(x^4-6x^2+8x+7)$ 的定义域为 $(-\infty,+\infty)$，而

$$y'=\dfrac{1}{5}(4x^3-12x+8)=\dfrac{4}{5}(x+2)(x-1)^2,\quad y''=\dfrac{4}{5}(3x^2-3)=\dfrac{12}{5}(x+1)(x-1).$$

(2)令 $y'=0$，得 $x=-2,x=1$，令 $y''=0$，得 $x=1,x=-1$. 根据上述点将区间 $(-\infty,+\infty)$ 分成下列四个部分区间：

$$(-\infty,-2],\ [-2,-1],\ [-1,1],\ [1,+\infty).$$

(3)在各部分区间内 $f'(x)$ 及 $f''(x)$ 的符号、相应曲线弧的升降及凹凸性以及极值点和拐点等如下表：

x	$(-\infty,-2)$	-2	$(-2,-1)$	-1	$(-1,1)$	1	$(1,+\infty)$
y'	$-$	0	$+$	$+$	$+$	0	$+$
y''	$+$	$+$	$+$	0	$-$	0	$+$
$y=f(x)$ 的图形	↘	极小	↗		↗		↗

拐点 $(-1,-6),(1,10)$.

(4) $\displaystyle\lim_{x\to+\infty}f(x)=\lim_{x\to-\infty}f(x)=+\infty$.

图形没有铅直、水平、斜渐近线.

(5)由 $f(-2)=-\dfrac{17}{5}$，$f(-1)=-\dfrac{6}{5}$，$f(1)=2$，

$f(0)=\dfrac{7}{5}$，得图形上的四个点

$$\left(-2,-\dfrac{17}{5}\right),\qquad \left(-1,-\dfrac{6}{5}\right),$$

$$(1,2),\qquad\qquad \left(0,\dfrac{7}{5}\right)$$

图 3—10

(6)作图如图 3—10.

2. (1)所给函数 $y=\dfrac{x}{1+x^2}$ 的定义域为 $(-\infty,+\infty)$. 由于 $y=\dfrac{x}{1+x^2}$ 是奇函数，它的图形关于原点对称，因此可以只讨论 $[0,+\infty)$ 上该函数的图形，求出

$$y'=\dfrac{1+x^2-x\cdot 2x}{(1+x^2)^2}=\dfrac{1-x^2}{(1+x^2)^2},\qquad y''=\dfrac{2x(x^2-3)}{(1+x^2)^3}.$$

(2)在 $[0,+\infty)$ 内 y' 的零点为 $x=1$，y'' 的零点为 $x=\sqrt{3}$，根据这两点把区间 $[0,+\infty)$ 分成三个区间：

$$[0,1],\ [1,\sqrt{3}],\ [\sqrt{3},+\infty).$$

(3)在 $[0,+\infty)$ 内的各部分区间内 $f'(x)$ 及 $f''(x)$ 的符号、相应曲线弧的升降及凹凸性以及极值点和拐点等如下表：

x	0	$(0,1)$	1	$(1,\sqrt{3})$	$\sqrt{3}$	$(\sqrt{3},+\infty)$
y'	+	+	0	−	−	−
y''	−	−	−	−	0	+
$y=f(x)$ 的图形	拐点	↗	极大	↘		↘

拐点为 $\left(\sqrt{3},\dfrac{\sqrt{3}}{4}\right)$.

(4)由于 $\lim\limits_{x\to\infty}\dfrac{x}{1+x^2}=0$,所以图形有一条水平渐近线,$y=0$,图形无铅直渐近线及斜渐近线.

(5)由 $f(0)=0$, $f(1)=\dfrac{1}{2}$, $f(\sqrt{3})=\dfrac{\sqrt{3}}{4}$

　　得在 $[0,+\infty)$ 内图形上的点 $(0,0)$, $\left(1,\dfrac{1}{2}\right)$, $\left(\sqrt{3},\dfrac{\sqrt{3}}{4}\right)$.

(6)利用图形的对称性,作出图形如图 3—11.

图 3—11

3. (1)所给函数 $y=\mathrm{e}^{-(x-1)^2}$ 的定义域为 $(-\infty,+\infty)$,而

$$y'=-2(x-1)\mathrm{e}^{-(x-1)^2},\quad y''=-4(2x^2-4x+1)\mathrm{e}^{-(x-1)^2}.$$

(2)令 $y'=0$,得驻点 $x=1$,令 $y''=0$,得 $x=1-\dfrac{\sqrt{2}}{2}$, $x=1+\dfrac{\sqrt{2}}{2}$,

　　根据上述点将区间 $(-\infty,+\infty)$ 分成下列四个部分区间:

$$\left(-\infty,1-\dfrac{\sqrt{2}}{2}\right],\quad \left[1-\dfrac{\sqrt{2}}{2},1\right],\quad \left[1,1+\dfrac{\sqrt{2}}{2}\right),\quad \left[1+\dfrac{\sqrt{2}}{2},+\infty\right)$$

(3)在各部分区间内 $f'(x)$ 及 $f''(x)$ 的符号、相应曲线弧的升降及凹凸,以及极值点和拐点等如下表:

x	$\left(-\infty,1-\dfrac{\sqrt{2}}{2}\right)$	$1-\dfrac{\sqrt{2}}{2}$	$\left(1-\dfrac{\sqrt{2}}{2},1\right)$	1	$\left(1,1+\dfrac{\sqrt{2}}{2}\right)$	$1+\dfrac{\sqrt{2}}{2}$	$\left(1+\dfrac{\sqrt{2}}{2},+\infty\right)$
y'	+	+	+	0	−	−	−
y''	+	0	−	−	−	0	+
$y=f(x)$ 的图形	↗		↗	极大	↘		↘

拐点 $\left(1\pm\dfrac{\sqrt{2}}{2},\mathrm{e}^{-\frac{1}{2}}\right)$.

(4)由 $\lim\limits_{x\to\infty}\mathrm{e}^{-(x-1)^2}=0$ 知图形有一条水平渐近线,$y=0$,图形无铅直渐近线及斜渐近线.

(5)由 $f(1)=1$，$f\left(1-\dfrac{\sqrt{2}}{2}\right)=\mathrm{e}^{-\frac{1}{2}}$，$f(0)=\mathrm{e}^{-1}$，

$f\left(1+\dfrac{\sqrt{2}}{2}\right)=\mathrm{e}^{-\frac{1}{2}}$，得图形上的点

$$(1,1),\qquad \left(1-\dfrac{\sqrt{2}}{2},\mathrm{e}^{-\frac{1}{2}}\right),$$

$$(0,\mathrm{e}^{-1}),\qquad \left(1+\dfrac{\sqrt{2}}{2},\mathrm{e}^{-\frac{1}{2}}\right).$$

图 3—12

(6)作图如图 3—12.

4. (1)所给函数 $y=x^2+\dfrac{1}{x}$ 的定义域为 $(-\infty,0)\bigcup(0,+\infty)$.

$$y'=2x-\dfrac{1}{x^2},\qquad y''=2+\dfrac{2}{x^3}.$$

(2)令 $y'=0$，得 $x=\dfrac{1}{\sqrt[3]{2}}$，令 $y''=0$，得 $x=-1$，又 $x=0$ 时函数无定义，根据上述点，将区间 $(-\infty,0)$，$(0,$

$+\infty)$分成四个部分区间：

$$(-\infty,-1],\ [-1,0),\ \left(0,\dfrac{1}{\sqrt[3]{2}}\right],\ \left[\dfrac{1}{\sqrt[3]{2}},+\infty\right).$$

(3)在各部分区间内 $f'(x)$ 及 $f''(x)$ 的符号、相应曲线弧的升降及凹凸以及极值点和拐点等如下表：

x	$(-\infty,-1)$	-1	$(-1,0)$	0	$\left(0,\dfrac{1}{\sqrt[3]{2}}\right)$	$\dfrac{1}{\sqrt[3]{2}}$	$\left(\dfrac{1}{\sqrt[3]{2}},+\infty\right)$
y'	$-$	$-$	$-$		$-$	0	$+$
y''	$+$	0			$+$	$+$	$+$
$y=f(x)$ 的图形						极小	

拐点为 $(-1,0)$.

(4)$\lim\limits_{x\to 0}\left(x^2+\dfrac{1}{x}\right)=\infty$，所以图形有一条铅直渐近线，$x=0$，

图形无水平、斜渐近线.

(5)由 $f(-1)=0$，$f\left(\dfrac{1}{\sqrt[3]{2}}\right)=\dfrac{3}{2}\sqrt[3]{2}$

得在 $(-\infty,0)$，$(0,+\infty)$ 内图形上的点

$$(-1,0),\qquad \left(\dfrac{1}{\sqrt[3]{2}},\dfrac{3}{2}\sqrt[3]{2}\right).$$

(6)作图如图 3—13.

图 3—13

5. (1)所给函数 $y=\dfrac{\cos x}{\cos 2x}$ 的定义域 $D=\{x|x\neq\dfrac{n\pi}{2}+\dfrac{\pi}{4},x\in\mathbf{R},n=0,\pm 1,\pm$

$2,\cdots\}$.

由于 $y=\dfrac{\cos x}{\cos 2x}$ 是偶函数，它的图形关于 y 轴对称，且由于函数是以 2π 为周期的函数，因此可以只讨

论 $[0,\pi]$ 部分的图形. 求出

$$y'=\dfrac{-\sin x\cos 2x+\cos x\cdot 2\sin 2x}{\cos^2(2x)}=\dfrac{\sin x(3-2\sin^2 x)}{\cos^2(2x)},$$

$$y''=\frac{\cos x(3+12\sin^2 x-4\sin^4 x)}{\cos^3(2x)}.$$

(2)令 $y'=0$，得 $x=0$，$x=\pi$，令 $y''=0$，得 $x=\dfrac{\pi}{2}$；又函数在点 $x=\dfrac{\pi}{4}$ 及 $x=\dfrac{3}{4}\pi$ 处无定义. 根据这些点把

区间 $[0,\pi]$ 分成四个部分区间：$\left[0,\dfrac{\pi}{4}\right)$，$\left(\dfrac{\pi}{4},\dfrac{\pi}{2}\right]$，$\left[\dfrac{\pi}{2},\dfrac{3\pi}{4}\right)$，$\left(\dfrac{3\pi}{4},\pi\right]$.

(3)在 $[0,\pi]$ 内的各部分区间内 $f'(x)$ 及 $f''(x)$ 的符号、相应曲线弧的升降及凹凸以及极值点和拐点等如下表：

x	0	$\left(0,\dfrac{\pi}{4}\right)$	$\dfrac{\pi}{4}$	$\left(\dfrac{\pi}{4},\dfrac{\pi}{2}\right)$	$\dfrac{\pi}{2}$	$\left(\dfrac{\pi}{2},\dfrac{3\pi}{4}\right)$	$\dfrac{3\pi}{4}$	$\left(\dfrac{3\pi}{4},\pi\right)$	π
y'	0	+		+	+	+		+	0
y''	+	+		−	+	+		−	−
$y=f(x)$ 的图形	极小	↗		↗		↗		↗	极大

拐点为 $\left(\dfrac{\pi}{2},0\right)$.

(4)由 $\lim\limits_{x\to\frac{\pi}{4}}f(x)=\infty$ 及 $\lim\limits_{x\to\frac{3\pi}{4}}f(x)=\infty$，知图形有两条铅直渐近线：$x=\dfrac{\pi}{4}$ 及 $x=\dfrac{3\pi}{4}$，图形无水平及斜渐近线.

(5)由 $f(0)=1$，$f\left(\dfrac{\pi}{2}\right)=0$ 得图形上的点 $(0,1)$，$\left(\dfrac{\pi}{2},0\right)$.

(6)利用图形对称性及函数的周期性，作图如图 3—14.

图 3—14

第七节　曲　率

一、主要内容归纳

1.弧微分公式　设 S 是曲线 L 的弧长函数，则

(1)若曲线方程为 $y=y(x)$，则弧微分 $\mathrm{d}S=\sqrt{1+y'^2(x)}\,\mathrm{d}x$.

(2)若曲线方程为 $x=x(y)$，则弧微分 $\mathrm{d}S=\sqrt{1+x'^2(y)}\,\mathrm{d}y$.

(3)若曲线方程为 $\begin{cases} x=\varphi(t) \\ y=\psi(t) \end{cases}$，则弧微分 $dS=\sqrt{\varphi'^2(t)+\psi'^2(t)}\,dt$.

(4)若曲线方程为 $r=r(\theta)$，则弧微分 $dS=\sqrt{r^2(\theta)+r'^2(\theta)}\,d\theta$.

2. 曲率计算公式

(1)设曲线的直角坐标方程为 $y=f(x)$，且 $f(x)$ 具有二阶导数，则曲率公式为

$$K=\frac{|y''|}{(1+y'^2)^{3/2}}.$$

(2)设曲线由参数方程 $\begin{cases} x=\varphi(t), \\ y=\psi(t) \end{cases}$ $(\alpha \leqslant t \leqslant \beta)$ 给出，则曲率公式为

$$K=\frac{|\varphi'(t)\psi''(t)-\varphi''(t)\psi'(t)|}{[\varphi'^2(t)+\psi'^2(t)]^{3/2}}.$$

3. 曲率半径计算公式 $\qquad \rho=\dfrac{1}{k}$.

二、 经典例题解析及解题方法总结

【例1】 设摆线 $\begin{cases} x=a(t-\sin t), \\ y=a(1-\cos t) \end{cases}$ $(a>0),t\in(0,2\pi)$. 问 t 为何值时曲率最小，并求出最

小曲率和该点处的曲率半径.

解 若记不住曲率的参数方程公式，可先求出 $\dfrac{dy}{dx}$ 和 $\dfrac{d^2y}{dx^2}$.

$$\frac{dy}{dx}=\frac{a\sin t}{a(1-\cos t)}=\frac{\sin t}{1-\cos t},$$

$$1+y'^2=1+\left(\frac{\sin t}{1-\cos t}\right)^2=\frac{2}{1-\cos t},$$

$$\frac{d^2y}{dx^2}=\frac{\cos t-1}{(1-\cos t)^2}\cdot\frac{1}{a(1-\cos t)}=-\frac{1}{a(1-\cos t)^2},$$

$$K=\frac{|y''|}{(1+y'^2)^{\frac{3}{2}}}=\left|\frac{-1}{a(1-\cos t)^2}\cdot\frac{(1-\cos t)^{\frac{3}{2}}}{2\sqrt{2}}\right|=\frac{1}{4a\left|\sin\dfrac{t}{2}\right|}.$$

不必用导数求极值就可知，当 $\sin\dfrac{t}{2}=1$，即当 $t=\pi$ 时，也就是 $x=a\pi$，$y=2a$ 处曲率最小，最

小曲率为 $\dfrac{1}{4a}$，曲率半径为 $4a$.

【例2】 求曲线 $y=a\ln\left(1-\dfrac{x^2}{a^2}\right)$ $(a>0)$ 上曲率半径为最小的点的坐标.

解 $y'=-\dfrac{2ax}{a^2-x^2}$, $\quad y''=-\dfrac{2a(a^2+x^2)}{(a^2-x^2)^2}$ $(|x|<a)$,

$$K=\frac{|y''|}{(1+y'^2)^{3/2}}=\frac{2a(a^2-x^2)}{(a^2+x^2)^2},$$

$$\rho=\frac{1}{K}=\frac{(a^2+x^2)^2}{2a(a^2-x^2)},|x|<a,\quad \frac{\mathrm{d}\rho}{\mathrm{d}x}=\frac{x(a^2+x^2)(3a^2-x^2)}{a(a^2-x^2)^2}.$$

当 $-a<x<0$ 时,$\frac{\mathrm{d}\rho}{\mathrm{d}x}<0$,当 $0<x<a$ 时,$\frac{\mathrm{d}\rho}{\mathrm{d}x}>0$,故当 $x=0,y=0$ 时,ρ 最小.

故所求点为 $(0,0)$.

● **方法总结**

　　把曲率和最值结合起来,是本节一类综合题目.这就要求对求最值的方法和步骤要牢记于心,能够把知识融汇贯通,灵活运用,只要公式记忆准确,计算仔细认真,一般就能够顺利地解决问题.

【例3】 (2018 数学二,4分)曲线 $\begin{cases} x=\cos^3t, \\ y=\sin^3t \end{cases}$ 在 $t=\dfrac{\pi}{4}$ 对应点处的曲率为_____.

解　$y'=\dfrac{(\sin^3t)'}{(\cos^3t)'}=\dfrac{3\sin^2t\cos t}{3\cos^2t\cdot(-\sin t)}=-\tan t,$

$y''=\dfrac{\mathrm{d}}{\mathrm{d}x}\left(\dfrac{\mathrm{d}y}{\mathrm{d}x}\right)=\dfrac{\mathrm{d}}{\mathrm{d}t}\left(\dfrac{\mathrm{d}y}{\mathrm{d}x}\right)\cdot\dfrac{\mathrm{d}t}{\mathrm{d}x}=(-\tan t)'\cdot\dfrac{1}{\dfrac{\mathrm{d}x}{\mathrm{d}t}}=-\sec^2t\cdot\dfrac{1}{3\cos^2t\cdot(-\sin t)}=\dfrac{1}{3\cos^4t\sin t}.$

于是 $y'|_{t=\frac{\pi}{4}}=-1,y''|_{t=\frac{\pi}{4}}=\dfrac{4}{3}\sqrt{2}$,曲率 $K=\dfrac{|y''|}{[1+(y')^2]^{\frac{3}{2}}}\Bigg|_{t=\frac{\pi}{4}}=\dfrac{\dfrac{4}{3}\sqrt{2}}{[1+(-1)^2]^{\frac{3}{2}}}=\dfrac{2}{3}.$

故应填 $\dfrac{2}{3}$.

习题 3－7 解答

1. 求椭圆 $4x^2+y^2=4$ 在点 $(0,2)$ 处的曲率.

　解　由 $8x+2yy'=0$ 知 $y'=\dfrac{-4x}{y}$,$y''=\dfrac{-16}{y^3}$.故 $y'|_{x=0}=0$,$y''|_{x=0}=-2$,故在点 $(0,2)$ 处的曲率为

$$K=\frac{|y''|}{[1+y'^2]^{\frac{3}{2}}}\Bigg|_{(0,2)}=2.$$

2. 求曲线 $y=\ln\sec x$ 在点 (x,y) 处的曲率及曲率半径.

　解　$y'=\dfrac{1}{\sec x}\cdot\sec x\tan x=\tan x$,$y''=\sec^2x$.故曲率 $K=\dfrac{|y''|}{[1+(y')^2]^{\frac{3}{2}}}=\dfrac{\sec^2x}{(1+\tan^2x)^{\frac{3}{2}}}=|\cos x|$,

　　曲率半径 $\rho=\dfrac{1}{K}=|\sec x|$.

3. 求抛物线 $y=x^2-4x+3$ 在其顶点处的曲率及曲率半径.

　解　抛物线的顶点为 $(2,-1)$,$y'=2x-4$,$y''=2$.

　　抛物线 $y=x^2-4x+3$ 在其顶点处的曲率 $K=\dfrac{|y''|}{(1+y'^2)^{\frac{3}{2}}}\Bigg|_{(2,-1)}=2$,

　　曲率半径 $\rho=\dfrac{1}{K}=\dfrac{1}{2}$.

4. 求曲线 $x=a\cos^3t$,$y=a\sin^3t$ 在 $t=t_0$ 相应的点处的曲率.

解 $\dfrac{dy}{dx}=\dfrac{\dfrac{dy}{dt}}{\dfrac{dx}{dt}}=\dfrac{3a\sin^2 t\cos t}{-3a\cos^2 t\sin t}=-\tan t$，　$\dfrac{d^2 y}{dx^2}=\dfrac{\dfrac{d}{dt}\left(\dfrac{dy}{dx}\right)}{\dfrac{dx}{dt}}=\dfrac{-\sec^2 t}{-3a\cos^2 t\sin t}=\dfrac{1}{3a\sin t\cos^4 t}.$

故曲线在 $t=t_0$ 处的曲率为 $K=\dfrac{|y''|}{(1+y'^2)^{\frac{3}{2}}}\bigg|_{t=t_0}=\dfrac{\left|\dfrac{1}{3a\sin t\cos^4 t}\right|}{[1+(-\tan t)^2]^{\frac{3}{2}}}\bigg|_{t=t_0}=\dfrac{2}{|3a\sin(2t_0)|}.$

5. 对数曲线 $y=\ln x$ 上哪一点处的曲率半径最小？求出该点处的曲率半径.

解 $y'=\dfrac{1}{x}$，$y''=-\dfrac{1}{x^2}$. 曲线的曲率 $K=\dfrac{|y''|}{(1+y'^2)^{\frac{3}{2}}}=\dfrac{\left|-\dfrac{1}{x^2}\right|}{\left[1+\left(\dfrac{1}{x}\right)^2\right]^{\frac{3}{2}}}=\dfrac{x}{(1+x^2)^{\frac{3}{2}}}$，

曲率半径为 $\rho=\dfrac{(1+x^2)^{\frac{3}{2}}}{x}.$

又 $\rho'=\dfrac{(1+x^2)^{\frac{1}{2}}(2x^2-1)}{x^2}.$

令 $\rho'=0$ 得驻点 $x_1=\dfrac{\sqrt{2}}{2}$，$x_2=-\dfrac{\sqrt{2}}{2}$（舍去）.

当 $0<x<\dfrac{\sqrt{2}}{2}$ 时，$\rho'<0$，即 ρ 在 $\left(0,\dfrac{\sqrt{2}}{2}\right)$ 上单调减少；当 $\dfrac{\sqrt{2}}{2}<x<+\infty$ 时，$\rho'>0$，即 ρ 在 $\left[\dfrac{\sqrt{2}}{2},+\infty\right)$ 上

单调增加. 因此在 $x=\dfrac{\sqrt{2}}{2}$ 处 ρ 取得极小值；驻点唯一，从而 ρ 的极小值就是最小值，因此最小的曲率半

径为 $\rho\bigg|_{x=\frac{\sqrt{2}}{2}}=\dfrac{\left(1+\dfrac{1}{2}\right)^{\frac{3}{2}}}{\dfrac{\sqrt{2}}{2}}=\dfrac{3\sqrt{3}}{2}.$

*6. 证明曲线 $y=a\operatorname{ch}\dfrac{x}{a}$ 在点 (x,y) 处的曲率半径为 $\dfrac{y^2}{a}$.

证 $y'=\operatorname{sh}\dfrac{x}{a}$，$y''=\dfrac{1}{a}\operatorname{ch}\dfrac{x}{a}$，曲线在点 (x,y) 处的曲率为 $K=\dfrac{|y''|}{(1+y'^2)^{\frac{3}{2}}}=\dfrac{\left|\dfrac{1}{a}\operatorname{ch}\dfrac{x}{a}\right|}{\left(1+\operatorname{sh}^2\dfrac{x}{a}\right)^{\frac{3}{2}}}=\dfrac{1}{a\operatorname{ch}^2\dfrac{x}{a}}$，

曲率半径为 $\rho=\dfrac{1}{K}=a\operatorname{ch}^2\dfrac{x}{a}=\dfrac{y^2}{a}.$

7. 一飞机沿抛物线路径 $y=\dfrac{x^2}{10\,000}$（y 轴铅直向上，单位为 m）做俯冲飞行. 在坐标原点 O 处飞机的速度为

$v=200$m/s. 飞行员体重 $G=70$kg. 求飞机俯冲至最低点即原点 O 处时座椅对飞行员的反力.

解 $y'=\dfrac{2x}{10\,000}=\dfrac{x}{5\,000}$，　$y''=\dfrac{1}{5\,000}.$

抛物线在坐标原点的曲率半径为 $\rho=\dfrac{1}{K}\bigg|_{x=0}=\dfrac{(1+y'^2)^{\frac{3}{2}}}{|y''|}\bigg|_{x=0}=5\,000.$

所以向心力为 $F_1=\dfrac{mv^2}{\rho}=\dfrac{70\times 200^2}{5\,000}=560(\text{N}).$

座椅对飞行员的反力 F 等于飞行员的离心力及飞行员本身的重量对座椅的压力之和，因此

$F=mg+F_1=70\times 9.8+560=1\,246(\text{N}).$

8. 汽车连同载质量共 5t，在抛物线拱桥上行驶，速度为 21.6km/h，桥的跨度为 10m，拱的矢高为 0.25m
（图 3—15）. 求汽车越过桥顶时对桥的压力.

图 3—15

解　建立直角坐标系如图 3—15 所示，设抛物线拱桥方程为 $y=ax^2$.

由于抛物线过点 $(5,0.25)$，代入方程得 $a=\dfrac{y}{x^2}\bigg|_{(5,0.25)}=\dfrac{0.25}{25}=0.01$.

$$y'=2ax,\qquad y''=2a,$$

因此 $y'\big|_{x=0}=0,\qquad y''\big|_{x=0}=0.02,$

$$\rho\bigg|_{x=0}=\frac{1}{K}\bigg|_{x=0}=\frac{(1+y'^2)^{\frac{3}{2}}}{|y''|}\bigg|_{x=0}=50.$$

汽车越过桥顶时对桥的压力为

$$F=mg-\frac{mv^2}{\rho}=5\times10^3\times9.8-\frac{5\times10^3\times\left(\dfrac{21.6\times10^3}{3\ 600}\right)^2}{50}=45\ 400(\text{N}).$$

9. 设 R 为抛物线 $y=x^2$ 上任一点 $M(x,y)$ 处的曲率半径，s 为该曲线上某一点 M_0 到点 M 的弧长，证明：
$3R\dfrac{\mathrm{d}^2R}{\mathrm{d}s^2}-\left(\dfrac{\mathrm{d}R}{\mathrm{d}s}\right)^2-9=0.$

证　$y'=2x,y''=2.$ 所以 $R=\dfrac{(1+(y')^2)^{\frac{3}{2}}}{y''}=\dfrac{(1+4x^2)^{\frac{3}{2}}}{2}.$

设 $M_0(x_0,y_0)$，则 $s=\displaystyle\int_{x_0}^x\sqrt{1+4t^2}\,\mathrm{d}t.$

所以 $\dfrac{\mathrm{d}R}{\mathrm{d}s}=\dfrac{\dfrac{\mathrm{d}R}{\mathrm{d}x}}{\dfrac{\mathrm{d}s}{\mathrm{d}x}}=\dfrac{\dfrac{\frac{3}{2}(1+4x^2)^{\frac{1}{2}}\times8x}{2}}{\sqrt{1+4x^2}}=6x.$　$\dfrac{\mathrm{d}R^2}{\mathrm{d}s^2}=\dfrac{\dfrac{\mathrm{d}\left(\frac{\mathrm{d}R}{\mathrm{d}x}\right)}{\mathrm{d}x}}{\dfrac{\mathrm{d}s}{\mathrm{d}x}}=\dfrac{6}{\sqrt{1+4x^2}}.$

所以 $3R\dfrac{\mathrm{d}^2R}{\mathrm{d}s^2}-\left(\dfrac{\mathrm{d}R}{\mathrm{d}s}\right)^2-9=\dfrac{3}{2}(1+4x^2)^{\frac{3}{2}}\cdot\dfrac{6}{\sqrt{1+4x^2}}-(6x)^2-9$

$=9(1+4x^2)-36x^2-9=0.$

*10. 求曲线 $y=\tan x$ 在点 $\left(\dfrac{\pi}{4},1\right)$ 处的曲率圆方程.

解　$y'=\sec^2x,\ y''=2\sec^2x\tan x,$ 故 $y'\big|_{x=\frac{\pi}{4}}=2,\ y''\big|_{x=\frac{\pi}{4}}=4.$

设曲线在点 $\left(\dfrac{\pi}{4},1\right)$ 处的曲率中心的坐标为 (α,β)，则

$$\alpha=\left[x-\frac{y'(1+y'^2)}{y''}\right]_{(\frac{\pi}{4},1)}=\frac{\pi}{4}-\frac{2(1+4)}{4}=\frac{\pi-10}{4},$$

$$\beta=\left[y+\frac{1+y'^2}{y''}\right]_{(\frac{\pi}{4},1)}=1+\frac{1+4}{4}=\frac{9}{4}.$$

曲率半径 $\rho=\dfrac{1}{K}\bigg|_{x=\frac{\pi}{4}}=\dfrac{(1+y'^2)^{\frac{3}{2}}}{|y''|}\bigg|_{x=\frac{\pi}{4}}=\dfrac{5^{\frac{3}{2}}}{4},$

因此所求的曲率圆方程为 $\left(\xi-\dfrac{\pi-10}{4}\right)^2+\left(\eta-\dfrac{9}{4}\right)^2=\dfrac{125}{16}.$

* 11.求抛物线 $y^2=2px$ 的渐屈线方程.

解 由 $2yy'=2p$,及 $y'^2+yy''=0$ 知 $y'=\dfrac{p}{y}$,$y''=-\dfrac{p^2}{y^3}$.

故抛物线 $y^2=2px$ 的渐屈线方程为

$$\begin{cases} \alpha=x-\dfrac{y'(1+y'^2)}{y''}=x-\dfrac{\dfrac{p}{y}\left[1+\left(\dfrac{p}{y}\right)^2\right]}{-\dfrac{p^2}{y^3}}=\dfrac{3y^2}{2p}+p, \\ \\ \beta=y+\dfrac{1+y'^2}{y''}=y+\dfrac{1+\left(\dfrac{p}{y}\right)^2}{-\dfrac{p^2}{y^3}}=-\dfrac{y^3}{p^2}, \end{cases}$$

其中 y 为参数.或消去参数 y 得渐屈线方程为 $27p\beta^2=8(\alpha-p)^3$.

第八节　方程的近似解

一、主要内容归纳

1. 利用二分法求方程近似解的步骤

设 $f(x)$ 在区间 $[a,b]$ 上连续,$f(a)f(b)<0$,且方程 $f(x)=0$ 在 (a,b) 内仅有一个实根 ξ,于是 $[a,b]$ 即是这个根的一个隔离区间.

(1)取 $[a,b]$ 的中点 $\xi_1=\dfrac{a+b}{2}$,计算 $f(\xi_1)$. 如果 $f(\xi_1)=0$,那么 $\xi=\xi_1$;

(2)如果 $f(\xi_1)$ 与 $f(a)$ 同号,那么取 $a_1=\xi_1$,$b_1=b$,由 $f(a)f(b)<0$,即知 $a_1<\xi<b_1$,且

$$b_1-a_1=\dfrac{1}{2}(b-a);$$

如果 $f(\xi_1)$ 与 $f(b)$ 同号,那么取 $a_1=a$,$b_1=\xi_1$,也有 $a_1<\xi<b_1$,且 $b_1-a_1=\dfrac{1}{2}(b-a)$;

总之,当 $\xi\neq\xi_1$ 时,可求得 $a_1<\xi<b_1$,且 $b_1-a_1=\dfrac{1}{2}(b-a)$.

(3)以 $[a_1,b_1]$ 作为新的隔离区间,重复上述做法,当 $\xi\neq\xi_2=\dfrac{1}{2}(a_1+b_1)$ 时,可求得 $a_2<\xi<b_2$,且 $b_2-a_2=\dfrac{1}{2^2}(b-a)$.

(4)如此重复 n 次,可求得 $a_n<\xi<b_n$,且 $b_n-a_n=\dfrac{1}{2^n}(b-a)$. 由此可知,如果以 a_n 或 b_n 作为 ξ 的近似值,那么其误差小于 $\dfrac{1}{2^n}(b-a)$.

2. 利用切线法求方程近似解的步骤

(1)$f(x)$ 在 $[a,b]$ 上有 $f(a)$ 与 $f''(x)$ 同号.

(2)令 $x_0=a$,在端点 $(x_0,f(x_0))$ 作切线,切线方程为 $y-f(x_0)=f'(x_0)(x-x_0)$.

(3)令 $y=0$,从上式中解出 x,就得到切线与 x 轴交点的横坐标为 $x_1=x_0-\dfrac{f(x_0)}{f'(x_0)}$,它比 x_0 更接近方程的根 ξ.

(4)再在点 $(x_1,f(x_1))$ 作切线,可得根的近似值 x_2,如此继续,在点 $(x_{n-1},f(x_{n-1}))$ 作切线,得根的近似值 $x_n=x_{n-1}-\dfrac{f(x_n-1)}{f'(x_n-1)}$.

如果 $f(b)$ 与 $f''(x)$ 同号,切线作在端点 B(如图 3—16)可记 $x_0=b$,仍按公式 x_n 计算切线与 x 轴交点的横坐标.

图 3—16

二、 经典例题解析及解题方法总结(略)

习题 3—8 解答

1. 试证明方程 $x^3-3x^2+6x-1=0$ 在区间 $(0,1)$ 内有唯一的实根,并用二分法求这个根的近似值,使误差不超过 0.01.

解 设函数 $f(x)=x^3-3x^2+6x-1$,$f(x)$ 在 $[0,1]$ 上连续,且 $f(0)=-1<0$,$f(1)=3>0$ 由零点定理知至少存在一点 $\xi\in(0,1)$,使 $f(\xi)=0$,即方程 $x^3-3x^2+6x-1=0$ 在 $(0,1)$ 内至少有一个实根.

又 $f'(x)=3x^2-6x+6=3(x-1)^2+3>0$,故函数 $f(x)$ 在 $[0,1]$ 上单调增加,从而方程 $f(x)=0$,即 $x^3-3x^2+6x-1=0$ 在 $(0,1)$ 内至多有一个实根.因此方程 $x^3-3x^2+6x-1=0$ 在 $(0,1)$ 内有唯一的实根.

现用二分法求这个实根的近似值:

n	1	2	3	4	5	6	7	8	9	10	11
a_n	0	0	0	0.125	0.125	0.157	0.173	0.180	0.180	0.182	0.183
b_n	1	0.5	0.25	0.25	0.188	0.188	0.188	0.188	0.184	0.184	0.184
中点 x_n	0.5	0.25	0.125	0.188	0.157	0.173	0.180	0.184	0.182	0.183	0.183
$f(x_n)$符号	+	+	—	+	—	—	—	+	—	+	+

故使误差不超过 0.01 的根的近似值为 $\xi=0.183$.

2. 试证明方程 $x^5+5x+1=0$ 在区间 $(-1,0)$ 内有唯一的实根,并用切线法求这个根的近似值,使误差不超过 0.01.

解 设函数 $f(x)=x^5+5x+1$.$f(x)$ 在 $[-1,0]$ 上连续,且 $f(-1)=-5<0$,$f(0)=1>0$. 由零点定理知至少存在一点 $\xi\in(-1,0)$,使 $f(\xi)=0$,即方程 $x^5+5x+1=0$ 在 $(-1,0)$ 内至少有一实根.

又 $f'(x)=5x^4+5>0$,故函数 $f(x)$ 在 $[-1,0]$ 上单调增加,从而方程 $f(x)=0$,即 $x^5+5x+1=0$ 在 $(-1,0)$ 内至多有一个实根.因此方程 $x^5+5x+1=0$ 在区间 $(-1,0)$ 内有唯一的实根.

现用切线法求这个实根的近似值：

由 $f''(x)=20x^3$，$f''(-1)=-20<0$ 知取 $x_0=-1$，利用递推公式 $x_n=x_{n-1}-\dfrac{f(x_{n-1})}{f'(x_{n-1})}$，得：

$$x_1=x_0-\frac{f(x_0)}{f'(x_0)}=-1-\frac{f(-1)}{f'(-1)}=-0.5,$$

$$x_2=x_1-\frac{f(x_1)}{f'(x_1)}=-0.5-\frac{f(-0.5)}{f'(-0.5)}=-0.26,$$

$$x_3=x_2-\frac{f(x_2)}{f'(x_2)}=-0.26-\frac{f(-0.26)}{f'(-0.26)}\approx-0.20,$$

$$x_4=x_3-\frac{f(x_3)}{f'(x_3)}=-0.20-\frac{f(-0.20)}{f'(-0.20)}\approx-0.20,$$

故使误差不超过 0.01 的根的近似值为 $\xi=-0.20$.

3. 用割线法求方程 $x^3+3x-1=0$ 的近似根，使误差不超过 0.01.

解 设函数 $f(x)=x^3+3x-1$，$f(x)$ 在 $[0,1]$ 上连续，且 $f(0)=-1<0$，$f(1)=3>0$，由零点定理知至少存在一点 $\xi\in(0,1)$，使 $f(\xi)=0$，即方程 $x^3+3x-1=0$ 在区间 $(0,1)$ 内至少有一实根.

又 $f'(x)=3x^2+3>0$，故函数 $f(x)$ 在 $[0,1]$ 上单调增加，从而方程 $f(x)=0$，即 $x^3+3x-1=0$ 在 $(0,1)$ 内至多有一实根. 因此方程 $x^3+3x-1=0$ 在区间 $(0,1)$ 内有唯一的实根.

现用割线法求这个根的近似值：

由 $f''(x)=6x$，$f''(1)=6>0$ 知取 $x_0=1$. 又取 $x_1=0.8$，利用递推公式 $x_{n+1}=x_n-\dfrac{x_n-x_{n-1}}{f(x_n)-f(x_{n-1})}\cdot f(x_n)$，得：

$$x_2=x_1-\frac{x_1-x_0}{f(x_1)-f(x_0)}\cdot f(x_1)=0.8-\frac{0.8-1}{f(0.8)-f(1)}\cdot f(0.8)\approx0.449,$$

$$x_3=x_2-\frac{x_2-x_1}{f(x_2)-f(x_1)}\cdot f(x_2)=0.449-\frac{0.449-0.8}{f(0.449)-f(0.8)}\cdot f(0.449)\approx0.345,$$

$$x_4=x_3-\frac{x_3-x_2}{f(x_3)-f(x_2)}\cdot f(x_3)=0.345-\frac{0.345-0.449}{f(0.345)-f(0.449)}\cdot f(0.345)\approx0.323,$$

$$x_5=x_4-\frac{x_4-x_3}{f(x_4)-f(x_3)}\cdot f(x_4)=0.323-\frac{0.323-0.345}{f(0.323)-f(0.345)}\cdot f(0.323)\approx0.322.$$

至此，计算无需再继续，因 x_4 与 x_5 的前两位小数相同，故以 0.32 作为根的近似值，其误差小于 0.01.

4. 求方程 $x\lg x=1$ 的近似根，使误差不超过 0.01.

解 设函数 $f(x)=x\lg x-1$. $f(x)$ 在 $[1,3]$ 上连续，且

$$f(1)=-1<0,\qquad f(3)=3\lg3-1>0,$$

由零点定理知至少存在一点 $\xi\in(1,3)$，使 $f(\xi)=0$，即方程 $x\lg x=1$ 在区间 $(1,3)$ 内至少有一实根.

又 $f'(x)=\lg x+x\cdot\dfrac{1}{x\ln10}=\lg x+\dfrac{1}{\ln10}>0(x\geqslant1)$，故函数 $f(x)$ 在 $[1,3]$ 上单调增加，从而方程 $f(x)=0$，即 $x\lg x=1$ 在 $(1,3)$ 内至多有一实根. 因此方程 $x\lg x=1$ 在 $(1,3)$ 内有唯一的实根.

现用二分法求这个根的近似值：

n	1	2	3	4	5	6	7	8	9
a_n	1	2	2.50	2.50	2.50	2.50	2.50	2.50	2.50
b_n	3	3	3	2.75	2.63	2.57	2.53	2.52	2.51
中点 x_n	2	2.50	2.75	2.63	2.57	2.53	2.52	2.51	2.51
$f(x_n)$符号	−	−	+	+	+	+	+	+	+

故误差不超过 0.01 的根的近似值为 $\xi=2.51$.

总习题三解答

1. 填空：

    设常数 $k>0$，函数 $f(x)=\ln x-\dfrac{x}{e}+k$ 在 $(0,+\infty)$ 内零点的个数为_____.

    解 $f'(x)=\dfrac{1}{x}-\dfrac{1}{e}=\dfrac{e-x}{xe}$，令 $f'(x)$，得驻点 $x=e$.

    当 $0<x<e$ 时，$f'(x)>0$，故函数 $f(x)$ 在 $(0,e]$ 上单调增加；

    当 $e<x<+\infty$ 时，$f'(x)<0$，故函数 $f(x)$ 在 $[e,+\infty)$ 上单调减少.

    从而 $x=e$ 为函数 $f(x)$ 的极大值点. 由于驻点唯一，极大值也是最大值且最大值 $f(e)=k>0$.

    又 $\lim\limits_{x\to 0^+}f(x)=-\infty$， $\lim\limits_{x\to+\infty}f(x)=-\infty$，

    故曲线 $y=\ln x-\dfrac{x}{e}+k$ 与 x 轴有两个交点，因此函数 $f(x)=\ln x-\dfrac{x}{e}+k$ 在 $(0,+\infty)$ 内的零点个数

    为 2.

2. 以下两题中给出了四个结论，从中选出一个正确的结论：

    (1) 设在 $[0,1]$ 上 $f''(x)>0$，则 $f'(0)$，$f'(1)$，$f(1)-f(0)$ 或 $f(0)-f(1)$ 这几个数的大小顺序为（　　）.

    　(A) $f'(1)>f'(0)>f(1)-f(0)$ 　　　　(B) $f'(1)>f(1)-f(0)>f'(0)$

    　(C) $f(1)-f(0)>f'(1)>f'(0)$ 　　　　(D) $f'(1)>f'(0)>f(1)-f(0)$

    (2) 设 $f'(x_0)=f''(x_0)=0$，$f'''(x_0)>0$，则（　　）.

    　(A) $f'(x_0)$ 是 $f'(x)$ 的极大值 　　　(B) $f(x_0)$ 是 $f(x)$ 的极大值

    　(C) $f(x_0)$ 是 $f(x)$ 的极小值 　　　(D) $(x_0,f(x_0))$ 是曲线 $y=f(x)$ 的拐点

    解 (1) 由拉格朗日中值定理知 $f(1)-f(0)=f'(\xi)$，其中 $\xi\in(0,1)$. 由于 $f''(x)>0$，$f'(x)$ 单调增加，故 $f'(0)<f'(\xi)<f'(1)$. 即 $f'(0)<f(1)-f(0)<f'(1)$.

    　　因此应填(B).

    (2) **方法一** 取 $f(x)=x^3$，$f'(x)=3x^2$，$f''(x)=6x$，$f'''(x)=6>0$，$x_0=0$，符合题意，可排除(A)、(B)、(C). 因此应填(D).

    　　方法二 由已知条件及 $f'''(x_0)=\lim\limits_{x\to x_0}\dfrac{f''(x)-f''(x_0)}{x-x_0}=\lim\limits_{x\to x_0}\dfrac{f''(x)}{x-x_0}>0$ 知，在 x_0 某邻域内，当 $x<x_0$ 时，$f''(x)<0$；当 $x>x_0$ 时，$f''(x)>0$，所以 $(x_0,f(x_0))$ 是曲线 $y=f(x)$ 的拐点.

    　　由此可知，在 x_0 的某去心邻域内有 $f'(x)>f'(x_0)=0$，所以 $f(x)$ 在 x_0 的某邻域内是单调增加的，从而 $f(x_0)$ 不是 $f(x)$ 的极值.

    　　再由已知条件及极值的第二充分判别法知，$f'(x_0)$ 是 $f'(x)$ 的极小值.

    　　综上所述，本题只能选(D).

3. 列举一个函数 $f(x)$ 满足：$f(x)$ 在 $[a,b]$ 上连续，在 (a,b) 内除某一点外处处可导，但在 (a,b) 内不存在点 ξ，使 $f(b)-f(a)=f'(\xi)(b-a)$.

    解 取 $f(x)=|x|$，区间为 $[-1,1]$. 函数 $f(x)$ 在 $[-1,1]$ 上连续，在 $(-1,1)$ 内除点 $x=0$ 外处处可导，但 $f(x)$ 在 $(-1,1)$ 内不存在点 ξ，使 $f'(\xi)=0$，即不存在 $\xi\in(-1,1)$ 使

    $$f(1)-f(-1)=f'(\xi)[1-(-1)].$$

4. 设 $\lim\limits f'(x)=k$，求 $\lim[f(x+a)-f(x)]$.

    解 由拉格朗日中值定理知 $f(x+a)-f(x)=f'(\xi)\cdot a$，$\xi$ 介于 x 与 $x+a$ 之间，

    当 $x\to\infty$ 时，$\xi\to\infty$. 故 $\lim\limits_{x\to\infty}[f(x+a)-f(x)]=\lim\limits_{\xi\to\infty}f'(\xi)a=ka$.

5. 证明多项式 $f(x)=x^3-3x+a$ 在 $[0,1]$ 上不可能有两个零点.

  证 假设多项式 $f(x)=x^3-3x+a$ 在 $[0,1]$ 上有两个零点,即存在 $x_1,x_2\in[0,1]$ 使 $f(x_1)=f(x_2)=0$,不妨设 $x_1<x_2$.

    函数 $f(x)$ 在 $[x_1,x_2]$ 上连续,在 (x_1,x_2) 内可导,由罗尔定理知至少存在一点 $\xi\in(x_1,x_2)\subset(0,1)$,使 $f'(\xi)=0$,但 $f'(x)=3x^2-3$ 在 $(0,1)$ 内恒不等于零,故多项式 $f(x)=x^3-3x+a$ 在 $[0,1]$ 上不可能有两个零点.

6. 设 $a_0+\dfrac{a_1}{2}+\cdots+\dfrac{a_n}{n+1}=0$,证明多项式 $f(x)=a_0+a_1x+\cdots+a_nx^n$ 在 $(0,1)$ 内至少有一个零点.

  证 令 $F(x)=a_0x+\dfrac{a_1}{2}x^2+\cdots+\dfrac{a_n}{n+1}x^{n+1}$,则 $F(x)$ 在 $[0,1]$ 上连续,在 $(0,1)$ 内可导且 $F(0)=0$, $F(1)=a_0$ $+\dfrac{a_1}{2}+\cdots+\dfrac{a_n}{n+1}=0$,由罗尔定理知至少存在一点 $\xi\in(0,1)$,使 $F'(\xi)=0$,即多项式 $f(x)=F'(x)=a_0+a_1x+\cdots+a_nx^n$ 在 $(0,1)$ 内至少有一个零点.

7. 设 $f(x)$ 在 $[0,a]$ 上连续,在 $(0,a)$ 内可导,且 $f(a)=0$,证明存在一点 $\xi\in(0,a)$,使 $f(\xi)+\xi f'(\xi)=0$.

  证 做辅助函数 $F(x)=xf(x)$,则 $F(x)$ 在 $[0,a]$ 上连续,在 $(0,a)$ 内可导,且 $F(0)=0$, $F(a)=af(a)=0$,由罗尔定理知至少存在一点 $\xi\in(0,a)$,使

$$F'(\xi)=[xf(x)]'\big|_{x=\xi}=f(\xi)+\xi f'(\xi)=0.$$

*8. 设 $0<a<b$,函数 $f(x)$ 在 $[a,b]$ 上连续,在 (a,b) 内可导,试利用柯西中值定理,证明存在一点 $\xi\in(a,b)$,使 $f(b)-f(a)=\xi f'(\xi)\ln\dfrac{b}{a}$.

  证 取函数 $F(x)=\ln x$,则 $F(x)$、$f(x)$ 在 $[a,b]$ 上连续,在 (a,b) 内可导,且 $F'(x)=\dfrac{1}{x}\neq0$, $x\in(a,b)$. 由柯西中值定理知至少存在一点 $\xi\in(a,b)$,使,

$$\frac{f(b)-f(a)}{F(b)-F(a)}=\frac{f'(\xi)}{F'(\xi)}.\qquad\text{即}\qquad\frac{f(b)-f(a)}{\ln b-\ln a}=\frac{f'(\xi)}{\dfrac{1}{\xi}},$$

亦即 $f(b)-f(a)=\xi f'(\xi)\ln\dfrac{b}{a}$.

9. 设 $f(x)$, $g(x)$ 都是可导函数,且 $|f'(x)|<g'(x)$,证明:当 $x>a$ 时,

$$|f(x)-f(a)|<g(x)-g(a).$$

  分析 要证 $x>a$ 时, $|f(x)-f(a)|<g(x)-g(a)$,

    即要证 $-[g(x)-g(a)]<f(x)-f(a)<g(x)-g(a)$,

    亦即要证 $f(x)-g(x)<f(a)-g(a)$, $f(x)+g(x)>f(a)+g(a)$.

  证 取 $F(x)=f(x)-g(x)$, $G(x)=f(x)+g(x)$, $x\in(a,+\infty)$.

    由 $|f'(x)|<g'(x)$ 知

    $F'(x)=f'(x)-g'(x)<0$, $G'(x)=f'(x)+g'(x)>0$,即当 $x>a$ 时函数 $F(x)$ 单调减少,$G(x)$ 单调增加. 因此 $F(x)<F(a)$ 及 $G(x)>G(a)$ $(x>a)$.

    从而 $f(x)-g(x)<f(a)-g(a)$, $f(x)+g(x)>f(a)+g(a)$ $(x>a)$.

    即当 $x>a$ 时, $|f(x)-f(a)|<g(x)-g(a)$.

10. 求下列极限:

    (1) $\lim\limits_{x\to1}\dfrac{x-x^x}{1-x+\ln x}$;   (2) $\lim\limits_{x\to0}\left[\dfrac{1}{\ln(1+x)}-\dfrac{1}{x}\right]$;   (3) $\lim\limits_{x\to+\infty}\left(\dfrac{2}{\pi}\arctan x\right)^x$;

    (4) $\lim\limits_{x\to\infty}\left(\dfrac{a_1^{\frac{1}{x}}+a_2^{\frac{1}{x}}+\cdots+a_n^{\frac{1}{x}}}{n}\right)^{nx}$ (其中 $a_1,a_2,\cdots,a_n>0$).

  解 (1) $\lim\limits_{x\to1}\dfrac{x-x^x}{1-x+\ln x}=\lim\limits_{x\to1}\dfrac{1-x^x(1+\ln x)}{-1+\dfrac{1}{x}}=\lim\limits_{x\to1}\dfrac{x^x\ln x+x^x-1}{x-1}\cdot x$

$$=\lim_{x\to 1}\frac{x^x(\ln x+1)\ln x+x^{x-1}+x^x(\ln x+1)}{1}=2.$$

(2) $\displaystyle\lim_{x\to 0}\left[\frac{1}{\ln(1+x)}-\frac{1}{x}\right]=\lim_{x\to 0}\frac{x-\ln(1+x)}{x\ln(1+x)}$

$$=\lim_{x\to 0}\frac{x-\ln(1+x)}{x^2}=\lim_{x\to 0}\frac{1-\frac{1}{1+x}}{2x}=\lim_{x\to 0}\frac{1}{2(1+x)}=\frac{1}{2}.$$

(3) $\displaystyle\lim_{x\to +\infty}\left(\frac{2}{\pi}\arctan x\right)^x=e^{\lim\limits_{x\to +\infty}x\ln\left(\frac{2}{\pi}\arctan x\right)}=e^{\lim\limits_{x\to +\infty}\frac{\ln\frac{2}{\pi}+\ln\arctan x}{\frac{1}{x}}}$

$$=e^{\lim\limits_{x\to +\infty}\frac{\frac{1}{\arctan x}\cdot\frac{1}{1+x^2}}{-\frac{1}{x^2}}}=e^{-\lim\limits_{x\to +\infty}\frac{1}{\arctan x}\cdot\frac{x^2}{1+x^2}}=e^{-\frac{2}{\pi}}.$$

(4) $\displaystyle\lim_{x\to \infty}\left(\frac{a_1^{\frac{1}{x}}+a_2^{\frac{1}{x}}+\cdots+a_n^{\frac{1}{x}}}{n}\right)^{nx}$

$$=e^{\lim\limits_{x\to \infty}nx\left[\ln\left(a_1^{\frac{1}{x}}+a_2^{\frac{1}{x}}+\cdots+a_n^{\frac{1}{x}}\right)-\ln n\right]}=e^{n\lim\limits_{x\to \infty}\frac{\ln\left(a_1^{\frac{1}{x}}+a_2^{\frac{1}{x}}+\cdots+a_n^{\frac{1}{x}}\right)-\ln n}{\frac{1}{x}}}$$

$$=e^{n\lim\limits_{x\to \infty}\frac{\frac{1}{a_1^{\frac{1}{x}}+a_2^{\frac{1}{x}}+\cdots+a_n^{\frac{1}{x}}}\left[a_1^{\frac{1}{x}}\ln a_1+a_2^{\frac{1}{x}}\ln a_2+\cdots+a_n^{\frac{1}{x}}\ln a_n\right]\left(\frac{1}{x}\right)'}{\left(\frac{1}{x}\right)'}}$$

$$=e^{n\cdot\frac{1}{n}(\ln a_1+\ln a_2+\cdots+\ln a_n)}=e^{\ln(a_1 a_2\cdots a_n)}=a_1 a_2\cdots a_n$$

11. 求下列函数在指定点 x_0 处具有指定阶数及余项的泰勒公式:

(1) $f(x)=x^3\ln x$，$x_0=1$，$n=4$，拉格朗日余项;

(2) $f(x)=\arctan x$，$x_0=0$，$n=3$，佩亚诺余项;

(3) $f(x)=e^{\sin x}$，$x_0=0$，$n=3$，佩亚诺余项;

(4) $f(x)=\ln\cos x$，$x_0=0$，$n=6$，佩亚诺余项.

解　(1) $f(1)=0$，$f'(x)=3x^2\ln x+x^2$，$f'(1)=1$;

$f''(x)=6x\ln x+5x$，$f''(1)=5$;$f'''(x)=6\ln x+11$，$f'''(1)=11$;

$f^{(4)}(x)=\dfrac{6}{x}$，$f^{(4)}(1)=6$;$f^{(5)}(x)=-\dfrac{6}{x^2}$，$f^{(5)}(\xi)=-\dfrac{6}{\xi^2}$，

因此，$x^3\ln x=(x-1)+\dfrac{5}{2!}(x-1)^2+\dfrac{11}{3!}(x-1)^3+\dfrac{6}{4!}(x-1)^4-\dfrac{6}{5!}\cdot\dfrac{1}{\xi^2}(x-1)^5$，

其中 ξ 介于 1 和 x 之间.

(2) $f(0)=0$，$f'(x)=\dfrac{1}{1+x^2}$，$f'(0)=1$;$f''(x)=-\dfrac{2x}{(1+x^2)^2}$，$f''(0)=0$;

$f'''(x)=-\dfrac{2(1-3x^2)}{(1+x^2)^3}$，$f'''(0)=-2$;

因此，$\arctan x=x-\dfrac{x^3}{3}+o(x^4)$.

注:也可用下列方法求 $y=\arctan x$ 在 $x=0$ 处的导数.

对 $y'=\dfrac{1}{1+x^2}$，即 $(1+x^2)y'=1$，求 n 阶导数:

$$(1+x^2)y^{(n+1)}+2nxy^{(n)}+n(n-1)y^{(n-1)}=0,$$

令 $x=0$ 得 $y^{(n+1)}(0)=-n(n-1)y^{(n-1)}(0)$，

由 $y''(0)=0$，$y'(0)=1$ 得 $y^{(2m)}(0)=0$，

$$y^{(2m+1)}(0)=-2m(2m-1)y^{(2m-1)}(0)=(-1)(2m)!.$$

(3) $e^{\sin x}=1+\sin x+\dfrac{1}{2!}\sin^2 x+\dfrac{1}{3!}\sin^3 x+o(x^3)$，又，$\sin x=x-\dfrac{1}{3!}x^3+o(x^4)$，故

$$e^{\sin x}=1+\left(x-\frac{1}{6}x^3\right)+\frac{1}{2}x^2+\frac{1}{6}x^3+o(x^3)=1+x+\frac{1}{2}x^2+o(x^3).$$

(4) $\ln\cos x=\ln[1+(\cos x-1)]=\cos x-1-\frac{1}{2}(\cos x-1)^2+\frac{1}{3}(\cos x-1)^3+o(x^6)$，又

$$\cos x-1=-\frac{1}{2}x^2+\frac{1}{24}x^4-\frac{1}{720}x^6+o(x^7)，因此，$$

$$\ln\cos x=\left(-\frac{1}{2}x^2+\frac{1}{24}x^4-\frac{1}{720}x^6\right)-\frac{1}{2}\left(\frac{1}{4}x^4-\frac{1}{24}x^6\right)+\frac{1}{3}\left(-\frac{1}{8}x^6\right)+o(x^6)$$

$$=-\frac{1}{2}x^2-\frac{1}{12}x^4-\frac{1}{45}x^6+o(x^6).$$

12. 证明下列不等式：

(1) 当 $0<x_1<x_2<\frac{\pi}{2}$ 时，$\frac{\tan x_2}{\tan x_1}>\frac{x_2}{x_1}$；

(2) 当 $x>0$ 时，$\ln(1+x)>\frac{\arctan x}{1+x}$；

(3) 当 $e<a<b<e^2$ 时，$\ln^2 b-\ln^2 a>\frac{4}{e^2}(b-a)$.

证　(1) 取函数 $f(x)=\frac{\tan x}{x}$，$0<x<\frac{\pi}{2}$.

当 $0<x<\frac{\pi}{2}$ 时，$f'(x)=\frac{\sec^2 x-\tan x}{x^2}>0$ $(x\sec^2 x-\tan x>x-\tan x>0)$.

故 $f(x)$ 在 $\left(0,\frac{\pi}{2}\right)$ 内单调增加，因此，当 $0<x_1<x_2<\frac{\pi}{2}$ 时，

$$f(x_2)>f(x_1)，\qquad 即\qquad \frac{\tan x_2}{x_2}>\frac{\tan x_1}{x_1}，$$

亦即 $\frac{\tan x_2}{\tan x_1}>\frac{x_2}{x_1}$.

(2) 取函数 $f(x)=(1+x)\ln(1+x)-\arctan x\,(x>0)$.

当 $x>0$ 时，$f'(x)=\ln(1+x)+1-\frac{1}{1+x^2}>0$，

故 $f(x)$ 在 $(0,+\infty)$ 内单调增加，因此，当 $x>0$ 时，

$$f(x)>f(0)，\qquad 即\qquad (1+x)\ln(1+x)-\arctan x>0，$$

亦即 $\ln(1+x)>\frac{\arctan x}{1+x}$.

(3) **方法一**　对函数 $\ln^2 x$ 在 $[a,b]$ 上应用拉格朗日中值定理，得 $\ln^2 b-\ln^2 a=\frac{2\ln\xi}{\xi}(b-a)$，$a<\xi<b$.

设 $\varphi(t)=\frac{\ln t}{t}$，则 $\varphi'(t)=\frac{1-\ln t}{t^2}$，当 $t>e$ 时，$\varphi'(t)<0$，所以 $\varphi(t)$ 单调减少，从而

$$\varphi(\xi)>\varphi(e^2)，\qquad 即\qquad \frac{\ln\xi}{\xi}>\frac{\ln e^2}{e^2}=\frac{2}{e^2}，$$

故 $\ln^2 b-\ln^2 a>\frac{4}{e^2}(b-a)$.

方法二　做辅助函数 $f(x)=\ln^2 x-\frac{4}{e^2}x$，$x\in[a,b]$，则 $f'(x)=\frac{2\ln x}{x}-\frac{4}{e^2}$，

令 $g(x)=\frac{2\ln x}{x}$，$x\in[a,b]$，则 $g'(x)=\frac{2(1-\ln x)}{x^2}<0\,(x\geqslant a>e)$，所以 $g(x)$ 在 $[a,b]$ 上单调减少，因而有 $g(x)>g(e^2)=\frac{4}{e^2}$，故 $f'(x)>0$，$f(x)$ 在 $[a,b]$ 上单调增加. 所以有 $f(b)>f(a)$，即

$$\ln^2 b-\ln^2 a>\frac{4}{e^2}(b-a).$$

13. 设 $a>1$，$f(x)=a^x-ax$ 在 $(-\infty,+\infty)$ 内的驻点为 $x(a)$. 问 a 为何值时，$x(a)$ 最小？并求出最小值.

　解　由 $f'(x)=a^x\ln a-a=0$，得唯一驻点 $x(a)=1-\dfrac{\ln\ln a}{\ln a}$.

考查函数 $x(a)=1-\dfrac{\ln\ln a}{\ln a}$ 在 $a>1$ 时的最小值，令 $x'(a)=-\dfrac{\dfrac{1}{a}-\dfrac{1}{a}\ln\ln a}{(\ln a)^2}=-\dfrac{1-\ln\ln a}{a(\ln a)^2}=0$，

得唯一驻点，$a=e^e$，当 $a>e^e$ 时，$x'(a)>0$；当 $a<e^e$ 时，$x'(a)<0$，因此 $x(e^e)=1-\dfrac{1}{e}$.

为极小值，也是最小值.

14. 求椭圆 $x^2-xy+y^2=3$ 上纵坐标最大和最小的点.

　解　在椭圆方程两端分别对 x 求导，得 $2x-y-xy'+2yy'=0$，　$y'=\dfrac{y-2x}{2y-x}$，$y''=\dfrac{6xy-6x^2-6y^2}{(2y-x)^3}$.

令 $y'=0$，得 $y=2x$. 将 $y=2x$ 代入椭圆方程后得 $x^2=1$，故 $x=\pm1$. 从而得到椭圆上的点 $(1,2)$，$(-1,$
$-2)$. 又 $y''(1)=-\dfrac{2}{3}<0$，$y''(-1)=\dfrac{2}{3}>0$，故点 $(1,2)$，$(-1,-2)$ 为椭圆 $x^2-xy+y^2=3$ 上纵坐标

最大和最小的点.

15. 椭圆 $\dfrac{x^2}{a^2}+\dfrac{y^2}{b^2}=1$ 内嵌入一内接矩形，使矩形的边平行于椭圆的轴而面积最大，求最大矩形的面积.

　解　设椭圆内接矩形在第一象限中的顶点为 $M(x,y)$，则矩形的面积为

$$S(x)=4xy=4x\cdot b\sqrt{1-\dfrac{x^2}{a^2}}=\dfrac{4b}{a}x\sqrt{a^2-x^2}\quad(0\leqslant x\leqslant a).$$

下面求 $S(x)$ 在 $[0,a]$ 上的最大值.

$$S'(x)=\dfrac{4b}{a}\left(\sqrt{a^2-x^2}-\dfrac{x^2}{\sqrt{a^2-x^2}}\right)=\dfrac{4b(a^2-2x^2)}{a\sqrt{a^2-x^2}}.$$

令 $S'(x)=0$ 得 $x=\dfrac{a}{\sqrt2}$，因 $S(0)=S(a)=0$，$S\left(\dfrac{a}{\sqrt2}\right)=2ab$，所以 $S(x)$ 在 $[0,a]$ 上的最大值即内接矩形

的最大面积为 $2ab$.

16. 求数列 $\{\sqrt[n]{n}\}$ 的最大项.

　解　取函数 $f(x)=x^{\frac{1}{x}}$ $(x>0)$，$f'(x)=x^{\frac{1}{x}-2}(1-\ln x)$.

令 $f'(x)=0$，得驻点 $x=e$. 当 $0<x<e$ 时，$f'(x)>0$；当 $e<x<+\infty$ 时，$f'(x)<0$，因此点 $x=e$ 为
$f(x)$ 的极大值点. 由于驻点唯一，极大值点也是最大值点且最大值为 $f(e)=e^{\frac{1}{e}}$.

由 $1<\sqrt2$ 及 $f(x)$ 在 $(e,+\infty)$ 内单调减少，知 $\sqrt[3]{3}>\sqrt[4]{4}>\cdots>\sqrt[n]{n}>\cdots$.

由 $f(e)=e^{\frac{1}{e}}$ 为 $f(x)$ 的最大值，可知数列 $\{\sqrt[n]{n}\}$ 的最大项只可能在 $x=e$ 的邻近整数值 2 与 3 中取得，
因为 $(\sqrt2)^6=8<(\sqrt[3]{3})^6=9$，故数列 $\{\sqrt[n]{n}\}$ 的最大项为 $\sqrt[3]{3}$.

17. 曲线弧 $y=\sin x$ $(0<x<\pi)$ 上哪一点处的曲率半径最小？求出该点处的曲率半径.

　解　$y'=\cos x$，$y''=-\sin x$，曲线 $y=\sin x$ $(0<x<\pi)$ 的曲率为 $K=\dfrac{|-\sin x|}{(1+\cos^2 x)^{\frac{3}{2}}}=\dfrac{\sin x}{(1+\cos^2 x)^{\frac{3}{2}}}$，

又由 $K'=\dfrac{2\cos x(1+\sin^2 x)}{(1+\cos^2 x)^{\frac{5}{2}}}=0$ 知 $x=\dfrac{\pi}{2}$.

当 $0<x<\dfrac{\pi}{2}$ 时，$K'>0$；当 $\dfrac{\pi}{2}<x<\pi$ 时，$K'<0$. 因此 $x=\dfrac{\pi}{2}$ 为 K 的极大值点. 又驻点唯一，故极大值

点也是最大值点，且 K 的最大值为 $K=\dfrac{\sin x}{(1+\cos^2 x)^{\frac{3}{2}}}\bigg|_{x=\frac{\pi}{2}}=1$. 此时曲率半径 $\rho=1$ 最小，故曲线弧

$y=\sin x$ $(0<x<\pi)$ 上点 $x=\dfrac{\pi}{2}$ 处的曲率半径最小且曲率半径为 $\rho=1$.

18. 证明方程 $x^3-5x-2=0$ 只有一个正根,并求此正根的近似值,精确到 10^{-3}.

证 取函数 $f(x)=x^3-5x-2$, $f'(x)=3x^2-5$.

令 $f'(x)=0$ 得驻点 $x=\sqrt{\dfrac{5}{3}}$.

当 $0<x<\sqrt{\dfrac{5}{3}}$ 时, $f'(x)<0$,故 $f(x)$ 在 $\left[0,\sqrt{\dfrac{5}{3}}\right]$ 上单调减少,又

$$f(0)=-2<0, \quad f\left(\sqrt{\frac{5}{3}}\right)=\left(\frac{5}{3}\right)^{\frac{3}{2}}-5\sqrt{\frac{5}{3}}-2<0.$$

因此方程 $f(x)=0$ 即 $x^3-5x-2=0$ 在 $\left(0,\sqrt{\dfrac{5}{3}}\right)$ 内没有实根.

当 $\sqrt{\dfrac{5}{3}}<x<+\infty$ 时, $f'(x)>0$,故 $f(x)$ 在 $\left[\sqrt{\dfrac{5}{3}},+\infty\right)$ 上单调增加,因此方程 $f(x)=0$ 在 $\left[\sqrt{\dfrac{5}{3}},\right.$

$+\infty)$ 上至多有一实根,又 $f(3)=10>0$,由零点定理知至少存在一点 $\xi\in\left(\sqrt{\dfrac{5}{3}},3\right)$ 使 $f(\xi)=0$,即方

程 $f(x)=0$ 亦即 $x^3-5x-2=0$ 在 $\left(\sqrt{\dfrac{5}{3}},3\right)$ 内至少有一实根,因此方程 $x^3-5x-2=0$ 在 $\left(\sqrt{\dfrac{5}{3}},3\right)$

内只有一正根.

综上,方程 $x^3-5x-2=0$ 只有一正根.

现在用二分法求该方程正根的近似值,由 $f(2)=-4<0$,为了方便起见,取区间 $[2,3]$.

n	1	2	3	4	5	6	7	8	9	10	11
a_n	2	2	2.25	2.375	2.375	2.406	2.406	2.414	2.414	2.414	2.414
b_n	3	2.5	2.5	2.5	2.438	2.438	2.422	2.422	2.418	2.416	2.415
中点 x_n	2.5	2.25	2.375	2.438	2.406	2.422	2.414	2.418	2.416	2.415	2.415
$f(x_n)$ 符号	+	−	−	+	−	+	−	+	+	+	+

故误差不超过 10^{-3} 的正根的近似值为 $\xi=2.415$.

*19. 设 $f''(x_0)$ 存在,证明: $\lim\limits_{h\to 0}\dfrac{f(x_0+h)+f(x_0-h)-2f(x_0)}{h^2}=f''(x_0)$.

证 $$\lim_{h\to 0}\frac{f(x_0+h)+f(x_0-h)-2f(x_0)}{h^2}=\lim_{h\to 0}\frac{f'(x_0+h)-f'(x_0-h)}{2h}$$

$$=\frac{1}{2}\lim_{h\to 0}\left[\frac{f'(x_0+h)-f'(x_0)}{h}+\frac{f'(x_0-h)-f'(x_0)}{-h}\right]$$

$$=\frac{1}{2}\left[f''(x_0)+f''(x_0)\right]=f''(x_0).$$

20. 设 $f(x)$ 在 (a,b) 内二阶可导,且 $f''(x)\geqslant 0$. 证明对于 (a,b) 内任意两点 x_1,x_2 及 $0\leqslant t\leqslant 1$,有

$$f[(1-t)x_1+tx_2]\leqslant(1-t)f(x_1)+tf(x_2).$$

证 由 $x_1,x_2\in(a,b)$ 知 $x_0=(1-t)x_1+tx_2\in(a,b)$,利用泰勒公式有

$$f(x_1)=f(x_0)+f'(x_0)(x_1-x_0)+\frac{1}{2!}f''(\xi_1)(x_1-x_2)^2, \xi_1 \text{ 介于 } x_1 \text{ 与 } x_0 \text{ 之间};$$

$$f(x_2)=f(x_0)+f'(x_0)(x_2-x_0)+\frac{1}{2!}f''(\xi_2)(x_2-x_0)^2, \xi_2 \text{ 介于 } x_2 \text{ 与 } x_0 \text{ 之间}.$$

由 $f''(x)\geqslant 0$ 知 $f''(\xi_1)\geqslant 0$, $f''(\xi_2)\geqslant 0$,故

$$f(x_1)\geqslant f(x_0)+f'(x_0)(x_1-x_0) \text{ 及 } f(x_2)\geqslant f(x_0)+f'(x_0)(x_2-x_0),$$

因此, $$(1-t)f(x_1)+tf(x_2)\geqslant(1-t)f(x_0)+tf(x_0)+f'(x_0)[(1-t)(x_1-x_0)+t(x_2-x_0)]$$

$$=f(x_0)+f'(x_0)[(1-t)x_1+tx_2-x_0]=f(x_0),$$

即 $f[(1-t)x_1+tx_2]\leqslant(1-t)f(x_1)+tf(x_2)$.

21. 试确定常数 a 和 b，使 $f(x)=x-(a+b\cos x)\sin x$ 为当 $x\to0$ 时关于 x 的 5 阶无穷小.

解 利用泰勒公式

$$f(x)=x-a\sin x-\frac{b}{2}\sin2x$$

$$=x-a\left[x-\frac{x^3}{3!}+\frac{x^5}{5!}+o(x^5)\right]-\frac{b}{2}\left[2x-\frac{(2x)^3}{3!}+\frac{(2x)^5}{5!}+o(x^5)\right]$$

$$=(1-a-b)x+\left(\frac{a}{6}+\frac{2b}{3}\right)x^3-\left(\frac{a}{120}+\frac{2b}{15}\right)x^5+o(x^5).$$

按题意，应有 $\begin{cases}1-a-b=0,\\ \dfrac{a}{6}+\dfrac{2b}{3}=0,\\ \dfrac{a}{120}+\dfrac{2b}{15}\neq0,\end{cases}$ 得 $a=\dfrac{4}{3}$，$b=-\dfrac{1}{3}$.

因此，当 $a=\dfrac{4}{3}$，$b=-\dfrac{1}{3}$ 时，$f(x)=x-(a+b\cos x)\sin x$ 是 $x\to0$ 时关于 x 的 5 阶无穷小.

第三章自测题

一、填空题

1. 曲线 $\sin(xy)+\ln(y-x)=x$ 在点 $(0,1)$ 处的切线方程是 _____.

2. $\lim\limits_{x\to0}\left(\dfrac{1}{\sin^2x}-\dfrac{\cos^2x}{x^2}\right)=$ _____.

3. 设 $\lim\limits_{x\to0}\dfrac{\ln(1+x)-ax-bx^2}{x^2}=2$，则 $a=$ _____，$b=$ _____.

4. 曲线 $y=x2^{-x}$ 的凸区间为 _____.

5. 已知函数 $f(x)$ 连续，且 $\lim\limits_{x\to0}\dfrac{1-\cos[xf(x)]}{(e^{x^2}-1)f(x)}=1$，则 $f(0)=$ _____.

6. $y=2^x$ 的麦克劳林公式中 x^n 项的系数是 _____.

二、选择题

1. 设函数 $f(x)=x^2(x-1)(x-2)$，则 $f'(x)$ 的零点个数为（ ）.

    (A) 0   (B) 1   (C) 2   (D) 3

2. 设 $f(x)=|x(1-x)|$，则（ ）.

    (A) $x=0$ 是 $f(x)$ 的极值点，但 $(0,0)$ 不是曲线 $y=f(x)$ 的拐点

    (B) $x=0$ 不是 $f(x)$ 的极值点，但 $(0,0)$ 是曲线 $y=f(x)$ 的拐点

    (C) $x=0$ 是 $f(x)$ 的极值点，且 $(0,0)$ 是曲线 $y=f(x)$ 的拐点

    (D) $x=0$ 不是 $f(x)$ 的极值点，$(0,0)$ 也不是曲线 $y=f(x)$ 的拐点

3. 函数 $f(x)$ 在区间 (a,b) 内可导，则在 (a,b) 内 $f'(x)>0$ 是函数 $f(x)$ 在 (a,b) 内单调增加的（ ）

    (A) 必要但非充分条件   (B) 充分但非必要条件

    (C) 充分必要条件   (D) 无关条件

4. 曲线 $y=(x-1)^2(x-3)^2$ 的拐点个数为（ ）.

    (A) 0   (B) 1   (C) 2   (D) 3

5. 设函数 $y=f(x)$ 在 $(0,+\infty)$ 内有界且可导，则（ ）.

    (A) 当 $\lim\limits_{x\to+\infty}f(x)=0$ 时，必有 $\lim\limits_{x\to+\infty}f'(x)=0$

  (B) 当 $\lim\limits_{x\to+\infty}f'(x)$ 存在时,必有 $\lim\limits_{x\to+\infty}f'(x)=0$

  (C) 当 $\lim\limits_{x\to0^+}f(x)=0$ 时,必有 $\lim\limits_{x\to0^+}f'(x)=0$

  (D) 当 $\lim\limits_{x\to0^+}f'(x)$ 存在时,必有 $\lim\limits_{x\to0^+}f'(x)=0$

6. 设函数 $f(x)$ 在闭区间 $[a,b]$ 上有定义,在开区间 (a,b) 内可导,则( ).

  (A) 当 $f(a)f(b)<0$ 时,存在 $\xi\in(a,b)$,使 $f(\xi)=0$

  (B) 对任何 $\xi\in(a,b)$,有 $\lim\limits_{x\to\xi}[f(x)-f(\xi)]=0$

  (C) 当 $f(a)=f(b)$ 时,存在 $\xi\in(a,b)$,使 $f'(\xi)=0$

  (D) 存在 $\xi\in(a,b)$,使 $f(b)-f(a)=f'(\xi)\cdot(b-a)$

三、 求极限 $\lim\limits_{x\to0}\dfrac{[\sin x-\sin(\sin x)]\sin x}{x^4}$.

四、 当 $x>0$ 时,$(x^2-1)\ln x\geqslant(x-1)^2$.

五、 已知函数 $y=\dfrac{x^3}{(x-1)^2}$,求:

  (1) 函数的增减区间及极值.

  (2) 函数图形的凹凸区间及拐点.

  (3) 函数图形的渐近线.

六、 设函数 $f(x)$ 在闭区间 $[-1,1]$ 上具有三阶连续导数,且 $f(-1)=0,f(1)=6,f'(0)=0$. 证明:在开区间 $(-1,1)$ 内至少存在一点 ξ,使 $f'''(\xi)=18$.

七、 研究 k 的不同数值,确定方程 $x-\dfrac{\pi}{2}\sin x=k$ 在开区间 $\left(0,\dfrac{\pi}{2}\right)$ 内根的个数,并证明你的结论.

八、 设 $x_1\,x_2>0$,证明:$x_1\mathrm{e}^{x_2}-x_2\mathrm{e}^{x_1}=(1-\xi)\mathrm{e}^{\xi}(x_1-x_2)$,其中 ξ 在 x_1 与 x_2 之间.

第三章自测题答案

一、1. 解 在已知方程两端对 x 求导,得

$$\cos(xy)\cdot(y+xy')+\frac{1}{y-x}\cdot(y'-1)=1,$$

  将 $x=0,y(0)=1$ 代入上式得 $y'(0)=1$,切线方程为 $y=x+1$,

  故应填 $y=x+1$.

2. 解 原式 $=\lim\limits_{x\to0}\dfrac{x^2-\cos^2x\sin^2x}{x^2\sin^2x}=\lim\limits_{x\to0}\dfrac{x^2-\cos^2x\sin^2x}{x^4}=\lim\limits_{x\to0}\dfrac{x^2-\frac{1}{4}\sin^22x}{x^4}$

$$=\lim\limits_{x\to0}\dfrac{2x-\sin2x\cos2x}{4x^3}=\lim\limits_{x\to0}\dfrac{2x-\frac{1}{2}\sin4x}{4x^3}=\lim\limits_{x\to0}\dfrac{2-2\cos4x}{12x^2}$$

$$=\dfrac{1}{6}\lim\limits_{x\to0}\dfrac{\frac{1}{2}(4x)^2}{x^2}=\dfrac{1}{6}\times\dfrac{1}{2}\times16=\dfrac{4}{3}.$$

  故应填 $\dfrac{4}{3}$.

3. 解 原式左端 $=\lim\limits_{x\to0}\dfrac{\dfrac{1}{1+x}-a-2bx}{2x}=\lim\limits_{x\to0}\dfrac{1-a-(a+2b)x-2bx^2}{2x(1+x)}$

$$=\dfrac{1}{2}\lim\limits_{x\to0}\dfrac{1-a-(a+2b)x-2bx^2}{x}=2,$$

  于是 $1-a=0\Rightarrow a=1$ 代入上式,得

  左端 $=\dfrac{1}{2}\lim\limits_{x\to0}\dfrac{-(a+2b)x-2bx^2}{x}=\dfrac{1}{2}\lim\limits_{x\to0}\dfrac{-(a+2b)-4bx}{1}=2,$

因此 $-(a+2b)=4$. 又因为 $a=1$，所以 $b=-\dfrac{5}{2}$.

故应填 $a=1, b=-\dfrac{5}{2}$.

4. 解　$y'=2^{-x}(1-x\ln2)$，$y''=2^{-x}\cdot\ln2(x\cdot\ln2-2)$，

令 $y''=0$ 得 $x=\dfrac{2}{\ln2}$，当 $x\in(-\infty,\dfrac{2}{\ln2}]$ 时，$y''<0$，即曲线 $y(x)$ 在 $(-\infty,\dfrac{2}{\ln2}]$ 上是凸的.

故应填 $(-\infty,\dfrac{2}{\ln2}]$.

5. 解　利用等价无穷小代换得　原式$=\lim\limits_{x\to0}\dfrac{\frac{1}{2}(xf(x))^2}{x^2f(x)}=\lim\limits_{x\to0}\dfrac{1}{2}f(x)=\dfrac{f(0)}{2}=1\Rightarrow f(0)=2$.

故应填 2.

6. 解　因为 $y^{(n)}=2^x\cdot\ln^n2$，所以 x^n 的系数 $a_n=\dfrac{(\ln2)^n}{n!}$.

故应填 $\dfrac{(\ln2)^n}{n!}$.

二、1. D

2. C　在 $x=0$ 附近有 $f(x)=\begin{cases}x(x-1),&x<0,\\x(1-x),&0\leqslant x<1,\end{cases}$

$f'(x)=\begin{cases}2x-1,&x<0,\\\text{不存在},&x=0,\\1-2x,&x>0.\end{cases}$　$f''(x)=\begin{cases}2,&x<0,\\\text{不存在},&x=0,\\-2,&x>0.\end{cases}$

3. B　如 $f(x)=x^3$ 在 $(-\infty,+\infty)$ 单调增加，但 $f'(0)=0$，故非必要条件

4. C　$y''=4(3x^2-12x+11)=0$. $y''=0$ 有两个根，且根两侧二阶导数符号变号. 故应选(C)

5. B　对 $\forall x>a$，因 $f(x)$ 在 $(0,+\infty)$ 有界且可导，故连续，从而由微分中值定理可知：

$$f(x)-f(a)=f'(\xi)(x-a),\quad\text{其中 }\xi\in(a,x),$$

若 $\lim\limits_{x\to+\infty}f'(x)$ 存在，则由上式知 $f'(\xi)=\dfrac{f(x)-f(a)}{x-a}$，因为 $f(x)$ 有界，所以 $f(x)-f(a)$ 也有界，因

此，两边取极限得：$\lim\limits_{x\to+\infty}f'(x)=\lim\limits_{\xi\to+\infty}f'(\xi)=\lim\limits_{x\to+\infty}\dfrac{f(x)-f(a)}{x-a}=\lim\limits_{x\to+\infty}\dfrac{1}{x-a}\cdot[f(x)-f(a)]=0$，

故应填 B.

6. B　A、B、C 分别涉及介值定理、罗尔定理、微分中值定理，注意这三个定理要求 $f(x)$ 在闭区间 $[a,b]$ 上连续，而题中却无此条件，故不选.

利用 $f(x)$ 在开区间 (a,b) 内可导，取 $\xi<x$，则 $f(x)$ 在 $[\xi,x]\subset(a,b)$ 上连续，在 (ξ,x) 内可导，由拉格朗日中值定理知：至少 $\exists$ 一 $t\in(\xi,x)$，使 $f(x)-f(\xi)=f'(t)(x-\xi)$，从而 $\lim\limits_{x\to\xi}[f(x)-f(\xi)]$

$=\lim\limits_{x\to\xi}f'(t)\cdot(x-\xi)=0$.

故应选 B.

三、解

$$\lim\limits_{x\to0}\dfrac{[\sin x-\sin(\sin x)]\sin x}{x^4}=\lim\limits_{x\to0}\dfrac{\sin x-\sin(\sin x)}{x^3}=\lim\limits_{x\to0}\dfrac{\cos x-\cos(\sin x)\cdot\cos x}{3x^2}$$

$$=\lim\limits_{x\to0}\dfrac{1-\cos(\sin x)}{x^2}\cdot\dfrac{1}{3}\lim\limits_{x\to0}\cos x=\dfrac{1}{3}\lim\limits_{x\to0}\dfrac{\frac{1}{2}(\sin x)^2}{x^2}=\dfrac{1}{3}\times\dfrac{1}{2}\times1=\dfrac{1}{6}.$$

四、证　令 $\varphi(x)=\ln x-\dfrac{x-1}{x+1}$，$\varphi'(x)=\dfrac{1}{x}-\dfrac{2}{(x+1)^2}=\dfrac{x^2+1}{x(x+1)^2}>0$，当 $x>0$ 时，$\varphi(1)=0$，所以当 $0<x<1$

时，$\varphi(x)<0$，当 $1<x<+\infty$ 时，$\varphi(x)>0$，于是

当 $0<x<1$ 时，$(x^2-1)<0$，$\varphi(x)<0$，$(x^2-1)\varphi(x)>0$；

当 $x>1$ 时,$(x^2-1)>0,\varphi(x)>0,(x^2-1)\varphi(x)>0$;

综上知 当 $x>0$ 时,$(x^2-1)\cdot\varphi(x)=(x^2-1)\ln x-(x-1)^2\geqslant0$,

即 $(x^2-1)\ln x\geqslant(x-1)^2$.

五、解 由题意知所给函数的定义域为 $(-\infty,1)\bigcup(1,+\infty)$.

且有 $y'=\dfrac{x^2(x-3)}{(x-1)^3}$, $y''=\dfrac{6x}{(x-1)^4}$.

令 $y'=0$,得驻点 $x=0$ 及 $x=3$,令 $y''=0$,得 $x=0$.

列表讨论如下:

x	$(-\infty,0)$	0	$(0,1)$	$(1,3)$	3	$(3,+\infty)$
y'	$+$	0	$+$	$-$	0	$+$
y''	$-$	0	$+$	$+$	$+$	$+$
y	↗		↗	↘	极小值	↗

由此可知:

(1)函数的单调增加区间为 $(-\infty,1)$ 和 $[3,+\infty)$;单调减少区间为 $(1,3)$,极小值为 $y\big|_{x=3}=\dfrac{27}{4}$.

(2)函数图形在区间 $(-\infty,0)$ 内是凸的,在区间 $(0,1),(1,\infty)$ 内是凹的,拐点为 $(0,0)$.

(3)由 $\lim\limits_{x\to1}\dfrac{x^3}{(x-1)^2}=+\infty$ 知,$x=1$ 是函数图形的铅直渐近线;

又 $a=\lim\limits_{x\to\infty}\dfrac{y}{x}=\lim\limits_{x\to\infty}\dfrac{x^2}{(x-1)^2}=1$, $b=\lim\limits_{x\to\infty}(y-ax)=\lim\limits_{x\to\infty}\left[\dfrac{x^3}{(x-1)^2}-x\right]=2$.

故 $y=x+2$ 是函数图形的斜渐近线.

六、解 由 $f(x)=f(0)+f'(0)x+\dfrac{1}{2!}f''(0)x^2+\dfrac{1}{3!}f'''(\eta)x^3$,其中 η 介于 0 与 x 之间,$x\in[-1,1]$ 分别令 x

$=-1$ 和 $x=1$,得
$$\begin{cases}0=f(-1)=f(0)+\dfrac{1}{2}f''(0)-\dfrac{1}{6}f'''(\eta_1), & -1<\eta_1<0, & (1)\\[2mm]6=f(1)=f(0)+\dfrac{1}{2}f''(0)+\dfrac{1}{6}f'''(\eta_2), & 0<\eta_2<1. & (2)\end{cases}$$

由(2)式$-$(1)式得 $f'''(\eta_1)+f'''(\eta_2)=36$,由 $f'''(x)$ 在 $[\eta_1,\eta_2]$ 连续,从而在 $[\eta_1,\eta_2]$ 上有最大值和最

小值,设它们分别为 M 和 m,则有 $m\leqslant\dfrac{1}{2}[f'''(\eta_1)+f'''(\eta_2)]\leqslant M$,再由闭区间上连续函数的介值定

理知,至少存在一点 $\xi\in(\eta_1,\eta_2)\subset(-1,1)$,使 $f'''(\xi)=\dfrac{1}{2}[f'''(\eta_1)+f'''(\eta_2)]=18$.

七、解 设 $f(x)=x-\dfrac{\pi}{2}\sin x$,则 $f(x)$ 在 $\left[0,\dfrac{\pi}{2}\right]$ 上连续,

由 $f'(x)=1-\dfrac{\pi}{2}\cos x=0\Rightarrow x_0=\arccos\dfrac{2}{\pi}$ 是 $\left[0,\dfrac{\pi}{2}\right]$ 内唯一驻点.

又当 $x\in(0,x_0)$ 时,$f'(x)<0$;当 $x\in\left(x_0,\dfrac{\pi}{2}\right)$ 时,$f'(x)>0$.

故 $f(x)$ 在 $[0,x_0]$ 上单调减少,在 $\left[x_0,\dfrac{\pi}{2}\right]$ 上单调增加.

故 x_0 是 $f(x)$ 在 $\left(0,\dfrac{\pi}{2}\right)$ 内唯一最小值点,最小值为 $y_0=f(x_0)=x_0-\dfrac{\pi}{2}\sin x_0$.

又 $f(0)=f\left(\dfrac{\pi}{2}\right)=0$,故在 $\left(0,\dfrac{\pi}{2}\right)$ 内 $f(x)$ 的取值范围为 $[y_0,0)$,

故 $k\notin[y_0,0)$,即 $k<y_0$ 或 $k\geqslant0$ 时,原方程在 $\left(0,\dfrac{\pi}{2}\right)$ 内无根.

当 $k=y_0$ 时,原方程在 $\left(0,\dfrac{\pi}{2}\right)$ 内有唯一根 x_0.

当 $k\in(y_0,0)$ 时,原方程在 $(0,x_0)$ 和 $\left(x_0,\dfrac{\pi}{2}\right)$ 内恰好各有一根,即原方程在 $\left(0,\dfrac{\pi}{2}\right)$ 内恰有两个不同的根.

八、解 分析:要证关系式可改写为 $\dfrac{\dfrac{e^{x_2}}{x_2}-\dfrac{e^{x_1}}{x_1}}{\dfrac{1}{x_2}-\dfrac{1}{x_1}}=(1-\xi)e^\xi$,

因此对 $f(x)=\dfrac{e^x}{x}$,$g(x)=\dfrac{1}{x}$ 在 $[x_1,x_2]$ 上应用柯西定理即可.

证 令 $f(x)=\dfrac{e^x}{x}$,$g(x)=\dfrac{1}{x}$,则 $f(x)$,$g(x)$ 在 $[x_1,x_2]$ 上连续,在 (x_1,x_2) 上可导,且 $g'(x)\neq 0$,由柯

西定理知存在 $\xi\in(x_1,x_2)$,使 $\dfrac{f(x_2)-f(x_1)}{g(x_2)-g(x_1)}=\dfrac{f'(\xi)}{g'(\xi)}$ 即 $\dfrac{\dfrac{e^{x_2}}{x_2}-\dfrac{e^{x_1}}{x_1}}{\dfrac{1}{x_2}-\dfrac{1}{x_1}}=(1-\xi)e^\xi$,

故 $x_1 e^{x_2}-x_2 e^{x_1}=(1-\xi)e^\xi(x_1-x_2)$.

第四章 不定积分

不定积分要讨论的问题是：已知导函数 $f'(x)$ 如何求函数 $f(x)$. 这是积分学的基础,同时它也是第二章求已知函数 $f(x)$ 的导函数的反问题.

第一节　不定积分的概念与性质

一、主要内容归纳

1. 原函数与不定积分的定义

设函数 $F(x)$ 与 $f(x)$ 在区间 (a,b) 内有定义,若对于任意 $x \in (a,b)$ 有
$$F'(x) = f(x) \quad \text{或} \quad \mathrm{d}F(x) = f(x)\mathrm{d}x,$$
则称 $F(x)$ 是 $f(x)$ 在 (a,b) 上的一个原函数.

函数 $f(x)$ 的全体原函数称为 $f(x)$ 的不定积分,记为 $\displaystyle\int f(x)\mathrm{d}x$. 设 $F(x)$ 是 $f(x)$ 的一个原函数,则 $\displaystyle\int f(x)\mathrm{d}x = F(x) + C, C$ 为任意常数.

2. 不定积分的基本性质

(1) $\displaystyle\int f'(x)\mathrm{d}x = f(x) + C$;

(2) $\dfrac{\mathrm{d}}{\mathrm{d}x}\left[\displaystyle\int f(x)\mathrm{d}x\right] = f(x), \quad$ 或 $\mathrm{d}\left[\displaystyle\int f(x)\mathrm{d}x\right] = f(x)\mathrm{d}x$;

(3) $\displaystyle\int [k_1 f(x) \pm k_2 g(x)]\mathrm{d}x = k_1 \int f(x)\mathrm{d}x \pm k_2 \int g(x)\mathrm{d}x \quad (k_1, k_2$ 不同时为零$)$.

3. 基本公式

(1) $\displaystyle\int x^a \mathrm{d}x = \dfrac{1}{a+1}x^{a+1} + C \quad (a \neq -1)$;　　(2) $\displaystyle\int \dfrac{1}{x}\mathrm{d}x = \ln|x| + C$;

(3) $\displaystyle\int a^x \mathrm{d}x = \dfrac{1}{\ln a}a^x + C$;　　(4) $\displaystyle\int \mathrm{e}^x \mathrm{d}x = \mathrm{e}^x + C$;

(5) $\displaystyle\int \sin x\,\mathrm{d}x = -\cos x + C$;　　(6) $\displaystyle\int \cos x\,\mathrm{d}x = \sin x + C$;

(7) $\displaystyle\int \sec^2 x\,\mathrm{d}x = \tan x + C$;　　(8) $\displaystyle\int \csc^2 x\,\mathrm{d}x = -\cot x + C$;

(9) $\displaystyle\int \tan x\,\mathrm{d}x = -\ln|\cos x| + C$;　　(10) $\displaystyle\int \cot x\,\mathrm{d}x = \ln|\sin x| + C$;

(11) $\int \sec x \, dx = \ln|\sec x + \tan x| + C;$

(12) $\int \csc x \, dx = \ln|\csc x - \cot x| + C;$

(13) $\int \dfrac{dx}{\sqrt{a^2 - x^2}} = \arcsin \dfrac{x}{a} + C \, (a > 0);$

(14) $\int \dfrac{dx}{a^2 + x^2} = \dfrac{1}{a} \arctan \dfrac{x}{a} + C;$

(15) $\int \dfrac{dx}{a^2 - x^2} = \dfrac{1}{2a} \ln\left|\dfrac{a+x}{a-x}\right| + C;$

(16) $\int \dfrac{dx}{\sqrt{x^2 \pm a^2}} = \ln|x + \sqrt{x^2 \pm a^2}| + C;$

(17) $\int \sqrt{a^2 - x^2} \, dx = \dfrac{x}{2}\sqrt{a^2 - x^2} + \dfrac{a^2}{2}\arcsin\dfrac{x}{a} + C;$

(18) $\int \sqrt{x^2 - a^2} \, dx = \dfrac{x}{2}\sqrt{x^2 - a^2} - \dfrac{a^2}{2}\ln|x + \sqrt{x^2 - a^2}| + C;$

(19) $\int \sqrt{x^2 + a^2} \, dx = \dfrac{x}{2}\sqrt{x^2 + a^2} + \dfrac{a^2}{2}\ln|x + \sqrt{x^2 + a^2}| + C;$

(20) $\int \text{sh} x \, dx = \text{ch} x + C;$

(21) $\int \text{ch} x \, dx = \text{sh} x + C.$

二、 经典例题解析及解题方法总结

【例1】 若函数 $f(x)$ 的原函数是 $F(x)$，问 $f(x)$ 是否一定为连续函数？

解 不一定. 如 $f(x) = \begin{cases} 2x\cos\dfrac{1}{x} + \sin\dfrac{1}{x}, & x \neq 0, \\ 0, & x = 0 \end{cases}$ 存在间断点 $x = 0$，但是在 $(-\infty,$

$+\infty)$ 上 $f(x)$ 有原函数 $F(x) = \begin{cases} x^2\cos\dfrac{1}{x}, & x \neq 0, \\ 0, & x = 0. \end{cases}$

因此，函数连续是函数存在原函数的充分条件，但不是必要条件.

【例2】 初等函数的导数仍为初等函数，初等函数的原函数是否必为初等函数？

解 不一定. 虽然求导和求原函数是互逆运算，但其导数为初等函数的函数，未必都是初等函数.

例如 $\int e^{x^2} \, dx$，$\int \sin x^2 \, dx$，$\int \dfrac{\sin x}{x} \, dx$ 等. 它们的被积函数都是初等函数，因而在其定义区间内是连续的，故它们的原函数必存在. 但是它们的原函数却不能用初等函数表示. 因此，必须清楚：原函数不存在与原函数不能用初等函数表示是两个不同的概念.

【例3】 若 $f(x)$ 的导函数为 $\sin x$，则 $f(x)$ 的一个原函数是 _____.

(A) $1 + \sin x$　　　　(B) $1 - \sin x$　　　　(C) $1 + \cos x$　　　　(D) $1 - \cos x$

分析 由定义，$f(x)$ 的导函数是 $\sin x$，则 $f(x)$ 是 $\sin x$ 的原函数，因此可先对 $\sin x$ 求不定积分得到 $f(x)$，再对 $f(x)$ 求不定积分找到它的原函数，然后比较所给选项得到正确答案.

解 因为 $f'(x) = \sin x$，所以 $f(x) = \int \sin x \, dx = -\cos x + C_1$，而

$$\int f(x) \, dx = \int (-\cos x + C_1) \, dx = -\sin x + C_1 x + C_2,$$

取 $C_1 = 0$，$C_2 = 1$ 得 $f(x)$ 的一个原函数为 $1 - \sin x$.

故应选(B).

● 方法总结

利用原函数的定义求两次不定积分,并根据题目选取恰当的常数 C_1 和 C_2,从而找到所要求的一个原函数是本题的主要方法,只要熟悉原函数的定义及基本积分表,题目便迎刃而解了.

【例 4】 求下列不定积分

(1) $\int x^3 \sqrt[4]{x}\, dx$;

(2) $\int (x-2)^2\, dx$;

(3) $\int \dfrac{(4-x)^2}{\sqrt[3]{x}}\, dx$;

(4) $\int \dfrac{3x^4+3x^2+1}{1+x^2}\, dx$;

(5) $\int 2^x e^x\, dx$;

(6) $\int \dfrac{4\times 3^x-5\times 2^x}{3^x}\, dx$;

(7) $\int \sin^2\dfrac{x}{2}\, dx$;

(8) $\int \dfrac{1+\sin^2 x}{1-\cos 2x}\, dx$.

分析 利用不定积分的性质及基本积分公式求不定积分的方法称为直接积分法,这是积分常用的方法之一. 被积函数如果不是积分表中的类型,可先把被积函数进行恒等变形,然后再积分.

解 (1) $\int x^3 \sqrt[4]{x}\, dx = \int x^{\frac{13}{4}}\, dx = \dfrac{1}{\frac{13}{4}+1} x^{\frac{13}{4}+1}+C = \dfrac{4}{17} x^{\frac{17}{4}}+C$;

(2) $\int (x-2)^2\, dx = \int (x^2-4x+4)\, dx = \int x^2\, dx - 4\int x\, dx + \int 4\, dx = \dfrac{1}{3}x^3-2x^2+4x+C$;

(3) $\int \dfrac{(4-x)^2}{\sqrt[3]{x}}\, dx = \int 16x^{-\frac{1}{3}}\, dx - \int 8x^{\frac{2}{3}}\, dx + \int x^{\frac{5}{3}}\, dx = 24x^{\frac{2}{3}} - \dfrac{24}{5}x^{\frac{5}{3}} + \dfrac{3}{8}x^{\frac{8}{3}} + C$;

(4) $\int \dfrac{3x^4+3x^2+1}{1+x^2}\, dx = 3\int x^2\, dx + \int \dfrac{1}{1+x^2}\, dx = x^3 + \arctan x + C$;

(5) $\int 2^x e^x\, dx = \int (2e)^x\, dx = \dfrac{1}{\ln(2e)}(2e)^x + C = \dfrac{2^x e^x}{\ln 2+1} + C$.

(6) $\int \dfrac{4\times 3^x-5\times 2^x}{3^x}\, dx = \int 4\, dx - 5\int \left(\dfrac{2}{3}\right)^x\, dx = 4x - 5\cdot \dfrac{1}{\ln\left(\frac{2}{3}\right)}\left(\dfrac{2}{3}\right)^x + C$

$$= 4x + \dfrac{5}{\ln 3-\ln 2}\cdot \left(\dfrac{2}{3}\right)^x + C.$$

(7) $\int \sin^2\dfrac{x}{2}\, dx = \int \dfrac{1-\cos x}{2}\, dx = \dfrac{1}{2}x - \dfrac{1}{2}\sin x + C.$

(8) $\int \dfrac{1+\sin^2 x}{1-\cos 2x}\, dx = \int \dfrac{1+\sin^2 x}{2\sin^2 x}\, dx = \dfrac{1}{2}\int \left(\dfrac{1}{\sin^2 x}+1\right)\, dx = \dfrac{1}{2}\int (\csc^2 x+1)\, dx$

$$= -\dfrac{1}{2}\cot x + \dfrac{1}{2}x + C.$$

● **方法总结** ┈┈┈┈┈┈┈┈┈┈┈┈┈┈┈┈┈┈┈┈┈┈┈┈┈┈┈┈┈┈┈┈┈┈

　　直接积分法要求熟练掌握基本积分公式,对被积函数可通过恒等变形后利用积分性质化为若干个可利用基本积分公式的形式,从而求得积分.

【例 5】 (2023 数学二,数学三,5 分)函数 $f(x)=\begin{cases}\dfrac{1}{\sqrt{1+x^2}}, & x\leqslant 0, \\ (x+1)\cos x, & x>0\end{cases}$ 的一个原函数

为＿＿＿＿.

(A) $F(x)=\begin{cases}\ln(\sqrt{1+x^2}-x), & x\leqslant 0, \\ (x+1)\cos x-\sin x, & x>0\end{cases}$

(B) $F(x)=\begin{cases}\ln(\sqrt{1+x^2}-x)+1, & x\leqslant 0, \\ (x+1)\cos x-\sin x, & x>0\end{cases}$

(C) $F(x)=\begin{cases}\ln(\sqrt{1+x^2}+x), & x\leqslant 0, \\ (x+1)\sin x+\cos x, & x>0\end{cases}$

(D) $F(x)=\begin{cases}\ln(\sqrt{1+x^2}+x)+1, & x\leqslant 0, \\ (x+1)\sin x+\cos x, & x>0\end{cases}$

解　当 $x\leqslant 0, \int f(x)\mathrm{d}x=\int\dfrac{\mathrm{d}x}{\sqrt{1+x^2}}=\ln(x+\sqrt{1+x^2})+C_1$.

当 $x>0$ 时,$\int f(x)\mathrm{d}x=\int(x+1)\cos x\mathrm{d}x=(x+1)\sin x+\cos x+C_2$.

原函数在 $(-\infty,+\infty)$ 上连续,则在 $x=0$ 处,

$\lim\limits_{x\to 0^+}[\ln(x+\sqrt{1+x^2})+C_1]=\lim\limits_{x\to 0^-}[(x+1)\sin x+\cos x+C_2]\Rightarrow C_1=1+C_2$.

取 $C_2=0$,则 $C_1=1$.

所以 $\int f(x)\mathrm{d}x=\begin{cases}\ln(x+\sqrt{1+x^2})+1, & x\leqslant 0, \\ (x+1)\sin x+\cos x, & x>0.\end{cases}$

故应选(D).

【例 6】　一曲线通过点 $(e^7,8)$,且在任一点处的切线斜率等于该点横坐标的倒数,求该积分曲线.

分析　函数的原函数图形即为此函数的积分曲线.由题意,本题是求函数 $\dfrac{1}{x}$ 的通过点 $(e^7,8)$ 的那条积分曲线.

解　设该曲线的方程为 $y=f(x)$.由题意知 $y'=f'(x)=\dfrac{1}{x}$,从而

$$y=\int\dfrac{1}{x}\mathrm{d}x=\ln|x|+C,$$

又曲线过点 $(e^7,8)$,所以 $8=\ln e^7+C=7+C$,即得 $C=1$.

因此该曲线方程为 $y=\ln|x|+1$.

● 方法总结

由题意列出函数导数的方程,再由不定积分解之,这事实上是微分方程问题.关于该问题在第 7 章中还有介绍.

习题 4-1 解答

1. 利用求导运算验证下列等式:

(1) $\displaystyle\int \frac{1}{\sqrt{x^2+1}}\mathrm{d}x=\ln(x+\sqrt{x^2+1})+C$;

(2) $\displaystyle\int \frac{1}{x^2\sqrt{x^2-1}}\mathrm{d}x=\frac{\sqrt{x^2-1}}{x}+C$;

(3) $\displaystyle\int \frac{2x}{(x^2+1)(x+1)^2}\mathrm{d}x=\arctan x+\frac{1}{x+1}+C$;

(4) $\displaystyle\int \sec x\mathrm{d}x=\ln|\tan x+\sec x|+C$;

(5) $\displaystyle\int x\cos x\mathrm{d}x=x\sin x+\cos x+\dot{C}$;

(6) $\displaystyle\int \mathrm{e}^x\sin x\mathrm{d}x=\frac{1}{2}\mathrm{e}^x(\sin x-\cos x)+C$.

解 (1) $\dfrac{\mathrm{d}}{\mathrm{d}x}[\ln(x+\sqrt{x^2+1})+C]=\dfrac{1}{x+\sqrt{x^2+1}}\cdot\left(1+\dfrac{x}{\sqrt{x^2+1}}\right)=\dfrac{1}{\sqrt{x^2+1}}$.

(2) $\dfrac{\mathrm{d}}{\mathrm{d}x}\left(\dfrac{\sqrt{x^2-1}}{x}+C\right)=\dfrac{\dfrac{x}{\sqrt{x^2-1}}\cdot x-\sqrt{x^2-1}}{x^2}=\dfrac{1}{x^2\sqrt{x^2-1}}$.

(3) $\dfrac{\mathrm{d}}{\mathrm{d}x}\left(\arctan x+\dfrac{1}{x+1}+C\right)=\dfrac{1}{x^2+1}-\dfrac{1}{(x+1)^2}=\dfrac{2x}{(x^2+1)(x+1)^2}$.

(4) $\dfrac{\mathrm{d}}{\mathrm{d}x}(\ln|\tan x+\sec x|+C)=\dfrac{1}{\tan x+\sec x}\cdot(\sec^2 x+\sec x\tan x)=\sec x$.

(5) $\dfrac{\mathrm{d}}{\mathrm{d}x}(x\sin x+\cos x+C)=\sin x+x\cos x-\sin x=x\cos x$.

(6) $\dfrac{\mathrm{d}}{\mathrm{d}x}\left[\dfrac{1}{2}\mathrm{e}^x(\sin x-\cos x)+C\right]=\dfrac{1}{2}\mathrm{e}^x(\sin x-\cos x)+\dfrac{1}{2}\mathrm{e}^x(\cos x+\sin x)=\mathrm{e}^x\sin x$.

2. 求下列不定积分:

(1) $\displaystyle\int \frac{\mathrm{d}x}{x^2}$; (2) $\displaystyle\int x\sqrt{x}\,\mathrm{d}x$;

(3) $\displaystyle\int \frac{\mathrm{d}x}{\sqrt{x}}$; (4) $\displaystyle\int x^2\sqrt[3]{x}\,\mathrm{d}x$;

(5) $\displaystyle\int \frac{\mathrm{d}x}{x^2\sqrt{x}}$; (6) $\displaystyle\int \sqrt[m]{x^n}\,\mathrm{d}x$;

(7) $\displaystyle\int 5x^3\,\mathrm{d}x$; (8) $\displaystyle\int (x^2-3x+2)\mathrm{d}x$;

(9) $\displaystyle\int \frac{\mathrm{d}h}{\sqrt{2gh}}$($g$ 是常数); (10) $\displaystyle\int (x^2+1)^2\,\mathrm{d}x$;

(11) $\int (\sqrt{x}+1)(\sqrt{x^3}-1)\mathrm{d}x$;

(12) $\int \dfrac{(1-x)^2}{\sqrt{x}}\mathrm{d}x$;

(13) $\int \left(2\mathrm{e}^x+\dfrac{3}{x}\right)\mathrm{d}x$;

(14) $\int \left(\dfrac{3}{1+x^2}-\dfrac{2}{\sqrt{1-x^2}}\right)\mathrm{d}x$;

(15) $\int \mathrm{e}^x\left(1-\dfrac{\mathrm{e}^{-x}}{\sqrt{x}}\right)\mathrm{d}x$;

(16) $\int 3^x\mathrm{e}^x\mathrm{d}x$;

(17) $\int \dfrac{2\times 3^x-5\times 2^x}{3^x}\mathrm{d}x$;

(18) $\int \sec x(\sec x-\tan x)\mathrm{d}x$;

(19) $\int \cos^2\dfrac{x}{2}\mathrm{d}x$;

(20) $\int \dfrac{\mathrm{d}x}{1+\cos 2x}$;

(21) $\int \dfrac{\cos 2x}{\cos x-\sin x}\mathrm{d}x$;

(22) $\int \dfrac{\cos 2x}{\cos^2 x\sin^2 x}\mathrm{d}x$;

(23) $\int \cot^2 x\mathrm{d}x$;

(24) $\int \cos\theta(\tan\theta+\sec\theta)\mathrm{d}\theta$;

(25) $\int \dfrac{x^2}{x^2+1}\mathrm{d}x$;

(26) $\int \dfrac{3x^4+2x^2}{x^2+1}\mathrm{d}x$.

解 (1) $\int \dfrac{\mathrm{d}x}{x^2}=\int x^{-2}\mathrm{d}x=\dfrac{1}{-2+1}x^{-2+1}+C=-\dfrac{1}{x}+C$.

(2) $\int x\sqrt{x}\,\mathrm{d}x=\int x^{\frac{3}{2}}\mathrm{d}x=\dfrac{1}{\frac{3}{2}+1}x^{\frac{3}{2}+1}+C=\dfrac{2}{5}x^{\frac{5}{2}}+C$.

(3) $\int \dfrac{\mathrm{d}x}{\sqrt{x}}=\int x^{-\frac{1}{2}}\mathrm{d}x=\dfrac{1}{-\frac{1}{2}+1}x^{-\frac{1}{2}+1}+C=2\sqrt{x}+C$.

(4) $\int x^2\sqrt[3]{x}\,\mathrm{d}x=\int x^{\frac{7}{3}}\mathrm{d}x=\dfrac{1}{\frac{7}{3}+1}x^{\frac{7}{3}+1}+C=\dfrac{3}{10}x^{\frac{10}{3}}+C$.

(5) $\int \dfrac{\mathrm{d}x}{x^2\sqrt{x}}=\int x^{-\frac{5}{2}}\mathrm{d}x=\dfrac{1}{-\frac{5}{2}+1}x^{-\frac{5}{2}+1}+C=-\dfrac{2}{3}x^{-\frac{3}{2}}+C$.

(6) $\int \sqrt[m]{x^n}\,\mathrm{d}x=\dfrac{1}{\frac{n}{m}+1}x^{\frac{n}{m}+1}+C=\dfrac{m}{m+n}x^{\frac{m+n}{m}}+C$.

(7) $\int 5x^3\mathrm{d}x=\dfrac{5}{3+1}x^{3+1}+C=\dfrac{5}{4}x^4+C$.

(8) $\int (x^2-3x+2)\mathrm{d}x=\int x^2\mathrm{d}x-3\int x\mathrm{d}x+2\int \mathrm{d}x=\dfrac{x^3}{3}-\dfrac{3}{2}x^2+2x+C$.

(9) $\int \dfrac{\mathrm{d}h}{\sqrt{2gh}}=\dfrac{1}{\sqrt{2g}}\int h^{-\frac{1}{2}}\mathrm{d}h=\dfrac{1}{\sqrt{2g}}\times 2\sqrt{h}+C=\sqrt{\dfrac{2h}{g}}+C$.

(10) $\int (x^2+1)^2\mathrm{d}x=\int (x^4+2x^2+1)\mathrm{d}x=\int x^4\mathrm{d}x+2\int x^2\mathrm{d}x+\int \mathrm{d}x=\dfrac{x^5}{5}+\dfrac{2}{3}x^3+x+C$.

(11) $\int (\sqrt{x}+1)(\sqrt{x^3}-1)\mathrm{d}x=\int (x^2+x^{\frac{3}{2}}-x^{\frac{1}{2}}-1)\mathrm{d}x=\int x^2\mathrm{d}x+\int x^{\frac{3}{2}}\mathrm{d}x-\int x^{\frac{1}{2}}\mathrm{d}x-\int \mathrm{d}x$

$\qquad =\dfrac{x^3}{3}+\dfrac{2}{5}x^{\frac{5}{2}}-\dfrac{2}{3}x^{\frac{3}{2}}-x+C$.

(12) $\int \dfrac{(1-x)^2}{\sqrt{x}}\mathrm{d}x=\int (x^{\frac{3}{2}}-2x^{\frac{1}{2}}+x^{-\frac{1}{2}})\mathrm{d}x=\int x^{\frac{3}{2}}\mathrm{d}x-2\int x^{\frac{1}{2}}\mathrm{d}x+\int x^{-\frac{1}{2}}\mathrm{d}x$

$\qquad =\dfrac{2}{5}x^{\frac{5}{2}}-\dfrac{4}{3}x^{\frac{3}{2}}+2x^{\frac{1}{2}}+C$.

(13) $\int\left(2\mathrm{e}^x+\dfrac{3}{x}\right)\mathrm{d}x=2\int\mathrm{e}^x\mathrm{d}x+3\int\dfrac{\mathrm{d}x}{x}=2\mathrm{e}^x+3\ln|x|+C.$

(14) $\int\left(\dfrac{3}{1+x^2}-\dfrac{2}{\sqrt{1-x^2}}\right)\mathrm{d}x=3\int\dfrac{\mathrm{d}x}{1+x^2}-2\int\dfrac{\mathrm{d}x}{\sqrt{1-x^2}}=3\arctan x-2\arcsin x+C.$

(15) $\int\mathrm{e}^x\left(1-\dfrac{\mathrm{e}^{-x}}{\sqrt{x}}\right)\mathrm{d}x=\int\mathrm{e}^x\mathrm{d}x-\int x^{-\frac{1}{2}}\mathrm{d}x=\mathrm{e}^x-2x^{\frac{1}{2}}+C.$

(16) $\int3^x\mathrm{e}^x\mathrm{d}x=\int(3\mathrm{e})^x\mathrm{d}x=\dfrac{(3\mathrm{e})^x}{\ln(3\mathrm{e})}+C=\dfrac{3^x\mathrm{e}^x}{\ln3+1}+C.$

(17) $\int\dfrac{2\times3^x-5\times2^x}{3^x}\mathrm{d}x=2\int\mathrm{d}x-5\int\left(\dfrac{2}{3}\right)^x\mathrm{d}x=2x-\dfrac{5}{\ln\dfrac{2}{3}}\left(\dfrac{2}{3}\right)^x+C$

$$=2x-\dfrac{5}{\ln2-\ln3}\left(\dfrac{2}{3}\right)^x+C.$$

(18) $\int\sec x(\sec x-\tan x)\mathrm{d}x=\int\sec^2x\mathrm{d}x-\int\sec x\tan x\mathrm{d}x=\tan x-\sec x+C.$

(19) $\int\cos^2\dfrac{x}{2}\mathrm{d}x=\int\dfrac{1+\cos x}{2}\mathrm{d}x=\dfrac{x+\sin x}{2}+C.$

(20) $\int\dfrac{\mathrm{d}x}{1+\cos2x}=\int\dfrac{\sec^2x}{2}\mathrm{d}x=\dfrac{\tan x}{2}+C.$

(21) $\int\dfrac{\cos2x}{\cos x-\sin x}\mathrm{d}x=\int\dfrac{\cos^2x-\sin^2x}{\cos x-\sin x}\mathrm{d}x=\sin x-\cos x+C.$

(22) $\int\dfrac{\cos2x}{\cos^2x\sin^2x}\mathrm{d}x=\int\dfrac{\cos^2x-\sin^2x}{\cos^2x\sin^2x}\mathrm{d}x=\int(\csc^2x-\sec^2x)\mathrm{d}x=\int\csc^2x\mathrm{d}x-\int\sec^2x\mathrm{d}x$

$$=-(\cot x+\tan x)+C.$$

(23) $\int\cot^2x\mathrm{d}x=\int\csc^2x\mathrm{d}x-\int\mathrm{d}x=-\cot x-x+C.$

(24) $\int\cos\theta(\tan\theta+\sec\theta)\mathrm{d}\theta=\int\sin\theta\mathrm{d}\theta+\int\mathrm{d}\theta=-\cos\theta+\theta+C.$

(25) $\int\dfrac{x^2}{x^2+1}\mathrm{d}x=\int\mathrm{d}x-\int\dfrac{1}{x^2+1}\mathrm{d}x=x-\arctan x+C.$

(26) $\int\dfrac{3x^4+2x^2}{x^2+1}\mathrm{d}x=\int3x^2\mathrm{d}x-\int\mathrm{d}x+\int\dfrac{1}{x^2+1}\mathrm{d}x=x^3-x+\arctan x+C.$

3. 含有未知函数的导数的方程称为微分方程,例如方程$\dfrac{\mathrm{d}y}{\mathrm{d}x}=f(x)$,其中$\dfrac{\mathrm{d}y}{\mathrm{d}x}$为未知函数的导数,$f(x)$为已知函数. 如果将函数$y=\varphi(x)$代入微分方程,使微分方程成为恒等式,那么函数$y=\varphi(x)$就称为该微分方程的解. 求下列微分方程满足所给条件的解:

(1) $\dfrac{\mathrm{d}y}{\mathrm{d}x}=(x-2)^2$,$y|_{x=2}=0$;

(2) $\dfrac{\mathrm{d}^2x}{\mathrm{d}t^2}=\dfrac{2}{t^3}$,$\dfrac{\mathrm{d}x}{\mathrm{d}t}\bigg|_{t=1}=1$,$x|_{t=1}=1$.

解 (1) $y=\int(x-2)^2\mathrm{d}x=\dfrac{1}{3}(x-2)^3+C$,由$y|_{x=2}=0$,得$C=0$,于是所求的解为$y=\dfrac{1}{3}(x-2)^3$.

(2) $\dfrac{\mathrm{d}x}{\mathrm{d}t}=\int\dfrac{2}{t^3}\mathrm{d}t=-\dfrac{1}{t^2}+C_1$,由$\dfrac{\mathrm{d}x}{\mathrm{d}t}\bigg|_{t=1}=1$,得$C_1=2$,故$\dfrac{\mathrm{d}x}{\mathrm{d}t}=-\dfrac{1}{t^2}+2$,

$$x=\int\left(-\dfrac{1}{t^2}+2\right)\mathrm{d}t=\dfrac{1}{t}+2t+C_2,$$

由$x|_{t=1}=1$,得$C_2=-2$,于是所求的解为$x=\dfrac{1}{t}+2t-2$.

4. 汽车以$20\mathrm{m/s}$速度沿直线行驶,刹车后匀减速行驶了$50\mathrm{m}$停住,求刹车加速度. 可执行下列步骤:

(1)求微分方程 $\dfrac{\mathrm{d}^2 s}{\mathrm{d}t^2}=-k$ 满足条件 $\dfrac{\mathrm{d}s}{\mathrm{d}t}\Big|_{t=0}=20$ 及 $s\,|_{t=0}=0$ 的解;

(2)求使 $\dfrac{\mathrm{d}s}{\mathrm{d}t}=0$ 的 t 值及相应的 s 值;

(3)求使 $s=50$ 的 k 值.

解 (1) $\dfrac{\mathrm{d}s}{\mathrm{d}t}=\displaystyle\int(-k)\mathrm{d}t=-kt+C_1$,

由 $\dfrac{\mathrm{d}s}{\mathrm{d}t}\Big|_{t=0}=20$,得 $C_1=20$,故 $\dfrac{\mathrm{d}s}{\mathrm{d}t}=-kt+20$,$s=\displaystyle\int(-kt+20)\mathrm{d}t=-\dfrac{1}{2}kt^2+20t+C_2$,

由 $s\,|_{t=0}=0$,得 $C_2=0$,于是所求的解为 $s=-\dfrac{1}{2}kt^2+20t$.

(2)令 $\dfrac{\mathrm{d}s}{\mathrm{d}t}=0$,解得 $t=\dfrac{20}{k}$. 此时

$$s=-\dfrac{1}{2}kt^2+20t=-\dfrac{1}{2}k\cdot\left(\dfrac{20}{k}\right)^2+20\cdot\dfrac{20}{k}=-\dfrac{1}{2}k\cdot\dfrac{400}{k^2}+\dfrac{400}{k}=\dfrac{200}{k}(\mathrm{m})$$

(3)根据题意,当 $t=\dfrac{20}{k}$,$s=50$,即 $-\dfrac{1}{2}k\left(\dfrac{20}{k}\right)^2+\dfrac{400}{k}=50$,

解得 $k=4$,即得刹车加速度为 $-4\mathrm{m/s}^2$.

5. 一曲线通过点 $(\mathrm{e}^2,3)$,且在任一点处的切线的斜率等于该点横坐标的倒数,求该曲线的方程.

解 设曲线方程为 $y=f(x)$,则点 (x,y) 处的切线斜率为 $f'(x)$,由条件得 $f'(x)=\dfrac{1}{x}$,

因此 $f(x)$ 为 $\dfrac{1}{x}$ 的一个原函数,故有 $f(x)=\displaystyle\int\dfrac{1}{x}\mathrm{d}x=\ln|x|+C$.

又,根据条件曲线过点 $(\mathrm{e}^2,3)$,有 $f(\mathrm{e}^2)=3$ 解得 $C=1$,即得所求曲线方程为

$$y=\ln x+1.$$

6. 一物体沿直线由静止开始运动,经 $t\mathrm{s}$ 后的速度是 $3t^2\mathrm{m/s}$,问

(1)3s 后物体离开出发点的距离是多少?

(2)物体走完 360m 需要多少时间?

解 (1)设此物体自原点沿横轴正向由静止开始运动,位移函数为 $s=s(t)$,则

$$s(t)=\int v(t)\mathrm{d}t=\int 3t^2\mathrm{d}t=t^3+C,$$

于是由假设可知 $s(0)=0$,故 $s(t)=t^3$,所求距离为 $s(3)=27(\mathrm{m})$.

(2)由 $t^3=360$,得 $t=\sqrt[3]{360}\approx 7.11(\mathrm{s})$.

7. 证明函数 $\arcsin(2x-1)$,$\arccos(1-2x)$ 和 $2\arctan\sqrt{\dfrac{x}{1-x}}$ 都是 $\dfrac{1}{\sqrt{x-x^2}}$ 的原函数.

证 $[\arcsin(2x-1)]'=\dfrac{1}{\sqrt{1-(2x-1)^2}}\cdot 2=\dfrac{1}{\sqrt{x-x^2}}$,

$[\arccos(1-2x)]'=-\dfrac{1}{\sqrt{1-(1-2x)^2}}\cdot(-2)=\dfrac{1}{\sqrt{x-x^2}}$,

$\left[2\arctan\sqrt{\dfrac{x}{1-x}}\right]'=2\cdot\dfrac{1}{1+\dfrac{x}{1-x}}\cdot\dfrac{1}{2}\sqrt{\dfrac{1-x}{x}}\cdot\dfrac{1}{(1-x)^2}=\dfrac{1}{\sqrt{x-x^2}}$.

故结论成立.

第二节 换元积分法

一、主要内容归纳

1. 第一类换元法（凑微分法） 设 $\int f(u)\mathrm{d}u = F(u)+C$，且 $u=\varphi(x)$ 可微，则

$$\int f[\varphi(x)]\varphi'(x)\mathrm{d}x = \int f[\varphi(x)]\mathrm{d}\varphi(x) = F[\varphi(x)]+C.$$

可用凑微分法求解的题很多，方法也比较灵活．它是以基本积分公式为基础，把每个公式中等号两端的 x 同时换成 x 的可微函数 $\varphi(x)$ 等式仍成立．这不仅要善于分析被积函数的特点，还要熟悉一些基本的微分变换式，下面是一些常见的凑微分形式．

2. 常用的凑微分公式

(1) $\displaystyle\int f(ax+b)\mathrm{d}x = \frac{1}{a}\int f(ax+b)\mathrm{d}(ax+b)$ $(a\neq 0)$.

(2) $\displaystyle\int f(\sqrt{x})\frac{1}{\sqrt{x}}\mathrm{d}x = 2\int f(\sqrt{x})\mathrm{d}(\sqrt{x})$.

(3) $\displaystyle\int f(ax^n+b)x^{n-1}\mathrm{d}x = \frac{1}{na}\int f(ax^n+b)\mathrm{d}(ax^n+b)$ $(a\neq 0,\ n\geqslant 1)$.

(4) $\displaystyle\int f\left(\frac{1}{x}\right)\frac{1}{x^2}\mathrm{d}x = -\int f\left(\frac{1}{x}\right)\mathrm{d}\left(\frac{1}{x}\right)$.

(5) $\displaystyle\int f(\ln x)\frac{1}{x}\mathrm{d}x = \int f(\ln x)\mathrm{d}\ln x$.

(6) $\displaystyle\int f(\mathrm{e}^{ax})\mathrm{e}^{ax}\mathrm{d}x = \frac{1}{a}\int f(\mathrm{e}^{ax})\mathrm{d}\mathrm{e}^{ax}$ $(a\neq 0)$.

(7) $\displaystyle\int f(\sin x)\cos x\mathrm{d}x = \int f(\sin x)\mathrm{d}\sin x$.

(8) $\displaystyle\int f(\cos x)\sin x\mathrm{d}x = -\int f(\cos x)\mathrm{d}\cos x$.

(9) $\displaystyle\int f(\tan x)\sec^2 x\mathrm{d}x = \int f(\tan x)\frac{1}{\cos^2 x}\mathrm{d}x = \int f(\tan x)\mathrm{d}\tan x$.

(10) $\displaystyle\int f(\cot x)\csc^2 x\mathrm{d}x = \int f(\cot x)\frac{1}{\sin^2 x}\mathrm{d}x = -\int f(\cot x)\mathrm{d}\cot x$.

(11) $\displaystyle\int f(\sec x)\sec x\tan x\mathrm{d}x = \int f(\sec x)\mathrm{d}\sec x$.

(12) $\displaystyle\int f(\arcsin x)\frac{1}{\sqrt{1-x^2}}\mathrm{d}x = \int f(\arcsin x)\mathrm{d}\arcsin x$.

(13) $\displaystyle\int f(\arctan x)\frac{1}{1+x^2}\mathrm{d}x = \int f(\arctan x)\mathrm{d}\arctan x$.

(14) $\int f(\sin x + \cos x) \cdot (\sin x - \cos x) \mathrm{d}x = -\int f(\sin x + \cos x) \mathrm{d}(\sin x + \cos x).$

(15) $\int f(\sin x - \cos x) \cdot (\sin x + \cos x) \mathrm{d}x = \int f(\sin x - \cos x) \mathrm{d}(\sin x - \cos x).$

(16) $\int f(x + \frac{1}{x}) \cdot (1 - \frac{1}{x^2}) \mathrm{d}x = \int f(x + \frac{1}{x}) \mathrm{d}(x + \frac{1}{x}).$

3. 第二类换元法　设 $x = \varphi(t)$ 单调并可导，且 $\varphi'(t) \neq 0$，若 $\int f[\varphi(t)]\varphi'(t)\mathrm{d}t = F(t) + C$，则

$$\int f(x)\mathrm{d}x \xrightarrow[\text{且 } t = \varphi^{-1}(x)]{\text{令 } x = \varphi(t)} \int f[\varphi(t)]\varphi'(t)\mathrm{d}t = F(t) + C = F[\varphi^{-1}(x)] + C.$$

第二类换元法的关键是根据 $f(x)$ 的特点作适当的变量代换 $x = \varphi(t)$，使得 $f[\varphi(t)]\varphi'(t)$ 的原函数易求.

4. 第二类换元法常用的变量代换

（1）**三角代换**：

①被积函数中含有 $\sqrt{a^2 - x^2}$ 时，常用代换 $x = a\sin t\ (-\frac{\pi}{2} < t < \frac{\pi}{2})$；

②被积函数中含有 $\sqrt{a^2 + x^2}$ 时，常用代换 $x = a\tan t\ (-\frac{\pi}{2} < t < \frac{\pi}{2})$；

③被积函数中含有 $\sqrt{x^2 - a^2}$ 时，常用代换 $x = a\sec t\ (0 < t < \frac{\pi}{2})$.

④被积函数中含有 $\sqrt{ax^2 + bx + C}$ 时，先利用配方法再利用上述 3 种代换中的一种即可去掉根号，如

$$\int \frac{\mathrm{d}x}{\sqrt{1 + x - x^2}} = \int \frac{\mathrm{d}(x - \frac{1}{2})}{\sqrt{\left(\frac{\sqrt{5}}{2}\right)^2 - \left(x - \frac{1}{2}\right)^2}} \xrightarrow{\text{令 } x - \frac{1}{2} = \frac{\sqrt{5}}{2}\sin t}$$

$$= \int \mathrm{d}t = t + C = \arcsin \frac{2x - 1}{\sqrt{5}} + C.$$

以上 4 种代换的目的是去掉被积函数中的根号.

（2）**倒代换**：$x = \frac{1}{t}$，当被积函数中分母 x 的次数较高时，常采用倒代换的方法.

（3）**根式代换**：当被积函数中含有不规则根式且用其他方法不能积分时，总的原则是通过变量代换去掉根号，然后再积分.

①当被积函数中含有 $\sqrt[n]{\frac{ax+b}{cx+d}}$ 时，令 $t = \sqrt[n]{\frac{ax+b}{cx+d}}$.

②当被积函数中含有 $\sqrt[m]{x}$ 及 $\sqrt[n]{x}$ 时，令 $t = \sqrt[k]{x}$，即 $x = t^k$，其中 k 是 m、n 的最小公倍数.

5. 计算不定积分 $\int \sin^m x \cos^n x \, dx$，$\int \sec^m x \tan^n x \, dx$ $(m, n \in \mathbf{N})$ 的一般方法

换元法具有较大的灵活性，需要一定的技巧. 当被积函数是三角函数时，经常利用三角恒等式进行变换.

(1) 对于不定积分 $\int \sin^m x \cos^n x \, dx$，分情况讨论如下：

① 若 m 为奇数，则 $\int \sin^m x \cos^n x \, dx = -\int (1 - \cos^2 x)^{(m-1)/2} \cos^n x (\cos x)' \, dx$，

此时令 $u = \cos x$（第一类换元法）就可把上式化为多项式的积分，积分后把 $u = \cos x$ 代回就得结果.

② 若 n 为奇数，则 $\int \sin^m x \cos^n x \, dx = \int \sin^m x (1 - \sin^2 x)^{(n-1)/2} (\sin x)' \, dx$

此时令 $u = \sin x$（第一类换元法）就可把上式化为多项式的积分，积分后把 $u = \sin x$ 代回就得结果.

③ 若 m, n 都为偶数，则一般先利用三角恒等式（例如

$$2 \sin x \cos x = \sin 2x, \qquad \sin^2 x = \frac{1 - \cos 2x}{2}, \qquad \cos^2 x = \frac{1 + \cos 2x}{2},$$

等）进行降次（在 m, n 较大时，需要多次降次），然后再用上面的方法进行换元积分.

(2) 对于不定积分 $\int \sec^m x \tan^n x \, dx$，分情况讨论如下：

① 若 m 为正偶数，则 $\int \sec^m x \tan^n x \, dx = \int (1 + \tan^2 x)^{\frac{m}{2} - 1} \tan^n x (\tan x)' \, dx$，

此时令 $u = \tan x$ 就可把上式化为多项式的积分，例如本节例 4(4).

② 若 $m = 0$，则得积分 $\int \tan^n x \, dx$，此时若 $n \geqslant 0$，则得

$$\int \tan^n x \, dx = \int \tan^{n-2} x \sec^2 x \, dx - \int \tan^{n-2} x \, dx$$

$$= \frac{1}{n-1} \tan^{n-1} x - \int \tan^{n-2} x \, dx,$$

从而通过递推得到积分，如本节例 4(3).

③ 若 m 为奇数，n 为偶数，利用恒等式 $\tan^2 x = \sec^2 x - 1$ 以及不定积分的线性性质，最后可化为求形如 $\int \sec^{2k-1} x \, dx$ 的积分.

④ 如果 n 为奇数，则

$$\int \sec^m x \tan^n x \, dx = \int \sec^{m-1} x (\sec^2 x - 1)^{(n-1)/2} (\sec x)' \, dx,$$

此时令 $u = \sec x$（第一类换元法）就可把上式化为多项式的积分.

二、经典例题解析及解题方法总结

【例 1】 求 $\displaystyle\int \frac{\mathrm{d}x}{\sqrt{x(4-x)}}$ $\quad(0<x<4)$.

解 **方法一** 利用凑微分法

$$\int \frac{\mathrm{d}x}{\sqrt{x(4-x)}} = \int \frac{\mathrm{d}x}{\sqrt{x}\cdot\sqrt{4-x}} = 2\int \frac{\mathrm{d}\left(\frac{\sqrt{x}}{2}\right)}{\sqrt{1-\left(\frac{\sqrt{x}}{2}\right)^2}} = 2\arcsin\frac{\sqrt{x}}{2}+C.$$

方法二 利用换元法

令 $t=\sqrt{x}$,则 $x=t^2$, $\mathrm{d}x=2t\mathrm{d}t$.

$$\int \frac{\mathrm{d}x}{\sqrt{x(4-x)}} = \int \frac{2t\mathrm{d}t}{t\sqrt{4-t^2}} = 2\int \frac{\mathrm{d}t}{\sqrt{4-t^2}} = 2\int \frac{\mathrm{d}\left(\frac{t}{2}\right)}{\sqrt{1-\left(\frac{t}{2}\right)^2}}$$

$$=2\arcsin\frac{t}{2}+C=2\arcsin\frac{\sqrt{x}}{2}+C.$$

【例 2】 求下列不定积分.

(1) $\displaystyle\int (8-2x)^2\mathrm{d}x$；　　　　　　(2) $\displaystyle\int \frac{1}{\sqrt{1-3x}}\mathrm{d}x$；

(3) $\displaystyle\int x^2\sqrt{x^3+1}\mathrm{d}x$；　　　　　(4) $\displaystyle\int \frac{x+5}{x^2-6x+13}$.

解 (1)分析:被积函数形如 $f(ax+b)$ 或 $f(ax^n+b)x^{n-1}$,此种类型通常凑 $\mathrm{d}(ax+b)$ 或 $\mathrm{d}(ax^n+b)$,令 $u=ax+b$ 或 $u=ax^n+b$ 然后化为对 u 的积分.

$$\int (8-2x)^2\mathrm{d}x = -\frac{1}{2}\int (8-2x)^2\mathrm{d}(8-2x)\xlongequal{u=8-2x}-\frac{1}{2}\int u^2\mathrm{d}u$$

$$=-\frac{1}{2}\times\frac{1}{3}u^3+C=-\frac{1}{6}(8-2x)^3+C.$$

(2) $\displaystyle\int \frac{1}{\sqrt{1-3x}}\mathrm{d}x = -\frac{1}{3}\int (1-3x)^{-\frac{1}{2}}\mathrm{d}(1-3x)\xlongequal{u=1-3x}-\frac{1}{3}\int u^{-\frac{1}{2}}\mathrm{d}u$

$$=-\frac{1}{3}\times 2u^{\frac{1}{2}}+C=-\frac{2}{3}\sqrt{1-3x}+C.$$

(3) $\displaystyle\int x^2\sqrt{x^3+1}\mathrm{d}x = \frac{1}{3}\int \sqrt{x^3+1}\mathrm{d}x^3 = \frac{1}{3}\int \sqrt{x^3+1}\mathrm{d}(x^3+1)$

$$=\frac{1}{3}\times\frac{2}{3}(x^3+1)^{\frac{3}{2}}+C=\frac{2}{9}(x^3+1)^{\frac{3}{2}}+C.$$

(4)分析:被积函数是关于 x 的一次因式与二次因式函数的乘积形式,因此可先凑分母的微分,再把剩余部分的分母配方.

$$\int \frac{x+5}{x^2-6x+13}\mathrm{d}x = \frac{1}{2}\int \frac{\mathrm{d}(x^2-6x+13)}{x^2-6x+13} + \int \frac{8}{x^2-6x+13}\mathrm{d}x$$

$$= \frac{1}{2} \ln |x^2 - 6x + 13| + 4 \int \frac{1}{1 + \left(\frac{x-3}{2}\right)^2} d\left(\frac{x-3}{2}\right)$$

$$= \frac{1}{2} \ln |x^2 - 6x + 13| + 4\arctan \frac{x-3}{2} + C.$$

● **方法总结** ....

关于多项式凑微分时注意它的特点:做一次微分多项式次数降低一次;反之,凑一次微分次数升高一次.凑微分时可充分利用这个特点.

【**例 3**】 求下列不定积分.

(1) $\displaystyle\int \frac{dx}{\sqrt{x}(1 + \sqrt[3]{x})}$；   (2) $\displaystyle\int \frac{x^3}{\sqrt{1+x^2}} dx$；

(3) $\displaystyle\int \frac{\cos\sqrt{t}}{\sqrt{t}} dt$；   (4) $\displaystyle\int \frac{(\ln x)^4}{x} dx$；

(5) $\displaystyle\int \frac{1}{1 + e^x} dx$；   (6) $\displaystyle\int \frac{dx}{x^4(1+x^2)}$.

解 (1)为了去掉根号,设 $x = t^6 (t > 0)$,则 $t = \sqrt[6]{x}$, $dx = 6t^5 dt$, $\sqrt{x} = t^3$, $\sqrt[3]{x} = t^2$

$$\int \frac{dx}{\sqrt{x}(1 + \sqrt[3]{x})} = \int \frac{6t^5 dt}{t^3(1 + t^2)} = 6 \int \frac{t^2 dt}{1 + t^2} = 6 \int \frac{t^2 + 1 - 1}{1 + t^2} dt = 6 \int \left(1 - \frac{1}{1 + t^2}\right) dt$$

$$= 6(t - \arctan t) + C = 6(\sqrt[6]{x} - \arctan \sqrt[6]{x}) + C.$$

(2)分析:观察分子 x^3 可分解成 $x^2 \cdot x$,而 x^2 与分母的 $\sqrt{1+x^2}$ 有联系,x 可凑成$(1 + x^2)$的微分(只差常系数).因此考虑用凑微分法化为$(1 + x^2)$的因式的形式.

$$\int \frac{x^3}{\sqrt{1+x^2}} dx = \frac{1}{2} \int \frac{x^2}{\sqrt{1+x^2}} d(1 + x^2) = \frac{1}{2} \int \frac{x^2 + 1 - 1}{\sqrt{1+x^2}} d(1 + x^2)$$

$$= \frac{1}{2} \int \left(\sqrt{1+x^2} - \frac{1}{\sqrt{1+x^2}}\right) d(1 + x^2) = \frac{1}{3}(1 + x^2)^{\frac{3}{2}} - (1 + x^2)^{\frac{1}{2}} + C.$$

(3) $\displaystyle\int \frac{\cos\sqrt{t}}{\sqrt{t}} dt = 2 \int \cos\sqrt{t} \, d(\sqrt{t}) = 2\sin\sqrt{t} + C.$

(4) $\displaystyle\int \frac{(\ln x)^4}{x} dx = \int (\ln x)^4 d(\ln x) = \frac{1}{5}(\ln x)^5 + C.$

(5)**方法一** 利用凑微分法

$$\int \frac{dx}{1 + e^x} = \int \frac{e^{-x}}{e^{-x} + 1} dx = -\int \frac{1}{e^{-x} + 1} d(e^{-x} + 1) = -\ln|e^{-x} + 1| + C.$$

方法二 利用变量代换法

令 $t = 1 + e^x$,则 $x = \ln(t - 1)$, $dx = \frac{1}{t-1} dt$,

$$\int \frac{1}{1 + e^x} dx = \int \frac{1}{t(t-1)} dt = \int \left(\frac{1}{t-1} - \frac{1}{t}\right) dt = \ln|t-1| - \ln|t| + C$$

$$=\ln e^x-\ln(1+e^x)+C=x-\ln(1+e^x)+C$$

(6)分析:被积函数分母中若含变量因子 x^n 或 $(x-a)^n$ 时常用倒代换 $x=\dfrac{1}{t}$ 将其消去.

设 $x=\dfrac{1}{t}$,则

$$\int\frac{\mathrm{d}x}{x^4(1+x^2)}=-\int\frac{t^4\mathrm{d}t}{t^2+1}=-\int\frac{t^4-1}{t^2+1}\mathrm{d}t-\int\frac{\mathrm{d}t}{t^2+1}=-\int(t^2-1)\mathrm{d}t-\int\frac{\mathrm{d}t}{t^2+1}$$

$$=-\frac{t^3}{3}+t-\arctan t+C=\frac{3x^2-1}{3x^3}-\arctan\frac{1}{x}+C.$$

【例 4】 求下列不定积分.

(1) $\displaystyle\int\frac{\mathrm{d}x}{1+\sin x}$; 　　　(2) $\displaystyle\int\frac{\sin 2x}{\sqrt{3-\cos^4 x}}\mathrm{d}x$; 　　　(3) $\displaystyle\int\tan^3 x\mathrm{d}x$;

(4) $\displaystyle\int\tan^{10}x\sec^2 x\mathrm{d}x$; 　　　(5) $\displaystyle\int\frac{7\cos x-3\sin x}{5\cos x+2\sin x}\mathrm{d}x$; 　　　(6) $\displaystyle\int\frac{\mathrm{d}x}{\sin^2 x+2\cos^2 x}$.

分析　被积函数中含有三角函数,若不能直接积分可先用三角恒等式将函数变形再应用积分公式进行积分.

解　(1) $\displaystyle\int\frac{\mathrm{d}x}{1+\sin x}=\int\frac{1-\sin x}{(1-\sin x)(1+\sin x)}\mathrm{d}x=\int\frac{1-\sin x}{\cos^2 x}\mathrm{d}x$

$$=\int\sec^2 x\mathrm{d}x+\int\frac{\mathrm{d}\cos x}{\cos^2 x}=\tan x-\sec x+C.$$

(2) $\displaystyle\int\frac{\sin 2x}{\sqrt{3-\cos^4 x}}\mathrm{d}x=\int\frac{2\sin x\cos x}{\sqrt{3-\cos^4 x}}\mathrm{d}x=-\int\frac{1}{\sqrt{3-(\cos^2 x)^2}}\mathrm{d}\cos^2 x=-\arcsin\frac{\cos^2 x}{\sqrt{3}}+C.$

(3) $\displaystyle\int\tan^3 x\mathrm{d}x=\int\tan x(\tan^2 x+1)\mathrm{d}x-\int\tan x\mathrm{d}x=\int\tan x\sec^2 x\mathrm{d}x-\int\frac{\sin x}{\cos x}\mathrm{d}x$

$$=\int\tan x\mathrm{d}\tan x+\int\frac{\mathrm{d}\cos x}{\cos x}=\frac{1}{2}\tan^2 x+\ln|\cos x|+C.$$

(4) $\displaystyle\int\tan^{10}x\sec^2 x\mathrm{d}x=\int\tan^{10}x\mathrm{d}\tan x=\frac{1}{11}\tan^{11}x+C.$

(5) $\displaystyle\int\frac{7\cos x-3\sin x}{5\cos x+2\sin x}\mathrm{d}x=\int\frac{5\cos x+2\sin x+2\cos x-5\sin x}{5\cos x+2\sin x}\mathrm{d}x=\int\mathrm{d}x+\int\frac{2\cos x-5\sin x}{5\cos x+2\sin x}\mathrm{d}x$

$$=x+\int\frac{\mathrm{d}(5\cos x+2\sin x)}{5\cos x+2\sin x}=x+\ln|5\cos x+2\sin x|+C.$$

(6) $\displaystyle\int\frac{\mathrm{d}x}{\sin^2 x+2\cos^2 x}=\int\frac{\mathrm{d}x}{\cos^2 x(\tan^2 x+2)}=\int\frac{\mathrm{d}\tan x}{2+\tan^2 x}=\frac{1}{\sqrt{2}}\arctan\frac{\tan x}{\sqrt{2}}+C.$

● **方法总结** ....

　　运用三角函数恒等式将函数变形后再积分时,因为变形公式较多,所以得到的积分解法也较多,造成结果形式有差别,但这些结果是允许相差一个积分常数 C 的.

【例5】 求下列不定积分.

(1) $\int \dfrac{1}{\sqrt{1+e^{2x}}}dx$;

(2) $\int \dfrac{dx}{x+\sqrt{a^2-x^2}}$;

(3) $\int \dfrac{\sqrt{x^2-a^2}}{x}dx$ $(a>0)$;

(4) $\int \dfrac{dx}{(2x^2+1)\sqrt{x^2+1}}$;

(5) $\int \dfrac{dx}{\sqrt{5-2x-x^2}}$;

(6) $\int \dfrac{x}{\sqrt{1+x+x^2}}dx$.

分析 被积函数含有 $\sqrt{x^2\pm a^2}$ 或 $\sqrt{a^2-x^2}$,而又不能凑微分时可考虑第二类换元法中的三角代换法. 根据被积函数的形式不同采用不同的三角代换,目的是去根号,即化积分函数中的无理为有理. 变换时一要注意不仅被积函数要换,同时积分变量也要相应改变,即 $dx=x'(t)dt$;二要注意新变量 t 的取值范围;三要注意积分结果要将原变量换回(可借助辅助三角形).

解 (1)令 $e^x=\tan t$, $0<t<\dfrac{\pi}{2}$, 则 $x=\ln\tan t$, $dx=\dfrac{1}{\sin t\cos t}dt$,

$$\int \dfrac{1}{\sqrt{1+e^{2x}}}dx = \int \dfrac{1}{\sec t}\cdot\dfrac{1}{\sin t\cos t}dt = \int \csc t\, dt = \ln|\csc t-\cot t|+C$$

$$=\ln\left|\dfrac{\sqrt{1+e^{2x}}}{e^x}-\dfrac{1}{e^x}\right|+C=\ln(\sqrt{1+e^{2x}}-1)-x+C.$$

(2)令 $x=a\sin t$, $0<t<\dfrac{\pi}{2}$, 则 $dx=a\cos t\, dt$,

$$\int \dfrac{dx}{x+\sqrt{a^2-x^2}} = \int \dfrac{a\cos t\, dt}{a\sin t+a\cos t} = \int \dfrac{\cos t}{\sin t+\cos t}dt$$

而 $\int \dfrac{\cos t\, dt}{\sin t+\cos t} = \int \dfrac{\cos t-\sin t}{\sin t+\cos t}dt + \int \dfrac{\sin t}{\sin t+\cos t}dt = \int \dfrac{d(\sin t+\cos t)}{\sin t+\cos t} + \int \dfrac{\sin t}{\sin t+\cos t}dt$

$$=\ln|\sin t+\cos t| + \int \dfrac{\sin t+\cos t}{\sin t+\cos t}dt - \int \dfrac{\cos t}{\sin t+\cos t}dt$$

$$=\ln|\sin t+\cos t|+t - \int \dfrac{\cos t}{\sin t+\cos t}dt.$$

于是 $\int \dfrac{dx}{x+\sqrt{a^2-x^2}} = \dfrac{1}{2}[\ln|\sin t+\cos t|+t]+C$

$$=\dfrac{1}{2}\left[\ln\left|\dfrac{x}{a}+\dfrac{\sqrt{a^2-x^2}}{a}\right|+\arcsin\dfrac{x}{a}\right]+C.$$

(3)$x>a$ 时,令 $x=a\sec t$, $0<t<\dfrac{\pi}{2}$,

$$\int \dfrac{\sqrt{x^2-a^2}}{x}dx = \int \dfrac{a\tan t}{a\sec t}\cdot a\sec t\cdot\tan t\, dt = \int a\tan^2 t\, dt = \int a(\sec^2 t-1)dt$$

$$=a(\tan t-t)+C=\sqrt{x^2-a^2}-a\arccos\dfrac{a}{x}+C,$$

$x<-a$ 时,令 $x=-t$, 则 $dx=-dt$

$$\int \frac{\sqrt{x^2-a^2}}{x}dx = \int \frac{\sqrt{t^2-a^2}}{t}dt = \sqrt{t^2-a^2}-a\arccos\frac{a}{t}+C$$

$$= \sqrt{x^2-a^2}-a\arccos\frac{a}{-x}+C,$$

综合所得：$\int \frac{\sqrt{x^2-a^2}}{x}dx = \sqrt{x^2-a^2}-a\arccos\frac{a}{|x|}+C.$

（4）令 $x=\tan t,\ 0<t<\frac{\pi}{2}$，则 $dx=\sec^2 t dt$

$$\int \frac{dx}{(2x^2+1)\sqrt{x^2+1}} = \int \frac{\sec^2 t}{(2\tan^2 t+1)\sqrt{1+\tan^2 t}}dt = \int \frac{dt}{\cos t\cdot(2\tan^2 t+1)} = \int \frac{\cos t dt}{2\sin^2 t+\cos^2 t}$$

$$= \int \frac{d\sin t}{1+\sin^2 t} = \arctan(\sin t)+C = \arctan\frac{x}{\sqrt{1+x^2}}+C.$$

（5）$\int \frac{dx}{\sqrt{5-2x-x^2}} = \int \frac{dx}{\sqrt{6-(x+1)^2}} = \int \frac{d\left(\frac{x+1}{\sqrt{6}}\right)}{\sqrt{1-\left(\frac{x+1}{\sqrt{6}}\right)^2}} = \arcsin\frac{x+1}{\sqrt{6}}+C.$

（6）$\int \frac{x dx}{\sqrt{1+x+x^2}} = \frac{1}{2}\int \frac{2x dx}{\sqrt{1+x+x^2}} = \frac{1}{2}\int \frac{2x+1-1}{\sqrt{1+x+x^2}}dx$

$$= \frac{1}{2}\int \frac{d(1+x+x^2)}{\sqrt{1+x+x^2}} - \frac{1}{2}\int \frac{1}{\sqrt{1+x+x^2}}dx$$

$$= \sqrt{1+x+x^2} - \frac{1}{2}\int \frac{dx}{\sqrt{\frac{3}{4}+\left(x+\frac{1}{2}\right)^2}},$$

其中 $\int \frac{dx}{\sqrt{\frac{3}{4}+\left(x+\frac{1}{2}\right)^2}} \xlongequal[0<t<\frac{\pi}{2}]{令\ x+\frac{1}{2}=\frac{\sqrt{3}}{2}\tan t} \int \frac{\frac{\sqrt{3}}{2}\sec^2 t}{\frac{\sqrt{3}}{2}\sec t}dt = \int \sec t dt = \ln|\sec t+\tan t|+C_1.$

由 $\tan t=\frac{2x+1}{\sqrt{3}}$ 作一小直角三角形如图 $4-1$ 所示，得

$$\sec t+\tan t = \frac{1+\sin t}{\cos t} = \frac{2}{\sqrt{3}}\left(x+\frac{1}{2}+\sqrt{1+x+x^2}\right).$$

因此 $\int \frac{dx}{\sqrt{\frac{3}{4}+\left(x+\frac{1}{2}\right)^2}} = \ln\left|x+\frac{1}{2}+\sqrt{1+x+x^2}\right|+C.$

图 $4-1$

其中 $C=C_1+\ln\frac{2}{\sqrt{3}}$，故 $\int \frac{x dx}{\sqrt{1+x+x^2}} = \sqrt{1+x+x^2} - \frac{1}{2}\ln\left|x+\frac{1}{2}+\sqrt{1+x+x^2}\right|+C.$

● **方法总结**

由（5）、（6）两题可知：当被积函数含有 $\sqrt{ax^2+bx+c}$ 时，除用凑微分方法求积分外，还

可将 ax^2+bx+c 通过配方化为关于 x 的一次多项式的完全平方项与一个常数平方的代数和的形式,如(6)题,然后作适当的三角代换,将根号去掉,再积分.求这类积分往往需要多种方法.

习题 4－2 解答

1. 在下列各式等号右端的横线处填入适当的系数,使等式成立(例如:$dx=\dfrac{1}{4}d(4x+7)$):

(1) $dx=$＿＿ $d(ax)(a\neq0)$;　　　　(2) $dx=$＿＿ $d(7x-3)$;

(3) $xdx=$＿＿ $d(x^2)$;　　　　　　(4) $xdx=$＿＿ $d(5x^2)$;

(5) $xdx=$＿＿ $d(1-x^2)$;　　　　(6) $x^3dx=$＿＿ $d(3x^4-2)$;

(7) $e^{2x}dx=$＿＿ $d(e^{2x})$;　　　　(8) $e^{-\frac{x}{2}}dx=$＿＿ $d(1+e^{-\frac{x}{2}})$;

(9) $\sin\dfrac{3}{2}xdx=$＿＿ $d\left(\cos\dfrac{3}{2}x\right)$;　(10) $\dfrac{dx}{x}=$＿＿ $d(5\ln|x|)$;

(11) $\dfrac{dx}{x}=$＿＿ $d(3-5\ln|x|)$;　(12) $\dfrac{dx}{1+9x^2}=$＿＿ $d(\arctan3x)$;

(13) $\dfrac{dx}{\sqrt{1-x^2}}=$＿＿ $d(1-\arcsin x)$;　(14) $\dfrac{xdx}{\sqrt{1-x^2}}=$＿＿ $d(\sqrt{1-x^2})$.

解　(1) $\dfrac{1}{a}$;　　(2) $\dfrac{1}{7}$;　　(3) $\dfrac{1}{2}$;　　(4) $\dfrac{1}{10}$;　　(5) $-\dfrac{1}{2}$;

(6) $\dfrac{1}{12}$;　　(7) $\dfrac{1}{2}$;　　(8) -2;　　(9) $-\dfrac{2}{3}$;　　(10) $\dfrac{1}{5}$;

(11) $-\dfrac{1}{5}$;　　(12) $\dfrac{1}{3}$;　　(13) -1;　　(14) -1.

2. 求下列不定积分(其中 a,b,ω,φ 均为常数)

(1) $\displaystyle\int e^{5t}dt$;　　　　　　(2) $\displaystyle\int(3-2x)^3dx$;

(3) $\displaystyle\int\dfrac{dx}{1-2x}$;　　　　　(4) $\displaystyle\int\dfrac{dx}{\sqrt[3]{2-3x}}$;

(5) $\displaystyle\int(\sin ax-e^{\frac{x}{b}})dx$;　　(6) $\displaystyle\int\dfrac{\sin\sqrt{t}}{\sqrt{t}}dt$;

(7) $\displaystyle\int xe^{-x^2}dx$;　　　　(8) $\displaystyle\int x\cos(x^2)dx$;

(9) $\displaystyle\int\dfrac{x}{\sqrt{2-3x^2}}dx$;　　(10) $\displaystyle\int\dfrac{3x^3}{1-x^4}dx$;

(11) $\displaystyle\int\dfrac{x+1}{x^2+2x+5}dx$;　(12) $\displaystyle\int\cos^2(\omega t+\varphi)\sin(\omega t+\varphi)dt$;

(13) $\displaystyle\int\dfrac{\sin x}{\cos^3x}dx$;　　　(14) $\displaystyle\int\dfrac{\sin x+\cos x}{\sqrt[3]{\sin x-\cos x}}dx$;

(15) $\displaystyle\int\tan^{10}x\sec^2xdx$;　(16) $\displaystyle\int\dfrac{dx}{x\ln x\ln\ln x}$;

(17) $\displaystyle\int\dfrac{dx}{(\arcsin x)^2\sqrt{1-x^2}}$;　(18) $\displaystyle\int\dfrac{10^{2\arccos x}}{\sqrt{1-x^2}}dx$;

(19) $\displaystyle\int\tan\sqrt{1+x^2}\cdot\dfrac{xdx}{\sqrt{1+x^2}}$;　(20) $\displaystyle\int\dfrac{\arctan\sqrt{x}}{\sqrt{x}(1+x)}dx$;

(21) $\displaystyle\int \frac{1+\ln x}{(x\ln x)^2}\mathrm{d}x$;

(22) $\displaystyle\int \frac{\mathrm{d}x}{\sin x\cos x}$;

(23) $\displaystyle\int \frac{\ln\tan x}{\cos x\sin x}\mathrm{d}x$;

(24) $\displaystyle\int \cos^3 x\mathrm{d}x$;

(25) $\displaystyle\int \cos^2(\omega t+\varphi)\mathrm{d}t$;

(26) $\displaystyle\int \sin 2x\cos 3x\mathrm{d}x$;

(27) $\displaystyle\int \cos x\cos \frac{x}{2}\mathrm{d}x$;

(28) $\displaystyle\int \sin 5x\sin 7x\mathrm{d}x$;

(29) $\displaystyle\int \tan^3 x\sec x\mathrm{d}x$;

(30) $\displaystyle\int \frac{\mathrm{d}x}{\mathrm{e}^x+\mathrm{e}^{-x}}$;

(31) $\displaystyle\int \frac{1-x}{\sqrt{9-4x^2}}\mathrm{d}x$;

(32) $\displaystyle\int \frac{x^3}{9+x^2}\mathrm{d}x$;

(33) $\displaystyle\int \frac{\mathrm{d}x}{2x^2-1}$;

(34) $\displaystyle\int \frac{\mathrm{d}x}{(x+1)(x-2)}$;

(35) $\displaystyle\int \frac{x}{x^2-x-2}\mathrm{d}x$;

(36) $\displaystyle\int \frac{x^2\,\mathrm{d}x}{\sqrt{a^2-x^2}}$ $(a>0)$;

(37) $\displaystyle\int \frac{\mathrm{d}x}{x\sqrt{x^2-1}}$;

(38) $\displaystyle\int \frac{\mathrm{d}x}{\sqrt{(x^2+1)^3}}$;

(39) $\displaystyle\int \frac{\sqrt{x^2-9}}{x}\mathrm{d}x$;

(40) $\displaystyle\int \frac{\mathrm{d}x}{1+\sqrt{2x}}$;

(41) $\displaystyle\int \frac{\mathrm{d}x}{1+\sqrt{1-x^2}}$;

(42) $\displaystyle\int \frac{\mathrm{d}x}{x+\sqrt{1-x^2}}$;

(43) $\displaystyle\int \frac{x-1}{x^2+2x+3}\mathrm{d}x$;

(44) $\displaystyle\int \frac{x^3+1}{(x^2+1)^2}\mathrm{d}x$.

解 (1)令 $u=5t$, $\displaystyle\int \mathrm{e}^{5t}\mathrm{d}t=\frac{1}{5}\int \mathrm{e}^u\mathrm{d}u=\frac{1}{5}\mathrm{e}^u+C=\frac{1}{5}\mathrm{e}^{5t}+C$.

(2)令 $u=3-2x$, $\displaystyle\int (3-2x)^3\mathrm{d}x=-\frac{1}{2}\int u^3\mathrm{d}u=-\frac{u^4}{8}+C=-\frac{(3-2x)^4}{8}+C$.

(3)令 $u=1-2x$, $\displaystyle\int \frac{\mathrm{d}x}{1-2x}=-\frac{1}{2}\int \frac{\mathrm{d}u}{u}=-\frac{1}{2}\ln|u|+C=-\frac{1}{2}\ln|1-2x|+C$.

(4) $\displaystyle\int \frac{\mathrm{d}x}{\sqrt[3]{2-3x}}=\int -\frac{1}{3}(2-3x)^{-\frac{1}{3}}\mathrm{d}(2-3x)=-\frac{1}{3}\times\frac{3}{2}(2-3x)^{\frac{2}{3}}+C$

$\qquad =-\frac{1}{2}(2-3x)^{\frac{2}{3}}+C$.

(5) $\displaystyle\int (\sin ax-\mathrm{e}^{\frac{x}{b}})\mathrm{d}x=\int \sin ax\mathrm{d}x-\int \mathrm{e}^{\frac{x}{b}}\mathrm{d}x=\int \frac{1}{a}\sin ax\mathrm{d}(ax)-\int b\mathrm{e}^{\frac{x}{b}}\mathrm{d}\left(\frac{x}{b}\right)$

$\qquad =\frac{1}{a}(-\cos ax)-b\mathrm{e}^{\frac{x}{b}}+C=-\frac{\cos ax}{a}-b\mathrm{e}^{\frac{x}{b}}+C$.

(6) $\displaystyle\int \frac{\sin\sqrt{t}}{\sqrt{t}}\mathrm{d}t=\int 2\sin\sqrt{t}\mathrm{d}\sqrt{t}=-2\cos\sqrt{t}+C$.

(7) $\displaystyle\int x\mathrm{e}^{-x^2}\mathrm{d}x=-\frac{1}{2}\int \mathrm{e}^{-x^2}\mathrm{d}(-x^2)=-\frac{1}{2}\mathrm{e}^{-x^2}+C$.

(8) $\displaystyle\int x\cos(x^2)\mathrm{d}x=\frac{1}{2}\int \cos(x^2)\mathrm{d}(x^2)=\frac{1}{2}\sin(x^2)+C$.

(9) $\displaystyle\int \frac{x}{\sqrt{2-3x^2}}\mathrm{d}x=-\frac{1}{6}\int (2-3x^2)^{-\frac{1}{2}}\mathrm{d}(2-3x^2)=-\frac{1}{6}\times 2(2-3x^2)^{\frac{1}{2}}+C=-\frac{\sqrt{2-3x^2}}{3}+C$.

(10) $\displaystyle\int \frac{3x^3}{1-x^4}\mathrm{d}x=-\frac{3}{4}\int \frac{1}{1-x^4}\mathrm{d}(1-x^4)=-\frac{3}{4}\ln|1-x^4|+C$.

(11) $\int \dfrac{x+1}{x^2+2x+5}dx=\dfrac{1}{2}\int\dfrac{d(x^2+2x+5)}{x^2+2x+5}=\dfrac{1}{2}\ln(x^2+2x+5)+C.$

(12) $\int \cos^2(\omega t+\varphi)\sin(\omega t+\varphi)dt=-\dfrac{1}{\omega}\cos^2(\omega t+\varphi)d[\cos(\omega t+\varphi)]=-\dfrac{1}{3\omega}\cos^3(\omega t+\varphi)+C.$

(13) $\int \dfrac{\sin x}{\cos^3 x}dx=-\int\dfrac{1}{\cos^3 x}d(\cos x)=\dfrac{1}{2\cos^2 x}+C.$

(14) $\int \dfrac{\sin x+\cos x}{\sqrt[3]{\sin x-\cos x}}dx=\int\dfrac{d(\sin x-\cos x)}{\sqrt[3]{\sin x-\cos x}}=\dfrac{3}{2}(\sin x-\cos x)^{\frac{2}{3}}+C.$

(15) $\int \tan^{10}x\sec^2 xdx=\int\tan^{10}xd(\tan x)=\dfrac{1}{11}\tan^{11}x+C.$

(16) $\int \dfrac{dx}{x\ln x\ln\ln x}=\int\dfrac{d(\ln x)}{\ln x\ln\ln x}=\int\dfrac{d(\ln\ln x)}{\ln\ln x}=\ln|\ln\ln x|+C.$

(17) $\int \dfrac{dx}{(\arcsin x)^2\sqrt{1-x^2}}=\int\dfrac{d(\arcsin x)}{(\arcsin x)^2}=-\dfrac{1}{\arcsin x}+C.$

(18) $\int \dfrac{10^{2\arccos x}}{\sqrt{1-x^2}}dx=\int-10^{2\arccos x}d(\arccos x)=-\dfrac{10^{2\arccos x}}{2\ln10}+C.$

(19) $\int \tan\sqrt{1+x^2}\cdot\dfrac{xdx}{\sqrt{1+x^2}}=\dfrac{1}{2}\int\tan\sqrt{1+x^2}\cdot\dfrac{d(1+x^2)}{\sqrt{1+x^2}}=\int\tan\sqrt{1+x^2}d(\sqrt{1+x^2})$
$=-\ln|\cos\sqrt{1+x^2}|+C.$

(20) $\int \dfrac{\arctan\sqrt{x}}{\sqrt{x}(1+x)}dx=\int\dfrac{2\arctan\sqrt{x}}{1+x}d\sqrt{x}=\int2\arctan\sqrt{x}d(\arctan\sqrt{x})=(\arctan\sqrt{x})^2+C.$

(21) $\int \dfrac{1+\ln x}{(x\ln x)^2}dx=\int\dfrac{d(x\ln x)}{(x\ln x)^2}=-\dfrac{1}{x\ln x}+C.$

(22) $\int \dfrac{dx}{\sin x\cos x}=\int\csc2xd(2x)=\ln|\csc2x-\cot2x|+C=\ln|\tan x|+C.$

(23) $\int \dfrac{\ln\tan x}{\cos x\sin x}dx=\int\dfrac{\ln\tan x}{\tan x}d(\tan x)=\int\ln\tan xd(\ln\tan x)=\dfrac{(\ln\tan x)^2}{2}+C.$

(24) $\int \cos^3 xdx=\int(1-\sin^2 x)d(\sin x)=\sin x-\dfrac{1}{3}\sin^3 x+C.$

(25) $\int \cos^2(\omega t+\varphi)dt=\int\dfrac{\cos2(\omega t+\varphi)+1}{2}dt=\dfrac{\sin2(\omega t+\varphi)}{4\omega}+\dfrac{t}{2}+C.$

(26) $\int \sin2x\cos3xdx=\int\dfrac{1}{2}(\sin5x-\sin x)dx=-\dfrac{1}{10}\cos5x+\dfrac{1}{2}\cos x+C.$

(27) $\int \cos x\cos\dfrac{x}{2}dx=\int\dfrac{1}{2}\left(\cos\dfrac{3}{2}x+\cos\dfrac{1}{2}x\right)dx=\dfrac{1}{3}\sin\dfrac{3}{2}x+\sin\dfrac{1}{2}x+C.$

(28) $\int \sin5x\sin7xdx=\int-\dfrac{1}{2}(\cos12x-\cos2x)dx=-\dfrac{1}{24}\sin12x+\dfrac{1}{4}\sin2x+C.$

(29) $\int \tan^3 x\sec xdx=\int(\sec^2 x-1)d(\sec x)=\dfrac{1}{3}\sec^3 x-\sec x+C.$

(30) $\int \dfrac{dx}{e^x+e^{-x}}=\int\dfrac{e^xdx}{e^{2x}+1}=\int\dfrac{de^x}{e^{2x}+1}=\arctan e^x+C.$

(31) $\int \dfrac{1-x}{\sqrt{9-4x^2}}dx=\dfrac{1}{2}\int\dfrac{d\left(\frac{2x}{3}\right)}{\sqrt{1-\left(\frac{2x}{3}\right)^2}}+\dfrac{1}{8}\int\dfrac{d(9-4x^2)}{\sqrt{9-4x^2}}=\dfrac{\arcsin\frac{2x}{3}}{2}+\dfrac{\sqrt{9-4x^2}}{4}+C.$

(32) $\int \dfrac{x^3}{9+x^2}dx=\int xdx-\dfrac{9}{2}\int\dfrac{d(9+x^2)}{9+x^2}=\dfrac{x^2}{2}-\dfrac{9}{2}\ln(9+x^2)+C.$

(33) $\int \dfrac{dx}{2x^2-1}=\dfrac{1}{2}\int\left(\dfrac{1}{\sqrt{2}x-1}-\dfrac{1}{\sqrt{2}x+1}\right)dx=\dfrac{1}{2\sqrt{2}}\ln\left|\dfrac{\sqrt{2}x-1}{\sqrt{2}x+1}\right|+C.$

(34) $\int \dfrac{\mathrm{d}x}{(x+1)(x-2)}=\int \dfrac{1}{3}\left(\dfrac{1}{x-2}-\dfrac{1}{x+1}\right)\mathrm{d}x=\dfrac{1}{3}\int \dfrac{1}{x-2}\mathrm{d}x-\dfrac{1}{3}\int \dfrac{1}{x+1}\mathrm{d}x$

$\qquad =\dfrac{1}{3}\ln|x-2|-\dfrac{1}{3}\ln|x+1|+C=\dfrac{1}{3}\ln\left|\dfrac{x-2}{x+1}\right|+C.$

(35) $\int \dfrac{x}{x^2-x-2}\mathrm{d}x=\int \dfrac{x}{(x-2)(x+1)}\mathrm{d}x=\int \dfrac{1}{3}\left(\dfrac{2}{x-2}+\dfrac{1}{x+1}\right)\mathrm{d}x$

$\qquad =\dfrac{2}{3}\ln|x-2|+\dfrac{1}{3}\ln|x+1|+C.$

(36) 设 $x=a\sin u\left(-\dfrac{\pi}{2}<u<\dfrac{\pi}{2}\right)$，则 $\sqrt{a^2-x^2}=a\cos u$，$\mathrm{d}x=a\cos u\mathrm{d}u$，于是

$\qquad \int \dfrac{x^2\mathrm{d}x}{\sqrt{a^2-x^2}}=\int a^2\sin^2 u\mathrm{d}u=a^2\int \dfrac{1-\cos 2u}{2}\mathrm{d}u=\dfrac{a^2}{2}\left(u-\dfrac{\sin 2u}{2}\right)+C$

$\qquad =\dfrac{a^2}{2}\arcsin \dfrac{x}{a}-\dfrac{x\sqrt{a^2-x^2}}{2}+C.$

(37) 当 $x>1$ 时，$\int \dfrac{\mathrm{d}x}{x\sqrt{x^2-1}}\xlongequal{x=\frac{1}{t}}-\int \dfrac{\mathrm{d}t}{\sqrt{1-t^2}}=-\arcsin t+C=-\arcsin \dfrac{1}{x}+C,$

$\qquad$ 当 $x<-1$ 时，$\int \dfrac{\mathrm{d}x}{x\sqrt{x^2-1}}\xlongequal{x=\frac{1}{t}}\int \dfrac{\mathrm{d}t}{\sqrt{1-t^2}}=\arcsin t+C=\arcsin \dfrac{1}{x}+C,$

$\qquad$ 故在 $(-\infty,-1)$ 或 $(1,+\infty)$ 内，有 $\int \dfrac{\mathrm{d}x}{x\sqrt{x^2-1}}=-\arcsin \dfrac{1}{|x|}+C.$

(38) 设 $x=\tan u\left(-\dfrac{\pi}{2}<u<\dfrac{\pi}{2}\right)$，则 $\sqrt{x^2+1}=\sec u$，$\mathrm{d}x=\sec^2 u\mathrm{d}u$，于是

$\qquad \int \dfrac{\mathrm{d}x}{\sqrt{(x^2+1)^3}}=\int \cos u\mathrm{d}u=\sin u+C=\dfrac{x}{\sqrt{1+x^2}}+C.$

(39) 当 $x\geqslant 3$ 时，令 $x=3\sec u\left(0\leqslant u<\dfrac{\pi}{2}\right)$，

$\qquad \int \dfrac{\sqrt{x^2-9}}{x}\mathrm{d}x=\int 3\tan^2 u\mathrm{d}u=3\int (\sec^2 u-1)\mathrm{d}u=3\tan u-3u+C$

$\qquad =\sqrt{x^2-9}-3\arccos \dfrac{3}{x}+C;$

$\qquad$ 当 $x\leqslant -3$ 时，令 $x=3\sec u\left(\dfrac{\pi}{2}<u\leqslant \pi\right)$，

$\qquad \int \dfrac{\sqrt{x^2-9}}{x}\mathrm{d}x=-\int 3\tan^2 u\mathrm{d}u=-3\int (\sec^2 u-1)\mathrm{d}u=-3\tan u+3u+C$

$\qquad =\sqrt{x^2-9}+3\arccos \dfrac{3}{x}+C'=\sqrt{x^2-9}-3\arccos\left(-\dfrac{3}{x}\right)+C'+3\pi,$

$\qquad$ 故可统一写作 $\int \dfrac{\sqrt{x^2-9}}{x}\mathrm{d}x=\sqrt{x^2-9}-3\arccos \dfrac{3}{|x|}+C.$

(40) $\int \dfrac{\mathrm{d}x}{1+\sqrt{2x}}\xlongequal{x=\frac{u^2}{2}}\int \dfrac{u\mathrm{d}u}{1+u}=u-\ln(1+u)+C=\sqrt{2x}-\ln(1+\sqrt{2x})+C.$

(41) 令 $x=\sin t\left(-\dfrac{\pi}{2}<t<\dfrac{\pi}{2}\right)$，则 $\sqrt{1-x^2}=\cos t$，$\mathrm{d}x=\cos t\mathrm{d}t$，于是

$\qquad \int \dfrac{\mathrm{d}x}{1+\sqrt{1-x^2}}=\int \dfrac{\cos t}{1+\cos t}\mathrm{d}t=\int \dfrac{2\cos^2\frac{t}{2}-1}{2\cos^2\frac{t}{2}}\mathrm{d}t=t-\tan \dfrac{t}{2}+C$

$$=t-\frac{\sin t}{1+\cos t}+C=\arcsin x-\frac{x}{1+\sqrt{1-x^2}}+C.$$

(42)设 $x=\sin t\left(-\frac{\pi}{2}<t<\frac{\pi}{2}\right)$，则 $\sqrt{1-x^2}=\cos t$，$\mathrm{d}x=\cos t\mathrm{d}t$，于是

$$\int\frac{\mathrm{d}x}{x+\sqrt{1-x^2}}=\int\frac{\cos t\mathrm{d}t}{\sin t+\cos t},$$

又 $\int\frac{\cos t}{\sin t+\cos t}\mathrm{d}t=\frac{1}{2}\int\left(1+\frac{\cos t-\sin t}{\sin t+\cos t}\right)\mathrm{d}t$

$$=\frac{1}{2}(t+\ln|\sin t+\cos t|)+C.$$

所以 $\int\frac{\mathrm{d}x}{x+\sqrt{1-x^2}}=\frac{1}{2}(\arcsin x+\ln|x+\sqrt{1-x^2}|)+C.$

(43) $\int\frac{x-1}{x^2+2x+3}\mathrm{d}x=\int\frac{x+1-2}{(x+1)^2+2}\mathrm{d}x=\frac{1}{2}\int\frac{\mathrm{d}\left[(x+1)^2+2\right]}{(x+1)^2+2}-\sqrt{2}\int\frac{\mathrm{d}\left(\frac{x+1}{\sqrt{2}}\right)}{\left(\frac{x+1}{\sqrt{2}}\right)^2+1}$

$$=\frac{1}{2}\ln(x^2+2x+3)-\sqrt{2}\arctan\frac{x+1}{\sqrt{2}}+C.$$

(44)设 $x=\tan t\left(-\frac{\pi}{2}<t<\frac{\pi}{2}\right)$，则 $x^2+1=\sec^2 t$，$\mathrm{d}x=\sec^2 t\mathrm{d}t$，于是

$$\int\frac{x^3+1}{(x^2+1)^2}\mathrm{d}x=\int\frac{\tan^3 t+1}{\sec^2 t}\mathrm{d}t=\int\frac{\cos^2 t-1}{\cos t}\mathrm{d}(\cos t)+\int\frac{1+\cos 2t}{2}\mathrm{d}t$$

$$=\frac{1}{2}\cos^2 t-\ln\cos t+\frac{t}{2}+\frac{1}{4}\sin 2t+C$$

$$=\frac{1}{2}\cos^2 t-\ln\cos t+\frac{t}{2}+\frac{1}{2}\sin t\cos t+C.$$

按 $\tan t=x$ 作辅助三角形(图 4—2)，便有

$$\cos t=\frac{1}{\sqrt{1+x^2}},\qquad \sin t=\frac{x}{\sqrt{1+x^2}},$$

于是 $\int\frac{x^3+1}{(x^2+1)^2}\mathrm{d}x=\frac{1+x}{2(1+x^2)}+\frac{1}{2}\ln(1+x^2)+\frac{1}{2}\arctan x+C.$

图 4—2

第三节 分部积分法

一、主要内容归纳

1. 分部积分法 若 $u=u(x)$ 与 $v=v(x)$ 可微,且 $u'(x)v(x)$ 与 $u(x)v'(x)$ 均具有原函数,则有 $\int u(x)v'(x)\mathrm{d}x=u(x)v(x)-\int v(x)u'(x)\mathrm{d}x$ 或 $\int u\mathrm{d}v=uv-\int v\mathrm{d}u$.

2. 适合利用分部积分法的情形

分部积分法主要用于被积函数是两个不同类型的函数乘积的积分问题,如果使用分部积分公式后的 $\int u'(x)v(x)\mathrm{d}x$,比原先的 $\int u(x)v'(x)\mathrm{d}x$ 容易积分,则就达到了化难变易的目的,特别在下列三种情况下我们一般采用分部积分:

(1)如果被积函数是反三角函数、对数函数或幂函数这三类函数与某一个易获得原函数的函数的乘积,这时可通过分部积分公式而求得积分,例如

$$\int x^2\mathrm{e}^x\mathrm{d}x, \quad \int x\ln x\mathrm{d}x, \quad \int \arcsin x\mathrm{d}x \ 等;$$

(2)如果被积函数为三角函数与指数函数的乘积,可连续进行两次分部积分,得到一个所求积分满足的恒等式,从而可求得积分,例如 $\int \mathrm{e}^{2x}\cos x\mathrm{d}x, \int \mathrm{e}^x\sin x\mathrm{d}x$ 等;

(3)有时所求的积分与正整数 n 有关,例如本节例 3,这时利用分部积分法可导出原来函数所满足的一个递推公式,从而归结到 n 较小的同类不定积分上去. 这时特别应注意选择适当的 u 和 $\mathrm{d}v$ 使分部积分前后的被积函数为同一类型.

二、经典例题解析及解题方法总结

【例 1】 求下列不定积分.

(1) $\int x\mathrm{e}^{bx}\mathrm{d}x \ (b\neq 0)$;   (2) $\int \arctan x\mathrm{d}x$;   (3) $\int \dfrac{x\cos^4\dfrac{x}{2}}{\sin^3 x}\mathrm{d}x$;

(4) $\int x^2\ln(1+x)\mathrm{d}x$;   (5) $\int \mathrm{e}^{2x}\cos 3x\mathrm{d}x$;   (6) $\int \dfrac{\sin^2 x}{\mathrm{e}^x}\mathrm{d}x$.

解 (1)设 $u=x, \mathrm{d}v=\mathrm{e}^{bx}\mathrm{d}x$,则

$$\int x\mathrm{e}^{bx}\mathrm{d}x=x\frac{1}{b}\mathrm{e}^{bx}-\frac{1}{b}\int \mathrm{e}^{bx}\mathrm{d}x=\frac{x}{b}\mathrm{e}^{bx}-\frac{1}{b^2}\mathrm{e}^{bx}+C=\frac{1}{b^2}(bx-1)\mathrm{e}^{bx}+C.$$

(2)令 $u=\arctan x, \mathrm{d}v=\mathrm{d}x$,则 $\mathrm{d}u=\dfrac{\mathrm{d}x}{1+x^2}, v=x$

$$\int \arctan x\mathrm{d}x=x\arctan x-\int \frac{x}{1+x^2}\mathrm{d}x=x\arctan x-\frac{1}{2}\ln(1+x^2)+C.$$

（3）**方法一**　$\displaystyle\int\frac{x\cos^4\frac{x}{2}}{\sin^3 x}\mathrm{d}x=\int\frac{x\cos^4\frac{x}{2}}{2^3\sin^3\frac{x}{2}\cos^3\frac{x}{2}}\mathrm{d}x=\frac{1}{8}\int\frac{x\cos\frac{x}{2}}{\sin^3\frac{x}{2}}\mathrm{d}x$

$\displaystyle=-\frac{1}{4}\int x\cot\frac{x}{2}\mathrm{d}\cot\frac{x}{2}=-\frac{1}{8}\int x\mathrm{d}\cot^2\frac{x}{2}=-\frac{1}{8}x\cot^2\frac{x}{2}+\frac{1}{8}\int\cot^2\frac{x}{2}\mathrm{d}x$

$\displaystyle=-\frac{1}{8}x\cot^2\frac{x}{2}+\frac{1}{8}\int\left(\csc^2\frac{x}{2}-1\right)\mathrm{d}x$

$\displaystyle=-\frac{1}{8}x\cot^2\frac{x}{2}-\frac{1}{8}x+\frac{1}{4}\int\csc^2\frac{x}{2}\mathrm{d}\left(\frac{x}{2}\right)$

$\displaystyle=-\frac{1}{8}x\csc^2\frac{x}{2}-\frac{1}{4}\cot\frac{x}{2}+C.$

方法二　原式 $\displaystyle=\frac{1}{8}\int\frac{x\cos\frac{x}{2}}{\sin^3\frac{x}{2}}\mathrm{d}x=\frac{1}{4}\int x\sin^{-3}\frac{x}{2}\mathrm{d}\sin\frac{x}{2}=-\frac{1}{8}\int x\mathrm{d}\sin^{-2}\frac{x}{2}$

$\displaystyle=-\frac{1}{8}x\sin^{-2}\frac{x}{2}+\frac{1}{8}\int\frac{1}{\sin^2\frac{x}{2}}\mathrm{d}x=-\frac{1}{8}x\csc^2\frac{x}{2}-\frac{1}{4}\cot\frac{x}{2}+C.$

（4）　$\displaystyle\int x^2\ln(1+x)\mathrm{d}x=\frac{1}{3}\int\ln(1+x)\mathrm{d}(x^3)=\frac{1}{3}\left(x^3\ln(1+x)-\int\frac{x^3}{1+x}\mathrm{d}x\right)$

$\displaystyle=\frac{1}{3}x^3\ln(1+x)-\frac{1}{3}\int\frac{x^3+1-1}{1+x}\mathrm{d}x=\frac{1}{3}x^3\ln(1+x)-\frac{1}{3}\int\left(x^2-x+1-\frac{1}{1+x}\right)\mathrm{d}x$

$\displaystyle=\frac{1}{3}x^3\ln(1+x)-\frac{1}{3}\left(\frac{1}{3}x^3-\frac{1}{2}x^2+x\right)+\frac{1}{3}\ln(1+x)+C$

$\displaystyle=\frac{1}{3}(x^3+1)\ln(1+x)-\frac{1}{9}x^3+\frac{1}{6}x^2-\frac{1}{3}x+C.$

（5）令 $\displaystyle I=\int\mathrm{e}^{2x}\cos 3x\mathrm{d}x$，$u=\cos 3x$，$\mathrm{d}v=\mathrm{e}^{2x}\mathrm{d}x$，则 $\mathrm{d}u=-3\sin 3x\mathrm{d}x$，$v=\frac{1}{2}\mathrm{e}^{2x}$，

$\displaystyle I=\frac{1}{2}\mathrm{e}^{2x}\cos 3x+\frac{3}{2}\int\mathrm{e}^{2x}\sin 3x\mathrm{d}x$

$\displaystyle\xlongequal{u=\sin 3x,\ \mathrm{d}v=\mathrm{e}^{2x}\mathrm{d}x}\frac{1}{2}\mathrm{e}^{2x}\cos 3x+\frac{3}{2}\left(\frac{1}{2}\mathrm{e}^{2x}\sin 3x-\int\frac{1}{2}\mathrm{e}^{2x}3\cos 3x\mathrm{d}x\right)$

$\displaystyle=\frac{1}{2}\mathrm{e}^{2x}\cos 3x+\frac{3}{4}\mathrm{e}^{2x}\sin 3x-\frac{9}{4}\int\mathrm{e}^{2x}\cos 3x\mathrm{d}x=\frac{1}{2}\mathrm{e}^{2x}\cos 3x+\frac{3}{4}\mathrm{e}^{2x}\sin 3x-\frac{9}{4}I$

移项解得 $\displaystyle I=\frac{1}{13}\mathrm{e}^{2x}(2\cos 3x+3\sin 3x)+C.$

（6）$\displaystyle\int\frac{\sin^2 x}{\mathrm{e}^x}\mathrm{d}x=\frac{1}{2}\int(1-\cos 2x)\mathrm{e}^{-x}\mathrm{d}x=\frac{1}{2}\int\mathrm{e}^{-x}\mathrm{d}x-\frac{1}{2}\int\cos 2x\mathrm{e}^{-x}\mathrm{d}x$

$\displaystyle=-\frac{1}{2}\mathrm{e}^{-x}-\frac{1}{2}\int\cos 2x\mathrm{e}^{-x}\mathrm{d}x.$

记 $\displaystyle I=\int\cos 2x\mathrm{e}^{-x}\mathrm{d}x$，$u=\mathrm{e}^{-x}$，$\mathrm{d}v=\cos 2x\mathrm{d}x$，则 $\mathrm{d}u=-\mathrm{e}^{-x}\mathrm{d}x$，$v=\frac{1}{2}\sin 2x$，

$$I = e^{-x} \frac{1}{2} \sin 2x + \int \frac{1}{2} \sin 2x e^{-x} dx$$

$$\xlongequal{u=e^{-x};\ dv=\sin 2x dx} \frac{1}{2} e^{-x} \sin 2x + \frac{1}{2} \left(e^{-x} \frac{1}{-2} \cos 2x - \int \frac{1}{2} \cos 2x e^{-x} dx \right)$$

$$= \frac{1}{2} e^{-x} \sin 2x - \frac{1}{4} e^{-x} \cos 2x - \frac{1}{4} I,$$

移项解得：$I = \frac{1}{5} e^{-x} (2\sin 2x - \cos 2x) + C_1$.

故原式 $= -\frac{1}{2} e^{-x} - \frac{1}{10} e^{-x} (2\sin 2x - \cos 2x) + C \quad (C = -\frac{1}{2} C_1)$.

● **方法总结** ···

　　利用分部积分公式计算不定积分时，关键是 u 和 dv 的选择，在选取 u 和 dv 时一般要考虑以下两点：一是 v 要易求；二是 $\int v du$ 要比 $\int u dv$ 容易积分. 当被积函数为下列形式时，可按下述方法选取 u 和 dv，即

　　(1) $f(x) =$ 幂函数 · 三角函数，令 $u =$ 幂函数，$dv =$ 三角函数 · dx；

　　(2) $f(x) =$ 幂函数 · 指数函数，令 $u =$ 幂函数，$dv =$ 指数函数 · dx；

　　(3) $f(x) =$ 幂函数 · 反三角函数，令 $u =$ 反三角函数，$dv =$ 幂函数 · dx；

　　(4) $f(x) =$ 幂函数 · 对数函数，令 $u =$ 对数函数，$dv =$ 幂函数 · dx；

　　(5) $f(x) =$ 指数函数 · 三角函数，令 $u =$ 指数函数（或三角函数），$dv =$ 三角函数 · dx（或指数函数 · dx），此时必须进行两次分部积分且两次积分中所取 u 的函数类型不变，从而得到一个所求积分满足的恒等式，由该等式便可求得积分. 如本例中的 (5)，(6) 两题.

【例 2】　求下列不定积分.

(1) $\int \frac{\ln\sin x}{\sin^2 x} dx$；

(2) $\int \frac{dx}{\sin(2x) + 2\sin x}$；

(3) $\int e^{2x} (\tan x + 1)^2 dx$；

(4) $\int \frac{x e^{\arctan x}}{(1 + x^2)^{3/2}} dx$；

(5) $\int \frac{x^2}{1 + x^2} \arctan x dx$；

(6) $\int \frac{\arctan x}{x^2 (1 + x^2)} dx$；

(7) $\int \frac{(1 + x^2) \arcsin x}{x^2 \sqrt{1 - x^2}} dx$.

解　(1) $\int \frac{\ln\sin x}{\sin^2 x} dx = -\int \ln\sin x d\cot x = -\cot x \ln\sin x + \int \frac{\cos x}{\sin x} \cot x dx$

$$= -\cot x \ln\sin x + \int (\csc^2 x - 1) dx = -\cot x \ln\sin x - \cot x - x + C.$$

　　(2) **方法一**　原式 $= \int \frac{dx}{2\sin x (\cos x + 1)} = \frac{1}{4} \int \frac{d(\frac{x}{2})}{\sin\frac{x}{2} \cos^3 \frac{x}{2}} = \frac{1}{4} \int \frac{d\left(\tan\frac{x}{2}\right)}{\tan\frac{x}{2} \cos^2 \frac{x}{2}}$

$$= \frac{1}{4} \int \frac{1+\tan^2 \frac{x}{2}}{\tan \frac{x}{2}} d\left(\tan \frac{x}{2}\right) = \frac{1}{8} \tan^2 \frac{x}{2} + \frac{1}{4} \ln\left|\tan \frac{x}{2}\right| + C.$$

方法二 原式 $= \int \frac{dx}{2\sin x(\cos x + 1)} = \int \frac{\sin x dx}{2(1-\cos^2 x)(1+\cos x)}$

$$\xlongequal{\cos x = u} -\frac{1}{2} \int \frac{du}{(1-u)(1+u)^2}$$

$$= -\frac{1}{8} \int \left(\frac{1}{1-u} + \frac{3+u}{(1+u)^2}\right) du = \frac{1}{8}\left(\ln|1-u| - \ln|1+u| + \frac{2}{1+u}\right) + C$$

$$= \frac{1}{8}\left(\ln(1-\cos x) - \ln(1+\cos x) + \frac{2}{1+\cos x}\right) + C.$$

方法三 令 $t = \tan \frac{x}{2}$, 则 $\sin x = \frac{2t}{1+t^2}$, $\cos x = \frac{1-t^2}{1+t^2}$, $x = 2\arctan t$, $dx = \frac{2}{1+t^2} dt$ 则

原式 $= \frac{1}{4} \int \left(\frac{1}{t} + t\right) dt = \frac{1}{4} \ln\left|\tan \frac{x}{2}\right| + \frac{1}{8} \tan^2 \frac{x}{2} + C.$

方法四 原式 $= \int \frac{\sin x dx}{2\sin^2 x(1+\cos x)} = -\int \frac{d(1+\cos x)}{2(1-\cos x)(1+\cos x)^2} \xlongequal{1+\cos x = t} \int \frac{dt}{2t^2(2-t)}$

$$= \frac{-1}{4} \int \left(\frac{1}{t^2} + \frac{1}{2t} - \frac{1}{2(t-2)}\right) dt = -\frac{1}{4}\left(-\frac{1}{t}\right) - \frac{1}{8}\ln|t| + \frac{1}{8}\ln|t-2| + C$$

$$= \frac{1}{4(1+\cos x)} + \frac{1}{8} \ln \frac{1-\cos x}{1+\cos x} + C.$$

方法五 原式 $= \int \frac{\sin^2 \frac{x}{2} + \cos^2 \frac{x}{2}}{8\sin \frac{x}{2}\cos^3 \frac{x}{2}} dx = \frac{1}{8} \int \frac{\sin \frac{x}{2}}{\cos^3 \frac{x}{2}} dx + \frac{1}{4} \int \frac{dx}{\sin x}$

$$= \frac{1}{8} \tan^2 \frac{x}{2} + \frac{1}{4} \ln|\csc x - \cot x| + C.$$

(3)方法一 $\int e^{2x}(\tan x + 1)^2 dx = \int e^{2x}(\sec^2 x + 2\tan x) dx$

$$= \int e^{2x}\sec^2 x dx + 2\int e^{2x}\tan x dx = \int e^{2x} d\tan x + 2\int e^{2x}\tan x dx$$

$$= e^{2x}\tan x - 2\int e^{2x}\tan x dx + 2\int e^{2x}\tan x dx = e^{2x}\tan x + C.$$

方法二 $\int e^{2x}(\tan x + 1)^2 dx = \frac{1}{2} \int (\tan x + 1)^2 de^{2x}$

$$= \frac{1}{2} e^{2x}(\tan x + 1)^2 - \frac{1}{2} \int 2(\tan x + 1)\sec^2 x e^{2x} dx$$

$$= \frac{1}{2} e^{2x}(\tan x + 1)^2 - \int e^{2x}\tan x \sec^2 x dx - \int e^{2x}\sec^2 x dx$$

$$= \frac{1}{2} e^{2x}(\tan x + 1)^2 - \frac{1}{2} e^{2x}\tan^2 x + \int e^{2x}\tan^2 x dx - \int e^{2x}\sec^2 x dx$$

$$= \frac{1}{2} e^{2x}(2\tan x + 1) - \int e^{2x} dx = \frac{1}{2} e^{2x}(2\tan x + 1) - \frac{1}{2} e^{2x} + C = e^{2x}\tan x + C.$$

(4)**方法一** 设 $x=\tan t$，则

$$\int\frac{x\mathrm{e}^{\arctan x}}{(1+x^2)^{3/2}}\mathrm{d}x=\int\frac{\mathrm{e}^t\tan t}{(1+\tan^2 t)^{3/2}}\sec^2 t\mathrm{d}t=\int\mathrm{e}^t\sin t\mathrm{d}t=\frac{1}{2}\mathrm{e}^t(\sin t-\cos t)+C$$

$$=\frac{1}{2}\mathrm{e}^{\arctan x}\left(\frac{x}{\sqrt{1+x^2}}-\frac{1}{\sqrt{1+x^2}}\right)+C=\frac{(x-1)\mathrm{e}^{\arctan x}}{2\sqrt{1+x^2}}+C.$$

方法二 原式 $=\displaystyle\int\frac{x}{\sqrt{1+x^2}}\mathrm{d}\mathrm{e}^{\arctan x}=\frac{x\mathrm{e}^{\arctan x}}{\sqrt{1+x^2}}-\int\frac{\mathrm{e}^{\arctan x}}{(1+x^2)^{3/2}}\mathrm{d}x$

$$=\frac{x\mathrm{e}^{\arctan x}}{\sqrt{1+x^2}}-\int\frac{\mathrm{d}\mathrm{e}^{\arctan x}}{\sqrt{1+x^2}}=\frac{x\mathrm{e}^{\arctan x}}{\sqrt{1+x^2}}-\frac{\mathrm{e}^{\arctan x}}{\sqrt{1+x^2}}-\int\frac{x\mathrm{e}^{\arctan x}}{(1+x^2)^{3/2}}\mathrm{d}x$$

移项得原式 $=\dfrac{(x-1)\mathrm{e}^{\arctan x}}{2\sqrt{1+x^2}}+C.$

(5)**方法一** $\displaystyle\int\frac{x^2}{1+x^2}\arctan x\mathrm{d}x=\int\left(1-\frac{1}{1+x^2}\right)\arctan x\mathrm{d}x$

$$=\int\arctan x\mathrm{d}x-\int\arctan x\mathrm{d}\arctan x=x\arctan x-\int\frac{x}{1+x^2}\mathrm{d}x-\frac{1}{2}(\arctan x)^2$$

$$=x\arctan x-\frac{1}{2}\ln(1+x^2)-\frac{1}{2}(\arctan x)^2+C.$$

方法二 令 $u=\arctan x$，则 $x=\tan u$，$1+x^2=\sec^2 u$，$\mathrm{d}x=\sec^2 u\mathrm{d}u$，

则原式 $=\displaystyle\int\frac{\tan^2 u}{\sec^2 u}u\sec^2 u\mathrm{d}u=\int u\tan^2 u\mathrm{d}u=\int u(\sec^2 u-1)\mathrm{d}u=u\tan u-\int\tan u\mathrm{d}u-\frac{1}{2}u^2$

$$=u\tan u+\ln|\cos u|-\frac{1}{2}u^2+C=x\arctan x-\frac{1}{2}\ln(1+x^2)-\frac{1}{2}(\arctan x)^2+C.$$

(6)**方法一** $\displaystyle\int\frac{\arctan x}{x^2(1+x^2)}\mathrm{d}x=\int\left(\frac{1}{x^2}-\frac{1}{1+x^2}\right)\arctan x\mathrm{d}x=\int\frac{\arctan x}{x^2}\mathrm{d}x-\int\frac{\arctan x}{1+x^2}\mathrm{d}x$

$$=-\int\arctan x\mathrm{d}\left(\frac{1}{x}\right)-\int\arctan x\mathrm{d}\arctan x$$

$$=-\frac{\arctan x}{x}+\int\frac{\mathrm{d}x}{x(1+x^2)}-\frac{1}{2}(\arctan x)^2$$

$$=-\frac{\arctan x}{x}+\int\left(\frac{1}{x}-\frac{x}{1+x^2}\right)\mathrm{d}x-\frac{1}{2}(\arctan x)^2$$

$$=-\frac{\arctan x}{x}+\frac{1}{2}\ln\frac{x^2}{1+x^2}-\frac{1}{2}(\arctan x)^2+C.$$

方法二 令 $x=\tan t$，则

原式 $=\displaystyle\int t(\csc^2 t-1)\mathrm{d}t=-t\cot t+\int\frac{\cos t}{\sin t}\mathrm{d}t-\int t\mathrm{d}t=-t\cot t+\ln|\sin t|-\frac{1}{2}t^2+C$

$$=-\frac{\arctan x}{x}+\ln\frac{|x|}{\sqrt{1+x^2}}-\frac{1}{2}(\arctan x)^2+C.$$

(7)**分析** 被积函数较复杂，但其中含有 $\sqrt{1-x^2}$ 可用三角代换 $x=\sin t$ 化简. 令 $x=\sin t$，

则原式 $=\displaystyle\int\frac{t(1+\sin^2 t)}{\sin^2 t\cos t}\cos t\mathrm{d}t=\int\frac{t}{\sin^2 t}\mathrm{d}t+\int t\mathrm{d}t=\int t\csc^2 t\mathrm{d}t+\frac{1}{2}t^2$

$$= -\int t\mathrm{d}\cot t + \frac{1}{2}t^2 = -t\cot t + \int \cot t\mathrm{d}t + \frac{1}{2}t^2 = -t\cot t + \ln|\sin t| + \frac{1}{2}t^2 + C$$

$$= -\frac{\sqrt{1-x^2}}{x}\arcsin x + \ln|x| + \frac{1}{2}(\arcsin x)^2 + C.$$

● **方法总结**

当被积函数含有三角函数时,可用倍角公式、半角公式等将被积函数进行恒等变形;也可用变量代换将被积函数进行化简,还可将换元积分法与分部积分法联合使用,因此解题方法较多,但不同方法积分的繁简各有不同,积分结果也不完全相同.

【例3】 设 $I_n = \int \sin^{2n}x\,\mathrm{d}x$,证明:当 $n \geqslant 1$ 时,$I_n = -\dfrac{\sin^{2n-1}x\cos x}{2n} + \dfrac{2n-1}{2n}I_{n-1}$.

证 当 $n \geqslant 1$ 时,

$$I_n = \int -\sin^{2n-1}x\mathrm{d}(\cos x) = -\sin^{2n-1}x\cos x + (2n-1)\int \sin^{2n-2}x\cos^2 x\,\mathrm{d}x$$

$$= -\sin^{2n-1}x\cos x + (2n-1)(I_{n-1} - I_n).$$

故 $I_n = -\dfrac{\sin^{2n-1}x\cos x}{2n} + \dfrac{2n-1}{2n}I_{n-1}$.

【例4】 (2018 数学三,4 分)$\displaystyle\int \mathrm{e}^x\arcsin\sqrt{1-\mathrm{e}^{2x}}\,\mathrm{d}x = $ _____.

解 **方法一** $\displaystyle\int \mathrm{e}^x\arcsin\sqrt{1-\mathrm{e}^{2x}}\,\mathrm{d}x = \int \arcsin\sqrt{1-\mathrm{e}^{2x}}\,\mathrm{d}\mathrm{e}^x$

$$= \arcsin\sqrt{1-\mathrm{e}^{2x}} \cdot \mathrm{e}^x - \int \frac{1}{\sqrt{1-(1-\mathrm{e}^{2x})}} \cdot \frac{1}{2\sqrt{1-\mathrm{e}^{2x}}} \cdot (-\mathrm{e}^{2x} \cdot 2) \cdot \mathrm{e}^x\,\mathrm{d}x$$

$$= \mathrm{e}^x\arcsin\sqrt{1-\mathrm{e}^{2x}} + \int \frac{1}{\sqrt{1-\mathrm{e}^{2x}}} \cdot \mathrm{e}^{2x}\,\mathrm{d}x = \mathrm{e}^x\arcsin\sqrt{1-\mathrm{e}^{2x}} - \sqrt{1-\mathrm{e}^{2x}} + C.$$

方法二 令 $\sqrt{1-\mathrm{e}^{2x}} = t(t > 0)$,$\mathrm{e}^x = \sqrt{1-t^2}$,$x = \dfrac{1}{2}\ln(1-t^2)$,则

$$\int \mathrm{e}^x\arcsin\sqrt{1-\mathrm{e}^{2x}}\,\mathrm{d}x = -\int \arcsin t \cdot \frac{t}{\sqrt{1-t^2}}\mathrm{d}t = \int \arcsin t\,\mathrm{d}\sqrt{1-t^2}$$

$$= \sqrt{1-t^2} \cdot \arcsin t - \int \sqrt{1-t^2}\,\mathrm{d}\arcsin t$$

$$= \sqrt{1-t^2} \cdot \arcsin t - \int \mathrm{d}t = \sqrt{1-t^2}\arcsin t - t + C$$

$$= \mathrm{e}^x\arcsin\sqrt{1-\mathrm{e}^{2x}} - \sqrt{1-\mathrm{e}^{2x}} + C.$$

【例5】 (2018 数学一,数学二,10 分)求不定积分 $\displaystyle\int \mathrm{e}^{2x}\arctan\sqrt{\mathrm{e}^x-1}\,\mathrm{d}x$.

解 **方法一** $\displaystyle\int \mathrm{e}^{2x}\arctan\sqrt{\mathrm{e}^x-1}\,\mathrm{d}x = \frac{1}{2}\int \arctan\sqrt{\mathrm{e}^x-1}\,\mathrm{d}\mathrm{e}^{2x}$

$$= \frac{1}{2}\mathrm{e}^{2x}\arctan\sqrt{\mathrm{e}^x-1} - \frac{1}{4}\int \frac{\mathrm{e}^{2x}}{\sqrt{\mathrm{e}^x-1}}\mathrm{d}x.$$

又 $\displaystyle\int \frac{e^{2x}}{\sqrt{e^x-1}}dx = \int \frac{e^x}{\sqrt{e^x-1}}de^x = \int \sqrt{e^x-1}\,de^x + \int \frac{1}{\sqrt{e^x-1}}de^x$

$$= \frac{2}{3}(e^x-1)\sqrt{e^x-1} + 2\sqrt{e^x-1} + C_1,$$

故 $\displaystyle\int e^{2x}\arctan\sqrt{e^x-1}\,dx = \frac{1}{2}e^{2x}\arctan\sqrt{e^x-1} - \frac{1}{6}(e^x+2)\sqrt{e^x-1} + C.$

方法二　令 $\sqrt{e^x-1}=t, x=\ln(1+t^2)$，则积分化为 $2\displaystyle\int (t+t^3)\arctan t\,dt.$

这是典型的分部积分类型.

习题 4-3 解答

求下列不定积分：

1. $\displaystyle\int x\sin x\,dx.$

2. $\displaystyle\int \ln x\,dx.$

3. $\displaystyle\int \arcsin x\,dx.$

4. $\displaystyle\int xe^{-x}\,dx.$

5. $\displaystyle\int x^2\ln x\,dx.$

6. $\displaystyle\int e^{-x}\cos x\,dx.$

7. $\displaystyle\int e^{-2x}\sin\frac{x}{2}\,dx.$

8. $\displaystyle\int x\cos\frac{x}{2}\,dx.$

9. $\displaystyle\int x^2\arctan x\,dx.$

10. $\displaystyle\int x\tan^2 x\,dx.$

11. $\displaystyle\int x^2\cos x\,dx.$

12. $\displaystyle\int te^{-2t}\,dt.$

13. $\displaystyle\int \ln^2 x\,dx.$

14. $\displaystyle\int x\sin x\cos x\,dx.$

15. $\displaystyle\int x^2\cos^2\frac{x}{2}\,dx.$

16. $\displaystyle\int x\ln(x-1)\,dx.$

17. $\displaystyle\int (x^2-1)\sin 2x\,dx.$

18. $\displaystyle\int \frac{\ln^3 x}{x^2}\,dx.$

19. $\displaystyle\int e^{\sqrt[3]{x}}\,dx.$

20. $\displaystyle\int \cos\ln x\,dx.$

21. $\displaystyle\int (\arcsin x)^2\,dx.$

22. $\displaystyle\int e^x\sin^2 x\,dx.$

23. $\displaystyle\int x\ln^2 x\,dx.$

24. $\displaystyle\int e^{\sqrt{3x+9}}\,dx.$

解 1. $\displaystyle\int x\sin x\,dx = -\int x\,d(\cos x) = -x\cos x + \int \cos x\,dx = -x\cos x + \sin x + C.$

2. $\displaystyle\int \ln x\,dx = x\ln x - \int x\cdot\frac{1}{x}dx = x\ln x - x + C.$

3. $\displaystyle\int \arcsin x\,dx = x\arcsin x - \int x\cdot\frac{1}{\sqrt{1-x^2}}dx = x\arcsin x + \sqrt{1-x^2} + C.$

4. $\displaystyle\int xe^{-x}\,dx = -\int x\,de^{-x} = -xe^{-x} + \int e^{-x}\,dx = -xe^{-x} - e^{-x} + C.$

5. $\displaystyle\int x^2\ln x\,dx = \frac{1}{3}\int \ln x\,d(x^3) = \frac{x^3\ln x}{3} - \frac{1}{3}\int x^3\cdot\frac{1}{x}dx = \frac{x^3\ln x}{3} - \frac{x^3}{9} + C.$

6. $\displaystyle\int e^{-x}\cos x\,dx = -\int \cos x\,d(e^{-x}) = -e^{-x}\cos x + \int e^{-x}(-\sin x)\,dx$

$$= -e^{-x}\cos x + \int \sin x\,d(e^{-x}) = -e^{-x}\cos x + e^{-x}\sin x - \int e^{-x}\cos x\,dx,$$

故有　$\displaystyle\int e^{-x}\cos x\,dx = \frac{e^{-x}(\sin x - \cos x)}{2} + C.$

7. $\displaystyle\int e^{-2x}\sin\frac{x}{2}\,dx = -\frac{1}{2}\int \sin\frac{x}{2}\,d(e^{-2x}) = -\frac{1}{2}e^{-2x}\sin\frac{x}{2} + \frac{1}{2}\int e^{-2x}\cdot\frac{1}{2}\cos\frac{x}{2}\,dx$

$$= -\frac{1}{2}e^{-2x}\sin\frac{x}{2} - \frac{1}{8}\int \cos\frac{x}{2}\,d(e^{-2x})$$

$$=-\frac{1}{2}e^{-2x}\sin\frac{x}{2}-\frac{1}{8}e^{-2x}\cos\frac{x}{2}+\frac{1}{8}\int e^{-2x}\cdot\left(-\frac{1}{2}\sin\frac{x}{2}\right)dx$$

$$=-\frac{1}{8}\left(4\sin\frac{x}{2}+\cos\frac{x}{2}\right)e^{-2x}-\frac{1}{16}\int e^{-2x}\sin\frac{x}{2}dx,$$

故 $\int e^{-2x}\sin\dfrac{x}{2}dx=-\dfrac{2}{17}\left(4\sin\dfrac{x}{2}+\cos\dfrac{x}{2}\right)e^{-2x}+C.$

8. $\int x\cos\dfrac{x}{2}dx=2\int xd\left(\sin\dfrac{x}{2}\right)=2x\sin\dfrac{x}{2}-2\int\sin\dfrac{x}{2}dx=2x\sin\dfrac{x}{2}+4\cos\dfrac{x}{2}+C.$

9. $\int x^2\arctan xdx=\dfrac{1}{3}\int\arctan xd(x^3)=\dfrac{1}{3}x^3\arctan x-\dfrac{1}{3}\int\dfrac{x^3}{1+x^2}dx$

$$=\frac{1}{3}x^3\arctan x-\frac{1}{3}\int\left(x-\frac{x}{1+x^2}\right)dx=\frac{1}{3}x^3\arctan x-\frac{1}{6}x^2+\frac{1}{6}\ln(1+x^2)+C.$$

10. $\int x\tan^2xdx=\int x(\sec^2x-1)dx=\int xd(\tan x)dx-\dfrac{x^2}{2}=x\tan x+\ln|\cos x|-\dfrac{x^2}{2}+C.$

11. $\int x^2\cos xdx=\int x^2d(\sin x)=x^2\sin x-2\int x\sin xdx=x^2\sin x+\int 2xd(\cos x)$

$$=x^2\sin x+2x\cos x-\int 2\cos xdx=x^2\sin x+2x\cos x-2\sin x+C.$$

12. $\int te^{-2t}dt=-\dfrac{1}{2}\int td(e^{-2t})=-\dfrac{1}{2}te^{-2t}+\dfrac{1}{2}\int e^{-2t}dt=-\dfrac{1}{2}te^{-2t}-\dfrac{1}{4}e^{-2t}+C.$

13. $\int\ln^2xdx=x\ln^2x-\int 2\ln xdx=x\ln^2x-2x\ln x+\int 2dx=x\ln^2x-2x\ln x+2x+C.$

14. $\int x\sin x\cos xdx=\int-\dfrac{x}{4}d(\cos 2x)=-\dfrac{x\cos 2x}{4}+\dfrac{1}{4}\int\cos 2xdx=-\dfrac{x\cos 2x}{4}+\dfrac{\sin 2x}{8}+C.$

15. $\int x^2\cos^2\dfrac{x}{2}dx=\dfrac{1}{2}\int x^2(1+\cos x)dx=\dfrac{1}{6}x^3+\dfrac{1}{2}\int x^2d(\sin x)=\dfrac{1}{6}x^3+\dfrac{1}{2}x^2\sin x-\int x\sin xdx$

$$=\frac{1}{6}x^3+\frac{1}{2}x^2\sin x+\int xd(\cos x)=\frac{1}{6}x^3+\frac{1}{2}x^2\sin x+x\cos x-\int\cos xdx$$

$$=\frac{1}{6}x^3+\frac{1}{2}x^2\sin x+x\cos x-\sin x+C.$$

16. $\int x\ln(x-1)dx=\dfrac{1}{2}\int\ln(x-1)d(x^2-1)=\dfrac{1}{2}(x^2-1)\ln(x-1)-\dfrac{1}{2}\int(x+1)dx$

$$=\frac{1}{2}(x^2-1)\ln(x-1)-\frac{1}{4}x^2-\frac{1}{2}x+C.$$

17. $\int(x^2-1)\sin 2xdx=-\dfrac{1}{2}\int(x^2-1)d(\cos 2x)=-\dfrac{1}{2}(x^2-1)\cos 2x+\int x\cos 2xdx$

$$=-\frac{1}{2}(x^2-1)\cos 2x+\frac{1}{2}\int xd(\sin 2x)$$

$$=-\frac{1}{2}(x^2-1)\cos 2x+\frac{1}{2}x\sin 2x-\frac{1}{2}\int\sin 2xdx$$

$$=-\frac{1}{2}\left(x^2-\frac{3}{2}\right)\cos 2x+\frac{1}{2}x\sin 2x+C.$$

18. $\int\dfrac{\ln^3x}{x^2}dx=\int-\ln^3xd\left(\dfrac{1}{x}\right)=-\dfrac{\ln^3x}{x}-3\int\ln^2xd\left(\dfrac{1}{x}\right)$

$$=-\frac{\ln^3x}{x}-3\left[\frac{\ln^2x}{x}+2\int\ln xd\left(\frac{1}{x}\right)\right]=-\frac{\ln^3x+3\ln^2x+6\ln x+6}{x}+C.$$

19. $\int e^{\sqrt[3]{x}}dx\xlongequal{x=u^3}\int 3u^2e^udu=\int 3u^2d(e^u)=3u^2e^u-\int 6ud(e^u)=(3u^2-6u+6)e^u+C$

$$=3e^{\sqrt[3]{x}}(x^{\frac{2}{3}}-2x^{\frac{1}{3}}+2)+C.$$

20. $\int\cos\ln xdx\xlongequal{x=e^u}\int e^u\cos udu,$

而 $\displaystyle\int e^u\cos u\,du = \int \cos u\,d(e^u) = e^u\cos u + \int e^u\sin u\,du = e^u\cos u + \int \sin u\,d(e^u)$

$$= e^u\cos u + e^u\sin u - \int e^u\cos u\,du,$$

因此 $\displaystyle\int e^u\cos u\,du = \frac{e^u(\cos u + \sin u)}{2} + C$,故有 $\displaystyle\int \cos\ln x\,dx = \frac{x(\cos\ln x + \sin\ln x)}{2} + C$.

21. $\displaystyle\int (\arcsin x)^2\,dx = x(\arcsin x)^2 - \int \frac{2x\arcsin x}{\sqrt{1-x^2}}\,dx = x(\arcsin x)^2 + \int 2\arcsin x\,d(\sqrt{1-x^2})$

$$= x(\arcsin x)^2 + 2\sqrt{1-x^2}\arcsin x - 2x + C.$$

22. $\displaystyle\int e^x\sin^2 x\,dx = \frac{1}{2}\int e^x(1-\cos 2x)\,dx = \frac{1}{2}e^x - \frac{1}{2}\int e^x\cos 2x\,dx,$

$\displaystyle\int e^x\cos 2x\,dx = \int \cos 2x\,d(e^x) = e^x\cos 2x + 2\int e^x\sin 2x\,dx = e^x\cos 2x + 2\int \sin 2x\,d(e^x)$

$$= e^x\cos 2x + 2e^x\sin 2x - 4\int e^x\cos 2x\,dx,$$

得 $\displaystyle\int e^x\cos 2x\,dx = \frac{e^x\cos 2x + 2e^x\sin 2x}{5} + C$,因此有

$$\int e^x\sin^2 x\,dx = \frac{1}{2}e^x - \frac{1}{5}e^x\sin 2x - \frac{1}{10}e^x\cos 2x + C.$$

23. $\displaystyle\int x\ln^2 x\,dx = \int \ln^2 x\,d\left(\frac{x^2}{2}\right) = \frac{x^2}{2}\ln^2 x - \int x\ln x\,dx = \frac{x^2}{2}\ln^2 x - \int \ln x\,d\left(\frac{x^2}{2}\right)$

$$= \frac{x^2}{2}\ln^2 x - \frac{x^2}{2}\ln x + \int \frac{x}{2}\,dx = \frac{x^2}{4}(2\ln^2 x - 2\ln x + 1) + C.$$

24. 设 $\sqrt{3x+9} = u$,即 $x = \frac{1}{3}(u^2 - 9)$,$dx = \frac{2}{3}u\,du$,则

$$\int e^{\sqrt{3x+9}}\,dx = \int \frac{2}{3}ue^u\,du = \int \frac{2}{3}u\,d(e^u) = \frac{2}{3}ue^u - \int \frac{2}{3}e^u\,du$$

$$= \frac{2}{3}ue^u - \frac{2}{3}e^u + C = \frac{2}{3}e^{\sqrt{3x+9}}(\sqrt{3x+9} - 1) + C.$$

第四节　有理函数的积分

一、主要内容归纳

1. 有理函数的积分　一般要经过两个步骤:

(1)如果被积函数是假分式,则需先将其化为多项式与真分式之和;对于真分式 $\frac{P(x)}{Q(x)}$ 在实数范围内将 $Q(x)$ 分解成一次因式与二次质因式的乘积,分解结果只含 $(x-a)^k$ 和 $(x^2+px+q)^L$ $(p^2-4q<0)$ 两种类型的因式.

(2)根据 $Q(x)$ 的分解结果将真分式化为部分分式,用待定系数法确定真分式的分子中的常数,最后得到以下 4 个基本类型的积分:

① $\displaystyle\int \frac{A}{x-a}\,dx$;　　　　　② $\displaystyle\int \frac{A}{(x-a)^n}\,dx$ $(n=2,3,\cdots)$;

③ $\int \dfrac{Mx+N}{x^2+px+q}\mathrm{d}x$;　　　　④ $\int \dfrac{(Mx+N)}{(x^2+px+q)^n}\mathrm{d}x\ (n=2,3,\cdots)$.

其中 A、M、N、a、p、q 都是常数,且 $4q-p^2>0$.

前两种积分结果是易知的,对于第三种积分只要将分母配方后,再用基本积分公式,结果即可求出. 对于第四种积分要用分部积分法,最后得出一个递推公式,需要多次积分才能完成.

2. 三角函数有理式的积分　　　一般有以下两种方法:

(1)**万能代换**　对于 $\int R(\sin x,\cos x)\mathrm{d}x$ 型,令 $\tan \dfrac{x}{2}=t$ 化为有理函数的积分.

(2)**三角恒等变换**

1)利用倍角公式降低三角函数的幂次;

2)对于 $\int \sin mx\sin nx\mathrm{d}x$、$\int \sin mx\cos nx\mathrm{d}x$、$\int \cos mx\cos nx\mathrm{d}x\ (m\neq n)$ 可利用积化和差来计算;

3)对于 $\int \sin^m x\cos^n x\mathrm{d}x$:①当 m、n 中有一个奇数,可拆开用凑微分法计算;②当 m、n 都是偶数,可利用倍角公式逐步求出积分;

4)对于 $\int \sin^n x\mathrm{d}x$,$\int \cos^n x\mathrm{d}x$,可利用分部积分法导出的递推公式计算,也可按3)处理.

3. 简单无理函数的积分　　　关键是找出适当的变量代换去掉根号,化为有理函数的积分.

二、 经典例题解析及解题方法总结

【例1】 计算下列不定积分.

(1) $\int \dfrac{x^2+1}{(x-1)^2(x+3)}\mathrm{d}x$;　　　(2) $\int \dfrac{2x+2}{(x-1)(x^2+1)^2}\mathrm{d}x$;　　　(3) $\int \dfrac{x^2}{(1-x)^{100}}\mathrm{d}x$.

解　(1)设 $f(x)=\dfrac{x^2+1}{(x+1)^2(x+3)}=\dfrac{A}{x-1}+\dfrac{B}{(x-1)^2}+\dfrac{C}{x+3}$,则用待定系数法或赋值法可得

$$A=\frac{3}{8},\quad B=\frac{1}{2},\quad C=\frac{5}{8},\quad 即\ f(x)=\frac{\frac{3}{8}}{x-1}+\frac{\frac{1}{2}}{(x-1)^2}+\frac{\frac{5}{8}}{x+3}.$$

故原式 $=\dfrac{3}{8}\int \dfrac{1}{x-1}\mathrm{d}x+\dfrac{1}{2}\int \dfrac{1}{(x-1)^2}\mathrm{d}x+\dfrac{5}{8}\int \dfrac{1}{x+3}\mathrm{d}x$

$\qquad =\dfrac{3}{8}\ln|x-1|-\dfrac{1}{2}\dfrac{1}{x-1}+\dfrac{5}{8}\ln|x+3|+C$.

(2)设 $\dfrac{2x+2}{(x-1)(x^2+1)^2}=\dfrac{A}{x-1}+\dfrac{Bx+C}{x^2+1}+\dfrac{Dx+E}{(x^2+1)^2}$,则通分后由分子得

$$2x+2=A(x^2+1)^2+(Bx+C)(x-1)(x^2+1)+(Dx+E)(x-1),$$

分别取 $x=0,x=-1,x=1,x=2$ 得

$$\begin{cases} A-C-E=2, \\ 2A+2B-2C+D-E=0, \\ 4A=4, \\ 25A+10B+5C+2D+E=6 \end{cases} \Rightarrow \begin{cases} A=1, \\ B=-1, \\ C=-1, \\ D=-2, \\ E=0. \end{cases}$$

故原式 $= \int \left(\dfrac{1}{x-1} - \dfrac{x+1}{x^2+1} - \dfrac{2x}{(x^2+1)^2} \right) \mathrm{d}x = \int \dfrac{1}{x-1}\mathrm{d}x - \int \dfrac{x+1}{x^2+1}\mathrm{d}x - 2\int \dfrac{x}{(x^2+1)^2}\mathrm{d}x$

$= \ln|x-1| - \dfrac{1}{2}\ln(x^2+1) - \arctan x + \dfrac{1}{x^2+1} + C.$

(3)**方法一**　令 $u=1-x$，则 $x=1-u$，$\mathrm{d}x=-\mathrm{d}u$

$$\int \frac{x^2}{(1-x)^{100}}\mathrm{d}x = \int \frac{(1-u)^2}{u^{100}}(-\mathrm{d}u) = -\int \frac{1}{u^{100}}\mathrm{d}u + 2\int \frac{\mathrm{d}u}{u^{99}} - \int \frac{\mathrm{d}u}{u^{98}}$$

$$= \frac{1}{99}u^{-99} - \frac{2}{98}u^{-98} + \frac{1}{97}u^{-97} + C.$$

$$= \frac{1}{99(1-x)^{99}} - \frac{1}{49(1-x)^{98}} + \frac{1}{97(1-x)^{97}} + C.$$

方法二　凑微分法

$$\int \frac{x^2}{(1-x)^{100}}\mathrm{d}x = \int \frac{x^2-1+1}{(1-x)^{100}}\mathrm{d}x = \int \frac{-(x+1)}{(1-x)^{99}}\mathrm{d}x + \int \frac{\mathrm{d}x}{(1-x)^{100}}$$

$$= \int \frac{1-x}{(1-x)^{99}}\mathrm{d}x - \int \frac{2}{(1-x)^{99}}\mathrm{d}x + \frac{1}{99}\frac{1}{(1-x)^{99}}$$

$$= +\frac{1}{97}\cdot\frac{1}{(1-x)^{97}} - \frac{1}{49(1-x)^{98}} + \frac{1}{99(1-x)^{99}} + C.$$

● **方法总结**

　　求不定积分的基本方法是换元积分法和分部积分法，本例中所用的有理函数的积分法与下边采用的三角有理式的积分法仅作为以上两种方法的补充．如本例中第(4)题．若将 $x=1$ 看成分母的 100 重根，然后利用将有理真分式化为部分分式的方法进行积分定会非常麻烦，因此，对于有理函数的积分，若能用换元积分法或分部积分法就不用有理函数积分法．

【**例2**】　求下列不定积分．

(1) $\displaystyle\int \frac{\mathrm{d}x}{4+\sin x}$；

(2) $\displaystyle\int \frac{\mathrm{d}x}{\sin^4 x \cos^2 x}$；

(3) $\displaystyle\int \frac{x+\sin x}{1+\cos x}\mathrm{d}x$；

(4) $\displaystyle\int \frac{\sin x}{\sin x+\cos x}\mathrm{d}x$．

解　(1)令 $t=\tan\dfrac{x}{2}$，则 $x=2\arctan t$，$\mathrm{d}x=\dfrac{2\mathrm{d}t}{1+t^2}$．

$$\int \frac{\mathrm{d}x}{4+\sin x} = \int \frac{\mathrm{d}t}{2t^2+t+2} = \frac{8}{15} \int \frac{1}{1+\left(\frac{4t+1}{\sqrt{15}}\right)^2} \mathrm{d}t = \frac{2}{\sqrt{15}} \int \frac{1}{1+\left(\frac{4t+1}{\sqrt{15}}\right)^2} \mathrm{d}\left(\frac{4t+1}{\sqrt{15}}\right)$$

$$= \frac{2}{\sqrt{15}} \arctan \frac{4t+1}{\sqrt{15}} + C = \frac{2}{\sqrt{15}} \arctan \frac{4\tan\frac{x}{2}+1}{\sqrt{15}} + C.$$

(2) $\int \dfrac{\mathrm{d}x}{\sin^4 x \cos^2 x} = \int \dfrac{(\sin^2 x + \cos^2 x)^2}{\sin^4 x \cos^2 x} \mathrm{d}x = \int \dfrac{\sin^4 x + 2\sin^2 x \cos^2 x + \cos^4 x}{\sin^4 x \cos^2 x} \mathrm{d}x$

$$= \int \left(\frac{1}{\cos^2 x} + \frac{2}{\sin^2 x} + \frac{\cos^2 x}{\sin^4 x}\right) \mathrm{d}x = \int \sec^2 x \mathrm{d}x + 2 \int \csc^2 x \mathrm{d}x + \int \cot^2 x \csc^2 x \mathrm{d}x$$

$$= \tan x - 2\cot x - \frac{1}{3} \cot^3 x + C.$$

(3)**分析**　由于 $\dfrac{\mathrm{d}x}{1+\cos x} = \dfrac{\mathrm{d}x}{2\cos^2 \frac{x}{2}} = \mathrm{d}\tan\frac{x}{2}$，$\sin x \mathrm{d}x = -\mathrm{d}(1+\cos x)$ 所以可将原积分拆

为两项后再分别积分

$$\int \frac{x+\sin x}{1+\cos x} \mathrm{d}x = \int \frac{x}{1+\cos x} \mathrm{d}x + \int \frac{\sin x}{1+\cos x} \mathrm{d}x = \int x \mathrm{d}\left(\tan\frac{x}{2}\right) - \int \frac{\mathrm{d}(1+\cos x)}{1+\cos x}$$

$$= x\tan\frac{x}{2} - \int \tan\frac{x}{2} \mathrm{d}x - \ln(1+\cos x)$$

$$= x\tan\frac{x}{2} + 2\ln\left|\cos\frac{x}{2}\right| - \ln(1+\cos x) + C_1$$

$$= x\tan\frac{x}{2} + 2\ln\left|\cos\frac{x}{2}\right| - \ln\left(2\cos^2\frac{x}{2}\right) + C_1$$

$$= x\tan\frac{x}{2} + 2\ln\left|\cos\frac{x}{2}\right| - \ln 2 - 2\ln\left|\cos\frac{x}{2}\right| + C_1$$

$$= x\tan\frac{x}{2} + C \quad (\text{其中 } C = C_1 - \ln 2).$$

(4)**方法一**　三角恒等变形

$$\int \frac{\sin x}{\sin x + \cos x} \mathrm{d}x = \int \frac{\sin x(\cos x - \sin x)}{\cos^2 x - \sin^2 x} \mathrm{d}x = \int \frac{\frac{1}{2}\sin 2x - \sin^2 x}{\cos 2x} \mathrm{d}x$$

$$= \frac{1}{2} \int (\tan 2x - \sec 2x + 1) \mathrm{d}x$$

$$= \frac{-1}{4} \ln|\cos 2x| - \frac{1}{4} \ln|\sec 2x + \tan 2x| + \frac{x}{2} + C$$

$$= \frac{x}{2} - \frac{1}{2} \ln|\sin x + \cos x| + C.$$

方法二　凑微分法

设 $\sin x = a(\sin x + \cos x) + b(\cos x - \sin x) = (a-b)\sin x + (a+b)\cos x$

比较等式两端得 $\begin{cases} a-b=1, \\ a+b=0, \end{cases} \Rightarrow \begin{cases} a=\dfrac{1}{2}, \\ b=-\dfrac{1}{2}. \end{cases}$

故原式 $= \dfrac{1}{2} \displaystyle\int \dfrac{(\sin x + \cos x) - (\cos x - \sin x)}{\sin x + \cos x} \mathrm{d}x$

$= \dfrac{1}{2} \displaystyle\int \mathrm{d}x - \displaystyle\int \dfrac{\mathrm{d}(\sin x + \cos x)}{\sin x + \cos x} = \dfrac{x}{2} - \ln|\sin x + \cos x| + C.$

方法三 半角代换(或称万能代换)

令 $t = \tan \dfrac{x}{2}$,则 $x = 2\arctan t$,$\mathrm{d}x = \dfrac{2}{1+t^2}\mathrm{d}t$,$\sin x = \dfrac{2t}{1+t^2}$,$\cos x = \dfrac{1-t^2}{1+t^2}$.

原式 $= \displaystyle\int \dfrac{\dfrac{2t}{1+t^2}}{\dfrac{2t}{1+t^2} + \dfrac{1-t^2}{1+t^2}} \cdot \dfrac{2}{1+t^2} \mathrm{d}t = \displaystyle\int \left(\dfrac{1+t}{1+t^2} - \dfrac{1-t}{1+2t-t^2} \right) \mathrm{d}t$

$= \displaystyle\int \dfrac{1}{1+t^2}\mathrm{d}t + \dfrac{1}{2}\displaystyle\int \dfrac{\mathrm{d}(1+t^2)}{1+t^2} - \dfrac{1}{2}\displaystyle\int \dfrac{\mathrm{d}(1+2t-t^2)}{1+2t-t^2}$

$= \arctan t + \dfrac{1}{2}\ln(1+t^2) - \dfrac{1}{2}\ln|1+2t-t^2| + C$

$= \arctan t + \dfrac{1}{2}\ln\left| \dfrac{1+t^2}{1+2t-t^2} \right| + C = \dfrac{x}{2} - \ln|\sin x + \cos x| + C.$

● **方法总结** ⋯⋯⋯⋯⋯⋯⋯⋯⋯⋯⋯⋯⋯⋯⋯⋯⋯⋯⋯⋯⋯⋯⋯⋯⋯⋯⋯⋯⋯

> 　　三角函数有理式的积分总可以通过万能代换将其化为有理函数的积分,但通过万能代换后被积函数往往很麻烦,因此一般情况下尽量不用这种方法,通常是根据被积函数的特点通过三角恒等变形或凑微分等方法对其进行化简后视具体形式再积分.

【例3】 计算下列不定积分.

(1) $\displaystyle\int \dfrac{\mathrm{d}x}{x\sqrt{x^2-2x-1}}$; 　　(2) $\displaystyle\int \dfrac{\mathrm{d}x}{\sqrt{1+x}+\sqrt[3]{1+x}}$; 　　(3) $\displaystyle\int \dfrac{x\mathrm{d}x}{\sqrt{5+x-x^2}}$.

解 (1) $\displaystyle\int \dfrac{\mathrm{d}x}{x\sqrt{x^2-2x-1}} = \displaystyle\int \dfrac{\mathrm{d}x}{x\sqrt{(x-1)^2-2}}$.

令 $t = x-1$,则 $\mathrm{d}x = \mathrm{d}t$.

原式 $= \displaystyle\int \dfrac{\mathrm{d}t}{(t+1)\sqrt{t^2-2}}$,又令 $t = \sqrt{2}\sec y$,则 $\sqrt{t^2-2} = \sqrt{2}\tan y$ $\left(0 < y < \dfrac{\pi}{2}\right)$.

原式 $= \displaystyle\int \dfrac{\sqrt{2}\sec y \tan y \mathrm{d}y}{(\sqrt{2}\sec y + 1)\sqrt{2}\tan y} = \displaystyle\int \dfrac{\sec y \mathrm{d}y}{\sqrt{2}\sec y + 1} = \displaystyle\int \dfrac{\mathrm{d}y}{\sqrt{2}+\cos y} = \displaystyle\int \dfrac{\mathrm{d}y}{2\cos^2\dfrac{y}{2} + \sqrt{2} - 1}$

$= \displaystyle\int \dfrac{\mathrm{d}\left(\tan\dfrac{y}{2}\right)}{1 + \dfrac{\sqrt{2}-1}{2}\sec^2\dfrac{y}{2}} = \dfrac{2}{\sqrt{2}-1}\displaystyle\int \dfrac{\mathrm{d}\left(\tan\dfrac{y}{2}\right)}{\tan^2\dfrac{y}{2} + (\sqrt{2}+1)^2} = 2\displaystyle\int \dfrac{1}{1 + \left(\dfrac{\tan\dfrac{y}{2}}{\sqrt{2}+1}\right)^2} \mathrm{d}\left(\dfrac{\tan\dfrac{y}{2}}{\sqrt{2}+1}\right)$

$$=2\arctan\left[\frac{\tan\dfrac{y}{2}}{\sqrt{2}+1}\right]+C=2\arctan\left[\frac{1}{\sqrt{2}+1}\sqrt{\frac{x-1-\sqrt{2}}{x-1+\sqrt{2}}}\right]+C.$$

(2) **分析** 被积函数中出现两个根号 $\sqrt[a]{f(x)}$ 与 $\sqrt[b]{f(x)}$，一般设 $t=\sqrt[c]{f(x)}$，其中 c 为 a,b 的最小公倍数

令 $\sqrt[6]{1+x}=t$，则 $x=t^6-1$，$\mathrm{d}x=6t^5\mathrm{d}t$，

$$\int\frac{1}{\sqrt{1+x}+\sqrt[3]{1+x}}\mathrm{d}x=\int\frac{1}{t^3+t^2}6t^5\mathrm{d}t=6\int\frac{t^3}{t+1}\mathrm{d}t=6\int\frac{t^3+1-1}{t+1}\mathrm{d}t$$

$$=6\int\left(t^2-t+1-\frac{1}{t+1}\right)\mathrm{d}t=2t^3-3t^2+6t-6\ln|t+1|+C$$

$$=2\sqrt{1+x}-3\sqrt[3]{1+x}+6\sqrt[6]{1+x}-6\ln|\sqrt[6]{1+x}+1|+C.$$

(3) $\displaystyle\int\frac{x\mathrm{d}x}{\sqrt{5+x-x^2}}=-\frac{1}{2}\int\frac{1-2x-1}{\sqrt{5+x-x^2}}\mathrm{d}x=-\frac{1}{2}\int\frac{\mathrm{d}(5+x-x^2)}{\sqrt{5+x-x^2}}+\frac{1}{2}\int\frac{\mathrm{d}x}{\sqrt{5+x-x^2}}$

$$=-\sqrt{5+x-x^2}+\int\frac{\mathrm{d}x}{\sqrt{(\sqrt{21})^2-(2x-1)^2}}$$

$$=-\sqrt{5+x-x^2}+\frac{1}{2}\int\frac{1}{\sqrt{1-\left(\dfrac{2x-1}{\sqrt{21}}\right)^2}}\mathrm{d}\left(\frac{2x-1}{\sqrt{21}}\right)$$

$$=-\sqrt{5+x-x^2}+\frac{1}{2}\arcsin\frac{2x-1}{\sqrt{21}}+C.$$

● **方法总结** ....

无理函数积分的基本方法是凑微分法或通过变量代换将根号去掉，然后再进行积分. 在计算较复杂积分时，可能须用到多种积分方法.

【例4】 (2019 数学二,10 分) 求不定积分 $\displaystyle\int\frac{3x+6}{(x-1)^2(x^2+x+1)}\mathrm{d}x$.

解 有理分式的不定积分,可由待定系数法,将被积函数分解为

$$\frac{3x+6}{(x-1)^2(x^2+x+1)}=\frac{A}{x-1}+\frac{B}{(x-1)^2}+\frac{Cx+D}{x^2+x+1},$$

得 $A=-2,B=3,C=2,D=1$.

即 $\displaystyle\frac{3x+6}{(x-1)^2(x^2+x+1)}=-\frac{2}{x-1}+\frac{3}{(x-1)^2}+\frac{2x+1}{x^2+x+1}.$

于是 $\displaystyle\int\frac{3x+6}{(x-1)^2(x^2+x+1)}\mathrm{d}x=\int\left(-\frac{2}{x-1}\right)\mathrm{d}x+\int\frac{3}{(x-1)^2}\mathrm{d}x+\int\frac{2x+1}{x^2+x+1}\mathrm{d}x$

$$=-2\ln|x-1|-\frac{3}{x-1}+\ln(x^2+x+1)+C.$$

习题 4-4 解答

求下列不定积分：

1. $\int \dfrac{x^3}{x+3}dx.$

2. $\int \dfrac{2x+3}{x^2+3x-10}dx.$

3. $\int \dfrac{x+1}{x^2-2x+5}dx.$

4. $\int \dfrac{dx}{x(x^2+1)}.$

5. $\int \dfrac{3}{x^3+1}dx.$

6. $\int \dfrac{x^2+1}{(x+1)^2(x-1)}dx.$

7. $\int \dfrac{xdx}{(x+1)(x+2)(x+3)}.$

8. $\int \dfrac{x^5+x^4-8}{x^3-x}dx.$

9. $\int \dfrac{dx}{(x^2+1)(x^2+x)}.$

10. $\int \dfrac{1}{x^4-1}dx.$

11. $\int \dfrac{dx}{(x^2+1)(x^2+x+1)}.$

12. $\int \dfrac{(x+1)^2}{(x^2+1)^2}dx.$

13. $\int \dfrac{-x^2-2}{(x^2+x+1)^2}dx.$

14. $\int \dfrac{dx}{3+\sin^2 x}.$

15. $\int \dfrac{dx}{3+\cos x}.$

16. $\int \dfrac{dx}{2+\sin x}.$

17. $\int \dfrac{dx}{1+\sin x+\cos x}.$

18. $\int \dfrac{dx}{2\sin x-\cos x+5}.$

19. $\int \dfrac{dx}{1+\sqrt[3]{x+1}}.$

20. $\int \dfrac{(\sqrt{x})^3-1}{\sqrt{x}+1}dx.$

21. $\int \dfrac{\sqrt{x+1}-1}{\sqrt{x+1}+1}dx.$

22. $\int \dfrac{dx}{\sqrt{x}+\sqrt[4]{x}}.$

23. $\int \sqrt{\dfrac{1-x}{1+x}}\,\dfrac{dx}{x}.$

24. $\int \dfrac{dx}{\sqrt[3]{(x+1)^2(x-1)^4}}.$

解 1. $\int \dfrac{x^3}{x+3}dx=\int \left(x^2-3x+9-\dfrac{27}{x+3}\right)dx=\dfrac{1}{3}x^3-\dfrac{3}{2}x^2+9x-27\ln|x+3|+C.$

2. $\int \dfrac{2x+3}{x^2+3x-10}dx=\int \dfrac{d(x^2+3x-10)}{x^2+3x-10}=\ln|x^2+3x-10|+C.$

3. $\int \dfrac{x+1}{x^2-2x+5}dx=\int \dfrac{x-1}{(x-1)^2+4}dx+\dfrac{1}{2}\int \dfrac{1}{\left(\frac{x-1}{2}\right)^2+1}dx=\dfrac{1}{2}\ln(x^2-2x+5)+\arctan\dfrac{x-1}{2}+C.$

4. $\int \dfrac{dx}{x(x^2+1)}=\int \left(\dfrac{1}{x}-\dfrac{x}{x^2+1}\right)dx=\ln|x|-\dfrac{1}{2}\int \dfrac{d(x^2+1)}{x^2+1}=\ln|x|-\dfrac{1}{2}\ln(x^2+1)+C.$

5. $\int \dfrac{3}{1+x^3}dx=\int \dfrac{3}{(1+x)(x^2-x+1)}dx=\int \left(\dfrac{1}{1+x}+\dfrac{2-x}{x^2-x+1}\right)dx$

$=\ln|1+x|-\dfrac{1}{2}\int \dfrac{d(x^2-x+1)}{x^2-x+1}+\dfrac{3}{2}\int \dfrac{1}{x^2-x+1}dx$

$=\ln|1+x|-\dfrac{1}{2}\ln(x^2-x+1)+\sqrt{3}\int \dfrac{1}{\left(\frac{2x-1}{\sqrt{3}}\right)^2+1}d\left(\dfrac{2x-1}{\sqrt{3}}\right)$

$=\ln|1+x|-\dfrac{1}{2}\ln(x^2-x+1)+\sqrt{3}\arctan\dfrac{2x-1}{\sqrt{3}}+C.$

6. $\int \dfrac{x^2+1}{(x+1)^2(x-1)}dx=\int \left[\dfrac{1}{2(x-1)}+\dfrac{1}{2(x+1)}-\dfrac{1}{(x+1)^2}\right]dx=\dfrac{1}{2}\ln|x-1|+\dfrac{1}{2}\ln|x+1|+\dfrac{1}{x+1}+C$

$=\dfrac{1}{2}\ln|x^2-1|+\dfrac{1}{x+1}+C.$

7. $\int \dfrac{xdx}{(x+1)(x+2)(x+3)}=\int \left[-\dfrac{1}{2(x+1)}+\dfrac{2}{x+2}-\dfrac{3}{2(x+3)}\right]dx=-\dfrac{1}{2}\ln|x+1|+2\ln|x+2|-\dfrac{3}{2}\ln|x+3|+C.$

8. $\int \dfrac{x^5+x^4-8}{x^3-x}dx=\int \left(x^2+x+1+\dfrac{8}{x}-\dfrac{3}{x-1}-\dfrac{4}{x+1}\right)dx=\dfrac{x^3}{3}+\dfrac{x^2}{2}+x+8\ln|x|-3\ln|x-1|-4\ln|x+1|+C.$

9. $\int \dfrac{dx}{(x^2+1)(x^2+x)}=\int \left[\dfrac{1}{x}-\dfrac{1}{2(x+1)}-\dfrac{1+x}{2(x^2+1)}\right]dx$

$=\ln|x|-\dfrac{1}{2}\ln|x+1|-\dfrac{1}{2}\arctan x-\dfrac{1}{4}\int \dfrac{d(x^2+1)}{x^2+1}$

$$=\ln|x|-\frac{1}{2}\ln|x+1|-\frac{1}{2}\arctan x-\frac{1}{4}\ln(x^2+1)+C.$$

10. $\displaystyle\int\frac{1}{x^4-1}\mathrm{d}x=\int\frac{1}{(x-1)(x+1)(x^2+1)}\mathrm{d}x=\frac{1}{4}\int\frac{1}{x-1}\mathrm{d}x-\frac{1}{4}\int\frac{1}{x+1}\mathrm{d}x-\frac{1}{2}\int\frac{1}{x^2+1}\mathrm{d}x$

$$=\frac{1}{4}\ln\left|\frac{x-1}{x+1}\right|-\frac{1}{2}\arctan x+C.$$

11. $\displaystyle\int\frac{\mathrm{d}x}{(x^2+1)(x^2+x+1)}=\int\left(\frac{-x}{x^2+1}+\frac{x+1}{x^2+x+1}\right)\mathrm{d}x$

$$=-\frac{\ln(x^2+1)}{2}+\frac{1}{2}\int\frac{\mathrm{d}(x^2+x+1)}{x^2+x+1}+\frac{1}{2}\int\frac{1}{\left(x+\frac{1}{2}\right)^2+\frac{3}{4}}\mathrm{d}x$$

$$=-\frac{\ln(x^2+1)}{2}+\frac{\ln(x^2+x+1)}{2}+\frac{1}{\sqrt{3}}\arctan\frac{2x+1}{\sqrt{3}}+C.$$

12. $\displaystyle\int\frac{(x+1)^2}{(x^2+1)^2}\mathrm{d}x=\int\frac{x^2+1}{(x^2+1)^2}\mathrm{d}x+\int\frac{2x\mathrm{d}x}{(x^2+1)^2}=\arctan x-\frac{1}{x^2+1}+C.$

13. $\displaystyle\int\frac{-x^2-2}{(x^2+x+1)^2}\mathrm{d}x=\int\left[-\frac{1}{x^2+x+1}+\frac{x-1}{(x^2+x+1)^2}\right]\mathrm{d}x$

$$=-\int\frac{1}{x^2+x+1}\mathrm{d}x+\frac{1}{2}\int\frac{\mathrm{d}(x^2+x+1)}{(x^2+x+1)^2}-\frac{3}{2}\int\frac{1}{(x^2+x+1)^2}\mathrm{d}x,$$

令 $u=x+\dfrac{1}{2}$，并记 $a=\dfrac{\sqrt{3}}{2}$，则

$$\int\frac{1}{(x^2+x+1)^2}\mathrm{d}x=\int\frac{1}{(u^2+a^2)^2}\mathrm{d}u\overset{(*)}{=\!=\!=}\frac{1}{2a^2}\left[\frac{u}{u^2+a^2}+\int\frac{1}{u^2+a^2}\mathrm{d}u\right]$$

$$=\frac{u}{2a^2(u^2+a^2)}+\frac{1}{2a^2}\int\frac{1}{u^2+a^2}\mathrm{d}u,$$

由此得

$$\int\frac{1}{x^2+x+1}\mathrm{d}x+\frac{3}{2}\int\frac{1}{(x^2+x+1)^2}\mathrm{d}x$$

$$=\int\frac{1}{u^2+a^2}\mathrm{d}u+\frac{3}{2}\left[\frac{u}{2a^2(u^2+a^2)}+\frac{1}{2a^2}\int\frac{1}{u^2+a^2}\mathrm{d}u\right]$$

$$=\frac{3u}{4a^2(u^2+a^2)}+\left(\frac{3}{4a^2}+1\right)\int\frac{1}{u^2+a^2}\mathrm{d}u$$

$$=\frac{3u}{4a^2(u^2+a^2)}+\frac{1}{a}\left(\frac{3}{4a^2}+1\right)\arctan\frac{u}{a}+C_1$$

$$=\frac{2x+1}{2(x^2+x+1)}+\frac{4}{\sqrt{3}}\arctan\frac{2x+1}{\sqrt{3}}+C_1.$$

因此有 $\displaystyle\int\frac{-x^2-2}{(x^2+x+1)^2}\mathrm{d}x=-\frac{1}{2(x^2+x+1)}-\frac{2x+1}{2(x^2+x+1)}-\frac{4}{\sqrt{3}}\arctan\frac{2x+1}{\sqrt{3}}+C$

$$=-\frac{x+1}{x^2+x+1}-\frac{4}{\sqrt{3}}\arctan\frac{2x+1}{\sqrt{3}}+C.$$

评注：其中 $(*)$ 这一步是利用了递推公式：

$$I_{m+1}=\frac{u}{2a^2m(u^2+a^2)^m}+\frac{2m-1}{2a^2m}I_m,$$

取 $m=1$ 即可，且 $I_m=\displaystyle\int\frac{\mathrm{d}u}{(u^2+a^2)^m}$，利用分部积分法可推出上述递推公式.

---

14. $\displaystyle\int\frac{\mathrm{d}x}{3+\sin^2x}=-\int\frac{\mathrm{d}(\cot x)}{3\csc^2x+1}\overset{u=\cot x}{=\!=\!=}-\int\frac{\mathrm{d}u}{3u^2+4}=-\frac{1}{2\sqrt{3}}\arctan\frac{\sqrt{3}u}{2}+C=-\frac{1}{2\sqrt{3}}\arctan\frac{\sqrt{3}\cot x}{2}+C.$

15. 令 $u=\tan\dfrac{x}{2}$，则 $\displaystyle\int\dfrac{\mathrm{d}x}{3+\cos x}=\int\dfrac{1}{3+\dfrac{1-u^2}{1+u^2}}\cdot\dfrac{2}{1+u^2}\mathrm{d}u=\int\dfrac{1}{2+u^2}\mathrm{d}u=\dfrac{1}{\sqrt{2}}\arctan\dfrac{u}{\sqrt{2}}+C$

$$=\dfrac{1}{\sqrt{2}}\arctan\dfrac{\tan\dfrac{x}{2}}{\sqrt{2}}+C.$$

16. 令 $u=\tan\dfrac{x}{2}$，则 $\displaystyle\int\dfrac{\mathrm{d}x}{2+\sin x}=\int\dfrac{1}{2+\dfrac{2u}{1+u^2}}\cdot\dfrac{2}{1+u^2}\mathrm{d}u=\int\dfrac{1}{u^2+u+1}\mathrm{d}u=\int\dfrac{1}{\left(u+\dfrac{1}{2}\right)^2+\left(\dfrac{\sqrt{3}}{2}\right)^2}\mathrm{d}u$

$$=\dfrac{2}{\sqrt{3}}\arctan\dfrac{2u+1}{\sqrt{3}}+C=\dfrac{2}{\sqrt{3}}\arctan\dfrac{2\tan\dfrac{x}{2}+1}{\sqrt{3}}+C.$$

17. 令 $u=\tan\dfrac{x}{2}$，则 $\displaystyle\int\dfrac{\mathrm{d}x}{1+\sin x+\cos x}=\int\dfrac{1}{1+\dfrac{2u}{1+u^2}+\dfrac{1-u^2}{1+u^2}}\cdot\dfrac{2}{1+u^2}\mathrm{d}u=\int\dfrac{\mathrm{d}u}{1+u}=\ln|1+u|+C$

$$=\ln\left|1+\tan\dfrac{x}{2}\right|+C.$$

18. 令 $u=\tan\dfrac{x}{2}$，则 $\displaystyle\int\dfrac{\mathrm{d}x}{2\sin x-\cos x+5}=\int\dfrac{1}{\dfrac{4u}{1+u^2}-\dfrac{1-u^2}{1+u^2}+5}\cdot\dfrac{2}{1+u^2}\mathrm{d}u=\int\dfrac{1}{3u^2+2u+2}\mathrm{d}u$

$$=\dfrac{1}{3}\int\dfrac{1}{\left(u+\dfrac{1}{3}\right)^2+\left(\dfrac{\sqrt{5}}{3}\right)^2}\mathrm{d}\left(u+\dfrac{1}{3}\right)=\dfrac{1}{\sqrt{5}}\arctan\dfrac{3u+1}{\sqrt{5}}+C$$

$$=\dfrac{1}{\sqrt{5}}\arctan\dfrac{3\tan\dfrac{x}{2}+1}{\sqrt{5}}+C.$$

19. 令 $u=\sqrt[3]{x+1}$，即 $x=u^3-1$，则

$$\int\dfrac{\mathrm{d}x}{1+\sqrt[3]{x+1}}=\int\dfrac{3u^2}{1+u}\mathrm{d}u=\int\left(3u-3+\dfrac{3}{1+u}\right)\mathrm{d}u=\dfrac{3}{2}u^2-3u+3\ln|1+u|+C$$

$$=\dfrac{3}{2}\sqrt[3]{(x+1)^2}-3\sqrt[3]{x+1}+3\ln|1+\sqrt[3]{x+1}|+C.$$

20. $\displaystyle\int\dfrac{(\sqrt{x})^3-1}{\sqrt{x}+1}\mathrm{d}x=\int\left(x-\sqrt{x}+1-\dfrac{2}{\sqrt{x}+1}\right)\mathrm{d}x=\dfrac{x^2}{2}-\dfrac{2}{3}x\sqrt{x}+x-\int\dfrac{4t}{t+1}\mathrm{d}t$（其中 $t=\sqrt{x}$）

$$=\dfrac{x^2}{2}-\dfrac{2}{3}x\sqrt{x}+x-4\int\left(1-\dfrac{1}{t+1}\right)\mathrm{d}t$$

$$=\dfrac{x^2}{2}-\dfrac{2}{3}x\sqrt{x}+x-4\sqrt{x}+4\ln(\sqrt{x}+1)+C.$$

21. 令 $u=\sqrt{x+1}$，即 $x=u^2-1$，则

$$\int\dfrac{\sqrt{x+1}-1}{\sqrt{x+1}+1}\mathrm{d}x=\int\dfrac{u-1}{u+1}\cdot2u\mathrm{d}u=2\int\left(u-2+\dfrac{2}{u+1}\right)\mathrm{d}u=u^2-4u+4\ln|u+1|+C$$

$$=x-4\sqrt{x+1}+4\ln(\sqrt{x+1}+1)+C.$$

22. 令 $u=\sqrt[4]{x}$，即 $x=u^4$，则

$$\int\dfrac{\mathrm{d}x}{\sqrt{x}+\sqrt[4]{x}}=\int\dfrac{1}{u^2+u}\cdot4u^3\mathrm{d}u=4\int\left(u-1+\dfrac{1}{u+1}\right)\mathrm{d}u=2u^2-4u+4\ln|u+1|+C$$

$$=2\sqrt{x}-4\sqrt[4]{x}+4\ln(\sqrt[4]{x}+1)+C.$$

23. **方法一**

令 $u=\sqrt{\dfrac{1-x}{1+x}}$，即 $x=\dfrac{1-u^2}{1+u^2}$，则

$$\int \sqrt{\frac{1-x}{1+x}} \cdot \frac{\mathrm{d}x}{x} = \int u \cdot \frac{1+u^2}{1-u^2} \cdot \frac{-4u}{(1+u^2)^2} \mathrm{d}u = \int \frac{-4u^2}{(1-u^2)(1+u^2)} \mathrm{d}u$$

$$= \int \left(\frac{2}{1+u^2} - \frac{1}{1-u} - \frac{1}{1+u} \right) \mathrm{d}u$$

$$= 2\arctan u + \ln|1-u| - \ln|1+u| + C$$

$$= 2\arctan \sqrt{\frac{1-x}{1+x}} + \ln \left| \frac{\sqrt{1+x} - \sqrt{1-x}}{\sqrt{1+x} + \sqrt{1-x}} \right| + C.$$

方法二

$$\int \sqrt{\frac{1-x}{1+x}} \frac{\mathrm{d}x}{x} = \int \frac{1-x}{x\sqrt{1-x^2}} \mathrm{d}x \xlongequal{x=\sin u} \int \frac{1-\sin u}{\sin u} \mathrm{d}u = \int \csc u \mathrm{d}u - \int \mathrm{d}u$$

$$= \ln|\csc u - \cot u| - u + C = \ln \frac{1-\sqrt{1-x^2}}{|x|} - \arcsin x + C.$$

24. $\displaystyle\int \frac{\mathrm{d}x}{\sqrt[3]{(x+1)^2(x-1)^4}} = \int \frac{1}{x^2-1} \sqrt[3]{\frac{x+1}{x-1}} \mathrm{d}x,$

令 $u = \sqrt[3]{\dfrac{x+1}{x-1}}$，即 $x = \dfrac{u^3+1}{u^3-1}$，得到

$$\int \frac{\mathrm{d}x}{\sqrt[3]{(x+1)^2(x-1)^4}} = \int \frac{u}{\left(\dfrac{u^3+1}{u^3-1}\right)^2 - 1} \cdot \frac{-6u^2}{(u^3-1)^2} \mathrm{d}u = -\frac{3}{2} \int \mathrm{d}u$$

$$= -\frac{3}{2} u + C = -\frac{3}{2} \sqrt[3]{\frac{x+1}{x-1}} + C.$$

第五节 积分表的使用

（略）

习题 4—5 解答

利用积分表计算下列不定积分：

1. $\displaystyle\int \frac{\mathrm{d}x}{\sqrt{4x^2-9}}.$

2. $\displaystyle\int \frac{1}{x^2+2x+5} \mathrm{d}x.$

3. $\displaystyle\int \frac{\mathrm{d}x}{\sqrt{5-4x+x^2}}.$

4. $\displaystyle\int \sqrt{2x^2+9} \mathrm{d}x.$

5. $\displaystyle\int \sqrt{3x^2-2} \mathrm{d}x.$

6. $\displaystyle\int e^{2x} \cos x \mathrm{d}x.$

7. $\displaystyle\int x\arcsin \frac{x}{2} \mathrm{d}x.$

8. $\displaystyle\int \frac{\mathrm{d}x}{(x^2+9)^2}.$

9. $\displaystyle\int \frac{\mathrm{d}x}{\sin^3 x}.$

10. $\displaystyle\int e^{-2x} \sin 3x \mathrm{d}x.$

11. $\displaystyle\int \sin 3x \sin 5x \mathrm{d}x.$

12. $\displaystyle\int \ln^3 x \mathrm{d}x.$

13. $\displaystyle\int \frac{1}{x^2(1-x)} \mathrm{d}x.$

14. $\displaystyle\int \frac{\sqrt{x-1}}{x} \mathrm{d}x.$

15. $\displaystyle\int \frac{1}{(1+x^2)^2} \mathrm{d}x.$

16. $\displaystyle\int \frac{1}{x\sqrt{x^2-1}} \mathrm{d}x.$

17. $\displaystyle\int \frac{x}{(2+3x)^2} \mathrm{d}x.$

18. $\displaystyle\int \cos^6 x \mathrm{d}x.$

19. $\displaystyle\int x^2 \sqrt{x^2-2} \mathrm{d}x.$

20. $\displaystyle\int \frac{1}{2+5\cos x} \mathrm{d}x.$

21. $\displaystyle\int \frac{\mathrm{d}x}{x^2\sqrt{2x-1}}.$

22. $\displaystyle\int \sqrt{\frac{1-x}{1+x}} \mathrm{d}x.$

23. $\displaystyle\int \frac{x+5}{x^2-2x-1} \mathrm{d}x.$

24. $\displaystyle\int \frac{x\mathrm{d}x}{\sqrt{1+x-x^2}}.$

25. $\int \dfrac{x^4}{25+4x^2}\mathrm{d}x$.

解 注意：下列各题中最后括号内所标的是所用积分公式在教材上册附录Ⅳ积分表中的编号.

1. $\int \dfrac{\mathrm{d}x}{\sqrt{4x^2-9}}=\dfrac{1}{2}\int\dfrac{\mathrm{d}(2x)}{\sqrt{(2x)^2-3^2}}=\dfrac{1}{2}\ln|2x+\sqrt{(2x)^2-3^2}\,|+C$

$\qquad =\dfrac{1}{2}\ln|2x+\sqrt{4x^2-9}\,|+C.\ (45)$

2. $\int\dfrac{1}{x^2+2x+5}\mathrm{d}x=\int\dfrac{1}{(x+1)^2+2^2}\mathrm{d}(x+1)=\dfrac{1}{2}\arctan\dfrac{x+1}{2}+C.\ (19)$

3. $\int\dfrac{\mathrm{d}x}{\sqrt{5-4x+x^2}}=\int\dfrac{\mathrm{d}(x-2)}{\sqrt{(x-2)^2+1}}=\ln[x-2+\sqrt{(x-2)^2+1}\,]+C$

$\qquad =\ln(x-2+\sqrt{5-4x+x^2}\,)+C.\ (31)$

4. $\int\sqrt{2x^2+9}\,\mathrm{d}x=\dfrac{1}{\sqrt{2}}\int\sqrt{(\sqrt{2}x)^2+3^2}\,\mathrm{d}(\sqrt{2}x)=\dfrac{1}{\sqrt{2}}\left\{\dfrac{\sqrt{2}x}{2}\sqrt{(\sqrt{2}x)^2+3^2}+\dfrac{3^2}{2}\ln[\sqrt{2}x+\sqrt{(\sqrt{2}x)^2+3^2}\,]\right\}+C$

$\qquad =\dfrac{x}{2}\sqrt{2x^2+9}+\dfrac{9\sqrt{2}}{4}\ln(\sqrt{2}x+\sqrt{2x^2+9}\,)+C.\ (39)$

5. $\int\sqrt{3x^2-2}\,\mathrm{d}x=\dfrac{1}{\sqrt{3}}\int\sqrt{(\sqrt{3}x)^2-(\sqrt{2})^2}\,\mathrm{d}(\sqrt{3}x)$

$\qquad =\dfrac{1}{\sqrt{3}}\left[\dfrac{\sqrt{3}x}{2}\sqrt{(\sqrt{3}x)^2-(\sqrt{2})^2}-\dfrac{(\sqrt{2})^2}{2}\ln|\sqrt{3}x+\sqrt{(\sqrt{3}x)^2-(\sqrt{2})^2}\,|\right]+C$

$\qquad =\dfrac{x}{2}\sqrt{3x^2-2}-\dfrac{\sqrt{3}}{3}\ln|\sqrt{3}x+\sqrt{3x^2-2}\,|+C.\ (53)$

6. $\int \mathrm{e}^{2x}\cos x\,\mathrm{d}x=\dfrac{1}{2^2+1^2}\mathrm{e}^{2x}(\sin x+2\cos x)+C=\dfrac{1}{5}\mathrm{e}^{2x}(\sin x+2\cos x)+C.\ (129)$

7. $\int x\arcsin\dfrac{x}{2}\,\mathrm{d}x=\left(\dfrac{x^2}{2}-\dfrac{2^2}{4}\right)\arcsin\dfrac{x}{2}+\dfrac{x}{4}\sqrt{2^2-x^2}+C$

$\qquad =\left(\dfrac{x^2}{2}-1\right)\arcsin\dfrac{x}{2}+\dfrac{x}{4}\sqrt{4-x^2}+C.\ (114)$

8. $\int\dfrac{\mathrm{d}x}{(x^2+9)^2}=\int\dfrac{\mathrm{d}x}{(x^2+3^2)^2}=\dfrac{x}{2(2-1)3^2(x^2+3^2)}+\dfrac{2\times2-3}{2(2-1)3^2}\int\dfrac{\mathrm{d}x}{x^2+3^2}$

$\qquad =\dfrac{x}{18(x^2+9)}+\dfrac{1}{18}\cdot\dfrac{1}{3}\arctan\dfrac{x}{3}+C=\dfrac{x}{18(x^2+9)}+\dfrac{1}{54}\arctan\dfrac{x}{3}+C.\ (20,19)$

9. $\int\dfrac{\mathrm{d}x}{\sin^3x}=-\dfrac{1}{2}\cdot\dfrac{\cos x}{\sin^2x}+\dfrac{1}{2}\int\dfrac{\mathrm{d}x}{\sin x}=-\dfrac{\cos x}{2\sin^2x}+\dfrac{1}{2}\ln\left|\tan\dfrac{x}{2}\right|+C.\ (97,88)$

10. $\int \mathrm{e}^{-2x}\sin3x\,\mathrm{d}x=\dfrac{1}{(-2)^2+3^2}\mathrm{e}^{-2x}(-2\sin3x-3\cos3x)+C=-\dfrac{\mathrm{e}^{-2x}}{13}(2\sin3x+3\cos3x)+C.\ (128)$

11. $\int\sin3x\sin5x\,\mathrm{d}x=-\dfrac{1}{2(3+5)}\sin(3+5)x+\dfrac{1}{2(3-5)}\sin(3-5)x+C=-\dfrac{1}{16}\sin8x+\dfrac{1}{4}\sin2x+C.\ (101)$

12. $\int\ln^3x\,\mathrm{d}x=x(\ln x)^3-3\int\ln^2x\,\mathrm{d}x=x(\ln x)^3-3\left[x(\ln x)^2-2\int\ln x\,\mathrm{d}x\right]$

$\qquad =x(\ln x)^3-3x(\ln x)^2+6\int\ln x\,\mathrm{d}x=x(\ln x)^3-3x(\ln x)^2+6(x\ln x-x)+C$

$\qquad =x\ln^3x-3x\ln^2x+6x\ln x-6x+C.\ (135,132)$

13. $\int\dfrac{1}{x^2(1-x)}\mathrm{d}x=-\dfrac{1}{x}-\ln\left|\dfrac{1-x}{x}\right|+C.\ (6)$

14. $\int\dfrac{\sqrt{x-1}}{x}\mathrm{d}x=2\sqrt{x-1}-\int\dfrac{1}{x\sqrt{x-1}}\mathrm{d}x=2\sqrt{x-1}-2\arctan\sqrt{x-1}+C.\ (17,15)$

205

15. $\int \dfrac{1}{(1+x^2)^2}dx=\dfrac{x}{2(1+x^2)}+\dfrac{1}{2}\int\dfrac{1}{1+x^2}dx=\dfrac{x}{2(1+x^2)}+\dfrac{1}{2}\arctan x+C.$（20，19）

16. $\int \dfrac{1}{x\sqrt{x^2-1}}dx=\arccos\dfrac{1}{|x|}+C.$（51）

17. $\int \dfrac{x}{(2+3x)^2}dx=\dfrac{1}{9}\left(\ln|2+3x|+\dfrac{2}{2+3x}\right)+C.$（7）

18. $\int\cos^6 xdx=\dfrac{1}{6}\cos^5 x\sin x+\dfrac{5}{6}\int\cos^4 xdx=\dfrac{1}{6}\cos^5 x\sin x+\dfrac{5}{6}\left(\dfrac{1}{4}\cos^3 x\sin x+\dfrac{3}{4}\int\cos^2 xdx\right)$

$\qquad\quad=\dfrac{1}{6}\cos^5 x\sin x+\dfrac{5}{24}\cos^3 x\sin x+\dfrac{5}{8}\int\cos^2 xdx$

$\qquad\quad=\dfrac{1}{6}\cos^5 x\sin x+\dfrac{5}{24}\cos^3 x\sin x+\dfrac{5}{8}\left(\dfrac{1}{2}\cos x\sin x+\dfrac{1}{2}\int dx\right)$

$\qquad\quad=\dfrac{1}{6}\cos^5 x\sin x+\dfrac{5}{24}\cos^3 x\sin x+\dfrac{5}{16}\cos x\sin x+\dfrac{5}{16}x+C.$（96）

19. $\int x^2\sqrt{x^2-2}dx=\dfrac{x}{8}(2x^2-2)\sqrt{x^2-2}-\dfrac{4}{8}\ln|x+\sqrt{x^2-2}|+C$

$\qquad\qquad\qquad=\dfrac{x}{4}(x^2-1)\sqrt{x^2-2}-\dfrac{1}{2}\ln|x+\sqrt{x^2-2}|+C.$（56）

20. $\int\dfrac{1}{2+5\cos x}dx=\dfrac{1}{7}\sqrt{\dfrac{7}{3}}\ln\left|\dfrac{\tan\dfrac{x}{2}+\sqrt{\dfrac{7}{3}}}{\tan\dfrac{x}{2}-\sqrt{\dfrac{7}{3}}}\right|+C=\dfrac{1}{\sqrt{21}}\ln\left|\dfrac{\sqrt{3}\tan\dfrac{x}{2}+\sqrt{7}}{\sqrt{3}\tan\dfrac{x}{2}-\sqrt{7}}\right|+C.$（106）

21. $\int\dfrac{dx}{x^2\sqrt{2x-1}}=-\dfrac{\sqrt{2x-1}}{-x}-\dfrac{2}{-2}\int\dfrac{dx}{x\sqrt{2x-1}}=\dfrac{\sqrt{2x-1}}{x}+2\arctan\sqrt{2x-1}+C.$（16，15）

22. **方法一**

$\qquad\int\sqrt{\dfrac{1-x}{1+x}}dx=\int\dfrac{1-x}{\sqrt{1-x^2}}dx=\int\dfrac{1}{\sqrt{1-x^2}}dx-\int\dfrac{x}{\sqrt{1-x^2}}dx=\arcsin x+\sqrt{1-x^2}+C.$（59，61）

方法二

$\qquad\int\sqrt{\dfrac{1-x}{1+x}}dx=(x+1)\sqrt{\dfrac{1-x}{1+x}}-2\arcsin\sqrt{\dfrac{1-x}{2}}+C=\sqrt{1-x^2}-2\arcsin\sqrt{\dfrac{1-x}{2}}+C.$（80）

23. $\int\dfrac{x+5}{x^2-2x-1}dx=\int\dfrac{x}{x^2-2x-1}dx+5\int\dfrac{1}{x^2-2x-1}dx$

$\quad=\dfrac{1}{2}\ln|x^2-2x-1|-\dfrac{-2}{2}\int\dfrac{1}{x^2-2x-1}dx+5\int\dfrac{1}{x^2-2x-1}dx$

$\quad=\dfrac{1}{2}\ln|x^2-2x-1|+6\cdot\dfrac{1}{\sqrt{(-2)^2-4\cdot 1\cdot(-1)}}\cdot\ln\left|\dfrac{2x-2-\sqrt{(-2)^2-4\cdot 1\cdot(-1)}}{2x-2+\sqrt{(-2)^2-4\cdot 1\cdot(-1)}}\right|+C$

$\quad=\dfrac{1}{2}\ln|x^2-2x-1|+\dfrac{3}{\sqrt{2}}\ln\left|\dfrac{x-(\sqrt{2}+1)}{x+(\sqrt{2}-1)}\right|+C.$（30，29）

24. $\int\dfrac{xdx}{\sqrt{1+x-x^2}}=-\sqrt{1+x-x^2}+\dfrac{1}{2}\arcsin\dfrac{2x-1}{\sqrt{5}}+C.$（78）

25. $\int\dfrac{x^4}{25+4x^2}dx=\int\left(\dfrac{1}{4}x^2-\dfrac{25}{16}+\dfrac{625}{16}\cdot\dfrac{1}{25+4x^2}\right)dx=\dfrac{x^3}{12}-\dfrac{25}{16}x+\dfrac{625}{32}\int\dfrac{1}{5^2+(2x)^2}d(2x)$

$\quad=\dfrac{x^3}{12}-\dfrac{25}{16}x+\dfrac{625}{32}\cdot\dfrac{1}{5}\arctan\dfrac{2x}{5}+C=\dfrac{x^3}{12}-\dfrac{25}{16}x+\dfrac{125}{32}\arctan\dfrac{2x}{5}+C.$（19）

总习题四解答

1. 填空：

(1) $\int x^3 e^x dx = \underline{\qquad\qquad}$.

(2) $\int \dfrac{x+5}{x^2-6x+13} dx = \underline{\qquad\qquad}$.

解 (1) $\int x^3 e^x dx = \int x^3 d(e^x) = x^3 e^x - 3\int x^2 de^x$

$\qquad = x^3 e^x - 3\left(x^2 e^x - \int 2x de^x\right) = x^3 e^x - 3x^2 e^x + 6\left(xe^x - \int e^x dx\right)$

$\qquad = x^3 e^x - 3x^2 e^x + 6xe^x - 6e^x + C,$

因此，应填 $x^3 e^x - 3x^2 e^x + 6xe^x - 6e^x + C$.

(2) $\int \dfrac{x+5}{x^2-6x+13} dx = \dfrac{1}{2}\int \dfrac{(x^2-6x+13)'}{x^2-6x+13} dx + \int \dfrac{8}{x^2-6x+13} dx$

$\qquad = \dfrac{1}{2}\ln(x^2-6x+13) + \int \dfrac{8}{(x-3)^2+4} dx$

$\qquad = \dfrac{1}{2}\ln(x^2-6x+13) + 4\arctan\dfrac{x-3}{2} + C.$

因此，应填 $\dfrac{1}{2}\ln(x^2-6x+13) + 4\arctan\dfrac{x-3}{2} + C$.

2. 以下两题中给出了四个结论，从中选出一个正确的结论：

(1) 已知 $f'(x) = \dfrac{1}{x(1+2\ln x)}$，且 $f(1)=1$，则 $f(x)$ 等于 ( ).

(A) $\ln(1+2\ln x)+1$ (B) $\dfrac{1}{2}\ln(1+2\ln x)+1$

(C) $\dfrac{1}{2}\ln(1+2\ln x)+\dfrac{1}{2}$ (D) $2\ln(1+2\ln x)+1$

(2) 在下列等式中，正确的结果是 ( ).

(A) $\int f'(x)dx = f(x)$ (B) $\int d f(x) = f(x)$

(C) $\dfrac{d}{dx}\int f(x)dx = f(x)$ (D) $d\int f(x)dx = f(x)$

解 (1) 由微积分基本定理，有

$\qquad f(x)-f(1) = \int_1^x f'(t)dt = \int_1^x \dfrac{1}{t(1+2\ln t)}dt = \dfrac{1}{2}\int_1^x \dfrac{1}{1+2\ln t}d(1+2\ln t)$

$\qquad = \dfrac{1}{2}\left[\ln(1+2\ln t)\right]_1^x = \dfrac{1}{2}\ln(1+2\ln x),$

根据条件 $f(1)=1$，得 $f(x)=\dfrac{1}{2}\ln(1+2\ln x)+1$. 故选(B).

(2) 根据微分运算与积分运算的关系，可知

$$\int d f(x) = \int f'(x)dx = f(x)+C, \quad \dfrac{d}{dx}\int f(x)dx = f(x)$$

$$d\int f(x)dx = \left(\dfrac{d}{dx}\int f(x)dx\right)dx = f(x)dx,$$

故选(C).

3. 已知 $\dfrac{\sin x}{x}$ 是 $f(x)$ 的一个原函数，求 $\displaystyle\int x^3 f'(x)\mathrm{d}x$.

解　根据条件，有 $\displaystyle\int f(x)\mathrm{d}x=\dfrac{\sin x}{x}+C$，即 $f(x)=\left(\dfrac{\sin x}{x}\right)'=\dfrac{x\cos x-\sin x}{x^2}$，因此

$$\int x^3 f'(x)\mathrm{d}x=x^3 f(x)-\int 3x^2 f(x)\mathrm{d}x=x(x\cos x-\sin x)-3\int x^2\mathrm{d}\left(\dfrac{\sin x}{x}\right)$$

$$=x^2\cos x-x\sin x-3\left(x^2\cdot\dfrac{\sin x}{x}-\int\dfrac{\sin x}{x}\cdot 2x\mathrm{d}x\right)$$

$$=x^2\cos x-4x\sin x-6\cos x+C.$$

4. 求下列不定积分(其中 a,b 为常数)：

(1) $\displaystyle\int\dfrac{\mathrm{d}x}{e^x-e^{-x}}.$

(2) $\displaystyle\int\dfrac{x}{(1-x)^3}\mathrm{d}x$

(3) $\displaystyle\int\dfrac{x^2}{a^6-x^6}\mathrm{d}x\ (a>0).$

(4) $\displaystyle\int\dfrac{1+\cos x}{x+\sin x}\mathrm{d}x.$

(5) $\displaystyle\int\dfrac{\ln\ln x}{x}\mathrm{d}x.$

(6) $\displaystyle\int\dfrac{\sin x\cos x}{1+\sin^4 x}\mathrm{d}x.$

(7) $\displaystyle\int\tan^4 x\mathrm{d}x.$

(8) $\displaystyle\int\sin x\sin 2x\sin 3x\mathrm{d}x.$

(9) $\displaystyle\int\dfrac{\mathrm{d}x}{x(x^6+4)}.$

(10) $\displaystyle\int\sqrt{\dfrac{a+x}{a-x}}\mathrm{d}x\ (a>0).$

(11) $\displaystyle\int\dfrac{\mathrm{d}x}{\sqrt{x}(1+x)}.$

(12) $\displaystyle\int x\cos^2 x\mathrm{d}x.$

(13) $\displaystyle\int e^{ax}\cos bx\mathrm{d}x.$

(14) $\displaystyle\int\dfrac{\mathrm{d}x}{\sqrt{1+e^x}}.$

(15) $\displaystyle\int\dfrac{\mathrm{d}x}{x^2\sqrt{x^2-1}}.$

(16) $\displaystyle\int\dfrac{\mathrm{d}x}{(a^2-x^2)^{\frac{5}{2}}}.$

(17) $\displaystyle\int\dfrac{\mathrm{d}x}{x^4\sqrt{1+x^2}}.$

(18) $\displaystyle\int\sqrt{x}\sin\sqrt{x}\mathrm{d}x.$

(19) $\displaystyle\int\ln(1+x^2)\mathrm{d}x.$

(20) $\displaystyle\int\dfrac{\sin^2 x}{\cos^3 x}\mathrm{d}x.$

(21) $\displaystyle\int\arctan\sqrt{x}\mathrm{d}x.$

(22) $\displaystyle\int\dfrac{\sqrt{1+\cos x}}{\sin x}\mathrm{d}x.$

(23) $\displaystyle\int\dfrac{x^3}{(1+x^8)^2}\mathrm{d}x.$

(24) $\displaystyle\int\dfrac{x^{11}}{x^8+3x^4+2}\mathrm{d}x.$

(25) $\displaystyle\int\dfrac{\mathrm{d}x}{16-x^4}.$

(26) $\displaystyle\int\dfrac{\sin x}{1+\sin x}\mathrm{d}x.$

(27) $\displaystyle\int\dfrac{x+\sin x}{1+\cos x}\mathrm{d}x.$

(28) $\displaystyle\int e^{\sin x}\dfrac{x\cos^3 x-\sin x}{\cos^2 x}\mathrm{d}x.$

(29) $\displaystyle\int\dfrac{\sqrt[3]{x}}{x(\sqrt{x}+\sqrt[3]{x})}\mathrm{d}x.$

(30) $\displaystyle\int\dfrac{\mathrm{d}x}{(1+e^x)^2}.$

(31) $\displaystyle\int\dfrac{e^{3x}+e^x}{e^{4x}-e^{2x}+1}\mathrm{d}x.$

(32) $\displaystyle\int\dfrac{xe^x}{(e^x+1)^2}\mathrm{d}x.$

(33) $\displaystyle\int\ln^2(x+\sqrt{1+x^2})\mathrm{d}x.$

(34) $\displaystyle\int\dfrac{\ln x}{(1+x^2)^{\frac{3}{2}}}\mathrm{d}x.$

(35) $\displaystyle\int\sqrt{1-x^2}\arcsin x\mathrm{d}x.$

(36) $\displaystyle\int\dfrac{x^3\arccos x}{\sqrt{1-x^2}}\mathrm{d}x.$

(37) $\displaystyle\int\dfrac{\cot x}{1+\sin x}\mathrm{d}x.$

(38) $\displaystyle\int\dfrac{\mathrm{d}x}{\sin^3 x\cos x}.$

$(39)\ \displaystyle\int\frac{\mathrm{d}x}{(2+\cos x)\sin x}.$ $\qquad\qquad$ $(40)\ \displaystyle\int\frac{\sin x\cos x}{\sin x+\cos x}\mathrm{d}x.$

解 $(1)\ \displaystyle\int\frac{\mathrm{d}x}{e^x-e^{-x}}=\int\frac{e^x\mathrm{d}x}{e^{2x}-1}=\frac{1}{2}\int\left(\frac{1}{e^x-1}-\frac{1}{e^x+1}\right)\mathrm{d}(e^x)=\frac{1}{2}\ln\frac{|e^x-1|}{e^x+1}+C.$

$(2)\ \displaystyle\int\frac{x}{(1-x)^3}\mathrm{d}x\xlongequal{u=1-x}\int\left(\frac{1}{u^2}-\frac{1}{u^3}\right)\mathrm{d}u=-\frac{1}{u}+\frac{1}{2u^2}+C=-\frac{1}{1-x}+\frac{1}{2(1-x)^2}+C.$

$(3)\ \displaystyle\int\frac{x^2}{a^6-x^6}\mathrm{d}x=\int\frac{\mathrm{d}(x^3)}{3(a^6-x^6)}\xlongequal{u=x^3}\int\frac{\mathrm{d}u}{3(a^6-u^2)}=\frac{1}{6a^3}\int\left(\frac{1}{a^3+u}+\frac{1}{a^3-u}\right)\mathrm{d}u$

$\qquad=\dfrac{1}{6a^3}\ln\left|\dfrac{a^3+u}{a^3-u}\right|+C=\dfrac{1}{6a^3}\ln\left|\dfrac{a^3+x^3}{a^3-x^3}\right|+C.$

$(4)\ \displaystyle\int\frac{1+\cos x}{x+\sin x}\mathrm{d}x=\int\frac{\mathrm{d}(x+\sin x)}{x+\sin x}\mathrm{d}x=\ln|x+\sin x|+C.$

$(5)\ \displaystyle\int\frac{\ln\ln x}{x}\mathrm{d}x=\int\ln\ln x\mathrm{d}(\ln x)=\ln x\ln\ln x-\int\ln x\cdot\frac{1}{x\ln x}\mathrm{d}x$

$\qquad=\ln x(\ln\ln x-1)+C.$

$(6)\ \displaystyle\int\frac{\sin x\cos x}{1+\sin^4 x}\mathrm{d}x=\frac{1}{2}\int\frac{\mathrm{d}(\sin^2 x)}{1+\sin^4 x}\mathrm{d}x=\frac{\arctan(\sin^2 x)}{2}+C.$

$(7)\ \displaystyle\int\tan^4 x\mathrm{d}x=\int\tan^2 x(\sec^2 x-1)\mathrm{d}x=\int\tan^2 x\mathrm{d}(\tan x)-\int(\sec^2 x-1)\mathrm{d}x$

$\qquad=\dfrac{1}{3}\tan^3 x-\tan x+x+C.$

$(8)\ \displaystyle\int\sin x\sin 2x\sin 3x\mathrm{d}x=\int\frac{1}{2}(\cos x-\cos 3x)\sin 3x\mathrm{d}x=\frac{1}{2}\int\cos x\sin 3x\mathrm{d}x-\frac{1}{2}\int\cos 3x\sin 3x\mathrm{d}x$

$\qquad=\dfrac{1}{4}\displaystyle\int(\sin 2x+\sin 4x)\mathrm{d}x-\frac{1}{12}\sin^2 3x$

$\qquad=-\dfrac{1}{16}\cos 4x-\frac{1}{8}\cos 2x-\frac{1}{12}\sin^2 3x+C.$

$(9)\ \displaystyle\int\frac{\mathrm{d}x}{x(x^6+4)}\xlongequal{x=\frac{1}{u}}\int\frac{-u^5\mathrm{d}u}{1+4u^6}=-\frac{1}{24}\int\frac{\mathrm{d}(1+4u^6)}{1+4u^6}=-\frac{1}{24}\ln(1+4u^6)+C$

$\qquad=-\dfrac{1}{24}\ln\dfrac{x^6+4}{x^6}+C=\frac{1}{4}\ln|x|-\frac{1}{24}\ln(x^6+4)+C.$

(10) **方法一**

$$\int\sqrt{\frac{a+x}{a-x}}\mathrm{d}x=\int\frac{a+x}{\sqrt{a^2-x^2}}\mathrm{d}x=a\int\frac{1}{\sqrt{1-\left(\frac{x}{a}\right)^2}}\mathrm{d}\left(\frac{x}{a}\right)-\frac{1}{2}\int\frac{\mathrm{d}(a^2-x^2)}{\sqrt{a^2-x^2}}$$

$$=a\arcsin\frac{x}{a}-\sqrt{a^2-x^2}+C.$$

方法二 令 $u=\sqrt{\dfrac{a+x}{a-x}}$，即 $x=a\dfrac{u^2-1}{u^2+1}$，则

$$\int\sqrt{\frac{a+x}{a-x}}\mathrm{d}x=\int u\cdot\frac{4au}{(1+u^2)^2}\mathrm{d}u=\int(-2au)\mathrm{d}\left(\frac{1}{1+u^2}\right)=-\frac{2au}{1+u^2}+\int\frac{2a}{1+u^2}\mathrm{d}u$$

$$=-\frac{2au}{1+u^2}+2a\arctan u+C=(x-a)\sqrt{\frac{a+x}{a-x}}+2a\arctan\sqrt{\frac{a+x}{a-x}}+C$$

$$=-\sqrt{a^2-x^2}+2a\arctan\sqrt{\frac{a+x}{a-x}}+C.$$

(11) **方法一**

$$\int \frac{\mathrm{d}x}{\sqrt{x(1+x)}} = \int \frac{\mathrm{d}x}{\sqrt{\left(x+\frac{1}{2}\right)^2 - \left(\frac{1}{2}\right)^2}} \xlongequal{x=-\frac{1}{2}+\frac{1}{2}\sec u} \int \sec u \, \mathrm{d}u$$

$$= \ln|\sec u + \tan u| + C = \ln|2x+1+2\sqrt{x(1+x)}| + C.$$

方法二 当 $x>0$ 时,因为 $\dfrac{1}{\sqrt{x(1+x)}} = \dfrac{1}{x}\sqrt{\dfrac{x}{1+x}}$,故令 $u=\sqrt{\dfrac{x}{1+x}}$,即 $x=\dfrac{u^2}{1-u^2}$,则

$$\int \frac{\mathrm{d}x}{\sqrt{x(1+x)}} = \int \frac{2}{1-u}\mathrm{d}u = \int \left(\frac{1}{1-u} + \frac{1}{1+u}\right)\mathrm{d}u = \ln\left|\frac{1+u}{1-u}\right| + C$$

$$= \ln\left|\frac{\sqrt{1+x}+\sqrt{x}}{\sqrt{1+x}-\sqrt{x}}\right| + C = \ln|2x+1+2\sqrt{x(1+x)}| + C,$$

当 $x<-1$ 时,同样可得 $\displaystyle\int \frac{\mathrm{d}x}{\sqrt{x(1+x)}} = \ln|2x+1+2\sqrt{x(1+x)}| + C.$

(12) $\displaystyle\int x\cos^2 x \, \mathrm{d}x = \frac{1}{2}\int x(1+\cos 2x)\mathrm{d}x = \frac{1}{4}\int x \, \mathrm{d}(2x+\sin 2x)$

$$= \frac{x(2x+\sin 2x)}{4} - \frac{1}{4}\int (2x+\sin 2x)\mathrm{d}x = \frac{x^2}{4} + \frac{x\sin 2x}{4} + \frac{\cos 2x}{8} + C.$$

(13) 当 $a \neq 0$ 时,

$$\int \mathrm{e}^{ax}\cos bx \, \mathrm{d}x = \frac{1}{a}\cos bx \, \mathrm{d}(\mathrm{e}^{ax}) = \frac{1}{a}\mathrm{e}^{ax}\cos bx + \frac{b}{a}\int \mathrm{e}^{ax}\sin bx \, \mathrm{d}x$$

$$= \frac{1}{a}\mathrm{e}^{ax}\cos bx + \frac{b}{a^2}\int \sin bx \, \mathrm{d}(\mathrm{e}^{ax})$$

$$= \frac{1}{a}\mathrm{e}^{ax}\cos bx + \frac{b}{a^2}(\mathrm{e}^{ax})\sin bx - \frac{b^2}{a^2}\int \mathrm{e}^{ax}\cos bx \, \mathrm{d}x.$$

因此有 $\displaystyle\int \mathrm{e}^{ax}\cos bx \, \mathrm{d}x = \frac{1}{a^2+b^2}\mathrm{e}^{ax}(a\cos bx + b\sin bx) + C,$

当 $a=0$ 时,$\displaystyle\int \mathrm{e}^{ax}\cos bx \, \mathrm{d}x = \begin{cases} \dfrac{\sin bx}{b} + C, & b \neq 0, \\[2mm] x + C, & b = 0. \end{cases}$

(14) 令 $u=\sqrt{1+\mathrm{e}^x}$,即作换元 $x=\ln(u^2-1)$,得

$$\int \frac{\mathrm{d}x}{\sqrt{1+\mathrm{e}^x}} = \int \frac{2\mathrm{d}u}{u^2-1} = \ln\left|\frac{u-1}{u+1}\right| + C = \ln\frac{\sqrt{1+\mathrm{e}^x}-1}{\sqrt{1+\mathrm{e}^x}+1} + C.$$

(15) $\displaystyle\int \frac{\mathrm{d}x}{x^2\sqrt{x^2-1}} \xlongequal{x=\frac{1}{u}} -\int \frac{u \, \mathrm{d}u}{\sqrt{1-u^2}} = \sqrt{1-u^2} + C = \frac{\sqrt{x^2-1}}{x} + C,$

易知当 $x<0$ 和 $x>0$ 时的结果相同.

(16) 设 $x=a\sin u\left(-\dfrac{\pi}{2}<u<\dfrac{\pi}{2}\right)$,则 $\sqrt{a^2-x^2}=a\cos u$, $\mathrm{d}x=a\cos u \, \mathrm{d}u$,于是

$$\int \frac{\mathrm{d}x}{(a^2-x^2)^{\frac{5}{2}}} = \frac{1}{a^4}\int \sec^4 u \, \mathrm{d}u = \frac{1}{a^4}\int (\tan^2 u + 1)\mathrm{d}(\tan u) = \frac{\tan^3 u}{3a^4} + \frac{\tan u}{a^4} + C$$

$$= \frac{1}{3a^4}\left[\frac{x^3}{\sqrt{(a^2-x^2)^3}} + \frac{3x}{\sqrt{a^2-x^2}}\right] + C.$$

(17) $\displaystyle\int \frac{\mathrm{d}x}{x^4\sqrt{1+x^2}} \xlongequal{x=\frac{1}{u}} \int \frac{-u^3 \, \mathrm{d}u}{\sqrt{1+u^2}} = -\int \left(u\sqrt{1+u^2} - \frac{u}{\sqrt{1+u^2}}\right)\mathrm{d}u$

$$= -\frac{1}{3}(1+u^2)^{\frac{3}{2}} + \sqrt{1+u^2} + C = -\frac{1}{3}\frac{\sqrt{(1+x^2)^3}}{x^3} + \frac{\sqrt{1+x^2}}{x} + C,$$

易知当 $x<0$ 和 $x>0$ 时结果相同.

(18) $\int \sqrt{x}\sin\sqrt{x}\,dx \xlongequal{x=u^2} \int 2u^2\sin u\,du = -\int 2u^2\,d(\cos u) = -2u^2\cos u + \int 4u\cos u\,du$

$\qquad = -2u^2\cos u + \int 4u\,d(\sin u) = -2u^2\cos u + 4u\sin u - \int 4\sin u\,du$

$\qquad = -2u^2\cos u + 4u\sin u + 4\cos u + C$

$\qquad = -2x\cos\sqrt{x} + 4\sqrt{x}\sin\sqrt{x} + 4\cos\sqrt{x} + C.$

(19) $\int \ln(1+x^2)\,dx = x\ln(1+x^2) - \int \dfrac{2x^2}{1+x^2}\,dx = x\ln(1+x^2) - 2x + 2\arctan x + C.$

(20) $\int \dfrac{\sin^2 x}{\cos^3 x}\,dx = \int \tan^2 x\sec x\,dx = \int \sec^3 x\,dx - \int \sec x\,dx$

$\qquad = \left(\dfrac{1}{2}\sec x\tan x + \dfrac{1}{2}\int \sec x\,dx\right) - \int \sec x\,dx$

$\qquad = \dfrac{1}{2}\sec x\tan x - \dfrac{1}{2}\int \sec x\,dx = \dfrac{1}{2}\sec x\tan x - \dfrac{1}{2}\ln|\sec x + \tan x| + C.$

(21) $\int \arctan\sqrt{x}\,dx = \int \arctan\sqrt{x}\,d(1+x) = (1+x)\arctan\sqrt{x} - \int \dfrac{1}{2\sqrt{x}}\,dx$

$\qquad = (1+x)\arctan\sqrt{x} - \sqrt{x} + C.$

(22) $\int \dfrac{\sqrt{1+\cos x}}{\sin x}\,dx = \int \dfrac{\sqrt{2}\left|\cos\dfrac{x}{2}\right|}{2\sin\dfrac{x}{2}\cos\dfrac{x}{2}}\,dx = \pm\sqrt{2}\int \csc\dfrac{x}{2}\,d\left(\dfrac{x}{2}\right) = \pm\sqrt{2}\ln\left|\csc\dfrac{x}{2} - \cot\dfrac{x}{2}\right| + C.$

上式当 $\cos\dfrac{x}{2}>0$ 时取正，当 $\cos\dfrac{x}{2}<0$ 时取负.

当 $\cos\dfrac{x}{2}>0$ 时，$\ln\left|\csc\dfrac{x}{2} - \cot\dfrac{x}{2}\right| = \ln\dfrac{1-\cos\dfrac{x}{2}}{\left|\sin\dfrac{x}{2}\right|} = \ln\left(\left|\csc\dfrac{x}{2}\right| - \left|\cot\dfrac{x}{2}\right|\right),$

当 $\cos\dfrac{x}{2}<0$ 时，$\ln\left|\csc\dfrac{x}{2} - \cot\dfrac{x}{2}\right| = \ln\dfrac{1-\cos\dfrac{x}{2}}{\left|\sin\dfrac{x}{2}\right|} = \ln\left(\left|\csc\dfrac{x}{2}\right| + \left|\cot\dfrac{x}{2}\right|\right)$

$\qquad\qquad\qquad = -\ln\left(\left|\csc\dfrac{x}{2}\right| - \left|\cot\dfrac{x}{2}\right|\right),$

因此有 $\int \dfrac{\sqrt{1+\cos x}}{\sin x}\,dx = \sqrt{2}\ln\left(\left|\csc\dfrac{x}{2}\right| - \left|\cot\dfrac{x}{2}\right|\right) + C.$

(23) $\int \dfrac{x^3}{(1+x^8)^2}\,dx = \dfrac{1}{4}\int \dfrac{1}{(1+x^8)^2}\,d(x^4) \xlongequal{u=x^4} \dfrac{1}{4}\int \dfrac{1}{(1+u^2)^2}\,du.$

设 $u = \tan t\left(-\dfrac{\pi}{2}<t<\dfrac{\pi}{2}\right)$，则 $1+u^2 = \sec^2 t$，$du = \sec^2 t\,dt$，于是

$\qquad$ 原式 $= \dfrac{1}{4}\int \cos^2 t\,dt = \dfrac{2t+\sin 2t}{16} + C = \dfrac{\arctan x^4}{8} + \dfrac{x^4}{8(1+x^8)} + C.$

(24) $\int \dfrac{x^{11}}{x^8+3x^4+2}\,dx \xlongequal{u=x^4} \dfrac{1}{4}\int \dfrac{u^2}{u^2+3u+2}\,du = \dfrac{1}{4}\int \left(1 + \dfrac{1}{u+1} - \dfrac{4}{u+2}\right)du$

$\qquad = \dfrac{1}{4}u + \dfrac{1}{4}\ln|1+u| - \ln|2+u| + C = \dfrac{x^4}{4} + \ln\dfrac{\sqrt[4]{1+x^4}}{2+x^4} + C.$

(25) $\int \dfrac{dx}{16-x^4} = \int \dfrac{1}{(2-x)(2+x)(4+x^2)}\,dx = \int \left[\dfrac{1}{32(2-x)} + \dfrac{1}{32(2+x)} + \dfrac{1}{8(4+x^2)}\right]dx$

$\qquad = \dfrac{1}{32}\ln\left|\dfrac{2+x}{2-x}\right| + \dfrac{1}{16}\arctan\dfrac{x}{2} + C.$

(26) **方法一**　令 $u=\tan\dfrac{x}{2}$，则

$$\int \frac{\sin x}{1+\sin x}\mathrm{d}x = \int \frac{4u}{(1+u)^2(1+u^2)}\mathrm{d}u = \int \left[\frac{-2}{(1+u)^2}+\frac{2}{1+u^2}\right]\mathrm{d}u$$

$$=\frac{2}{1+u}+2\arctan u+C=\frac{2}{1+\tan\dfrac{x}{2}}+x+C.$$

方法二　$\displaystyle\int \frac{\sin x}{1+\sin x}\mathrm{d}x = \int \frac{\sin x(1-\sin x)}{\cos^2 x}\mathrm{d}x = -\int \frac{1}{\cos^2 x}\mathrm{d}(\cos x)-\int(\sec^2 x-1)\mathrm{d}x$

$$=\sec x-\tan x+x+C.$$

(27) $\displaystyle\int \frac{x+\sin x}{1+\cos x}\mathrm{d}x = \int \frac{x}{2}\sec^2\frac{x}{2}\mathrm{d}x+\int \tan\frac{x}{2}\mathrm{d}x = \int x\mathrm{d}\left(\tan\frac{x}{2}\right)+\int \tan\frac{x}{2}\mathrm{d}x = x\tan\frac{x}{2}+C.$

(28) $\displaystyle\int \mathrm{e}^{\sin x}\frac{x\cos^3 x-\sin x}{\cos^2 x}\mathrm{d}x = \int x\mathrm{e}^{\sin x}\cos x\mathrm{d}x-\int \mathrm{e}^{\sin x}\tan x\sec x\mathrm{d}x = \int x\mathrm{d}(\mathrm{e}^{\sin x})-\int \mathrm{e}^{\sin x}\mathrm{d}(\sec x)$

$$=x\mathrm{e}^{\sin x}-\int \mathrm{e}^{\sin x}\mathrm{d}x-\left(\sec x\mathrm{e}^{\sin x}-\int \mathrm{e}^{\sin x}\mathrm{d}x\right)=(x-\sec x)\mathrm{e}^{\sin x}+C.$$

(29) $\displaystyle\int \frac{\sqrt[3]{x}}{x(\sqrt{x}+\sqrt[3]{x})}\mathrm{d}x \xlongequal{x=u^6} \int \frac{6}{u(u+1)}\mathrm{d}u = 6\int \left(\frac{1}{u}-\frac{1}{u+1}\right)\mathrm{d}u$

$$=6\ln\left|\frac{u}{1+u}\right|+C=\ln\frac{x}{(\sqrt[6]{x}+1)^6}+C.$$

(30) $\displaystyle\int \frac{\mathrm{d}x}{(1+\mathrm{e}^x)^2} \xlongequal{x=\ln u} \int \frac{\mathrm{d}u}{u(1+u)^2} = \int \left[\frac{1}{u}-\frac{1}{1+u}-\frac{1}{(1+u)^2}\right]\mathrm{d}u$

$$=\ln u-\ln(1+u)+\frac{1}{1+u}+C=x-\ln(1+\mathrm{e}^x)+\frac{1}{1+\mathrm{e}^x}+C.$$

(31) $\displaystyle\int \frac{\mathrm{e}^{3x}+\mathrm{e}^x}{\mathrm{e}^{4x}-\mathrm{e}^{2x}+1}\mathrm{d}x = \int \frac{\mathrm{e}^x+\mathrm{e}^{-x}}{\mathrm{e}^{2x}-1+\mathrm{e}^{-2x}}\mathrm{d}x = \int \frac{\mathrm{d}(\mathrm{e}^x-\mathrm{e}^{-x})}{(\mathrm{e}^x-\mathrm{e}^{-x})^2+1} = \arctan(\mathrm{e}^x-\mathrm{e}^{-x})+C.$

(32) $\displaystyle\int \frac{x\mathrm{e}^x}{(\mathrm{e}^x+1)^2}\mathrm{d}x = -\int x\mathrm{d}\left(\frac{1}{\mathrm{e}^x+1}\right) = -\frac{x}{\mathrm{e}^x+1}+\int \frac{\mathrm{d}x}{\mathrm{e}^x+1} = -\frac{x}{\mathrm{e}^x+1}+\int \frac{\mathrm{e}^{-x}\mathrm{d}x}{1+\mathrm{e}^{-x}}$

$$=-\frac{x}{\mathrm{e}^x+1}-\ln(1+\mathrm{e}^{-x})+C.$$

(33) $\displaystyle\int \ln^2(x+\sqrt{1+x^2})\mathrm{d}x = x\ln^2(x+\sqrt{1+x^2})-\int \frac{2x\ln(x+\sqrt{1+x^2})}{\sqrt{1+x^2}}\mathrm{d}x$

$$=x\ln^2(x+\sqrt{1+x^2})-\int 2\ln(x+\sqrt{1+x^2})\mathrm{d}(\sqrt{1+x^2})$$

$$=x\ln^2(x+\sqrt{1+x^2})-2\sqrt{1+x^2}\ln(x+\sqrt{1+x^2})+2x+C.$$

(34) $\displaystyle\int \frac{\ln x}{(1+x^2)^{\frac{3}{2}}}\mathrm{d}x \xlongequal{x=\frac{1}{u}} \int \frac{u\ln u}{(1+u^2)^{\frac{3}{2}}}\mathrm{d}u$

$$=-\int \ln u\mathrm{d}((1+u^2)^{-\frac{1}{2}}) = -\frac{\ln u}{\sqrt{1+u^2}}+\int \frac{\mathrm{d}u}{u\sqrt{1+u^2}}$$

$$=\frac{x\ln x}{\sqrt{1+x^2}}-\int \frac{\mathrm{d}x}{\sqrt{1+x^2}} = \frac{x\ln x}{\sqrt{1+x^2}}-\ln(x+\sqrt{1+x^2})+C.$$

(35) 设 $x=\sin u\left(-\dfrac{\pi}{2}<u<\dfrac{\pi}{2}\right)$，则 $\sqrt{1-x^2}=\cos u$，$\mathrm{d}x=\cos u\mathrm{d}u$，于是

$$\int \sqrt{1-x^2}\arcsin x\mathrm{d}x = \int u\cos^2 u\mathrm{d}u = \frac{1}{2}\int u(1+\cos 2u)\mathrm{d}u = \frac{1}{4}\int u\mathrm{d}(2u+\sin 2u)$$

$$=\frac{u(2u+\sin 2u)}{4}-\frac{1}{4}\int(2u+\sin 2u)\mathrm{d}u = \frac{u^2}{4}+\frac{u}{4}\sin 2u-\frac{\sin^2 u}{4}+C$$

$$=\frac{(\arcsin x)^2}{4}+\frac{x}{2}\sqrt{1-x^2}\arcsin x-\frac{x^2}{4}+C.$$

(36) 设 $x=\cos u(0<u<\pi)$，则 $\sqrt{1-x^2}=\sin u$，$\mathrm{d}x=-\sin u\mathrm{d}u$，于是

$$\int\frac{x^3\arccos x}{\sqrt{1-x^2}}\mathrm{d}x=-\int u\cos^3 u\mathrm{d}u=-\int u\mathrm{d}\left(\sin u-\frac{1}{3}\sin^3 u\right)$$

$$=-u\left(\sin u-\frac{1}{3}\sin^3 u\right)+\int\left(\sin u-\frac{1}{3}\sin^3 u\right)\mathrm{d}u$$

$$=-u\left(\sin u-\frac{1}{3}\sin^3 u\right)-\frac{1}{3}\int(2+\cos^2 u)\mathrm{d}(\cos u)$$

$$=-u\left(\sin u-\frac{1}{3}\sin^3 u\right)-\frac{2}{3}\cos u-\frac{1}{9}\cos^3 u+C$$

$$=-\frac{1}{3}\sqrt{1-x^2}(2+x^2)\arccos x-\frac{1}{9}x(6+x^2)+C.$$

(37) $\displaystyle\int\frac{\cot x}{1+\sin x}\mathrm{d}x=\int\frac{\cos x}{\sin x(1+\sin x)}\mathrm{d}x=\int\left(\frac{1}{\sin x}-\frac{1}{1+\sin x}\right)\mathrm{d}(\sin x)=\ln\left|\frac{\sin x}{1+\sin x}\right|+C.$

(38) $\displaystyle\int\frac{\mathrm{d}x}{\sin^3 x\cos x}=-\int\cot x\sec^2 x\mathrm{d}(\cot x)\xlongequal{u=\cot x}-\int u\left(1+\frac{1}{u^2}\right)\mathrm{d}u$

$$=-\frac{u^2}{2}-\ln|u|+C=-\frac{\cot^2 x}{2}-\ln|\cot x|+C$$

(39) $\displaystyle\int\frac{\mathrm{d}x}{(2+\cos x)\sin x}=\int\frac{\mathrm{d}(\cos x)}{(2+\cos x)(\cos^2 x-1)}\xlongequal{u=\cos x}\int\frac{\mathrm{d}u}{(2+u)(u^2-1)}$

$$=\int\left[\frac{1}{6(u-1)}-\frac{1}{2(u+1)}+\frac{1}{3(u+2)}\right]\mathrm{d}u$$

$$=\frac{1}{6}\ln|u-1|-\frac{1}{2}\ln|u+1|+\frac{1}{3}\ln|u+2|+C$$

$$=\frac{1}{6}\ln(1-\cos x)-\frac{1}{2}\ln(1+\cos x)+\frac{1}{3}\ln(2+\cos x)+C.$$

(40) **方法一**

$$\int\frac{\sin x\cos x}{\sin x+\cos x}\mathrm{d}x=\int\frac{\frac{1}{2}(\sin x+\cos x)^2-\frac{1}{2}}{\sin x+\cos x}\mathrm{d}x=\frac{1}{2}\int(\sin x+\cos x)\mathrm{d}x-\frac{1}{2}\int\frac{1}{\sin x+\cos x}\mathrm{d}x$$

$$=\frac{1}{2}(-\cos x+\sin x)-\frac{1}{2}\int\frac{1}{\sin x+\cos x}\mathrm{d}x,$$

令 $u=\tan\dfrac{x}{2}$，则 $\sin x=\dfrac{2u}{1+u^2}$，$\cos x=\dfrac{1-u^2}{1+u^2}$，$\mathrm{d}x=\dfrac{2}{1+u^2}\mathrm{d}u$，故有

$$\int\frac{1}{\sin x+\cos x}\mathrm{d}x=\int\frac{2}{2u+1-u^2}\mathrm{d}u=-\int\frac{2}{(u-1)^2-(\sqrt{2})^2}\mathrm{d}u$$

$$=-\frac{1}{\sqrt{2}}\int\frac{1}{u-1-\sqrt{2}}\mathrm{d}u+\frac{1}{\sqrt{2}}\int\frac{1}{u-1+\sqrt{2}}\mathrm{d}u=\frac{1}{\sqrt{2}}\ln\left|\frac{u-1+\sqrt{2}}{u-1-\sqrt{2}}\right|+C',$$

因此有 $\displaystyle\int\frac{\sin x\cos x}{\sin x+\cos x}\mathrm{d}x=\frac{1}{2}(\sin x-\cos x)-\frac{1}{2\sqrt{2}}\ln\left|\frac{\tan\dfrac{x}{2}-1+\sqrt{2}}{\tan\dfrac{x}{2}-1-\sqrt{2}}\right|+C.$

方法二 $\displaystyle\int\frac{\sin x\cos x}{\sin x+\cos x}\mathrm{d}x=\int\frac{\sin x\cos x}{\sqrt{2}\sin\left(x+\dfrac{\pi}{4}\right)}\mathrm{d}x\xlongequal{u=x+\frac{\pi}{4}}\int\frac{2\sin^2 u-1}{2\sqrt{2}\sin u}\mathrm{d}u$

$$=\frac{1}{\sqrt{2}}\int\sin u\mathrm{d}u-\frac{1}{2\sqrt{2}}\int\csc u\mathrm{d}u=-\frac{\cos\left(x+\dfrac{\pi}{4}\right)}{\sqrt{2}}-\frac{1}{2\sqrt{2}}\ln\left|\csc\left(x+\frac{\pi}{4}\right)-\cot\left(x+\frac{\pi}{4}\right)\right|+C.$$

第四章自测题

一、填空题

1. $\int xf''(x)\mathrm{d}x=$ _____.

2. 若 e^{-x} 是 $f(x)$ 的一个原函数,则 $\int x^2 f(\ln x)\mathrm{d}x=$ _____.

3. $\int \dfrac{1}{\sqrt{1+\mathrm{e}^x}}\mathrm{d}x=$ _____.

4. $\int \dfrac{\sin x}{1+\sin x}\mathrm{d}x=$ _____.

5. $\int \dfrac{1}{(x+3)\sqrt{x+1}}\mathrm{d}x=$ _____.

二、选择题

1. 若 $\int f'(x^3)\mathrm{d}x=x^3+C$,则 $f(x)=($).

   (A) $\dfrac{6}{5}x^{\frac{5}{3}}+C$ (B) $\dfrac{9}{5}x^{\frac{5}{3}}+C$ (C) x^3+C (D) $x+C$

2. 设 $f(x)$ 的一个原函数是 $x\ln x$,则 $\int xf(x)\mathrm{d}x=($).

   (A) $x^2\left(\dfrac{1}{2}+\dfrac{1}{4}\ln x\right)+C$ (B) $x^2\left(\dfrac{1}{4}+\dfrac{1}{2}\ln x\right)+C$

   (C) $x^2\left(\dfrac{1}{4}-\dfrac{1}{2}\ln x\right)+C$ (D) $x^2\left(\dfrac{1}{2}-\dfrac{1}{4}\ln x\right)+C$

3. 设 $\int f(x)\mathrm{d}x=x^2+C$,则 $\int xf(1-x^2)\mathrm{d}x=($).

   (A) $-2(1-x^2)^2+C$ (B) $2(1-x^2)^2+C$

   (C) $-\dfrac{1}{2}(1-x^2)^2+C$ (D) $\dfrac{1}{2}(1-x^2)^2+C$

4. 若 $\int f'(\mathrm{e}^x)\mathrm{d}x=\mathrm{e}^{2x}+C$,则 $f(x)=($).

   (A) e^x+C (B) $\mathrm{e}^{2x}+C$ (C) e^x+1 (D) $\dfrac{2}{3}x^3+C$

5. $\int \dfrac{\mathrm{e}^x-1}{\mathrm{e}^x+1}\mathrm{d}x=($).

   (A) $\ln|\mathrm{e}^x+1|+C$ (B) $\ln|\mathrm{e}^x-1|+C$ (C) $x-2\ln|\mathrm{e}^x+1|+C$ (D) $2\ln|\mathrm{e}^x+1|-x+C$

三、解答题

1. 求 $\int \dfrac{1+\sin x}{1+\cos x}\cdot \mathrm{e}^x\mathrm{d}x$

2. 求 $\int \arctan(1+\sqrt{x})\mathrm{d}x$.

3. 求 $\int \dfrac{x}{x+\sqrt{x^2-1}}\mathrm{d}x$.

4. 求 $\int \dfrac{\mathrm{e}^{3x}+\mathrm{e}^x}{\mathrm{e}^{4x}-\mathrm{e}^{2x}+1}\mathrm{d}x$.

5. 试研究在什么条件下积分 $\int \dfrac{ax^2+bx+c}{x^3(x-1)^2}\mathrm{d}x$ 为有理函数.

6. 设 $F(x)$ 是 $f(x)$ 的一个原函数,且当 $x \geqslant 0$ 时,$F'(x) \cdot f(x) = \dfrac{xe^x}{2(1+x)^2}$,已知 $F(0)=1$,$F(x)>0$,

求 $f(x)$.

第四章自测题答案

一、**1.** $xf'(x) - f(x) + C$

$$\left(\int xf''(x)\mathrm{d}x = \int x\mathrm{d}f'(x) = xf'(x) - \int f'(x)\mathrm{d}x = xf'(x) - f(x) + C\right)$$

2. $-\dfrac{1}{2}x^2 + C$ （令:$t=\ln x$,则 $f(x)=-\mathrm{e}^{-x}$,且 $f(\ln x)=-\mathrm{e}^{-\ln x}=-\mathrm{e}^{\ln\frac{1}{x}}=-\dfrac{1}{x}$）

3. $\ln\dfrac{\sqrt{1+\mathrm{e}^x}-1}{\sqrt{1+\mathrm{e}^x}+1}+C$ （令:$t=\sqrt{1+\mathrm{e}^x}$）

4. $\sec x - \tan x + x + C$

因为 $\displaystyle\int\frac{\sin x}{1+\sin x}\mathrm{d}x = \int\frac{\sin x\cdot(1-\sin x)}{(1+\sin x)(1-\sin x)}\mathrm{d}x = \int\frac{\sin x-\sin^2 x}{\cos^2 x}\mathrm{d}x$

$= \displaystyle\int\frac{\sin x\mathrm{d}x}{\cos^2 x} + \int\left(1-\frac{1}{\cos^2 x}\right)\mathrm{d}x = \int\frac{-\mathrm{d}(\cos x)}{\cos^2 x} + x - \tan x = \sec x + x - \tan x + C.$

5. $\sqrt{2}\arctan\sqrt{\dfrac{x+1}{2}}+C$ （令:$t=\sqrt{x+1}$）

二、**1.** (B) （提示:在 $\displaystyle\int f'(x^3)\mathrm{d}x = x^3+C$ 两端令 $t=x^3$,则 $x=t^{\frac{1}{3}}$,$\mathrm{d}x=\dfrac{1}{3}t^{-\frac{2}{3}}\mathrm{d}t$,于是有

$\displaystyle\int f'(t)\cdot\frac{1}{3}t^{-\frac{2}{3}}\mathrm{d}t = t+C$,在等式两端对 t 求导,得 $f'(t)\cdot\dfrac{1}{3}t^{-\frac{2}{3}}=1$,即 $f'(t)=3t^{\frac{2}{3}}$,故得

$f'(x)=3x^{\frac{2}{3}}$,$f(x)=\displaystyle\int f'(x)\mathrm{d}x = 3\int x^{\frac{2}{3}}\mathrm{d}x = \frac{9}{5}x^{\frac{5}{3}}+C$）.

2. (B) 因为 原式 $= \displaystyle\int x\mathrm{d}f(x) = \int x\mathrm{d}(x\ln x) = \int x(1+\ln x)\mathrm{d}x = \frac{1}{4}x^2+\frac{1}{2}x^2\ln x+C.$

3. (C) 因为 原式 $= -\dfrac{1}{2}\displaystyle\int f(1-x^2)\mathrm{d}(1-x^2) = -\frac{1}{2}(1-x^2)^2+C.$

4. (D) （提示:方法同 1 题;$f'(x)=2x^2$,$f(x)=\displaystyle\int f'(x)\mathrm{d}x = \int 2x^2\mathrm{d}x = \frac{2}{3}x^3+C$）.

5. (D) 因为 原式 $= \displaystyle\int\frac{\mathrm{e}^x+1-2}{\mathrm{e}^x+1}\mathrm{d}x = \int\left(1-\frac{2}{\mathrm{e}^x+1}\right)\mathrm{d}x = x-2\int\frac{\mathrm{e}^x}{(\mathrm{e}^x+1)\mathrm{e}^x}\mathrm{d}x$

$= \displaystyle x-2\int\frac{1}{(\mathrm{e}^x+1)\mathrm{e}^x}\mathrm{d}\mathrm{e}^x = x-2\int\left(\frac{1}{\mathrm{e}^x}-\frac{1}{\mathrm{e}^x+1}\right)\mathrm{d}\mathrm{e}^x$

$= x-2x+2\ln(\mathrm{e}^x+1)+C = -x+2\ln(\mathrm{e}^x+1)+C.$

三、**1.** 解 **方法一** $\displaystyle\int\frac{1+\sin x}{1+\cos x}\mathrm{e}^x\mathrm{d}x = \int\frac{1+\sin x}{2\cos^2\frac{x}{2}}\mathrm{e}^x\mathrm{d}x = \int\frac{\mathrm{e}^x}{\cos^2\frac{x}{2}}\mathrm{d}\left(\frac{x}{2}\right) + \int\mathrm{e}^x\tan\frac{x}{2}\mathrm{d}x$

$= \displaystyle\mathrm{e}^x\tan\frac{x}{2} - \int\mathrm{e}^x\tan\frac{x}{2}\mathrm{d}x + \int\mathrm{e}^x\tan\frac{x}{2}\mathrm{d}x = \mathrm{e}^x\tan\frac{x}{2}+C.$

方法二 $\displaystyle\int\frac{1+\sin x}{1+\cos x}\mathrm{e}^x\mathrm{d}x = \int\frac{\left(\sin\frac{x}{2}+\cos\frac{x}{2}\right)^2}{2\cos^2\frac{x}{2}}\cdot\mathrm{e}^x\mathrm{d}x = \frac{1}{2}\int\left(\tan\frac{x}{2}+1\right)^2\mathrm{e}^x\mathrm{d}x$

$= \displaystyle\frac{1}{2}\int\left(\sec^2\frac{x}{2}+2\tan\frac{x}{2}\right)\mathrm{e}^x\mathrm{d}x = \frac{1}{2}\int\mathrm{e}^x\sec^2\frac{x}{2}\mathrm{d}x + \int\tan\frac{x}{2}\cdot\mathrm{e}^x\mathrm{d}x$

$= \displaystyle\mathrm{e}^x\tan\frac{x}{2} - \int\mathrm{e}^x\tan\frac{x}{2}\mathrm{d}x + \int\tan\frac{x}{2}\cdot\mathrm{e}^x\mathrm{d}x = \mathrm{e}^x\tan\frac{x}{2}+C.$

2. 解 取 $u=\arctan(1+\sqrt{x})$, 分部积分得

$$\int \arctan(1+\sqrt{x})\mathrm{d}x = x\arctan(1+\sqrt{x}) - \int x \cdot \frac{1}{1+(1+\sqrt{x})^2} \cdot \frac{\mathrm{d}x}{2\sqrt{x}}$$

$$= x\arctan(1+\sqrt{x}) - \frac{1}{2}\int \frac{\sqrt{x}}{x+2\sqrt{x}+2}\mathrm{d}x,$$

令 $\sqrt{x}=t$, 则 $x=t^2$, $\mathrm{d}x=2t\mathrm{d}t$, 从而

$$\int \frac{\sqrt{x}}{x+2\sqrt{x}+2}\mathrm{d}x = \int \frac{t \cdot 2t\mathrm{d}t}{t^2+2t+2} = 2\int \frac{t^2+2t+2-2t-2}{t^2+2t+2}\mathrm{d}t$$

$$= 2t - 2\ln|t^2+2t+2| + C.$$

故原式 $= x\arctan(1+\sqrt{x}) - \sqrt{x} + \ln|x+2\sqrt{x}+2| + C.$

3. 解 **方法一** 原式 $= \int \frac{x(x-\sqrt{x^2-1})}{1}\mathrm{d}x = \frac{1}{3}x^3 - \frac{1}{3}(x^2-1)^{\frac{3}{2}} + C.$

方法二 令 $x=\sec t$, 则

$$原式 = \int \frac{\sec^2 t \cdot \tan t}{\sec t + \tan t}\mathrm{d}t = \int \frac{\sin t}{(1+\sin t)\cos^2 t}\mathrm{d}t = \int \frac{\sin t \cdot (1-\sin t)}{\cos^4 t}\mathrm{d}t$$

$$= -\int \frac{\mathrm{d}\cos t}{\cos^4 t} - \int \tan^2 t \mathrm{d}(\tan t) = \frac{1}{3}\frac{1}{\cos^3 t} - \frac{1}{3}\tan^3 t + C$$

$$= \frac{1}{3}x^3 - \frac{1}{3}(x^2-1)^{\frac{3}{2}} + C.$$

4. 解 原式 $= \int \frac{e^{2x}(e^x+e^{-x})}{e^{2x}(e^{2x}-1+e^{-2x})}\mathrm{d}x = \int \frac{e^x+e^{-x}}{1+(e^x-e^{-x})^2}\mathrm{d}x = \int \frac{\mathrm{d}(e^x-e^{-x})}{1+(e^x-e^{-x})^2}$

$$= \arctan(e^x-e^{-x}) + C.$$

5. 解 由于 $\dfrac{ax^2+bx+c}{x^3(x-1)^2} = \dfrac{A_1}{x} + \dfrac{A_2}{x^2} + \dfrac{A_3}{x^3} + \dfrac{B_1}{x-1} + \dfrac{B_2}{(x-1)^2}$,

为使所给积分结果是有理函数, 必须使 $A_1=B_1=0$. 将上式两端去分母并比较同类项系数得:

$$\begin{cases} A_1+B_1=0, \\ -2A_1+A_2-B_1+B_2=0, \\ A_1-2A_2+A_3=a, \\ A_2-2A_3=b, \\ A_3=c, \end{cases} \qquad 解得 \quad \begin{cases} A_1=a+2b+3c, \\ B_1=-(a+2b+3c), \end{cases}$$

于是要使 $A_1=B_1=0$, 则应有 $a+2b+3c=0$.

故当 $a+2b+3c=0$ 时, 积分 $\displaystyle\int \frac{ax^2+bx+c}{x^3(x-1)^2}\mathrm{d}x$ 为有理函数.

6. 解 因为 $f(x)=F'(x)$, 所以 $F'(x) \cdot f(x) = \dfrac{xe^x}{2(1+x)^2}$,

又因为 $[F^2(x)]' = 2f(x) \cdot F'(x) = \dfrac{xe^x}{(1+x)^2}$,

所以 $F^2(x) = \displaystyle\int \frac{xe^x}{(1+x)^2}\mathrm{d}x = -\int xe^x \mathrm{d}\left(\frac{1}{1+x}\right) = -\frac{xe^x}{1+x} + \int e^x \mathrm{d}x$

$$= -\frac{xe^x}{1+x} + e^x + C = \frac{e^x}{1+x} + C,$$

由 $F(0)=1$ 知 $C=0$, 从而 $F(x) = \sqrt{\dfrac{e^x}{1+x}}$ $(F(x)>0)$,

故 $f(x)=F'(x) = \dfrac{x\sqrt{e^x}}{2\sqrt{(1+x)^3}}$.

第五章 定积分

定积分是介绍一种计算具有可加性整体量的方法,它是一元函数积分学的另一个基本问题.定积分与上一章讨论的不定积分有密切的内在联系,同时它又是下一章所论内容的基础和准备.

第一节 定积分的概念与性质

一、主要内容归纳

1. 定积分的定义

设 $f(x)$ 是定义在区间 $[a,b]$ 上的有界函数,任取分点 $a=x_0<x_1<x_2<\cdots<x_n=b$,将 $[a,b]$ 分为 n 个子区间 $[x_{i-1},x_i]$,记 $\Delta x_i=x_i-x_{i-1}(i=1,2,\cdots,n)$,又在每个子区间上任取一点 $\xi_i\in[x_{i-1},x_i](i=1,2,\cdots,n)$,若不论对区间 $[a,b]$ 如何分法,也不论 ξ_i 在 $[x_{i-1},x_i]$ 中如何取法,只要当 $\lambda=\max\limits_{1\leqslant i\leqslant n}\Delta x_i$ 趋于零时,和式 $\sum\limits_{i=1}^{n}f(\xi_i)\Delta x_i$ 的极限存在,则称此极限值为 $f(x)$ 在 $[a,b]$ 上的定积分,记为

$$\int_a^b f(x)\mathrm{d}x=\lim_{\lambda\to 0}\sum_{i=1}^{n}f(\xi_i)\Delta x_i,$$

此时也称 $f(x)$ 在 $[a,b]$ 上可积.

特别地,把区间 $[a,b]$ 分为 n 等份,ξ_i 取为每个小区间的右端点,则有

$$\lim_{n\to\infty}\frac{b-a}{n}\sum_{i=1}^{n}f\left(a+\frac{b-a}{n}i\right)=\int_a^b f(x)\mathrm{d}x.$$

$$\lim_{n\to\infty}\frac{1}{n}\sum_{i=1}^{n}f\left(\frac{i}{n}\right)=\int_0^1 f(x)\mathrm{d}x. \quad (\text{此时 } a=0,b=1)$$

使用以上两个公式可计算某些和式的极限.

2. 定积分的基本性质

(1) 定积分与积分变量无关,即 $\int_a^b f(x)\mathrm{d}x=\int_a^b f(t)\mathrm{d}t$;

(2) $\int_a^a f(x)\mathrm{d}x\equiv 0$;

(3) $\int_b^a f(x)\mathrm{d}x=-\int_a^b f(x)\mathrm{d}x$;

(4) 若 $f(x)$ 在 $[a,b]$ 上可积,k 为任一常数,则 $\int_a^b kf(x)\mathrm{d}x=k\int_a^b f(x)\mathrm{d}x$;

(5) 若 $f(x)$、$g(x)$ 在 $[a,b]$ 上都可积,则

$$\int_a^b [f(x)\pm g(x)]\mathrm{d}x = \int_a^b f(x)\mathrm{d}x \pm \int_a^b g(x)\mathrm{d}x;$$

(6) 设函数 $f(x)$ 在 $[a,c]$,$[c,b]$,$[a,b]$ 上都可积,则

$$\int_a^b f(x)\mathrm{d}x = \int_a^c f(x)\mathrm{d}x + \int_c^b f(x)\mathrm{d}x,$$

当 c 点在 $[a,b]$ 外时,结论仍成立;

(7) 设 $f(x)$、$g(x)$ 在 $[a,b]$ 上可积,且 $f(x)\leqslant g(x)$,$x\in[a,b]$,则

$$\int_a^b f(x)\mathrm{d}x \leqslant \int_a^b g(x)\mathrm{d}x;$$

(8) 估值定理   设 $f(x)$ 在 $[a,b]$ 上的最大值、最小值分别为 M 和 m,则有

$$m(b-a)\leqslant \int_a^b f(x)\mathrm{d}x \leqslant M(b-a);$$

(9) 积分中值定理   设 $f(x)$ 在 $[a,b]$ 上连续,则在 $[a,b]$ 上至少存在一点 ξ,使得

$$\int_a^b f(x)\mathrm{d}x = f(\xi)(b-a),$$

称 $\dfrac{1}{b-a}\displaystyle\int_a^b f(x)\mathrm{d}x$ 为函数 $f(x)$ 在 $[a,b]$ 上的积分平均值.

3. 积分不等式   设 $f(x)$、$g(x)$ 在区间 $[a,b]$ 上可积,则有下列不等式

(1) $\left|\displaystyle\int_a^b f(x)\mathrm{d}x\right| \leqslant \displaystyle\int_a^b |f(x)|\mathrm{d}x$;

(2) 许瓦尔兹不等式

$$\left[\int_a^b f(x)g(x)\mathrm{d}x\right]^2 \leqslant \int_a^b f^2(x)\mathrm{d}x \int_a^b g^2(x)\mathrm{d}x.$$

二、 经典例题解析及解题方法总结

【例1】 (2018 数学一,数学二,数学三,4 分) 设 $M=\displaystyle\int_{-\frac{\pi}{2}}^{\frac{\pi}{2}}\dfrac{(1+x)^2}{1+x^2}\mathrm{d}x$,$N=\displaystyle\int_{-\frac{\pi}{2}}^{\frac{\pi}{2}}\dfrac{1+x}{\mathrm{e}^x}\mathrm{d}x$,

$K=\displaystyle\int_{-\frac{\pi}{2}}^{\frac{\pi}{2}}(1+\sqrt{\cos x})\mathrm{d}x$,则_____.

(A)$M>N>K$ (B)$M>K>N$ (C)$K>M>N$ (D)$K>N>M$

解 $M=\displaystyle\int_{-\frac{\pi}{2}}^{\frac{\pi}{2}}\dfrac{(1+x)^2}{1+x^2}\mathrm{d}x = \int_{-\frac{\pi}{2}}^{\frac{\pi}{2}}\left(1+\dfrac{2x}{1+x^2}\right)\mathrm{d}x = \int_{-\frac{\pi}{2}}^{\frac{\pi}{2}}\mathrm{d}x = \pi.$

易知,当 $-\dfrac{\pi}{2}\leqslant x\leqslant \dfrac{\pi}{2}$ 时,有 $\dfrac{1+x}{\mathrm{e}^x}\leqslant 1$,$1+\sqrt{\cos x}\geqslant 1$,

故 $N=\displaystyle\int_{-\frac{\pi}{2}}^{\frac{\pi}{2}}\dfrac{1+x}{\mathrm{e}^x}\mathrm{d}x < \int_{-\frac{\pi}{2}}^{\frac{\pi}{2}}\mathrm{d}x = \pi$,$K=\displaystyle\int_{-\frac{\pi}{2}}^{\frac{\pi}{2}}(1+\sqrt{\cos x})\mathrm{d}x > \int_{-\frac{\pi}{2}}^{\frac{\pi}{2}}\mathrm{d}x = \pi.$

于是,$K>M>N.$

故应选(C).

【例2】 (2022 数学一，数学二，数学三,5 分) 已知 $I_1 = \int_0^1 \dfrac{x}{2(1+\cos x)}\mathrm{d}x, I_2 = \int_0^1 \dfrac{\ln(1+x)}{1+\cos x}\mathrm{d}x, I_3 = \int_0^1 \dfrac{2x}{1+\sin x}\mathrm{d}x$,则 _____.

(A)$I_1 < I_2 < I_3$ (B)$I_2 < I_1 < I_3$

(C)$I_1 < I_3 < I_2$ (D)$I_3 < I_2 < I_1$

解 $I_1 = \int_0^1 \dfrac{\frac{x}{2}}{1+\cos x}\mathrm{d}x, I_2 = \int_0^1 \dfrac{\ln(1+x)}{1+\cos x}\mathrm{d}x, I_3 = \int_0^1 \dfrac{x}{\frac{1+\sin x}{2}}\mathrm{d}x$.

先比较 I_1 与 I_2,令 $f(x) = \dfrac{x}{2} - \ln(1+x), x \in (0,1)$,则 $f'(x) = \dfrac{1}{2} - \dfrac{1}{1+x} = \dfrac{x-1}{2(1+x)}$ < 0,即 $f(x)$ 单调减少. 又 $f(0) = 0$,因此 $f(x) < f(0) = 0$,即 $\dfrac{x}{2} < \ln(1+x), x \in (0,1)$. 则 $I_1 < I_2$.

再比较 I_2 与 I_3,令 $g(x) = \ln(1+x) - x, x \in (0,1)$,则 $g'(x) = \dfrac{1}{1+x} - 1 = -\dfrac{x}{1+x} < 0$, 即 $g(x)$ 单调减少. 又 $g(0) = 0$,因此 $g(x) < g(0) = 0$,即 $\ln(1+x) < x, x \in (0,1)$.

令 $h(x) = 1 + \cos x - \dfrac{1+\sin x}{2} = \dfrac{1}{2} + \cos x - \dfrac{1}{2}\sin x, x \in (0,1)$,

则 $h'(x) = -\sin x - \dfrac{1}{2}\cos x < 0$,即 $h(x)$ 单调减少. 又 $h(1) = \dfrac{1}{2} + \cos 1 - \dfrac{1}{2}\sin 1 > 0$,

因此 $h(x) > h(1) > 0$,即 $1 + \cos x > \dfrac{1+\sin x}{2}$,从而 $\dfrac{\ln(1+x)}{1+\cos x} < \dfrac{x}{\frac{1+\sin x}{2}}$,即 $I_2 < I_3$.

故应选(A).

【例3】 求证 $1 \leqslant \int_0^1 \mathrm{e}^{x^2}\mathrm{d}x \leqslant \mathrm{e}$.

分析   由欲证不等式的形式特征可猜想,若求出函数 e^{x^2} 在 $[0,1]$ 上的最大值与最小值, 利用定积分的性质 8 即可完成证明.

解   令 $f(x) = \mathrm{e}^{x^2}$,由于 $f'(x) = 2x\mathrm{e}^{x^2} \geqslant 0$,故 $f(x)$ 在 $[0,1]$ 单调增加

$$\min_{x \in [0,1]} f(x) = f(0) = \mathrm{e}^0 = 1, \qquad \max_{x \in [0,1]} f(x) = f(1) = \mathrm{e}^1 = \mathrm{e},$$

由定积分性质 8 得:$1 = 1(1-0) \leqslant \int_0^1 \mathrm{e}^{x^2}\mathrm{d}x \leqslant \mathrm{e}(1-0) = \mathrm{e}$.

【例4】 设 $f(x)$ 可导,且 $\lim\limits_{x \to +\infty} f(x) = 1$,求 $\lim\limits_{x \to +\infty} \int_x^{x+2} t\sin\dfrac{3}{t} f(t)\mathrm{d}t$.

解   由积分中值定理可知:存在 $\xi \in [x, x+2]$,使

$$\int_x^{x+2} t\sin\dfrac{3}{t} \cdot f(t)\mathrm{d}t = \xi \cdot \sin\dfrac{3}{\xi} \cdot f(\xi) \cdot (x+2-x) = \xi \cdot \sin\dfrac{3}{\xi} \cdot f(\xi) \cdot 2$$

当 $x \to +\infty$ 时必有 $\xi \to +\infty$,又 $\lim\limits_{x \to +\infty} f(x) = 1$,故

$$\lim_{x \to +\infty} \int_x^{x+2} t \cdot \sin \frac{3}{t} \cdot f(t) \mathrm{d}t = 2 \lim_{\xi \to +\infty} \xi \cdot \sin \frac{3}{\xi} \cdot f(\xi) = 2 \lim_{\xi \to +\infty} f(\xi) \cdot \frac{\sin \frac{3}{\xi}}{\frac{3}{\xi}} \cdot 3 = 6.$$

习题 5-1 解答

*1. 利用定积分定义计算由抛物线 $y = x^2 + 1$、两直线 $x = a$、$x = b(b > a)$ 及 x 轴所围成的图形的面积.

解 由于函数 $f(x) = x^2 + 1$ 在区间 $[a, b]$ 上连续,因此可积,为计算方便,不妨把 $[a, b]$ 分成 n 等份,则分点

为 $x_i = a + \dfrac{i(b-a)}{n} (i = 0, 1, 2, \cdots, n)$,每个小区间长度为 $\Delta x_i = \dfrac{b-a}{n}$,取 ξ_i 为小区间的右端点 x_i,则

$$\sum_{i=1}^n f(\xi_i) \Delta x_i = \sum_{i=1}^n \left[\left(a + \frac{i(b-a)}{n} \right)^2 + 1 \right] \frac{b-a}{n}$$

$$= \frac{b-a}{n} \sum_{i=1}^n (a^2 + 1) + 2 \frac{a(b-a)^2}{n^2} \sum_{i=1}^n i + \frac{(b-a)^3}{n^3} \sum_{i=1}^n i^2$$

$$= (b-a)(a^2 + 1) + a(b-a)^2 \frac{n+1}{n} + (b-a)^3 \frac{(n+1)(2n+1)}{6n^2},$$

当 $n \to \infty$ 时,上式极限为

$$(b-a)(a^2 + 1) + a(b-a)^2 + \frac{1}{3}(b-a)^3 = \frac{b^3 - a^3}{3} + b - a,$$

即为所求图形的面积.

*2. 利用定积分定义计算下列积分:

$(1) \displaystyle\int_a^b x \mathrm{d}x \ (a < b)$;　　　　　　$(2) \displaystyle\int_0^1 \mathrm{e}^x \mathrm{d}x$.

解 由于被积函数在积分区间上连续,因此把积分区间分成 n 等份,并取 ξ_i 为小区间的右端点,得到

$$(1) \int_a^b x \mathrm{d}x = \lim_{n \to \infty} \sum_{i=1}^n \left[a + \frac{i(b-a)}{n} \right] \frac{b-a}{n} = \lim_{n \to \infty} \left[a(b-a) + \frac{(b-a)^2}{n^2} \frac{n(n+1)}{2} \right]$$

$$= a(b-a) + \frac{(b-a)^2}{2} = \frac{b^2 - a^2}{2}.$$

$$(2) \int_0^1 \mathrm{e}^x \mathrm{d}x = \lim_{n \to \infty} \sum_{i=1}^n \frac{1}{n} \mathrm{e}^{\frac{i}{n}} = \lim_{n \to \infty} \frac{1}{n} \left(\mathrm{e}^{\frac{1}{n}} + \mathrm{e}^{\frac{2}{n}} + \cdots + \mathrm{e}^{\frac{n}{n}} \right) = \lim_{n \to \infty} \frac{(\mathrm{e}^{\frac{1}{n}})^{n+1} - \mathrm{e}^{\frac{1}{n}}}{n(\mathrm{e}^{\frac{1}{n}} - 1)} = \frac{\lim_{n \to \infty}(\mathrm{e}^{\frac{n+1}{n}} - \mathrm{e}^{\frac{1}{n}})}{\lim_{n \to \infty} n(\mathrm{e}^{\frac{1}{n}} - 1)} = \mathrm{e} - 1.$$

其中 $\lim_{n \to \infty} n(\mathrm{e}^{\frac{1}{n}} - 1) = \lim_{n \to \infty} \dfrac{\mathrm{e}^{\frac{1}{n}} - 1}{\frac{1}{n}} = 1.$

3. 利用定积分的几何意义,证明下列等式:

$(1) \displaystyle\int_0^1 2x \mathrm{d}x = 1$;　$(2) \displaystyle\int_0^1 \sqrt{1-x^2} \mathrm{d}x = \frac{\pi}{4}$;　$(3) \displaystyle\int_{-\pi}^{\pi} \sin x \mathrm{d}x = 0$;　$(4) \displaystyle\int_{-\frac{\pi}{2}}^{\frac{\pi}{2}} \cos x \mathrm{d}x = 2 \displaystyle\int_0^{\frac{\pi}{2}} \cos x \mathrm{d}x$.

解 (1)根据定积分的几何意义,定积分 $\displaystyle\int_0^1 2x \mathrm{d}x$ 表示由直线 $y = 2x$、$x = 1$ 及

x 轴围成的图形的面积,该图形是三角形,如图 5-1 所示,底边长为

1,高为 2,因此面积为 1,即 $\displaystyle\int_0^1 2x \mathrm{d}x = 1$.

(2)根据定积分的几何意义,定积分 $\displaystyle\int_0^1 \sqrt{1-x^2} \mathrm{d}x$ 表示由曲线 $y =$

$\sqrt{1-x^2}$ 以及 x 轴、y 轴围成的在第 I 象限内的图形面积,即单位圆

图 5-1

的四分之一的图形,如图 5-2 所示,因此有 $\int_0^1 \sqrt{1-x^2}\,\mathrm{d}x = \dfrac{\pi}{4}$.

图 5-2

图 5-3

(3)由于函数 $y = \sin x$ 在区间 $[0,\pi]$ 上非负,在区间 $[-\pi,0]$ 上非正. 根据定积分的几何意义,定积分 $\int_{-\pi}^{\pi} \sin x\,\mathrm{d}x$ 表示曲线 $y = \sin x\,(x \in [0,\pi])$ 与 x 轴所围成的图形 D_1 的面积减去曲线 $y = \sin x\,(x \in [-\pi,0])$ 与 x 轴所围成的图形 D_2 的面积,如图 5-3 所示,显然图形 D_1 与 D_2 的面积是相等的,因此有 $\int_{-\pi}^{\pi} \sin x\,\mathrm{d}x = 0$.

(4)由于函数 $y = \cos x$ 在区间 $\left[-\dfrac{\pi}{2}, \dfrac{\pi}{2}\right]$ 上非负,根据定积分的几何

意义,定积分 $\int_{-\frac{\pi}{2}}^{\frac{\pi}{2}} \cos x\,\mathrm{d}x$ 表示曲线 $y = \cos x\left(x \in \left[0, \dfrac{\pi}{2}\right]\right)$ 与 x 轴

和 y 轴所围成的图形 D_1 的面积加上曲线 $y = \cos x$

$\left(x \in \left[-\dfrac{\pi}{2}, 0\right]\right)$ 与 x 轴和 y 轴所围成的图形 D_2 的面积,如图

图 5-4

5-4 所示,而图形 D_1 的面积与图形 D_2 的面积显然相等,因此有 $\int_{-\frac{\pi}{2}}^{\frac{\pi}{2}} \cos x\,\mathrm{d}x = 2\int_0^{\frac{\pi}{2}} \cos x\,\mathrm{d}x$.

4. 利用定积分的几何意义,求下列积分:

(1) $\int_0^t x\,\mathrm{d}x\,(t>0)$;   (2) $\int_{-2}^4 \left(\dfrac{x}{2}+3\right)\mathrm{d}x$;   (3) $\int_{-1}^2 |x|\,\mathrm{d}x$;   (4) $\int_{-3}^3 \sqrt{9-x^2}\,\mathrm{d}x$.

解 (1)根据定积分的几何意义,$\int_0^t x\,\mathrm{d}x$ 表示由直线 $y = x$,$x = t$ 以及 x 轴围成的直角三角形的面积,如

图 5-5 所示,该直角三角形的两条直角边的长均为 t,因此面积为 $\dfrac{t^2}{2}$,故有 $\int_0^t x\,\mathrm{d}x = \dfrac{t^2}{2}$.

图 5-5

图 5-6

(2)根据定积分的几何意义,$\int_{-2}^4 \left(\dfrac{x}{2}+3\right)\mathrm{d}x$ 表示的是由直线 $y = \dfrac{x}{2}+3$,$x = -2$,$x = 4$ 以及 x 轴所围成的梯形的面积,如图 5-6 所示,该梯形的两底长分别为 $\dfrac{-2}{2}+3 = 2$ 和 $\dfrac{4}{2}+3 = 5$,梯形的高为 $4-(-2) = 6$,因此面积为 21,故有 $\int_{-2}^4 \left(\dfrac{x}{2}+3\right)\mathrm{d}x = 21$.

(3)根据定积分的几何意义,$\int_{-1}^2 |x|\,\mathrm{d}x$ 表示的是由直线 $y = |x|$,$x = -1$,$x = 2$ 以及 x 轴所围成的图

形的面积,如图 5-7 所示,该图形由两个等腰直角三角形组成,分别由直线 $y=-x$,$x=-1$ 和 x 轴所围成,其直角边为 1,面积为 $\frac{1}{2}$;由直线 $y=x$,$x=2$ 和 x 轴所围成,其直角边长为 2,面积为 2.因此 $\int_{-1}^{2} |x| \mathrm{d}x = \frac{5}{2}$.

图 5-7

图 5-8

(4)根据定积分的几何意义,$\int_{-3}^{3} \sqrt{9-x^2} \mathrm{d}x$ 表示的是由上半圆周 $y=\sqrt{9-x^2}$ 以及 x 轴所围成的半圆的面积,如图 5-8 所示,因此有 $\int_{-3}^{3} \sqrt{9-x^2} \mathrm{d}x = \frac{9}{2}\pi$.

5. 设 $a<b$,问 a,b 取什么值时,积分 $\int_{a}^{b} (x-x^2) \mathrm{d}x$ 取得最大值?

解 根据定积分的几何意义,$\int_{a}^{b} (x-x^2) \mathrm{d}x$ 表示的是由 $y=x-x^2$,$x=a$,$x=b$,以及 x 轴所围成的图形在 x 轴上方部分的面积减去 x 轴下方部分的面积,如图 5-9 所示.因此只有当下方部分面积为 0,上方部分面积为最大时,$\int_{a}^{b} (x-x^2) \mathrm{d}x$ 的值才最大,即当 $a=0$,$b=1$ 时,积分 $\int_{a}^{b} (x-x^2) \mathrm{d}x$ 取得最大值.

图 5-9

6. 试从定积分的几何意义,说明以下等式成立:
$$\int_{1}^{e} \ln x \mathrm{d}x + \int_{0}^{1} e^x \mathrm{d}x = e.$$

解 $\int_{1}^{e} \ln x \mathrm{d}x$ 表示曲边三角形 BCD 的面积,

$\int_{0}^{1} e^x \mathrm{d}x$ 表示曲边梯形 $OABD$ 的面积,

所以 $\int_{1}^{e} \ln x \mathrm{d}x + \int_{0}^{1} e^x \mathrm{d}x$ 等于矩形 $OABC$ 的面积 e.

图 5-10

7. 已知 $\ln 2 = \int_{0}^{1} \frac{1}{1+x} \mathrm{d}x$,试用抛物线法公式(1-6),求出 ln2 的近似值(取 $n=10$,计算时取 4 位小数).

解 计算 y_i 并列表

i	0	1	2	3	4	5	6	7	8	9	10
x_i	0.000 0	0.100 0	0.200 0	0.300 0	0.400 0	0.500 0	0.600 0	0.700 0	0.800 0	0.900 0	1.000 0
y_i	1.000 0	0.909 1	0.833 33	0.769 2	0.714 3	0.666 7	0.625 0	0.588 2	0.555 6	0.526 3	0.500 0

按抛物线法公式(1-6),求得

$$s=\frac{1}{30}\big[(y_0+y_{10})+2(y_2+y_4+y_6+y_8)+4(y_1+y_3+y_5+y_7+y_9)\big]\approx 0.6931.$$

8. 设 $\int_{-1}^{1}3f(x)\mathrm{d}x=18$，$\int_{-1}^{3}f(x)\mathrm{d}x=4$，$\int_{-1}^{3}g(x)\mathrm{d}x=3$. 求：

(1) $\int_{-1}^{1}f(x)\mathrm{d}x$； (2) $\int_{1}^{3}f(x)\mathrm{d}x$；

(3) $\int_{3}^{-1}g(x)\mathrm{d}x$； (4) $\int_{-1}^{3}\frac{1}{5}[4f(x)+3g(x)]\mathrm{d}x$.

解 (1) $\int_{-1}^{1}f(x)\mathrm{d}x=\frac{1}{3}\int_{-1}^{1}3f(x)\mathrm{d}x=6.$

(2) $\int_{1}^{3}f(x)\mathrm{d}x=\int_{-1}^{3}f(x)\mathrm{d}x-\int_{-1}^{1}f(x)\mathrm{d}x=-2.$

(3) $\int_{3}^{-1}g(x)\mathrm{d}x=-\int_{-1}^{3}g(x)\mathrm{d}x=-3.$

(4) $\int_{-1}^{3}\frac{1}{5}[4f(x)+3g(x)]\mathrm{d}x=\frac{4}{5}\int_{-1}^{3}f(x)\mathrm{d}x+\frac{3}{5}\int_{-1}^{3}g(x)\mathrm{d}x=5.$

9. 证明定积分的性质：

(1) $\int_{a}^{b}kf(x)\mathrm{d}x=k\int_{a}^{b}f(x)\mathrm{d}x$（$k$ 是常数）； (2) $\int_{a}^{b}1\mathrm{d}x=\int_{a}^{b}\mathrm{d}x=b-a.$

证 根据定积分的定义，在区间 $[a,b]$ 中插入 $n-1$ 个点 $a=x_0<x_1<x_2<\cdots<x_n=b$，记 $\Delta x_i=x_i-x_{i-1}$，任取 $\xi_i\in[x_{i-1},x_i]$，则

(1) $\int_{a}^{b}kf(x)\mathrm{d}x=\lim_{\lambda\to 0}\sum_{i=1}^{n}kf(\xi_i)\Delta x_i=k\lim_{\lambda\to 0}\sum_{i=1}^{n}f(\xi_i)\Delta x_i=k\int_{a}^{b}f(x)\mathrm{d}x.$

(2) $\int_{a}^{b}1\mathrm{d}x=\lim_{\lambda\to 0}\sum_{i=1}^{n}\Delta x_i=\lim_{\lambda\to 0}(b-a)=b-a.$

10. 估计下列各积分的值：

(1) $\int_{1}^{4}(x^2+1)\mathrm{d}x$；(2) $\int_{\frac{\pi}{4}}^{\frac{5\pi}{4}}(1+\sin^2 x)\mathrm{d}x$；(3) $\int_{\frac{1}{\sqrt{3}}}^{\sqrt{3}}x\arctan x\mathrm{d}x$；(4) $\int_{2}^{0}e^{x^2-x}\mathrm{d}x.$

解 (1) 在 $[1,4]$ 上，$2\leqslant x^2+1\leqslant 17$，因此有

$$6=\int_{1}^{4}2\mathrm{d}x\leqslant\int_{1}^{4}(x^2+1)\mathrm{d}x\leqslant\int_{1}^{4}17\mathrm{d}x=51.$$

(2) 在 $[\frac{1}{4}\pi,\frac{5}{4}\pi]$ 上，$1=1+0\leqslant 1+\sin^2 x\leqslant 1+1=2$，因此有

$$\pi=\int_{\frac{\pi}{4}}^{\frac{5}{4}\pi}\mathrm{d}x\leqslant\int_{\frac{\pi}{4}}^{\frac{5}{4}\pi}(1+\sin^2 x)\mathrm{d}x\leqslant\int_{\frac{\pi}{4}}^{\frac{5}{4}\pi}2\mathrm{d}x=2\pi.$$

(3) 在 $[\frac{1}{\sqrt{3}},\sqrt{3}]$ 上，函数 $f(x)=x\arctan x$ 是单调增加的，因此

$$f\Big(\frac{1}{\sqrt{3}}\Big)\leqslant f(x)\leqslant f(\sqrt{3}),\quad 即\quad \frac{\pi}{6\sqrt{3}}\leqslant x\arctan x\leqslant\frac{\pi}{\sqrt{3}},$$

故有 $\frac{\pi}{9}=\int_{\frac{1}{\sqrt{3}}}^{\sqrt{3}}\frac{\pi}{6\sqrt{3}}\mathrm{d}x\leqslant\int_{\frac{1}{\sqrt{3}}}^{\sqrt{3}}x\arctan x\mathrm{d}x\leqslant\int_{\frac{1}{\sqrt{3}}}^{\sqrt{3}}\frac{\pi}{\sqrt{3}}\mathrm{d}x=\frac{2}{3}\pi.$

(4) 设 $f(x)=x^2-x$，$x\in[0,2]$，则 $f'(x)=2x-1$，$f(x)$ 在 $[0,2]$ 上的最大值、最小值必为 $f(0)$、$f(\frac{1}{2})$、$f(2)$ 中的最大值和最小值，即最大值和最小值分别为 $f(2)=2$ 和 $f(\frac{1}{2})=-\frac{1}{4}$，因此有

$$2e^{-\frac{1}{4}}=\int_{0}^{2}e^{-\frac{1}{4}}\mathrm{d}x\leqslant\int_{0}^{2}e^{x^2-x}\mathrm{d}x\leqslant\int_{0}^{2}e^2\mathrm{d}x=2e^2,$$

而 $\int_{2}^{0}e^{x^2-x}\mathrm{d}x=-\int_{0}^{2}e^{x^2-x}\mathrm{d}x$，故 $-2e^2\leqslant\int_{2}^{0}e^{x^2-x}\mathrm{d}x\leqslant-2e^{-\frac{1}{4}}.$

11. 设 $f(x)$ 在 $[0,1]$ 上连续,证明 $\displaystyle\int_0^1 f^2(x)\mathrm{d}x \geqslant \left(\int_0^1 f(x)\mathrm{d}x\right)^2$.

证　记 $a=\displaystyle\int_0^1 f(x)\mathrm{d}x$,则由定积分性质 4 得 $\displaystyle\int_0^1 [f(x)-a]^2\mathrm{d}x \geqslant 0$.

即 $\displaystyle\int_0^1 [f(x)-a]^2\mathrm{d}x=\int_0^1 f^2(x)\mathrm{d}x-2a\int_0^1 f(x)\mathrm{d}x+a^2=\int_0^1 f^2(x)\mathrm{d}x-\left[\int_0^1 f(x)\mathrm{d}x\right]^2 \geqslant 0$,

由此结论成立.

12. 设 $f(x)$ 及 $g(x)$ 在 $[a,b]$ 上连续,证明:

(1)若在 $[a,b]$ 上,$f(x) \geqslant 0$,且 $f(x) \not\equiv 0$,则 $\displaystyle\int_a^b f(x)\mathrm{d}x>0$;

(2)若在 $[a,b]$ 上,$f(x) \geqslant 0$,且 $\displaystyle\int_a^b f(x)\mathrm{d}x=0$,则在 $[a,b]$ 上 $f(x) \equiv 0$;

(3)若在 $[a,b]$ 上,$f(x) \leqslant g(x)$,且 $\displaystyle\int_a^b f(x)\mathrm{d}x=\int_a^b g(x)\mathrm{d}x$,则在 $[a,b]$ 上 $f(x) \equiv g(x)$.

证　(1)根据条件必定存在 $x_0 \in [a,b]$,使得 $f(x_0)>0$.由函数 $f(x)$ 在 x_0 连续可知,存在 $a \leqslant \alpha < \beta \leqslant b$,使

得当 $x \in [\alpha,\beta]$ 时 $f(x)>\dfrac{f(x_0)}{2}$.因此有 $\displaystyle\int_a^b f(x)\mathrm{d}x=\int_a^\alpha f(x)\mathrm{d}x+\int_\alpha^\beta f(x)\mathrm{d}x+\int_\beta^b f(x)\mathrm{d}x$,

由定积分性质得到:

$$\int_a^\alpha f(x)\mathrm{d}x \geqslant 0, \quad \int_\alpha^\beta f(x)\mathrm{d}x>\int_\alpha^\beta \frac{f(x_0)}{2}\mathrm{d}x=\frac{\beta-\alpha}{2}f(x_0)>0, \quad \int_\beta^b f(x)\mathrm{d}x \geqslant 0,$$

故得到结论 $\displaystyle\int_a^b f(x)\mathrm{d}x>0$.

(2)用反证法.如果 $f(x) \not\equiv 0$,则由(1)得到 $\displaystyle\int_a^b f(x)\mathrm{d}x>0$,与假设条件矛盾,因此 $f(x) \equiv 0$.

(3)令 $h(x)=g(x)-f(x)$,则 $h(x) \geqslant 0$,且 $\displaystyle\int_a^b h(x)\mathrm{d}x=\int_a^b g(x)\mathrm{d}x-\int_a^b f(x)\mathrm{d}x=0$,

由(1)可得在 $[a,b]$ 上 $h(x) \equiv 0$,从而结论成立.

13. 根据定积分的性质及第 12 题的结论,说明下列各对积分哪一个的值较大:

(1) $\displaystyle\int_0^1 x^2\mathrm{d}x$ 还是 $\displaystyle\int_0^1 x^3\mathrm{d}x$?　　　　(2) $\displaystyle\int_1^2 x^2\mathrm{d}x$ 还是 $\displaystyle\int_1^2 x^3\mathrm{d}x$?

(3) $\displaystyle\int_1^2 \ln x\mathrm{d}x$ 还是 $\displaystyle\int_1^2 (\ln x)^2\mathrm{d}x$?　　(4) $\displaystyle\int_0^1 x\mathrm{d}x$ 还是 $\displaystyle\int_0^1 \ln(1+x)\mathrm{d}x$?

(5) $\displaystyle\int_0^1 e^x\mathrm{d}x$ 还是 $\displaystyle\int_0^1 (1+x)\mathrm{d}x$?

解　(1)在 $[0,1]$ 上 $x^2 \geqslant x^3$,因此 $\displaystyle\int_0^1 x^2\mathrm{d}x$ 比 $\displaystyle\int_0^1 x^3\mathrm{d}x$ 大.

(2)在 $[1,2]$ 上 $x^2 \leqslant x^3$,因此 $\displaystyle\int_1^2 x^3\mathrm{d}x$ 比 $\displaystyle\int_1^2 x^2\mathrm{d}x$ 大.

(3)在 $[1,2]$ 上由于 $0 \leqslant \ln x \leqslant 1$,得 $\ln x \geqslant (\ln x)^2$,因此 $\displaystyle\int_1^2 \ln x\mathrm{d}x$ 比 $\displaystyle\int_1^2 (\ln x)^2\mathrm{d}x$ 大.

(4)由于当 $x>0$ 时,$\ln(1+x)<x$,因此 $\displaystyle\int_0^1 x\mathrm{d}x$ 比 $\displaystyle\int_0^1 \ln(1+x)\mathrm{d}x$ 大.

(5)由于当 $x>0$ 时 $\ln(1+x)<x$,故此时有 $1+x<e^x$,因此 $\displaystyle\int_0^1 e^x\mathrm{d}x$ 比 $\displaystyle\int_0^1 (1+x)\mathrm{d}x$ 大.

第二节 微积分基本公式

一、主要内容归纳

1. 变限定积分所定义函数的导数

(1)若 $f(x)$ 在 $[a,b]$ 上连续,则 $\varPhi(x)=\displaystyle\int_a^x f(t)\mathrm{d}t$ 在 $[a,b]$ 上可导,且有

$$\varPhi'(x)=\frac{\mathrm{d}}{\mathrm{d}x}\int_a^x f(t)\mathrm{d}t=f(x).$$

(2)若 $f(x)$ 在 $[a,b]$ 上连续,$g(x)$ 是可微的,则

$$\frac{\mathrm{d}}{\mathrm{d}x}\left(\int_a^{g(x)} f(t)\mathrm{d}t\right)=f[g(x)]g'(x).$$

(3)若上限、下限都是 x 的可微函数,则

$$\frac{\mathrm{d}}{\mathrm{d}x}\left(\int_{a(x)}^{b(x)} f(t)\mathrm{d}t\right)=f[b(x)]b'(x)-f[a(x)]a'(x),$$

实际上,这是一个求复合函数的导数问题.

2. 定积分和不定积分的关系

(1)**原函数存在定理** 若函数 $f(x)$ 在 $[a,b]$ 上连续,则函数 $\varPhi(x)=\displaystyle\int_a^x f(t)\mathrm{d}t$ 是 $f(x)$ 在区间 $[a,b]$ 上的一个原函数.

(2)**牛顿—莱布尼茨公式** 若 $F(x)$ 是 $f(x)$ 在区间 $[a,b]$ 上的一个原函数,而且 $f(x)$ 在 $[a,b]$ 上连续,则 $\displaystyle\int_a^b f(x)\mathrm{d}x=F(b)-F(a).$

这个公式也称为微积分基本公式,它指出了定积分与不定积分的内在联系.

二、经典例题解析及解题方法总结

【例1】 $x\displaystyle\int_a^x f(x)\mathrm{d}x,\ \int_a^x xf(x)\mathrm{d}x,\ \int_a^x xf(t)\mathrm{d}t$ 这三个表达式是否表示同一个函数?

答 不全相同.

对表达式 $x\displaystyle\int_a^x f(x)\mathrm{d}x$,由于定积分与积分变量的记法无关,故有 $x\displaystyle\int_a^x f(x)\mathrm{d}x=x\int_a^x f(t)\mathrm{d}t$;

对表达式 $\displaystyle\int_a^x xf(t)\mathrm{d}t$,由于被积表达式中的变量 x 与积分变量无关,可提到积分号外面来,故有 $\displaystyle\int_a^x xf(t)\mathrm{d}t=x\int_a^x f(t)\mathrm{d}t$,因此 $x\displaystyle\int_a^x f(x)\mathrm{d}x=\int_a^x xf(t)\mathrm{d}t$;

而对表达式 $\displaystyle\int_a^x xf(x)\mathrm{d}x$,如果将积分变量 x 记作 t,就成为 $\displaystyle\int_a^x tf(t)\mathrm{d}t$,故它与其他两个积分是不同的.

【例2】 $\dfrac{\mathrm{d}}{\mathrm{d}x}\left(\displaystyle\int_{x^2}^{0} x\cos t^2 \mathrm{d}t\right)=$ _____.

解 $\dfrac{\mathrm{d}}{\mathrm{d}x}\left(\displaystyle\int_{x^2}^{0} x\cos t^2 \mathrm{d}t\right)=\dfrac{\mathrm{d}}{\mathrm{d}x}\left(x\displaystyle\int_{x^2}^{0}\cos t^2 \mathrm{d}t\right)=\displaystyle\int_{x^2}^{0}\cos t^2 \mathrm{d}t+x\cdot(-1)\cos(x^2)^2\cdot 2x.$

故应填 $\displaystyle\int_{x^2}^{0}\cos t^2 \mathrm{d}t-2x^2\cos x^4.$

● **方法总结** ●●●

在使用变上限函数求导公式 $\left(\displaystyle\int_{a}^{x} f(t)\mathrm{d}t\right)'=f(x)$ 时,应注意被积函数中不能含上限变量 x. 故本题应把被积函数 $x\cos t^2$ 中的 x 提到积分符号外面来,然后使用乘积的求导公式计算.

【例3】 求函数 $f(x)=\displaystyle\int_{0}^{x^2}(2-t)\mathrm{e}^{-t}\mathrm{d}t$ 的最大值和最小值.

解 因为 $f(x)$ 是偶函数,故只需求 $f(x)$ 在 $[0,+\infty)$ 内的最大值与最小值.

令 $f'(x)=2x(2-x^2)\mathrm{e}^{-x^2}=0$,故在区间 $(0,+\infty)$ 内有唯一的驻点 $x=\sqrt{2}$.

当 $0<x<\sqrt{2}$ 时,$f'(x)>0$;当 $x>\sqrt{2}$ 时,$f'(x)<0$,所以 $x=\sqrt{2}$ 是极大值点,即最大值点. 最大值

$$f(\sqrt{2})=\int_{0}^{2}(2-t)\mathrm{e}^{-t}\mathrm{d}t=-(2-t)\mathrm{e}^{-t}\Big|_{0}^{2}-\int_{0}^{2}\mathrm{e}^{-t}\mathrm{d}t=1+\mathrm{e}^{-2}.$$

因为 $\displaystyle\int_{0}^{+\infty}(2-t)\mathrm{e}^{-t}\mathrm{d}t=-(2-t)\mathrm{e}^{-t}\Big|_{0}^{+\infty}+\mathrm{e}^{-t}\Big|_{0}^{+\infty}=2-1=1$ 以及 $f(0)=0$,故 $x=0$ 是最小值点,所以 $f(x)$ 的最小值为 0.

【例4】 求极限 $\displaystyle\lim_{x\to 0}\dfrac{\displaystyle\int_{0}^{x}\left(3\sin t+t^2\cos\dfrac{1}{t}\right)\mathrm{d}t}{(1+\cos x)\displaystyle\int_{0}^{x}\ln(1+t)\mathrm{d}t}.$

分析 先提出非零因子 $\displaystyle\lim_{x\to 0}\dfrac{1}{1+\cos x}=\dfrac{1}{2}$. 当 $x\to 0$ 时,含有 $\sin\dfrac{1}{x}$,$\cos\dfrac{1}{x}$ 等项时,往往不能直接用洛必达法则,须利用无穷小量乘有界变量仍为无穷小量的结论.

解 $\displaystyle\lim_{x\to 0}\dfrac{\displaystyle\int_{0}^{x}\left(3\sin t+t^2\cos\dfrac{1}{t}\right)\mathrm{d}t}{(1+\cos x)\displaystyle\int_{0}^{x}\ln(1+t)\mathrm{d}t}=\dfrac{1}{2}\lim_{x\to 0}\dfrac{\displaystyle\int_{0}^{x}\left(3\sin t+t^2\cos\dfrac{1}{t}\right)\mathrm{d}t}{\displaystyle\int_{0}^{x}\ln(1+t)\mathrm{d}t}$

$=\dfrac{1}{2}\displaystyle\lim_{x\to 0}\dfrac{3\sin x+x^2\cos\dfrac{1}{x}}{\ln(1+x)}=\dfrac{1}{2}\lim_{x\to 0}\dfrac{3\sin x+x^2\cos\dfrac{1}{x}}{x}=\dfrac{1}{2}\lim_{x\to 0}\left[3\dfrac{\sin x}{x}+x\cos\dfrac{1}{x}\right]=\dfrac{3}{2}.$

【例5】 把 $x\to 0^+$ 时的无穷小量 $\alpha=\displaystyle\int_{0}^{x}\cos t^2 \mathrm{d}t$,$\beta=\displaystyle\int_{0}^{x^2}\tan\sqrt{t}\,\mathrm{d}t$,$\gamma=\displaystyle\int_{0}^{\sqrt{x}}\sin t^3 \mathrm{d}t$ 排列起来,使排在后面的是前一个的高阶无穷小,则正确的排列次序是 _____.

(A)α,β,γ (B)α,γ,β (C)β,α,γ (D)β,γ,α

解 $\lim\limits_{x\to 0^+}\dfrac{\alpha}{\beta}=\lim\limits_{x\to 0^+}\dfrac{\displaystyle\int_0^x \cos t^2\,\mathrm{d}t}{\displaystyle\int_0^{x^2}\tan\sqrt{t}\,\mathrm{d}t}\overset{\frac{0}{0}}{=\!=\!=}\lim\limits_{x\to 0^+}\dfrac{\cos x^2}{2x\tan x}=\infty$, 这说明 β 是比 α 高阶的无穷小.

$\lim\limits_{x\to 0^+}\dfrac{\alpha}{\gamma}=\lim\limits_{x\to 0^+}\dfrac{\displaystyle\int_0^x \cos t^2\,\mathrm{d}t}{\displaystyle\int_0^{\sqrt{x}}\sin t^3\,\mathrm{d}t}\overset{\frac{0}{0}}{=\!=\!=}\lim\limits_{x\to 0^+}\dfrac{\cos x^2}{\dfrac{1}{2\sqrt{x}}\sin x^{\frac{3}{2}}}=\infty$, 这说明 γ 是比 α 高阶的无穷小.

$\lim\limits_{x\to 0^+}\dfrac{\beta}{\gamma}=\lim\limits_{x\to 0^+}\dfrac{\displaystyle\int_0^{x^2}\tan\sqrt{t}\,\mathrm{d}t}{\displaystyle\int_0^{\sqrt{x}}\sin t^3\,\mathrm{d}t}\overset{\frac{0}{0}}{=\!=\!=}\lim\limits_{x\to 0^+}\dfrac{2x\tan x}{\dfrac{1}{2\sqrt{x}}\sin x^{\frac{3}{2}}}=4\lim\limits_{x\to 0^+}x=0$, 这说明 β 是比 γ 高阶

的无穷小.

故应选(B).

● **方法总结** ··

　　本题考查洛必达法则、变限积分求导和无穷小量的定义,这些知识点非常重要,必须熟记,计算此类题目的基本方法有两个:(1)两两比较法;(2)将 α,β,γ 的积分上限统一转化为 α 的积分上限 x,再进行积分排序.

【例6】 (2023 数学一,数学二,5 分)设连续函数 $f(x)$ 满足:$f(x+2)-f(x)=x$, $\displaystyle\int_0^2 f(x)\,\mathrm{d}x=0$,则 $\displaystyle\int_1^3 f(x)\,\mathrm{d}x=$ _____.

解 令 $x=t+2$,得

$$\int_1^3 f(x)\,\mathrm{d}x=\int_1^2 f(x)\,\mathrm{d}x+\int_2^3 f(x)\,\mathrm{d}x$$

$$=\int_1^2 f(x)\,\mathrm{d}x+\int_0^1 f(t+2)\,\mathrm{d}t=\int_1^2 f(x)\,\mathrm{d}x+\int_0^1 f(x+2)\,\mathrm{d}x$$

$$=\int_1^2 f(x)\,\mathrm{d}x+\int_0^1 [f(x)+x]\,\mathrm{d}x=\int_1^2 f(x)\,\mathrm{d}x+\int_0^1 f(x)\,\mathrm{d}x+\int_0^1 x\,\mathrm{d}x$$

$$=\int_0^2 f(x)\,\mathrm{d}x+\frac{1}{2}=\frac{1}{2}.$$

故应填 $\dfrac{1}{2}$.

【例7】 求 $I=\lim\limits_{n\to\infty}\left(\dfrac{1}{\sqrt{4n^2-1}}+\dfrac{1}{\sqrt{4n^2-2^2}}+\cdots+\dfrac{1}{\sqrt{4n^2-n^2}}\right)$.

解 $I=\lim\limits_{n\to\infty}\dfrac{1}{n}\sum\limits_{i=1}^n \dfrac{1}{\sqrt{4-\left(\dfrac{i}{n}\right)^2}}$.

这相当于把区间 $[0,1]$ n 等分,每个小区间 $[x_{i-1},x_i]$ 的长度 $\Delta x_i=\dfrac{1}{n}$,取 $\xi_i=x_i=\dfrac{i}{n}(i=1,2,\cdots,n)$,于是由定积分的定义得:当 $\lambda\to 0$ 时,即 $n\to\infty$ 时有

$$I=\lim_{n\to\infty}\sum_{i=1}^{n}\frac{1}{\sqrt{4-\left(\frac{i}{n}\right)^2}}\cdot\frac{1}{n}=\int_0^1\frac{1}{\sqrt{4-x^2}}dx=\arcsin\frac{x}{2}\Big|_0^1=\frac{\pi}{6}.$$

● **方法总结** ··

利用定积分的定义及微积分基本公式计算和式的极限,是计算极限的一种重要方法,应予重视.

【例8】 已知$f(x)=\begin{cases}x+1, & x<0,\\x, & x\geqslant0,\end{cases}$ 求$F(x)=\int_{-1}^{x}f(t)dt(-1\leqslant x\leqslant1)$的表达式,并讨论$F(x)$在$[-1,1]$上的连续性、可导性.

解 当$-1\leqslant x<0$时

$$F(x)=\int_{-1}^{x}f(t)dt=\int_{-1}^{x}(t+1)dt=\frac{1}{2}(t+1)^2\Big|_{-1}^{x}=\frac{1}{2}(x+1)^2.$$

当$0\leqslant x\leqslant1$时

$$F(x)=\int_{-1}^{x}f(t)dt=\int_{-1}^{0}f(t)dt+\int_{0}^{x}f(t)dt=\int_{-1}^{0}(t+1)dt+\int_{0}^{x}tdt$$
$$=\frac{1}{2}(t+1)^2\Big|_{-1}^{0}+\frac{1}{2}t^2\Big|_{0}^{x}=\frac{1}{2}+\frac{1}{2}x^2.$$

于是$F(x)=\begin{cases}\dfrac{1}{2}(x+1)^2, & -1\leqslant x<0,\\[2mm]\dfrac{1}{2}(1+x^2), & 0\leqslant x\leqslant1.\end{cases}$

因为$F(0+0)=F(0-0)=F(0)=\dfrac{1}{2}$,所以$F(x)$在$x=0$连续;

又因为当$-1\leqslant x<0$及$0<x\leqslant1$时$F(x)$为初等函数,所以$F(x)$在以上区间内连续,从而$F(x)$在$[-1,1]$上连续;

由左、右导数定义知

$$F'_-(0)=\lim_{x\to0^-}=\frac{F(x)-F(0)}{x}=\lim_{x\to0^-}\frac{\frac{1}{2}(x+1)^2-\frac{1}{2}}{x}=1,$$

$$F'_+(0)=\lim_{x\to0^+}=\frac{F(x)-F(0)}{x}=\lim_{x\to0^+}\frac{\frac{1}{2}(1+x^2)-\frac{1}{2}}{x}=0,$$

显然$F'_-(0)\neq F'_+(0)$,即$F'(0)$不存在.

故$F(x)$在$[-1,1]$上$x=0$处不可导.

【例9】 若函数在区间上有原函数,这函数是否在该区间上一定可积?

答 不一定.例如函数$F(x)=\begin{cases}x^2\sin\dfrac{1}{x^2}, & x\neq0,\\[2mm]0, & x=0,\end{cases}$ 容易知道$F(x)$在$(-\infty,+\infty)$上可

导,且 $f(x) = F'(x) = \begin{cases} 2x\sin\dfrac{1}{x^2} - \dfrac{2}{x}\cos\dfrac{1}{x^2}, & x \neq 0, \\ 0, & x = 0, \end{cases}$

即函数 $f(x)$ 在 $(-\infty, +\infty)$ 上有原函数 $F(x)$,但由于函数 $f(x)$ 在 $x=0$ 的任一邻域内无界,故函数 $f(x)$ 在包含 $x=0$ 的区间上不可积.

习题 5-2 解答

1. 试求函数 $y = \displaystyle\int_0^x \sin t\,\mathrm{d}t$ 当 $x=0$ 及 $x = \dfrac{\pi}{4}$ 时的导数.

解 $\dfrac{\mathrm{d}y}{\mathrm{d}x} = \sin x$,因此 $\dfrac{\mathrm{d}y}{\mathrm{d}x}\Big|_{x=0} = 0$, $\dfrac{\mathrm{d}y}{\mathrm{d}x}\Big|_{x=\frac{\pi}{4}} = \dfrac{\sqrt{2}}{2}$.

2. 求由参数表达式 $x = \displaystyle\int_0^t \sin u\,\mathrm{d}u$, $y = \displaystyle\int_0^t \cos u\,\mathrm{d}u$ 所确定的函数对 x 的导数 $\dfrac{\mathrm{d}y}{\mathrm{d}x}$.

解 $\dfrac{\mathrm{d}y}{\mathrm{d}x} = \dfrac{\dfrac{\mathrm{d}y}{\mathrm{d}t}}{\dfrac{\mathrm{d}x}{\mathrm{d}t}} = \dfrac{\cos t}{\sin t} = \cot t$.

3. 求由 $\displaystyle\int_0^y e^t\,\mathrm{d}t + \int_0^x \cos t\,\mathrm{d}t = 0$ 所确定的隐函数对 x 的导数 $\dfrac{\mathrm{d}y}{\mathrm{d}x}$.

解 方程两端分别对 x 求导,得 $e^y\dfrac{\mathrm{d}y}{\mathrm{d}x} + \cos x = 0$,故 $\dfrac{\mathrm{d}y}{\mathrm{d}x} = -e^{-y}\cos x$.

4. 当 x 为何值时,函数 $I(x) = \displaystyle\int_0^x t e^{-t^2}\,\mathrm{d}t$ 有极值?

解 容易知道 $I(x)$ 可导,而 $I'(x) = x e^{-x^2} = 0$ 只有唯一解 $x=0$. 当 $x<0$ 时 $I'(x)<0$,当 $x>0$ 时 $I'(x)>0$,故 $x=0$ 为函数 $I(x)$ 的唯一的极值点(极小值点).

5. 计算下列各导数:

(1) $\dfrac{\mathrm{d}}{\mathrm{d}x}\displaystyle\int_0^{x^2} \sqrt{1+t^2}\,\mathrm{d}t$; (2) $\dfrac{\mathrm{d}}{\mathrm{d}x}\displaystyle\int_{x^2}^{x^3} \dfrac{\mathrm{d}t}{\sqrt{1+t^4}}$; (3) $\dfrac{\mathrm{d}}{\mathrm{d}x}\displaystyle\int_{\sin x}^{\cos x} \cos(\pi t^2)\,\mathrm{d}t$.

解 (1) $\dfrac{\mathrm{d}}{\mathrm{d}x}\displaystyle\int_0^{x^2} \sqrt{1+t^2}\,\mathrm{d}t = 2x\sqrt{1+x^4}$.

(2) $\dfrac{\mathrm{d}}{\mathrm{d}x}\displaystyle\int_{x^2}^{x^3} \dfrac{\mathrm{d}t}{\sqrt{1+t^4}} = \dfrac{\mathrm{d}}{\mathrm{d}x}\left(\displaystyle\int_0^{x^3} \dfrac{\mathrm{d}t}{\sqrt{1+t^4}} - \int_0^{x^2} \dfrac{\mathrm{d}t}{\sqrt{1+t^4}}\right) = \dfrac{3x^2}{\sqrt{1+x^{12}}} - \dfrac{2x}{\sqrt{1+x^8}}$.

(3) $\dfrac{\mathrm{d}}{\mathrm{d}x}\displaystyle\int_{\sin x}^{\cos x} \cos(\pi t^2)\,\mathrm{d}t = \dfrac{\mathrm{d}}{\mathrm{d}x}\left[\displaystyle\int_0^{\cos x} \cos(\pi t^2)\,\mathrm{d}t - \int_0^{\sin x} \cos(\pi t^2)\,\mathrm{d}t\right]$

$= -\sin x\cos(\pi\cos^2 x) - \cos x\cos(\pi\sin^2 x) = -\sin x\cos(\pi - \pi\sin^2 x) - \cos x\cos(\pi\sin^2 x)$

$= (\sin x - \cos x)\cos(\pi\sin^2 x)$.

6. 证明 $f(x) = \displaystyle\int_1^x \sqrt{1+t^3}\,\mathrm{d}t$ 在 $[-1, +\infty)$ 上是单调增加函数,并求 $(f^{-1})'(0)$.

证 显然 $f(x)$ 在 $[-1, +\infty)$ 上可导,且当 $x>-1$ 时,$f'(x) = \sqrt{1+x^3} > 0$,因此 $f(x)$ 在 $[-1, +\infty)$ 是单调增加函数.

注意到 $f(1) = 0$,故 $(f^{-1})'(0) = \dfrac{1}{f'(1)} = \dfrac{\sqrt{2}}{2}$.

7. 设 $f(x) = \displaystyle\int_0^x \left(\int_{\sin t}^1 \sqrt{1+u^4}\,\mathrm{d}u\right)\mathrm{d}t$,求 $f''\left(\dfrac{\pi}{3}\right)$.

解 $f'(x) = \displaystyle\int_{\sin x}^1 \sqrt{1+u^4}\,\mathrm{d}u$,$f''(x) = -\sqrt{1+\sin^4 x}\cdot\cos x$,

故 $f''\left(\dfrac{\pi}{3}\right)=-\sqrt{1+\sin^4\dfrac{\pi}{3}}\cdot\cos\dfrac{\pi}{3}=-\dfrac{5}{8}$.

8. 设 $f(x)$ 具有三阶连续导数,$y=f(x)$ 的图形如图 5—11 所示. 问下列积分中的哪一个积分值为负?

图 5—11

 (A) $\displaystyle\int_{-1}^{3}f(x)\mathrm{d}x$ (B) $\displaystyle\int_{-1}^{3}f'(x)\mathrm{d}x$

 (C) $\displaystyle\int_{-1}^{3}f''(x)\mathrm{d}x$ (D) $\displaystyle\int_{-1}^{3}f'''(x)\mathrm{d}x$

解 根据 $y=f(x)$ 的图形可知,在区间 $[-1,3]$ 上 $f(x)\geqslant 0$,且 $f(-1)=f(3)=0,f'(-1)>0,f''(-1)<$

0,$f'(3)<0,f''(3)>0$. 因此 $\displaystyle\int_{-1}^{3}f(x)\mathrm{d}x>0$, $\displaystyle\int_{-1}^{3}f'(x)\mathrm{d}x=f(3)-f(-1)=0,$

$\displaystyle\int_{-1}^{3}f''(x)\mathrm{d}x=f'(3)-f'(-1)<0,\displaystyle\int_{-1}^{3}f'''(x)\mathrm{d}x=f''(3)-f''(-1)>0.$ 故选(C).

9. 计算下列各定积分:

 (1) $\displaystyle\int_{0}^{a}(3x^2-x+1)\mathrm{d}x$;   (2) $\displaystyle\int_{1}^{2}\left(x^2+\dfrac{1}{x^4}\right)\mathrm{d}x$;

 (3) $\displaystyle\int_{4}^{9}\sqrt{x}(1+\sqrt{x})\mathrm{d}x$;   (4) $\displaystyle\int_{\frac{1}{\sqrt{3}}}^{\sqrt{3}}\dfrac{\mathrm{d}x}{1+x^2}$;

 (5) $\displaystyle\int_{-\frac{1}{2}}^{\frac{1}{2}}\dfrac{\mathrm{d}x}{\sqrt{1-x^2}}$;   (6) $\displaystyle\int_{0}^{\sqrt{3}a}\dfrac{\mathrm{d}x}{a^2+x^2}$;

 (7) $\displaystyle\int_{0}^{1}\dfrac{\mathrm{d}x}{\sqrt{4-x^2}}$;   (8) $\displaystyle\int_{-1}^{0}\dfrac{3x^4+3x^2+1}{x^2+1}\mathrm{d}x$;

 (9) $\displaystyle\int_{-e-1}^{-2}\dfrac{\mathrm{d}x}{1+x}$;   (10) $\displaystyle\int_{0}^{\frac{\pi}{4}}\tan^2\theta\mathrm{d}\theta$;

 (11) $\displaystyle\int_{0}^{2\pi}|\sin x|\mathrm{d}x$;   (12) $\displaystyle\int_{0}^{2}f(x)\mathrm{d}x$,其中 $f(x)=\begin{cases}x+1, & x\leqslant 1,\\ \dfrac{1}{2}x^2, & x>1.\end{cases}$

解 (1) $\displaystyle\int_{0}^{a}(3x^2-x+1)\mathrm{d}x=\left[x^3-\dfrac{1}{2}x^2+x\right]_{0}^{a}=a^3-\dfrac{1}{2}a^2+a.$

 (2) $\displaystyle\int_{1}^{2}\left(x^2+\dfrac{1}{x^4}\right)\mathrm{d}x=\left[\dfrac{1}{3}x^3-\dfrac{1}{3x^3}\right]_{1}^{2}=\dfrac{21}{8}.$

 (3) $\displaystyle\int_{4}^{9}\sqrt{x}(1+\sqrt{x})\mathrm{d}x=\int_{4}^{9}(\sqrt{x}+x)\mathrm{d}x=\left[\dfrac{2}{3}x^{\frac{3}{2}}+\dfrac{x^2}{2}\right]_{4}^{9}=\dfrac{271}{6}.$

 (4) $\displaystyle\int_{\frac{1}{\sqrt{3}}}^{\sqrt{3}}\dfrac{\mathrm{d}x}{1+x^2}=\left[\arctan x\right]_{\frac{1}{\sqrt{3}}}^{\sqrt{3}}=\dfrac{\pi}{6}.$

 (5) $\displaystyle\int_{-\frac{1}{2}}^{\frac{1}{2}}\dfrac{\mathrm{d}x}{\sqrt{1-x^2}}=\left[\arcsin x\right]_{-\frac{1}{2}}^{\frac{1}{2}}=\dfrac{\pi}{3}.$

 (6) $\displaystyle\int_{0}^{\sqrt{3}a}\dfrac{\mathrm{d}x}{a^2+x^2}=\left[\dfrac{1}{a}\arctan\dfrac{x}{a}\right]_{0}^{\sqrt{3}a}=\dfrac{\pi}{3a}.$

 (7) $\displaystyle\int_{0}^{1}\dfrac{\mathrm{d}x}{\sqrt{4-x^2}}=\left[\arcsin\dfrac{x}{2}\right]_{0}^{1}=\dfrac{\pi}{6}.$

 (8) $\displaystyle\int_{-1}^{0}\dfrac{3x^4+3x^2+1}{x^2+1}\mathrm{d}x=\int_{-1}^{0}\left(3x^2+\dfrac{1}{x^2+1}\right)\mathrm{d}x=\left[x^3+\arctan x\right]_{-1}^{0}=1+\dfrac{\pi}{4}.$

 (9) $\displaystyle\int_{-e-1}^{-2}\dfrac{\mathrm{d}x}{1+x}=\left[\ln|1+x|\right]_{-e-1}^{-2}=-1.$

 (10) $\displaystyle\int_{0}^{\frac{\pi}{4}}\tan^2\theta\mathrm{d}\theta=\int_{0}^{\frac{\pi}{4}}(\sec^2\theta-1)\mathrm{d}\theta=\left[\tan\theta-\theta\right]_{0}^{\frac{\pi}{4}}=1-\dfrac{\pi}{4}.$

(11) $\int_0^{2\pi} |\sin x|\mathrm{d}x = \int_0^\pi \sin x\mathrm{d}x + \int_\pi^{2\pi} (-\sin x)\mathrm{d}x = \left[-\cos x\right]_0^\pi + \left[\cos x\right]_\pi^{2\pi} = 4.$

(12) $\int_0^2 f(x)\mathrm{d}x = \int_0^1 (x+1)\mathrm{d}x + \int_1^2 \frac{1}{2}x^2\mathrm{d}x = \left[\frac{x^2}{2}+x\right]_0^1 + \left[\frac{x^3}{6}\right]_1^2 = \frac{8}{3}.$

10. 设 $k \in \mathbf{N}_+$，试证下列各题：

    (1) $\int_{-\pi}^{\pi} \cos kx\mathrm{d}x = 0$；   (2) $\int_{-\pi}^{\pi} \sin kx\mathrm{d}x = 0$；   (3) $\int_{-\pi}^{\pi} \cos^2 kx\mathrm{d}x = \pi$；   (4) $\int_{-\pi}^{\pi} \sin^2 kx\mathrm{d}x = \pi.$

解 (1) $\int_{-\pi}^{\pi} \cos kx\mathrm{d}x = \left[\frac{1}{k}\sin kx\right]_{-\pi}^{\pi} = 0.$

    (2) $\int_{-\pi}^{\pi} \sin kx\mathrm{d}x = \left[-\frac{1}{k}\cos kx\right]_{-\pi}^{\pi} = 0.$

    (3) $\int_{-\pi}^{\pi} \cos^2 kx\mathrm{d}x = \frac{1}{2}\int_{-\pi}^{\pi} (1+\cos 2kx)\mathrm{d}x = \frac{1}{2}\int_{-\pi}^{\pi} \mathrm{d}x = \pi$，其中由(1)得到 $\int_{-\pi}^{\pi} \cos 2kx\mathrm{d}x = 0.$

    (4) $\int_{-\pi}^{\pi} \sin^2 kx\mathrm{d}x = \frac{1}{2}\int_{-\pi}^{\pi} (1-\cos 2kx)\mathrm{d}x = \frac{1}{2}\int_{-\pi}^{\pi} \mathrm{d}x = \pi$，其中由(1)得到 $\int_{-\pi}^{\pi} \cos 2kx\mathrm{d}x = 0.$

11. 设 $k, l \in \mathbf{N}_+$，且 $k \neq l$，证明：

    (1) $\int_{-\pi}^{\pi} \cos kx\sin lx\mathrm{d}x = 0$；   (2) $\int_{-\pi}^{\pi} \cos kx\cos lx\mathrm{d}x = 0$；   (3) $\int_{-\pi}^{\pi} \sin kx\sin lx\mathrm{d}x = 0.$

解 (1) $\int_{-\pi}^{\pi} \cos kx\sin lx\mathrm{d}x = \frac{1}{2}\int_{-\pi}^{\pi} [\sin(k+l)x - \sin(k-l)x]\mathrm{d}x$

$$= \frac{1}{2}\int_{-\pi}^{\pi} \sin(k+l)x\mathrm{d}x - \frac{1}{2}\int_{-\pi}^{\pi} \sin(k-l)x\mathrm{d}x = 0,$$

    其中由上一题 $\int_{-\pi}^{\pi} \sin(k+l)x\mathrm{d}x = 0$， $\int_{-\pi}^{\pi} \sin(k-l)x\mathrm{d}x = 0.$

    (2) $\int_{-\pi}^{\pi} \cos kx\cos lx\mathrm{d}x = \frac{1}{2}\int_{-\pi}^{\pi} [\cos(k+l)x + \cos(k-l)x]\mathrm{d}x$

$$= \frac{1}{2}\int_{-\pi}^{\pi} \cos(k+l)x\mathrm{d}x + \frac{1}{2}\int_{-\pi}^{\pi} \cos(k-l)x\mathrm{d}x = 0,$$

    其中由上一题 $\int_{-\pi}^{\pi} \cos(k+l)x\mathrm{d}x = 0$， $\int_{-\pi}^{\pi} \cos(k-l)x\mathrm{d}x = 0.$

    (3) $\int_{-\pi}^{\pi} \sin kx\sin lx\mathrm{d}x = -\frac{1}{2}\int_{-\pi}^{\pi} [\cos(k+l)x - \cos(k-l)x]\mathrm{d}x$

$$= -\frac{1}{2}\int_{-\pi}^{\pi} \cos(k+l)x\mathrm{d}x + \frac{1}{2}\int_{-\pi}^{\pi} \cos(k-l)x\mathrm{d}x = 0,$$

    其中由上一题 $\int_{-\pi}^{\pi} \cos(k+l)x\mathrm{d}x = 0$， $\int_{-\pi}^{\pi} \cos(k-l)x\mathrm{d}x = 0.$

12. 求下列极限：

  (1) $\lim\limits_{x\to 0} \dfrac{\int_0^x \cos t^2\mathrm{d}t}{x}$；   (2) $\lim\limits_{x\to 0} \dfrac{\left(\int_0^x \mathrm{e}^{t^2}\mathrm{d}t\right)^2}{\int_0^x t\mathrm{e}^{2t^2}\mathrm{d}t}.$

解 (1) $\lim\limits_{x\to 0} \dfrac{\int_0^x \cos t^2\mathrm{d}t}{x} = \lim\limits_{x\to 0} \dfrac{\cos x^2}{1} = 1.$

    (2) $\lim\limits_{x\to 0} \dfrac{\left(\int_0^x \mathrm{e}^{t^2}\mathrm{d}t\right)^2}{\int_0^x t\mathrm{e}^{2t^2}\mathrm{d}t} = \lim\limits_{x\to 0} \dfrac{2\mathrm{e}^{x^2}\int_0^x \mathrm{e}^{t^2}\mathrm{d}t}{x\mathrm{e}^{2x^2}} = \lim\limits_{x\to 0} \dfrac{2\int_0^x \mathrm{e}^{t^2}\mathrm{d}t}{x} = \lim\limits_{x\to 0} \dfrac{2\mathrm{e}^{x^2}}{1} = 2.$

13. 设 $f(x) = \begin{cases} x^2, & x \in [0,1), \\ x, & x \in [1,2]. \end{cases}$

求 $\Phi(x)=\displaystyle\int_0^x f(t)\mathrm{d}t$ 在 $[0,2]$ 上的表达式,并讨论 $\Phi(x)$ 在 $(0,2)$ 内的连续性.

解 当 $x\in[0,1)$ 时,$\Phi(x)=\displaystyle\int_0^x t^2\mathrm{d}t=\dfrac{x^3}{3}$;

当 $x\in[1,2]$ 时,$\Phi(x)=\displaystyle\int_0^1 t^2\mathrm{d}t+\int_1^x t\mathrm{d}t=\dfrac{x^2}{2}-\dfrac{1}{6}$,即 $\Phi(x)=\begin{cases}\dfrac{x^3}{3}, & x\in[0,1),\\[2mm] \dfrac{x^2}{2}-\dfrac{1}{6}, & x\in[1,2].\end{cases}$

由于 $\displaystyle\lim_{x\to1^-}\Phi(x)=\lim_{x\to1^-}\dfrac{x^3}{3}=\dfrac{1}{3}$, $\displaystyle\lim_{x\to1^+}\Phi(x)=\lim_{x\to1^+}\left(\dfrac{x^2}{2}-\dfrac{1}{6}\right)=\dfrac{1}{3}$,

且 $\Phi(1)=\dfrac{1}{3}$,故函数 $\Phi(x)$ 在 $x=1$ 处连续,而在其他点处显然连续,因此函数 $\Phi(x)$ 在区间 $(0,2)$ 内连续.

> **评注**:事实上,由于 $f(x)$ 在 $(0,2)$ 内连续,故 $\Phi(x)=\displaystyle\int_0^x f(t)\mathrm{d}t$ 在 $(0,2)$ 内可导,因此 $\Phi(x)$ 必在 $(0,2)$ 内连续.我们甚至有以下更强的结论:
>
> 若 $f(x)$ 在 $[a,b]$ 上有界并可积,则 $\Phi(x)=\displaystyle\int_0^x f(t)\mathrm{d}t$ 在 $[a,b]$ 上连续.按照连续函数定义不难证明这一结论.

14. 设 $f(x)=\begin{cases}\dfrac{1}{2}\sin x, & 0\leqslant x\leqslant\pi,\\[2mm] 0, & x<0 \text{ 或 } x>\pi.\end{cases}$ 求 $\Phi(x)=\displaystyle\int_0^x f(t)\mathrm{d}t$ 在 $(-\infty,+\infty)$ 内的表达式.

解 当 $x<0$ 时,$\Phi(x)=\displaystyle\int_0^x f(t)\mathrm{d}t=0$;

当 $0\leqslant x\leqslant\pi$ 时,$\Phi(x)=\displaystyle\int_0^x f(t)\mathrm{d}t=\int_0^x\dfrac{1}{2}\sin t\mathrm{d}t=\dfrac{1-\cos x}{2}$;

当 $x>\pi$ 时,$\Phi(x)=\displaystyle\int_0^x f(t)\mathrm{d}t=\int_0^\pi f(t)\mathrm{d}t+\int_\pi^x f(t)\mathrm{d}t=\int_0^\pi\dfrac{1}{2}\sin t\mathrm{d}t=1$.

即 $$\Phi(x)=\begin{cases}0, & x<0,\\[2mm] \dfrac{1-\cos x}{2}, & 0\leqslant x\leqslant\pi,\\[2mm] 1, & x>\pi.\end{cases}$$

15. 设 $f(x)$ 在 $[a,b]$ 上连续,在 (a,b) 内可导且 $f'(x)\leqslant0$,$F(x)=\dfrac{1}{x-a}\displaystyle\int_a^x f(t)\mathrm{d}t$. 证明在 (a,b) 内有 $F'(x)\leqslant0$.

证 $F'(x)=\dfrac{1}{(x-a)^2}\left[(x-a)f(x)-\displaystyle\int_a^x f(t)\mathrm{d}t\right]$

$\qquad =\dfrac{1}{(x-a)^2}\left[(x-a)f(x)-(x-a)f(\xi)\right] \qquad (\xi\in(a,x)\subset[a,b])$

$\qquad =\dfrac{x-\xi}{x-a}f'(\eta) \quad (\eta\in(\xi,x)\subset(a,b)),$

$\qquad \leqslant0.$

16. 以下积分上限的函数:$S(x)=\displaystyle\int_0^x\sin\dfrac{\pi t^2}{2}\mathrm{d}t,x\in(-\infty,+\infty)$ 称为菲涅耳(Fresnel)积分,在光学中有重要应用.

(1) 证明:$S(x)$ 为奇函数;(2) 求出 $S(x)$ 的极小值点.

证 (1) $S(-x)=\displaystyle\int_0^{-x}\sin\dfrac{\pi t^2}{2}\mathrm{d}t\xlongequal{t=-u}-\int_0^x\sin\dfrac{\pi u^2}{2}\mathrm{d}u=-S(x)$,所以 $S(x)$ 为奇函数.

(2) $S'(x) = \sin\dfrac{\pi x^2}{2}$，令 $S'(x) = 0$ 得 $\dfrac{\pi x^2}{2} = k\pi, x^2 = 2k, x = \pm\sqrt{2k}(k \in \mathbf{N}^+), S''(x) = \pi x\cos\dfrac{\pi x^2}{2}$，

① 若 $x = \sqrt{2k}$，则 $S''(\sqrt{2k}) = \sqrt{2k}\pi \cdot \cos k\pi = (-1)^k \cdot \pi\sqrt{2k}$，因为是极小值点，所以 $S''(\sqrt{2k})$

> 0，故 $k = 2m$. 即 $x = \sqrt{4m} = 2\sqrt{m}(m \in \mathbf{N}^+)$ 为极小值点.

② 若 $x = -\sqrt{2k}$，则 $S''(-\sqrt{2k}) = \pi \cdot (-\sqrt{2k}) \cdot \cos k\pi = (-1)^{k+1}\sqrt{2k}\pi > 0$，所以 $k = 2m-1$

$(m \in \mathbf{N}^+)$.

综上极值点为 $x = 2\sqrt{m}$ 及 $x = -\sqrt{4m-2}(m \in \mathbf{N}^+)$.

17. 设 $f(x)$ 在 $[0, +\infty)$ 内连续，且 $\lim\limits_{x \to +\infty} f(x) = 1$. 证明函数 $y = e^{-x}\displaystyle\int_0^x e^t f(t)\mathrm{d}t$ 满足方程 $\dfrac{\mathrm{d}y}{\mathrm{d}x} + y = f(x)$，并求

$\lim\limits_{x \to +\infty} y(x)$.

证　$\dfrac{\mathrm{d}y}{\mathrm{d}x} = -e^{-x}\displaystyle\int_0^x e^t f(t)\mathrm{d}t + e^{-x} \cdot e^x f(x) = -y + f(x)$，

因此 $y(x)$ 满足方程 $\dfrac{\mathrm{d}y}{\mathrm{d}x} + y = f(x)$.

由条件 $\lim\limits_{x \to +\infty} f(x) = 1$，从而存在 $X_0 > 0$，当 $x > X_0$ 时，有 $f(x) > \dfrac{1}{2}$.

因此，$\displaystyle\int_0^x e^t f(t)\mathrm{d}t = \int_0^{X_0} e^t f(t)\mathrm{d}t + \int_{X_0}^x e^t f(t)\mathrm{d}t \geqslant \int_0^{X_0} e^t f(t)\mathrm{d}t + \int_{X_0}^x \dfrac{1}{2}e^{X_0}\mathrm{d}t$

$= \displaystyle\int_0^{X_0} e^t f(t)\mathrm{d}t + \dfrac{1}{2}e^{X_0}(x - X_0)$，

故当 $x \to +\infty$ 时，$\displaystyle\int_0^x e^t f(t)\mathrm{d}t \to +\infty$，从而利用洛必达法则，有

$$\lim_{x \to +\infty} y(x) = \lim_{x \to +\infty}\frac{\displaystyle\int_0^x e^t f(t)\mathrm{d}t}{e^x} = \lim_{x \to +\infty}\frac{e^x f(x)}{e^x} = 1.$$

第三节　定积分的换元法和分部积分法

一、主要内容归纳

1. 换元积分法　　若函数 $f(x)$ 在区间 $[a, b]$ 上连续；函数 $x = \varphi(t)$ 在区间 $[\alpha, \beta]$ 上单调且具有连续导数，当 $\alpha \leqslant t \leqslant \beta$ 时，$a \leqslant \varphi(t) \leqslant b$，且 $\varphi(\alpha) = a, \varphi(\beta) = b$，则有定积分的换元公式

$$\int_a^b f(x)\mathrm{d}x = \int_\alpha^\beta f[\varphi(t)]\varphi'(t)\mathrm{d}t.$$

2. 分部积分法　　设函数 $u(x), v(x)$ 在区间 $[a, b]$ 上具有连续导数 $u'(x)$、$v'(x)$，则有定积分的分部积分公式 $\displaystyle\int_a^b u(x)v'(x)\mathrm{d}x = \big[u(x)v(x)\big]\Big|_a^b - \int_a^b v(x)u'(x)\mathrm{d}x$.

3. 常用公式　　设 $f(x)$ 为连续函数

(1) $\displaystyle\int_{-a}^a f(x)\mathrm{d}x = \int_0^a [f(x) + f(-x)]\mathrm{d}x$；

(2) $\displaystyle\int_{-a}^a f(x)\mathrm{d}x = \begin{cases} 2\displaystyle\int_0^a f(x)\mathrm{d}x, & f(x) \text{ 是偶函数}, \\ 0, & f(x) \text{ 是奇函数}; \end{cases}$

(3) $\int_0^{\frac{\pi}{2}} f(\sin x)\mathrm{d}x = \int_0^{\frac{\pi}{2}} f(\cos x)\mathrm{d}x$;

(4) $\int_0^{\pi} x f(\sin x)\mathrm{d}x = \frac{\pi}{2}\int_0^{\pi} f(\sin x)\mathrm{d}x$;

(5) 若 $f(x+L)=f(x),(L>0)$，则 $\int_0^L f(x)\mathrm{d}x = \int_{-\frac{L}{2}}^{\frac{L}{2}} f(x)\mathrm{d}x = \int_a^{a+L} f(x)\mathrm{d}x$;

(6) $\int_0^{\frac{\pi}{2}} \sin^n x\mathrm{d}x = \int_0^{\frac{\pi}{2}} \cos^n x\mathrm{d}x = \begin{cases} \dfrac{(n-1)!!}{n!!}\cdot\dfrac{\pi}{2}, & \text{当 } n \text{ 为偶数时,} \\ \dfrac{(n-1)!!}{n!!}, & \text{当 } n \text{ 为奇数时.} \end{cases}$

此公式在定积分计算中十分有用,应记住.当 n 为偶数时,$n!!$ 表示所有正偶数(不大于 n)的连乘积.n 为奇数时,$n!!$ 表示所有奇数(不大于 n)的连乘积.

二、经典例题解析及解题方法总结

【例1】 计算下列定积分

(1) $\int_0^{\pi} \sqrt{\cos^2 x - \cos^4 x}\,\mathrm{d}x$;   (2) $\int_0^1 \mathrm{e}^{4\sqrt{x}}\mathrm{d}x$;

(3) $\int_{-2}^2 \max\{x,x^2\}\mathrm{d}x$;   (4) $\int_{-50\pi}^{50\pi} |\sin x|\mathrm{d}x$;

(5) $\int_{-\frac{1}{2}}^{\frac{1}{2}} \dfrac{x^3-3x+1}{\sqrt{1-x^2}}\mathrm{d}x$;   (6) $\int_1^3 f(x-2)\mathrm{d}x$,且 $f(x)=\begin{cases}1+x^2, & x\leq 0, \\ \mathrm{e}^{-x}, & x>0.\end{cases}$

解　(1) $\int_0^{\pi} \sqrt{\cos^2 x - \cos^4 x}\,\mathrm{d}x = \int_0^{\pi} |\cos x|\sin x\mathrm{d}x$

$= \int_0^{\frac{\pi}{2}} \cos x\sin x\mathrm{d}x - \int_{\frac{\pi}{2}}^{\pi} \cos x\sin x\mathrm{d}x$

$= \frac{1}{2}\sin^2 x\Big|_0^{\frac{\pi}{2}} - \frac{1}{2}\sin^2 x\Big|_{\frac{\pi}{2}}^{\pi} = \frac{1}{2} - \frac{1}{2}(0-1) = 1.$

● 方法总结

在计算定积分时一定要注意被积函数隐含有绝对值的情况,如在本例中忽视了这一点就会得结果为 0,显然是错误的.

(2) $\int_0^1 \mathrm{e}^{4\sqrt{x}}\mathrm{d}x \xlongequal{令 t=4\sqrt{x}} \int_0^4 \frac{1}{8}t\mathrm{e}^t\mathrm{d}t = \frac{1}{8}\left(t\mathrm{e}^t\Big|_0^4 - \int_0^4 \mathrm{e}^t\mathrm{d}t\right)$

$= \frac{1}{8}\mathrm{e}^t(t-1)\Big|_0^4 = \frac{3}{8}\mathrm{e}^4 + \frac{1}{8} = \frac{1}{8}(3\mathrm{e}^4+1).$

● 方法总结

定积分的换元法和分部积分法是计算定积分的两种基本的方法,在计算定积分时,这两种方法常常是交替使用的.用换元法计算定积分时,一定要注意三换:一换积分变量,二换被积函数,三换积分的上、下限.用分部积分法计算定积分时,u 与 $\mathrm{d}v$ 的寻找思路和规律与不定积分是一样的,只需带上限、下限即可.

(3)分析:该题实质上是一个分段函数的定积分,首先应确定函数的具体表达式,然后利用分段函数定积分的方法求解.

当 $-2\leqslant x\leqslant 2$ 时,令,$f(x)=\max\{x,x^2\}=\begin{cases} x^2, & -2\leqslant x<0, \\ x, & 0\leqslant x\leqslant 1, \\ x^2, & 1<x\leqslant 2, \end{cases}$

则 $\displaystyle\int_{-2}^{2}\max\{x,x^2\}\mathrm{d}x=\int_{-2}^{0}x^2\mathrm{d}x+\int_{0}^{1}x\mathrm{d}x+\int_{1}^{2}x^2\mathrm{d}x=\frac{1}{3}x^3\Big|_{-2}^{0}+\frac{1}{2}x^2\Big|_{0}^{1}+\frac{1}{3}x^3\Big|_{1}^{2}=\frac{11}{2}.$

(4)分析:因为 $|\sin x|$ 是以 π 为周期的周期函数,所以可利用周期函数的积分性质简化计算.

$$\int_{-50\pi}^{50\pi}|\sin x|\mathrm{d}x=\int_{0}^{100\pi}|\sin x|\mathrm{d}x=100\int_{0}^{\pi}|\sin x|\mathrm{d}x$$
$$=100\int_{0}^{\pi}\sin x\mathrm{d}x=-100\cos x\Big|_{0}^{\pi}=200.$$

(5) $\displaystyle\int_{-\frac{1}{2}}^{\frac{1}{2}}\frac{x^3-3x+1}{\sqrt{1-x^2}}\mathrm{d}x=\int_{-\frac{1}{2}}^{\frac{1}{2}}\frac{x^3-3x}{\sqrt{1-x^2}}\mathrm{d}x+\int_{-\frac{1}{2}}^{\frac{1}{2}}\frac{1}{\sqrt{1-x^2}}\mathrm{d}x=0+2\int_{0}^{\frac{1}{2}}\frac{\mathrm{d}x}{\sqrt{1-x^2}}$
$$=2\arcsin x\Big|_{0}^{\frac{1}{2}}=\frac{\pi}{3}.$$

(6)分析:先用换元法将被积函数换为 $f(x)$,再将 $f(x)$ 的表达式代入积分即令 $x-2=t$,则
$$\int_{1}^{3}f(x-2)\mathrm{d}x=\int_{-1}^{1}f(t)\mathrm{d}t=\int_{-1}^{0}(1+t^2)\mathrm{d}t+\int_{0}^{1}\mathrm{e}^{-t}\mathrm{d}t$$
$$=\left[t+\frac{t^3}{3}\right]_{-1}^{0}+[-\mathrm{e}^{-t}]\Big|_{0}^{1}=\frac{7}{3}-\frac{1}{\mathrm{e}}.$$

【例2】 设函数 $f(x)$ 连续,且 $f(0)\neq0$,求极限 $\displaystyle\lim_{x\to0}\frac{\int_{0}^{x}(x-t)f(t)\mathrm{d}t}{x\int_{0}^{x}f(x-t)\mathrm{d}t}.$

解 原式 $\displaystyle=\lim_{x\to0}\frac{x\int_{0}^{x}f(t)\mathrm{d}t-\int_{0}^{x}tf(t)\mathrm{d}t}{x\int_{0}^{x}f(x-t)\mathrm{d}t}\xlongequal{\text{设}x-t=u}\lim_{x\to0}\frac{x\int_{0}^{x}f(t)\mathrm{d}t-\int_{0}^{x}tf(t)\mathrm{d}t}{x\int_{0}^{x}f(u)\mathrm{d}u}$

$\displaystyle\xlongequal{\frac{0}{0}}\lim_{x\to0}\frac{\int_{0}^{x}f(t)\mathrm{d}t+xf(x)-xf(x)}{\int_{0}^{x}f(u)\mathrm{d}u+xf(x)}=\lim_{\substack{x\to0\\(\xi\to0)}}\frac{xf(\xi)}{xf(\xi)+xf(x)}$

$\displaystyle=\frac{f(0)}{f(0)+f(0)}=\frac{1}{2}$,其中 ξ 介于 0 与 x 之间.

【例3】 (2022 数学二,5 分)$\displaystyle\int_{0}^{1}\frac{2x+3}{x^2-x+1}\mathrm{d}x=$ _____.

解 $\displaystyle\int_0^1 \frac{2x+3}{x^2-x+1}dx = \int_0^1 \frac{d(x^2-x+1)}{x^2-x+1} + 4\int_0^1 \frac{1}{x^2-x+1}dx$

$\displaystyle = \ln(x^2-x+1)\Big|_0^1 + 4\int_0^1 \frac{1}{\left(x-\frac{1}{2}\right)^2+\frac{3}{4}}dx = \frac{8}{\sqrt{3}}\arctan\frac{x-\frac{1}{2}}{\frac{\sqrt{3}}{2}}\Big|_0^1 = \frac{8\sqrt{3}}{9}\pi.$

故应填 $\dfrac{8\sqrt{3}}{9}\pi$.

【例4】 设 $f(x) = \displaystyle\int_0^x \frac{\sin t}{\pi-t}dt$, 求 $\displaystyle\int_0^\pi f(x)dx$.

分析 $f(x)$ 是变上限积分,其导数易求,在所求积分中若与 $f'(x)$ 联系则可考虑用分部积分法.

解 由已知 $f'(x) = \dfrac{\sin x}{\pi-x}$,

则 $\displaystyle\int_0^\pi f(x)dx = f(x)\cdot x\Big|_0^\pi - \int_0^\pi x\cdot f'(x)dx = \pi f(\pi) - \int_0^\pi x\frac{\sin x}{\pi-x}dx$

$\displaystyle = \pi\int_0^\pi \frac{\sin t}{\pi-t}dt - \int_0^\pi x\frac{\sin x}{\pi-x}dx = \int_0^\pi (\pi-x)\frac{\sin x}{\pi-x}dx = \int_0^\pi \sin x\,dx = 2.$

【例5】 设函数 $f(x)$ 连续,且 $\displaystyle\int_0^x tf(2x-t)dt = \frac{1}{2}\arctan x^2$. 已知 $f(1)=1$, 求 $\displaystyle\int_1^2 f(x)dx$ 的值.

分析 由已知直接计算 $\displaystyle\int_1^2 f(x)dx$ 是很困难的,所以可以对给定的等式左端作变量代换后求导数,从而找出解决题目所求问题的方法.

解 令 $u=2x-t$, 则 $dt=-du$,

$\displaystyle\int_0^x tf(2x-t)dt = -\int_{2x}^x (2x-u)f(u)du = 2x\int_x^{2x} f(u)du - \int_x^{2x} uf(u)du.$

从而 $\displaystyle 2x\int_x^{2x} f(u)du - \int_x^{2x} uf(u)du = \frac{1}{2}\arctan x^2,$

两端对 x 求导,得

$\displaystyle 2\int_x^{2x} f(u)du + 2x[2f(2x)-f(x)] - [2xf(2x)\cdot 2 - xf(x)] = \frac{x}{1+x^4},$

故 $\displaystyle\int_x^{2x} f(u)du = \frac{x}{2(1+x^4)} + \frac{1}{2}xf(x).$

令 $x=1$, 得 $\displaystyle\int_1^2 f(u)du = \frac{1}{4}+\frac{1}{2}=\frac{3}{4}.$

【例6】 设 $f(x)$ 连续,且关于 $x=T$ 对称,$a<T<b$, 证明:

$$\int_a^b f(x)dx = 2\int_T^b f(x)dx + \int_a^{2T-b} f(x)dx.$$

证 因为 $f(x)$ 关于 $x=T$ 对称,所以 $f(x+T)=f(T-x)$. 由定积分的性质

$$\int_a^b f(x)\mathrm{d}x = \int_a^{2T-b} f(x)\mathrm{d}x + \int_{2T-b}^T f(x)\mathrm{d}x + \int_T^b f(x)\mathrm{d}x,$$

而

$$\int_{2T-b}^T f(x)\mathrm{d}x \xrightarrow{\ \diamondsuit\, x=2T-t\ } \int_b^T f(2T-t)(-\mathrm{d}t) = -\int_b^T f[T+(T-t)]\mathrm{d}t$$

$$\xrightarrow{\ f(T+u)=f(T-u)\ } -\int_b^T f[T-(T-t)]\mathrm{d}t = -\int_b^T f(t)\mathrm{d}t = \int_T^b f(x)\mathrm{d}x,$$

故 $\displaystyle\int_a^b f(x)\mathrm{d}x = 2\int_T^b f(x)\mathrm{d}x + \int_a^{2T-b} f(x)\mathrm{d}x.$

【例 7】 设 $f(x),g(x)$ 在 $[a,b]$ 上连续，且满足

$$\int_a^x f(t)\mathrm{d}t \geqslant \int_a^x g(t)\mathrm{d}t,\ x\in[a,b],\qquad \int_a^b f(t)\mathrm{d}t = \int_a^b g(t)\mathrm{d}t,$$

证明： $\displaystyle\int_a^b xf(x)\mathrm{d}x \leqslant \int_a^b xg(x)\mathrm{d}x.$

证 令 $F(x)=f(x)-g(x),G(x)=\displaystyle\int_a^x F(t)\mathrm{d}t$，由题设知 $G(x)\geqslant 0,x\in[a,b],G(a)=G(b)=0,G'(x)=F(x)$. 从而

$$\int_a^b xF(x)\mathrm{d}x = \int_a^b x\mathrm{d}G(x) = xG(x)\Big|_a^b - \int_a^b G(x)\mathrm{d}x = -\int_a^b G(x)\mathrm{d}x.$$

由于 $G(x)\geqslant 0,x\in[a,b]$，故有 $-\displaystyle\int_a^b G(x)\mathrm{d}x\leqslant 0$，即 $\displaystyle\int_a^b xF(x)\mathrm{d}x\leqslant 0.$

因此 $\displaystyle\int_a^b xf(x)\mathrm{d}x \leqslant \int_a^b xg(x)\mathrm{d}x.$

● 方法总结

本题为基本证明题. 一般地，证明积分等式或不等式，都应引入变限积分，将其转化为函数等式或不等式.

习题 5—3 解答

1. 计算下列定积分：

(1) $\displaystyle\int_{\frac{\pi}{3}}^{\pi} \sin\left(x+\frac{\pi}{3}\right)\mathrm{d}x;$

(2) $\displaystyle\int_{-2}^1 \frac{\mathrm{d}x}{(11+5x)^3};$

(3) $\displaystyle\int_0^{\frac{\pi}{2}} \sin\varphi\cos^3\varphi\,\mathrm{d}\varphi;$

(4) $\displaystyle\int_0^{\pi} (1-\sin^3\theta)\mathrm{d}\theta;$

(5) $\displaystyle\int_{\frac{\pi}{6}}^{\frac{\pi}{2}} \cos^2 u\,\mathrm{d}u;$

(6) $\displaystyle\int_0^{\sqrt{2}} \sqrt{2-x^2}\,\mathrm{d}x;$

(7) $\displaystyle\int_{-\sqrt{2}}^{\sqrt{2}} \sqrt{8-2y^2}\,\mathrm{d}y;$

(8) $\displaystyle\int_{\frac{1}{\sqrt{2}}}^1 \frac{\sqrt{1-x^2}}{x^2}\,\mathrm{d}x;$

(9) $\displaystyle\int_0^a x^2\sqrt{a^2-x^2}\,\mathrm{d}x\ (a>0);$

(10) $\displaystyle\int_1^{\sqrt{3}} \frac{\mathrm{d}x}{x^2\sqrt{1+x^2}};$

(11) $\displaystyle\int_{-1}^1 \frac{x\mathrm{d}x}{\sqrt{5-4x}};$

(12) $\displaystyle\int_1^4 \frac{\mathrm{d}x}{1+\sqrt{x}};$

(13) $\displaystyle\int_{\frac{3}{4}}^1 \frac{\mathrm{d}x}{\sqrt{1-x}-1};$

(14) $\displaystyle\int_0^{\sqrt{2}a} \frac{x\mathrm{d}x}{\sqrt{3a^2-x^2}}\ (a>0);$

(15) $\displaystyle\int_0^1 te^{-\frac{t^2}{2}}\mathrm{d}t;$

(16) $\displaystyle\int_1^{e^2} \frac{\mathrm{d}x}{x\sqrt{1+\ln x}};$

(17) $\displaystyle\int_{-2}^0 \frac{x+2\,\mathrm{d}x}{x^2+2x+2};$

(18) $\displaystyle\int_0^2 \frac{x\mathrm{d}x}{(x^2-2x+2)^2};$

(19) $\int_{-\pi}^{\pi} x^4 \sin x \mathrm{d}x$;　　　　(20) $\int_{-\frac{\pi}{2}}^{\frac{\pi}{2}} 4\cos^4\theta \mathrm{d}\theta$;　　　　(21) $\int_{-\frac{1}{2}}^{\frac{1}{2}} \frac{(\arcsin x)^2}{\sqrt{1-x^2}} \mathrm{d}x$;

(22) $\int_{-5}^{5} \frac{x^3 \sin^2 x}{x^4+2x^2+1} \mathrm{d}x$;　　(23) $\int_{-\frac{\pi}{2}}^{\frac{\pi}{2}} \cos x \cos 2x \mathrm{d}x$;　　(24) $\int_{-\frac{\pi}{2}}^{\frac{\pi}{2}} \sqrt{\cos x - \cos^3 x}\, \mathrm{d}x$;

(25) $\int_0^{\pi} \sqrt{1+\cos 2x}\, \mathrm{d}x$;　　　(26) $\int_0^{2\pi} |\sin(x+1)|\, \mathrm{d}x$.

解 (1) $\int_{\frac{\pi}{3}}^{\pi} \sin\left(x+\frac{\pi}{3}\right) \mathrm{d}x = \int_{\frac{\pi}{3}}^{\pi} \sin\left(x+\frac{\pi}{3}\right) \mathrm{d}\left(x+\frac{\pi}{3}\right) = \left[-\cos\left(x+\frac{\pi}{3}\right)\right]_{\frac{\pi}{3}}^{\pi} = 0.$

(2) $\int_{-2}^{1} \frac{\mathrm{d}x}{(11+5x)^3} = \int_{-2}^{1} \frac{\mathrm{d}(11+5x)}{5(11+5x)^3} = \left[-\frac{1}{10(11+5x)^2}\right]_{-2}^{1} = \frac{51}{512}.$

(3) $\int_0^{\frac{\pi}{2}} \sin\varphi \cos^3\varphi \mathrm{d}\varphi = -\int_0^{\frac{\pi}{2}} \cos^3\varphi \mathrm{d}(\cos\varphi) = \left[-\frac{1}{4}\cos^4\varphi\right]_0^{\frac{\pi}{2}} = \frac{1}{4}.$

(4) $\int_0^{\pi} (1-\sin^3\theta) \mathrm{d}\theta = \pi + \int_0^{\pi} (1-\cos^2\theta) \mathrm{d}(\cos\theta) \xlongequal{u=\cos\theta} \pi + \int_1^{-1} (1-u^2) \mathrm{d}u = \pi - \frac{4}{3}.$

(5) $\int_{\frac{\pi}{6}}^{\frac{\pi}{2}} \cos^2 u \mathrm{d}u = \frac{1}{2}\int_{\frac{\pi}{6}}^{\frac{\pi}{2}} (1+\cos 2u) \mathrm{d}u = \frac{1}{2}\left[u+\frac{1}{2}\sin 2u\right]_{\frac{\pi}{6}}^{\frac{\pi}{2}} = \frac{\pi}{6} - \frac{\sqrt{3}}{8}.$

(6) $\int_0^{\sqrt{2}} \sqrt{2-x^2}\, \mathrm{d}x \xlongequal{x=\sqrt{2}\sin u} \int_0^{\frac{\pi}{2}} 2\cos^2 u \mathrm{d}u = 2\times \frac{\pi}{4} = \frac{\pi}{2}.$

(7) $\int_{-\sqrt{2}}^{\sqrt{2}} \sqrt{8-2y^2}\, \mathrm{d}y \xlongequal{y=2\sin u} \int_{-\frac{\pi}{4}}^{\frac{\pi}{4}} 4\sqrt{2}\cos^2 u \mathrm{d}u = 2\sqrt{2}\int_{-\frac{\pi}{4}}^{\frac{\pi}{4}} (1+\cos 2u) \mathrm{d}u$

$\qquad = 2\sqrt{2}\left[u+\frac{1}{2}\sin 2u\right]_{-\frac{\pi}{4}}^{\frac{\pi}{4}} = \sqrt{2}(\pi+2).$

(8) $\int_{\frac{1}{\sqrt{2}}}^{1} \frac{\sqrt{1-x^2}}{x^2} \mathrm{d}x \xlongequal{x=\sin u} \int_{\frac{\pi}{4}}^{\frac{\pi}{2}} \frac{\cos^2 u}{\sin^2 u} \mathrm{d}u = \int_{\frac{\pi}{4}}^{\frac{\pi}{2}} (\csc^2 u - 1) \mathrm{d}u = \left[-\cot u - u\right]_{\frac{\pi}{4}}^{\frac{\pi}{2}} = 1 - \frac{\pi}{4}.$

(9) $\int_0^{a} x^2 \sqrt{a^2-x^2}\, \mathrm{d}x \xlongequal{x=a\sin u} \int_0^{\frac{\pi}{2}} a^4 \sin^2 u \cos^2 u \mathrm{d}u = \frac{a^4}{8}\int_0^{\frac{\pi}{2}} (\sin 2u)^2 \mathrm{d}(2u)$

$\qquad \xlongequal{t=2u} \frac{a^4}{8}\int_0^{\pi} \sin^2 t \mathrm{d}t = \frac{a^4}{4}\int_0^{\frac{\pi}{2}} \sin^2 t \mathrm{d}t = \frac{a^4}{4}\times \frac{\pi}{4} = \frac{\pi}{16}a^4.$

(10) $\int_1^{\sqrt{3}} \frac{\mathrm{d}x}{x^2\sqrt{1+x^2}} \xlongequal{x=\frac{1}{u}} \int_1^{\frac{1}{\sqrt{3}}} \frac{-u}{\sqrt{1+u^2}} \mathrm{d}u = \left[-\sqrt{1+u^2}\right]_1^{\frac{1}{\sqrt{3}}} = \sqrt{2} - \frac{2\sqrt{3}}{3}.$

(11) 令 $u=\sqrt{5-4x}$，即 $x=\frac{5-u^2}{4}$，得

$$\int_{-1}^{1} \frac{x\mathrm{d}x}{\sqrt{5-4x}} = \int_3^{1} \frac{u^2-5}{8} \mathrm{d}u = \left[\frac{u^3}{24} - \frac{5}{8}u\right]_3^{1} = \frac{1}{6}.$$

(12) 令 $u=\sqrt{x}$，即 $x=u^2$，得

$$\int_1^{4} \frac{\mathrm{d}x}{1+\sqrt{x}} = \int_1^{2} \frac{2u\mathrm{d}u}{1+u} = \left[2u - 2\ln(1+u)\right]_1^{2} = 2 + 2\ln\frac{2}{3}.$$

(13) 令 $u=\sqrt{1-x}$，即 $x=1-u^2$，得

$$\int_{\frac{3}{4}}^{} \frac{\mathrm{d}x}{\sqrt{1-x}-1} = \int_{\frac{1}{2}}^{0} \frac{-2u\mathrm{d}u}{u-1} = -2\left[u+\ln|u-1|\right]_{\frac{1}{2}}^{0} = 1 - 2\ln 2.$$

(14) $\int_0^{\sqrt{2}a} \frac{x\mathrm{d}x}{\sqrt{3a^2-x^2}} = -\frac{1}{2}\int_0^{\sqrt{2}a} \frac{\mathrm{d}(3a^2-x^2)}{\sqrt{3a^2-x^2}} = -\left[\sqrt{3a^2-x^2}\right]_0^{\sqrt{2}a} = (\sqrt{3}-1)a.$

(15) $\int_0^{1} t\mathrm{e}^{-\frac{t^2}{2}} \mathrm{d}t = -\int_0^{1} \mathrm{e}^{-\frac{t^2}{2}} \mathrm{d}\left(-\frac{t^2}{2}\right) = \left[-\mathrm{e}^{-\frac{t^2}{2}}\right]_0^{1} = 1 - \mathrm{e}^{-\frac{1}{2}}.$

(16) $\int_1^{\mathrm{e}^2} \frac{\mathrm{d}x}{x\sqrt{1+\ln x}} \xlongequal{x=\mathrm{e}^u} \int_0^{2} \frac{\mathrm{d}u}{\sqrt{1+u}} = \left[2\sqrt{1+u}\right]_0^{2} = 2\sqrt{3} - 2.$

(17) $\int_{-2}^{0}\dfrac{x+2\,\mathrm{d}x}{x^2+2x+2}=\int_{-2}^{0}\dfrac{(x+1)+1}{(x+1)^2+1}\,\mathrm{d}x=\Big[\dfrac{1}{2}\ln(x^2+2x+2)+\arctan(x+1)\Big]_{-2}^{0}=\dfrac{\pi}{2}.$

(18) 令 $x=1+\tan u$，则 $\mathrm{d}x=\sec^2 u\,\mathrm{d}u$，因此

$$\int_{0}^{2}\dfrac{x\,\mathrm{d}x}{(x^2-2x+2)^2}=\int_{0}^{2}\dfrac{x\,\mathrm{d}x}{[(x-1)^2+1]^2}=\int_{-\frac{\pi}{4}}^{\frac{\pi}{4}}\dfrac{(1+\tan u)\,\mathrm{d}u}{\sec^2 u}=2\int_{0}^{\frac{\pi}{4}}\cos^2 u\,\mathrm{d}u$$

$$=\int_{0}^{\frac{\pi}{4}}(1+\cos 2u)\,\mathrm{d}u=\dfrac{\pi}{4}+\dfrac{1}{2}.$$

(19) 由于被积函数为奇函数，因此 $\int_{-\pi}^{\pi}x^4\sin x\,\mathrm{d}x=0.$

(20) 由于被积函数为偶函数，因此

$$\int_{-\frac{\pi}{2}}^{\frac{\pi}{2}}4\cos^4\theta\,\mathrm{d}\theta=2\int_{0}^{\frac{\pi}{2}}4\cos^4\theta\,\mathrm{d}\theta=8\times\dfrac{3}{4}\times\dfrac{\pi}{4}=\dfrac{3}{2}\pi.$$

(21) 由于被积函数为偶函数，因此

$$\int_{-\frac{1}{2}}^{\frac{1}{2}}\dfrac{(\arcsin x)^2}{\sqrt{1-x^2}}\,\mathrm{d}x=2\int_{0}^{\frac{1}{2}}\dfrac{(\arcsin x)^2}{\sqrt{1-x^2}}\,\mathrm{d}x=2\int_{0}^{\frac{1}{2}}(\arcsin x)^2\,\mathrm{d}(\arcsin x)$$

$$=\dfrac{2}{3}\Big[(\arcsin x)^3\Big]_{0}^{\frac{1}{2}}=\dfrac{\pi^3}{324}.$$

(22) 由于被积函数为奇函数，因此 $\int_{-5}^{5}\dfrac{x^3\sin^2 x}{x^4+2x^2+1}\,\mathrm{d}x=0.$

(23) $\int_{-\frac{\pi}{2}}^{\frac{\pi}{2}}\cos x\cos 2x\,\mathrm{d}x=\int_{-\frac{\pi}{2}}^{\frac{\pi}{2}}\cos x(1-2\sin^2 x)\,\mathrm{d}x=\int_{-\frac{\pi}{2}}^{\frac{\pi}{2}}(1-2\sin^2 x)\,\mathrm{d}(\sin x)$

$$=\Big[\sin x-\dfrac{2}{3}\sin^3 x\Big]_{-\frac{\pi}{2}}^{\frac{\pi}{2}}=\dfrac{2}{3}.$$

或者

$$\int_{-\frac{\pi}{2}}^{\frac{\pi}{2}}\cos x\cos 2x\,\mathrm{d}x=\dfrac{1}{2}\int_{-\frac{\pi}{2}}^{\frac{\pi}{2}}(\cos 3x+\cos x)\,\mathrm{d}x$$

$$=\dfrac{1}{2}\Big[\dfrac{1}{3}\sin 3x+\sin x\Big]_{-\frac{\pi}{2}}^{\frac{\pi}{2}}=\dfrac{2}{3}.$$

(24) $\int_{-\frac{\pi}{2}}^{\frac{\pi}{2}}\sqrt{\cos x-\cos^3 x}\,\mathrm{d}x=2\int_{0}^{\frac{\pi}{2}}\sqrt{\cos x}\sin x\,\mathrm{d}x\xlongequal{u=\cos x}-2\int_{1}^{0}\sqrt{u}\,\mathrm{d}u=\dfrac{4}{3}.$

(25) $\int_{0}^{\pi}\sqrt{1+\cos 2x}\,\mathrm{d}x=\int_{0}^{\pi}\sqrt{2\cos^2 x}\,\mathrm{d}x=\sqrt{2}\int_{0}^{\pi}|\cos x|\,\mathrm{d}x$

$$=\sqrt{2}\Big(\int_{0}^{\frac{\pi}{2}}\cos x\,\mathrm{d}x-\int_{\frac{\pi}{2}}^{\pi}\cos x\,\mathrm{d}x\Big)=\sqrt{2}\Big(\sin x\Big|_{0}^{\frac{\pi}{2}}-\sin x\Big|_{\frac{\pi}{2}}^{\pi}\Big)=2\sqrt{2}.$$

(26) $\int_{0}^{2\pi}|\sin(x+1)|\,\mathrm{d}x\xlongequal{x=u-1}\int_{1}^{2\pi+1}|\sin u|\,\mathrm{d}u,$

由于 $|\sin x|$ 是以 π 为周期的周期函数，因此上式 $=2\int_{0}^{\pi}|\sin u|\,\mathrm{d}u=4.$

2. 设 $f(x)$ 在 $[a,b]$ 上连续，证明 $\int_{a}^{b}f(x)\,\mathrm{d}x=\int_{a}^{b}f(a+b-x)\,\mathrm{d}x.$

证 令 $x=a+b-u$，则 $\int_{a}^{b}f(x)\,\mathrm{d}x=-\int_{b}^{a}f(a+b-u)\,\mathrm{d}u=\int_{a}^{b}f(a+b-u)\,\mathrm{d}u=\int_{a}^{b}f(a+b-x)\,\mathrm{d}x.$

3. 证明：$\int_{x}^{1}\dfrac{\mathrm{d}t}{1+t^2}=\int_{1}^{\frac{1}{x}}\dfrac{\mathrm{d}t}{1+t^2}\quad(x>0).$

证 $\int_{x}^{1}\dfrac{\mathrm{d}t}{1+t^2}\xlongequal{t=\frac{1}{u}}-\int_{\frac{1}{x}}^{1}\dfrac{\mathrm{d}u}{1+u^2}=\int_{1}^{\frac{1}{x}}\dfrac{\mathrm{d}u}{1+u^2}=\int_{1}^{\frac{1}{x}}\dfrac{\mathrm{d}t}{1+t^2}.$

4. 证明：$\int_{0}^{1}x^m(1-x)^n\,\mathrm{d}x=\int_{0}^{1}x^n(1-x)^m\,\mathrm{d}x\quad(m,n\in\mathbf{N}).$

证　令 $x=1-u$,则 $\int_0^1 x^m(1-x)^n\mathrm{d}x=\int_1^0 -(1-u)^m u^n\mathrm{d}u=\int_0^1 x^n(1-x)^m\mathrm{d}x.$

5. 设 $f(x)$ 在 $[0,1]$ 上连续,$n\in\mathbf{Z}$,证明:
$$\int_{\frac{n}{2}\pi}^{\frac{n+1}{2}\pi} f(|\sin x|)\mathrm{d}x=\int_{\frac{n}{2}\pi}^{\frac{n+1}{2}\pi} f(|\cos x|)\mathrm{d}x=\int_0^{\frac{\pi}{2}} f(\sin x)\mathrm{d}x.$$

证　令 $x=u+\dfrac{n}{2}\pi$,则 $\mathrm{d}x=\mathrm{d}u$,因此

$$\int_{\frac{n}{2}\pi}^{\frac{n+1}{2}\pi} f(|\sin x|)\mathrm{d}x=\int_0^{\frac{\pi}{2}} f(|\sin(u+\frac{n}{2}\pi)|)\mathrm{d}u=\begin{cases}\displaystyle\int_0^{\frac{\pi}{2}} f(\sin u)\mathrm{d}u, & n \text{ 为偶数},\\[2mm] \displaystyle\int_0^{\frac{\pi}{2}} f(\cos u)\mathrm{d}u, & n \text{ 为奇数}.\end{cases}$$

$$\int_{\frac{n}{2}\pi}^{\frac{n+1}{2}\pi} f(|\cos x|)\mathrm{d}x=\int_0^{\frac{\pi}{2}} f(|\cos(u+\frac{n}{2}\pi)|)\mathrm{d}u=\begin{cases}\displaystyle\int_0^{\frac{\pi}{2}} f(\cos u)\mathrm{d}u, & n \text{ 为偶数},\\[2mm] \displaystyle\int_0^{\frac{\pi}{2}} f(\sin u)\mathrm{d}u, & n \text{ 为奇数}.\end{cases}$$

由于 $\int_0^{\frac{\pi}{2}} f(\sin x)\mathrm{d}x=\int_0^{\frac{\pi}{2}} f(\cos x)\mathrm{d}x$,因此结论成立.

6. 若 $f(x)$ 是连续的奇函数,证明 $\int_0^x f(t)\mathrm{d}t$ 是偶函数;若 $f(x)$ 是连续的偶函数,证明 $\int_0^x f(t)\mathrm{d}t$ 是奇函数.

证　记 $F(x)=\int_0^x f(t)\mathrm{d}t$,则有 $F(-x)=\int_0^{-x} f(t)\mathrm{d}t\xlongequal{t=-u}-\int_0^x f(-u)\mathrm{d}u$,

当 $f(x)$ 为奇函数时,$F(-x)=\int_0^x f(u)\mathrm{d}u=F(x)$,故 $\int_0^x f(t)\mathrm{d}t$ 是偶函数.

当 $f(x)$ 为偶函数时,$F(-x)=-\int_0^x f(u)\mathrm{d}u=-F(x)$,故 $\int_0^x f(t)\mathrm{d}t$ 是奇函数.

7. 设 $x=\varphi(y)$ 是单调函数 $y=xe^{x^2}$ 的反函数,求 $\int_0^e \varphi(y)\mathrm{d}y.$

解　当 $y=0$ 时,$x=0$,当 $y=e$ 时,$x=1$.
$$\int_0^e \varphi(y)\mathrm{d}y=\int_0^1 x\mathrm{d}(xe^{x^2})=x^2 e^{x^2}\Big|_0^1-\int_0^1 xe^{x^2}\mathrm{d}x=e-\frac{1}{2}e^{x^2}\Big|_0^1=e-\frac{1}{2}(e-1)=\frac{e+1}{2}.$$

8. 计算下列定积分:

(1) $\int_0^1 xe^{-x}\mathrm{d}x$;

(2) $\int_1^e x\ln x\mathrm{d}x$;

(3) $\int_0^{\frac{2\pi}{\omega}} t\sin\omega t\mathrm{d}t$ (ω 为常数);

(4) $\int_{\frac{\pi}{4}}^{\frac{\pi}{3}} \frac{x}{\sin^2 x}\mathrm{d}x$;

(5) $\int_1^4 \frac{\ln x}{\sqrt{x}}\mathrm{d}x$;

(6) $\int_0^1 x\arctan x\mathrm{d}x$;

(7) $\int_0^{\frac{\pi}{2}} e^{2x}\cos x\mathrm{d}x$;

(8) $\int_1^2 x\log_2 x\mathrm{d}x$;

(9) $\int_0^\pi (x\sin x)^2\mathrm{d}x$;

(10) $\int_1^e \sin(\ln x)\mathrm{d}x$;

(11) $\int_{\frac{1}{e}}^e |\ln x|\mathrm{d}x$;

(12) $\int_0^1 (1-x^2)^{\frac{m}{2}}\mathrm{d}x$ ($m\in\mathbf{N}_+$);

(13) $J_m=\int_0^\pi x\sin^m x\mathrm{d}x$ ($m\in\mathbf{N}_+$).

解　(1) $\int_0^1 xe^{-x}\mathrm{d}x=-\int_0^1 x\mathrm{d}(e^{-x})=-[xe^{-x}]_0^1+\int_0^1 e^{-x}\mathrm{d}x=-e^{-1}+[-e^{-x}]_0^1=1-\dfrac{2}{e}.$

(2) $\int_1^e x\ln x\mathrm{d}x=\int_1^e \dfrac{\ln x}{2}\mathrm{d}(x^2)=\left[\dfrac{1}{2}x^2\ln x\right]_1^e-\int_1^e \dfrac{x}{2}\mathrm{d}x=\dfrac{e^2+1}{4}.$

(3) $\int_0^{\frac{2\pi}{\omega}} t\sin\omega t\,dt = -\frac{1}{\omega}\int_0^{\frac{2\pi}{\omega}} t\,d(\cos\omega t) = -\frac{1}{\omega}\Big[t\cos\omega t\Big]_0^{\frac{2\pi}{\omega}} + \frac{1}{\omega}\int_0^{\frac{2\pi}{\omega}}\cos\omega t\,dt$

$\qquad = -\frac{2\pi}{\omega^2} + \frac{1}{\omega^2}\Big[\sin\omega t\Big]_0^{\frac{2\pi}{\omega}} = -\frac{2\pi}{\omega^2}.$

(4) $\int_{\frac{\pi}{4}}^{\frac{\pi}{3}}\frac{x}{\sin^2 x}\,dx = -\int_{\frac{\pi}{4}}^{\frac{\pi}{3}} x\,d(\cot x) = \Big[-x\cot x\Big]_{\frac{\pi}{4}}^{\frac{\pi}{3}} + \int_{\frac{\pi}{4}}^{\frac{\pi}{3}}\cot x\,dx = -\frac{\pi}{3\sqrt{3}} + \frac{\pi}{4} + \Big[\ln\sin x\Big]_{\frac{\pi}{4}}^{\frac{\pi}{3}}$

$\qquad = \Big(\frac{1}{4} - \frac{\sqrt{3}}{9}\Big)\pi + \frac{1}{2}\ln\frac{3}{2}.$

(5) $\int_1^4\frac{\ln x}{\sqrt{x}}\,dx = \int_1^4 2\ln x\,d\sqrt{x} = \Big[2\sqrt{x}\ln x\Big]_1^4 - \int_1^4\frac{2}{\sqrt{x}}\,dx = 8\ln 2 - \Big[4\sqrt{x}\Big]_1^4 = 4(2\ln 2 - 1).$

(6) $\int_0^1 x\arctan x\,dx = \frac{1}{2}\int_0^1 \arctan x\,d(x^2) = \Big[\frac{1}{2}x^2\arctan x\Big]_0^1 - \frac{1}{2}\int_0^1\frac{x^2}{1+x^2}\,dx$

$\qquad = \frac{\pi}{8} - \frac{1}{2}\Big[x - \arctan x\Big]_0^1 = \frac{\pi}{4} - \frac{1}{2}.$

(7) $\int_0^{\frac{\pi}{2}} e^{2x}\cos x\,dx = \frac{1}{2}\int_0^{\frac{\pi}{2}}\cos x\,d(e^{2x}) = \frac{1}{2}\Big[e^{2x}\cos x\Big]_0^{\frac{\pi}{2}} + \frac{1}{2}\int_0^{\frac{\pi}{2}} e^{2x}\sin x\,dx$

$\qquad = -\frac{1}{2} + \frac{1}{4}\int_0^{\frac{\pi}{2}}\sin x\,d(e^{2x}) = -\frac{1}{2} + \frac{1}{4}\Big[e^{2x}\sin x\Big]_0^{\frac{\pi}{2}} - \frac{1}{4}\int_0^{\frac{\pi}{2}} e^{2x}\cos x\,dx,$

因此有 $\int_0^{\frac{\pi}{2}} e^{2x}\cos x\,dx = \frac{1}{5}(e^{\pi} - 2).$

(8) $\int_1^2 x\log_2 x\,dx = \frac{1}{2}\int_1^2\log_2 x\,d(x^2) = \frac{1}{2}\Big[x^2\log_2 x\Big]_1^2 - \frac{1}{2}\int_1^2\frac{x}{\ln 2}\,dx$

$\qquad = 2 - \frac{1}{4\ln 2}\Big[x^2\Big]_1^2 = 2 - \frac{3}{4\ln 2}.$

(9) $\int_0^{\pi}(x\sin x)^2\,dx = \frac{1}{2}\int_0^{\pi} x^2(1 - \cos 2x)\,dx = \frac{\pi^3}{6} - \frac{1}{4}\int_0^{\pi} x^2\,d(\sin 2x)$

$\qquad = \frac{\pi^3}{6} - \frac{1}{4}\Big[x^2\sin 2x\Big]_0^{\pi} + \frac{1}{2}\int_0^{\pi} x\sin 2x\,dx = \frac{\pi^3}{6} - \frac{1}{4}\int_0^{\pi} x\,d(\cos 2x)$

$\qquad = \frac{\pi^3}{6} - \frac{1}{4}\Big[x\cos 2x\Big]_0^{\pi} + \frac{1}{4}\int_0^{\pi}\cos 2x\,dx = \frac{\pi^3}{6} - \frac{\pi}{4}.$

(10) $\int_1^e \sin(\ln x)\,dx \xlongequal{x=e^u} \int_0^1 e^u\sin u\,du = \Big[e^u\sin u\Big]_0^1 - \int_0^1 e^u\cos u\,du$

$\qquad = e\sin 1 - \Big[e^u\cos u\Big]_0^1 - \int_0^1 e^u\sin u\,du = e(\sin 1 - \cos 1) + 1 - \int_0^1 e^u\sin u\,du$

所以 $\int_1^e \sin(\ln x)\,dx = \frac{e}{2}(\sin 1 - \cos 1) + \frac{1}{2}.$

(11) $\int_{\frac{1}{e}}^e |\ln x|\,dx = -\int_{\frac{1}{e}}^1 \ln x\,dx + \int_1^e \ln x\,dx = -\Big[x\ln x\Big]_{\frac{1}{e}}^1 + \int_{\frac{1}{e}}^1 dx + \Big[x\ln x\Big]_1^e - \int_1^e dx$

$\qquad = 2 - \frac{2}{e}.$

(12) $\int_0^1 (1 - x^2)^{\frac{m}{2}}\,dx \xlongequal{x=\sin u} \int_0^{\frac{\pi}{2}}\cos^{m+1} x\,dx$

$\qquad = \begin{cases} \dfrac{m}{m+1} \times \dfrac{m-2}{m-1} \times \cdots \times \dfrac{1}{2} \times \dfrac{\pi}{2}, & m\text{ 为奇数}, \\[3mm] \dfrac{m}{m+1} \times \dfrac{m-2}{m-1} \times \cdots \times \dfrac{2}{3}, & m\text{ 为偶数}. \end{cases}$

(13) 由教材本节的例 6, 可得 $J_m = \int_0^{\pi} x\sin^m x\,dx = \frac{\pi}{2}\int_0^{\pi}\sin^m x\,dx.$

而 $\int_0^{\pi}\sin^m x\,dx \xlongequal{x=\frac{\pi}{2}+t} \int_{-\frac{\pi}{2}}^{\frac{\pi}{2}}\cos^m t\,dt = 2\int_0^{\frac{\pi}{2}}\cos^m t\,dt = 2\int_0^{\frac{\pi}{2}}\sin^m x\,dx,$

故 $J_m = \pi \int_0^{\frac{\pi}{2}} \sin^m x \, dx$.

从而有

$$J_m = \begin{cases} \dfrac{2 \times 4 \times 6 \times \cdots \times (m-1)}{1 \times 3 \times 5 \times \cdots \times m} \times \pi, & m \text{ 为大于 1 的奇数,} \\ \dfrac{1 \times 3 \times 5 \times \cdots \times (m-1)}{2 \times 4 \times 6 \times \cdots \times m} \times \dfrac{\pi^3}{2}, & m \text{ 为偶数,} \end{cases}$$

$$J_1 = \pi.$$

第四节　反常积分

一、主要内容归纳

1. 无穷区间上的反常积分　设函数 $f(x)$ 在区间 $[a, +\infty)$ 上有定义,在 $[a, b]$ 上可积,若极限 $\lim\limits_{b \to +\infty} \int_a^b f(x) \, dx$ 存在,则定义 $\int_a^{+\infty} f(x) \, dx = \lim\limits_{b \to +\infty} \int_a^b f(x) \, dx$,并称 $\int_a^{+\infty} f(x) \, dx$ 为 $f(x)$ 在 $[a, +\infty)$ 上的反常积分,这时也称反常积分 $\int_a^{+\infty} f(x) \, dx$ 存在或收敛;若上述极限不存在,则称反常积分 $\int_a^{+\infty} f(x) \, dx$ 不存在或发散.

类似地,定义 $\int_{-\infty}^b f(x) \, dx = \lim\limits_{a \to -\infty} \int_a^b f(x) \, dx$,

$$\int_{-\infty}^{+\infty} f(x) \, dx = \int_{-\infty}^c f(x) \, dx + \int_c^{+\infty} f(x) \, dx = \lim_{a \to -\infty} \int_a^c f(x) \, dx + \lim_{b \to +\infty} \int_c^b f(x) \, dx.$$

2. 无界函数的反常积分(瑕积分)　设函数 $f(x)$ 在 $[a, b)$ 上连续,而且 $\lim\limits_{x \to b^-} f(x) = \infty$,若极限 $\lim\limits_{\varepsilon \to 0^+} \int_a^{b-\varepsilon} f(x) \, dx$ 存在,则定义

$$\int_a^b f(x) \, dx = \lim_{\varepsilon \to 0^+} \int_a^{b-\varepsilon} f(x) \, dx,$$

并称 $\int_a^b f(x) \, dx$ 为 $f(x)$ 在 $[a, b]$ 上的反常积分,这时也称反常积分 $\int_a^b f(x) \, dx$ 存在或收敛;若上述极限不存在,则称反常积分 $\int_a^b f(x) \, dx$ 不存在或发散.

类似地,若 $f(x)$ 在 $(a, b]$ 上连续,$\lim\limits_{x \to a^+} f(x) = \infty$,则定义 $\int_a^b f(x) \, dx = \lim\limits_{\varepsilon \to 0^+} \int_{a+\varepsilon}^b f(x) \, dx$,

若 $f(x)$ 在 (a, b) 内连续,$\lim\limits_{x \to a^+} f(x) = \infty$,$\lim\limits_{x \to b^-} f(x) = \infty$,则定义

$$\int_a^b f(x) \, dx = \lim_{\varepsilon_1 \to 0^+} \int_{a+\varepsilon_1}^c f(x) \, dx + \lim_{\varepsilon_2 \to 0^+} \int_c^{b-\varepsilon_2} f(x) \, dx.$$

二、 经典例题解析及解题方法总结

【例1】 判定下列反常积分的收敛性.

(1) $\int_{-\infty}^{+\infty} \dfrac{x}{\sqrt{1+x^2}}\mathrm{d}x$;

(2) $\int_{-\infty}^{+\infty} \dfrac{1}{(1+x^2)^{3/2}}\mathrm{d}x$;

(3) $\int_{1}^{+\infty} \dfrac{\arctan x}{x^2}\mathrm{d}x$;

(4) $\int_{1}^{+\infty} \dfrac{\mathrm{d}x}{\mathrm{e}^x+\mathrm{e}^{2-x}}$;

(5) $\int_{1}^{+\infty} \dfrac{\mathrm{d}x}{\mathrm{e}^{1+x}+\mathrm{e}^{3-x}}$;

(6) $\int_{1}^{+\infty} \dfrac{\mathrm{d}x}{x\sqrt{x^2-1}}$.

解 (1)因为 $\int_{-\infty}^{+\infty} \dfrac{x}{\sqrt{1+x^2}}\mathrm{d}x=\int_{-\infty}^{0} \dfrac{x}{\sqrt{1+x^2}}\mathrm{d}x+\int_{0}^{+\infty} \dfrac{x}{\sqrt{1+x^2}}\mathrm{d}x$,

且 $\int_{0}^{+\infty} \dfrac{x}{\sqrt{1+x^2}}\mathrm{d}x=\dfrac{1}{2}\int_{0}^{+\infty} \dfrac{\mathrm{d}(1+x^2)}{\sqrt{1+x^2}}=\sqrt{1+x^2}\Big|_{0}^{+\infty}=\lim_{x\to+\infty}\sqrt{1+x^2}-1$,

不存在有限极限,所以原反常积分发散.

(2)令 $x=\tan t\ (-\dfrac{\pi}{2}\leqslant t\leqslant\dfrac{\pi}{2})$,则

$$\int_{-\infty}^{+\infty} \dfrac{\mathrm{d}x}{(1+x^2)^{3/2}}=\int_{-\frac{\pi}{2}}^{\frac{\pi}{2}} \dfrac{1}{|\sec^3 t|}\times\sec^2 t\,\mathrm{d}t=\int_{-\frac{\pi}{2}}^{\frac{\pi}{2}}\cos t\,\mathrm{d}t=2\int_{0}^{\frac{\pi}{2}}\cos t\,\mathrm{d}t=2\sin t\Big|_{0}^{\frac{\pi}{2}}=2.$$

故原反常积分收敛.

(3) $\int_{1}^{+\infty} \dfrac{\arctan x}{x^2}\mathrm{d}x=\int_{1}^{+\infty}\arctan x\,\mathrm{d}\left(-\dfrac{1}{x}\right)=-\dfrac{1}{x}\arctan x\Big|_{1}^{+\infty}+\int_{1}^{+\infty}\dfrac{\mathrm{d}x}{x(1+x^2)}$

$\qquad=0+\dfrac{\pi}{4}+\int_{1}^{+\infty}\left(\dfrac{1}{x}-\dfrac{x}{1+x^2}\right)\mathrm{d}x=\dfrac{\pi}{4}+\left[\ln x-\dfrac{1}{2}\ln(1+x^2)\right]\Big|_{1}^{+\infty}$

$\qquad=\dfrac{\pi}{4}+\lim_{x\to+\infty}\ln\dfrac{x}{\sqrt{1+x^2}}-0+\dfrac{1}{2}\ln 2=\dfrac{\pi}{4}+\dfrac{1}{2}\ln 2.$

故原积分收敛.

(4) $\int_{1}^{+\infty} \dfrac{\mathrm{d}x}{\mathrm{e}^x+\mathrm{e}^{2-x}}=\int_{1}^{+\infty} \dfrac{\mathrm{d}\mathrm{e}^x}{\mathrm{e}^{2x}+\mathrm{e}^2}\xlongequal{\mathrm{e}^x=t}\int_{\mathrm{e}}^{+\infty}\dfrac{\mathrm{d}t}{t^2+\mathrm{e}^2}=\dfrac{1}{\mathrm{e}}\arctan\dfrac{t}{\mathrm{e}}\Big|_{\mathrm{e}}^{+\infty}=\dfrac{\pi}{2\mathrm{e}}-\dfrac{\pi}{4\mathrm{e}}=\dfrac{\pi}{4\mathrm{e}}.$

故原积分收敛.

(5) $\int_{1}^{+\infty} \dfrac{\mathrm{d}x}{\mathrm{e}^{1+x}+\mathrm{e}^{3-x}}=\int_{1}^{+\infty} \dfrac{\mathrm{e}^{x-3}}{\mathrm{e}^{2(x-1)}+1}\mathrm{d}x=\mathrm{e}^{-2}\int_{1}^{+\infty}\dfrac{\mathrm{d}\mathrm{e}^{x-1}}{1+\mathrm{e}^{2(x-1)}}=\mathrm{e}^{-2}\arctan\mathrm{e}^{x-1}\Big|_{1}^{+\infty}$

$\qquad=\mathrm{e}^{-2}\left(\dfrac{\pi}{2}-\dfrac{\pi}{4}\right)=\dfrac{\pi}{4}\mathrm{e}^{-2}.$

故原积分收敛.

(6)令 $t=\dfrac{1}{x}$,$x=\dfrac{1}{t}$,$\mathrm{d}x=-\dfrac{1}{t^2}\mathrm{d}t$,则

$$\int_{1}^{+\infty} \dfrac{\mathrm{d}x}{x\sqrt{x^2-1}}=\int_{1}^{0}\dfrac{-\dfrac{1}{t^2}}{\dfrac{1}{t}\sqrt{\dfrac{1}{t^2}-1}}\mathrm{d}t=\int_{0}^{1}\dfrac{\mathrm{d}t}{\sqrt{1-t^2}}=\arcsin t\Big|_{0}^{1}=\dfrac{\pi}{2}.$$

故原积分收敛.

● 方法总结

（1）反常积分的计算与定积分的计算相类似，同样有换元积分法和分部积分法，其思路也与定积分类似，找到被积函数 $f(x)$ 的原函数 $F(x)$ 后，使用牛顿－莱布尼茨公式计算反常积分，只是计算 $F(+\infty)$ 或 $F(-\infty)$ 时为求极限，即

$$F(+\infty)=\lim_{x\to+\infty}F(x);\qquad F(-\infty)=\lim_{x\to-\infty}F(x).$$

（2）关于定积分在对称区间上对奇、偶函数积分的结论不能推广到反常积分，即若 $f(x)$ 在 $(-\infty,+\infty)$ 上为奇函数，则 $\displaystyle\int_{-\infty}^{+\infty}f(x)\mathrm{d}x$ 不一定为 0；若 $f(x)$ 在 $(-\infty,+\infty)$ 上为偶函数，则 $\displaystyle\int_{-\infty}^{+\infty}f(x)\mathrm{d}x$ 也不一定等于 $2\displaystyle\int_{0}^{+\infty}f(x)\mathrm{d}x$.（见本例中(1)）

【例2】 计算积分 $\displaystyle\int_{\frac{1}{2}}^{2}\frac{1}{\sqrt{|x-x^2|}}\mathrm{d}x$.

分析 由于被积函数中含有绝对值，故应先将其分段表示为

$$|x-x^2|=\begin{cases}x-x^2, & \dfrac{1}{2}\leqslant x<1,\\ 0, & x=1,\\ x^2-x, & 1<x\leqslant 2,\end{cases}$$

该积分不是定积分，而是一个反常积分且 $x=1$ 为瑕点. 因此应将原反常积分以瑕点为分界点将其分为两个反常积分，分别进行计算，如果各段积分都存在，则原积分收敛；如果有某段积分不存在，则原积分发散.

解 $\displaystyle\int_{\frac{1}{2}}^{2}\frac{1}{\sqrt{|x-x^2|}}\mathrm{d}x=\int_{\frac{1}{2}}^{1}\frac{\mathrm{d}x}{\sqrt{x-x^2}}+\int_{1}^{2}\frac{\mathrm{d}x}{\sqrt{x^2-x}}$,

而 $\displaystyle\int_{\frac{1}{2}}^{1}\frac{\mathrm{d}x}{\sqrt{x-x^2}}=\lim_{\varepsilon\to0^+}\int_{\frac{1}{2}}^{1-\varepsilon}\frac{\mathrm{d}x}{\sqrt{\dfrac{1}{4}-\left(x-\dfrac{1}{2}\right)^2}}=\lim_{\varepsilon\to0^+}\arcsin(2x-1)\Big|_{\frac{1}{2}}^{1-\varepsilon}=\arcsin 1=\frac{\pi}{2}$.

$$\int_{1}^{2}\frac{\mathrm{d}x}{\sqrt{x^2-x}}=\lim_{\varepsilon\to0^+}\int_{1+\varepsilon}^{2}\frac{\mathrm{d}x}{\sqrt{\left(x-\dfrac{1}{2}\right)^2-\dfrac{1}{4}}}=\lim_{\varepsilon\to0^+}\ln\left[\left(x-\frac{1}{2}\right)+\sqrt{\left(x-\frac{1}{2}\right)^2-\frac{1}{4}}\right]\Big|_{1+\varepsilon}^{2}$$

$$=\ln(3+2\sqrt{2}).$$

故 $\displaystyle\int_{\frac{1}{2}}^{2}\frac{\mathrm{d}x}{\sqrt{|x-x^2|}}=\frac{\pi}{2}+\ln(3+2\sqrt{2})$.

【例3】 （2021 数学一，5 分）$\displaystyle\int_{0}^{+\infty}\frac{1}{x^2+2x+2}\mathrm{d}x=$ _____ .

解 $\displaystyle\int_{0}^{+\infty}\frac{1}{x^2+2x+2}\mathrm{d}x=\int_{0}^{+\infty}\frac{\mathrm{d}(x+1)}{(x+1)^2+1}=\arctan(x+1)\Big|_{0}^{+\infty}=\frac{\pi}{2}-\frac{\pi}{4}=\frac{\pi}{4}$.

故应填 $\dfrac{\pi}{4}$.

习题 5－4 解答

1. 判定下列各反常积分的收敛性,如果收敛,计算反常积分的值:

(1) $\displaystyle\int_1^{+\infty}\dfrac{\mathrm{d}x}{x^4}$;

(2) $\displaystyle\int_1^{+\infty}\dfrac{\mathrm{d}x}{\sqrt{x}}$;

(3) $\displaystyle\int_0^{+\infty}\mathrm{e}^{-ax}\mathrm{d}x(a>0)$;

(4) $\displaystyle\int_0^{+\infty}\dfrac{\mathrm{d}x}{(1+x)(1+x^2)}$;

(5) $\displaystyle\int_0^{+\infty}\mathrm{e}^{-pt}\sin\omega t\mathrm{d}t(p>0,\omega>0)$;

(6) $\displaystyle\int_{-\infty}^{+\infty}\dfrac{\mathrm{d}x}{x^2+2x+2}$;

(7) $\displaystyle\int_0^1\dfrac{x\mathrm{d}x}{\sqrt{1-x^2}}$;

(8) $\displaystyle\int_0^2\dfrac{\mathrm{d}x}{(1-x)^2}$;

(9) $\displaystyle\int_1^2\dfrac{x\mathrm{d}x}{\sqrt{x-1}}$;

(10) $\displaystyle\int_1^{\mathrm{e}}\dfrac{\mathrm{d}x}{x\sqrt{1-(\ln x)^2}}$.

解 (1) $\displaystyle\int_1^{+\infty}\dfrac{\mathrm{d}x}{x^4}=\left[-\dfrac{1}{3x^3}\right]_1^{+\infty}=\dfrac{1}{3}$.

(2) $\displaystyle\int_1^t\dfrac{\mathrm{d}x}{\sqrt{x}}=\left[2\sqrt{x}\right]_1^t=2\sqrt{t}-2$,当 $t\to+\infty$ 时,该极限不存在,故该反常积分发散.

(3) $\displaystyle\int_0^{+\infty}\mathrm{e}^{-ax}\mathrm{d}x=\left[-\dfrac{1}{a}\mathrm{e}^{-ax}\right]_0^{+\infty}=\dfrac{1}{a}$.

(4) $\displaystyle\int_0^{+\infty}\dfrac{\mathrm{d}x}{(1+x)(1+x^2)}=\int_0^{+\infty}\dfrac{1}{2}\left(\dfrac{1}{1+x}+\dfrac{1-x}{1+x^2}\right)\mathrm{d}x$

$\qquad\qquad=\left[\dfrac{1}{4}\ln\dfrac{(1+x)^2}{1+x^2}+\dfrac{1}{2}\arctan x\right]_0^{+\infty}=\dfrac{\pi}{4}$.

(5) $\displaystyle\int\mathrm{e}^{-pt}\sin\omega t\mathrm{d}t=-\dfrac{1}{p}\int\sin\omega t\mathrm{d}(\mathrm{e}^{-pt})=-\dfrac{1}{p}\mathrm{e}^{-pt}\sin\omega t+\dfrac{\omega}{p}\int\mathrm{e}^{-pt}\cos\omega t\mathrm{d}t$

$\qquad\qquad=-\dfrac{1}{p}\mathrm{e}^{-pt}\sin\omega t-\dfrac{\omega}{p^2}\int\cos\omega t\mathrm{d}(\mathrm{e}^{-pt})$

$\qquad\qquad=-\dfrac{1}{p}\mathrm{e}^{-pt}\sin\omega t-\dfrac{\omega}{p^2}\mathrm{e}^{-pt}\cos\omega t-\dfrac{\omega^2}{p^2}\int\mathrm{e}^{-pt}\sin\omega t\mathrm{d}t$,

因此 $\displaystyle\int\mathrm{e}^{-pt}\sin\omega t\mathrm{d}t=\dfrac{-p\mathrm{e}^{-pt}\sin\omega t-\omega\mathrm{e}^{-pt}\cos\omega t}{p^2+\omega^2}+C$,故

$\displaystyle\int_0^{+\infty}\mathrm{e}^{-pt}\sin\omega t\mathrm{d}t=\left[\dfrac{-p\mathrm{e}^{-pt}\sin\omega t-\omega\mathrm{e}^{-pt}\cos\omega t}{p^2+\omega^2}\right]_0^{+\infty}=\dfrac{\omega}{p^2+\omega^2}$.

(6) $\displaystyle\int_{-\infty}^{+\infty}\dfrac{\mathrm{d}x}{x^2+2x+2}=\int_{-\infty}^0\dfrac{\mathrm{d}(x+1)}{(x+1)^2+1}+\int_0^{+\infty}\dfrac{\mathrm{d}(x+1)}{(x+1)^2+1}$

$\qquad\qquad=\left[\arctan(x+1)\right]_{-\infty}^0+\left[\arctan(x+1)\right]_0^{+\infty}=\pi$.

(7) $\displaystyle\int_0^1\dfrac{x\mathrm{d}x}{\sqrt{1-x^2}}=\left[-\sqrt{1-x^2}\right]_0^1=1$.

(8) $\displaystyle\int_0^t\dfrac{\mathrm{d}x}{(1-x)^2}=\left[\dfrac{1}{1-x}\right]_0^t=\dfrac{1}{1-t}-1$,当 $t\to1^-$ 时极限不存在,故原反常积分发散.

(9) $\displaystyle\int_1^2\dfrac{x\mathrm{d}x}{\sqrt{x-1}}\xlongequal{x=u^2+1}2\int_0^1(u^2+1)\mathrm{d}x=\dfrac{8}{3}$.

(10) $\displaystyle\int_1^{\mathrm{e}}\dfrac{\mathrm{d}x}{x\sqrt{1-(\ln x)^2}}=\int_1^{\mathrm{e}}\dfrac{\mathrm{d}(\ln x)}{\sqrt{1-(\ln x)^2}}=\left[\arcsin\ln x\right]_1^{\mathrm{e}}=\dfrac{\pi}{2}$.

2. 求由曲线 $y=\dfrac{1}{4x^2-1}$、x 轴和直线 $x=1$ 所围成的向右无限延伸的图形的面积.

解 $S=\displaystyle\int_1^{+\infty}\dfrac{1}{4x^2-1}\mathrm{d}x=\dfrac{1}{4}\int_1^{+\infty}\dfrac{1}{x^2-\dfrac{1}{4}}\mathrm{d}x=\dfrac{1}{4}\times\dfrac{1}{2\times\dfrac{1}{2}}\ln\left|\dfrac{x-\dfrac{1}{2}}{x+\dfrac{1}{2}}\right|\Bigg|_1^{+\infty}=\dfrac{1}{4}\left(0-\ln\dfrac{\dfrac{1}{2}}{\dfrac{3}{2}}\right)=\dfrac{1}{4}\ln3.$

3. 当 k 为何值时,反常积分 $\displaystyle\int_2^{+\infty}\dfrac{\mathrm{d}x}{x(\ln x)^k}$ 收敛? 当 k 为何值时,这反常积分发散? 又当 k 为何值时,这反常积分取得最小值?

解 $\displaystyle\int\dfrac{\mathrm{d}x}{x(\ln x)^k}=\int\dfrac{\mathrm{d}(\ln x)}{(\ln x)^k}=\begin{cases}\ln\ln x+C, & k=1,\\[2mm]-\dfrac{1}{(k-1)\ln^{k-1}x}+C, & k\neq1,\end{cases}$

因此当 $k\leqslant1$ 时,反常积分发散;当 $k>1$ 时,该反常积分收敛,此时

$$\int_2^{+\infty}\dfrac{\mathrm{d}x}{x(\ln x)^k}=\left[-\dfrac{1}{(k-1)\ln^{k-1}x}\right]_2^{+\infty}=\dfrac{1}{(k-1)(\ln2)^{k-1}}.$$

记 $f(k)=\dfrac{1}{(k-1)(\ln2)^{k-1}}$,则

$$f'=-\dfrac{1}{(k-1)^2(\ln2)^{2k-2}}\left[(\ln2)^{k-1}+(k-1)(\ln2)^{k-1}\ln\ln2\right]$$

$$=-\dfrac{1+(k-1)\ln\ln2}{(k-1)^2(\ln2)^{k-1}}.$$

令 $f'(k)=0$,得 $k=1-\dfrac{1}{\ln\ln2}$. 当 $1<k<1-\dfrac{1}{\ln\ln2}$ 时,$f'(k)<0$, 当 $k>1-\dfrac{1}{\ln\ln2}$ 时,$f'(k)>0$,

故 $k=1-\dfrac{1}{\ln\ln2}$ 为函数 $f(k)$ 的最小值点,即当 $k=1-\dfrac{1}{\ln\ln2}$ 时所给反常积分取得最小值.

4. 利用递推公式计算反常积分 $I_n=\displaystyle\int_0^{+\infty}x^n\mathrm{e}^{-x}\mathrm{d}x(n\in\mathbf{N})$.

解 $I_0=\displaystyle\int_0^{+\infty}\mathrm{e}^{-x}\mathrm{d}x=[-\mathrm{e}^{-x}]_0^{+\infty}=1.$

当 $n\geqslant1$ 时,$I_n=-\displaystyle\int_0^{+\infty}x^n\mathrm{d}(\mathrm{e}^{-x})=-[x^n\mathrm{e}^{-x}]_0^{+\infty}+n\int_0^{+\infty}x^{n-1}\mathrm{e}^{-x}\mathrm{d}x=nI_{n-1},$

故有 $I_n=n!.$

5. 计算反常积分 $\displaystyle\int_0^1\ln x\mathrm{d}x$.

解 $\displaystyle\int\ln x\mathrm{d}x=x\ln x-\int x\cdot\dfrac{1}{x}\mathrm{d}x=x\ln x-x+C,$

因此 $\displaystyle\int_0^1\ln x\mathrm{d}x=\left[x\ln x-x\right]_0^1=-1-\lim_{x\to0^+}(x\ln x-x)=-1.$

*第五节 反常积分的审敛法 Γ 函数

一、主要内容归纳

1. 无穷限反常积分的审敛法

(1)设 $f(x)$ 在 $[a,+\infty)$ 内连续,且 $f(x)\geqslant 0$.

若函数 $F(x)=\int_a^x f(t)\mathrm{d}t$ 在 $[a,+\infty)$ 上有界,则反常积分 $\int_a^{+\infty} f(x)\mathrm{d}x$ 收敛.

(2)**比较审敛法** 设 $f(x)$ 在 $[a,+\infty)$ 上有定义且在其任何有界区间上可积,

①若 $\exists B$,当 $x\geqslant B$ 时,$0\leqslant f(x)\leqslant\varphi(x)$,则由 $\int_a^{+\infty}\varphi(x)\mathrm{d}x$ 收敛 $\Rightarrow\int_a^{+\infty} f(x)\mathrm{d}x$ 收敛;由 $\int_a^{+\infty} f(x)\mathrm{d}x$ 发散 $\Rightarrow\int_a^{+\infty}\varphi(x)\mathrm{d}x$ 发散.

②若 $f(x)\geqslant 0$ 且 $\exists M>0$,$p>1$ 使得 $f(x)\leqslant\dfrac{M}{x^p}(a\leqslant x<+\infty)$,则 $\int_a^{+\infty} f(x)\mathrm{d}x$ 收敛;若 $\exists N>0$ 使得 $f(x)\geqslant\dfrac{N}{x}(a\leqslant x<+\infty)$,则 $\int_a^{+\infty} f(x)\mathrm{d}x$ 发散.

(3)**极限审敛法** 设 $f(x)$ 在 $[a,+\infty)(a>0)$ 上连续,且 $f(x)\geqslant 0$.

若 $\exists p>1$ 使得 $\lim\limits_{x\to+\infty} x^p f(x)$ 存在,则 $\int_a^{+\infty} f(x)\mathrm{d}x$ 收敛;若 $\lim\limits_{x\to+\infty} x f(x)=d>0$(或 $+\infty$),则 $\int_a^{+\infty} f(x)\mathrm{d}x$ 发散.

(4)设 $f(x)$ 在 $[a,+\infty)$ 内连续.

若反常积分 $\int_a^{+\infty}|f(x)|\mathrm{d}x$ 收敛,则反常积分 $\int_a^{+\infty} f(x)\mathrm{d}x$ 也收敛.

2. Γ 函数

(1)**定义** $\Gamma(s)=\int_0^{+\infty}\mathrm{e}^{-x}x^{s-1}\mathrm{d}x\quad(s>0)$.

(2)**图形**(见图 5-12).

(3)**性质**

①$s>0$ 时此反常积分收敛.

②递推公式 $\Gamma(s+1)=s\Gamma(s)\quad(s>0)$;特别地 $\Gamma(n+1)=n!$.

③当 $s\to 0^+$ 时,$\Gamma(s)\to+\infty$.

④余元公式 $\Gamma(s)\Gamma(1-s)=\dfrac{\pi}{\sin\pi s}\quad(0<s<1)$;

特别地 $\Gamma\left(\dfrac{1}{2}\right)=\sqrt{\pi}$.

图 5-12

3. 无界函数反常积分的审敛法

(1) **比较审敛法** 设 $f(x)$ 在 $(a,b]$ 上连续且 $f(x) \geqslant 0$，$x=a$ 为 $f(x)$ 的瑕点，若 $\exists M>0$ 及 $q<1$ 使得 $f(x) \leqslant \dfrac{M}{(x-a)^q}(a<x\leqslant b)$，则 $\displaystyle\int_a^b f(x)\mathrm{d}x$ 收敛；若 $\exists N>0$ 及 $q\geqslant 1$ 使得 $f(x) \geqslant \dfrac{N}{(x-a)^q}(a<x\leqslant b)$，则 $\displaystyle\int_a^b f(x)\mathrm{d}x$ 发散.

(2) **极限审敛法** 设 $f(x)$ 在 $(a,b]$ 上连续且 $f(x)\geqslant 0$，$x=a$ 为 $f(x)$ 的瑕点，若 $\exists\, 0<q<1$，使 $\lim\limits_{x\to a^+}(x-a)^q f(x)$ 存在，则 $\displaystyle\int_a^b f(x)\mathrm{d}x$ 收敛；若 $\exists q\geqslant 1$ 使 $\lim\limits_{x\to a^+}(x-a)^q f(x)=d>0$（或 $+\infty$），则 $\displaystyle\int_a^b f(x)\mathrm{d}x$ 发散.

二、 经典例题解析及解题方法总结

【例 1】 判断下列反常积分的敛散性

(1) $\displaystyle\int_1^{+\infty}\dfrac{\sin^2 x}{x^2}\mathrm{d}x$； (2) $\displaystyle\int_{-1}^1\dfrac{1}{\sqrt{(1-x^2)(1+x^2)}}\mathrm{d}x$.

解 (1) 因为 $0\leqslant\dfrac{\sin^2 x}{x^2}\leqslant\dfrac{1}{x^2}$，又 $\displaystyle\int_1^{+\infty}\dfrac{1}{x^2}\mathrm{d}x$ 收敛，由比较审敛法知 $\displaystyle\int_1^{+\infty}\dfrac{\sin^2 x}{x^2}\mathrm{d}x$ 收敛.

(2) 易见 $x=\pm 1$ 都是瑕点，则

$$\int_{-1}^1\frac{\mathrm{d}x}{\sqrt{(1-x^2)(1+x^2)}}=\int_{-1}^0\frac{\mathrm{d}x}{\sqrt{(1-x^2)(1+x^2)}}+\int_0^1\frac{\mathrm{d}x}{\sqrt{(1-x^2)(1+x^2)}}.$$

因为

$$\lim_{x\to -1^+}\frac{1}{\sqrt{(1-x^2)(1+x^2)}}(1+x)^{\frac{1}{2}}=\frac{1}{2},\qquad \lim_{x\to 1^-}\frac{1}{\sqrt{(1-x^2)(1+x^2)}}(1-x)^{\frac{1}{2}}=\frac{1}{2},$$

且 $q=\dfrac{1}{2}$，$d=\dfrac{1}{2}$

所以由无界函数反常积分的极限审敛法知

$$\int_{-1}^0\frac{\mathrm{d}x}{\sqrt{(1-x^2)(1+x^2)}}\qquad \text{及}\qquad \int_0^1\frac{\mathrm{d}x}{\sqrt{(1-x^2)(1+x^2)}}$$

都收敛，故原积分收敛.

【例 2】 讨论反常积分 $\displaystyle\int_0^1 x^{p-1}(1-x)^{q-1}\mathrm{d}x\ (p<1,q<1)$ 的敛散性.

解 易见 $x=0$，$x=1$ 均是瑕点，因而要分别讨论

$$\int_0^{\frac{1}{2}} x^{p-1}(1-x)^{q-1}\mathrm{d}x\qquad \text{与}\qquad \int_{\frac{1}{2}}^1 x^{p-1}(1-x)^{q-1}\mathrm{d}x$$

的敛散性.

由于 $\lim\limits_{x\to 0^+}x^{p-1}(1-x)^{q-1}x^{1-p}=1$，因此根据极限审敛法知当 $1-p<1$ 即 $p>0$ 时，

$\displaystyle\int_0^{\frac{1}{2}} x^{p-1}(1-x)^{q-1}\mathrm{d}x$ 收敛.

同理 $\lim\limits_{x\to 1^-} x^{p-1}(1-x)^{q-1}(1-x)^{1-q}=1$,故当 $1-q<1$,即 $q>0$ 时 $\int_{\frac{1}{2}}^{1} x^{p-1}(1-x)^{q-1}\mathrm{d}x$ 收敛.

综上所述,当 $p>0,q>0$ 时,$\int_0^1 x^{p-1}(1-x)^{q-1}\mathrm{d}x$ 收敛,其余情形发散.

【例3】 下列结论中正确的是_____.

(A) $\int_1^{+\infty} \dfrac{\mathrm{d}x}{x(x+1)}$ 与 $\int_0^1 \dfrac{\mathrm{d}x}{x(x+1)}$ 都收敛　　　(B) $\int_1^{+\infty} \dfrac{\mathrm{d}x}{x(x+1)}$ 与 $\int_0^1 \dfrac{\mathrm{d}x}{x(x+1)}$ 都发散

(C) $\int_1^{+\infty} \dfrac{\mathrm{d}x}{x(x+1)}$ 发散,$\int_0^1 \dfrac{\mathrm{d}x}{x(x+1)}$ 收敛　　(D) $\int_1^{+\infty} \dfrac{\mathrm{d}x}{x(x+1)}$ 收敛,$\int_0^1 \dfrac{\mathrm{d}x}{x(x+1)}$ 发散

解　因为当 $1\leqslant x<+\infty$ 时,$0<\dfrac{1}{x(x+1)}<\dfrac{1}{x^2}$,而 $\int_1^{+\infty}\dfrac{1}{x^2}\mathrm{d}x$ 收敛,所以由比较审敛法知 $\int_1^{+\infty}\dfrac{\mathrm{d}x}{x(x+1)}$ 收敛;同理当 $0<x\leqslant 1$ 时,由 $\dfrac{1}{x(x+1)}<\dfrac{1}{x}$ 且 $\int_0^1\dfrac{1}{x}\mathrm{d}x$ 发散知 $\int_0^1\dfrac{\mathrm{d}x}{x(x+1)}$ 也发散.

故应选(D).

● 方法总结

通常有两种方法判断反常积分的敛散性:

(1)直接法,即由敛散性的定义直接判别;

(2)间接法,即由判别准则来判断,绝大多数情况下是用间接法.用直接法是通过计算积分值来判断反常积分的敛散性,这常常适用于易于求被积函数原函数的积分.

【例4】 (2019 数学二,4分)下列反常积分发散的是_____.

(A) $\int_0^{+\infty} x\mathrm{e}^{-x}\mathrm{d}x$　　　(B) $\int_0^{+\infty} x\mathrm{e}^{-x^2}\mathrm{d}x$　　　(C) $\int_0^{+\infty} \dfrac{\arctan x}{1+x^2}\mathrm{d}x$　　　(D) $\int_0^{+\infty} \dfrac{x}{1+x^2}\mathrm{d}x$

解　对选项(A),$\int_0^{+\infty} x\mathrm{e}^{-x}\mathrm{d}x=-\int_0^{+\infty} x\mathrm{d}\mathrm{e}^{-x}=-\left.x\mathrm{e}^{-x}\right|_0^{+\infty}+\int_0^{+\infty}\mathrm{e}^{-x}\mathrm{d}x=-\left.\mathrm{e}^{-x}\right|_0^{+\infty}=1$,收敛.

对选项(B),$\int_0^{+\infty} x\mathrm{e}^{-x^2}\mathrm{d}x=-\left.\dfrac{1}{2}\mathrm{e}^{-x^2}\right|_0^{+\infty}=\dfrac{1}{2}$,收敛.

对选项(C),$\int_0^{+\infty} \dfrac{\arctan x}{1+x^2}\mathrm{d}x=\left.\dfrac{1}{2}(\arctan x)^2\right|_0^{+\infty}=\dfrac{\pi^2}{8}$,收敛.

对选项(D),$\int_0^{+\infty} \dfrac{x}{1+x^2}\mathrm{d}x=+\infty$,发散.

故应选(D).

【例5】 (2023 数学二,5分)若函数 $f(\alpha)=\int_2^{+\infty} \dfrac{1}{x(\ln x)^{\alpha+1}}\mathrm{d}x$ 在 $\alpha=\alpha_0$ 处取得最小值,则 $\alpha_0=$_____.

(A) $-\dfrac{1}{\ln\ln 2}$　　　(B) $-\ln\ln 2$　　　(C) $\dfrac{1}{\ln 2}$　　　(D) $\ln 2$

解 $\displaystyle\int_2^{+\infty}\frac{\mathrm{d}\ln x}{(\ln x)^{\alpha+1}}=-\frac{1}{\alpha}\frac{1}{(\ln x)^\alpha}\bigg|_2^{+\infty}\xlongequal{\text{当}\alpha>0\text{时}}\frac{1}{\alpha}\frac{1}{(\ln 2)^\alpha}.$

$f'(\alpha)=-\dfrac{1}{(\ln 2)^\alpha}\cdot\dfrac{1}{\alpha^2}-\dfrac{\ln\ln 2}{(\ln 2)^\alpha}\cdot\dfrac{1}{\alpha}=-\dfrac{1}{\alpha}\dfrac{1}{(\ln 2)^\alpha}\Big(\dfrac{1}{\alpha}+\ln\ln 2\Big)\xlongequal{\text{令}}0.$

$\alpha_0=-\dfrac{1}{\ln\ln 2}>0.$

又当 $0<\alpha<\alpha_0$ 时，$f'(\alpha)<0$，当 $\alpha>\alpha_0$ 时，$f'(\alpha)>0$，所以 $x=\alpha_0$ 为唯一极小值点，必为最小值点.

故应选（A）.

* 习题 5—5 解答

1. 判定下列反常积分的收敛性：

(1) $\displaystyle\int_0^{+\infty}\frac{x^2}{x^4+x^2+1}\mathrm{d}x$;　　(2) $\displaystyle\int_1^{+\infty}\frac{\mathrm{d}x}{x\sqrt[3]{x^2+1}}$;　　(3) $\displaystyle\int_1^{+\infty}\sin\frac{1}{x^2}\mathrm{d}x$;

(4) $\displaystyle\int_0^{+\infty}\frac{\mathrm{d}x}{1+x|\sin x|}$;　　(5) $\displaystyle\int_1^{+\infty}\frac{x\arctan x}{1+x^3}\mathrm{d}x$;　　(6) $\displaystyle\int_1^2\frac{\mathrm{d}x}{(\ln x)^3}$;

(7) $\displaystyle\int_0^1\frac{x^4\mathrm{d}x}{\sqrt{1-x^4}}$;　　(8) $\displaystyle\int_1^2\frac{\mathrm{d}x}{\sqrt[3]{x^2-3x+2}}$.

解 (1) 由于 $\displaystyle\lim_{x\to+\infty}x^2\cdot\frac{x^2}{x^4+x^2+1}\mathrm{d}x=1$，因此 $\displaystyle\int_0^{+\infty}\frac{x^2}{x^4+x^2+1}\mathrm{d}x$ 收敛.

(2) 由于 $\displaystyle\lim_{x\to+\infty}x^{\frac{5}{3}}\cdot\frac{1}{x\sqrt[3]{x^2+1}}=1$，因此 $\displaystyle\int_1^{+\infty}\frac{\mathrm{d}x}{x\sqrt[3]{x^2+1}}$ 收敛.

(3) 由于 $\displaystyle\lim_{x\to+\infty}x^2\cdot\sin\frac{1}{x^2}=1$，因此 $\displaystyle\int_1^{+\infty}\sin\frac{1}{x^2}\mathrm{d}x$ 收敛.

(4) 由于当 $x\geqslant 0$ 时，$\dfrac{1}{1+x|\sin x|}\geqslant\dfrac{1}{1+x}$ 且 $\displaystyle\int_0^{+\infty}\frac{\mathrm{d}x}{1+x}$ 发散，因此 $\displaystyle\int_0^{+\infty}\frac{\mathrm{d}x}{1+x|\sin x|}$ 发散.

(5) 由于 $\displaystyle\lim_{x\to+\infty}x^2\cdot\frac{x\arctan x}{1+x^3}=\frac{\pi}{2}$，因此 $\displaystyle\int_1^{+\infty}\frac{x\arctan x}{1+x^3}\mathrm{d}x$ 收敛.

(6) $x=1$ 是被积函数的瑕点，由于 $\displaystyle\lim_{x\to1^+}(x-1)\cdot\frac{1}{(\ln x)^3}=+\infty$，因此 $\displaystyle\int_1^2\frac{\mathrm{d}x}{(\ln x)^3}$ 发散.

(7) $x=1$ 是被积函数的瑕点，由于 $\displaystyle\lim_{x\to1^-}(1-x)^{\frac{1}{2}}\cdot\frac{x^4}{\sqrt{1-x^4}}=\frac{1}{2}$，因此 $\displaystyle\int_0^1\frac{x^4\mathrm{d}x}{\sqrt{1-x^4}}$ 收敛.

(8) 被积函数有两个瑕点：$x=1$，$x=2$.

由于 $\displaystyle\lim_{x\to1^+}(x-1)^{\frac{1}{3}}\frac{\mathrm{d}x}{\sqrt[3]{x^2-3x+2}}=-1$，因此 $\displaystyle\int_1^{1.5}\frac{\mathrm{d}x}{\sqrt[3]{x^2-3x+2}}$ 收敛;

又因为 $\displaystyle\lim_{x\to2^-}(x-2)^{\frac{1}{3}}\frac{1}{\sqrt[3]{x^2-3x+2}}=1$，因此 $\displaystyle\int_{1.5}^2\frac{\mathrm{d}x}{\sqrt[3]{x^2-3x+2}}$ 收敛，故 $\displaystyle\int_1^2\frac{\mathrm{d}x}{\sqrt[3]{x^2-3x+2}}$ 收敛.

2. 设反常积分 $\displaystyle\int_1^{+\infty}f^2(x)\mathrm{d}x$ 收敛,证明反常积分 $\displaystyle\int_1^{+\infty}\frac{f(x)}{x}\mathrm{d}x$ 绝对收敛.

解 因为 $\left|\dfrac{f(x)}{x}\right|\leqslant\dfrac{f^2(x)+\dfrac{1}{x^2}}{2}$，由于 $\displaystyle\int_1^{+\infty}f^2(x)\mathrm{d}x$ 收敛,$\displaystyle\int_1^{+\infty}\frac{1}{x^2}\mathrm{d}x$ 也收敛,

因此 $\displaystyle\int_1^{+\infty}\left|\frac{f(x)}{x}\right|\mathrm{d}x$ 收敛.即 $\displaystyle\int_1^{+\infty}\frac{f(x)}{x}\mathrm{d}x$ 绝对收敛.

3. 用 Γ 函数表示下列积分,并指出这些积分的收敛范围:

(1) $\int_0^{+\infty} e^{-x^n} dx (n>0)$; (2) $\int_0^1 \left(\ln \frac{1}{x}\right)^p dx$; (3) $\int_0^{+\infty} x^m e^{-x^n} dx (n\neq 0)$.

解 (1) 令 $u=x^n$,即 $x=u^{\frac{1}{n}}$,$\int_0^{+\infty} e^{-x^n} dx = \frac{1}{n} \int_0^{+\infty} e^{-u} u^{\frac{1}{n}-1} du = \frac{1}{n} \Gamma\left(\frac{1}{n}\right)$,

当 $n>0$ 时都收敛.

(2) 令 $u=\ln \frac{1}{x}$,即 $x=e^{-u}$,$\int_0^1 \left(\ln \frac{1}{x}\right)^p dx = \int_{+\infty}^0 -u^p e^{-u} du = \int_0^{+\infty} u^p e^{-u} du = \Gamma(p+1)$,

当 $p>-1$ 时收敛.

(3) 令 $u=x^n$,即 $x=u^{\frac{1}{n}}$.

当 $n>0$ 时,$\int_0^{+\infty} x^m e^{-x^n} dx = \int_0^{+\infty} \frac{1}{n} u^{\frac{m+1}{n}-1} e^{-u} du = \frac{1}{n} \Gamma\left(\frac{m+1}{n}\right)$,

当 $n<0$ 时,$\int_0^{+\infty} x^m e^{-x^n} dx = \int_{+\infty}^0 \frac{1}{n} u^{\frac{m+1}{n}-1} e^{-u} du = -\frac{1}{n} \Gamma\left(\frac{m+1}{n}\right)$,

故 $\int_0^{+\infty} x^m e^{-x^n} dx = \frac{1}{|n|} \Gamma\left(\frac{m+1}{n}\right)$,当 $\frac{m+1}{n}>0$ 时收敛.

4. 证明 $\Gamma\left(\frac{2k+1}{2}\right) = \frac{1 \cdot 3 \cdot 5 \cdot \cdots \cdot (2k-1)\sqrt{\pi}}{2^k}$,其中 $k \in \mathbf{N}_+$.

证 $\Gamma\left(\frac{2k+1}{2}\right) = \frac{2k-1}{2} \Gamma\left(\frac{2k-1}{2}\right) = \frac{2k-1}{2} \cdot \frac{2k-3}{2} \Gamma\left(\frac{2k-3}{2}\right)$

$= \frac{2k-1}{2} \cdot \frac{2k-3}{2} \cdot \cdots \cdot \frac{1}{2} \Gamma\left(\frac{1}{2}\right) = \frac{1 \cdot 3 \cdot 5 \cdot \cdots \cdot (2k-1)}{2^k} \sqrt{\pi}$.

5. 证明以下各式(其中 $n \in \mathbf{N}_+$):

(1) $2 \cdot 4 \cdot 6 \cdot \cdots \cdot (2n) = 2^n \Gamma(n+1)$;

(2) $1 \cdot 3 \cdot 5 \cdot \cdots \cdot (2n-1) = \frac{\Gamma(2n)}{2^{n-1}\Gamma(n)}$;

(3) $\sqrt{\pi} \Gamma(2n) = 2^{2n-1} \Gamma(n) \Gamma\left(n+\frac{1}{2}\right)$(勒让德(Legendre)倍量公式).

证 (1) $2 \cdot 4 \cdot 6 \cdot \cdot (2n) = 2^n n! = 2^n \Gamma(n+1)$.

(2) $1 \cdot 3 \cdot 5 \cdot \cdots \cdot (2n-1) = \frac{(2n-1)!}{2 \cdot 4 \cdot 6 \cdot \cdots \cdot (2n-2)} = \frac{\Gamma(2n)}{2^{n-1}(n-1)!} = \frac{\Gamma(2n)}{2^{n-1}\Gamma(n)}$.

(3) 因为 $\sqrt{\pi} \Gamma(2n) = (2n-1)! \sqrt{\pi}$,

$$\Gamma(n)\Gamma\left(n+\frac{1}{2}\right) = (n-1)! \frac{1 \cdot 3 \cdot 5 \cdot \cdots \cdot (2n-1)\sqrt{\pi}}{2^n}$$

$$= \frac{2 \cdot 4 \cdot 6 \cdot \cdots \cdot (2n-2)}{2^{n-1}} \cdot \frac{1 \cdot 3 \cdot 5 \cdot \cdots \cdot (2n-1)\sqrt{\pi}}{2^n} = \frac{(2n-1)!}{2^{2n-1}} \sqrt{\pi},$$

因此结论成立.

总习题五解答

1. 填空

(1)函数 $f(x)$ 在 $[a,b]$ 上有界是 $f(x)$ 在 $[a,b]$ 上可积的_____条件,而 $f(x)$ 在 $[a,b]$ 上连续是 $f(x)$ 在 $[a,b]$ 上可积的_____条件;

(2)对 $[a,+\infty)$ 上非负、连续的函数 $f(x)$,积分上限函数 $\int_a^x f(t)\mathrm{d}t$ 在 $[a,+\infty)$ 上有界是反常积分 $\int_a^{+\infty} f(x)\mathrm{d}x$ 收敛 的_____条件;

*(3)绝对收敛的反常积分 $\int_a^{+\infty} f(x)\mathrm{d}x$ 一定_____;

(4)函数 $f(x)$ 在 $[a,b]$ 上有定义且 $|f(x)|$ 在 $[a,b]$ 上可积,此时积分 $\int_a^b f(x)\mathrm{d}x$ _____存在.

(5)设函数 $f(x)$ 连续,则 $\dfrac{\mathrm{d}}{\mathrm{d}x}\int_0^x tf(t^2-x^2)\mathrm{d}t=$ _____.

解 (1)必要,充分.

(2)充分必要.

(3)收敛.

(4)不一定. 例如 $f(x)=\begin{cases}1, & x \text{ 为有理数}, \\ -1, & x \text{ 为无理数},\end{cases}$ 则 $|f(x)|=1$ 在 $[a,b]$ 上可积,而 $\int_a^b f(x)\mathrm{d}x$ 不存在.

(5)$xf(-x^2)$. 作换元 $u=t^2-x^2$,则

$$\int_0^x tf(t^2-x^2)\mathrm{d}t=\frac{1}{2}\int_0^x f(t^2-x^2)\mathrm{d}(t^2-x^2)=\frac{1}{2}\int_{-x^2}^0 f(u)\mathrm{d}u=-\frac{1}{2}\int_0^{-x^2} f(u)\mathrm{d}u,$$

因此 $\dfrac{\mathrm{d}}{\mathrm{d}x}\displaystyle\int_0^x tf(t^2-x^2)\mathrm{d}t=-\dfrac{1}{2}f(-x^2)\cdot(-2x)=xf(-x^2).$

2. 以下两题中给出了四个结论,从中选出一个正确的结论:

(1)设 $I=\displaystyle\int_0^1 \frac{x^4}{\sqrt{1+x}}\mathrm{d}x$,则估计 I 值的大致范围为(   ).

(A)$0 \leqslant I \leqslant \dfrac{\sqrt{2}}{10}$ (B)$\dfrac{\sqrt{2}}{10} \leqslant I \leqslant \dfrac{1}{5}$ (C)$\dfrac{1}{5} < I < 1$ (D)$I \geqslant 1$

(2)设 $F(x)$ 是连续函数 $f(x)$ 的一个原函数,则必有(   ).

(A)$F(x)$ 是偶函数 $\Leftrightarrow f(x)$ 是奇函数   (B)$F(x)$ 是奇函数 $\Leftrightarrow f(x)$ 是偶函数

(C)$F(x)$ 是周期函数 $\Leftrightarrow f(x)$ 是周期函数   (D)$F(x)$ 是单调函数 $\Leftrightarrow f(x)$ 是单调函数

解 (1)当 $0 \leqslant x \leqslant 1$ 时,$\dfrac{1}{\sqrt{2}}x^4 \leqslant \dfrac{x^4}{\sqrt{1+x}} \leqslant x^4$,因此

$$\frac{\sqrt{2}}{10}=\int_0^1 \frac{1}{\sqrt{2}}x^4\mathrm{d}x \leqslant \int_0^1 \frac{x^4}{\sqrt{1+x}}\mathrm{d}x \leqslant \int_0^1 x^4\mathrm{d}x=\frac{1}{5}.$$

故选(B).

(2)记 $G(x)=\displaystyle\int_0^x f(t)\mathrm{d}t$,则 $G(x)$ 是 $f(x)$ 的一个原函数,且

$$G(x) \text{ 是奇(偶)函数} \Leftrightarrow f(x) \text{ 是偶(奇)函数},$$

又 $F(x)=G(x)+C$,其中 C 是一常数,而常数是偶函数,故由奇、偶函数的性质知应选(A).

取周期函数 $f(x)=\cos x+1$,则 $F(x)=\sin x+x+C$ 不是周期函数,故(C)不成立;取单调增加函数 $f(x)=2x, x \in \mathbf{R}$,则 $F(x)=x^2+C$ 在 $\mathbf{R}$ 上不是单调函数,故(D)不成立.

3. 回答下列问题:

(1)设函数 $f(x)$ 及 $g(x)$ 在区间 $[a,b]$ 上连续,且 $f(x) \geqslant g(x)$,那么 $\int_a^b [f(x)-g(x)]\mathrm{d}x$ 在几何上表示什么?

(2)设函数 $f(x)$ 在区间 $[a,b]$ 上连续,且 $f(x) \geqslant 0$,那么 $\int_a^b \pi f^2(x)\mathrm{d}x$ 在几何上表示什么?

(3)如果在时刻 t 以 $\varphi(t)$ 的流量(单位时间内流过的流体的体积或质量)向一水池注水,那么 $\int_{t_1}^{t_2} \varphi(t)\mathrm{d}t$ 表示什么?

(4)如果某国人口增长的速率为 $u(t)$,那么 $\int_{T_1}^{T_2} u(t)\mathrm{d}t$ 表示什么?

(5)如果一公司经营某种产品的边际利润函数为 $P'(x)$,那么 $\int_{1\,000}^{2\,000} P'(x)\mathrm{d}x$ 表示什么?

解 (1)$\int_a^b [f(x)-g(x)]\mathrm{d}x$ 表示由曲线 $y=f(x)$,$y=g(x)$ 以及 $x=a$,$x=b$ 所围成的图形的面积.

(2)$\int_a^b \pi f^2(x)\mathrm{d}x$ 表示 xOy 面上,由曲线 $y=f(x)$、$x=a$、$x=b$ 以及 x 轴所围成的图形绕 x 轴旋转一周而得到的旋转体的体积.

(3)$\int_{t_1}^{t_2} \varphi(t)\mathrm{d}t$ 表示在时间段 $[t_1,t_2]$ 内向水池注入的水的总量.

(4)$\int_{T_1}^{T_2} u(t)\mathrm{d}t$ 表示该国在时间段 $[T_1,T_2]$ 内增加的人口总量.

(5)$\int_{1\,000}^{2\,000} P'(x)\mathrm{d}x$ 表示从经营第 1 000 个产品起一直到第 2 000 个产品的利润总量.

* 4. 利用定积分的定义计算下列极限:

(1)$\displaystyle\lim_{n \to \infty} \frac{1}{n} \sum_{i=1}^{n} \sqrt{1+\frac{i}{n}}$;

(2)$\displaystyle\lim_{n \to \infty} \frac{1^p + 2^p + \cdots + n^p}{n^{p+1}}$ $(p>0)$.

解 (1)$\displaystyle\lim_{n \to \infty} \frac{1}{n} \sum_{i=1}^{n} \sqrt{1+\frac{i}{n}} = \int_0^1 \sqrt{1+x}\,\mathrm{d}x = \left[\frac{2}{3}(1+x)^{\frac{3}{2}}\right]_0^1 = \frac{2}{3}(2\sqrt{2}-1)$.

(2)$\displaystyle\lim_{n \to \infty} \frac{1^p + 2^p + \cdots + n^p}{n^{p+1}} = \lim_{n \to \infty} \frac{1}{n} \sum_{i=1}^{n} \left(\frac{i}{n}\right)^p = \int_0^1 x^p\,\mathrm{d}x = \frac{1}{p+1}$.

5. 求下列极限:

(1)$\displaystyle\lim_{x \to a} \frac{x}{x-a} \int_a^x f(t)\mathrm{d}t$,其中 $f(x)$ 连续;

(2)$\displaystyle\lim_{x \to +\infty} \frac{\int_0^x (\arctan t)^2 \mathrm{d}t}{\sqrt{x^2+1}}$.

解 (1)由洛必达法则有 $\displaystyle\lim_{x \to a} \frac{x \int_a^x f(t)\mathrm{d}t}{x-a} = \lim_{x \to a} \left[\int_a^x f(t)\mathrm{d}t + xf(x)\right] = af(a)$.

(2)由洛必达法则有 $\displaystyle\lim_{x \to +\infty} \frac{\int_0^x (\arctan t)^2 \mathrm{d}t}{\sqrt{x^2+1}} = \lim_{x \to +\infty} \frac{(\arctan x)^2}{\dfrac{x}{\sqrt{x^2+1}}} = \lim_{x \to +\infty} (\arctan x)^2 \cdot \sqrt{1+\frac{1}{x^2}} = \frac{\pi^2}{4}$.

6. 下列计算是否正确,试说明理由:

(1)$\displaystyle\int_{-1}^1 \frac{\mathrm{d}x}{1+x^2} = -\int_{-1}^1 \frac{\mathrm{d}\left(\frac{1}{x}\right)}{1+\left(\frac{1}{x}\right)^2} = \left[-\arctan \frac{1}{x}\right]_{-1}^1 = -\frac{\pi}{2}$;

(2)因为 $\displaystyle\int_{-1}^1 \frac{\mathrm{d}x}{x^2+x+1} \xlongequal{x=\frac{1}{t}} -\int_{-1}^1 \frac{\mathrm{d}t}{t^2+t+1}$,所以 $\displaystyle\int_{-1}^1 \frac{\mathrm{d}x}{x^2+x+1} = 0$.

解　(1)不对.因为 $u=\dfrac{1}{x}$ 在 $[-1,1]$ 上有间断点 $x=0$,不符合换元法的要求.而由习题 $5-1$ 的第 12 题可知该积分一定为正,因此该积分计算不对.事实上,$\displaystyle\int_{-1}^{1}\dfrac{\mathrm{d}x}{1+x^{2}}=[\arctan x]_{-1}^{1}=\dfrac{\pi}{2}$.

(2)不对.原因与(1)相同.事实上

$$\int_{-1}^{1}\frac{\mathrm{d}x}{x^{2}+x+1}=\int_{-1}^{1}\frac{1}{\left(x+\frac{1}{2}\right)^{2}+\left(\frac{\sqrt{3}}{2}\right)^{2}}\mathrm{d}\left(x+\frac{1}{2}\right)=\left[\frac{2}{\sqrt{3}}\arctan\frac{2x+1}{\sqrt{3}}\right]_{-1}^{1}=\frac{\pi}{\sqrt{3}}.$$

7.　设 $x>0$,证明 $\displaystyle\int_{0}^{x}\dfrac{1}{1+t^{2}}\mathrm{d}t+\int_{0}^{\frac{1}{x}}\dfrac{1}{1+t^{2}}\mathrm{d}t=\dfrac{\pi}{2}$.

证　记 $f(x)=\displaystyle\int_{0}^{x}\dfrac{1}{1+t^{2}}\mathrm{d}t+\int_{0}^{\frac{1}{x}}\dfrac{1}{1+t^{2}}\mathrm{d}t$,则当 $x>0$ 时,有 $f'(x)=\dfrac{1}{1+x^{2}}+\dfrac{1}{1+\frac{1}{x^{2}}}\cdot\left(-\dfrac{1}{x^{2}}\right)=0$,

由拉格朗日中值定理的推论,得 $f(x)\equiv C\quad(x>0)$,

而 $f(1)=\displaystyle\int_{0}^{1}\dfrac{1}{1+t^{2}}\mathrm{d}t+\int_{0}^{1}\dfrac{1}{1+t^{2}}\mathrm{d}t=\dfrac{\pi}{2}$,故 $C=\dfrac{\pi}{2}$,从而结论成立.

8.　设 $p>0$,证明:$\dfrac{p}{1+p}<\displaystyle\int_{0}^{1}\dfrac{\mathrm{d}x}{1+x^{p}}<1$.

证　由于当 $p>0,0<x<1$ 时,$0<\dfrac{1}{1+x^{p}}<1$,因此有 $\displaystyle\int_{0}^{1}\dfrac{\mathrm{d}x}{1+x^{p}}<1$.又 $1-\displaystyle\int_{0}^{1}\dfrac{\mathrm{d}x}{1+x^{p}}=\int_{0}^{1}\dfrac{x^{p}\mathrm{d}x}{1+x^{p}}<\int_{0}^{1}x^{p}\mathrm{d}x$

$=\dfrac{1}{1+p}$,

故有 $\displaystyle\int_{0}^{1}\dfrac{\mathrm{d}x}{1+x^{p}}>\dfrac{p}{1+p}$,原题得证.

9.　设 $f(x)$、$g(x)$ 在区间 $[a,b]$ 上均连续,证明:

(1) $\left(\displaystyle\int_{a}^{b}f(x)g(x)\mathrm{d}x\right)^{2}\leqslant\displaystyle\int_{a}^{b}f^{2}(x)\mathrm{d}x\displaystyle\int_{a}^{b}g^{2}(x)\mathrm{d}x$(柯西—施瓦茨不等式);

(2) $\left(\displaystyle\int_{a}^{b}[f(x)+g(x)]^{2}\mathrm{d}x\right)^{\frac{1}{2}}\leqslant\left(\displaystyle\int_{a}^{b}f^{2}(x)\mathrm{d}x\right)^{\frac{1}{2}}+\left(\displaystyle\int_{a}^{b}g^{2}(x)\mathrm{d}x\right)^{\frac{1}{2}}$(闵科夫斯基不等式).

解　(1)对任意实数 λ,有 $\displaystyle\int_{a}^{b}[f(x)+\lambda g(x)]^{2}\mathrm{d}x\geqslant0$,即

$$\int_{a}^{b}f^{2}(x)\mathrm{d}x+2\lambda\int_{a}^{b}f(x)g(x)\mathrm{d}x+\lambda^{2}\int_{a}^{b}g^{2}(x)\mathrm{d}x\geqslant0,$$

左边是一个关于 λ 的二次多项式,它非负的条件是其判别式非正,即有

$$4\left(\int_{a}^{b}f(x)g(x)\mathrm{d}x\right)^{2}-4\int_{a}^{b}f^{2}(x)\mathrm{d}x\int_{a}^{b}g^{2}(x)\mathrm{d}x\leqslant0,$$

从而本题得证.

(2) $\displaystyle\int_{a}^{b}[f(x)+g(x)]^{2}\mathrm{d}x=\int_{a}^{b}[f^{2}(x)+2f(x)g(x)+g^{2}(x)]\mathrm{d}x$

$=\displaystyle\int_{a}^{b}f^{2}(x)\mathrm{d}x+2\int_{a}^{b}f(x)g(x)\mathrm{d}x+\int_{a}^{b}g^{2}(x)\mathrm{d}x$

$\leqslant\displaystyle\int_{a}^{b}f^{2}(x)\mathrm{d}x+2\left(\int_{a}^{b}f^{2}(x)\mathrm{d}x\int_{a}^{b}g^{2}(x)\mathrm{d}x\right)^{\frac{1}{2}}+\int_{a}^{b}g^{2}(x)\mathrm{d}x$

$=\left[\left(\displaystyle\int_{a}^{b}f^{2}(x)\mathrm{d}x\right)^{\frac{1}{2}}+\left(\int_{a}^{b}g^{2}(x)\mathrm{d}x\right)^{\frac{1}{2}}\right]^{2}$,

从而本题得证.

10.　设 $f(x)$ 在区间 $[a,b]$ 上连续,且 $f(x)>0$.证明:$\displaystyle\int_{a}^{b}f(x)\mathrm{d}x\int_{a}^{b}\dfrac{1}{f(x)}\mathrm{d}x\geqslant(b-a)^{2}$.

证　根据上一题所证的柯西—施瓦茨不等式,有

$$\left(\int_a^b \sqrt{f(x)} \cdot \frac{1}{\sqrt{f(x)}} \mathrm{d}x\right)^2 \leqslant \int_a^b (\sqrt{f(x)})^2 \mathrm{d}x \int_a^b \left(\frac{1}{\sqrt{f(x)}}\right)^2 \mathrm{d}x,$$

即得 $\displaystyle\int_a^b f(x)\mathrm{d}x \int_a^b \frac{1}{f(x)}\mathrm{d}x \geqslant (b-a)^2$.

11. 计算下列积分：

(1) $\displaystyle\int_0^{\frac{\pi}{2}} \frac{x+\sin x}{1+\cos x}\mathrm{d}x$;

(2) $\displaystyle\int_0^{\frac{\pi}{4}} \ln(1+\tan x)\mathrm{d}x$;

(3) $\displaystyle\int_0^a \frac{\mathrm{d}x}{x+\sqrt{a^2-x^2}}\ (a>0)$;

(4) $\displaystyle\int_0^{\frac{\pi}{2}} \sqrt{1-\sin 2x}\,\mathrm{d}x$;

(5) $\displaystyle\int_0^{\frac{\pi}{2}} \frac{\mathrm{d}x}{1+\cos^2 x}$;

(6) $\displaystyle\int_0^\pi x\sqrt{\cos^2 x-\cos^4 x}\,\mathrm{d}x$;

(7) $\displaystyle\int_0^\pi x^2|\cos x|\mathrm{d}x$;

(8) $\displaystyle\int_0^{+\infty} \frac{\mathrm{d}x}{e^{x+1}+e^{3-x}}$;

(9) $\displaystyle\int_{\frac{1}{2}}^{\frac{3}{2}} \frac{\mathrm{d}x}{\sqrt{|x^2-x|}}$;

(10) $\displaystyle\int_0^x \max\{t^3,t^2,1\}\mathrm{d}t$,

解 (1) $\displaystyle\int_0^{\frac{\pi}{2}} \frac{x+\sin x}{1+\cos x}\mathrm{d}x = \int_0^{\frac{\pi}{2}} \frac{x}{1+\cos x}\mathrm{d}x + \int_0^{\frac{\pi}{2}} \frac{\sin x}{1+\cos x}\mathrm{d}x = \int_0^{\frac{\pi}{2}} \frac{x}{2}\sec^2\frac{x}{2}\mathrm{d}x - \int_0^{\frac{\pi}{2}} \frac{1}{1+\cos x}\mathrm{d}(1+\cos x)$

$\qquad = \left[x\tan\frac{x}{2}\right]_0^{\frac{\pi}{2}} - \int_0^{\frac{\pi}{2}} \tan\frac{x}{2}\mathrm{d}x - \left[\ln(1+\cos x)\right]_0^{\frac{\pi}{2}}$

$\qquad = \frac{\pi}{2} + \left[2\ln\cos\frac{x}{2}\right]_0^{\frac{\pi}{2}} + \ln 2 = \frac{\pi}{2}$.

(2) $\displaystyle\int_0^{\frac{\pi}{4}} \ln(1+\tan x)\mathrm{d}x = \int_0^{\frac{\pi}{4}} \ln\frac{\cos x+\sin x}{\cos x}\mathrm{d}x = \int_0^{\frac{\pi}{4}} \ln(\cos x+\sin x)\mathrm{d}x - \int_0^{\frac{\pi}{4}} \ln\cos x\,\mathrm{d}x$,

而 $\displaystyle\int_0^{\frac{\pi}{4}} \ln(\cos x+\sin x)\mathrm{d}x = \int_0^{\frac{\pi}{4}} \ln\left[\sqrt{2}\cos\left(\frac{\pi}{4}-x\right)\right]\mathrm{d}x$

$$\xrightarrow{x=\frac{\pi}{4}-u} -\int_{\frac{\pi}{4}}^0 (\ln\sqrt{2}+\ln\cos u)\mathrm{d}u = \frac{\pi\ln 2}{8} + \int_0^{\frac{\pi}{4}} \ln\cos x\,\mathrm{d}x.$$

故 $\displaystyle\int_0^{\frac{\pi}{4}} \ln(1+\tan x)\mathrm{d}x = \frac{\pi\ln 2}{8}$.

(3) $\displaystyle\int_0^a \frac{\mathrm{d}x}{x+\sqrt{a^2-x^2}} \xrightarrow{x=a\sin u} \int_0^{\frac{\pi}{2}} \frac{\cos u\,\mathrm{d}u}{\sin u+\cos u} = \int_0^{\frac{\pi}{2}} \frac{\sin u\,\mathrm{d}u}{\cos u+\sin u}$

$\qquad = \frac{1}{2}\left(\int_0^{\frac{\pi}{2}} \frac{\cos u\,\mathrm{d}u}{\sin u+\cos u} + \int_0^{\frac{\pi}{2}} \frac{\sin u\,\mathrm{d}u}{\cos u+\sin u}\right) = \frac{1}{2}\int_0^{\frac{\pi}{2}}\mathrm{d}u = \frac{\pi}{4}$.

(4) $\displaystyle\int_0^{\frac{\pi}{2}} \sqrt{1-\sin 2x}\,\mathrm{d}x = \int_0^{\frac{\pi}{2}} \sqrt{\sin^2 x+\cos^2 x-2\sin x\cos x}\,\mathrm{d}x = \int_0^{\frac{\pi}{2}} |\sin x-\cos x|\mathrm{d}x$

$\qquad = \int_0^{\frac{\pi}{4}} (\cos x-\sin x)\mathrm{d}x + \int_{\frac{\pi}{4}}^{\frac{\pi}{2}} (\sin x-\cos x)\mathrm{d}x$

$\qquad = \left[\sin x+\cos x\right]_0^{\frac{\pi}{4}} + \left[-\cos x-\sin x\right]_{\frac{\pi}{4}}^{\frac{\pi}{2}} = 2(\sqrt{2}-1)$.

(5) 注意到 $\displaystyle\lim_{x\to\frac{\pi}{2}^-} \arctan\frac{\tan x}{\sqrt{2}} = \frac{\pi}{2}$，因此有

$$\int_0^{\frac{\pi}{2}} \frac{\mathrm{d}x}{1+\cos^2 x} = \int_0^{\frac{\pi}{2}} \frac{\sec^2 x\,\mathrm{d}x}{\sec^2 x+1} = \int_0^{\frac{\pi}{2}} \frac{\mathrm{d}(\tan x)}{\tan^2 x+2} = \left[\frac{1}{\sqrt{2}}\arctan\frac{\tan x}{\sqrt{2}}\right]_0^{\frac{\pi}{2}} = \frac{\pi}{2\sqrt{2}} = \frac{\sqrt{2}\pi}{4}.$$

(6) $\displaystyle\int_0^\pi x\sqrt{\cos^2 x-\cos^4 x}\,\mathrm{d}x = \int_0^\pi x|\cos x|\sin x\,\mathrm{d}x = \frac{\pi}{2}\int_0^\pi |\cos x|\sin x\,\mathrm{d}x$

$\qquad = \frac{\pi}{2}\left[\int_0^{\frac{\pi}{2}} \cos x\sin x\,\mathrm{d}x - \int_{\frac{\pi}{2}}^\pi \cos x\sin x\,\mathrm{d}x\right] = \frac{\pi}{2}\left[\frac{1}{2}\sin^2 x\right]_0^{\frac{\pi}{2}} - \frac{\pi}{2}\left[\frac{1}{2}\sin^2 x\right]_{\frac{\pi}{2}}^\pi = \frac{\pi}{2}$.

(7) $\displaystyle\int_0^\pi x^2|\cos x|\mathrm{d}x = \int_0^{\frac{\pi}{2}} x^2\cos x\,\mathrm{d}x - \int_{\frac{\pi}{2}}^\pi x^2\cos x\,\mathrm{d}x$

$$= \left[x^2\sin x + 2x\cos x - 2\sin x \right]_0^{\frac{\pi}{2}} - \left[x^2\sin x + 2x\cos x - 2\sin x \right]_{\frac{\pi}{2}}^{\pi} = \frac{\pi^2}{2} + 2\pi - 4.$$

(8) $\displaystyle\int_0^{+\infty} \frac{\mathrm{d}x}{\mathrm{e}^{x+1} + \mathrm{e}^{3-x}} = \frac{1}{\mathrm{e}^2} \int_0^{+\infty} \frac{\mathrm{d}(\mathrm{e}^{x-1})}{\mathrm{e}^{2x-2} + 1} = \frac{1}{\mathrm{e}^2} \left[\arctan(\mathrm{e}^{x-1}) \right]_0^{+\infty} = \frac{1}{\mathrm{e}^2} \left(\frac{\pi}{2} - \arctan \frac{1}{\mathrm{e}} \right).$

(9) $\displaystyle\int_{\frac{1}{2}}^1 \frac{\mathrm{d}x}{\sqrt{|x^2 - x|}} = \int_{\frac{1}{2}}^1 \frac{\mathrm{d}x}{\sqrt{x - x^2}} = \int_{\frac{1}{2}}^1 \frac{\mathrm{d}(2x-1)}{\sqrt{1-(2x-1)^2}} = \left[\arcsin(2x-1) \right]_{\frac{1}{2}}^1 = \frac{\pi}{2};$

$$\int_1^{\frac{3}{2}} \frac{\mathrm{d}x}{\sqrt{|x^2 - x|}} = \int_1^{\frac{3}{2}} \frac{\mathrm{d}x}{\sqrt{x^2 - x}} = \int_1^{\frac{3}{2}} \frac{\mathrm{d}(2x-1)}{\sqrt{(2x-1)^2 - 1}}$$

$$= \left[\ln(2x-1 + \sqrt{(2x-1)^2 - 1}) \right]_1^{\frac{3}{2}} = \ln(2 + \sqrt{3}),$$

因此 $\displaystyle\int_{\frac{1}{2}}^{\frac{3}{2}} \frac{\mathrm{d}x}{\sqrt{|x^2 - x|}} = \int_{\frac{1}{2}}^1 \frac{\mathrm{d}x}{\sqrt{|x^2 - x|}} + \int_1^{\frac{3}{2}} \frac{\mathrm{d}x}{\sqrt{|x^2 - x|}} = \frac{\pi}{2} + \ln(2 + \sqrt{3}).$

(10) 当 $x < -1$ 时, $\displaystyle\int_0^x \max\{t^3, t^2, 1\}\mathrm{d}t = \int_0^{-1} \mathrm{d}t + \int_{-1}^x t^2 \mathrm{d}t = \frac{1}{3}x^3 - \frac{2}{3};$

当 $-1 \leqslant x \leqslant 1$ 时, $\displaystyle\int_0^x \max\{t^3, t^2, 1\}\mathrm{d}t = \int_0^x \mathrm{d}t = x;$

当 $x > 1$ 时, $\displaystyle\int_0^x \max\{t^3, t^2, 1\}\mathrm{d}t = \int_0^1 \mathrm{d}t + \int_1^x t^3 \mathrm{d}t = \frac{1}{4}x^4 + \frac{3}{4}.$

因此 $\displaystyle\int_0^x \max\{t^3, t^2, 1\}\mathrm{d}t = \begin{cases} \dfrac{1}{3}x^3 - \dfrac{2}{3}, & x < -1, \\ x, & -1 \leqslant x \leqslant 1, \\ \dfrac{1}{4}x^4 + \dfrac{3}{4}, & x > 1. \end{cases}$

12. 设 $f(x)$ 为连续函数，证明 $\displaystyle\int_0^x f(t)(x-t)\mathrm{d}t = \int_0^x \left(\int_0^t f(u)\mathrm{d}u \right)\mathrm{d}t.$

证 $\displaystyle\int_0^x \left(\int_0^t f(u)\mathrm{d}u \right)\mathrm{d}t = \left[t\int_0^t f(u)\mathrm{d}u \right]_0^x - \int_0^x tf(t)\mathrm{d}t = x\int_0^x f(u)\mathrm{d}u - \int_0^x tf(t)\mathrm{d}t$

$$= x\int_0^x f(t)\mathrm{d}t - \int_0^x tf(t)\mathrm{d}t = \int_0^x (x-t)f(t)\mathrm{d}t.$$

本题也可利用原函数性质来证明，记等式左端的函数为 $F(x)$，右端的函数为 $G(x)$，则

$$F'(x) = \left(x\int_0^x f(t)\mathrm{d}t - \int_0^x tf(t)\mathrm{d}t \right)' = \int_0^x f(t)\mathrm{d}t,$$

$$G'(x) = \int_0^x f(u)\mathrm{d}u = \int_0^x f(t)\mathrm{d}t,$$

即 $F(x)$、$G(x)$ 都为函数 $\displaystyle\int_0^x f(t)\mathrm{d}t$ 的原函数，因此它们至多只差一个常数，但由于 $F(0) = G(0) = 0$，因此必有 $F(x) = G(x)$.

13. 设 $f(x)$ 在区间 $[a,b]$ 上连续，且 $f(x) > 0$，$F(x) = \displaystyle\int_a^x f(t)\mathrm{d}t + \int_b^x \frac{\mathrm{d}t}{f(t)}$，$x \in [a,b]$.

证明：(1) $F'(x) \geqslant 2$；(2) 方程 $F(x) = 0$ 在区间 (a,b) 内有且仅有一个根.

证 (1) $F'(x) = f(x) + \dfrac{1}{f(x)} \geqslant 2\sqrt{f(x) \cdot \dfrac{1}{f(x)}} = 2.$

(2) $F(a) = \displaystyle\int_b^a \frac{\mathrm{d}t}{f(t)} = -\int_a^b \frac{\mathrm{d}t}{f(t)} < 0, \qquad F(b) = \int_a^b f(t)\mathrm{d}t > 0,$

由闭区间上连续函数性质可知 $F(x)$ 在区间 (a,b) 内必有零点，根据 (1) 可知函数 $F(x)$ 在 $[a,b]$ 上单调增加，从而零点唯一，即方程 $F(x) = 0$ 在区间 (a,b) 内有且仅有一个根.

14. 求 $\displaystyle\int_0^2 f(x-1)\mathrm{d}x$，其中 $f(x) = \begin{cases} \dfrac{1}{1+x}, & x \geqslant 0, \\ \dfrac{1}{1+\mathrm{e}^x}, & x < 0. \end{cases}$

解 $\int_0^2 f(x-1)\mathrm{d}x \xlongequal{x=u+1} \int_{-1}^1 f(u)\mathrm{d}u = \int_{-1}^0 \frac{\mathrm{d}u}{1+\mathrm{e}^u} + \int_0^1 \frac{\mathrm{d}u}{1+u}$

$= \int_{-1}^0 \frac{\mathrm{e}^{-u}\mathrm{d}u}{1+\mathrm{e}^{-u}} + \left[\ln(1+u)\right]_0^1 = \left[-\ln(1+\mathrm{e}^{-u})\right]_{-1}^0 + \ln 2 = \ln(1+\mathrm{e})$.

15. 设 $f'(x)$ 在 $[-\pi,\pi]$ 上连续,$a_n = \frac{1}{\pi}\int_{-\pi}^{\pi} f(x)\cos nx\,\mathrm{d}x (n\in\mathbf{N})$,证明 :$\lim_{n\to\infty} a_n = 0$.

证 $a_n = \frac{1}{\pi}\int_{-\pi}^{\pi} f(x)\cos nx\,\mathrm{d}x = \frac{1}{n\pi}\int_{-\pi}^{\pi} f(x)\mathrm{d}\sin nx = \frac{1}{n\pi}\left[f(x)\sin nx\Big|_{-\pi}^{\pi} - \int_{-\pi}^{\pi} f'(x)\sin nx\,\mathrm{d}x\right]$

$= -\frac{1}{n\pi}\int_{-\pi}^{\pi} f'(x)\sin nx\,\mathrm{d}x.$

因为 $f'(x)$ 在 $[-\pi,\pi]$ 上连续,所以 $\int_{-\pi}^{\pi} f'(x)\sin nx\,\mathrm{d}x$ 有界,从而

$\lim_{n\to\infty} a_n = \lim_{n\to\infty}\left(-\frac{1}{n\pi}\int_{-\pi}^{\pi} f'(x)\sin nx\,\mathrm{d}x\right) = 0.$

16. 设 $f(x)$ 在区间 $[a,b]$ 上连续,$g(x)$ 在区间 $[a,b]$ 上连续且不变号. 证明至少存在一点 $\xi\in[a,b]$,使下式

成立:$\int_a^b f(x)g(x)\mathrm{d}x = f(\xi)\int_a^b g(x)\mathrm{d}x$ (积分第一中值定理).

证 不妨设 $g(x)\geqslant 0$,由定积分性质可知 $\int_a^b g(x)\mathrm{d}x\geqslant 0$,记 $f(x)$ 在 $[a,b]$ 上的最大值为 M,最小值为 m,则

有 $mg(x)\leqslant f(x)g(x)\leqslant Mg(x)$,

故有 $m\int_a^b g(x)\mathrm{d}x = \int_a^b mg(x)\mathrm{d}x\leqslant \int_a^b f(x)g(x)\mathrm{d}x\leqslant \int_a^b Mg(x)\mathrm{d}x = M\int_a^b g(x)\mathrm{d}x.$

当 $\int_a^b g(x)\mathrm{d}x = 0$ 时,由上述不等式可知 $\int_a^b f(x)g(x)\mathrm{d}x = 0$,故结论成立.

当 $\int_a^b g(x)\mathrm{d}x > 0$ 时,有 $m\leqslant \dfrac{\displaystyle\int_a^b f(x)g(x)\mathrm{d}x}{\displaystyle\int_a^b g(x)\mathrm{d}x}\leqslant M$,由闭区间上连续函数性质,知存在 $\xi\in[a,b]$,使得

$f(\xi) = \dfrac{\displaystyle\int_a^b f(x)g(x)\mathrm{d}x}{\displaystyle\int_a^b g(x)\mathrm{d}x}$,从而结论成立.

*17. 证明:$\int_0^{+\infty} x^n \mathrm{e}^{-x^2}\mathrm{d}x = \frac{n-1}{2}\int_0^{+\infty} x^{n-2}\mathrm{e}^{-x^2}\mathrm{d}x (n>1)$,并用它证明:

$\int_0^{+\infty} x^{2n+1}\mathrm{e}^{-x^2}\mathrm{d}x = \frac{1}{2}\Gamma(n+1)$ $(n\in\mathbf{N})$.

证 当 $n>1$ 时,$\int_0^{+\infty} x^n \mathrm{e}^{-x^2}\mathrm{d}x = -\frac{1}{2}\int_0^{+\infty} x^{n-1}\mathrm{d}(\mathrm{e}^{-x^2}) = -\frac{1}{2}\left[x^{n-1}\mathrm{e}^{-x^2}\right]_0^{+\infty} + \frac{n-1}{2}\int_0^{+\infty} x^{n-2}\mathrm{e}^{-x^2}\mathrm{d}x$

$= \frac{n-1}{2}\int_0^{+\infty} x^{n-2}\mathrm{e}^{-x^2}\mathrm{d}x.$

记 $I_n = \int_0^{+\infty} x^{2n+1}\mathrm{e}^{-x^2}\mathrm{d}x$,则

$I_n = \int_0^{+\infty} x^{2n+1}\mathrm{e}^{-x^2}\mathrm{d}x = \frac{2n+1-1}{2}\int_0^{+\infty} x^{2n-1}\mathrm{e}^{-x^2}\mathrm{d}x = n\int_0^{+\infty} x^{2n-1}\mathrm{e}^{-x^2}\mathrm{d}x = nI_{n-1},$

因此有 $I_n = n!\ I_0 = n!\int_0^{+\infty} x\mathrm{e}^{-x^2}\mathrm{d}x = n!\left[-\frac{1}{2}\mathrm{e}^{-x^2}\right]_0^{+\infty} = \frac{1}{2}n! = \frac{1}{2}\Gamma(n+1).$

*18. 判定下列反常积分的收敛性:

(1) $\int_0^{+\infty} \frac{\sin x}{\sqrt{x^3}}\mathrm{d}x$;

(2) $\int_2^{+\infty} \frac{\mathrm{d}x}{x\sqrt[3]{x^2-3x+2}}$;

(3) $\int_2^{+\infty} \frac{\cos x}{\ln x}\mathrm{d}x$;

(4) $\int_0^{+\infty} \frac{\mathrm{d}x}{\sqrt[3]{x^2(x-1)(x-2)}}$.

解 (1)$x=0$ 为被积函数 $f(x)=\dfrac{\sin x}{\sqrt{x^3}}$ 的瑕点,而 $\lim\limits_{x\to0^+}x^{\frac{1}{2}}\cdot f(x)=1$,因此 $\int_0^1 f(x)\mathrm{d}x$ 收敛;又由于 $|f(x)|$

$\leqslant\dfrac{1}{\sqrt{x^3}}$,而 $\int_1^{+\infty}\dfrac{1}{\sqrt{x^3}}\mathrm{d}x$ 收敛,故 $\int_1^{+\infty}f(x)\mathrm{d}x$ 收敛,因此 $\int_0^{+\infty}\dfrac{\sin x}{\sqrt{x^3}}\mathrm{d}x$ 收敛.

(2)$x=2$ 为被积函数 $f(x)=\dfrac{1}{x\cdot\sqrt[3]{x^2-3x+2}}$ 的瑕点,而 $\lim\limits_{x\to2^+}(x-2)^{\frac{1}{3}}\cdot f(x)=\dfrac{1}{2}$,

因此 $\int_2^3 f(x)\mathrm{d}x$ 收敛;又由于 $\lim\limits_{x\to+\infty}x^{\frac{5}{3}}\cdot f(x)=1$,因此 $\int_3^{+\infty}\dfrac{\mathrm{d}x}{x\cdot\sqrt[3]{x^2-3x+2}}$ 收敛,

故 $\int_2^{+\infty}\dfrac{\mathrm{d}x}{x\sqrt[3]{x^2-3x+2}}$ 收敛.

(3)$\int_2^{+\infty}\dfrac{\cos x}{\ln x}\mathrm{d}x=\int_2^{+\infty}\dfrac{1}{\ln x}\mathrm{d}(\sin x)=\left[\dfrac{\sin x}{\ln x}\right]_2^{+\infty}+\int_2^{+\infty}\dfrac{\sin x}{x\ln^2 x}\mathrm{d}x=\int_2^{+\infty}\dfrac{\sin x}{x\ln^2 x}\mathrm{d}x-\dfrac{\sin 2}{\ln 2}$,

又由于 $\left|\dfrac{\sin x}{x\ln^2 x}\right|\leqslant\dfrac{1}{x\ln^2 x}$,而 $\int_2^{+\infty}\dfrac{1}{x\ln^2 x}\mathrm{d}x$ 收敛,故 $\int_2^{+\infty}\left|\dfrac{\sin x}{x\ln^2 x}\right|\mathrm{d}x$ 收敛,

即 $\int_2^{+\infty}\left|\dfrac{\sin x}{x\ln^2 x}\right|\mathrm{d}x$ 绝对收敛,因此 $\int_2^{+\infty}\left|\dfrac{\cos x}{\ln x}\right|\mathrm{d}x$ 收敛.

(4)$x=0,x=1,x=2$ 为被积函数 $f(x)=\dfrac{1}{\sqrt[3]{x^2(x-1)(x-2)}}$ 的瑕点,

$$\lim\limits_{x\to0^+}x^{\frac{2}{3}}f(x)=\dfrac{1}{\sqrt[3]{2}},\qquad \lim\limits_{x\to1}(x-1)^{\frac{1}{3}}f(x)=-1,\qquad \lim\limits_{x\to2}f(x)(x-2)^{\frac{1}{3}}=\dfrac{\sqrt[3]{2}}{2},$$

故 $\int_0^3 f(x)\mathrm{d}x$ 收敛;又由于 $\lim\limits_{x\to+\infty}x^{\frac{4}{3}}\cdot f(x)=1$,因此 $\int_3^{+\infty}\dfrac{\mathrm{d}x}{\sqrt[3]{x^2(x-1)(x-2)}}$ 收敛,

故 $\int_0^{+\infty}\dfrac{\mathrm{d}x}{\sqrt[3]{x^2(x-1)(x-2)}}$ 收敛.

*19. 计算下列反常积分:

(1)$\int_0^{\frac{\pi}{2}}\ln\sin x\mathrm{d}x$;　　(2)$\int_0^{+\infty}\dfrac{\mathrm{d}x}{(1+x^2)(1+x^a)}(a\geqslant0)$.

解 (1)$x=0$ 为被积函数 $f(x)=\ln\sin x$ 的瑕点,而

$$\lim\limits_{x\to0^+}\sqrt{x}\cdot f(x)=\lim\limits_{x\to0^+}\dfrac{\ln\sin x}{x^{-\frac{1}{2}}}=\lim\limits_{x\to0^+}\dfrac{\cot x}{-\frac{1}{2}x^{-\frac{3}{2}}}=\lim\limits_{x\to0^+}\dfrac{-2x^{\frac{3}{2}}}{\tan x}=0,$$

故 $\int_0^{\frac{\pi}{2}}\ln\sin x\mathrm{d}x$ 收敛.

又 $\int_0^{\frac{\pi}{2}}\ln\sin x\mathrm{d}x=\int_0^{\frac{\pi}{4}}\ln\sin x\mathrm{d}x+\int_{\frac{\pi}{4}}^{\frac{\pi}{2}}\ln\sin x\mathrm{d}x$ 而

$$\int_{\frac{\pi}{4}}^{\frac{\pi}{2}}\ln\sin x\mathrm{d}x\xlongequal{x=\frac{\pi}{2}-u}\int_{\frac{\pi}{4}}^{0}-\ln\cos u\mathrm{d}u=\int_0^{\frac{\pi}{4}}\ln\cos u\mathrm{d}u,$$

因此 $\int_0^{\frac{\pi}{2}}\ln\sin x\mathrm{d}x=\int_0^{\frac{\pi}{4}}\ln\sin x\mathrm{d}x+\int_0^{\frac{\pi}{4}}\ln\cos x\mathrm{d}x=\int_0^{\frac{\pi}{4}}(\ln\sin x\cos x)\mathrm{d}x$

$=\int_0^{\frac{\pi}{4}}(\ln\sin 2x-\ln 2)\mathrm{d}x=\int_0^{\frac{\pi}{4}}\ln\sin 2x\mathrm{d}x-\int_0^{\frac{\pi}{4}}\ln 2\mathrm{d}x\xlongequal{u=2x}\dfrac{1}{2}\int_0^{\frac{\pi}{2}}\ln\sin u\mathrm{d}u-\dfrac{\pi}{4}\ln 2$,

故 $\int_0^{\frac{\pi}{2}}\ln\sin x\mathrm{d}x=-\dfrac{\pi}{2}\ln 2$.

(2)记 $f(x)=\dfrac{1}{(1+x^2)(1+x^a)}$,则当 $a=0$ 时,$\lim\limits_{x\to+\infty}x^2\cdot f(x)=\dfrac{1}{2}$,当 $a>0$ 时,$\lim\limits_{x\to+\infty}x^2\cdot f(x)=0$,因此当 $a\geqslant0$ 时,$\int_0^{+\infty}\dfrac{\mathrm{d}x}{(1+x^2)(1+x^a)}$ 收敛.

令 $x=\dfrac{1}{t}$，得到 $\displaystyle\int_0^{+\infty}\dfrac{\mathrm{d}x}{(1+x^2)(1+x^a)}=\int_{+\infty}^0\dfrac{-t^a\,\mathrm{d}t}{(1+t^2)(1+t^a)}$，又

$$\int_{+\infty}^0\dfrac{-t^a\,\mathrm{d}t}{(1+t^2)(1+t^a)}=\int_0^{+\infty}\dfrac{x^a\,\mathrm{d}x}{(1+x^2)(1+x^a)},$$

故 $\displaystyle\int_0^{+\infty}\dfrac{\mathrm{d}x}{(1+x^2)(1+x^a)}=\int_0^{+\infty}\dfrac{x^a\,\mathrm{d}x}{(1+x^2)(1+x^a)}$

$$=\dfrac{1}{2}\left[\int_0^{+\infty}\dfrac{\mathrm{d}x}{(1+x^2)(1+x^a)}+\int_0^{+\infty}\dfrac{x^a\,\mathrm{d}x}{(1+x^2)(1+x^a)}\right]$$

$$=\dfrac{1}{2}\int_0^{+\infty}\dfrac{\mathrm{d}x}{1+x^2}=\dfrac{1}{2}\big[\arctan x\big]_0^{+\infty}=\dfrac{\pi}{4}.$$

第五章自测题

一、填空题

1. 曲线 $\begin{cases} x=\displaystyle\int_0^{1-t}\mathrm{e}^{-u^2}\,\mathrm{d}u,\\ y=t^2\ln(2-t^2) \end{cases}$ 在点 $(0,0)$ 处的切线方程为_____.

2. 已知 $\displaystyle\int_{-\infty}^{+\infty}\mathrm{e}^{k|x|}\,\mathrm{d}x=1$，则 $k=$_____.

3. 已知函数 $f(x)$ 连续，且 $\displaystyle\int_0^{x^3-1}f(t)\,\mathrm{d}t=x$，则 $f(7)=$_____.

4. 设 $f(x)$ 有连续的导数，$f(0)=0$，$f'(0)\neq 0$，$F(x)=\displaystyle\int_0^x(x^2-t^2)f(t)\,\mathrm{d}t$ 且当 $x\to0$ 时，$F'(x)$ 与 x^k 是同阶无穷小，则 $k=$_____.

二、选择题

1. 使不等式 $\displaystyle\int_1^x\dfrac{\sin t}{t}\,\mathrm{d}t>\ln x$ 成立的 x 的范围是（　　）.

 (A) $(0,1)$ 　　　　(B) $\left(1,\dfrac{\pi}{2}\right)$ 　　　　(C) $\left(\dfrac{\pi}{2},\pi\right)$ 　　　　(D) $(\pi,+\infty)$

2. 设函数 $f(x)=x^2-\displaystyle\int_0^{x^2}\cos(t^2)\,\mathrm{d}t$，$g(x)=\sin^9 x$，则当 $x\to0$ 时，$f(x)$ 是 $g(x)$ 的（　　）.

 (A) 等价无穷小　　　(B) 同阶但非等价无穷小　　(C) 高阶无穷小　　(D) 低阶无穷小

3. 设 $f(x)=\begin{cases} x\mathrm{e}^{x^2}, & -\dfrac{1}{2}\leqslant x<\dfrac{1}{2},\\ -1, & x\geqslant\dfrac{1}{2}, \end{cases}$ 则 $\displaystyle\int_{\frac{1}{2}}^2 f(x-1)\,\mathrm{d}x=$（　　）.

 (A) 3　　　　(B) -3　　　　(C) $\dfrac{1}{2}$　　　　(D) $-\dfrac{1}{2}$

4. 设函数 $y=f(x)$ 在区间 $[-1,3]$ 上的图形为

则函数 $F(x) = \int_0^x f(t)\mathrm{d}t$ 的图形为（　　）.

（A）

（B）

（C）

（D）

5. (2016 数学一,4 分)若反常积分 $\int_0^{+\infty} \dfrac{1}{x^a(1+x)^b}\mathrm{d}x$ 收敛,则_____.

(A)$a<1$ 且 $b>1$ (B)$a>1$ 且 $b>1$

(C)$a<1$ 且 $a+b>1$ (D)$a>1$ 且 $a+b>1$

6. (2020 数学二,4 分) $\displaystyle\int_0^1 \dfrac{\arcsin\sqrt{x}}{\sqrt{x(1-x)}}\mathrm{d}x=$ _____.

(A) $\dfrac{\pi^2}{4}$ (B) $\dfrac{\pi^2}{8}$ (C) $\dfrac{\pi}{4}$ (D) $\dfrac{\pi}{8}$

7. (2022 数学二,5 分) 设 p 为常数,若反常积分 $\displaystyle\int_0^1 \dfrac{\ln x}{x^p(1-x)^{1-p}}\mathrm{d}x$ 收敛,则 p 的取值范围是_____.

(A)$(-1,1)$ (B)$(-1,2)$ (C)$(-\infty,1)$ (D)$(-\infty,2)$

三、解答题

1. 求下列积分

(1) $\displaystyle\int_4^9 \dfrac{\mathrm{d}x}{x(1+\sqrt{x})}$;   (2) $\displaystyle\int_0^{\frac{\pi}{4}} \dfrac{x}{1+\cos 2x}\mathrm{d}x$;

(3) $\displaystyle\int_{-\frac{1}{2}}^{\frac{1}{2}} \left[\dfrac{\sin x \cdot \tan^2 x}{3+\cos 3x}+\ln(1-x)\right]\mathrm{d}x$;   (4) $\displaystyle\int_1^{+\infty} \dfrac{\mathrm{d}x}{x^2+4x+13}$.

2. 设 $\displaystyle\int_0^2 f(x)\mathrm{d}x=1$,且 $f(2)=\dfrac{1}{2}$, $f'(2)=0$ 求 $\displaystyle\int_0^1 x^2 f''(2x)\mathrm{d}x$.

3. 已知 $\displaystyle\int_0^{+\infty} \dfrac{\sin x}{x}\mathrm{d}x=\dfrac{\pi}{2}$,求 $\displaystyle\int_0^{+\infty} \dfrac{\sin^2 x}{x^2}\mathrm{d}x$.

4. 已知 $f(x)=x^2-x\displaystyle\int_0^2 f(x)\mathrm{d}x+2\int_0^1 f(x)\mathrm{d}x$,试求 $f(x)$.

5. 求 $\dfrac{\mathrm{d}}{\mathrm{d}x}\displaystyle\int_0^x \sin(x-t)^2\mathrm{d}t$.

四、证明题

1. 设函数 $f(x)$ 有导数,且 $f(0)=0$,$F(x)=\displaystyle\int_0^x t^{n-1}f(x^n-t^n)\mathrm{d}t$.

证明: $\displaystyle\lim_{x\to 0}\dfrac{F(x)}{x^{2n}}=\dfrac{1}{2n}f'(0)$.

2. 证明方程 $\ln x=\dfrac{x}{e}-\displaystyle\int_0^{\pi}\sqrt{1-\cos 2x}\,dx$ 在区间 $(0,+\infty)$ 内只有两个不同的实根.

3. 设函数 $f(x)$ 在 $[a,b]$ 上具有连续一阶导数,$\displaystyle\max_{a\leqslant x\leqslant b}|f'(x)|=M$,且 $f(a)=f(b)=0$,

证明:$\displaystyle\int_a^b f(x)dx\leqslant\dfrac{(b-a)^2}{4}M$.

第五章自测题答案

一、1. 解 $\dfrac{dy}{dx}=\dfrac{y'(t)}{x'(t)}=\dfrac{2t\cdot\ln(2-t^2)-t^2\cdot\dfrac{2t}{2-t^2}}{-e^{-(1-t)^2}}=2\dfrac{(2-t^2)t\cdot\ln(2-t^2)-t^3}{(t^2-2)e^{-(1-t)^2}}$,

当 $x=0,y=0$ 时 $t=1$,即在 $(0,0)$ 处的切线斜率 $k=\dfrac{dy}{dx}\Big|_{t=1}=2$,

从而切线方程为 $y-0=2(x-0)$ 故 $y=2x$,应填 $y=2x$.

2. 解 因为反常积分 $\displaystyle\int_{-\infty}^{+\infty}e^{k|x|}dx=1$ 即收敛,所以 $k<0$.

又 $1=\displaystyle\int_{-\infty}^{+\infty}e^{k|x|}dx=\int_{-\infty}^0 e^{-kx}dx+\int_0^{+\infty}e^{kx}dx=-\dfrac{1}{k}e^{-kx}\Big|_{-\infty}^0+\dfrac{1}{k}e^{kx}\Big|_0^{+\infty}=-\dfrac{2}{k}$,

所以 $k=-2$.

故应填 -2.

3. 解 对等式 $\displaystyle\int_0^{x^3-1}f(t)dt=x$ 两边求导,得 $f(x^3-1)\cdot 3x^2=1$,

令 $x^3-1=7$,得 $x=2$,代入上式知:$f(7)=\dfrac{1}{12}$.

故应填 $\dfrac{1}{12}$.

4. 解 $F(x)=x^2\displaystyle\int_0^x f(t)dt-\int_0^x t^2 f(t)dt$,

则 $F'(x)=2x\displaystyle\int_0^x f(t)dt+x^2 f(x)-x^2 f(x)=2x\int_0^x f(t)dt$.

所以 $\displaystyle\lim_{x\to 0}\dfrac{F'(x)}{x^k}=\lim_{x\to 0}\dfrac{2x\displaystyle\int_0^x f(t)dt}{x^k}=2\lim_{x\to 0}\dfrac{\displaystyle\int_0^x f(t)dt}{x^{k-1}}\xlongequal{\frac{0}{0}}2\lim_{x\to 0}\dfrac{f(x)}{(k-1)x^{k-2}}$

$\xlongequal{\frac{0}{0}}2\displaystyle\lim_{x\to 0}\dfrac{f'(x)}{(k-1)(k-2)x^{k-3}}$.

由 $f'(0)\neq 0$ 知 $k-3=0$. 即 $k=3$.

故应填 3.

二、1. 解 令 $f(x)=\displaystyle\int_1^x\dfrac{\sin t}{t}dt-\ln x$,则 $f'(x)=\dfrac{\sin x-1}{x}\leqslant 0$.

当 $x\in(0,1)$ 时,$f'(x)<0$,$f(x)$ 单调减少,因此有 $f(x)>f(1)=0$,即 $\displaystyle\int_1^x\dfrac{\sin t}{t}dt>\ln x$.

故应选 (A).

2. 解 因为 $\displaystyle\lim_{x\to 0}\dfrac{f(x)}{g(x)}=\lim_{x\to 0}\dfrac{x^2-\displaystyle\int_0^{x^2}\cos(t^2)dt}{\sin^9 x}=\lim_{x\to 0}\dfrac{x^2-\displaystyle\int_0^{x^2}\cos(t^2)dt}{x^9}$

$=\displaystyle\lim_{x\to 0}\dfrac{2x-\cos x^4\cdot 2x}{9x^8}=\lim_{x\to 0}\dfrac{2x\cdot\dfrac{1}{2}x^8}{9x^8}=0$.

故应选 (C).

3. 解 $\displaystyle\int_{\frac{1}{2}}^{2}f(x-1)\mathrm{d}x\xlongequal{x-1=t}\int_{-\frac{1}{2}}^{1}f(t)\mathrm{d}t=\int_{-\frac{1}{2}}^{\frac{1}{2}}t\mathrm{e}^{t^2}\mathrm{d}t+\int_{\frac{1}{2}}^{1}(-1)\mathrm{d}t=-\frac{1}{2}.$

故应选(D).

4. 解 因为 $F'(x)=f(x)$,所以当 $-1<x<0$ 时,$F'(x)=1>0$ 从而知 $F(x)$ 单调增加,且 $F(x)<0$;于是排除(A)、(C);又 $F(x)$ 在 $x=2$ 连续且由题设知 $F(2)>0$,所以 $\displaystyle\lim_{x\to 2^+}F(x)=F(2)>0$,即可排除(B),故选(D).

5. 解 $\displaystyle\int_{0}^{+\infty}\frac{\mathrm{d}x}{x^a(1+x)^b}=\int_{0}^{1}\frac{\mathrm{d}x}{x^a(1+x)^b}+\int_{1}^{+\infty}\frac{\mathrm{d}x}{x^a(1+x)^b}.$

由 $\displaystyle\lim_{x\to 0^+}x^a\cdot\frac{1}{x^a(1+x)^b}=1$,且 $\displaystyle\int_{0}^{1}\frac{\mathrm{d}x}{x^a(1+x)^b}$ 收敛,得 $a<1.$

再由 $\displaystyle\lim_{x\to+\infty}x^{a+b}\cdot\frac{1}{x^a(1+x)^b}=1$,且 $\displaystyle\int_{1}^{+\infty}\frac{\mathrm{d}x}{x^a(1+x)^b}$ 收敛,得 $a+b>1.$

于是 $a<1$ 且 $a+b>1.$ 故应选(C).

6. 解 $\displaystyle\int_{0}^{1}\frac{\arcsin\sqrt{x}}{\sqrt{x(1-x)}}\mathrm{d}x\xlongequal{x=\sin^2 t}\int_{0}^{\frac{\pi}{2}}\frac{t}{\sqrt{\sin^2 t\cos^2 t}}\cdot 2\sin t\cos t\mathrm{d}t=2\int_{0}^{\frac{\pi}{2}}t\mathrm{d}t=\frac{\pi^2}{4}.$

故应选(A).

7. 解 当 $p=1$ 时,$\displaystyle\int_{0}^{1}\frac{\ln x}{x^p(1-x)^{1-p}}\mathrm{d}x=\int_{0}^{1}\frac{\ln x}{x}\mathrm{d}x$ 发散,故排除(B)、(D).

当 $p=-1$ 时,$\displaystyle\int_{0}^{1}\frac{\ln x}{x^p(1-x)^{1-p}}\mathrm{d}x=\int_{0}^{1}\frac{x\ln x}{(1-x)^2}\mathrm{d}x=\int_{0}^{1}\frac{(1-t)\ln(1-t)}{t^2}\mathrm{d}t,$

则 $\displaystyle\lim_{t\to 0^+}t\cdot\frac{(1-t)\ln(1-t)}{t^2}=-1$,即 $\displaystyle\int_{0}^{1}\frac{\ln x}{x^p(1-x)^{1-p}}\mathrm{d}x$ 发散,故排除(C).

故应选(A).

三、1. 解 (1) $\displaystyle\int_{4}^{9}\frac{\mathrm{d}x}{x(1+\sqrt{x})}\xlongequal{\sqrt{x}=t}\int_{2}^{3}\frac{2t\mathrm{d}t}{t^2(1+t)}=2\int_{2}^{3}\left(\frac{1}{t}-\frac{1}{t+1}\right)\mathrm{d}t=2[\ln t-\ln(1+t)]\Big|_{2}^{3}=2\ln\frac{9}{8}.$

(2)原式 $\displaystyle=\int_{0}^{\frac{\pi}{4}}\frac{x}{2\cos^2 x}\mathrm{d}x=\frac{1}{2}\int_{0}^{\frac{\pi}{4}}x\mathrm{d}(\tan x)=\frac{1}{2}(x\cdot\tan x+\ln|\cos x|)\Big|_{0}^{\frac{\pi}{4}}=\frac{\pi}{8}-\frac{1}{4}\ln 2.$

(3)由 $\dfrac{\sin x\cdot\tan^2 x}{3+\cos 3x}$ 为奇函数知

原式 $\displaystyle=\int_{-\frac{1}{2}}^{\frac{1}{2}}\ln(1-x)\mathrm{d}x=x\ln(1-x)\Big|_{-\frac{1}{2}}^{\frac{1}{2}}-\int_{-\frac{1}{2}}^{\frac{1}{2}}\frac{-x}{1-x}\mathrm{d}x$

$\displaystyle=[x\ln(1-x)-x-\ln(1-x)]\Big|_{-\frac{1}{2}}^{\frac{1}{2}}=\frac{3}{2}\ln 3-\ln 2-1.$

(4)原式 $\displaystyle=\int_{1}^{+\infty}\frac{1}{(x+2)^2+9}\mathrm{d}(x+2)=\frac{1}{3}\arctan\frac{x+2}{3}\Big|_{1}^{+\infty}=\frac{\pi}{12}.$

2. 解 $\displaystyle\int_{0}^{1}x^2 f''(2x)\mathrm{d}x=\frac{1}{2}\int_{0}^{1}x^2\mathrm{d}f'(2x)=\frac{1}{2}\left[x^2 f'(2x)\Big|_{0}^{1}-\int_{0}^{1}2x f'(2x)\mathrm{d}x\right]$

$\displaystyle=-\frac{1}{2}\int_{0}^{1}x\mathrm{d}f(2x)=-\frac{1}{2}\left[xf(2x)\Big|_{0}^{1}-\int_{0}^{1}f(2x)\mathrm{d}x\right]$

$\displaystyle=-\frac{1}{2}\left(f(2)-\frac{1}{2}\int_{0}^{2}f(t)\mathrm{d}t\right)=0.$

3. 解 原式 $\displaystyle=\int_{0}^{+\infty}\sin^2 x\mathrm{d}\left(-\frac{1}{x}\right)=-\frac{\sin^2 x}{x}\Big|_{0}^{+\infty}+\int_{0}^{+\infty}\frac{\sin 2x}{x}\mathrm{d}x$

$\displaystyle=\int_{0}^{+\infty}\frac{\sin 2x}{2x}\mathrm{d}(2x)=\int_{0}^{+\infty}\frac{\sin t}{t}\mathrm{d}t=\frac{\pi}{2}.$

4. 解 记 $\displaystyle\int_{0}^{2}f(x)\mathrm{d}x=a$,$\displaystyle\int_{0}^{1}f(x)\mathrm{d}x=b$,则 $f(x)=x^2-ax+2b$,分别代入前两式得,

$$\int_0^2 (x^2-ax+2b)\mathrm{d}x=a, \qquad \int_0^1 (x^2-ax+2b)\mathrm{d}x=b,$$

积分得

$$\left(\frac{1}{3}x^3-\frac{1}{2}ax^2+2bx\right)\Big|_0^2=a \quad 即 \quad 3a-4b=\frac{8}{3}, \tag{①}$$

$$\left(\frac{1}{3}x^3-\frac{1}{2}ax^2+2bx\right)\Big|_0^2=b \quad 即 \quad a-2b=\frac{2}{3}, \tag{②}$$

由①、②两式得 $a=\frac{4}{3}$，$b=\frac{1}{3}$，故 $f(x)=x^2-\frac{4}{3}x+\frac{2}{3}$.

5. 解 $\displaystyle\int_0^x \sin(x-t)^2\mathrm{d}t \xrightarrow{x-t=u} -\int_x^0 \sin u^2\,\mathrm{d}u=\int_0^x \sin u^2\,\mathrm{d}u,$

$\displaystyle\frac{\mathrm{d}}{\mathrm{d}x}\int_0^x \sin(x-t)^2\mathrm{d}t=\sin x^2.$

四、1. 证 令 $u=x^n-t^n$，则 $F(x)=\dfrac{1}{n}\displaystyle\int_0^{x^n} f(u)\mathrm{d}u$，有 $F'(x)=x^{n-1}f(x^n)$，

$$\lim_{x\to 0}\frac{F(0)}{x^{2n}}\xlongequal{\frac{0}{0}}\lim_{x\to 0}\frac{F'(x)}{2nx^{2n-1}}=\frac{1}{2n}\lim_{x\to 0}\frac{f(x^n)}{x^n}=\frac{1}{2n}f'(0).$$

2. 证 令 $F(x)=\dfrac{x}{e}-\ln x-\displaystyle\int_0^\pi \sqrt{1-\cos 2x}\,\mathrm{d}x$，则

$$\lim_{x\to +\infty}F(x)=\lim_{x\to +\infty}x\left(\frac{1}{e}-\frac{\ln x}{x}\right)-\int_0^\pi \sqrt{1-\cos^2 x}\,\mathrm{d}x=+\infty,$$

$$\lim_{x\to 0^+}F(x)=\lim_{x\to 0^+}\left(\frac{x}{e}-\ln x-\int_0^\pi \sqrt{1-\cos 2x}\,\mathrm{d}x\right)=+\infty.$$

又 $F'(x)=\dfrac{1}{e}-\dfrac{1}{x}=\dfrac{x-e}{ex}$，当 $x=e$ 时，$F'(x)=0$. 当 $x>e$ 时，$F'(x)>0$；当 $0<x<e$ 时，$F'(x)<0$.

所以 $F(x)$ 在 $(0,e)$ 内单调下降；在 $(e,+\infty)$ 内单调上升；

由于 $F(e)=-\displaystyle\int_0^\pi \sqrt{1-\cos 2x}\,\mathrm{d}x=-2\sqrt{2}<0$，根据连续函数的零点存在定理知：$F(x)$ 在 $(0,e)$ 和 $(e,+\infty)$ 内分别有唯一的零点，故原方程在 $(0,+\infty)$ 内有且只有两个不同的实根，分别在 $(0,e)$ 和 $(e,+\infty)$ 内.

3. 证 任取 $t\in[a,b]$，有 $\displaystyle\int_a^b f(x)\mathrm{d}x\leqslant\int_a^b |f(x)|\mathrm{d}x=\int_a^t |f(x)|\mathrm{d}x+\int_t^b |f(x)|\mathrm{d}x$

$$=\int_a^t |f(x)-f(a)|\mathrm{d}x+\int_t^b |f(b)-f(x)|\mathrm{d}x$$

$$=\int_a^t |f'(\xi_1)||x-a|\mathrm{d}x+\int_t^b |f'(\xi_2)||b-x|\mathrm{d}x$$

$$\leqslant M\left[\int_a^t (x-a)\mathrm{d}x+\int_t^b (b-x)\mathrm{d}x\right]=M\left[t^2-(a+b)t+\frac{a^2+b^2}{2}\right],$$

取 $t=\dfrac{a+b}{2}$ 代入上式，故 $\displaystyle\int_a^b f(x)\mathrm{d}x\leqslant\frac{(b-a)^2}{4}M.$

第六章 定积分的应用

定积分的应用十分广泛,许多问题的解决最后都可以归结为定积分问题.

本章主要讨论用定积分理论来分析和解决一些几何、物理问题中的一种常用方法——元素法,并用此方法给出定积分在几何、物理问题上的常见结论.本章的重点是元素法,熟练掌握此法对加深定积分实质的理解及应用定积分解决实际问题有很大帮助.

第一节　定积分的元素法

一、主要内容归纳

1. 元素法

定积分的元素法是指:要求某个量 U,它与区间 $[a,b]$ 有关,在 $[a,b]$ 上任取一个小区间 $[x,x+dx]$,由于区间很小,如果相应地部分量 ΔU 可近似地表示为:$\Delta U \approx f(x)dx$,则 $f(x)dx$ 就是所求量的元素或所求量的微分,即 $dU = f(x)dx$,以它作被积表达式,在 $[a,b]$ 上积分,即得所求量 U,$U = \int_a^b dU = \int_a^b f(x)dx$ 这就是定积分的元素法.

2. 应用元素法的条件

如果某一实际问题中所求量 U 符合下列条件:

(1) U 是与一个变量 x 的变化区间 $[a,b]$ 有关的量;

(2) U 对于区间 $[a,b]$ 具有数量可加性,即如果把区间 $[a,b]$ 分成了许多区间,则 U 相应地也被分成许多部分量,而 U 等于所有部分量之和;

(3) 部分量 ΔU_i 的近似值可表示为 $f(\xi_i)\Delta x_i$,其中 $f(x)$ 为区间上的已知连续函数,则可考虑用定积分来计算这个量 U.

3. 利用元素法求量 U 的步骤

(1) 选取一个变量如 x 为积分变量,确定它的变化区间 $[a,b]$;

(2) 把区间 $[a,b]$ 分成 n 个小区间,取其中任一小区间记作 $[x,x+dx]$,在该小区间上运用"以常代变""以直代曲"的思想,求出相应的 ΔU 的近似值记作 $dU = f(x)dx$;

(3) 作积分 $U = \int_a^b f(x)dx$.

二、 经典例题解析及解题方法总结

【例 1】 利用元素法解决实际问题时,怎样理解元素法中的"元素"?

解 在计算一些不规则图形的面积、体积、弧长或者计算一些物理量的时候,由于在计算公式中,某些量不是常量,而是变量,因此,无法应用初等数学的方法求得其值,故采用元素法.

应用元素法的关键在于根据具体条件利用已知的几何或物理知识,先将几何量、物理量做"分割",其中改变量的主要部分即为"元素",在这个"元素"上,可以"以常代变"、"以直代曲",利用初等数学的方法来表示对应的局部的几何量或物理量.

例如,求连续曲线 $y=f(x)$ 与 $x=a$,$x=b$ 和 x 轴所围的曲边梯形的面积 A,设在 $[x,x+\mathrm{d}x]$ 上小曲边梯形面积为 ΔA,将变量 $f(x)$ 在 $[x,x+\mathrm{d}x]$ 上近似看成常值 $f(x)$,于是,可算出小矩形面积 $f(x)\mathrm{d}x$,由 $f(x)$ 的连续性,有 $\Delta A-f(x)\mathrm{d}x=\alpha\cdot\mathrm{d}x$,当 $\mathrm{d}x\to0$ 时,α 是无穷小量,因此 $f(x)\mathrm{d}x$ 确实是 ΔA 的线性主部——微分 $\mathrm{d}A$. 从而,所要求的面积 $A=\int_a^b f(x)\mathrm{d}x$. 由于在大多数实际问题中,元素的直观含义是清楚的、明确的,因此不必从理论上进行繁琐的验证,元素的几何形状常取为:条、带、段、环、扇、片、壳等.

【例 2】 求由曲线 $y=1-2x^2$,直线 $y=x$,$x=\dfrac{1}{4}$,$x=2$ 所围成的平面图形的面积 A.

解 如图 6−1 所示.

当 $\dfrac{1}{4}\leqslant x\leqslant\dfrac{1}{2}$ 时,面积元素为 $\mathrm{d}A=(1-2x^2-x)\mathrm{d}x$.

当 $\dfrac{1}{2}\leqslant x\leqslant2$ 时,面积元素为

$$\mathrm{d}A=[x-(1-2x^2)]\mathrm{d}x=(x-1+2x^2)\mathrm{d}x.$$

故所求面积

$$A=\int_{\frac{1}{4}}^{\frac{1}{2}}\mathrm{d}A+\int_{\frac{1}{2}}^{2}\mathrm{d}A$$

$$=\int_{\frac{1}{4}}^{\frac{1}{2}}(1-2x^2-x)\mathrm{d}x+\int_{\frac{1}{2}}^{2}(x-1+2x^2)\mathrm{d}x$$

$$=\left(x-\frac{2}{3}x^3-\frac{1}{2}x^2\right)\Big|_{\frac{1}{4}}^{\frac{1}{2}}+\left(\frac{1}{2}x^2-x+\frac{2}{3}x^3\right)\Big|_{\frac{1}{2}}^{2}=\frac{137}{24}.$$

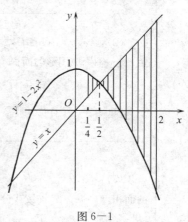

图 6−1

● 方法总结

由于当 x 在 $\left[\dfrac{1}{4},\dfrac{1}{2}\right]$ 内变化时,对应的面积元素 $\mathrm{d}A$ 的表达式与当 $x\in\left[\dfrac{1}{2},2\right]$ 时 $\mathrm{d}A$ 的表达式不同,因此必须将所求面积分为两个面积之和,分别用定积分计算.

第二节 定积分在几何学上的应用

一、主要内容归纳

平面图形的面积

1. 直角坐标的情形

(1)$x=a,x=b(a<b),y=f(x)$（连续或分段连续非负）及 x 轴围成图形的面积

$$A=\int_a^b f(x)\mathrm{d}x$$

（见图6-2(1)）

图6-2(1)

(2)$y=c,y=d(c<d),x=\varphi(y)$（连续或分段连续非负）及 y 轴围成图形的面积

$$A=\int_c^d \varphi(y)\mathrm{d}y$$

（见图6-2(2)）

图6-2(2)

(3)$x=a,x=b(a<b),y=f(x),y=g(x)$ 所围图形的面积，$f(x)$、$g(x)$ 连续或分段连续，且，$f(x)\geqslant g(x)$

$$A=\int_a^b (f(x)-g(x))\mathrm{d}x$$

（见图6-2(3)）

图6-2(3)

(4)$y=c,y=d(c<d),x=\varphi(y),x=\psi(y)$ 所围图形的面积，其中 $\varphi(y)$、$\psi(y)$ 连续或分段连续，且 $\varphi(y)\geqslant\psi(y)$

$$A=\int_c^d (\varphi(y)-\psi(y))\mathrm{d}y$$

（见图6-2(4)）

图6-2(4)

2. 参数方程的情形

若平面图形是由参数方程 $\begin{cases} x=\varphi(t), \\ y=\psi(t) \end{cases} (\alpha \leqslant t \leqslant \beta)$ 表示的边界曲线所围成,则其面积

$$A = \left| \int_a^\beta \psi(t)\varphi'(t)\,\mathrm{d}t \right|.$$

3. 极坐标的情形

(1) $\rho=\rho(\theta)$, $\theta=\alpha$, $\theta=\beta(\alpha<\beta)$ 所围成的曲边扇形的面积(如图 6-3)

$$A = \int_a^\beta \frac{1}{2}\rho^2(\theta)\,\mathrm{d}\theta.$$

(2) $\rho=\rho_1(\theta)$, $\rho=\rho_2(\theta)(\rho_1(\theta) \geqslant \rho_2(\theta))$, $\theta=\alpha$, $\theta=\beta(\alpha<\beta)$ 所围成图形的面积(如图 6-4)

$$A = \frac{1}{2}\int_a^\beta (\rho_1^2(\theta) - \rho_2^2(\theta))\,\mathrm{d}\theta.$$

图 6-3

图 6-4

立体的体积

1. 旋转体的体积

(1) $y=f(x)$ $x\in[a,b]$, $x=a$, $x=b$, x 轴所围成的曲边梯形绕 x 轴旋转一周而成的立体(如图 6-5)的体积为 $V_x = \pi \int_a^b f^2(x)\,\mathrm{d}x$.

图 6-5

图 6-6

(2) $x=\varphi(y)$, $y=c$, $y=d(c<d)$ 与 y 轴所围成的曲边梯形绕 y 轴旋转一周而成的旋转体(如图 6-6)的体积为 $V_y = \pi \int_c^d \varphi^2(y)\,\mathrm{d}y$.

高等数学
同步辅导

2. 平行截面面积为已知的立体的体积

立体在 $x=a$，$x=b(a<b)$ 之间，$A(x)$ 表示过点 x 且垂直于 x 轴的截面面积，则立体体积为 $V=\int_a^b A(x)\mathrm{d}x$.

平面曲线的弧长

1. 参数方程的情形

设曲线弧由参数方程 $\begin{cases}x=\varphi(t),\\y=\psi(t)\end{cases}(\alpha\leqslant t\leqslant\beta)$ 给出，其中 $\varphi(t)$，$\psi(t)$ 在 $[\alpha,\beta]$ 上具有连续导数，则曲线弧弧长为 $s=\int_\alpha^\beta\sqrt{[\varphi'(t)]^2+[\psi'(t)]^2}\mathrm{d}t$.

2. 直角坐标系的情形

光滑曲线弧方程为 $y=f(x)(a\leqslant x\leqslant b)$，则曲线弧弧长为 $s=\int_a^b\sqrt{1+[f'(x)]^2}\mathrm{d}x$.

3. 极坐标系的情形

光滑曲线方程为 $\rho=\rho(\theta)(\alpha\leqslant\theta\leqslant\beta)$，则曲线弧弧长为 $s=\int_\alpha^\beta\sqrt{\rho^2(\theta)+[\rho'(\theta)]^2}\mathrm{d}\theta$.

二、 经典例题解析及解题方法总结

【例1】 求曲线 $\begin{cases}x=2\cos^3 t,\\y=2\sin^3 t\end{cases}(0\leqslant t\leqslant 2\pi)$ 所围图形的面积 A.

解 该曲线是星形线，如图 6-7 所示，利用对称性得星形线所围图形的面积为

图 6-7

$$A=4\int_0^a y\mathrm{d}x=4\int_{\frac{\pi}{2}}^0 2\sin^3 t\cdot 3\cdot 2\cos^2 t(-\sin t)\mathrm{d}t$$

$$=48\int_0^{\frac{\pi}{2}}\sin^4 t\cos^2 t\mathrm{d}t=48\int_0^{\frac{\pi}{2}}(\sin^4 t-\sin^6 t)\mathrm{d}t$$

$$=48\left[\frac{3}{4}\times\frac{1}{2}\times\frac{\pi}{2}\left(1-\frac{5}{6}\right)\right]=\frac{3}{2}\pi.$$

【例2】 求心脏线 $\rho=a(1+\cos\varphi)$ 与圆 $\rho=a$ 所围成各部分的面积 $(a>0)$.

分析 如图 6-8 所示，所求面积分别为三部分：

(1)圆内，心脏线内部分 A_1；

(2)圆内，心脏线外部分 A_2；

(3)圆外，心脏线内部分 A_3.

解 (1)$A_1=2\int_{\frac{\pi}{2}}^\pi\frac{1}{2}\rho^2(\varphi)\mathrm{d}\varphi+\frac{\pi}{2}a^2$

$$=a^2\int_{\frac{\pi}{2}}^\pi(1+\cos\varphi)^2\mathrm{d}\varphi+\frac{\pi}{2}a^2$$

图 6-8

$$=\frac{\pi}{2}a^2+a^2\int_{\frac{\pi}{2}}^{\pi}\left[1+2\cos\varphi+\frac{1+\cos2\varphi}{2}\right]d\varphi$$

$$=\frac{\pi}{2}a^2+a^2\left(\frac{3}{2}\varphi+2\sin\varphi+\frac{1}{4}\sin2\varphi\right)\Big|_{\frac{\pi}{2}}^{\pi}$$

$$=\frac{\pi}{2}a^2+a^2\left(\frac{3}{4}\pi-2\right)=a^2\left(\frac{5}{4}\pi-2\right);$$

$(2)A_2=\pi a^2-A_1=a^2\left(2-\frac{\pi}{4}\right);$

$(3)A_3=2\int_0^{\frac{\pi}{2}}\frac{1}{2}\left[a^2(1+\cos\varphi)^2-a^2\right]d\varphi=a^2\int_0^{\frac{\pi}{2}}(1+2\cos\varphi+\cos^2\varphi-1)d\varphi$

$$=a^2\int_0^{\frac{\pi}{2}}(2\cos\varphi+\cos^2\varphi)d\varphi=a^2\left(2+\frac{\pi}{4}\right).$$

● 方法总结

　　计算平面图形的面积时，一般要先画出大体图形，然后根据图形的特点选择是用直角坐标系还是用极坐标系.通常图形与圆有关时可考虑用极坐标系，计算起来可能会更简单.在直角坐标系下，还要根据图形的形状选择恰当的积分变量，如果不是前面公式中所给的四种类型还需要对图形进行分割，分割成四种标准类型中的一种再积分；极坐标系类似.恰当地选择积分变量和积分区间可给计算带来方便.另外，可利用图形的对称性简化计算.

【例3】　（2023数学二,数学三,12分）已知平面区域 $D=\left\{(x,y)\mid 0\leqslant y\leqslant\frac{1}{x\sqrt{1+x^2}},\right.$ $\left.x\geqslant1\right\}.$（1）求 D 的面积；　（2）求 D 绕 x 轴旋转所成旋转体的体积.

解　$(1)S=\int_1^{+\infty}\frac{1}{x\sqrt{1+x^2}}dx\xlongequal{x=\frac{1}{t}}\int_1^0\frac{t}{\sqrt{1+\frac{1}{t^2}}}\cdot\left(-\frac{1}{t^2}\right)dt=\int_0^1\frac{1}{\sqrt{1+t^2}}dt$

$$=\ln(t+\sqrt{1+t^2})\Big|_0^1=\ln(1+\sqrt{2}).$$

$(2)V=\int_1^{+\infty}\pi y^2dx=\pi\int_1^{+\infty}\frac{1}{x^2(1+x^2)}dx=\pi\int_1^{+\infty}\left(\frac{1}{x^2}-\frac{1}{1+x^2}\right)dx=\pi\left(1-\frac{\pi}{4}\right).$

【例4】　（2020数学二,10分）设函数 $f(x)$ 的定义域为 $(0,+\infty)$ 且满足 $2f(x)+$ $x^2f\left(\frac{1}{x}\right)=\frac{x^2+2x}{\sqrt{1+x^2}}.$ 求 $f(x)$，并求曲线 $y=f(x)$,直线 $y=\frac{1}{2},y=\frac{\sqrt{3}}{2}$ 及 y 轴所围图形绕 x 轴旋转所成旋转体的体积.

解　当 $x>0$ 时,由 $2f(x)+x^2f\left(\frac{1}{x}\right)=\frac{x^2+2x}{\sqrt{1+x^2}},$ 得 $2f\left(\frac{1}{x}\right)+\frac{1}{x^2}f(x)=\frac{1+2x}{x\sqrt{1+x^2}}.$

联立以上二式,解得 $f(x)=\dfrac{x}{\sqrt{1+x^2}}$.

于是 $V=\displaystyle\int_{\frac{1}{2}}^{\frac{\sqrt{3}}{2}} 2\pi yx(y)\mathrm{d}y=2\pi\int_{\frac{1}{2}}^{\frac{\sqrt{3}}{2}} y\cdot\dfrac{y}{\sqrt{1-y^2}}\mathrm{d}y$

$$=2\pi\int_{\frac{1}{2}}^{\frac{\sqrt{3}}{2}}\dfrac{y^2}{\sqrt{1-y^2}}\mathrm{d}y\xlongequal{y=\sin t}2\pi\int_{\frac{\pi}{6}}^{\frac{\pi}{3}}\dfrac{\sin^2 t}{\cos t}\cdot\cos t\mathrm{d}t$$

$$=2\pi\int_{\frac{\pi}{6}}^{\frac{\pi}{3}}\dfrac{1-\cos 2t}{2}\mathrm{d}t=\pi\left(t-\dfrac{1}{2}\sin 2t\right)\Big|_{\frac{\pi}{6}}^{\frac{\pi}{3}}=\dfrac{\pi^2}{6}.$$

【例5】 求曲线 $y=3-|x^2-1|$ 与 x 轴围成的封闭图形绕直线 $y=3$ 旋转所得的旋转体体积.

解 如图 6-9 所示. $\overset{\frown}{AB}$ 与 $\overset{\frown}{BC}$ 的方程分别为

$$y=x^2+2(0\leqslant x\leqslant 1),\quad \text{与}\quad y=4-x^2(1\leqslant x\leqslant 2).$$

设旋转体在区间 $[0,1]$ 上的体积为 V_1,在区间 $[1,2]$ 上的体积为 V_2,则它们的体积元素分别为

$$\mathrm{d}V_1=\pi\{3^2-[3-(x^2+2)]^2\}\mathrm{d}x,$$
$$\mathrm{d}V_2=\pi\{3^2-[3-(4-x^2)]^2\}\mathrm{d}x.$$

由对称性得

$V=2(V_1+V_2)$

$\quad=2\pi\displaystyle\int_0^1\{3^2-[3-(x^2+2)]^2\}\mathrm{d}x$

$\qquad +2\pi\displaystyle\int_1^2\{3^2-[3-(4-x^2)]^2\}\mathrm{d}x$

$\quad=2\pi\displaystyle\int_0^2(8+2x^2-x^4)\mathrm{d}x$

图 6-9

$\quad=2\pi\left(8x+\dfrac{2}{3}x^3-\dfrac{1}{5}x^5\right)\Big|_0^2=\dfrac{448}{15}\pi.$

● **方法总结** ┈┈┈┈┈┈┈┈┈┈┈┈┈┈┈┈┈┈┈┈┈┈┈┈┈┈┈┈┈┈┈┈┈┈┈┈┈

　　计算曲边梯形绕坐标轴旋转形成的旋转体体积时,可利用切片法,即把旋转体看成由一系列垂直于旋转轴的圆形薄片组成,而此薄片体积就是体积元.

【例6】 求曲线 $y=\displaystyle\int_0^x\sqrt{\sin t}\,\mathrm{d}t$ $(0\leqslant x\leqslant\pi)$ 的长度.

解 因为 $y'(x)=\sqrt{\sin x}$,所以弧微分 $\mathrm{d}s$ 为 $\mathrm{d}s=\sqrt{1+y'^2}\,\mathrm{d}x=\sqrt{1+\sin x}\,\mathrm{d}x$

故所求弧长 $s=\displaystyle\int_0^\pi\mathrm{d}s=\int_0^\pi\sqrt{1+\sin x}\,\mathrm{d}x=\int_0^\pi\sqrt{\left(\sin\dfrac{x}{2}+\cos\dfrac{x}{2}\right)^2}\,\mathrm{d}x$

令 $x=\dfrac{\pi}{2}-t$，则

$$s=\int_0^\pi \left| \sin\dfrac{x}{2}+\cos\dfrac{x}{2} \right|\mathrm{d}x=\sqrt{2}\int_0^\pi \left| \sin\left(\dfrac{x}{2}+\dfrac{\pi}{4}\right) \right|\mathrm{d}x \xlongequal{t=\frac{x}{2}+\frac{\pi}{4}} 2\sqrt{2}\int_{\frac{\pi}{4}}^{\frac{3}{4}\pi}|\sin t|\mathrm{d}t$$

$$=2\sqrt{2}\int_{\frac{\pi}{4}}^{\frac{3}{4}\pi}\sin t\mathrm{d}t=-2\sqrt{2}\cos t \Big|_{\frac{\pi}{4}}^{\frac{3}{4}\pi}=4.$$

【例 7】 设位于第一象限的曲线 $y=f(x)$ 过点 $\left(\dfrac{\sqrt{2}}{2},\dfrac{1}{2}\right)$，其上任一点 $P(x,y)$ 处的法线与 y 轴的交点为 Q，且线段 PQ 被 x 轴平分.

（1）求曲线 $y=f(x)$ 的方程；

（2）已知曲线 $y=\sin x$ 在 $[0,\pi]$ 上的弧长为 l，试用 l 表示曲线 $y=f(x)$ 的弧长 s.

分析 首先应根据题意写出 $y=f(x)$ 满足的方程，求出 $f(x)$. 再利用弧长公式求出弧长 l（表示式）和曲线 $y=f(x)$ 的弧长 s，将 s 的表达式用 l 代替即可.

解 （1）曲线 $y=f(x)$ 在点 $P(x,y)$ 处的法线方程为 $Y-y=-\dfrac{1}{y}(X-x)$，

其中 (X,Y) 为法线上任意一点的坐标. 令 $X=0$，则 $Y=y+\dfrac{x}{y}$，

故 Q 点坐标为 $\left(0,y+\dfrac{x}{y}\right)$. 由题设知 $y+y+\dfrac{x}{y}=0$， 即 $2y\mathrm{d}y+x\mathrm{d}x=0$.

积分得 $x^2+2y^2=C$（C 为任意常数）.

由 $y\big|_{x=\frac{\sqrt{2}}{2}}=\dfrac{1}{2}$ 知 $C=1$，故曲线 $y=f(x)$ 的方程为 $x^2+2y^2=1$.

（2）曲线 $y=\sin x$ 在 $[0,\pi]$ 上的弧长为 $l=2\int_0^{\frac{\pi}{2}}\sqrt{1+\cos^2 x}\,\mathrm{d}x$.

曲线 $y=f(x)$ 的参数方程为 $\begin{cases} x=\cos\theta, \\ y=\dfrac{\sqrt{2}}{2}\sin\theta \end{cases}$ $\left(0\leqslant\theta\leqslant\dfrac{\pi}{2}\right)$，故

$$s=\int_0^{\frac{\pi}{2}}\sqrt{\sin^2\theta+\dfrac{1}{2}\cos^2\theta}\,\mathrm{d}\theta=\dfrac{1}{\sqrt{2}}\int_0^{\frac{\pi}{2}}\sqrt{1+\sin^2\theta}\,\mathrm{d}\theta.$$

令 $\theta=\dfrac{\pi}{2}-t$，则 $s=\dfrac{1}{\sqrt{2}}\int_{\frac{\pi}{2}}^0 \sqrt{1+\cos^2 t}\,(-\mathrm{d}t)=\dfrac{1}{\sqrt{2}}\int_0^{\frac{\pi}{2}}\sqrt{1+\cos^2 t}\,\mathrm{d}t=\dfrac{l}{2\sqrt{2}}=\dfrac{\sqrt{2}}{4}l.$

● 方法总结

计算曲线的弧长时，主要是根据曲线的方程，选择相应的公式写出弧微分 $\mathrm{d}s$，继而求出弧长.

习题 6－2 解答

1. 求图 6－10 中各画斜线部分的面积：

图 6－10

解 (1)解方程组 $\begin{cases} y=\sqrt{x}, \\ y=x, \end{cases}$ 得到交点坐标为 $(0,0)$ 和 $(1,1)$.

如果取 x 为积分变量，则 x 的变化范围为 $[0,1]$，相应于 $[0,1]$ 上的任一小区间 $[x,x+\mathrm{d}x]$ 的窄条面积近似于高为 $\sqrt{x}-x$、底为 $\mathrm{d}x$ 的窄矩形的面积，因此有

$$A=\int_0^1 (\sqrt{x}-x)\mathrm{d}x=\left[\frac{2}{3}x^{\frac{3}{2}}-\frac{1}{2}x^2\right]_0^1=\frac{1}{6}.$$

如果 y 为积分变量，则 y 的变化范围为 $[0,1]$，相应于 $[0,1]$ 上的任一小区间 $[y,y+\mathrm{d}y]$ 的窄条面积近似于高为 $\mathrm{d}y$，宽为 $y-y^2$ 的窄矩形的面积，因此有

$$A=\int_0^1 (y-y^2)\mathrm{d}y=\left[\frac{1}{2}y^2-\frac{1}{3}y^3\right]_0^1=\frac{1}{6}.$$

(2)取 x 为积分变量，则易知 x 的变化范围为 $[0,1]$，相应于 $[0,1]$ 上的任一小区间 $[x,x+\mathrm{d}x]$ 的窄条面积近似于高为 $\mathrm{e}-\mathrm{e}^x$、底为 $\mathrm{d}x$ 的窄矩形的面积，因此有

$$A=\int_0^1 (\mathrm{e}-\mathrm{e}^x)\mathrm{d}x=\left[\mathrm{e}x-\mathrm{e}^x\right]_0^1=1.$$

如果取 y 为积分变量，则易知 y 的变化范围为 $[1,\mathrm{e}]$，相应于 $[1,\mathrm{e}]$ 上的任一小区间 $[y,y+\mathrm{d}y]$ 的窄条面积近似于高为 $\mathrm{d}y$、宽为 $\ln y$ 的窄矩形的面积，因此有

$$A=\int_1^{\mathrm{e}} \ln y\,\mathrm{d}y=\left[y\ln y\right]_1^{\mathrm{e}}-\int_1^{\mathrm{e}}\mathrm{d}y=\mathrm{e}-(\mathrm{e}-1)=1.$$

(3)解方程组 $\begin{cases} y=2x, \\ y=3-x^2, \end{cases}$ 得到交点坐标为 $(-3,-6)$ 和 $(1,2)$.

如果取 x 为积分变量，则 x 的变化范围为 $[-3,1]$ 相应于 $[-3,1]$ 上的任一小区间 $[x,x+\mathrm{d}x]$ 的窄条面积近似于高为 $(3-x^2)-2x=-x^2-2x+3$、底为 $\mathrm{d}x$ 的窄矩形的面积，因此有

$$A=\int_{-3}^1 (-x^2-2x+3)\mathrm{d}x=\left[-\frac{1}{3}x^3-x^2+3x\right]_{-3}^1=\frac{32}{3}.$$

如果用 y 为积分变量，则 y 的变化范围为 $[-6,3]$，但是在 $[-6,2]$ 上的任一小区间 $[y,y+\mathrm{d}y]$ 的窄条面积近似于高为 $\mathrm{d}y$、宽为 $\frac{y}{2}-(-\sqrt{3-y})=\frac{y}{2}+\sqrt{3-y}$ 的窄矩形的面积，在 $[2,3]$ 上的任一小区间 $[y,y+\mathrm{d}y]$ 的窄条面积近似于高为 $\mathrm{d}y$，宽为 $\sqrt{3-y}-(-\sqrt{3-y})=2\sqrt{3-y}$ 的窄矩形面积，因此有

$$A=\int_{-6}^2 \left(\frac{y}{2}+\sqrt{3-y}\right)\mathrm{d}y+\int_2^3 2\sqrt{3-y}\,\mathrm{d}y$$

$$=\left[\frac{y^2}{4}-\frac{2}{3}(3-y)^{\frac{3}{2}}\right]_{-6}^{2}+\left[-\frac{4}{3}(3-y)^{\frac{3}{2}}\right]_{2}^{3}=\frac{32}{3},$$

从这里可看到本小题以 x 为积分变量较容易做.原因是本小题中的图形边界曲线,若分为上下两段的话,则为 $y=2x$ 和 $y=3-x^2$;而分为左右两段的话,则为 $x=-\sqrt{3-y}$ 和 $x=$

$$\begin{cases}\dfrac{y}{2}, & -6\leqslant y<2, \\ \sqrt{3-y}, & 2\leqslant y\leqslant 3,\end{cases}$$ 其中右段曲线的表示相对比较复杂,也就导致计算形式复杂.

(4)解方程组 $\begin{cases}y=2x+3,\\ y=x^2,\end{cases}$ 得到交点坐标为 $(-1,1)$ 和 $(3,9)$,与(3)相同的原因,本小题以 x 为积分变量计算较容易.取 x 为积分变量,则 x 的变化范围为 $[-1,3]$,相应于 $[-1,3]$ 上的任一小区间 $[x,x+dx]$ 的窄条面积近似于高为 $2x+3-x^2$、底为 dx 的窄矩形的面积,因此有

$$A=\int_{-1}^{3}(2x+3-x^2)dx=\left[x^2+3x-\frac{1}{3}x^3\right]_{-1}^{3}=\frac{32}{3}.$$

2. 求由下列各曲线所围成的图形的面积:

(1) $y=\frac{1}{2}x^2$ 与 $x^2+y^2=8$(两部分都要计算);

(2) $y=\frac{1}{x}$ 与直线 $y=x$ 及 $x=2$;

(3) $y=e^x,y=e^{-x}$ 与直线 $x=1$;

(4) $y=\ln x,y$ 轴与直线 $y=\ln a,y=\ln b(b>a>0)$.

解 (1)如图 $6-11$,先计算图形 D_1 的面积,容易求得 $y=\frac{1}{2}x^2$ 与 $x^2+y^2=8$ 的交点为 $(-2,2)$ 和 $(2,2)$.取 x 为积分变量,则 x 的变化范围为 $[-2,2]$,相应于 $[-2,2]$ 上的任一小区间 $[x,x+dx]$ 的窄条面积近似于高为 $\sqrt{8-x^2}-\frac{1}{2}x^2$、底为 dx 的窄矩形的面积,因此有

$$A_1=\int_{-2}^{2}\left(\sqrt{8-x^2}-\frac{1}{2}x^2\right)dx$$

$$=2\int_{0}^{2}\left(\sqrt{8-x^2}-\frac{1}{2}x^2\right)dx$$

$$=2\left[\frac{x}{2}\sqrt{8-x^2}+4\arcsin\frac{x}{2\sqrt{2}}-\frac{1}{6}x^3\right]_{0}^{2}=2\pi+\frac{4}{3},$$

图形 D_2 的面积为

$$A_2=\pi(2\sqrt{2})^2-\left(2\pi+\frac{4}{3}\right)=6\pi-\frac{4}{3}.$$

图 $6-11$

(2)如图 $6-12$,取 x 为积分变量,则 x 的变化范围为 $[1,2]$,相应于 $[1,2]$ 上的任一小区间 $[x,x+dx]$ 的窄条面积近似于高为 $x-\frac{1}{x}$、底为 dx 的窄矩形的面积,因此有

$$A=\int_{1}^{2}\left(x-\frac{1}{x}\right)dx=\left[\frac{1}{2}x^2-\ln x\right]_{1}^{2}=\frac{3}{2}-\ln 2.$$

(3)如图 $6-13$,取 x 为积分变量,则 x 的变化范围为 $[0,1]$,相应于 $[0,1]$ 上的任一小区间 $[x,x+dx]$ 的窄条面积近似于高为 e^x-e^{-x}、底为 dx 的窄矩形的面积,因此有

图 $6-12$

$$A=\int_{0}^{1}(e^x-e^{-x})dx=e+\frac{1}{e}-2.$$

图 6—13   图 6—14

（4）如图 6—14，取 y 为积分变量，则 y 的变化范围为 $[\ln a, \ln b]$，相应于 $[\ln a, \ln b]$ 上的任一小区间 $[y, y+\mathrm{d}y]$ 的窄条面积近似于高为 $\mathrm{d}y$、宽为 e^y 的窄矩形的面积，因此有

$$A=\int_{\ln a}^{\ln b} \mathrm{e}^y \mathrm{d}y=\left[\mathrm{e}^y\right]_{\ln a}^{\ln b}=b-a.$$

3. 求抛物线 $y=-x^2+4x-3$ 及其在点 $(0,-3)$ 和 $(3,0)$ 处的切线所围成的图形的面积.

解 首先求得导数 $y'\big|_{x=0}=4$，$y'\big|_{x=3}=-2$，故抛物线在点 $(0,-3)$，$(3,0)$ 处的切线分别为 $y=4x-3$，$y=-2x+6$，容易求得这两条切线交点为 $\left(\frac{3}{2},3\right)$（如图 6—15），因此所求面积为

$$A=\int_0^{\frac{3}{2}} [4x-3-(-x^2+4x-3)]\mathrm{d}x$$
$$+\int_{\frac{3}{2}}^3 [-2x+6-(-x^2+4x-3)]\mathrm{d}x=\frac{9}{4}.$$

图 6—15

4. 求抛物线 $y^2=2px$ 及其在点 $\left(\frac{p}{2},p\right)$ 处的法线所围成的图形的面积.

解 在 $y^2=2px$ 两端分别对 x 求导，得
$$2yy'=2p,$$

即得 $y'\big|_{\left(\frac{p}{2},p\right)}=1$，故法线斜率为 $k=-1$，从而得到法线方程为 $y=-x+\frac{3}{2}p$（如图 6—16），因此所求面积为

$$A=\int_{-3p}^p \left(-y+\frac{3}{2}p-\frac{1}{2p}y^2\right)\mathrm{d}y$$
$$=\left[-\frac{1}{2}y^2+\frac{3}{2}py-\frac{1}{6p}y^3\right]_{-3p}^p=\frac{16}{3}p^2.$$

图 6—16

5. 试求 a,b 的值，使得由曲线 $y=\cos x\left(0\leqslant x\leqslant\frac{\pi}{2}\right)$ 与两坐标轴所围成的图形的面积被曲线 $y=a\sin x$ 与 $y=b\sin x$ 三等分.

解 不妨设 $a>b$，则由题意有

$$\int_0^{\arctan\frac{1}{a}}(\cos x-a\sin x)\mathrm{d}x=\frac{1}{3},\quad \int_0^{\arctan\frac{1}{b}}(\cos x-b\sin x)\mathrm{d}x=\frac{2}{3}.$$

即 $\begin{cases}\sqrt{1+a^2}-a=\dfrac{1}{3}\\[2mm]\sqrt{1+b^2}-b=\dfrac{2}{3},\end{cases}$ 解得 $a=\dfrac{4}{3}$，$b=\dfrac{5}{12}$.

6. 求由下列各曲线所围成的图形的面积:

(1) $\rho=2a\cos\theta$;　　(2) $x=a\cos^3t, y=a\sin^3t$;　　(3) $\rho=2a(2+\cos\theta)$.

解　(1) $A=\int_{-\frac{\pi}{2}}^{\frac{\pi}{2}}\frac{1}{2}(2a\cos\theta)^2\mathrm{d}\theta=4a^2\int_0^{\frac{\pi}{2}}\cos^2\theta\mathrm{d}\theta=\pi a^2$.

(2) 由对称性可知,所求面积为第一象限部分面积的 4 倍,记 $x=a\cos^3t, y=a\sin^3t$ 上的点为 (x,y),

因此

$$A=4\int_0^a y\mathrm{d}x=4\int_{\frac{\pi}{2}}^0 [a\sin^3t\cdot 3a\cos^2t(-\sin t)]\mathrm{d}t=12a^2\int_0^{\frac{\pi}{2}}(\sin^4t-\sin^6t)\mathrm{d}t=\frac{3}{8}\pi a^2.$$

(3)　$A=\int_0^{2\pi}\frac{1}{2}[2a(2+\cos\theta)]^2\mathrm{d}\theta=2a^2\int_0^{2\pi}(4+4\cos\theta+\cos^2\theta)\mathrm{d}\theta$

$$=2a^2\int_0^{2\pi}(4+\cos^2\theta)\mathrm{d}\theta=8a^2\int_0^{\frac{\pi}{2}}(4+\cos^2\theta)\mathrm{d}\theta=18\pi a^2.$$

7. 求由摆线 $x=a(t-\sin t), y=a(1-\cos t)$ 的一拱 $(0\leqslant t\leqslant 2\pi)$ 与横轴所围成的图形的面积.

解　本题做法与(2)类似. 以 x 为积分变量,则 x 的变化范围为 $[0,2\pi a]$,记摆线上的点为 (x,y),则所求面

积为 $A=\int_0^{2\pi a}y\mathrm{d}x$,

再根据参数方程换元,令 $x=a(t-\sin t)$,则 $y=a(1-\cos t)$,因此有

$$A=\int_0^{2\pi}a^2(1-\cos t)^2\mathrm{d}t=a^2\int_0^{2\pi}(1-2\cos t+\cos^2t)\mathrm{d}t$$

$$=4a^2\int_0^{\frac{\pi}{2}}(1+\cos^2t)\mathrm{d}t=3\pi a^2.$$

8. 求对数螺线 $\rho=ae^\theta\ (-\pi\leqslant\theta\leqslant\pi)$ 及射线 $\theta=\pi$ 所围成的图形的面积.

解　$A=\int_{-\pi}^\pi\frac{1}{2}(ae^\theta)^2\mathrm{d}\theta=\frac{a^2}{4}\left[e^{2\theta}\right]_{-\pi}^\pi=\frac{a^2}{4}(e^{2\pi}-e^{-2\pi})$.

9. 求下列各曲线所围成图形的公共部分的面积:

(1) $\rho=3\cos\theta$ 及 $\rho=1+\cos\theta$;

(2) $\rho=\sqrt{2}\sin\theta$ 及 $\rho^2=\cos2\theta$.

解　(1) 首先求出两曲线交点为 $\left(\frac{3}{2},\frac{\pi}{3}\right)$、$\left(\frac{3}{2},-\frac{\pi}{3}\right)$,由于图形关于极轴的对称性(如图 6—17),因此

所求面积为极轴上面部分面积的 2 倍,即得

$$A=2\left[\int_0^{\frac{\pi}{3}}\frac{1}{2}(1+\cos\theta)^2\mathrm{d}\theta+\int_{\frac{\pi}{3}}^{\frac{\pi}{2}}\frac{1}{2}(3\cos\theta)^2\mathrm{d}\theta\right]=\frac{5\pi}{4}.$$

图 6—17

图 6—18

(2) 首先求出两曲线交点为 $\left(\frac{\sqrt{2}}{2},\frac{\pi}{6}\right)$ 和 $\left(\frac{\sqrt{2}}{2},\frac{5\pi}{6}\right)$,由于图形的对称性(如图 6—18),因此有

$$A=2\left[\int_0^{\frac{\pi}{6}}\frac{1}{2}(\sqrt{2}\sin\theta)^2\mathrm{d}\theta+\int_{\frac{\pi}{6}}^{\frac{\pi}{4}}\frac{1}{2}\cos2\theta\mathrm{d}\theta\right]=\frac{\pi}{6}+\frac{1-\sqrt{3}}{2}.$$

10. 求位于曲线 $y=e^x$ 下方,该曲线过原点的切线的左方以及 x 轴上方之间的图形的面积.

解　先求曲线过原点的切线方程,设切点为 (x_0,y_0),其中 $y_0=e^{x_0}$,则切线的斜率为 e^{x_0},故切线方程为

$$y - y_0 = e^{x_0}(x - x_0),$$

由于该切线过原点,因此有 $y_0 = e^{x_0} x_0$,

解得 $x_0 = 1, y_0 = e$,即切线方程为 $y = ex$.

如图 6-19 可知所求面积为

$$A = \int_{-\infty}^{0} e^x dx + \int_{0}^{1} (e^x - ex) dx = \left[e^x \right]_{-\infty}^{0} + \left[e^x - \frac{e}{2} x^2 \right]_{0}^{1} = \frac{e}{2}.$$

图 6-19　　　　　　　图 6-20

11. 在区间 $[1,e]$ 上求一点 ξ,使得图 6-20 中所示的阴影部分的面积最小.

解　$S = \int_{1}^{\xi} \ln x dx + (e - \xi) - \int_{\xi}^{e} \ln x dx = \xi \ln \xi - \xi + 1 + e - \xi - x \ln x \Big|_{\xi}^{e} + (e - \xi) = 2\xi \ln \xi - 3\xi + e + 1,$

$S'(\xi) = 2\ln\xi - 1, S''(\xi) = \dfrac{2}{\xi}.$

令 $S'(\xi) = 0$,得 $\xi = \sqrt{e}, S''(\sqrt{e}) = \dfrac{2}{\sqrt{e}} > 0$,故当 $\xi = \sqrt{e}$ 时面积 S 最小.

12. 已知抛物线 $y = px^2 + qx$(其中 $p<0, q>0$)在第一象限内与直线 $x + y = 5$ 相切,且此抛物线与 x 轴所围成的图形的面积为 A. 问 p 和 q 为何值时,A 达到最大值,并求出此最大值.

解　依题意知,抛物线如图 6-21 所示,求得它与 x 轴交点的横坐标

为 $x_1 = 0, x_2 = -\dfrac{q}{p}$.

抛物线与 x 轴所围成的图形面积为

$$A = \int_{0}^{-\frac{q}{p}} (px^2 + qx) dx = \left[\frac{p}{3} x^3 + \frac{q}{2} x^2 \right]_{0}^{-\frac{q}{p}} = \frac{q^3}{6p^2}.$$

因直线 $x + y = 5$ 与抛物线 $y = px^2 + qx$ 相切,故它们有唯一交点. 由

方程组 $\begin{cases} x + y = 5, \\ y = px^2 + qx, \end{cases}$

图 6-21

得 $px^2 + (q+1)x - 5 = 0$,其判别式 $\Delta = (q+1)^2 + 20p = 0$,解得

$p = -\dfrac{1}{20}(1+q)^2$,代入面积 A,得 $A(q) = \dfrac{200q^3}{3(1+q)^4}.$

令 $A'(q) = \dfrac{200q^2(3-q)}{3(q+1)^5} = 0$,得唯一驻点 $q = 3$. 当 $0 < q < 3$ 时,$A'(q) > 0$,当 $q > 3$ 时,$A'(q) < 0$. 于是,

当 $q = 3$ 时,$A(q)$ 取极大值,也是最大值. 此时 $p = -\dfrac{4}{5}$,最大值 $A = \dfrac{225}{32}.$

13. 由 $y = x^3, x = 2, y = 0$ 所围成的图形分别绕 x 轴及 y 轴旋转,计算所得两个旋转体的体积.

解　(1)图形绕 x 轴旋转,该体积为 $V = \int_{0}^{2} \pi(x^3)^2 dx = \dfrac{128}{7} \pi.$

(2)图形绕 y 轴旋转,则该立体可看做圆柱体(即由 $x = 2, y = 8, x = 0, y = 0$ 所围成的图形绕 y 轴所得的立体)减去由曲线 $x = \sqrt[3]{y}, y = 8, x = 0$ 所围成的图形绕 y 轴所得的立体,因此体积为

$$V = \pi \times 2^2 \times 8 - \int_{0}^{8} \pi(\sqrt[3]{y})^2 dy = \dfrac{64}{5} \pi.$$

14. 把星形线 $x^{2/3}+y^{2/3}=a^{2/3}$ 所围成的图形绕 x 轴旋转,计算所得旋转体的体积.

解　记 x 轴上方部分星形线的函数为 $y=y(x)$,则所求体积为曲线 $y=y(x)$ 与 x 轴所围成的图形绕 x 轴

旋转而成,故有 $V=\int_{-a}^{a}\pi y^{2}\,\mathrm{d}x$.

由于星形线的参数方程为 $x=a\cos^{3}t,y=a\sin^{3}t$,所以对上述积分作换元 $x=a\cos^{3}t$ 便得

$$V=\int_{\pi}^{0}\pi(a\sin^{3}t)^{2}(a\cos^{3}t)'\mathrm{d}t=\frac{32}{105}\pi a^{3}.$$

15. 用积分方法证明图 6—22 中球缺的体积为 $V=\pi H^{2}\left(R-\dfrac{H}{3}\right)$.

解　该立体可看作由曲线 $x=\sqrt{R^{2}-y^{2}}$,$y=R-H$ 和 $x=0$
所围成的图形绕 y 轴旋转所得,因此体积为

$$V=\int_{R-H}^{R}\pi(\sqrt{R^{2}-y^{2}})^{2}\mathrm{d}y=\pi\left[R^{2}y-\frac{1}{3}y^{3}\right]_{R-H}^{R}$$

$$=\pi H^{2}\left(R-\frac{H}{3}\right).$$

图 6—22

16. 求下列已知曲线所围成的图形,按指定的轴旋转所产生的旋转体的体积:

(1) $y=x^{2}$,$x=y^{2}$,绕 y 轴;

(2) $y=\arcsin x$,$x=1$,$y=0$,绕 x 轴;

(3) $x^{2}+(y-5)^{2}=16$,绕 x 轴;

(4) 摆线 $x=a(t-\sin t)$,$y=a(1-\cos t)$ 的一拱,$y=0$,绕直线 $y=2a$.

解　(1) $V=\int_{0}^{1}\left[\pi(\sqrt{y})^{2}-\pi(y^{2})^{2}\right]\mathrm{d}y=\frac{3}{10}\pi$.

(2) $V=\int_{0}^{1}\pi(\arcsin x)^{2}\mathrm{d}x=\left[\pi x(\arcsin x)^{2}\right]_{0}^{1}-2\pi\int_{0}^{1}\frac{x}{\sqrt{1-x^{2}}}\arcsin x\mathrm{d}x$

$$=\frac{\pi^{3}}{4}-2\pi\left\{\left[-\sqrt{1-x^{2}}\arcsin x\right]_{0}^{1}+\int_{0}^{1}\mathrm{d}x\right\}=\frac{\pi^{3}}{4}-2\pi.$$

(3) 该立体为由曲线 $y=5+\sqrt{16-x^{2}}$,$x=-4$,$x=4$,$y=0$ 所围成图形绕 x 轴旋转所得立体减去由曲

线 $y=5-\sqrt{16-x^{2}}$,$x=-4$,$x=4$,$y=0$ 所围成图形绕 x 轴旋转所得立体,因此体积为

$$V=\int_{-4}^{4}\pi(5+\sqrt{16-x^{2}})^{2}\mathrm{d}x-\int_{-4}^{4}\pi(5-\sqrt{16-x^{2}})^{2}\mathrm{d}x$$

$$=\int_{-4}^{4}20\pi\sqrt{16-x^{2}}\,\mathrm{d}x$$

$$\xrightarrow{x=4\sin t}\int_{-\frac{\pi}{2}}^{\frac{\pi}{2}}320\pi\cos^{2}t\,\mathrm{d}t=640\pi\int_{0}^{\frac{\pi}{2}}\cos^{2}t\,\mathrm{d}t=160\pi^{2}.$$

(4) 该立体可看作由曲线 $y=2a$,$y=0$,$x=0$,$x=2\pi a$ 所围成的图形绕 $y=2a$ 旋转所得的圆柱体减去

由摆线 $y=2a$,$x=0$,$x=2\pi a$ 所围成的立体,记摆线上的点为 (x,y),则体积为

$$V=\pi(2a)^{2}(2\pi a)-\int_{0}^{2\pi a}\pi(2a-y)^{2}\mathrm{d}x=8\pi^{2}a^{3}-\int_{0}^{2\pi a}\pi(2a-y)^{2}\mathrm{d}x,$$

再根据摆线的参数方程进行换元,即作换元 $x=a(t-\sin t)$,此时 $y=a(1-\cos t)$,因此有

$$V=8\pi^{2}a^{3}-\int_{0}^{2\pi}\pi[2a-a(1-\cos t)]^{2}a(1-\cos t)\mathrm{d}t$$

$$=8\pi^{2}a^{3}-\pi a^{3}\int_{0}^{2\pi}(1+\cos t-\cos^{2}t-\cos^{3}t)\mathrm{d}t$$

$$=8\pi^{2}a^{3}-4\pi a^{3}\int_{0}^{\frac{\pi}{2}}\sin^{2}t\,\mathrm{d}t=7\pi^{2}a^{3}.$$

17. 求圆盘 $x^{2}+y^{2}\leqslant a^{2}$ 绕 $x=-b(b>a>0)$ 旋转所成旋转体的体积.

解　记由曲线 $x=\sqrt{a^{2}-y^{2}}$,$x=-b$,$y=-a$,$y=a$ 围成的图形绕 $x=-b$ 旋转所得旋转体的体积为 V_{1},

由曲线 $x=-\sqrt{a^2-y^2}$，$x=-b$，$y=-a$，$y=a$ 围成的图形绕 $x=-b$ 旋转所得旋转体的体积为 V_2，则所求体积为 $V=V_1-V_2=\int_{-a}^a \pi(\sqrt{a^2-y^2}+b)^2\mathrm{d}y-\int_{-a}^a \pi(-\sqrt{a^2-y^2}+b)^2\mathrm{d}y$

$$=\int_{-a}^a 4\pi b\sqrt{a^2-y^2}\mathrm{d}y \xrightarrow{y=a\sin t} \int_{-\frac{\pi}{2}}^{\frac{\pi}{2}} 4\pi a^2 b\cos^2 t\,\mathrm{d}t=8\pi a^2 b\int_0^{\frac{\pi}{2}}\cos^2 t\,\mathrm{d}t=2\pi^2 a^2 b.$$

18. 设有一截锥体，其高为 h，上、下底均为椭圆，椭圆的轴长分别为 $2a$、$2b$ 和 $2A$，$2B$，求这截锥体的体积.

解　用与下底相距 x 且平行于底面的平面去截该立体得到一个椭圆，记其半轴长分别为 u、v，则 $u=\dfrac{a-A}{h}$

$x+A$，　$v=\dfrac{b-B}{h}x+B$，该椭圆面积为 $\pi\left(\dfrac{a-A}{h}x+A\right)\left(\dfrac{b-B}{h}x+B\right)$，因此体积为

$$V=\int_0^h \pi\left(\dfrac{a-A}{h}x+A\right)\left(\dfrac{b-B}{h}x+B\right)\mathrm{d}x=\dfrac{1}{6}\pi h[2(ab+AB)+aB+bA].$$

19. 计算底面是半径为 R 的圆，而垂直于底面上一条固定直径的所有截面都是等边三角形的立体体积(图6-23).

解　以 x 为积分变量，则 x 的变化范围为 $[-R,R]$，相应的截面为等边三角形，其边长为 $2\sqrt{R^2-x^2}$，面积为

$$\dfrac{\sqrt{3}}{4}(2\sqrt{R^2-x^2})^2=\sqrt{3}(R^2-x^2),$$

因此体积为

$$V=\int_{-R}^R \sqrt{3}(R^2-x^2)\mathrm{d}x=\dfrac{4\sqrt{3}}{3}R^3.$$

图6-23

20. 证明：由平面图形 $0\leqslant a\leqslant x\leqslant b$，$0\leqslant y\leqslant f(x)$ 绕 y 轴旋转所成的旋转体的体积为 $V=2\pi\int_a^b xf(x)\mathrm{d}x$.

解　取横坐标 x 为积分变量，与区间 $[a,b]$ 上任一小区间 $[x,x+\mathrm{d}x]$ 相应的窄条图形绕 y 轴旋转所成的旋转体近似于一圆柱壳，柱壳的高为 $f(x)$，厚为 $\mathrm{d}x$，底面圆周长为 $2\pi x$，故其体积近似等于 $2\pi xf(x)\mathrm{d}x$，从而由元素法即得结论.

21. 利用题20的结论和方法，计算曲线 $y=\sin x(0\leqslant x\leqslant\pi)$ 和 x 轴所围成的图形按下列方式所得旋转体的体积：

(1) 绕 y 轴旋转；(2) 绕直线 $x=-\pi$ 旋转.

解　(1) $V_y=2\pi\int_0^\pi x\sin x\mathrm{d}x=-2\pi\int_0^\pi x\mathrm{d}\cos x=-2\pi x\cos x\Big|_0^\pi+2\pi\int_0^\pi\cos x\mathrm{d}x=2\pi^2+2\pi\sin x\Big|_0^\pi=2\pi^2$.

(2) $V=2\pi\int_0^\pi(x+\pi)\sin x\mathrm{d}x=2\pi\int_0^\pi x\sin x\mathrm{d}x+2\pi^2\int_0^\pi\sin x\mathrm{d}x=2\pi^2+4\pi^2=6\pi^2$.

22. 设由抛物线 $y=2x^2$ 和直线 $x=a$，$x=2$ 及 $y=0$ 所围成的平面图形为 D_1，由抛物线 $y=2x^2$ 和直线 $x=a$ 及 $y=0$ 所围成的平面图形为 D_2，其中 $0<a<2$(图6-24).

(1)试求 D_1 绕 x 轴旋转而成的旋转体体积 V_1，D_2 绕 y 轴旋转而成的旋转体体积 V_2；

(2)问当 a 为何值时，V_1+V_2 取得最大值？试求此最大值.

解　(1)$V_1=\pi\int_a^2(2x^2)^2\mathrm{d}x=\dfrac{4\pi}{5}(32-a^5)$；

$$V_2=\pi a^2\times 2a^2-\pi\int_0^{2a^2}\dfrac{y}{2}\mathrm{d}y=2\pi a^4-\pi a^4=\pi a^4.$$

(2)设 $V=V_1+V_2=\dfrac{4\pi}{5}(32-a^5)+\pi a^4$，

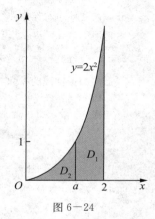

图6-24

由 $V'=4\pi a^3(1-a)=0$,解得区间 $(0,2)$ 内唯一一驻点 $a=1$.

当 $0<a<1$ 时,$V'>0$;当 $a>1$ 时,$V'<0$. 因此 $a=1$ 是极大值点也是最大值点,此时 V_1+V_2 取得最大值 $\dfrac{129}{5}\pi$.

23. 计算曲线 $y=\ln x$ 相应于 $\sqrt{3}\leqslant x\leqslant 2\sqrt{2}$ 的一段弧的长度.

解 $s=\displaystyle\int_{\sqrt{3}}^{2\sqrt{2}}\sqrt{1+\left(\frac{1}{x}\right)^2}\,\mathrm{d}x\xlongequal{x=\sqrt{u^2-1}}\int_2^3\frac{u^2}{u^2-1}\mathrm{d}u=\left[u+\frac{1}{2}\ln\left|\frac{u-1}{u+1}\right|\right]_2^3=1+\frac{1}{2}\ln\frac{3}{2}.$

24. 计算半立方抛物线 $y^2=\dfrac{2}{3}(x-1)^3$ 被抛物线 $y^2=\dfrac{x}{3}$ 截得的一段弧的长度.

解 联立两个方程 $\begin{cases}y^2=\dfrac{2}{3}(x-1)^3,\\[2mm]y^2=\dfrac{x}{3},\end{cases}$ 得到两条曲线的交点为 $(2,\sqrt{\frac{2}{3}})$ 和 $(2,-\sqrt{\frac{2}{3}})$. 由于曲线关于 x

轴对称,因此所求弧段长为第一象限部分的 2 倍,第一象限部分弧段为

$$y=\sqrt{\frac{2}{3}(x-1)^3}\ (1\leqslant x\leqslant 2),\qquad y'=\sqrt{\frac{3}{2}(x-1)},$$

故所求弧的长度为

$$s=2\int_1^2\sqrt{1+\frac{3}{2}(x-1)}\,\mathrm{d}x=\frac{8}{9}\left[1+\frac{3}{2}(x-1)\right]^{\frac{3}{2}}\Big|_1^2=\frac{8}{9}\left[\left(\frac{5}{2}\right)^{\frac{3}{2}}-1\right].$$

25. 计算抛物线 $y^2=2px(p>0)$ 从顶点到这曲线上的一点 $M(x,y)$ 的弧长.

解 由于顶点到 (x,y) 的弧长与顶点到 $(x,-y)$ 的弧长相等,因此不妨设 $y>0$,故有

$$\begin{aligned}s&=\int_0^y\sqrt{1+\left(\frac{\mathrm{d}x}{\mathrm{d}y}\right)^2}\,\mathrm{d}y=\int_0^y\sqrt{1+\left(\frac{y}{p}\right)^2}\,\mathrm{d}y\\&=\frac{1}{p}\left[\frac{1}{2}y\sqrt{p^2+y^2}+\frac{1}{2}p^2\ln(y+\sqrt{p^2+y^2})\right]_0^y\\&=\frac{1}{2p}y\sqrt{p^2+y^2}+\frac{1}{2}p\ln\frac{y+\sqrt{p^2+y^2}}{p}.\end{aligned}$$

26. 计算星形线 $x=a\cos^3 t,y=a\sin^3 t$ 的全长.

解 $s=4\displaystyle\int_0^{\frac{\pi}{2}}\sqrt{(-3a\cos^2 t\sin t)^2+(3a\sin^2 t\cos t)^2}\,\mathrm{d}t=12a\int_0^{\frac{\pi}{2}}\sin t\cos t\,\mathrm{d}t=6a.$

27. 将绕在圆(半径为 a)上的细线放开拉直,使细线与圆周始终相切(图 6—25),细线端点画出的轨迹叫做圆的渐伸线,它的方程为

$$x=a(\cos t+t\sin t),\qquad y=a(\sin t-t\cos t).$$

计算该曲线上相应于 $0\leqslant t\leqslant\pi$ 的一段弧的长度.

图 6—25

解 $\dfrac{\mathrm{d}x}{\mathrm{d}t}=at\cos t,\dfrac{\mathrm{d}y}{\mathrm{d}t}=at\sin t$,因此有

$$s=\int_0^\pi\sqrt{\left(\frac{\mathrm{d}x}{\mathrm{d}t}\right)^2+\left(\frac{\mathrm{d}y}{\mathrm{d}t}\right)^2}\,\mathrm{d}t=\int_0^\pi at\,\mathrm{d}t=\frac{a}{2}\pi^2.$$

28. 在摆线 $x=a(t-\sin t),y=a(1-\cos t)$ 上求分摆线第一拱成 $1:3$ 的点的坐标.

解 对应于摆线第一拱的参数 t 的范围为 $[0,2\pi]$,参数 t 在范围 $[0,t_0]$ 时摆线的长度为

$$s_0=\int_0^{t_0}\sqrt{a^2(1-\cos t)^2+a^2\sin^2 t}\,\mathrm{d}t=a\int_0^{t_0}2\sin\frac{t}{2}\,\mathrm{d}t=4a\left(1-\cos\frac{t_0}{2}\right),$$

当 $t_0=2\pi$ 时,长度为 $8a$,故所求点对应的参数 t_0 满足 $4a\left(1-\cos\dfrac{t_0}{2}\right)=\dfrac{8a}{4}$,解得 $t_0=\dfrac{2\pi}{3}$,从而得到点的坐标为 $\left(\left(\dfrac{2\pi}{3}-\dfrac{\sqrt{3}}{2}\right)a,\dfrac{3a}{2}\right).$

29. 求对数螺线 $\rho = e^{a\theta}$ 相应于 $0 \leqslant \theta \leqslant \varphi$ 的一段弧长.

解　$s = \int_0^{\varphi} \sqrt{\rho^2 + \rho'^2}\, d\theta = \int_0^{\varphi} \sqrt{1+a^2}\, e^{a\theta}\, d\theta = \dfrac{\sqrt{1+a^2}}{a}(e^{a\varphi} - 1).$

30. 求曲线 $\rho\theta = 1$ 相应于 $\dfrac{3}{4} \leqslant \theta \leqslant \dfrac{4}{3}$ 的一段弧长.

解　$s = \int_{\frac{3}{4}}^{\frac{4}{3}} \sqrt{\rho^2 + \rho'^2}\, d\theta = \int_{\frac{3}{4}}^{\frac{4}{3}} \dfrac{\sqrt{1+\theta^2}}{\theta^2}\, d\theta = -\int_{\frac{3}{4}}^{\frac{4}{3}} \sqrt{1+\theta^2}\, d\left(\dfrac{1}{\theta}\right)$

$= -\left[\dfrac{\sqrt{1+\theta^2}}{\theta}\right]_{\frac{3}{4}}^{\frac{4}{3}} + \int_{\frac{3}{4}}^{\frac{4}{3}} \dfrac{1}{\sqrt{1+\theta^2}}\, d\theta = \dfrac{5}{12} + \left[\ln(\theta + \sqrt{1+\theta^2})\right]_{\frac{3}{4}}^{\frac{4}{3}} = \ln\dfrac{3}{2} + \dfrac{5}{12}.$

第三节　定积分在物理学上的应用

一、　主要内容归纳

1. 变力沿直线所做的功

设物体受力的作用沿直线运动,力的方向与物体的运动方向相同,力的大小 F 是物体所处位置 x 的函数,即 $F = F(x)$,则物体在变力 $F(x)$ 的作用下,由 $x = a$ 沿直线运动到 $x = b$ 时所做的功 $W = \int_a^b dW = \int_a^b F(x)\, dx.$

其中 $dW = F(x)\, dx$ 是功的元素或微元,是物体在力 $F(x)$ 的作用下由 x 运动到 $x + dx$ 所做的功,就是在这一步用 x 处对应的力 $F(x)$ 近似代替区间 $[x, x+dx]$ 上各点的力.

2. 垂直平面薄片一侧所受液体的压力

设平面薄片垂直放置在液体中,液体比重为 γ,如图 6—26 所示,则压力微元 dp(即阴影部分所受压力的近似值)为 　$dp = \gamma x f(x)\, dx.$

于是平面薄片所受的液体的压力 p 为

$$p = \int_a^b dp = \int_a^b \gamma x f(x)\, dx.$$

图 6—26

3. 引力

(1)当引力 F 的方向不随小区间 $[x, x+dx]$ 的改变而变化时,直接用引力公式求引力的微元 dF;如本节例 3.

(2)当引力 F 的方向随小区间 $[x, x+dx]$ 上点的改变而变化时,将引力分解为横向、纵向两个分力分别用元素法得出引力微元后再积分. 如本节例 4.

二、　经典例题解析及解题方法总结

【例 1】　已知一容器的外表面由曲线 $y = x^2$($0 \leqslant y \leqslant 12\text{m}$)绕 y 轴旋转而成,现在该容器盛满了水,将容器内的水全部抽出至少需要做多少功?

解 如图 6-27 所示.

以 y 为积分变量,则 y 的变化范围为 $[0,12]$,相应于 $[0,12]$ 上的任一小区间 $[y, y+dy]$ 的一薄层水可近似看作高为 dy、底面积为 $\pi x^2 = \pi y$ 的一个圆柱体,得到该部分体积为 $\pi y dy$,水的密度 $\rho = 1\,000\,\text{kg/m}^3$,该部分重力为 $1\,000 g \pi y dy$,把该部分水抽出时移动的距离为 $12-y$,因此微功元 dw 为

$$dw = 1\,000 g \pi y dy \cdot (12-y) = 1\,000 g \pi y (12-y) dy$$

故做功 w 为 $w = \int_0^{12} dw = \int_0^{12} 1\,000 g \pi y (12-y) dy = 288\,000 g \pi (\text{J}).$

图 6-27

【例2】 设底边为 a,高为 h 的三角形平板铅直没入水中,试比较下列两种情况下该平板每侧所受的压力.

(1)底边 a 与水面平齐;

(2)底边 a 在水中与水面平行,A 对的顶点恰在水面上.

解 (1)如图 6-28 建立坐标系,则直线 AB 方程为:

$$\frac{y - \frac{a}{2}}{0 - \frac{a}{2}} = \frac{x - 0}{h - 0},$$

图 6-28

即 $y = \frac{a}{2} - \frac{a}{2h} x$,选 x 为积分变量,则 $x \in [0, h]$,$\forall [x, x+dx] \subset [0, h]$,

$$dP = \rho x 2y dx = \rho x \left(a - \frac{a}{h} x \right) dx,$$

所以 $P = \int_0^h a x \rho \left(1 - \frac{1}{h} x \right) dx = a\rho \int_0^h \left(x - \frac{1}{h} x^2 \right) dx = a\rho \left[\frac{x^2}{2} - \frac{x^3}{3h} \right] \Big|_0^h = \frac{a\rho h^2}{6}.$

(2)选择如图 6-29 所示的坐标系:

则直线 AB 的方程为 $y = \frac{a}{2h} x$.选 x 为积分变量,则 $x \in [0, h]$,$\forall [x, x+dx] \subset [0, h]$

图 6-29

有 $dP = \rho x 2y dx = \rho \cdot x 2 \frac{a}{2h} x dx = \frac{a\rho}{h} x^2 dx,$

所以 $P = \int_0^h \frac{a\rho}{h} x^2 dx = \frac{a\rho}{h} \cdot \frac{h^3}{3} = \frac{a\rho h^2}{3}.$

比较(1)(2)知:后者每侧所受压力正好为前者的两倍.

【例3】 一质量为 M,长为 l 的均匀杆 AB 吸引着质量为 m 的一质点 C,此质点 C 位于 AB 杆的延长线上,并与较近的端点 B 的距离为 a,试求:

(1)杆与质点间的相互吸引力;

(2)总质点在杆的延长线上从距离 r_1 处移至 r_2 处时,克服吸引力所作的功.

解　如图 6－30 所示.

图 6－30

(1)据万有引力定律,由微元法有

$$\mathrm{d}F=\frac{km\cdot\dfrac{M}{l}\mathrm{d}x}{(l+a-x)^2}=\frac{kmM}{l}\frac{\mathrm{d}x}{(l+a-x)^2},$$

$$F=\frac{kmM}{l}\int_0^l\frac{\mathrm{d}x}{(l+a-x)^2}=\frac{kmM}{a(a+l)},$$

其中 k 为常数.

(2)由(1)知,位于 B、C 间距 B 端为 x 的点与杆 AB 的引力为 $F=\dfrac{kmM}{x(x+l)}$,所以

$$W=\int_{r_1}^{r_2}\frac{kmM}{x(x+l)}\mathrm{d}x=\frac{kmM}{l}\ln\frac{r_2(r_1+l)}{r_1(r_2+l)}.$$

【例 4】　设有一个半径为 R,中心角为 φ 的圆弧形细棒,其线密度为常数 ρ,在圆心处有一质量为 m 的质点 M,试求这细棒对质点 M 的引力.

解　如图 6－31 所示.

取 $[0,\varphi]$ 上的小区间 $[\theta,\theta+\mathrm{d}\theta]$,则对应于中心角 $\mathrm{d}\theta$ 的一小段圆弧细棒对质点 M 的引力大小近似为 $G\dfrac{m\rho R\mathrm{d}\theta}{R^2}=G\dfrac{m\rho}{R}\mathrm{d}\theta$

即引力微元的大小是 $\mathrm{d}F=|\mathrm{d}\boldsymbol{F}|=G\dfrac{m\rho}{R}\mathrm{d}\theta$,

从而在 x、y 轴的引力微元分别是

$$\mathrm{d}F_x=\frac{Gm\rho}{R}\cos\theta\mathrm{d}\theta,\qquad \mathrm{d}F_y=\frac{Gm\rho}{R}\sin\theta\mathrm{d}\theta,$$

$$F_x=\int_0^\varphi\mathrm{d}F_x=\int_0^\varphi\frac{Gm\rho}{R}\cos\theta\mathrm{d}\theta=\frac{Gm\rho}{R}\sin\varphi,$$

$$F_y=\int_0^\varphi\mathrm{d}F_y=\int_0^\varphi\frac{Gm\rho}{R}\sin\theta\mathrm{d}\theta=\frac{Gm\rho}{R}(1-\cos\varphi),$$

故所求引力为

$$\boldsymbol{F}=F_x\boldsymbol{i}+F_y\boldsymbol{j}=\frac{Gm\rho}{R}[\sin\varphi\,\boldsymbol{i}+(1-\cos\varphi)\boldsymbol{j}].$$

图 6－31

● **方法总结**

对于几何、物理学中的实际问题,定积分的微元法提供了一个解决问题的很好的途径.在微元法的使用过程中,选取积分变量 x 与积分区间 $[a,b]$ 及寻求所求量 u 的积分元素 $\mathrm{d}u=f(x)\mathrm{d}x$ 的表达式是最为关键的两点.特别是在确定积分元素的表达式时,需先把最

简单的情况下如何计算相应的量搞清楚,例如变力作功的计算,就要先搞清楚质点沿直线运动时常力所作的功为 $\boldsymbol{F}\cdot\boldsymbol{S}$,这样才清楚变力在小曲线段上作功的近似值为 $\boldsymbol{F}\cdot\boldsymbol{n}\mathrm{d}s$,其中 $\boldsymbol{n}$ 为曲线的切向量. 其他如面积、弧长、体积、引力、压力等都是如此.

习题 6-3 解答

1. 由实验知道,弹簧在拉伸过程中,需要的力 F(单位:N)与伸长量 s(单位:cm)成正比,即 $F=ks$ (k 是弹性系数). 如果把弹簧由原长拉伸 6cm,计算所做的功.

   解 $W=\displaystyle\int_0^6 ks\mathrm{d}s=18k(\mathrm{N}\cdot\mathrm{cm})=0.18k(\mathrm{J})$.

2. 直径为 20cm、高为 80cm 的圆筒内充满压强为 $10\mathrm{N/cm^2}$ 的蒸汽. 设温度保持不变,要使蒸汽体积缩小一半,问需要做多少功?

   解 由条件 $pV=k$ 为常数,故 $k=10\times 100^2\times\pi\times 0.1^2\times 0.8=800\pi$. 设圆筒内高度减少 $h\mathrm{m}$ 时蒸汽的压强为 $p(h)\mathrm{N/m^2}$,则 $p(h)=\dfrac{k}{V}=\dfrac{800\pi}{(0.8-h)S}$,压力为 $P=p(h)\,S=\dfrac{800\pi}{0.8-h}$,因此作的功为
   $$W=\int_0^{0.4}\frac{800\pi}{0.8-h}\mathrm{d}h=800\pi\left[-\ln(0.8-h)\right]_0^{0.4}=800\pi\ln 2\approx 1\,742(\mathrm{J}).$$

3. (1)证明:把质量为 m 的物体从地球表面升高到 h 处所做的功是 $W=\dfrac{mhRh}{R+h}$,
     其中 g 是重力加速度,R 是地球的半径;
   (2)一颗人造地球卫星的质量为 173kg,在高于地面 630km 处进入轨道. 问把这颗卫星从地面送到 630km 的高空处,克服地球引力要做多少功?已知 $g=9.8\mathrm{m/s^2}$,地球半径 $R=6\,370\mathrm{km}$.

   解 (1)质量为 m 的物体与地球中心相距 x 时,引力为 $F=k\dfrac{mM}{x^2}$,根据条件 $mg=k\dfrac{mM}{R^2}$,因此有 $k=\dfrac{R^2g}{M}$,
     从而作的功为 $W=\displaystyle\int_R^{R+h}\frac{mgR^2}{x^2}\mathrm{d}x=mgR^2\left(\frac{1}{R}-\frac{1}{R+h}\right)=\frac{mgRh}{R+h}$.

     (2)作的功为 $W=\dfrac{mgRh}{R+h}=971\,973\approx 9.72\times 10^5(\mathrm{kJ})$.

4. 一物体按规律 $x=ct^3$ 作直线运动,介质的阻力与速度的平方成正比. 计算物体由 $x=0$ 移到 $x=a$ 时,克服介质阻力所做的功.

   解 速度为 $v=\dfrac{\mathrm{d}x}{\mathrm{d}t}=3ct^2$,阻力为 $R=kv^2=9kc^2t^4$,由此得到 $\mathrm{d}W=R\mathrm{d}x=27kc^3t^6\mathrm{d}t$.

   设当 $t=T$ 时,$x=a$,得 $T=\left(\dfrac{a}{c}\right)^{\frac{1}{3}}$,故 $W=\displaystyle\int_0^T 27kc^3t^6\mathrm{d}t=\frac{27kc^3}{7}T^7=\frac{27}{7}kc^{\frac{2}{3}}a^{\frac{7}{3}}$.

5. 用铁锤将一铁钉击入木板,设木板对铁钉的阻力与铁钉被击入木板的深度成正比,在锤击第一次时,将铁钉击入木板 1cm. 如果铁锤每次锤击铁钉所做的功相等,问锤击第二次时,铁钉又被击入木板多少?

   解 设木板对铁钉的阻力为 R,则铁钉击入木板的深度为 h 时的阻力为 $R=kh$, 其中 k 为常数.

   铁锤击第一次时所做的功为 $W_1=\displaystyle\int_0^1 R\mathrm{d}h=\int_0^1 kh\mathrm{d}h=\frac{k}{2}$.

   设锤击第二次时,铁钉又击入 $h_0\mathrm{cm}$,则锤击第二次所做的功为
   $$W_2=\int_1^{1+h_0}R\mathrm{d}h=\int_1^{1+h_0}kh\mathrm{d}h=\frac{k}{2}\left[(1+h_0)^2-1\right],$$

   由条件 $W_1=W_2$ 得 $h_0=\sqrt{2}-1$.

6. 设一圆锥形贮水池,深 15m,口径 20m,盛满水,今以泵将水吸尽,问要做多少功?

   解 以高度 h 为积分变量,变化范围为 $[0,15]$,对该区间内任一小区间 $[h,h+\mathrm{d}h]$,体积为 $\pi\left(\dfrac{10}{15}h\right)^2\mathrm{d}h$,记

γ 为水的密度,则作功为 $W=\int_0^{15}\dfrac{4}{9}\pi\gamma gh^2(15-h)\mathrm{d}h=1\,875\pi\gamma g\approx5.769\,75\times10^7(\mathrm{J})$.

7. 有一铅直放置的矩形闸门,它的顶端与水面相平,一条对角线将闸门分成两个三角形区域.试证:其中一个三角形区域上所受的水压力是另一个三角形区域上所受水压力的2倍.

图 6—32

证　如图设 $AB=a,BC=b$,区域 D_1 所受压力 $F_1=\int_0^b\rho gx\cdot\dfrac{b-x}{b}\cdot a\mathrm{d}x=$

$\dfrac{\rho ga}{b}\int_0^b x(b-x)\mathrm{d}x=\dfrac{1}{6}\rho gab^2$.

区域 D_2 所受压力 $F_2=\int_0^b\rho gx\left(a-\dfrac{b-x}{b}\cdot a\right)\mathrm{d}x=\dfrac{\rho ga}{b}\int_0^b x^2\mathrm{d}x=\dfrac{1}{3}\rho gab^2$.

所以 $\dfrac{F_2}{F_2}=\dfrac{\dfrac{1}{3}\rho gab^2}{\dfrac{1}{6}\rho gab^2}=2$.

8. 有一等腰梯形闸门,它的两条底边各长 10m 和 6m,高为 20m,较长的底边与水面相齐.计算闸门的一侧所受的水压力.

解　如图 6—33 建立坐标系,则过 A,B 两点的直线方程为 $y=10x-50$.取 y 为积分变量,y 的变化范围为 $[-20,0]$,对应小区间 $[y,y+\mathrm{d}y]$

的面积近似值为 $2x\mathrm{d}y=(\dfrac{y}{5}+10)\mathrm{d}y$,$\gamma$ 表示水的密度,因此水压力为

$$P=\int_{-20}^0(\dfrac{y}{5}+10)(-y)\gamma g\mathrm{d}y=1.437\,3\times10^7(\mathrm{N})=14\,373(\mathrm{kN}).$$

图 6—33

9. 一底为 8cm、高为 6cm 的等腰三角形片,铅直地 沉没在水中,顶在上,底在下且与水面平行,而顶离水面 3cm,试求它每面所受的压力.

解　如图 6—34 建立坐标系,取三角形顶点为原点,取积分变量为 x,则 x 的变化范围为 $[0,0.06]$,易知 B 的坐标为 $(0.06,0.04)$,因此 OB 的方程为 $y=\dfrac{2}{3}x$,故对应小区间 $[x,x+\mathrm{d}x]$ 的面积近似值为

$$\mathrm{d}S=2\cdot\dfrac{2}{3}x\cdot\mathrm{d}x=\dfrac{4}{3}x\mathrm{d}x.$$

记 γ 为水的密度,则在 x 处的水压强为

$$p=\gamma g(x+0.03)=1\,000g(x+0.03),$$

故压力为 $F=\int_0^{0.06}1\,000g(x+0.03)\cdot\dfrac{4}{3}x\mathrm{d}x=0.168g\approx1.65(\mathrm{N})$.

图 6—34

10. 设有一长度为 l、线密度为 μ 的均匀细直棒,在与棒的一端垂直距离为 a 单位处有一质量为 m 的质点 M,试求这细棒对质点 M 的引力.

解　如图 6—35 建立坐标系,取 y 为积分变量,则 y 的变化范围为 $[0,l]$,对应小

区间 $[y,y+\mathrm{d}y]$ 与质点 M 的引力的大小的近似值为 $\mathrm{d}F=G\dfrac{m\mu\mathrm{d}y}{r^2}$,

其中 $r=\sqrt{a^2+y^2}$,把该力分解,得到 x 轴、y 轴方向的分量分别为

$$\mathrm{d}F_x=-\dfrac{a}{r}\mathrm{d}F=-G\dfrac{am\mu}{(a^2+y^2)^{3/2}}\mathrm{d}y,\mathrm{d}F_y=\dfrac{y}{r}\mathrm{d}F=G\dfrac{m\mu y}{(a^2+y^2)^{3/2}}\mathrm{d}y,$$

因此 $F_x=\int_0^l\left[-G\dfrac{am\mu}{(a^2+y^2)^{3/2}}\right]\mathrm{d}y$

$\xrightarrow{y=a\tan t}-G\dfrac{m\mu}{a}\int_0^{\arctan\frac{l}{a}}\cos t\mathrm{d}t=-\dfrac{Gm\mu l}{a\sqrt{a^2+l^2}}$,

图 6—35

$$F_y = \int_0^l G \frac{m\mu y}{(a^2 + y^2)^{3/2}} \mathrm{d}y = \left[-G \frac{m\mu}{(a^2 + y^2)^{1/2}} \right]_0^l$$

$$= m\mu G \left(\frac{1}{a} - \frac{1}{\sqrt{a^2 + l^2}} \right).$$

11. 设有一半径为 R、圆心角为 φ 的圆弧形细棒，其线密度为常数 μ. 在圆心处有一质量为 m 的质点 M. 试求这细棒对质点 M 的引力.

解 如图 6—36 建立坐标系，则相应小区间 $[\theta, \theta + \mathrm{d}\theta]$ 的弧长为 $R\mathrm{d}\theta$，根据对称性可知所求的铅直方向引力分量为零，水平方向的引力分量为

$$F_x = \int_{-\frac{\varphi}{2}}^{\frac{\varphi}{2}} \cos\theta \frac{Gm\mu R\mathrm{d}\theta}{R^2} = \frac{2Gm\mu}{R} \sin\frac{\varphi}{2}.$$

故所求引力的大小为 $\dfrac{2Gm\mu}{R}\sin\dfrac{\varphi}{2}$，方向为 M 指向圆弧的中心.

图 6—36

总习题六解答

1. 填空

(1) 曲线 $y = x^3 - 5x^2 + 6x$ 与 x 轴所围成的图形的面积 $A =$ _____.

(2) 曲线 $y = \dfrac{\sqrt{x}}{3}(3-x)$ 上相应于 $1 \leqslant x \leqslant 3$ 的一段弧的长度 $s =$ _____.

解 (1) 令 $x^3 - 5x^2 + 6x = 0$,解得 $x = 0, 2, 3$.

当 $0 \leqslant x \leqslant 2$ 时,$y \geqslant 0$;当 $2 \leqslant x \leqslant 3$ 时,$y \leqslant 0$. 故

$$A = \int_0^2 (x^3 - 5x^2 + 6x)\,\mathrm{d}x - \int_2^3 (x^3 - 5x^2 + 6x)\,\mathrm{d}x$$

$$= \left[\frac{1}{4}x^4 - \frac{5}{3}x^3 + 3x^2\right]_0^2 - \left[\frac{1}{4}x^4 - \frac{5}{3}x^3 + 3x^2\right]_2^3 = \frac{37}{12}.$$

(2) $s = \int_1^3 \sqrt{1 + y'^2}\,\mathrm{d}x = \int_1^3 \frac{1+x}{2\sqrt{x}}\,\mathrm{d}x = \left[\sqrt{x} + \frac{1}{3}x^{\frac{3}{2}}\right]_1^3 = 2\sqrt{3} - \frac{4}{3}.$

2. 以下三题中给出了四个结论,从中选出一个正确的结论:

(1) 设 x 轴上有一长度为 l,线密度为常数 μ 的细棒,在与细棒右端的距离为 a 处有一质量为 m 的质点 M(图 6-37),已知引力常量为 G,则质点 M 和细棒之间的引力的大小为( );

图 6-37

(A) $\int_{-1}^0 \dfrac{Gm\mu}{(a-x)^2}\,\mathrm{d}x$ (B) $\int_0^l \dfrac{Gm\mu}{(a-x)^2}\,\mathrm{d}x$ (C) $2\int_{-\frac{l}{2}}^0 \dfrac{Gm\mu}{(a-x)^2}\,\mathrm{d}x$ (D) $2\int_0^{\frac{l}{2}} \dfrac{Gm\mu}{(a-x)^2}\,\mathrm{d}x$

(2) 设在区间 $[a,b]$ 上,$f(x) > 0$,$f'(x) > 0$,$f''(x) < 0$. 令 $A_1 = \int_a^b f(x)\,\mathrm{d}x$,$A_2 = f(a)(b-a)$,$A_3 = \dfrac{1}{2}[f(a) + f(b)](b-a)$,则有( );

(A) $A_1 < A_2 < A_3$ (B) $A_2 < A_1 < A_3$ (C) $A_3 < A_1 < A_2$ (D) $A_2 < A_3 < A_1$

(3) 有半径不相等的两个木质球体,分别在中间钻出一个以球体直径为轴的圆柱形洞,使得剩下的两个环状立体的高都等于 h(图 6-38). 假设对应木质球半径较大的环状立体为 P,另一个为 Q,通过计算,正确的结论是( ).

(A) P 的体积大于 Q 的体积

(B) P 的体积等于 Q 的体积

(C) P 的体积小于 Q 的体积

(D) 在 h 的不同取值范围,P 与 Q 的体积有不同的大小关系

图 6-38

解 (1) 选(A).

(2) **方法一** 从几何意义判断:因为 $f'(x) > 0$,所以 $f(x)$ 在 $[a,b]$ 上单调增加. 又因 $f''(x) < 0$,所以曲线 $y = f(x)$ 在 $[a,b]$ 上向上凸,如图 6-39 所示,矩形面积 < 梯形面积 < 曲边梯形面积,故选(D).

方法二 证 $A_2 < A_3$. 因 $f'(x) > 0$,故 $f(x)$ 在 $[a,b]$ 上单调增加,得 $f(b) > f(a)$,从而 $A_3 - A_2 = (b-a)\dfrac{f(b) - f(a)}{2} > 0$,

即 $A_3 > A_2$.

证 $A_1 > A_3$. 连接点 $(a, f(a))$ 与点 $(b, f(b))$ 的直线方程为 $y =$

图 6-39

$$f(a)+\frac{f(b)-f(a)}{b-a}(x-a).$$

因为 $f''(x)<0$，所以曲线 $y=f(x)$ 是向上凸的，从而有 $f(x)>f(a)+\dfrac{f(b)-f(a)}{b-a}(x-a)$，$x\in(a,b)$.

两边积分，得 $\int_a^b f(x)\mathrm{d}x>\dfrac{1}{2}\big[f(a)+f(b)\big](b-a)$，即 $A_1>A_3$.

（3）由已知条件得 $P=2\left[\pi\int_0^{\frac{h}{2}}(R^2-y^2)\mathrm{d}y-\pi\left(R^2-\dfrac{h^2}{4}\right)\cdot\dfrac{h}{2}\right]=\dfrac{\pi}{6}h^3$，

$$Q=2\left[\pi\int_0^{\frac{h}{2}}(r^2-y^2)\mathrm{d}y-\pi\left(r^2-\dfrac{h^2}{4}\right)\cdot\dfrac{h}{2}\right]=\dfrac{\pi}{6}h^3,$$

则 $P=Q$，应选（B）.

3. 一金属棒长 3m，离棒左端 xm 处的线密度为 $\mu(x)=\dfrac{1}{\sqrt{1+x}}$ kg/m. 问 x 为何值时，$[0,x]$ 一段的质量为全棒质量的一半?

解 $[0,x]$ 一段的质量为 $m(x)=\int_0^x\mu(x)\mathrm{d}x=\int_0^x\dfrac{1}{\sqrt{1+x}}\mathrm{d}x=2(\sqrt{1+x}-1)$，

总质量为 $m(3)=2$，要满足 $m(x)=\dfrac{1}{2}m(3)$，求得 $x=\dfrac{5}{4}$ m.

4. 求由曲线 $\rho=a\sin\theta,\rho=a(\cos\theta+\sin\theta)$（$a>0$）所围图形公共部分的面积.

解 首先求出两曲线的交点，联立方程 $\begin{cases}\rho=a\sin\theta,\\\rho=a(\cos\theta+\sin\theta),\end{cases}$

解得交点坐标为 $\left(a,\dfrac{\pi}{2}\right)$，注意到当 $\theta=0$ 时 $\rho=a\sin\theta=0$，

当 $\theta=\dfrac{3\pi}{4}$ 时 $\rho=a(\cos\theta+\sin\theta)=0$，故两曲线分别过 $(0,0)$

和 $\left(0,\dfrac{3\pi}{4}\right)$，即都过极点（见图 6—40），因此所求面积为

图 6—40

$$A=\int_{\frac{\pi}{2}}^{\frac{3\pi}{4}}\dfrac{1}{2}\big[a(\cos\theta+\sin\theta)\big]^2\mathrm{d}\theta+\dfrac{1}{2}\pi\left(\dfrac{a}{2}\right)^2=\dfrac{a^2}{2}\int_{\frac{\pi}{2}}^{\frac{3\pi}{4}}(1+\sin2\theta)\mathrm{d}\theta+\dfrac{\pi a^2}{8}=\dfrac{a^2}{4}(\pi-1).$$

5. 如图 6—41 所示，从下到上依次有三条曲线：$y=x^2,y=2x^2$ 和 C，假设对曲线 $y=2x^2$ 上的任一点 P，所对应的面积 A 和 B 恒相等，求曲线 C 的方程.

解 设曲线 C 的方程为 $x=f(y)$，P 点坐标为 $\left(\sqrt{\dfrac{y}{2}},y\right)$，则

$$A=\int_0^y\left[\sqrt{\dfrac{y}{2}}-f(y)\right]\mathrm{d}y,\qquad B=\int_0^{\sqrt{\frac{y}{2}}}(2x^2-x^2)\mathrm{d}x,$$

根据条件，对任意 $y\geqslant0$ 都有

$$\int_0^y\left[\sqrt{\dfrac{y}{2}}-f(y)\right]\mathrm{d}y=\int_0^{\sqrt{\frac{y}{2}}}(2x^2-x^2)\mathrm{d}x,$$

上式对 y 求导，得 $\sqrt{\dfrac{y}{2}}-f(y)=\dfrac{y}{2}\cdot\dfrac{1}{2\sqrt{2y}}$，因此 $f(y)=\dfrac{3\sqrt{2y}}{8}$.

即曲线 C 为 $x=\dfrac{3\sqrt{2y}}{8}$ 或 $y=\dfrac{32}{9}x^2$（$x\geqslant0$）.

图 6—41

6. 设抛物线 $y=ax^2+bx+c$（$a\neq0$）通过点 $(0,0)$，当 $x\in[0,1]$ 时，$y\geqslant0$. 试确定 a,b,c 的值，使得抛物线 $y=ax^2+bx+c$ 与直线 $x=1,y=0$ 所围图形的面积为 $\dfrac{4}{9}$，且使该图形绕 x 轴旋转而成的旋转体的体积最小.

解 由已知条件:抛物线 $y=ax^2+bx+c$ 通过点$(0,0)$,可得 $c=0$. 抛物线 $y=ax^2+bx+c$ 与直线 $x=1$, $y=0$ 所围图形的面积为 $S=\int_0^1(ax^2+bx)\mathrm{d}x=\dfrac{a}{3}+\dfrac{b}{2}$,

从而得到 $\dfrac{a}{3}+\dfrac{b}{2}=\dfrac{4}{9}$,即 $a=\dfrac{4}{3}-\dfrac{3}{2}b$. 该图形绕 x 轴旋转而成的旋转体的体积为

$$V=\int_0^1\pi(ax^2+bx)^2\mathrm{d}x=\pi\left(\dfrac{a^2}{5}+\dfrac{ab}{2}+\dfrac{b^2}{3}\right)=\dfrac{\pi}{30}(b-2)^2+\dfrac{2}{9}\pi,$$

因此当 $b=2$ 时体积为最小,此时 $a=-\dfrac{5}{3}$,抛物线为 $y=-\dfrac{5}{3}x^2+2x$.

在区间$[0,1]$上,此抛物线满足 $y\geqslant 0$,故所求解:$a=-\dfrac{5}{3}$,$b=2$,$c=0$.

符合题目要求.

7. 过坐标原点作曲线 $y=\ln x$ 的切线,该切线与曲线 $y=\ln x$ 及 x 轴围成平面图形 D.
(1)求平面图形 D 的面积 A;
(2)求平面图形 D 绕直线 $x=\mathrm{e}$ 旋转一周所得旋转体的体积 V.

解 (1)设切点的横坐标为 x_0,则曲线 $y=\ln x$ 在点 $(x_0,\ln x_0)$ 处的切线方程是 $y=\ln x_0+\dfrac{1}{x_0}(x-x_0)$,

由该切线过原点知 $y=\ln x_0-1=0$,从而 $x_0=\mathrm{e}$,所以该切线的方程是 $y=\dfrac{1}{\mathrm{e}}x$.

平面图形 D 的面积 $A=\int_0^1(\mathrm{e}^y-\mathrm{e}y)\mathrm{d}y=\dfrac{1}{2}\mathrm{e}-1$.

(2)切线 $y=\dfrac{x}{\mathrm{e}}$ 与 x 轴及直线 $x=\mathrm{e}$ 所围成的三角形绕直线 $x=\mathrm{e}$ 旋转所得的圆锥体的体积为 $V_1=\dfrac{1}{3}\pi\mathrm{e}^2$.

曲线 $y=\ln x$ 与 x 轴及直线 $x=\mathrm{e}$ 所围成的图形绕直线 $x=\mathrm{e}$ 旋转所得的旋转体的体积为

$$V_2=\int_0^1\pi(\mathrm{e}-\mathrm{e}^y)^2\mathrm{d}y=\dfrac{\pi}{2}(-\mathrm{e}^2+4\mathrm{e}-1),$$

因此,所求旋转体的体积为 $V=V_1-V_2=\dfrac{\pi}{6}(5\mathrm{e}^2-12\mathrm{e}+3)$.

8. 设曲线 C 为函数 $y=x\mathrm{e}^{-x}(x\geqslant 0)$ 的图形,$M(x_0,y_0)$ 为 C 上的一个拐点,MT 为曲线 C 在点 M 处的切线.求由曲线 C、切线 MT 和 x 轴所围的向右无限延伸的图形的面积.

解 $f(x)=x\mathrm{e}^{-x}$,$f'(x)=(1-x)\mathrm{e}^{-x}$,$f''(x)=(x-2)\mathrm{e}^{-x}$,$f'''(x)=(3-x)\mathrm{e}^{-x}$,

令 $f''(x)=0$,得 $x=2$,$f'''(2)=\mathrm{e}^{-3}\neq 0$,所以 $(2,2\mathrm{e}^{-2})$ 为拐点,$f'(2)=-\mathrm{e}^{-2}$,故切线方程为
$$y-2\mathrm{e}^{-2}=-\mathrm{e}^{-2}(x-2),$$

令 $y=0$ 得 $x=4$,故切线与 x 轴交点为 $(4,0)$.

所求面积 $S=\displaystyle\int_2^{+\infty}x\mathrm{e}^{-x}\mathrm{d}x-\dfrac{1}{2}\times(4-2)\times 2\mathrm{e}^{-2}=-x\mathrm{e}^{-x}\Big|_2^{+\infty}+\int_2^{+\infty}\mathrm{e}^{-x}\mathrm{d}x-2\mathrm{e}^{-2}$

$=2\mathrm{e}^{-2}-\mathrm{e}^{-x}\Big|_2^{+\infty}-2\mathrm{e}^{-2}=\mathrm{e}^{-2}.$

9. 求由曲线 $y=x^{\frac{3}{2}}$,直线 $x=4$ 及 x 轴所围图形绕 y 轴旋转而成的旋转体的体积.

解 如图 6-42,取 x 为积分变量,则 x 的变化范围为 $[0,4]$,因此
体积为
$$V=\int_0^4 2\pi x f(x)\mathrm{d}x=\int_0^4 2\pi x^{\frac{5}{2}}\mathrm{d}x=\dfrac{512}{7}\pi.$$

10. 求圆盘 $(x-2)^2+y^2\leqslant 1$ 绕 y 轴旋转而成的旋转体的体积.

解　这是一个圆环面,可以看作由图形

$$\{(x,y)\mid 0 \leqslant x \leqslant 2+\sqrt{1-y^2}\,, -1 \leqslant y \leqslant 1\}$$

绕 y 轴旋转所得的立体减去由图形

$$\{(x,y)\mid 0 \leqslant x \leqslant 2-\sqrt{1-y^2}\,, -1 \leqslant y \leqslant 1\}$$

绕 y 轴旋转所得的立体,因此

$$V = \int_{-1}^{1} \pi(2+\sqrt{1-y^2})^2 \mathrm{d}y - \int_{-1}^{1} \pi(2-\sqrt{1-y^2})^2 \mathrm{d}y$$

$$= 8\pi \int_{-1}^{1} \sqrt{1-y^2}\,\mathrm{d}y$$

$$= 8\pi \left[\frac{y}{2}\sqrt{1-y^2} + \frac{1}{2}\arcsin y \right]_{-1}^{1} = 4\pi^2.$$

11.　求抛物线 $y=\dfrac{1}{2}x^2$ 被圆 $x^2+y^2=3$ 所截下的有限部分的弧长.

图 6—42

解　联立两曲线方程 $\begin{cases} y=\dfrac{1}{2}x^2, \\ x^2+y^2=3, \end{cases}$ 得到两曲线的交点为 $(-\sqrt{2},1),(\sqrt{2},1)$,

因此所求弧长为

$$s = \int_{-\sqrt{2}}^{\sqrt{2}} \sqrt{1+y'^2}\,\mathrm{d}x = \int_{-\sqrt{2}}^{\sqrt{2}} \sqrt{1+x^2}\,\mathrm{d}x$$

$$= \frac{1}{2}\left[x\sqrt{1+x^2} + \ln(x+\sqrt{1+x^2}) \right]_{-\sqrt{2}}^{\sqrt{2}} = \sqrt{6} + \ln(\sqrt{2}+\sqrt{3}).$$

12.　半径为 r 的球沉入水中,球的上部与水面相切,球的密度与水相同,现将球从水中取出,需做多少功?

解　取 x 轴的正向铅直向上,沉入水中的球心为原点,并取 x 为积分变量,则 x 的变化范围为 $[-r,r]$,对应区间 $[x,x+\mathrm{d}x]$ 的球的薄片的体积为

$$\mathrm{d}V = \pi(\sqrt{r^2-x^2})^2 \mathrm{d}x = \pi(r^2-x^2)\mathrm{d}x,$$

由于该部分在水面以下重力与浮力的合力为零(因为球的密度与水的密度相同),在水面以上移动距离为 $r+x$,故作功为

$$W = \int_{-r}^{r} g\pi(r^2-x^2)(r+x)\mathrm{d}x = \int_{-r}^{r} g\pi r(r^2-x^2)\mathrm{d}x + \int_{-r}^{r} g\pi x(r^2-x^2)\mathrm{d}x$$

$$= 2\pi g r \int_{0}^{r} (r^2-x^2)\mathrm{d}x = \frac{4}{3}\pi g r^4.$$

13.　边长为 a 和 b 的矩形薄板,与液面成 α 角斜沉于液体内,长边平行于液面而位于深 h 处,设 $a>b$,液体的密度为 ρ,试求薄板每面所受的压力.

解　如图 6—43,记 x 为薄板上点到近水面的长边的距离,取 x 为积分变量,则 x 的变化范围为 $[0,b]$,对应小区间 $[x,x+\mathrm{d}x]$,压强为 $\rho g(h+x\sin\alpha)$,面积为 $a\mathrm{d}x$,因此压力为

$$F = \int_{0}^{b} \rho g a(h+x\sin\alpha)\mathrm{d}x = \frac{1}{2}\rho g a b(2h+b\sin\alpha).$$

14.　设星形线 $x=a\cos^3 t, y=a\sin^3 t$ 上每一点处的线密度的大小等于该点到原点距离的立方,在原点 O 处有一单位质点,求星形线的第一象限的弧段对这质点的引力.

图 6—43

解　取参数 t 为积分变量,变化范围为 $[0,\dfrac{\pi}{2}]$,对应区间 $[t,t+\mathrm{d}t]$ 的弧长为 $\mathrm{d}s = \sqrt{\left(\dfrac{\mathrm{d}x}{\mathrm{d}t}\right)^2 + \left(\dfrac{\mathrm{d}y}{\mathrm{d}t}\right)^2}\,\mathrm{d}t$

$$= 3a\cos t\sin t\,\mathrm{d}t,$$

该弧段质量为 $(a^2\cos^6 t + a^2\sin^6 t)^{\frac{3}{2}}\,\mathrm{d}s = 3a^4\cos t\sin t(\cos^6 t+\sin^6 t)^{\frac{3}{2}}\,\mathrm{d}t,$

该弧段与质点的引力大小为,

$$G \cdot \frac{3a^4 \cdot \cos t \sin t (\cos^6 t + \sin^6 t)^{\frac{3}{2}}}{a^2 \cos^6 t + a^2 \sin^6 t} \mathrm{d}t = 3Ga^2 \cos t \sin t (\cos^6 t + \sin^6 t)^{\frac{1}{2}} \mathrm{d}t,$$

因此曲线弧对这质点引力的水平方向分量、铅直方向分量分别为

$$F_x = \int_0^{\frac{\pi}{2}} \frac{a\cos^3 t}{\sqrt{a^2 \cos^6 t + a^2 \sin^6 t}} \cdot 3Ga^2 \cos t \sin t (\cos^6 t + \sin^6 t)^{\frac{1}{2}} \mathrm{d}t,$$

$$= \int_0^{\frac{\pi}{2}} 3Ga^2 \cos^4 t \cdot \sin t \mathrm{d}t = 3Ga^2 \left[-\frac{\cos^5 t}{5} \right]_0^{\frac{\pi}{2}} = \frac{3}{5} Ga^2,$$

$$F_y = \int_0^{\frac{\pi}{2}} \frac{a\sin^3 t}{\sqrt{a^2 \cos^6 t + a^2 \sin^6 t}} \cdot 3Ga^2 \cos t \sin t (\cos^6 t + \sin^6 t)^{\frac{1}{2}} \mathrm{d}t,$$

$$= \int_0^{\frac{\pi}{2}} 3Ga^2 \cos t \cdot \sin^4 t \mathrm{d}t = 3Ga^2 \left[\frac{\sin^5 t}{5} \right]_0^{\frac{\pi}{2}} = \frac{3}{5} Ga^2,$$

因此所求引力 $\boldsymbol{F} = F_x \boldsymbol{i} + F_y \boldsymbol{j} = \frac{3}{5} Ga^2 (\boldsymbol{i} + \boldsymbol{j})$,

即大小为 $\frac{3\sqrt{2}}{5} Ga^2$,方向角为 $\frac{\pi}{4}$.

15. 某建筑工程打地基时,需用汽锤将桩打进土层. 汽锤每次击打,都要克服土层对桩的阻力做功. 设土层对桩的阻力的大小与桩被打进地下的深度成正比(比例系数为 $k,k>0$). 汽锤第一次击打将桩打进地下 a m. 根据设计方案,要求汽锤每次击打桩时所做的功与前一次击打时所做的功之比为常数 $r(0<r<1)$. 问

(1)汽锤击打桩 3 次后,可将桩打进地下多深?

(2)若击打次数不限,则汽锤至多能将桩打进地下多深?

解 (1)设第 n 次击打后,桩被打进地下 x_n,第 n 次击打时,汽锤克服阻力所作的功为 $W_n(n \in \mathbf{N}^*)$. 由题设,当桩被打进地下的深度为 x 时,土层对桩的阻力的大小为 kx,所以

$$W_1 = \int_0^{x_1} kx\mathrm{d}x = \frac{k}{2} x_1^2 = \frac{k}{2} a^2, W_2 = \int_0^{x_2} kx\mathrm{d}x = \frac{k}{2} (x_2^2 - x_1^2) = \frac{k}{2} (x_2^2 - a^2).$$

由 $W_2 = rW_1$,可得 $x_2^2 - a^2 = ra^2$,即 $x_2^2 = (1+r)a^2$.

$$W_3 = \int_{x_2}^{x_3} kx\mathrm{d}x = \frac{k}{2} (x_3^2 - x_2^2) = \frac{k}{2} \left[x_3^2 - (1+r)a^2 \right],$$

由 $W_3 = rW_2 = r^2 W_1$,可得 $x_3^2 - (1+r)a^2 = r^2 a^2$,

从而 $x_3 = \sqrt{1 + r + r^2} a$,

即汽锤击打桩 3 次后,可将桩打进地下 $\sqrt{1 + r + r^2} a$ m.

(2) $W_n = \int_{x_{n-1}}^{x_n} kx\mathrm{d}x = \frac{k}{2} (x_n^2 - x_{n-1}^2)$,由 $W_n = rW_{n-1}$,可得 $x_n^2 - x_{n-1}^2 = r(x_{n-1}^2 - x_{n-2}^2)$,

由(1)知 $x_2^2 - x_1^2 = ra^2$,因此 $x_n^2 - x_{n-1}^2 = r^{n-1} a^2$,从而由归纳法,可得

$$x_n = \sqrt{1 + r + \cdots + r^{n-1}} a,$$

故 $\lim_{n \to \infty} x_n = \lim_{n \to \infty} a \sqrt{\frac{1 - r^n}{1 - r}} = \frac{a}{\sqrt{1 - r}}$,

即若击打次数不限,汽锤至多能将桩打进地下 $\frac{a}{\sqrt{1 - r}}$ m.

第六章自测题

一、填空题

1. 由直线 $y=x+\dfrac{1}{x}$，直线 $x=2$ 及 $y=2$ 所围图形的面积 $A=$_____.

2. 曲线 $y=|\ln x|$ 与直线 $x=\dfrac{1}{e}$，$x=e$ 及 $y=0$ 所围区域的面积 $A=$_____.

3. 圆盘：$x^2+(y-b)^2\leqslant a^2\,(0<a\leqslant b)$ 绕 x 轴旋转所产生的体积 $V_x=$_____.

4. (2019 数学二，4 分)曲线 $y=\ln\cos x\left(0\leqslant x\leqslant\dfrac{\pi}{6}\right)$ 的弧长为_____.

5. (2023 数学二，5 分)曲线 $y=\int_{-\sqrt{3}}^{x}\sqrt{3-t^2}\,dt$ 的弧长为_____.

6. (2020 数学三，4 分)设平面区域 $D=\left\{(x,y)\left|\dfrac{x}{2}\leqslant y\leqslant\dfrac{1}{1+x^2},0\leqslant x\leqslant 1\right.\right\}$，则 D 绕 y 轴旋转所成的旋转体的体积为_____.

7. (2021 数学三，5 分)设平面区域 D 由曲线 $y=\sqrt{x}\sin\pi x(0\leqslant x\leqslant 1)$ 与 x 轴围成，则 D 绕 x 轴旋转所成的旋转体的体积为_____.

二、选择题

1. 双纽线 $(x^2+y^2)^2=x^2-y^2$ 所围成的区域面积可用定积分表示为(　　).

(A) $2\int_0^{\frac{\pi}{4}}\cos 2\theta d\theta$　(B) $4\int_0^{\frac{\pi}{4}}\cos 2\theta d\theta$　(C) $2\int_0^{\frac{\pi}{4}}\sqrt{\cos 2\theta}\,d\theta$　(D) $\dfrac{1}{2}\int_0^{\frac{\pi}{4}}(\cos 2\theta)^2 d\theta$

2. 由曲线 $y_1=xe^x$ 与直线 $y_2=ex$ 所围成平面图形的面积是(　　).

(A) $\dfrac{1}{2}e-1$　(B) $\dfrac{1}{2}e+1$　(C) $\dfrac{1}{2}e$　(D) $\dfrac{1}{2}e+2$

3. 由 $xy\leqslant 4$，$y\geqslant 1$，$x>0$ 所夹图形绕 y 轴旋转所成的立体体积为(　　).

(A) 8π　(B) 16π　(C) 32π　(D) 6π

4. 对数螺线 $\rho=e^{2\theta}$ 上 $\theta=0$ 到 $\theta=2\pi$ 的一段弧长为(　　).

(A) $\dfrac{\sqrt{5}}{2}(e^{4\pi}+1)$　(B) $\dfrac{\sqrt{5}}{2}(e^{4\pi}+2)$　(C) $\dfrac{\sqrt{5}}{2}(e^{4\pi}-1)$　(D) $\dfrac{\sqrt{5}}{2}(e^{4\pi}-2)$

三、解答题

1. 从点 $(2,0)$ 引两条直线与曲线 $y=x^3$ 相切，求由此两条切线与曲线 $y=x^3$ 所围图形的面积 S.

2. 设函数 $f(x)$ 在闭区间 $[0,1]$ 上连续，在开区间 $(0,1)$ 内大于零，并满足

$$xf'(x)=f(x)+\dfrac{3a}{2}x^2\quad(a\text{ 为常数})$$

又曲线 $y=f(x)$ 与 $x=1$，$y=0$ 所围的图形 S 的面积值为 2，求函数 $y=f(x)$，并问 a 为何值时，图形 S 绕 x 轴旋转一周所得的旋转体的体积最小.

3. 在第一象限内，求曲线 $y=-x^2+1$ 上的一点，使该点处的切线与所给曲线及两坐标轴围成的图形面积为最小，并求此最小面积.

4. 为清除井底的污泥，用绳将抓斗放入井底，抓起污泥后提出井口. 已知井深 30m，抓斗自重 400N，缆绳每米重 50N，抓斗抓起的污泥重 2 000N，提升速度为 3m/s，在提升过程中，污泥以 20m/s 的速率从抓斗缝隙中漏掉. 现将抓起污泥的抓斗提升至井口，问克服重力需作多少焦耳的功？

（说明：① 1N×1m=1J；m，N，s，J 分别表示米，牛顿，秒，焦耳.

　　　　② 抓斗的高度及位于井口上方的缆绳长度忽略不计.）

5. 设 xOy 平面上有正方形 $D = \{(x,y) \mid 0 \leqslant x \leqslant 1, 0 \leqslant y \leqslant 1\}$ 及直线 $l: x+y = t\ (t \geqslant 0)$. 若 $S(t)$ 表示正方形 D 位于直线 l 左下方部分的面积, 试求 $\int_0^x S(t)\,\mathrm{d}t\ (x \geqslant 0)$.

6. 某闸门的形状与大小如图 6-44 所示, 其中直线 l 为对称轴, 闸门的上部为矩形 $ABCD$, 下部由二次抛物线与线段 AB 所围成. 当水面与闸门的上端相平时, 欲使闸门矩形部分承受的水压力与闸门下部承受的水压力之比为 $5:4$, 闸门矩形部分的高 h 应为多少米?

7. (2022 数学二, 12 分) 设函数 $y(x)$ 是微分方程 $2xy' - 4y = 2\ln x - 1$ 满足条件 $y(1) = \dfrac{1}{4}$ 的解, 求曲线 $y = y(x)\ (1 \leqslant x \leqslant \mathrm{e})$ 的弧长.

图 6-44

四、证明题

设函数 $y = f(x)$ 在 $[a,b]$ 上可导, 且 $f'(x) > 0$, $f(a) > 0$, 试证对如图 6-45 所示的两个面积 $A(x)$ 和 $B(x)$ 来说, 有唯一的 $\xi \in (a,b)$, 使得 $\dfrac{A(\xi)}{B(\xi)} = 2\,009$.

图 6-45

第六章自测题答案

一、1. 解 此题 $y = x + \dfrac{1}{x}$ 图像不易画出, 但比较 $y = x + \dfrac{1}{x}$ 与

$y = 2$ 的大小便可确定面积元素 $\mathrm{d}A = \left(x + \dfrac{1}{x} - 2\right)\mathrm{d}x$.

由 $\begin{cases} y = x + \dfrac{1}{x} \\ y = 2 \end{cases}$ 得交点为 $(1,2)$. 又 $x + \dfrac{1}{x} \geqslant 2$,

故 $A = \int_1^2 \left(x + \dfrac{1}{x} - 2\right)\mathrm{d}x = \left[\dfrac{x^2}{2} + \ln|x| - 2x\right]\Big|_1^2 = \ln 2 - \dfrac{1}{2}$.

故应填 $\ln 2 - \dfrac{1}{2}$.

2. 解 $y = |\ln x| = \begin{cases} \ln x, & x \geqslant 1, \\ -\ln x, & 0 < x < 1. \end{cases}$

$A = \int_{\frac{1}{e}}^{1} (-\ln x)\mathrm{d}x + \int_1^{\mathrm{e}} \ln x\,\mathrm{d}x = -[x\ln x - x]\Big|_{\frac{1}{e}}^{1} + [x\ln x - x]\Big|_1^{\mathrm{e}} = 2 - \dfrac{2}{\mathrm{e}}$.

故应填 $2 - \dfrac{2}{\mathrm{e}}$.

3. 解 $y_1 = b + \sqrt{a^2 - x^2}$, $y_2 = b - \sqrt{a^2 - x^2}$ $(-a \leqslant x \leqslant a)$.

$$V_x = \pi \int_{-a}^{a} (y_1^2 - y_2^2)\mathrm{d}x = 8\pi b \int_0^a \sqrt{a^2 - x^2}\,\mathrm{d}x = 2\pi^2 a^2 b.$$

故应填 $2\pi^2 a^2 b$.

4. 解 $s = \int_0^{\frac{\pi}{6}} \sqrt{1 + (y')^2}\,\mathrm{d}x = \int_0^{\frac{\pi}{6}} \sqrt{1 + \tan^2 x}\,\mathrm{d}x = \int_0^{\frac{\pi}{6}} \sec x\,\mathrm{d}x = \ln(\sec x + \tan x)\Big|_0^{\frac{\pi}{6}} = \dfrac{1}{2}\ln 3$.

故应填 $\dfrac{1}{2}\ln 3$.

5. 解 由题意知 $-\sqrt{3} \leqslant x \leqslant \sqrt{3}$, 则

$l = \int_{-\sqrt{3}}^{\sqrt{3}} \sqrt{1 + (y')^2}\,\mathrm{d}x = \int_{-\sqrt{3}}^{\sqrt{3}} \sqrt{4 - x^2}\,\mathrm{d}x \xrightarrow{x = 2\sin t} \int_{\frac{\pi}{3}}^{\frac{\pi}{3}} 2 \cdot \cos t \cdot 2\cos t\,\mathrm{d}t$

$$= 8\int_0^{\frac{\pi}{3}}\cos^2 t\,dt = 4\int_0^{\frac{\pi}{3}}(1+\cos 2t)\,dt = \sqrt{3}+\frac{4}{3}\pi.$$

故应填 $\sqrt{3}+\dfrac{4}{3}\pi$.

6. 解 $V = \pi\int_0^{\frac{1}{2}}4y^2\,dy + \pi\int_{\frac{1}{2}}^1\left(\dfrac{1}{y}-1\right)dy = \pi\left(\ln 2 - \dfrac{1}{3}\right).$

故应填 $\pi\left(\ln 2 - \dfrac{1}{3}\right).$

7. 解 $V = \pi\int_0^1 x\sin^2\pi x\,dx = \dfrac{1}{\pi}\int_0^1(\pi x)\sin^2\pi x\,d(\pi x) = \dfrac{1}{\pi}\int_0^\pi t\sin^2 t\,dt$

$$= \dfrac{1}{\pi}\cdot\dfrac{\pi}{2}\int_0^\pi\sin^2 t\,dt = \int_0^{\frac{\pi}{2}}\sin^2 t\,dt = \dfrac{\pi}{4}.$$

故应填 $\dfrac{\pi}{4}$.

二、1. 解 双纽线的极坐标方程为 $r^2 = \cos 2\theta$. 根据对称性，$A = 4\cdot\dfrac{1}{2}\int_0^{\frac{\pi}{4}}r^2\,d\theta = 2\int_0^{\frac{\pi}{4}}\cos 2\theta\,d\theta.$

故应选 A.

2. 解 由 $\begin{cases}y_1 = xe^x,\\ y_2 = ex,\end{cases}$ 解得交点为 $(0,0)$ 和 $(1,e)$，又由 $y_1\big|_{x=\frac{1}{2}} = \dfrac{1}{2}e^{\frac{1}{2}}$，$y_2\big|_{x=\frac{1}{2}} = \dfrac{1}{2}e$

知 $x\in(0,1)$ 时，$y_1 < y_2$

所以 $S = \int_0^1(ex - xe^x)\,dx = \left[\dfrac{1}{2}ex^2 - xe^x + e^x\right]\Big|_0^1 = \dfrac{1}{2}e - 1.$

故应选 A.

3. 解 由 $\begin{cases}xy = 4,\\ y = 1,\end{cases}$ 得交点 $(4,1)$，所以

$$V = \int_1^{+\infty}\pi x^2\,dy = \int_1^{+\infty}\pi\left(\dfrac{4}{y}\right)^2 dy = 16\pi\int_1^{+\infty}\dfrac{1}{y^2}\,dy = 16\pi\left(\dfrac{-1}{y}\right)\Big|_1^{+\infty} = 16\pi.$$

故应选 B.

4. 解 所求弧长 $L = \int_0^{2\pi}\sqrt{e^{4\theta}+4e^{4\theta}}\,d\theta = \sqrt{5}\int_0^{2\pi}e^{2\theta}\,d\theta = \dfrac{\sqrt{5}}{2}(e^{4\pi}-1).$

故选 C.

三、1. 解 如图 6-46 所示，设切点为 (α,α^3) 则过切点的切线方程为
$$Y - \alpha^3 = 3\alpha^2(X-\alpha),$$
因为它通过点 $(2,0)$，即满足
$$0 - \alpha^3 = 3\alpha^2(2-\alpha), \quad 即\quad \alpha^3 + 3\alpha^2(2-\alpha) = 0.$$
可得 $\alpha = 0$ 或 $\alpha = 3$，
即两切点坐标为 $(0,0)$ 与 $(3,27)$，
相应的两条切线方程为 $Y = 0$ 与 $27X - Y - 54 = 0$.
选取 y 为积分变量，则有

图 6-46

$$S = \int_0^{27}\left(\dfrac{y}{27}+2-\sqrt[3]{y}\right)dy = \left(\dfrac{y^2}{54}+2y-\dfrac{3}{4}y^{\frac{4}{3}}\right)\Big|_0^{27} = \dfrac{27}{4}.$$

评注：求面积问题与利用导数求切线方程问题相结合，增加了问题的综合性，读者应提高解决这种综合问题的能力。

2. 解 由题设知,当 $x \neq 0$ 时,

$$\frac{xf'(x) - f(x)}{x^2} = \frac{3a}{2}, \quad 即 \quad \frac{\mathrm{d}}{\mathrm{d}x}\left[\frac{f(x)}{x}\right] = \frac{3a}{2},$$

据此并由 $f(x)$ 在点 $x=0$ 处的连续性,得

$$f(x) = \frac{3}{2}ax^2 + Cx, \quad x \in [0,1].$$

又由已知条件得 $2 = \int_0^1 \left(\frac{3}{2}ax^2 + Cx\right)\mathrm{d}x = \left(\frac{1}{2}ax^3 + \frac{C}{2}x^2\right)\Big|_0^1 = \frac{1}{2}a + \frac{1}{2}C$,

即 $C = 4 - a$. 因此 $f(x) = \frac{3}{2}ax^2 + (4-a)x$.

旋转体的体积为

$$V(a) = \pi \int_0^1 f^2(x)\mathrm{d}x = \pi \int_0^1 \left[\frac{3}{2}ax^2 + (4-a)x\right]^2\mathrm{d}x = \left(\frac{1}{30}a^2 + \frac{1}{3}a + \frac{16}{3}\right)\pi.$$

由 $V'(a) = \left(\frac{1}{15}a + \frac{1}{3}\right)\pi = 0$,得 $a = -5$.

又因 $V''(a) = \frac{\pi}{15} > 0$,故 $a = -5$ 时,旋转体体积最小.

3. 解 设所求点为 $P(x,y)$,因为 $y' = -2x \, (x>0)$,故过点 $P(x,y)$ 的切线方程为:

$$Y - y = -2x(X - x).$$

当 $X = 0$ 时,得切线在 y 轴上的截距:$b = x^2 + 1$,

当 $Y = 0$ 时,得切线在 x 轴上的截距:$a = \dfrac{x^2 + 1}{2x}$.

故所求面积为:

$$S(x) = \frac{1}{2}ab - \int_0^1 (-x^2 + 1)\mathrm{d}x = \frac{1}{4}\left(x^3 + 2x + \frac{1}{x}\right) - \frac{2}{3},$$

$$S'(x) = \frac{1}{4}\left(3x - \frac{1}{x}\right) \cdot \left(x + \frac{1}{x}\right),令 S'(x) = 0,得驻点:x_0 = \frac{1}{\sqrt{3}},$$

再由 $S''\left(\dfrac{1}{\sqrt{3}}\right) > 0$ 知,$S(x_0)$ 为极小值,且当 $0 < x < 1$ 时,仅有此一个极小值点,故此极小值点即为 $S(x)$ 在 $0 < x < 1$ 上的最小值点.

又 $x_0 = \dfrac{1}{\sqrt{3}}$ 时,$y_0 = \dfrac{2}{3}$,$S\left(\dfrac{1}{\sqrt{3}}\right) = \dfrac{2}{9}(2\sqrt{3} - 3)$.

故所求点为 $\left(\dfrac{1}{\sqrt{3}}, \dfrac{2}{3}\right)$,所求最小面积为 $S = \dfrac{2}{9}(2\sqrt{3} - 3)$.

4. 解 作 x 轴如图 6—47 所示. 将抓起污泥的抓斗提升至井口需作功

$$W = W_1 + W_2 + W_3$$

其中 W_1 是克服抓斗自重所作的功;W_2 是克服缆绳重力所作的功;W_3 是提出污泥所作的功. 由题意知 $W_1 = 400 \times 30 = 12\,000$.

将抓斗由 x 处提升至 $x + \mathrm{d}x$ 处克服缆绳重力所作的功为

$$\mathrm{d}W_2 = 50(30 - x)\mathrm{d}x,$$

从而 $W_2 = \displaystyle\int_0^{30} \mathrm{d}W_2 = \int_0^{30} 50(30 - x)\mathrm{d}x = 22\,500$.

在时间间隔 $[t, t+\mathrm{d}t]$ 内提升污泥需作功为:

$$\mathrm{d}W_3 = 3(2\,000 - 20t)\mathrm{d}t,$$

图 6—47

将污泥从井底提升至井口共需时间 $\frac{30}{3}=10$，故 $W_3=\int_0^{10}3(2\,000-20t)\mathrm{d}t=57\,000$.

因此共需作功 $W=12\,000+22\,500+57\,000=91\,500(\mathrm{J})$.

5.解 如图 6-48 所示. 由题设知

$$S(t)=\begin{cases}\dfrac{1}{2}t^2, & 0\leqslant t\leqslant 1,\\[2mm] -\dfrac{1}{2}t^2+2t-1, & 1<t\leqslant 2,\\[2mm] 1, & t>2.\end{cases}$$

图 6-48

所以，当 $0\leqslant x\leqslant 1$ 时，

$$\int_0^x S(t)\mathrm{d}t=\int_0^x \frac{1}{2}t^2\mathrm{d}t=\frac{1}{6}x^3,$$

当 $1<x\leqslant 2$ 时

$$\int_0^x S(t)\mathrm{d}t=\int_0^1 S(t)\mathrm{d}t+\int_1^x S(t)\mathrm{d}t=-\frac{x^3}{6}+x^2-x+\frac{1}{3},$$

当 $x>2$ 时 $\int_0^x S(t)\mathrm{d}t=\int_0^2 S(t)\mathrm{d}t+\int_2^x S(t)\mathrm{d}t=x-1$.

因此 $\int_0^x S(t)\mathrm{d}t=\begin{cases}\dfrac{1}{6}x^3, & 0\leqslant x\leqslant 1,\\[2mm] -\dfrac{1}{6}x^3+x^2-x+\dfrac{1}{3}, & 1<x\leqslant 2,\\[2mm] x-1, & x>2.\end{cases}$

评注: 分段函数的积分,应根据不同区间上的函数表达式,利用定积分的可加性分段计算,本题先根据 t 的取值情况,求出 $S(t)$ 的表达式,然后根据 x 的取值确定 $\int_0^x S(t)\mathrm{d}t\ (x\geqslant 0)$.

6.解 方法一 如图 6-49 建立坐标系,则闸门下部边缘抛物线的方程为

$$y=x^2 \quad (-1\leqslant x\leqslant 1).$$

由水侧压力公式知,闸门矩形部分承受的水压力为

$$P_1=\int_1^{h+1}2\rho g(h+1-y)\mathrm{d}y=2\rho g\left[(h+1)y-\frac{y^2}{2}\right]\Big|_1^{h+1}=\rho gh^2,$$

其中 ρ 为水的密度,g 为重力加速度.

同理,闸门下部承受的水压力为

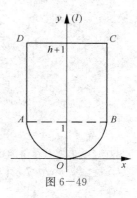
图 6-49

$$P_2=\int_0^1 2\rho g(h+1-y)\sqrt{y}\mathrm{d}y$$

$$=2\rho g\left[\frac{2}{3}(h+1)y^{\frac{3}{2}}-\frac{2}{5}y^{\frac{5}{2}}\right]\Big|_0^1=4\rho g\left(\frac{1}{3}h+\frac{2}{15}\right),$$

按题意 $\dfrac{P_1}{P_2}=\dfrac{5}{4}$，因而有 $\dfrac{\rho gh^2}{4\rho g\left(\dfrac{1}{3}h+\dfrac{2}{15}\right)}=\dfrac{5}{4}$，

即 $3h^2-5h-2=0$,解之得 $h=2,h=-\dfrac{1}{3}$(舍去).

因此闸门矩形部分的高应为 2m.

方法二 如图 6-50 建立坐标系,此时抛物线方程为 $x=h+1-y^2 \quad (0\leqslant x\leqslant h+1)$.

在此坐标系下,闸门矩形部分承受的水压力为

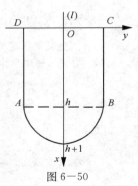

$$P_1 = \int_0^h 2\rho g x \, dx = \rho g h^2.$$

闸门下部承受的水压力为

$$P_2 = \int_h^{h+1} 2\rho g x \sqrt{h+1-x} \, dx$$

$$\xlongequal{\text{令}\sqrt{h+1-x}=t} \int_0^1 4\rho g t^2 (h+1-t^2) \, dt$$

$$= 4\rho g \left[\frac{h+1}{3} t^3 - \frac{t^5}{5} \right] \Big|_0^1 = 4\rho g \left(\frac{h}{3} + \frac{2}{15} \right).$$

以下同方法一.

图 6—50

7. 解 由微分方程 $2xy' - 4y = 2\ln x - 1$，得 $y' - \frac{2}{x} y = \frac{2\ln x - 1}{2x}$，$(x \neq 0)$.

则 $y(x) = e^{-\int \left(-\frac{2}{x} \right) dx} \left[\int \frac{2\ln x - 1}{2x} e^{\int \left(-\frac{2}{x} \right) dx} \, dx + C \right]$

$$= x^2 \left(\int \frac{2\ln x - 1}{2x} \cdot \frac{1}{x^2} \, dx + C \right) = x^2 \left(\int \frac{\ln x}{x^3} \, dx - \int \frac{1}{2x^3} \, dx + C \right)$$

$$= x^2 \left(-\frac{1}{2} x^{-2} \ln x + \frac{1}{2} \int \frac{1}{x^3} \, dx - \frac{1}{2} \int \frac{1}{x^3} \, dx + C \right)$$

$$= -\frac{1}{2} \ln x + C x^2, \text{其中} C \text{为任意常数}.$$

代入 $y(1) = \frac{1}{4}$，得 $C = \frac{1}{4}$.

故 $y(x) = -\frac{1}{2} \ln x + \frac{1}{4} x^2$，则弧长

$$s = \int_1^e \sqrt{1 + [y'(x)]^2} \, dx = \int_1^e \left(\frac{x}{2} + \frac{1}{2x} \right) dx = \left(\frac{1}{4} x^2 + \frac{1}{2} \ln x \right) \Big|_1^e = \frac{e^2 + 1}{4}.$$

四、证 当 $x \in [a, b]$ 时，由题意知

$$A(x) = \int_a^x [f(x) - f(t)] \, dt = \int_a^x f(x) \, dt - \int_a^x f(t) \, dt$$

$$= f(x)(x - a) - \int_a^x f(t) \, dt,$$

$$B(x) = \int_x^b [f(t) - f(x)] \, dt = \int_x^b f(t) \, dt - \int_x^b f(x) \, dt$$

$$= \int_x^b f(t) \, dt - f(x) \cdot (b - x).$$

令 $\varphi(x) = A(x) - 2\,009 \cdot B(x)$，则

$$\varphi(a) = A(a) - 2\,009 \cdot B(a) = -2\,009 \cdot B(a) < 0$$

$$\varphi(b) = A(b) > 0,$$

由零点存在定理知，至少存在一点 $\xi \in (a, b)$，使得 $\varphi(\xi) = 0$，

即 $\varphi(x)$ 在 (a, b) 内至少有一个零点 ξ，又因为

$$\varphi'(x) = A'(x) - 2\,009 B'(x) = f'(x)(x - a) + f'(x)(b - x)$$

$$= f'(x)(b - a) > 0,$$

因此，$\varphi(x)$ 在 (a, b) 内单调增加，从而 $\varphi(x)$ 至多有一个零点.

综上所述，$\varphi(x)$ 在 (a, b) 内存在唯一零点 ξ，即 $\varphi(\xi) = A(\xi) - 2\,009 B(\xi) = 0$.

故 $\dfrac{A(\xi)}{B(\xi)} = 2\,009.$

第七章　微 分 方 程

微分方程是现代数学的一个重要分支,在诸多领域中量与量之间的函数关系往往可表示为微分方程.本章将介绍微分方程的基本概念、几类一阶微分方程的求解方法、线性微分方程解的性质及解的结构,可降阶方程的求解方法以及高阶线性常系数齐次和非齐次方程的解法,并且简单介绍微分方程在实际中的应用.

第一节　微分方程的基本概念

一、　主要内容归纳

1. 微分方程

凡表示未知函数、未知函数的导数与自变量之间关系的方程,叫做微分方程,也简称方程. 其一般形式是 $F(x, y', y'', \cdots, y^{(n)}) = 0$.

(1) **常微分方程**　未知函数为一元函数的方程叫做常微分方程.

(2) **偏微分方程**　未知函数为多元函数的方程叫做偏微分方程.

2. 微分方程的阶

微分方程中所出现的未知函数的最高阶导数的阶数叫做微分方程的阶.

3. 微分方程的解

能使微分方程成为恒等式的函数叫做微分方程的解.

(1) **微分方程的通解**　若微分方程的解中含有任意常数,且任意常数的个数与微分方程的阶数相同,这样的解叫做微分方程的通解.

(2) **微分方程的特解**　确定了通解中任意常数之后得到的解,叫做微分方程的特解.

4. 初始条件

用来确定微分方程的通解中任意常数的条件叫做初始条件.

5. 初值问题

求微分方程满足初始条件的特解的问题,叫做微分方程的初值问题.

6. 微分方程的积分曲线

微分方程的解的图形是一条曲线,叫做微分方程的积分曲线.

二、 经典例题解析及解题方法总结

【例1】 求以 $y=C_1e^x+C_2e^{-x}-x$ 为通解的微分方程(C_1、C_2 为任意常数).

解 由 $y=C_1e^x+C_2e^{-x}-x$,对 x 求导得

$$y'=C_1e^x-C_2e^{-x}-1, \qquad \text{①}$$

①式再对 x 求导得

$$y''=C_1e^x+C_2e^{-x}, \qquad \text{②}$$

由已知与②式得 $y=y''-x$,即所求微分方程为 $y''-y-x=0$.

【例2】 求初值问题 $\begin{cases} y'''=x, \\ y(0)=a_0,\ y'(0)=a_1,\ y''(0)=a_2 \end{cases}$ 的解.

解 由 $y'''=x$,得

$$y''=\int y'''\mathrm{d}x=\int x\mathrm{d}x=\frac{x^2}{2}+C_1,$$

$$y'=\int y''\mathrm{d}x=\int\left(\frac{x^2}{2}+C_1\right)\mathrm{d}x=\frac{x^3}{6}+C_1x+C_2,$$

$$y=\int y'\mathrm{d}x=\int\left(\frac{x^3}{6}+C_1x+C_2\right)\mathrm{d}x=\frac{x^4}{24}+\frac{1}{2}C_1x^2+C_2x+C_3,$$

C_1,C_2,C_3 为任意常数.

将初值 $y''(0)=a_2$,$y'(0)=a_1$,$y(0)=a_0$ 代入得 $C_1=a_2$,$C_2=a_1$,$C_3=a_0$.

故初值问题的解为 $y=\frac{1}{24}x^4+\frac{1}{2}a_2x^2+a_1x+a_0$.

习题 7—1 解答

1. 试说出下列各微分方程的阶数:

   (1)$x(y')^2-2yy'+x=0$;   (2)$x^2y''-xy'+y=0$;

   (3)$xy'''+2y''+x^2y=0$;   (4)$(7x-6y)\mathrm{d}x+(x+y)\mathrm{d}y=0$;

   (5)$L\dfrac{\mathrm{d}^2Q}{\mathrm{d}t^2}+R\dfrac{\mathrm{d}Q}{\mathrm{d}t}+\dfrac{Q}{C}=0$;   (6)$\dfrac{\mathrm{d}\rho}{\mathrm{d}\theta}+\rho=\sin^2\theta$.

   解 由于微分方程的阶即为未知函数的导数的最高阶数,故各微分方程的阶数依次为

   (1)一阶   (2)二阶   (3)三阶   (4)一阶   (5)二阶   (6)一阶

2. 指出下列各题中的函数是否为所给微分方程的解:

   (1)$xy'=2y$, $y=5x^2$;   (2)$y''+y=0$, $y=3\sin x-4\cos x$;

   (3)$y''-2y'+y=0$, $y=x^2e^x$;   (4)$y''-(\lambda_1+\lambda_2)y'+\lambda_1\lambda_2y=0$, $y=C_1e^{\lambda_1x}+C_2e^{\lambda_2x}$.

   解 (1)由 $y=5x^2$ 求导得 $y'=10x$ 代入方程左边得

       左边$=xy'=x\cdot10x=10x^2=2\cdot(5x^2)=$右边

       故 $y=5x^2$ 是方程 $xy'=2y$ 的解.

   (2)由 $y=3\sin x-4\cos x$,

       两边关于 x 求导,得 $y'=3\cos x+4\sin x$,

       再关于 x 求导,得 $y''=-3\sin x+4\cos x$,将 y''代入方程 $y''+y=0$ 中

       左边$=y''+y=-3\sin x+4\cos x+3\sin x-4\cos x=0=$右边

       即 $y=3\sin x-4\cos x$ 是所给方程的解.

(3)由 $y=x^2\mathrm{e}^x$ 求导得 $y'=\mathrm{e}^x(2x+x^2)$,再求导:$y''=\mathrm{e}^x(2+4x+x^2)$,

将上二式代入方程 $y''-2y'+y=0$ 中得

左边 $=\mathrm{e}^x(2+4x+x^2)-2\mathrm{e}^x(2x+x^2)+x^2\mathrm{e}^x=2\mathrm{e}^x\neq0=$ 右边,

故 $y=x^2\mathrm{e}^x$ 不是所给方程的解.

(4)将 $y=C_1\mathrm{e}^{\lambda_1 x}+C_2\mathrm{e}^{\lambda_2 x}$ 两边求导得 $y'=C_1\lambda_1\mathrm{e}^{\lambda_1 x}+C_2\lambda_2\mathrm{e}^{\lambda_2 x}$,再求导得 $y''=C_1\lambda_1^2\mathrm{e}^{\lambda_1 x}+C_2\lambda_2^2\mathrm{e}^{\lambda_2 x}$,

将上二式代入 $y''-(\lambda_1+\lambda_2)y'+\lambda_1\lambda_2 y$ 中

左边 $=y''-(\lambda_1+\lambda_2)y'+\lambda_1\lambda_2 y$

$=(C_1\lambda_1^2\mathrm{e}^{\lambda_1 x}+C_2\lambda_2^2\mathrm{e}^{\lambda_2 x})-(\lambda_1+\lambda_2)(C_1\lambda_1\mathrm{e}^{\lambda_1 x}+C_2\lambda_2\mathrm{e}^{\lambda_2 x})+\lambda_1\lambda_2(C_1\mathrm{e}^{\lambda_1 x}+C_2\mathrm{e}^{\lambda_2 x})=0=$ 右边,

故 $y=C_1\mathrm{e}^{\lambda_1 x}+C_2\mathrm{e}^{\lambda_2 x}$ 是所给方程的解.

3. 在下列各题中,验证所给二元方程所确定的函数为所给微分方程的解:

(1)$(x-2y)y'=2x-y$,$x^2-xy+y^2=C$;

(2)$(xy-x)y''+xy'^2+yy'-2y'=0$,$y=\ln(xy)$.

证 (1)对 $x^2-xy+y^2=C$ 关于 x 求导得 $2x-y-xy'+2yy'=0$,

整理得 $(x-2y)y'=2x-y$.

故 $x^2-xy+y^2=C$ 是所给方程的解.

(2)对 $y=\ln(xy)$ 关于 x 求导得 $y'=\dfrac{1}{x}+\dfrac{y'}{y}$,故 $y'=\dfrac{y}{x(y-1)}$,

再对 x 求导,得 $y''=-\dfrac{1}{x^2}+\left(-\dfrac{1}{y^2}\cdot y'^2+\dfrac{1}{y}y''\right)$,

故 $y''=\dfrac{y}{y-1}\left(-\dfrac{1}{x^2}-\dfrac{1}{y^2}\cdot\dfrac{y^2}{x^2(y-1)^2}\right)=-\dfrac{y}{x^2(y-1)}-\dfrac{y}{x^2(y-1)^3}$,

则有 $(xy-x)y''=-\dfrac{y}{x}-\dfrac{y}{x(y-1)^2}$,

代入原方程得:$(xy-x)y''+xy'^2+yy'-2y'$

$=-\dfrac{y}{x}-\dfrac{y}{x(y-1)^2}+x\dfrac{y^2}{x^2(y-1)^2}+(y-2)\dfrac{y}{x(y-1)}=0.$

故 $y=\ln(xy)$ 是所给方程的解.

4. 在下列各题中,确定函数关系式中所含的参数,使函数满足所给的初始条件:

(1)$x^2-y^2=C$, $y\big|_{x=0}=5$;

(2)$y=(C_1+C_2 x)\mathrm{e}^{2x}$, $y\big|_{x=0}=0$, $y'\big|_{x=0}=1$;

(3)$y=C_1\sin(x-C_2)$, $y\big|_{x=\pi}=1$, $y'\big|_{x=\pi}=0$.

解 (1)由 $x^2-y^2=C$,令 $x=0,y=5$ 代入上式得 $C=0-25=-25$,

则原函数为 $y^2-x^2=25$.

(2)由 $\qquad\qquad\qquad y=(C_1+C_2 x)\mathrm{e}^{2x}$ ①

两边关于 x 求导得 $y'=C_2\mathrm{e}^{2x}+2(C_1+C_2 x)\mathrm{e}^{2x}$ ②

在①中令 $x=0,y=0$ 得 $C_1=0$. 在②中令 $x=0,y'=1$ 得 $2C_1+C_2=1$. 于是,$C_1=0$,$C_2=1$.

故原函数为 $y=x\mathrm{e}^{2x}$.

(3)由 $\qquad\qquad\qquad y=C_1\sin(x-C_2)$ ①

两边对 x 求导,得

$\qquad\qquad\qquad y'=C_1\cos(x-C_2)$ ②

在①中令 $x=\pi,y=1$,得

$\qquad\qquad\qquad C_1\sin(\pi-C_2)=1$ ③

在②中令 $x=\pi,y'=0$,得

$$C_1 \cos(\pi - C_2) = 0 \qquad ④$$

由③知 $C_1 \neq 0$,故由④知

$$\cos(\pi - C_2) = 0 \qquad ⑤$$

不妨设 $C_2 = \dfrac{\pi}{2}$,代入③得 $C_1 \sin \dfrac{\pi}{2} = 1$,即 $C_1 = 1$

则原函数为 $y = \sin\left(x - \dfrac{\pi}{2}\right) = -\cos x.$

5. 写出由下列条件确定的曲线所满足的微分方程:

(1) 曲线在点 (x, y) 处的切线斜率等于该点横坐标的的平方;

(2) 曲线上点 $P(x, y)$ 处的法线与 x 轴的交点为 Q,且线段 PQ 被 y 轴平分;

(3) 曲线上点 $P(x, y)$ 处的切线与 y 轴的交点为 Q,线段 PQ 的长度为 a,且曲线通过点 $(a, 0)$.

解 (1) 设曲线为 $y = y(x)$,则曲线在点 (x, y) 处切线斜率为 y',由条件知 $y' = x^2$,即为所求微分方程.

(2) 设曲线为 $y = y(x)$,$P(x, y)$ 处法线方程为 $Y - y = -\dfrac{1}{y'}(Z - x)$,

当 $Y = 0$ 时,得 $Z = x + yy'$,则 Q 点坐标为 $Q(x + yy', 0)$,

又 PQ 中点在 y 轴上,则 $\dfrac{x + x + yy'}{2} = 0.$

即所求方程为 $yy' + 2x = 0.$

(3) 过 P 点的切线方程为 $Y - y = y'(X - x)$. 令 $x = 0$,得 $Y = y - xy'$,故 $Q(0, y - xy')$.

所以 $\sqrt{x^2 + (y - xy' - y)^2} = a$,即 $x^2(1 + (y')^2) = a^2$ 且 $y\big|_{x=a} = 0.$

6. 用微分方程表示一物理命题:某种气体的压强 p 对于温度 T 的变化率与压强成正比,与温度的平方成反比.

解 $\dfrac{\mathrm{d}P}{\mathrm{d}T} = K \dfrac{P}{T^2}$(其中 K 为比例常数).

7. 一个半球体形状的雪堆,其体积融化率与半球面面积 A 成正比,比例系数 $k > 0$. 假设在融化过程中雪堆始终保持半球体形状,已知半径为 r_0 的雪堆在开始融化的 3h 内,融化了其体积的 $\dfrac{7}{8}$,问雪堆全部融化需要多少时间?

解 设雪堆在时刻 t 的体积为 $V = \dfrac{2}{3}\pi r^3$,侧面积 $S = 2\pi r^2$. 由题设知 $\dfrac{\mathrm{d}V}{\mathrm{d}t} = 2\pi r^2 \dfrac{\mathrm{d}r}{\mathrm{d}t} = -kS = -2\pi k r^2$,

于是 $\dfrac{\mathrm{d}r}{\mathrm{d}t} = -k$,积分得 $r = -kt + C.$

由 $r\big|_{t=0} = r_0$,得 $C = r_0$,$r = r_0 - kt$. 又 $V\big|_{t=3} = \dfrac{1}{8} V\big|_{t=0}$,即 $\dfrac{2}{3}\pi(r_0 - 3k)^3 = \dfrac{1}{8} \cdot \dfrac{2}{3}\pi r_0^3$,得 $k = \dfrac{1}{6}r_0$,从而 $r = r_0 - \dfrac{1}{6}r_0 t$

因雪堆全部融化时,$r = 0$,故得 $t = 6$,即雪堆全部融化需 6 小时.

第二节　可分离变量的微分方程

一、主要内容归纳

1. 可分离变量的微分方程

如果一个一阶微分方程能写成 $g(y)\mathrm{d}y=f(x)\mathrm{d}x$ 或 $\dfrac{\mathrm{d}y}{\mathrm{d}x}=f(x)h(y)$ 的形式,则原方程就称为可分离变量的微分方程.

2. 解法

分离变量法　分离变量,各自积分. $\displaystyle\int g(y)\mathrm{d}y=\int f(x)\mathrm{d}x.$

二、经典例题解析及解题方法总结

【例 1】　微分方程 $xy'+y=0$ 满足条件 $y(1)=1$ 的解是 $y=$ _____.

解　由原方程可得 $\dfrac{\mathrm{d}y}{\mathrm{d}x}=\dfrac{-y}{x}$,分离变量得 $\dfrac{\mathrm{d}y}{-y}=\dfrac{\mathrm{d}x}{x}$,

两边积分得 $-\ln|y|=\ln|x|+C_1$,所以 $\dfrac{1}{|y|}=|x|\cdot C,(C=\mathrm{e}^{C_1})$.

故 $|xy|=C$,又 $y(1)=1$,所以 $y=\dfrac{1}{x}$.

故应填 $y=\dfrac{1}{x}$.

【例 2】　已知函数 $y=y(x)$ 在任意点 x 处的增量 $\Delta y=\dfrac{y\Delta x}{1+x^2}+\alpha$,且当 $\Delta x\to0$ 时,α 是 Δx 的高阶无穷小,$y(0)=\pi$,则 $y(1)$ 等于 _____.

解　由 $\Delta y=\dfrac{y\Delta x}{1+x^2}+\alpha$,得 $\dfrac{\Delta y}{\Delta x}=\dfrac{y}{1+x^2}+\dfrac{\alpha}{\Delta x}$,求极限得 $f'(x)=\dfrac{y}{1+x^2}$,

即 $\dfrac{\mathrm{d}y}{\mathrm{d}x}=\dfrac{y}{1+x^2}$,分离变量得 $\dfrac{\mathrm{d}y}{y}=\dfrac{\mathrm{d}x}{1+x^2}$,积分并整理得 $y=C\mathrm{e}^{\arctan x}$.

$y(0)=\pi$,故 $C=\pi$. $y=\pi\mathrm{e}^{\arctan x}$,$y(1)=\pi\mathrm{e}^{\frac{\pi}{4}}$.

故应填 $\pi\mathrm{e}^{\frac{\pi}{4}}$.

● **方法总结**

　按题意列出微分方程,通过分离变量并积分得通解,由初始条件得特解,从而求出函数值.

【例 3】　(2019 数学一,4 分)微分方程 $2yy'-y^2-2=0$ 满足条件 $y(0)=1$ 的特解

$y=$ _____.

解 将方程 $2yy'-y^2-2=0$ 变形为 $\dfrac{\mathrm{d}y}{\mathrm{d}x}=\dfrac{y^2+2}{2y}$，这是一个可分离变量的微分方程，即

$$\dfrac{2y}{y^2+2}\mathrm{d}y=\mathrm{d}x.$$

两边积分，得 $\displaystyle\int\dfrac{2y}{y^2+2}\mathrm{d}y=\int\mathrm{d}x$. 通解为 $y^2+2=C\mathrm{e}^x$. 由 $y(0)=1$，得 $C=3$，故特解为 $y=\sqrt{3\mathrm{e}^x-2}$.

应填 $\sqrt{3\mathrm{e}^x-2}$.

【例 4】 解微分方程 $(\mathrm{e}^{x+y}-\mathrm{e}^x)\mathrm{d}x+(\mathrm{e}^{x+y}+\mathrm{e}^y)\mathrm{d}y=0$.

解 原方程变形为 $\mathrm{e}^y(\mathrm{e}^x+1)\mathrm{d}y=\mathrm{e}^x(1-\mathrm{e}^y)\mathrm{d}x$.

分离变量得 $\dfrac{\mathrm{e}^y}{1-\mathrm{e}^y}\mathrm{d}y=\dfrac{\mathrm{e}^x}{1+\mathrm{e}^x}\mathrm{d}x$，积分得

$$-\ln(\mathrm{e}^y-1)=\ln(\mathrm{e}^x+1)-\ln C,\quad\text{即}\quad\ln(\mathrm{e}^x+1)+\ln(\mathrm{e}^y-1)=\ln C.$$

故通解为 $(\mathrm{e}^x+1)(\mathrm{e}^y-1)=C$.

【例 5】 若连续函数 $f(x)$ 满足关系式 $f(x)=\displaystyle\int_0^{2x}f\left(\dfrac{t}{2}\right)\mathrm{d}t+\ln 2$，则 $f(x)=$ _____.

解 由 $f(x)=\displaystyle\int_0^{2x}f\left(\dfrac{t}{2}\right)\mathrm{d}t+\ln 2$，求导得 $f'(x)=2f(x)$，积分得 $f(x)=C\mathrm{e}^{2x}$，又当 $x=0$ 时，$f(0)=\ln 2$.

得 $C=\ln 2$，故 $f(x)=\mathrm{e}^{2x}\ln 2$.

故应填 $\mathrm{e}^{2x}\ln 2$.

● **方法总结** ···

对于这类问题，一般是对积分关系式两边求导化为微分方程，这时要注意关系式中隐含的初始条件.

【例 6】 设曲线 L 的极坐标方程为 $r=r(\theta)$，$M(r,\theta)$ 为 L 上任一点，$M_0(2,0)$ 为 L 上一定点. 若极径 OM_0、OM 与曲线 L 所围成的曲边扇形面积值等于 L 上 M_0、M 两点间弧长值的一半，求曲线 L 的方程.

解 由已知条件得 $\dfrac{1}{2}\displaystyle\int_0^\theta r^2\mathrm{d}\theta=\dfrac{1}{2}\int_0^\theta\sqrt{r^2+r'^2}\mathrm{d}\theta$，

两边对 θ 求导得 $r^2=\sqrt{r^2+r'^2}$，即 $r'=\pm r\sqrt{r^2-1}$，从而 $\dfrac{\mathrm{d}r}{r\sqrt{r^2-1}}=\pm\mathrm{d}\theta$.

因为 $\displaystyle\int\dfrac{\mathrm{d}r}{r\sqrt{r^2-1}}=-\arcsin\dfrac{1}{r}+C$，所以 $-\arcsin\dfrac{1}{r}+C=\pm\theta$. 由条件 $r(0)=2$，知 $C=\dfrac{\pi}{6}$，故所求曲线 L 的方程为 $r\sin\left(\dfrac{\pi}{6}\mp\theta\right)=1$，即 $r=\csc\left(\dfrac{\pi}{6}\mp\theta\right)$.

亦即直线 $x\mp\sqrt{3}y=2$.

● 方法总结

　　本题关键在于掌握曲边扇形的面积公式和弧长公式,并由此建立积分方程,然后按常规方法求解.

习题 7—2 解答

1. 求下列微分方程的通解:

(1)$xy'-y\ln y=0$;

(2)$3x^2+5x-5y'=0$;

(3)$\sqrt{1-x^2}\,y'=\sqrt{1-y^2}$;

(4)$y'-xy=a(y^2+y')$;

(5)$\sec^2 x\tan y\mathrm{d}x+\sec^2 y\tan x\mathrm{d}y=0$;

(6)$\dfrac{\mathrm{d}y}{\mathrm{d}x}=10^{x+y}$;

(7)$(e^{x+y}-e^x)\mathrm{d}x+(e^{x+y}+e^y)\mathrm{d}y=0$;

(8)$\cos x\sin y\mathrm{d}x+\sin x\cos y\mathrm{d}y=0$;

(9)$(y+1)^2\dfrac{\mathrm{d}y}{\mathrm{d}x}+x^3=0$;

(10)$y\mathrm{d}x+(x^2-4x)\mathrm{d}y=0$.

解　(1)改写原方程为 $x\dfrac{\mathrm{d}y}{\mathrm{d}x}-y\ln y=0$,

　　　分离变量得$\dfrac{\mathrm{d}y}{y\ln y}=\dfrac{\mathrm{d}x}{x}$, 积分得 $\ln(\ln y)=\ln x+\ln C=\ln Cx$

　　　即 $y=e^{Cx}$ 即为通解.

(2)原方程变形为 $5\dfrac{\mathrm{d}y}{\mathrm{d}x}=3x^2+5x$,

　　　分离变量得 $5\mathrm{d}y=(3x^2+5x)\mathrm{d}x$, 积分得 $5y=x^3+\dfrac{5}{2}x^2+C_1$

　　　故通解为 $y=\dfrac{1}{5}x^3+\dfrac{1}{2}x^2+C$,其中 $C=\dfrac{1}{5}C_1$.

(3)原方程变形为 $\dfrac{\mathrm{d}y}{\sqrt{1-y^2}}=\dfrac{\mathrm{d}x}{\sqrt{1-x^2}}$,

　　　积分得 $\displaystyle\int\dfrac{\mathrm{d}y}{\sqrt{1-y^2}}=\int\dfrac{\mathrm{d}x}{\sqrt{1-x^2}}$ 即 $\arcsin y=\arcsin x+C$.

　　　通解为 $y=\sin(\arcsin x+C)$.

(4)原方程变形为 $(1-x-a)\dfrac{\mathrm{d}y}{\mathrm{d}x}=ay^2$

　　　分离变量得$\dfrac{\mathrm{d}y}{ay^2}=\dfrac{\mathrm{d}x}{1-x-a}$, 积分得 $-\dfrac{1}{ay}=-\ln|1-a-x|-C_1$,

　　　即 $y=\dfrac{1}{C+a\ln|1-a-x|}$ $(C=aC_1)$为通解.

(5)分离变量得$\dfrac{\sec^2 y}{\tan y}\mathrm{d}y=-\dfrac{\sec^2 x}{\tan x}\mathrm{d}x$, 积分得 $\displaystyle\int\dfrac{\mathrm{d}(\tan y)}{\tan y}=-\int\dfrac{\mathrm{d}(\tan x)}{\tan x}$,

　　　从而 $\ln(\tan y)=-\ln(\tan x)+\ln C$, 即 $\ln(\tan x\tan y)=\ln C$.

　　　故通解为 $\tan x\tan y=C$.

(6)分离变量得 $10^{-y}\mathrm{d}y=10^x\mathrm{d}x$, 积分得$-\dfrac{10^{-y}}{\ln 10}=\dfrac{10^x}{\ln 10}+\dfrac{C_1}{\ln 10}$, 即 $10^{-y}=-10^x+C$.

　　　故通解为 $y=-\lg(-10^x+C)$.

(7)原方程变形为 $e^y(e^x+1)\mathrm{d}y=e^x(1-e^y)\mathrm{d}x$.

　　　分离变量得$\dfrac{e^y\mathrm{d}y}{1-e^y}=\dfrac{e^x\mathrm{d}x}{1+e^x}$, 积分得$-\ln(e^y-1)=\ln(e^x+1)-\ln C$.

即 $\ln(e^x+1)+\ln(e^y-1)=\ln C$.

故通解为 $(e^x+1)(e^y-1)=C$.

(8)分离变量得 $\dfrac{\cos y}{\sin y}\mathrm{d}y=-\dfrac{\cos x}{\sin x}\mathrm{d}x$.

积分得 $\ln(\sin y)=-\ln(\sin x)+\ln C$. 即 $\ln(\sin x\sin y)=\ln C$.

故通解为 $\sin x\sin y=C$.

(9)分离变量得 $(y+1)^2\mathrm{d}y=-x^3\mathrm{d}x$， 积分得 $\dfrac{1}{3}(y+1)^3=-\dfrac{1}{4}x^4+C_1$.

故通解为 $4(y+1)^3+3x^4=C$.

(10)分离变量得 $\dfrac{\mathrm{d}x}{4x-x^2}=\dfrac{\mathrm{d}y}{y}$， 积分得 $\displaystyle\int\left(\dfrac{1}{x}+\dfrac{1}{4-x}\right)\mathrm{d}x=4\ln y$.

从而 $\ln x-\ln(4-x)+\ln C=\ln(y^4)$， $\ln\dfrac{Cx}{4-x}=\ln(y^4)$.

即通解为 $y^4(4-x)=Cx$.

2. 求下列微分方程满足所给初始条件的特解：

(1) $y'=e^{2x-y}$，$y\big|_{x=0}=0$；

(2) $\cos x\sin y\mathrm{d}y=\cos y\sin x\mathrm{d}x$，$y\big|_{x=0}=\dfrac{\pi}{4}$；

(3) $y'\sin x=y\ln y$，$y\big|_{x=\frac{\pi}{2}}=e$；

(4) $\cos y\mathrm{d}x+(1+e^{-x})\sin y\mathrm{d}y=0$，$y\big|_{x=0}=\dfrac{\pi}{4}$；

(5) $x\mathrm{d}y+2y\mathrm{d}x=0$，$y\big|_{x=2}=1$；

(6) $\dfrac{1}{\rho}\cdot\dfrac{\mathrm{d}\rho}{\mathrm{d}\theta}+\dfrac{\rho^2+1}{\rho^2-1}\cot\theta=0$，$\rho\big|_{\theta=\frac{\pi}{6}}=3$；

(7) $x^2(1+y'^2)=a^2$，$y\big|_{x=a}=0$，其中 $a>0$.

解 (1)分离变量得 $e^y\mathrm{d}y=e^{2x}\mathrm{d}x$. 积分得 $e^y=\dfrac{1}{2}e^{2x}+C$.

由 $y\big|_{x=0}=0$ 知 $C=\dfrac{1}{2}$，故所求特解 $y=\ln\dfrac{e^{2x}+1}{2}$.

(2)分离变量得 $\tan y\mathrm{d}y=\tan x\mathrm{d}x$. 积分得 $\cos y=C\cos x$.

由 $y\big|_{x=0}=\dfrac{\pi}{4}$ 知 $C=\dfrac{\sqrt{2}}{2}$. 故所求特解为 $\sqrt{2}\cos y=\cos x$.

(3)分离变量得 $\dfrac{\mathrm{d}y}{y\ln y}=\dfrac{\mathrm{d}x}{\sin x}$， 积分得 $y=e^{C\tan\frac{x}{2}}$.

由 $\ln e=C\tan\dfrac{\pi}{4}=C$ 知 $C=1$. 故所求特解为 $y=e^{\tan\frac{x}{2}}$.

(4)分离变量得 $\dfrac{\mathrm{d}x}{1+e^{-x}}=-\tan y\mathrm{d}y$， 积分得 $\dfrac{e^x+1}{\cos y}=C$.

由 $y\big|_{x=0}=\dfrac{\pi}{4}$ 知 $C=2\sqrt{2}$. 故所求特解为 $e^x+1=2\sqrt{2}\cos y$.

(5)分离变量得 $\dfrac{\mathrm{d}y}{2y}=-\dfrac{\mathrm{d}x}{x}$， 积分得 $\dfrac{1}{2}\ln y=-\ln x+C$.

由 $y\big|_{x=2}=1$ 知 $C=\ln 2$. 故所求特解为 $\dfrac{1}{2}\ln y=-\ln x+\ln 2$. 即 $y=\dfrac{4}{x^2}$.

(6)分离变量得 $\dfrac{1-\rho^2}{(1+\rho^2)\rho}\mathrm{d}\rho=\cot\theta\mathrm{d}\theta$.

两边积分 $\displaystyle\int\dfrac{1-\rho^2}{(1+\rho^2)\rho}\mathrm{d}\rho=\int\cot\theta\mathrm{d}\theta$，得 $\dfrac{\rho}{1+\rho^2}=c\sin\theta$，由 $\rho\big|_{\theta=\frac{\pi}{6}}=3$，可得 $c=\dfrac{3}{5}$.

故所求特解为 $\dfrac{\rho}{1+\rho^2}=\dfrac{3}{5}\sin\theta$.

(7) $y'=\pm\dfrac{\sqrt{a^2-x^2}}{x}$,$y=\pm\displaystyle\int\dfrac{\sqrt{a^2-x^2}}{x}dx=\pm\left(a\ln\dfrac{a-\sqrt{a^2-x^2}}{x}+\sqrt{a^2-x^2}\right)+C.$

又由 $y\Big|_{x=a}=0$ 可得 $C=0$,所以所求特解为 $y=\pm\left(\sqrt{a^2-x^2}+a\ln\dfrac{a-\sqrt{a^2-x^2}}{x}\right).$

3. 有一盛满了水的圆锥形漏斗,高为 10cm,顶角为 60°,漏斗下面有面积为 0.5cm² 的孔,求水面高度变化的规律及水流完所需的时间.

解 建立坐标系如图 7-1 所示.设时刻 t 已流出的水的体积为 V,由水力学知

$$\frac{dV}{dt}=0.62\times0.5\times\sqrt{(2\times980)x},$$

即 $\quad dV=0.62\times0.5\sqrt{(2\times980)x}\ dt.$

又 $r=x\tan30°=\dfrac{x}{\sqrt3}$, 故 $dV=-\pi r^2dx=-\dfrac{\pi}{3}x^2dx.$

从而 $0.62\times0.5\sqrt{(2\times980)}\sqrt{x}\ dt=-\dfrac{\pi}{3}x^2dx,$

即 $dt=\dfrac{-\pi}{3\times0.62\times0.5\sqrt{2\times980}}x^{\frac{3}{2}}dx,$

故 $t=\dfrac{-2\pi}{3\times5\times0.62\times0.5\sqrt{2\times980}}x^{\frac{5}{2}}+C.$

图 7-1

又由于 $t=0$ 时,$x=10$. 故 $C=\dfrac{2\pi}{3\times5\times0.62\times0.5\sqrt{2\times980}}10^{\frac{5}{2}}$

故水从小孔流出的规律为:$t=\dfrac{2\pi}{3\times5\times0.62\times0.5\sqrt{2\times980}}(10^{\frac{5}{2}}-x^{\frac{5}{2}})=-0.030\,5x^{\frac{5}{2}}+9.645.$

令 $x=0$ 时,可知水流完所需的时间大约为 10s.

4. 质量为 1g 的质点受外力作用做直线运动,这外力和时间成正比,和质点运动的速度成反比.在 $t=10$s 时,速度等于 50cm/s,外力为 4g·cm/s²,问从运动开始经过了 1min 后的速度是多少?

解 已知 $F=k\dfrac{t}{v}$,由已知得 $4=k\dfrac{10}{50}$,即 $k=20$,则 $F=20\dfrac{t}{v}$.

又 $F=ma=1\cdot\dfrac{dv}{dt}=20\dfrac{t}{v}$, 即得速度与时间应满足的微分方程:$vdv=20tdt,$

解得 $\dfrac{1}{2}v^2=10t^2+C.$ 由题设,当 $t=10$s 时,$v=50$cm/s,得 $C=250.$ 故 $v=\sqrt{20t^2+500}.$

当 $t=60$ 秒时, $v=\sqrt{20\cdot60^2+500}=269.3(\text{cm/s})$

5. 镭的衰变有如下的规律:镭的衰变速度与它的现存量 R 成正比.由经验材料得知,镭经过 1 600 年后,只余原始量 R_0 的一半.试求镭的现存量 R 与时间 t 的函数关系.

解 由题设,$\dfrac{dR}{dt}=-\lambda R.$ 即 $\dfrac{dR}{R}=-\lambda dt$, 积分:$R=Ce^{-\lambda t}.$

当 $t=0$,有 $R=R_0.$ 知 $C=R_0.$ 故 $R=R_0e^{-\lambda t}.$

又 $t=1600$,$R=\dfrac{R_0}{2}$,知 $\lambda=\dfrac{\ln2}{1600}.$ 故 $R=R_0e^{-0.000\,433t}.$

6. 一曲线通过点 $(2,3)$,它在两坐标轴间的任一切线线段均被切点所平分,求这曲线方程.

解 设曲线方程为 $y=y(x)$,曲线上点 (x,y) 的切线方程为 $\dfrac{Y-y}{X-x}=y'$

由假设,当 $Y=0$ 时,$X=2x$,代入上式,得曲线所满足的微分方程的初值问题:$\begin{cases}\dfrac{dy}{dx}=\dfrac{-y}{x}\\ y(2)=3,\end{cases}$ 分离变量

后积分得 $xy=C$,由 $y(2)=3$ 知 $C=6$.

故所求曲线方程为 $xy=6$.

7. 小船从河边点 O 处出发驶向对岸(两岸为平行直线).设船速为 a,小船船行的方向始终与河岸垂直,又设河宽为 h,河中任一点处的水流速度与该点到两岸距离的乘积成正比(比例系数为 k).求小船的航行路线.

解 建立坐标系如图 7—2 所示,设 t 时刻船的位置为 (x,y),此时水速为

$$v=\frac{\mathrm{d}x}{\mathrm{d}t}=ky(h-y),$$

故 $\mathrm{d}x=ky(h-y)\mathrm{d}t$.

又由 $y=at$ 知 $\mathrm{d}x=kat(h-at)\mathrm{d}t$.

积分得 $x=\frac{1}{2}kaht^2-\frac{1}{3}ka^2t^3+c$.

由初始条件 $x\big|_{t=0}=0$ 知 $c=0$. 故 $x=\frac{1}{2}kaht^2-\frac{1}{3}ka^2t^3$.

图 7—2

因此船运动路线的函数方程为 $\begin{cases}x=\dfrac{1}{2}kaht^2-\dfrac{1}{3}ka^2t^3,\\ y=at.\end{cases}$

从而一般方程为 $x=\dfrac{k}{a}\left(\dfrac{h}{2}y^2-\dfrac{1}{3}y^3\right),y\in[0,h]$.

第三节 齐 次 方 程

一、主要内容归纳

1. 齐次方程

形如 $\dfrac{\mathrm{d}y}{\mathrm{d}x}=f\left(\dfrac{y}{x}\right)$ 的一阶微分方程称为齐次方程.

2. 齐次方程的特点和解法

(1)**特点** 方程中每一项的方次相同,且都可以化为一般形式 $\dfrac{\mathrm{d}y}{\mathrm{d}x}=f\left(\dfrac{y}{x}\right)$.

(2)**解法** 令 $u=\dfrac{y}{x}$,即 $y=xu$,则 $\dfrac{\mathrm{d}y}{\mathrm{d}x}=u+x\dfrac{\mathrm{d}u}{\mathrm{d}x}$,于是原方程可化为 $u+x\dfrac{\mathrm{d}u}{\mathrm{d}x}=f(u)$,即

$\dfrac{\mathrm{d}u}{f(u)-u}=\dfrac{\mathrm{d}x}{x}$,为可分离变量的微分方程,求解后再用 $\dfrac{y}{x}$ 代替 u 即得原方程的通解.

*3. 可化为齐次方程的微分方程

形如方程 $\dfrac{\mathrm{d}y}{\mathrm{d}x}=f\left(\dfrac{a_1x+b_1y+c_1}{a_2x+b_2y+c_2}\right)$,其中 a_1,b_1,c_1,a_2,b_2,c_2 为常数,且 $c_1^2+c_2^2\neq0$. 当

$\begin{vmatrix}a_1 & b_1\\ a_2 & b_2\end{vmatrix}\neq0$ 时,令 $x=X+h,y=Y+k$,由 $\begin{cases}a_1h+b_1k+c_1=0,\\ a_2h+b_2k+c_2=0,\end{cases}$ 解出 h 与 k,可将原方程化为

齐次方程 $\dfrac{\mathrm{d}Y}{\mathrm{d}X}=f\left(\dfrac{a_1X+b_1Y}{a_2X+b_2Y}\right)=f\left(\dfrac{a_1+b_1\dfrac{Y}{X}}{a_2+b_2\dfrac{Y}{X}}\right)=g\left(\dfrac{Y}{X}\right)$,当 $\begin{vmatrix}a_1 & b_1\\ a_2 & b_2\end{vmatrix}=0$ 时,即 $\dfrac{a_1}{a_2}=\dfrac{b_1}{b_2}=k$,可

设 $u=a_2x+b_2y$,代入原方程后可化为可分离变量的微分方程,即有

$$\frac{dy}{dx}=f\left(\frac{ku+c_1}{u+c_2}\right)=g(u),\quad \frac{du}{dx}=a_2+b_2g(u).$$

二、 经典例题解析及解题方法总结

【例1】 求微分方程 $(3x^2+2xy-y^2)dx+(x^2-2xy)dy=0$ 的通解.

解 令 $u=\dfrac{y}{x}$,则

$$\frac{dy}{dx}=x\frac{du}{dx}+u=\frac{y^2-2xy-3x^2}{x^2-2xy}=\frac{u^2-2u-3}{1-2u},\quad 即\quad x\frac{du}{dx}=-\frac{3(u^2-u-1)}{2u-1},$$

解之得 $u^2-u-1=Cx^{-3}$,即 $y^2-xy-x^2=Cx^{-1}$(或 $xy^2-x^2y-x^3=C$).

【例2】 微分方程 $\dfrac{dy}{dx}=\dfrac{y}{x}-\dfrac{1}{2}\left(\dfrac{y}{x}\right)^3$ 满足 $y\big|_{x=1}=1$ 的特解为_____.

解 令 $\dfrac{y}{x}=u$,则 $\dfrac{dy}{dx}=u+x\dfrac{du}{dx}$,代入原方程可化为 $x\dfrac{du}{dx}+u=u-\dfrac{1}{2}u^3$,

即 $\dfrac{2du}{u^3}+\dfrac{dx}{x}=0$.解得 $-\dfrac{1}{u^2}+\ln|x|=C$,即 $\ln|x|=C+\dfrac{x^2}{y^2}$.又 $y\big|_{x=1}=1$.

$C=-1$.故所求特解为 $\dfrac{x^2}{y^2}=1+\ln|x|$,整理得 $y=\dfrac{x}{\sqrt{1+\ln x}}$.

【例3】 求微分方程 $(x+y)dx+(3x+3y-4)dy=0$ 的通解.

解 原方程变形为 $\dfrac{dy}{dx}=\dfrac{-(x+y)}{3(x+y)-4}$.令 $x+y=u$,则 $y=u-x$,$\dfrac{dy}{dx}=\dfrac{du}{dx}-1$,原方程化

为 $\dfrac{du}{dx}-1=\dfrac{-u}{3u-4}$,即 $\dfrac{3u-4}{2u-4}du=dx$,

积分得 $\int 3du+\int\dfrac{2}{u-2}du=2\int dx$,从而 $3u+2\ln|u-2|=2x+C$.

将 $u=x+y$ 代入上式,得原方程的通解为 $x+3y+2\ln|2-x-y|=C$.

【例4】 求微分方程 $y^3dx+2(x^2-xy^2)dy=0$ 的通解.

解 令 $x=u^2$,$dx=2udu$,原方程化为齐次方程

$$y^3udu+(u^4-u^2y^2)dy=0\quad 即\quad \left(\frac{y}{u}\right)^3du+\left[1-\left(\frac{y}{u}\right)^2\right]dy=0,$$

令 $y=zu$,$dy=zdu+udz$,原方程化为 $z^3du+(1-z^2)(zdu+udz)=0$,

分离变量得 $\dfrac{z^2-1}{z}dz=\dfrac{du}{u}$,积分得 $\dfrac{1}{2}z^2-\ln z=\ln u+C_1$,即 $z^2=\ln(zu)^2+2C_1$.

代入 $y=zu$,$u^2=x$,得原方程通解 $y^2=x(\ln y^2+C)$.

【例5】 设函数 $f(x)$ 在 $[1,+\infty)$ 上连续,若由曲线 $y=f(x)$,直线 $x=1$,$x=t(t>1)$ 与 x

轴所围成的平面图形绕 x 轴旋转一周所成的旋转体体积为 $V(t)=\dfrac{\pi}{3}[t^2f(t)-f(1)]$.试求 y

$=f(x)$ 所满足的微分方程,并求该微分方程满足条件 $y\big|_{x=2}=\dfrac{2}{9}$ 的解.

解 依题意得 $V(t) = \pi \int_1^t f^2(x)\,\mathrm{d}x = \dfrac{\pi}{3}[t^2 f(t) - f(1)]$，即

$$3\int_1^t f^2(x)\,\mathrm{d}x = t^2 f(t) - f(1),$$

两边对 t 求导，得 $3f^2(t) = 2tf(t) + t^2 f'(t)$.

将上式改写为 $x^2 y' = 3y^2 - 2xy$，即

$$\frac{\mathrm{d}y}{\mathrm{d}x} = 3\left(\frac{y}{x}\right)^2 - 2\cdot\frac{y}{x}. \qquad ①$$

令 $\dfrac{y}{x} = u$，则有 $x\dfrac{\mathrm{d}u}{\mathrm{d}x} = 3u(u-1)$，

当 $u \neq 0, u \neq 1$ 时，由 $\dfrac{\mathrm{d}u}{u(u-1)} = \dfrac{3\mathrm{d}x}{x}$，两边积分得 $\dfrac{u-1}{u} = Cx^3$，从而①式的通解为

$$y - x = Cx^3 y \quad （C \text{ 为任意常数}）.$$

由已知条件，求得 $C = -1$. 从而所求的解为

$$y - x = -x^3 y\left(\text{或 } y = \frac{x}{1+x^3}\right).$$

● **方法总结**

　　本题关键在于使用旋转体的体积公式根据题意建立积分方程，然后求导化为微分方程并解之.

习题 7—3 解答

1. 求下列齐次方程的通解：

(1) $xy' - y - \sqrt{y^2 - x^2} = 0$；

(2) $x\dfrac{\mathrm{d}y}{\mathrm{d}x} = y\ln\dfrac{y}{x}$；

(3) $(x^2 + y^2)\mathrm{d}x - xy\,\mathrm{d}y = 0$；

(4) $(x^3 + y^3)\mathrm{d}x - 3xy^2\,\mathrm{d}y = 0$；

(5) $\left(2x\sin\dfrac{y}{x} + 3y\cos\dfrac{y}{x}\right)\mathrm{d}x - 3x\cos\dfrac{y}{x}\,\mathrm{d}y = 0$；

(6) $(1 + 2e^{\frac{x}{y}})\mathrm{d}x + 2e^{\frac{x}{y}}\left(1 - \dfrac{x}{y}\right)\mathrm{d}y = 0$.

解 (1) 化为 $\dfrac{\mathrm{d}y}{\mathrm{d}x} = \dfrac{y}{x} + \sqrt{\left(\dfrac{y}{x}\right)^2 - 1}$.

令 $u = \dfrac{y}{x}$，当 $x > 0$ 时，原方程化为 $\dfrac{\mathrm{d}u}{(u^2-1)^{\frac{1}{2}}} = \dfrac{\mathrm{d}x}{x}$，解得 $u + \sqrt{u^2-1} = Cx$.

故 $y + \sqrt{y^2 - x^2} = Cx^2$.

当 $x < 0$ 时，原方程化为 $\dfrac{\mathrm{d}u}{(u^2-1)^{\frac{1}{2}}} = -\dfrac{\mathrm{d}x}{x}$，解得 $(u + \sqrt{u^2-1})x = C$，故 $y - \sqrt{y^2-x^2} = C(x<0)$.

(2) 可写为 $\dfrac{\mathrm{d}y}{\mathrm{d}x} = \dfrac{y}{x}\ln\dfrac{y}{x}$. 令 $\dfrac{y}{x} = u$，原方程变为 $u + x\dfrac{\mathrm{d}u}{\mathrm{d}x} = u\ln u$，分离变量积得 $u = e^{Cx+1}$，

将 $\dfrac{y}{x} = u$ 代入原方程，得通解为 $y = xe^{Cx+1}$.

(3) $\dfrac{\mathrm{d}y}{\mathrm{d}x} = \dfrac{1 + (y/x)^2}{y/x}$，令 $u = \dfrac{y}{x}$，原方程化为 $u\mathrm{d}u = \dfrac{\mathrm{d}x}{x}$，

解之得 $\frac{1}{2}u^2=\ln x+C_1$. 代回原变量得 $y^2=x^2\ln(Cx^2)$.

(4)可写为 $\frac{\mathrm{d}y}{\mathrm{d}x}=\frac{1+(y/x)^3}{3(y/x)^2}$. 令 $\frac{y}{x}=u$，原方程化为 $x\frac{\mathrm{d}u}{\mathrm{d}x}=\frac{1-2u^3}{3u^2}$，

分离变量得 $\frac{3u^2}{1-2u^3}\mathrm{d}u=\frac{1}{x}\mathrm{d}x$，解得 $2u^3=1-\frac{C}{x^2}$，

将 $u=\frac{y}{x}$ 代入得 $x^3-2y^3=Cx$.

(5) $\frac{\mathrm{d}y}{\mathrm{d}x}=\frac{2\sin(y/x)+3(y/x)\cos(y/x)}{3\cos(y/x)}$，令 $u=\frac{y}{x}$，原方程化为 $\frac{3\cos u}{2\sin u}\mathrm{d}u=\frac{\mathrm{d}x}{x}$.

解得 $\frac{3}{2}\ln|\sin u|=\ln|x|+C_1$，　即 $\sin^3\frac{y}{x}=Cx^2$.

(6) $\frac{\mathrm{d}x}{\mathrm{d}y}=\frac{\left(\frac{x}{y}-1\right)\cdot 2\mathrm{e}^{\frac{x}{y}}}{1+\mathrm{e}^{\frac{x}{y}}}$. 令 $u=\frac{x}{y}$，原方程化为 $u+y\frac{\mathrm{d}u}{\mathrm{d}y}=\frac{2(u-1)\mathrm{e}^u}{1+2\mathrm{e}^u}$，

分离变量得 $\frac{(1+2\mathrm{e}^u)\mathrm{d}u}{u+2\mathrm{e}^u}+\frac{\mathrm{d}y}{y}=0$，　积分得 $y(u+2\mathrm{e}^u)=C$.

将 $u=\frac{y}{x}$ 代入得 $x+2y\mathrm{e}^{\frac{x}{y}}=C$.

2. 求下列齐次方程满足所给初始条件的特解：

(1) $(y^2-3x^2)\mathrm{d}y+2xy\mathrm{d}x=0$，$y\big|_{x=0}=1$；

(2) $y'=\frac{x}{y}+\frac{y}{x}$，$y\big|_{x=1}=2$；

(3) $(x^2+2xy-y^2)\mathrm{d}x+(y^2+2xy-x^2)\mathrm{d}y=0$，$y\big|_{x=1}=1$；

(4) $x\frac{\mathrm{d}y}{\mathrm{d}x}=y+x\sec\frac{y}{x}$，$y\big|_{x=1}=\frac{\pi}{4}$.

解　(1)原方程化为 $\frac{\mathrm{d}y}{\mathrm{d}x}=-\frac{2y/x}{(y/x)^2-3}$.

令 $u=\frac{y}{x}$，方程变为 $u+x\frac{\mathrm{d}u}{\mathrm{d}x}=-\frac{2u}{u^2-3}$，　即　$\frac{u^2-3}{u-u^3}\mathrm{d}u=\frac{\mathrm{d}x}{x}$.

由待定系数法易知 $\frac{u^2-3}{u-u^3}=-\frac{3}{u}+\frac{1}{u+1}+\frac{1}{u-1}$.

方程两边积分得 $-3\ln|u|+\ln|u+1|+\ln|u-1|=\ln|x|+\ln|C|$，

即 $\ln\left|\frac{u^2-1}{u^3}\right|=\ln|Cx|$，故 $u^2-1=Cu^3x$.

将 $u=\frac{y}{x}$ 代入上式得通解 $y^2-x^2=Cy^3$.

由初始条件 $y(0)=1$ 得 $C=1$，故特解为 $y^2-x^2=y^3$.

(2)令 $\frac{y}{x}=u$，则原方程变为 $u+x\frac{\mathrm{d}u}{\mathrm{d}x}=\frac{1}{u}+u$，即 $u\mathrm{d}u=\frac{\mathrm{d}x}{x}$. 积分得 $\frac{1}{2}u^2=\ln x+C$.

将 $u=\frac{y}{x}$ 代入上式，得通解 $y^2=2x^2(\ln x+C)$.

由 $y(1)=2$ 知 $C=2$，故特解为 $y^2=2x^2(\ln x+2)$.

(3)原方程化为 $\frac{\mathrm{d}y}{\mathrm{d}x}=\frac{(y/x)^2-2(y/x)-1}{(y/x)^2+2(y/x)-1}$.

令 $u=\frac{y}{x}$，得 $u+x\frac{\mathrm{d}u}{\mathrm{d}x}=\frac{u^2-2u-1}{u^2+2u-1}$，　即 $\frac{\mathrm{d}x}{x}=-\frac{u^2+2u-1}{u^3+u^2+u+1}\mathrm{d}u$，

亦即 $\dfrac{\mathrm{d}x}{x} = \left(\dfrac{1}{u+1} - \dfrac{2u}{u^2+1} \right) \mathrm{d}u.$

积分得 $\ln|x| + \ln|C| = \ln\left| \dfrac{u+1}{u^2+1} \right|,$ 即 $(u+1) = Cx(u^2+1).$

代入 $u = \dfrac{y}{x},$ 得通解 $x+y = C(x^2+y^2).$ 由初始条件 $y\big|_{x=1} = 1$ 知 $C=1.$

故特解为 $x+y = x^2+y^2.$

(4)原方程可化为 $\dfrac{\mathrm{d}y}{\mathrm{d}x} = \dfrac{y}{x} + \sec\dfrac{y}{x},$ 令 $u = \dfrac{y}{x},$ 则 $y = xu, \dfrac{\mathrm{d}y}{\mathrm{d}x} = u + x\dfrac{\mathrm{d}u}{\mathrm{d}x},$ 原方程可化为 $u + x\dfrac{\mathrm{d}u}{\mathrm{d}x} =$

$u + \sec u.$

所以 $x\dfrac{\mathrm{d}u}{\mathrm{d}x} = \sec u,$ 分离变量后积分得 $\displaystyle\int \cos u \, \mathrm{d}u = \int \dfrac{1}{x} \mathrm{d}x,$

所以 $\sin u = \ln x + C,$ 即 $\sin\dfrac{y}{x} = \ln x + C,$ 由 $y\big|_{x=1} = \dfrac{\pi}{4}$ 得 $C = \dfrac{\sqrt{2}}{2}.$

故所求特解为 $\sin\dfrac{y}{x} = \ln x + \dfrac{\sqrt{2}}{2}.$

3. 设有连接点 $O(0,0)$ 和 $A(1,1)$ 的一段向上凸的曲线弧 $\overset{\frown}{OA}$，对于 $\overset{\frown}{OA}$ 上任一点 $P(x,y)$，曲线弧 $\overset{\frown}{OP}$ 与直线
段 $\overline{OP}$ 所围图形的面积为 x^2，求曲线弧 $\overset{\frown}{OA}$ 的方程.

解　设曲线弧 $\overset{\frown}{OA}$ 的方程为 $y = f(x),$ 由题意得 $\displaystyle\int_0^x f(x) \mathrm{d}x - \dfrac{1}{2}xf(x) = x^2.$

求导得 $f(x) - \dfrac{1}{2}f(x) - \dfrac{1}{2}f'(x)x = 2x,$ 即 $y' = \dfrac{y}{x} - 4 \ (x>0).$

令 $\dfrac{y}{x} = u,$ 上式化为 $x\dfrac{\mathrm{d}u}{\mathrm{d}x} = -4.$ 即 $\mathrm{d}u = -4\dfrac{\mathrm{d}x}{x}.$ 积分得 $u = -4\ln x + C.$

把 $u = \dfrac{y}{x}$ 代入上式，得通解 $y = -4x\ln x + Cx.$

由于 $A(1,1)$ 在曲线上，即 $y\big|_{x=1} = 1.$ 因而 $C=1,$ 从而 $\overset{\frown}{OA}$ 的方程为 $y = \begin{cases} x(1-4\ln x), & 0 < x \leqslant 1, \\ 0, & x=0. \end{cases}$

*4. 化下列方程为齐次方程，并求出通解：
(1) $(2x-5y+3)\mathrm{d}x - (2x+4y-6)\mathrm{d}y = 0;$
(2) $(x-y-1)\mathrm{d}x + (4y+x-1)\mathrm{d}y = 0;$
(3) $(3y-7x+7)\mathrm{d}x + (7y-3x+3)\mathrm{d}y = 0;$
(4) $(x+y)\mathrm{d}x + (3x+3y-4)\mathrm{d}y = 0.$

解　(1)令 $x = X+h, y = Y+k,$ 则 $\mathrm{d}x = \mathrm{d}X, \mathrm{d}y = \mathrm{d}Y,$
原方程化为 $(2X-5Y+2h-5k+3)\mathrm{d}X - (2X+4Y+2h+4k-6)\mathrm{d}Y = 0.$

解方程组 $\begin{cases} 2h+4k-6=0, \\ 2h-5k+3=0, \end{cases}$ 得 $h=1, k=1.$

令 $x = X+1, y = Y+1$ 时，原方程化为 $(2X-5Y)\mathrm{d}X - (2X+4Y)\mathrm{d}Y = 0.$

进一步将它化为 $\dfrac{\mathrm{d}Y}{\mathrm{d}X} = \dfrac{2-5\dfrac{Y}{X}}{2+4\dfrac{Y}{X}}.$

令 $u = \dfrac{Y}{X},$ 则以上方程化为 $X\dfrac{\mathrm{d}u}{\mathrm{d}X} = \dfrac{2-5u}{2+4u} - u,$ 即 $-\dfrac{4u+2}{4u^2+7u-2}\mathrm{d}u = \dfrac{\mathrm{d}X}{X}.$

积分得 $\ln|X| = -\dfrac{1}{2}\displaystyle\int \dfrac{8u+7-3}{4u^2+7u-2}\mathrm{d}u = -\dfrac{1}{2}\int \dfrac{\mathrm{d}(4u^2+7u-2)}{4u^2+7u-2} + \dfrac{3}{2}\int \dfrac{\mathrm{d}u}{4u^2+7u-2}$

$$=-\frac{1}{2}\ln|4u^2+7u-2|+\frac{1}{6}\ln\left|\frac{4u-1}{u+2}\right|+\frac{1}{6}\ln|C_1|,$$

则 $6\ln|X|+3\ln|4u^2+7u-2|-\ln\left|\frac{4u-1}{u+2}\right|=\ln|C_1|,$

即 $X^6(4u^2+7u-2)^3\frac{u+2}{4u-1}=C_1,$ 亦即 $X^6(4u-1)^2(u+2)^4=C_1.$

把 $X=x-1,Y=y-1$ 代入得 $(x-1)^6\left[4\frac{y-1}{x-1}-1\right]^2\left[\frac{y-1}{x-1}+2\right]^4=C_1.$

即 $(4y-x-3)(y+2x-3)^2=C\ (C=\sqrt{C_1})$ 为原方程的通解.

(2)原方程可写为 $\frac{dy}{dx}=\frac{-(x-1)+y}{(x-1)+4y}.$ 令 $\begin{cases}x-1=X,\\y=Y,\end{cases}$

则原方程化为 $\frac{dY}{dX}=\frac{-X+Y}{X+4Y},$ 亦即 $\frac{dY}{dX}=\frac{-1+(Y/X)}{1+4(Y/X)}.$

令 $\frac{Y}{X}=u$,原方程化为 $u+X\frac{du}{dX}=\frac{-1+u}{1+4u},$ 即 $\frac{4u+1}{4u^2+1}du=-\frac{dX}{X}.$

积分得 $\int\frac{4u}{4u^2+1}du+\int\frac{1}{1+4u^2}du=-\int\frac{dX}{X}.$

从而 $\frac{1}{2}\ln(4u^2+1)+\frac{1}{2}\arctan(2u)=-\ln|X|+C_1$

$$\ln[X^2(4u^2+1)]+\arctan(2u)=C\ (C=2C_1).$$

将 $X=x-1,\ u=\frac{Y}{X}=\frac{y}{x-1}$ 代入上式得方程的通解为

$$\ln[4y^2+(x-1)^2]+\arctan\frac{2y}{x-1}=C.$$

(3)原方程变为 $\frac{dy}{dx}=\frac{7x-3y-7}{-3x+7y+3}.$

令 $x=X+h,y=Y+k$,代入上式得 $\frac{dY}{dX}=\frac{7X-3Y+7h-3k-7}{-3X+7Y-3h+7k+3}.$

令 $\begin{cases}7h-3k-7=0,\\-3h+7k+3=0,\end{cases}$ 得 $\begin{cases}h=1,\\k=0.\end{cases}$

令 $x=X+1,y=Y$,原方程化为 $\frac{dY}{dX}=\frac{7X-3Y}{-3X+7Y},$ 即 $\frac{dY}{dX}=\frac{7-3\frac{Y}{X}}{-3+7\frac{Y}{X}}.$

令 $\frac{Y}{X}=u$,以上方程变为 $u+X\frac{du}{dX}=\frac{7-3u}{-3+7u},$ 即 $\frac{7u-3}{u^2-1}du=\frac{-7}{X}dX.$

积分得 $\int\frac{2}{u-1}du+\int\frac{5}{u+1}du=\int\frac{-7}{X}dX.$

从而 $2\ln|u-1|+5\ln|u+1|=-7\ln X+\ln|C|,$

即 $X^7(u-1)^2(u+1)^5=C.$

将 $X=x-1,u=\frac{y}{x-1}$ 代入,得原方程的通解为: $(y-x+1)^2(y+x-1)^5=C.$

(4)原方程变形为 $\frac{dy}{dx}=\frac{-(x+y)}{3(x+y)-4}.$ 令 $x+y=u$,则 $y=u-x,\frac{dy}{dx}=\frac{du}{dx}-1,$

原方程化为 $\frac{du}{dx}-1=\frac{-u}{3u-4},$ 即 $\frac{3u-4}{2u-4}du=dx.$

积分得 $\int3du+\int\frac{2}{u-2}du=\int2dx,$ 从而 $3u+2\ln|u-2|=2x+C.$

将 $u=x+y$ 代入上式,得原方程的通解为: $x+3y+2\ln|2-x-y|=C.$

第四节 一阶线性微分方程

一、主要内容归纳

1. 一阶线性微分方程

（1）**定义**　形如 $\dfrac{\mathrm{d}y}{\mathrm{d}x}+P(x)y=Q(x)$ 的方程叫做一阶线性微分方程. 如果 $Q(x)\equiv0$，称之为齐次的，如果 $Q(x)$ 不恒为零，称之为非齐次的.

（2）**解法**　用常数变易法可得其通解公式为 $y=\mathrm{e}^{-\int P(x)\mathrm{d}x}\left[\int Q(x)\mathrm{e}^{\int P(x)\mathrm{d}x}\mathrm{d}x+C\right]$.

* 2. 伯努利方程

（1）**定义**　形如 $\dfrac{\mathrm{d}y}{\mathrm{d}x}+P(x)y=Q(x)y^{\alpha}\ (\alpha\neq0,1)$ 的方程叫做伯努利方程.

（2）**解法**　先用 $y^{-\alpha}$ 乘方程两边，得 $y^{-\alpha}\dfrac{\mathrm{d}y}{\mathrm{d}x}+P(x)y^{1-\alpha}=Q(x)\ (\alpha\neq0,1)$，然后令 $z=y^{1-\alpha}$，则 $\dfrac{\mathrm{d}z}{\mathrm{d}x}=(1-\alpha)y^{-\alpha}\dfrac{\mathrm{d}y}{\mathrm{d}x}$，从而有

$$\frac{1}{1-\alpha}\frac{\mathrm{d}z}{\mathrm{d}x}+P(x)z=Q(x),\quad \text{即}\quad \frac{\mathrm{d}z}{\mathrm{d}x}+(1-\alpha)P(x)z=(1-\alpha)Q(x).$$

这样即可按一阶线性微分方程求解.

二、经典例题解析及解题方法总结

【**例 1**】　求解 $xy'\ln x+y=ax(\ln x+1)$.

解　将原方程化为标准方程 $y'+\dfrac{1}{x\ln x}y=\dfrac{a(\ln x+1)}{\ln x}$.

相应的齐次方程为 $y'+\dfrac{1}{x\ln x}y=0$，分离变量得 $\dfrac{\mathrm{d}y}{y}=-\dfrac{\mathrm{d}x}{x\ln x}$，积分得齐次方程的通解为 $y=\dfrac{C_1}{\ln x}$.

令原方程通解为 $y=\dfrac{C(x)}{\ln x}$，则 $\dfrac{C'(x)}{\ln x}=\dfrac{a(\ln x+1)}{\ln x}$. 从而

$$C'(x)=a(1+\ln x),\ C(x)=\int a(1+\ln x)\mathrm{d}x=ax\ln x+C_2.$$

故原方程的解为 $y=\dfrac{ax\ln x+C}{\ln x}\quad (C=C_2)$.

● **方法总结**

求解一阶线性方程可用常数变易法或直接由公式求解.

【例2】 求微分方程 $(x-2xy-y^2)\dfrac{\mathrm{d}y}{\mathrm{d}x}+y^2=0$ 的通解.

解 把 x 看作未知函数,把 y 看作自变量,原方程变为关于函数 x 的线性方程

$$\frac{\mathrm{d}x}{\mathrm{d}y}+\frac{1-2y}{y^2}x=1,$$

其解为

$$x=\mathrm{e}^{-\int P(y)\mathrm{d}y}\left(\int Q(y)\mathrm{e}^{\int P(y)\mathrm{d}y}\mathrm{d}y+C\right)=\mathrm{e}^{-\int\frac{1-2y}{y^2}\mathrm{d}y}\left(\int\mathrm{e}^{\int\frac{1-2y}{y^2}\mathrm{d}y}\mathrm{d}y+C\right)$$

$$=\mathrm{e}^{\frac{1}{y}+2\ln y}\left(\int\mathrm{e}^{-\frac{1}{y}-2\ln y}\mathrm{d}y+C\right)=y^2\mathrm{e}^{\frac{1}{y}}\left(\mathrm{e}^{-\frac{1}{y}}+C\right)=y^2+Cy^2\mathrm{e}^{\frac{1}{y}}.$$

即原方程的通解为 $x=y^2+Cy^2\mathrm{e}^{\frac{1}{y}}$.

● **方法总结**

表面上看此方程不属于标准的一阶线性方程,但如果交换 x 和 y 的地位,即把 x 看作未知函数,把 y 看作自变量,这时对变量 x 来说,原方程是一阶线性微分方程.

【例3】 微分方程 $(y+x^3)\mathrm{d}x-2x\mathrm{d}y=0$ 满足 $y\big|_{x=1}=\dfrac{6}{5}$ 的特解为_____.

解 把原微分方程整理得 $y'-\dfrac{1}{2x}y=\dfrac{x^2}{2}$,此方程为一阶线性微分方程,通解为

$$y=\mathrm{e}^{\int\frac{1}{2x}\mathrm{d}x}\left(\int\frac{x^2}{2}\mathrm{e}^{-\int\frac{1}{2x}\mathrm{d}x}\mathrm{d}x+C\right)=\sqrt{x}\left(\int\frac{x^2}{2}x^{-\frac{1}{2}}\mathrm{d}x+C\right)=\frac{1}{5}x^3+C\sqrt{x},$$

把 $y\big|_{x=1}=\dfrac{6}{5}$ 代入通解得 $C=1$. 所以特解为 $y=\dfrac{1}{5}x^3+\sqrt{x}$.

故应填 $y=\dfrac{1}{5}x^3+\sqrt{x}$.

【例4】 已知连续函数 $f(x)$ 满足条件 $f(x)=\displaystyle\int_0^{3x}f\left(\frac{t}{3}\right)\mathrm{d}t+\mathrm{e}^{2x}$,求 $f(x)$.

解 两端同时对 x 求导数,得一阶线性微分方程 $f'(x)=3f(x)+2\mathrm{e}^{2x}$,即

$$f'(x)-3f(x)=2\mathrm{e}^{2x}.$$

通解为

$$f(x)=\mathrm{e}^{-\int P(x)\mathrm{d}x}\left(\int Q(x)\mathrm{e}^{\int P(x)\mathrm{d}x}\mathrm{d}x+C\right)=\mathrm{e}^{3x}\left(\int 2\mathrm{e}^{2x}\cdot\mathrm{e}^{-3x}\mathrm{d}x+C\right)$$

$$=\mathrm{e}^{3x}\left(2\int\mathrm{e}^{-x}\mathrm{d}x+C\right)=\mathrm{e}^{3x}\left(-2\mathrm{e}^{-x}+C\right)=C\mathrm{e}^{3x}-2\mathrm{e}^{2x}.$$

由于 $f(0)=1$,可得 $C=3$. 于是 $f(x)=3\mathrm{e}^{3x}-2\mathrm{e}^{2x}$.

【例5】 设 $F(x)=f(x)g(x)$,其中函数 $f(x),g(x)$ 在 $(-\infty,+\infty)$ 内满足以下条件:

$$f'(x)=g(x), \quad g'(x)=f(x), \quad 且 \ f(0)=0, \quad f(x)+g(x)=2e^x.$$

(1)求 $F(x)$ 所满足的一阶微分方程；

(2)求出 $F(x)$ 的表达式.

解 (1)由

$$F'(x)=f'(x)g(x)+f(x)g'(x)=g^2(x)+f^2(x)$$
$$=[f(x)+g(x)]^2-2f(x)g(x)=(2e^x)^2-2F(x),$$

可见 $F(x)$ 所满足的一阶微分方程为 $F'(x)+2F(x)=4e^{2x}$.

(2) $F(x)=e^{-\int 2dx}\left(\int 4e^{2x}\cdot e^{\int 2dx}dx+C\right)=e^{-2x}\left(\int 4e^{4x}dx+C\right)=e^{2x}+Ce^{-2x}.$

将 $F(0)=f(0)g(0)=0$ 代入上式，得 $C=-1$.

于是 $F(x)=e^{2x}-e^{-2x}$.

【例6】 求解伯努利方程 $2xy^3y'+x^4-y^4=0$.

解 原方程化为 $y'-\dfrac{1}{2x}y=-\dfrac{x^3}{2}y^{-3}$.

设 $u=y^{1-(-3)}=y^4$，得线性方程 $u'-4\cdot\dfrac{1}{2x}u=4\left(-\dfrac{x^3}{2}\right)$，即 $u'-\dfrac{2}{x}u=-2x^3$，解得

$$u=e^{\int\frac{2}{x}dx}\left[\int(-2x^3)e^{-\int\frac{2}{x}dx}dx+C\right]=x^2(C-x^2)$$

代回原方程，得原方程通解为 $y^4=x^2(C-x^2)$.

即 $x^4+y^4=Cx^2$.

【例7】 (2022数学一,数学三,10分)设函数 $y=y(x)$ 是微分方程 $y'+\dfrac{1}{2\sqrt{x}}y=2+\sqrt{x}$

满足条件 $y(1)=3$ 的解，求曲线 $y=y(x)$ 的渐近线.

解 因为 $y'+\dfrac{1}{2\sqrt{x}}y=2+\sqrt{x}$，则

$$y(x)=e^{-\int\frac{1}{2\sqrt{x}}dx}\left[\int(2+\sqrt{x})e^{\int\frac{1}{2\sqrt{x}}dx}dx+C\right]=e^{-\sqrt{x}}\left[\int(2+\sqrt{x})e^{\sqrt{x}}dx+C\right]$$
$$=e^{-\sqrt{x}}(2xe^{\sqrt{x}}+C)=2x+Ce^{-\sqrt{x}}, 其中 C 是任意常数.$$

代入 $y(1)=3$，则 $C=e$，故 $y(x)=2x+e^{1-\sqrt{x}}, x>0$.

$\lim\limits_{x\to+\infty}y(x)=\lim\limits_{x\to+\infty}(2x+e^{1-\sqrt{x}})=+\infty$，所以 $y(x)$ 没有水平渐近线,

$k=\lim\limits_{x\to+\infty}\dfrac{y(x)}{x}=\lim\limits_{x\to+\infty}\dfrac{2x+e^{1-\sqrt{x}}}{x}=\lim\limits_{x\to+\infty}\left(2+\dfrac{e^{1-\sqrt{x}}}{x}\right)=2.$

$b=\lim\limits_{x\to+\infty}[y(x)-2x]=\lim\limits_{x\to+\infty}e^{1-\sqrt{x}}=0.$

所以 $y(x)$ 的斜渐近线为 $y=2x$.

【例8】 (2021数学二,12分)设 $y=y(x)(x>0)$ 是微分方程 $xy'-6y=-6$ 满足
$y(\sqrt{3})=10$ 的解.

(1) 求 $y(x)$；

(2)P 为曲线 $y=y(x)$ 上的一点,曲线 $y=y(x)$ 在点 P 的法线在 y 轴上的截距为 I_P，为

使 I_P 最小,求 P 的坐标.

解 (1)原方程整理为 $y' - \dfrac{6}{x}y = -\dfrac{6}{x}$,这是一阶线性微分方程,其通解为

$$y = e^{\int \frac{6}{x}dx}\left[\int\left(-\frac{6}{x}\right)\cdot e^{\int\left(-\frac{6}{x}\right)dx}dx + C\right] = Cx^6 + 1.$$

由 $y(\sqrt{3}) = 10$,知 $C = \dfrac{1}{3}$,故特解为 $y = \dfrac{1}{3}x^6 + 1$.

(2)设 P 点坐标为 $\left(x, 1 + \dfrac{1}{3}x^6\right)$,则过 P 点的法线方程为:

$$Y - \left(1 + \frac{1}{3}x^6\right) = -\frac{1}{2x^5}(X - x),$$

令 $X = 0$,得 $Y = I_P = \dfrac{1}{2x^4} + \dfrac{1}{3}x^6 + 1$.

由 $Y'(x) = -\dfrac{2}{x^5} + 2x^5 = 0$,当 $x > 0$ 时可得唯一驻点 $x = 1$.

而 $Y''(1) = 20 > 0$.故 $x = 1$ 为极小值点,且为最小值点,即 P 点坐标为 $\left(1, \dfrac{4}{3}\right)$.

习题 7—4 解答

1. 求下列微分方程的通解:

(1) $\dfrac{dy}{dx} + y = e^{-x}$;

(2) $xy' + y = x^2 + 3x + 2$;

(3) $y' + y\cos x = e^{-\sin x}$;

(4) $y' + y\tan x = \sin 2x$;

(5) $(x^2 - 1)y' + 2xy - \cos x = 0$;

(6) $\dfrac{d\rho}{d\theta} + 3\rho = 2$;

(7) $\dfrac{dy}{dx} + 2xy = 4x$;

(8) $y\ln y\, dx + (x - \ln y)dy = 0$;

(9) $(x - 2)\dfrac{dy}{dx} = y + 2(x - 2)^3$;

(10) $(y^2 - 6x)\dfrac{dy}{dx} + 2y = 0$.

解 (1) $P(x) = 1$,$Q(x) = e^{-x}$.代入通解公式得

$$y = e^{-\int P(x)dx}\left(\int Q(x)e^{\int P(x)dx}dx + C\right) = e^{-\int dx}\left(\int e^{-x}e^{\int dx}dx + C\right) = e^{-x}(x + C).$$

(2)化为 $\dfrac{dy}{dx} + \dfrac{1}{x}y = \dfrac{x^2 + 3x + 2}{x}$,$P(x) = \dfrac{1}{x}$,$Q(x) = \dfrac{x^2 + 3x + 2}{x}$.代入通解公式得

$$y = e^{-\int \frac{1}{x}dx}\left(\int \frac{x^2 + 3x + 2}{x}e^{\int \frac{1}{x}dx}dx + C\right) = \frac{1}{3}x^2 + \frac{3}{2}x + 2 + \frac{C}{x}.$$

(3) $P(x) = \cos x$,$Q(x) = e^{-\sin x}$.代入通解公式得

$$y = e^{-\int \cos x dx}\left(\int e^{-\sin x}e^{\int \cos x dx}dx + C\right) = e^{-\sin x}(x + C).$$

(4) $P(x) = \tan x$,$Q(x) = \sin 2x$.代入通解公式得

$$y = e^{-\int \tan x dx}\left(\int \sin 2x \cdot e^{\int \tan x dx}dx + C\right) = \cos x(-2\cos x + C) = C\cos x - 2\cos^2 x.$$

(5)化为 $y' + \dfrac{2x}{x^2 - 1}y = \dfrac{\cos x}{x^2 - 1}$,$P(x) = \dfrac{2x}{x^2 - 1}$,$Q(x) = \dfrac{\cos x}{x^2 - 1}$.代入通解公式得

$$y = e^{-\int \frac{2x}{x^2-1}dx}\left(\int \frac{\cos x}{x^2 - 1}\cdot e^{\int \frac{2x}{x^2-1}dx}dx + C\right) = \frac{1}{x^2 - 1}(\sin x + C) = \frac{\sin x + C}{x^2 - 1}.$$

(6) $P(\theta)=3$，$Q(\theta)=2$. 代入通解公式得

$$\rho = \mathrm{e}^{-\int 3\mathrm{d}\theta}\left(\int 2\mathrm{e}^{\int 3\mathrm{d}\theta}\mathrm{d}\theta + C_1\right) = \mathrm{e}^{-3\theta}\left(\frac{2}{3}\mathrm{e}^{3\theta}+C_1\right) = \frac{2}{3}+C_1\mathrm{e}^{-3\theta}.$$

即 $3\rho=2+C\mathrm{e}^{-3\theta}$　$(C=3C_1)$.

(7) $P(x)=2x$，$Q(x)=4x$. 代入通解公式得

$$y = \mathrm{e}^{-\int 2x\mathrm{d}x}\left(\int 4x\mathrm{e}^{\int 2x\mathrm{d}x}\mathrm{d}x + C\right) = \mathrm{e}^{-x^2}(2\mathrm{e}^{x^2}+C) = 2+C\mathrm{e}^{-x^2}.$$

(8) 变形为 $\dfrac{\mathrm{d}x}{\mathrm{d}y}+\dfrac{x}{y\ln y}=\dfrac{1}{y}$，$P(y)=\dfrac{1}{y\ln y}$，$Q(y)=\dfrac{1}{y}$. 代入通解公式得

$$x = \mathrm{e}^{-\int\frac{1}{y\ln y}\mathrm{d}y}\left(\int \frac{1}{y}\mathrm{e}^{\int\frac{1}{y\ln y}\mathrm{d}y}\mathrm{d}y + C_1\right) = \frac{1}{\ln y}\left(\frac{1}{2}\ln^2 y + C_1\right).$$

即 $2x\ln y=\ln^2 y+C$　$(C=2C_1)$.

(9) 变形为 $\dfrac{\mathrm{d}y}{\mathrm{d}x}-\dfrac{1}{x-2}y=2(x-2)^2$，$P(x)=-\dfrac{1}{x-2}$，$Q(x)=2(x-2)^2$. 代入通解公式得

$$y = \mathrm{e}^{\int\frac{1}{x-2}\mathrm{d}x}\left[\int 2(x-2)^2\mathrm{e}^{-\int\frac{1}{x-2}\mathrm{d}x}\mathrm{d}x + C\right] = (x-2)[(x-2)^2+C]$$
$$= (x-2)^3+C(x-2).$$

(10) 变形为 $\dfrac{\mathrm{d}x}{\mathrm{d}y}=\dfrac{3}{y}x-\dfrac{1}{2}y$. $P(y)=-\dfrac{3}{y}$，$Q(y)=-\dfrac{1}{2}y$. 得代入通解公式

$$x = \mathrm{e}^{\int\frac{3}{y}\mathrm{d}y}\left[\int\left(-\frac{1}{2}y\right)\mathrm{e}^{\int\left(-\frac{3}{y}\right)\mathrm{d}y}\mathrm{d}x + C\right] = y^3\left(\frac{1}{2y}+C\right) = \frac{1}{2}y^2+Cy^3.$$

2. 求下列微分方程满足所给初值条件的特解：

(1) $\dfrac{\mathrm{d}y}{\mathrm{d}x}-y\tan x=\sec x$，$y\big|_{x=0}=0$；　　　　(2) $\dfrac{\mathrm{d}y}{\mathrm{d}x}+\dfrac{y}{x}=\dfrac{\sin x}{x}$，$y\big|_{x=\pi}=1$；

(3) $\dfrac{\mathrm{d}y}{\mathrm{d}x}+y\cot x=5\mathrm{e}^{\cos x}$，$y\big|_{x+\frac{\pi}{2}}=-4$；　　(4) $\dfrac{\mathrm{d}y}{\mathrm{d}x}+3y=8$，$y\big|_{x=0}=2$；

(5) $\dfrac{\mathrm{d}y}{\mathrm{d}x}+\dfrac{2-3x^2}{x^3}y=1$，$y\big|_{x=1}=0$；　　(6) $x(1+x^2)y'+y=1+x^2$，$y\big|_{x=1}=0$.

解　(1) $y = \mathrm{e}^{\int\tan x\mathrm{d}x}\left(\int\sec x\cdot\mathrm{e}^{-\int\tan x\mathrm{d}x}\mathrm{d}x + C\right) = \mathrm{e}^{-\ln\cos x}\left(\int\sec x\cdot\cos x\mathrm{d}x + C\right) = \frac{1}{\cos x}(x+C)$，

由 $y\big|_{x=0}=0$，得 $C=0$. 因此特解为 $y=\dfrac{x}{\cos x}$.

(2) $y = \mathrm{e}^{-\int\frac{1}{x}\mathrm{d}x}\left(\int\frac{\sin x}{x}\mathrm{e}^{\int\frac{1}{x}\mathrm{d}x}\mathrm{d}x + C\right) = \frac{1}{x}\left(\int\sin x\mathrm{d}x + C\right) = \frac{1}{x}(-\cos x+C)$，

由 $y\big|_{x=\pi}=1$，得 $C=\pi-1$. 故所求特解为 $y=\dfrac{1}{x}(\pi-1-\cos x)$.

(3) $y = \mathrm{e}^{-\int\cot x\mathrm{d}x}\left(5\int\mathrm{e}^{\cos x}\cdot\mathrm{e}^{\int\cot x\mathrm{d}x}\mathrm{d}x + C\right) = \mathrm{e}^{-\ln\sin x}\left(5\int\mathrm{e}^{\cos x}\cdot\mathrm{e}^{\ln\sin x}\mathrm{d}x + C\right)$

$= \dfrac{1}{\sin x}\left(5\int\mathrm{e}^{\cos x}\cdot\sin x\mathrm{d}x + C\right) = \dfrac{1}{\sin x}(-5\mathrm{e}^{\cos x}+C)$，

由 $y\big|_{x=\frac{\pi}{2}}=-4$，得 $C=1$.

故 $y=\dfrac{1}{\sin x}(-5\mathrm{e}^{\cos x}+1)$，即 $y\sin x+5\mathrm{e}^{\cos x}=1$ 为所求之特解.

(4) $y = \mathrm{e}^{-\int 3\mathrm{d}x}\left(\int 8\mathrm{e}^{\int 3\mathrm{d}x}\mathrm{d}x + C\right) = \mathrm{e}^{-3x}\left(\int 8\mathrm{e}^{3x}\mathrm{d}x + C\right) = \mathrm{e}^{-3x}\left(\int 8\mathrm{e}^{3x}\mathrm{d}x + C\right)$

$= \mathrm{e}^{-3x}\left(\dfrac{8}{3}\mathrm{e}^{3x}+C\right) = \dfrac{8}{3}+C\mathrm{e}^{-3x}$，

由 $y\big|_{x=0}=2$，得 $C=-\dfrac{2}{3}$. 故所求特解为 $y=\dfrac{2}{3}(4-\mathrm{e}^{-3x})$.

(5) $y = e^{-\int \frac{2-3x^2}{x^3} dx} \left(\int e^{\int \frac{2-3x^2}{x^3} dx} dx + C \right)$,

因为 $\int \frac{2-3x^2}{x^3} dx = \int \frac{2}{x^3} dx - 3 \int \frac{1}{x} dx = -\frac{1}{x^2} - 3\ln x + C_1$,

所以 $y = e^{\frac{1}{x^2} + 3\ln x} \left(\int e^{-\frac{1}{x^2} - 3\ln x} dx + C \right) = e^{\frac{1}{x^2} + 3\ln x} \left(\int e^{-\frac{1}{x^2}} \cdot \frac{1}{x^3} dx + C \right)$

$= x^3 e^{\frac{1}{x^2}} \left[\frac{1}{2} \int e^{-\frac{1}{x^2}} d\left(-\frac{1}{x^2} \right) + C \right] = x^3 e^{\frac{1}{x^2}} \left(\frac{1}{2} e^{-\frac{1}{x^2}} + C \right)$,

由 $y \big|_{x=1} = 0$, 得 $C = -\frac{1}{2} e^{-1}$.

故所求特解为 $y = \frac{1}{2} x^3 e^{\frac{1}{x^2}} \left(e^{-\frac{1}{x^2}} - e^{-1} \right)$.

(6) 原方程可化为 $y' + \frac{1}{x(1+x^2)} y = \frac{1}{x}$,

通解为 $y = e^{-\int \frac{1}{x(1+x^2)} dx} \left(\int \frac{1}{x} e^{\int \frac{1}{x(1+x^2)} dx} dx + C \right)$

$= \frac{\sqrt{1+x^2}}{x} \left(\int \frac{1}{x} \cdot \frac{x}{\sqrt{1+x^2}} dx + C \right) = \frac{\sqrt{1+x^2}}{x} \left[\ln(x + \sqrt{1+x^2}) + C \right]$,

由 $y \big|_{x=1} = 0$ 得 $C = -\ln(1+\sqrt{2})$.

故所求特解为 $y = \frac{\sqrt{1+x^2}}{x} \ln \frac{1+\sqrt{1+x^2}}{1+\sqrt{2}}$.

3. 若曲线通过原点,并且它在点 (x, y) 处的切线斜率等于 $2x + y$, 求这曲线的方程.

解 由题意可构造微分方程初值问题 $\begin{cases} y' = 2x + y, \\ y(0) = 0, \end{cases}$

解得 $y = e^{-\int(-1)dx} \left[\int 2x e^{\int(-1)dx} dx + C \right] = e^x \left(-2x e^{-x} - 2e^{-x} + C \right)$,

代入 $y \big|_{x=0} = 0$ 知 $C = 2$.

故曲线方程为 $y = 2(e^x - x - 1)$.

4. 设有一质量为 m 的质点做直线运动. 从速度等于零的时刻起,有一个与运动方向一致、大小与时间成正比(比例系数为 k_1)的力作用于它,此外还受一与速度成正比(比例系数为 k_2)的阻力作用. 求质点运动的速度与时间的函数关系.

解 由牛顿定律 $F = ma$, 即 $m \frac{dv}{dt} = k_1 t - k_2 v$, $\frac{dv}{dt} + \frac{k_2}{m} v = \frac{k_1}{m} t$,

所以

$$v = e^{-\int \frac{k_2}{m} dt} \left(\int \frac{k_1}{m} t e^{\int \frac{k_2}{m} dt} dt + C \right) = e^{-\frac{k_2}{m} t} \left(\frac{k_1}{m} \int t e^{\frac{k_2}{m} t} dt + C \right) = e^{-\frac{k_2}{m} t} \left(\frac{k_1}{m} \frac{m}{k_2} \int t d(e^{\frac{k_2}{m} t}) + C \right)$$

$$= e^{-\frac{k_2}{m} t} \left(\frac{k_1}{k_2} t e^{\frac{k_2}{m} t} - \frac{k_1 m}{k_2^2} e^{\frac{k_2}{m} t} + C \right),$$

由题意 $t = 0, v = 0$ 时, 得 $C = \frac{k_1 m}{k_2^2}$. 故

$$v = e^{-\frac{k_2}{m} t} \left(\frac{k_1}{k_2} t e^{\frac{k_2}{m} t} - \frac{k_1 m}{k_2^2} e^{\frac{k_2}{m} t} + \frac{k_1 m}{k_2^2} \right), \qquad 即 \ v = \frac{k_1}{k_2} t - \frac{k_1 m}{k_2^2} \left(1 - e^{-\frac{k_2}{m} t} \right).$$

5. 设有一个由电阻 $R = 10 \ \Omega$、电感 $L = 2 \ H$ 和电源电压 $E = 20\sin 5t \ V$ 串联组成的电路. 开关 S 合上后, 电路中有电流通过. 求电流 i 与时间 t 的函数关系.

解 由回路电压定律知 $20\sin 5t - 2 \frac{di}{dt} - 10i = 0$, 即 $\frac{di}{dt} + 5i = 10\sin 5t$.

故

$$i = \mathrm{e}^{-\int 5\mathrm{d}t}\left(\int 10\sin 5t\mathrm{e}^{5\int \mathrm{d}t}\,\mathrm{d}t + C\right) = \mathrm{e}^{-5t}\left[2\int \sin(5t)\mathrm{e}^{5t}\,\mathrm{d}5t + C\right]$$

$$= \mathrm{e}^{-5t}\left[2\,\frac{\mathrm{e}^{5t}(\sin 5t - \cos 5t)}{2} + C\right] = \sin 5t - \cos 5t + C\mathrm{e}^{-5t}.$$

因为 $t=0$，$i=0$，所以 $C=1$.

故 $i = \sin 5t - \cos 5t + \mathrm{e}^{-5t} = \mathrm{e}^{-5t} + \sqrt{2}\sin\left(5t - \dfrac{\pi}{4}\right)$（A）.

6. 验证形如 $yf(xy)\mathrm{d}x + xg(xy)\mathrm{d}y = 0$ 的微分方程可经变量代换 $v=xy$ 化为可分离变量的方程，并求其通解.

解　将 $v=xy$ 代入所给方程中得

$$\frac{v}{x}f(v)\mathrm{d}x - xg(v)\cdot\frac{\mathrm{d}x\cdot v - \mathrm{d}v\cdot x}{x^2} = 0,$$

即 $\dfrac{\mathrm{d}x}{x} = \dfrac{g(v)\mathrm{d}v}{v[g(v)-f(v)]}$ 为可分离变量的方程.

积分得 $\ln|x| = \displaystyle\int \frac{g(v)\mathrm{d}(v)}{v[g(v)-f(v)]} + C$，代回 $v=xy$，则通解为

$$\ln|x| = \int \frac{g(xy)\mathrm{d}(xy)}{(xy)[g(xy)-f(xy)]} + C.$$

7. 用适当的变量代换将下列方程化为可分离变量的方程，然后求出通解：

(1) $\dfrac{\mathrm{d}y}{\mathrm{d}x} = (x+y)^2$；

(2) $\dfrac{\mathrm{d}y}{\mathrm{d}x} = \dfrac{1}{x-y} + 1$；

(3) $xy' + y = y(\ln x + \ln y)$；

(4) $y' = y^2 + 2(\sin x - 1)y + \sin^2 x - 2\sin x - \cos x + 1$；

(5) $y(xy+1)\mathrm{d}x + x(1+xy+x^2y^2)\mathrm{d}y = 0$.

解　(1) 令 $u = x+y$，则 $\dfrac{\mathrm{d}y}{\mathrm{d}x} = \dfrac{\mathrm{d}u}{\mathrm{d}x} - 1$. 原方程化为 $\dfrac{\mathrm{d}u}{\mathrm{d}x} = 1 + u^2$，即 $\mathrm{d}x = \dfrac{\mathrm{d}u}{1+u^2}$.

两边积分得 $x = \arctan u + C$

把 $u = x+y$ 代回上式即得通解 $x - C = \arctan(x+y)$　或　$y = -x + \tan(x-C)$.

(2) 令 $u = x-y$，则 $\dfrac{\mathrm{d}y}{\mathrm{d}x} = 1 - \dfrac{\mathrm{d}u}{\mathrm{d}x}$，原方程化为 $-\dfrac{\mathrm{d}u}{\mathrm{d}x} = \dfrac{1}{u}$，即 $\mathrm{d}x = -u\mathrm{d}u$.

两边积分得 $x = -\dfrac{1}{2}u^2 + C_1$.

把 $u = x-y$ 代入上式得原方程的通解为

$$(x-y)^2 = -2x + C \quad \text{（其中 } C = 2C_1\text{）}.$$

(3) 令 $u = xy$，则 $y = \dfrac{u}{x}$，$\dfrac{\mathrm{d}y}{\mathrm{d}x} = \dfrac{1}{x}\dfrac{\mathrm{d}u}{\mathrm{d}x} - \dfrac{u}{x^2}$，

原方程化为 $x\left(\dfrac{1}{x}\dfrac{\mathrm{d}u}{\mathrm{d}x} - \dfrac{u}{x^2}\right) + \dfrac{u}{x} = \dfrac{u}{x}\ln u$，即 $\dfrac{\mathrm{d}x}{x} = \dfrac{\mathrm{d}u}{u\ln u}$.

两边积分得 $\ln C + \ln x = \ln\ln u$，　即 $u = \mathrm{e}^{Cx}$.

代 $u = xy$ 入上式得原方程的通解为 $y = \dfrac{1}{x}\mathrm{e}^{Cx}$.

(4) 原方程变形为 $y' = (y+\sin x - 1)^2 - \cos x$. 令 $u = y+\sin x - 1$，则 $\dfrac{\mathrm{d}y}{\mathrm{d}x} = \dfrac{\mathrm{d}u}{\mathrm{d}x} - \cos x$，

原方程变为 $\dfrac{\mathrm{d}u}{\mathrm{d}x} - \cos x = u^2 - \cos x$，　即 $u^{-2}\mathrm{d}u = \mathrm{d}x$，　积分得 $x + C = -\dfrac{1}{u}$.

将 $u=y+\sin x-1$ 代入上式得原方程的通解为 $y=1-\sin x-\dfrac{1}{x+C}$.

(5)原方程变形为 $\dfrac{\mathrm{d}y}{\mathrm{d}x}=-\dfrac{y(xy+1)}{x(1+xy+x^2y^2)}$. 令 $u=xy$,则 $y=\dfrac{u}{x}$, $\dfrac{\mathrm{d}y}{\mathrm{d}x}=\dfrac{1}{x}\dfrac{\mathrm{d}u}{\mathrm{d}x}-\dfrac{u}{x^2}$,

原方程变为 $\dfrac{1}{x}\dfrac{\mathrm{d}u}{\mathrm{d}x}-\dfrac{u}{x^2}=-\dfrac{u}{x^2}\dfrac{1+u}{1+u+u^2}$, 即 $\dfrac{1}{x}\dfrac{\mathrm{d}u}{\mathrm{d}x}=\dfrac{u^3}{(1+u+u^2)x^2}$.

从而 $\dfrac{\mathrm{d}x}{x}=\left(\dfrac{1}{u^3}+\dfrac{1}{u^2}+\dfrac{1}{u}\right)\mathrm{d}u$,两边积分得 $C_1+\ln|x|=-\dfrac{1}{2}u^{-2}-u^{-1}+\ln|u|$,

把 $u=xy$ 代入上式,即得原方程的通解

$C_1=\ln y-\dfrac{1}{2}\dfrac{1}{x^2y^2}-\dfrac{1}{xy}$ 即 $2x^2y^2\ln|y|-2xy-1=Cx^2y^2$ (其中 $C=2C_1$).

*8. 求下列伯努利方程的通解:

(1) $\dfrac{\mathrm{d}y}{\mathrm{d}x}+y=y^2(\cos x-\sin x)$; 　　　　　　　(2) $\dfrac{\mathrm{d}y}{\mathrm{d}x}-3xy=xy^2$;

(3) $\dfrac{\mathrm{d}y}{\mathrm{d}x}+\dfrac{1}{3}y=\dfrac{1}{3}(1-2x)y^4$; 　　　　　　　(4) $\dfrac{\mathrm{d}y}{\mathrm{d}x}-y=xy^5$;

(5) $x\mathrm{d}y-[y+xy^3(1+\ln x)]\mathrm{d}x=0$.

解 (1)令 $z=y^{1-2}=\dfrac{1}{y}$,则原方程变为

$$-\dfrac{1}{z^2}\dfrac{\mathrm{d}z}{\mathrm{d}x}+\dfrac{1}{z}=\dfrac{1}{z^2}(\cos x-\sin x) \quad 即 \quad \dfrac{\mathrm{d}z}{\mathrm{d}x}-z=\sin x-\cos x,$$

故 $z=\mathrm{e}^{\int \mathrm{d}x}\left[\int(\sin x-\cos x)\mathrm{e}^{-\int \mathrm{d}x}\mathrm{d}x+C\right]=\mathrm{e}^x\left[\int \mathrm{e}^{-x}\sin x\mathrm{d}x-\int \mathrm{e}^{-x}\cos x\mathrm{d}x+C\right]$

$\qquad =\mathrm{e}^x\left[\dfrac{\mathrm{e}^{-x}}{2}(-\sin x-\cos x)-\dfrac{\mathrm{e}^{-x}}{2}(\sin x-\cos x)+C\right]=C\mathrm{e}^x-\sin x$

代 $z=\dfrac{1}{y}$ 入上式,得原方程的通解为 $\dfrac{1}{y}=C\mathrm{e}^x-\sin x$.

(2)令 $z=y^{1-2}=\dfrac{1}{y}$,则原方程变为 $-\dfrac{1}{z^2}\dfrac{\mathrm{d}z}{\mathrm{d}x}-3x\dfrac{1}{z}=\dfrac{x}{z^2}$ 即 $\dfrac{\mathrm{d}z}{\mathrm{d}x}+3xz=-x$.

故 $\quad z=\mathrm{e}^{-\int 3x\mathrm{d}x}\left[\int(-x)\mathrm{e}^{\int 3x\mathrm{d}x}\mathrm{d}x+C_1\right]=\mathrm{e}^{-\frac{3}{2}x^2}\left(-\dfrac{1}{3}\mathrm{e}^{\frac{3}{2}x^2}+C_1\right)$

将 $z=\dfrac{1}{y}$ 代入上式并整理即得原方程的通解 $\left(1+\dfrac{3}{y}\right)\mathrm{e}^{\frac{3}{2}x^2}=C$ $(C=3C_1)$.

(3)令 $z=y^{1-4}=y^{-3}$,则原方程变为

$$-\dfrac{1}{3}z^{-\frac{4}{3}}\dfrac{\mathrm{d}z}{\mathrm{d}x}+\dfrac{1}{3}z^{-\frac{1}{3}}=\dfrac{1}{3}(1-2x)z^{-\frac{4}{3}}, \quad 即 \quad \dfrac{\mathrm{d}z}{\mathrm{d}x}=z+2x-1.$$

故 $\quad z=\mathrm{e}^{\int \mathrm{d}x}\left[\int(2x-1)\mathrm{e}^{-\int \mathrm{d}x}\mathrm{d}x+C\right]=-2x-1+C\mathrm{e}^x$,

代入 $z=\dfrac{1}{y}$ 得原方程的通解为 $\dfrac{1}{y^3}=C\mathrm{e}^x-2x-1$.

(4)令 $z=y^{1-5}=y^{-4}$,则原方程变为 $-\dfrac{1}{4}z^{-\frac{5}{4}}\dfrac{\mathrm{d}z}{\mathrm{d}x}-z^{-\frac{1}{4}}=xz^{-\frac{5}{4}}$ 即 $\dfrac{\mathrm{d}z}{\mathrm{d}x}+4z=-4x$.

故 $\quad z=\mathrm{e}^{-\int 4\mathrm{d}x}\left(\int -4x\mathrm{e}^{\int 4\mathrm{d}x}\mathrm{d}x+C\right)=\mathrm{e}^{-4x}\left(\int -4x\mathrm{e}^{4x}\mathrm{d}x+C\right)$

$\qquad =\mathrm{e}^{-4x}\left(-x\mathrm{e}^{4x}+\int \mathrm{e}^{4x}\mathrm{d}x+C\right)$

$\qquad =\mathrm{e}^{-4x}\left(-x\mathrm{e}^{4x}+\dfrac{1}{4}\mathrm{e}^{4x}+C\right)=-x+\dfrac{1}{4}+C\mathrm{e}^{-4x}$.

代入 $z=y^{-4}$,得原方程的通解为 $\dfrac{1}{y^4}=-x+\dfrac{1}{4}+C\mathrm{e}^{-4x}$.

(5)原方程变为 $\dfrac{\mathrm{d}y}{\mathrm{d}x}=\dfrac{y+xy^3(1+\ln x)}{x}$ 进一步整理得 $\dfrac{\mathrm{d}y}{\mathrm{d}x}-\dfrac{1}{x}y=(1+\ln x)y^3$.

令 $z=y^{1-3}=y^{-2}$,则原方程变为

$$-\frac{1}{2}z^{-\frac{3}{2}}\frac{\mathrm{d}z}{\mathrm{d}x}-\frac{1}{x}z^{-\frac{1}{2}}=(1+\ln x)z^{-\frac{3}{2}} \quad 即 \quad \frac{\mathrm{d}z}{\mathrm{d}x}+\frac{2}{x}z=-2(1+\ln x),$$

故 $\quad z=\mathrm{e}^{-\int\frac{2}{x}\mathrm{d}x}\left[-2\int(1+\ln x)\mathrm{e}^{\int\frac{2}{x}\mathrm{d}x}\mathrm{d}x+C\right]=x^{-2}\left[-2\int(1+\ln x)x^2\mathrm{d}x+C\right]$

$$=x^{-2}\left(-2\int x^2\mathrm{d}x-2\int x^2\ln x\mathrm{d}x+C\right)=x^{-2}\left(-\frac{2}{3}x^3-\frac{2}{3}\int\ln x\mathrm{d}x^3+C\right)$$

$$=x^{-2}\left[-\frac{2}{3}x^3-\frac{2}{3}\left(x^3\ln x-\int\frac{x^3}{x}\mathrm{d}x\right)+C\right]=\frac{C}{x^2}-\frac{2}{3}x\ln x-\frac{4}{9}x,$$

代入 $z=y^{-2}$ 得原方程的通解为

$$\frac{1}{y^2}=\frac{C}{x^2}-\frac{2}{3}x\ln x-\frac{4}{9}x, \quad 即 \quad \frac{x^2}{y^2}=C-\frac{2}{3}x^3\left(\ln x+\frac{2}{3}\right).$$

第五节 可降阶的高阶微分方程

一、 主要内容归纳

1. 高阶微分方程

二阶及二阶以上的微分方程称为高阶微分方程.

2. 三类可降阶的高阶微分方程的特点及解法

(1) $y^{(n)}=f(x)$ 型方程

这类方程的特点是右端为自变量 x 的函数,且不含有函数 y 及其导数 y',y'',$\cdots$,$y^{(n-1)}$,积分 n 次即得其通解.

(2) $y''=f(x,y')$ 型方程

这类方程的特点是右端不显含函数 y,解法是令 $y'=p(x)$,则 $y''=p'(x)$,将 y'、y'' 代入原方程即可化为一阶方程 $p'=f(x,p)$,然后将其解出.

(3) $y''=f(y',y)$ 型方程

这类方程的特点是右端不显含自变量 x,解法是令 $y'=p(y)$,则 $y''=pp'$. 将 y'、y'' 代入原方程即可化为一阶方程 $p'p=f(p,y)$,然后将其解出.

二、 经典例题解析及解题方法总结

【例 1】 求微分方程 $y''(x+y'^2)=y'$ 满足初始条件 $y(1)=y'(1)=1$ 的特解.

解 令 $y'=p$,则 $y''=\dfrac{\mathrm{d}p}{\mathrm{d}x}$,原方程化为

$$p'(x+p^2)=p, \quad 即 \quad \frac{\mathrm{d}x}{\mathrm{d}p}-\frac{x}{p}=p$$

于是 $\quad x=\mathrm{e}^{\int\frac{1}{p}\mathrm{d}p}\left[\int p\mathrm{e}^{-\int\frac{1}{p}\mathrm{d}p}\mathrm{d}p+C_1\right]=p(p+C_1).$

因为 $p\big|_{x=1}=y'(1)=1$，所以 $C_1=0$，故 $p^2=x$.

又 $y'(1)=1$，所以 $p=\sqrt{x}$，即 $\dfrac{\mathrm{d}y}{\mathrm{d}x}=\sqrt{x}$，解得 $y=\dfrac{2}{3}x^{\frac{3}{2}}+C_2$，

又 $y(1)=1$，所以 $C_2=\dfrac{1}{3}$，故 $y=\dfrac{2}{3}x^{\frac{3}{2}}+\dfrac{1}{3}$.

【例2】 微分方程 $yy''+(y')^2=0$ 满足初始条件 $y\big|_{x=0}=1$，$y'\big|_{x=0}=\dfrac{1}{2}$ 的特解是 _____.

解 令 $y'=p$，$y''=p\dfrac{\mathrm{d}p}{\mathrm{d}y}$，则原方程化为 $p\left(y\dfrac{\mathrm{d}p}{\mathrm{d}y}+p\right)=0$.

$1°$ $p=0$ 得 $y'=0$，与已知矛盾；

$2°$ $p\neq0$ 时，有 $y\dfrac{\mathrm{d}p}{\mathrm{d}y}+p=0$，解得 $p=\dfrac{C_1}{y}$.

把 $\begin{cases}y'\big|_{x=0}=\dfrac{1}{2},\\ y\big|_{x=0}=1\end{cases}$ 代入得 $C_1=\dfrac{1}{2}$，即微分方程为 $y'=\dfrac{1}{2y}$.

解得 $y^2=x+C_2$，把 $y\big|_{x=0}=1$ 代入得 $C_2=1$.

所以应填 $y=\sqrt{x+1}$ 或 $y^2=x+1$.

【例3】 设函数 $y(x)(x\geqslant0)$ 二阶可导且 $y'(x)>0$，$y(0)=1$. 过曲线 $y=y(x)$ 上任意一点 $P(x,y)$ 作该曲线的切线及 x 轴的垂线，上述两直线与 x 轴所围成的三角形的面积记为 S_1，区间 $[0,x]$ 上以 $y=y(x)$ 为曲边的曲边梯形面积记为 S_2，并设 $2S_1-S_2$ 恒为 1，求此曲线 $y=y(x)$ 的方程.

解 曲线 $y=y(x)$ 上点 $P(x,y)$ 处的切线方程为
$$Y-y=y'(x)(X-x),$$

它与 x 轴的交点为 $\left(x-\dfrac{y}{y'},0\right)$. 由于 $y'(x)>0$，$y(0)=1$，于是 $S_1=\dfrac{1}{2}y\left|x-\left(x-\dfrac{y}{y'}\right)\right|=\dfrac{y^2}{2y'}$，

又 $S_2=\displaystyle\int_0^x y(t)\mathrm{d}t$，由条件 $2S_1-S_2=1$ 知 $\dfrac{y^2}{y'}-\displaystyle\int_0^x y(t)\mathrm{d}t=1$， ①

两边对 x 求导并化简得 $yy''=(y')^2$.

令 $p=y'$，则上述方程可化为 $yp\dfrac{\mathrm{d}p}{\mathrm{d}y}=p^2$，从而 $\dfrac{\mathrm{d}p}{p}=\dfrac{\mathrm{d}y}{y}$，解得 $p=C_1y$，即 $\dfrac{\mathrm{d}y}{\mathrm{d}x}=C_1y$，于是，$y=\mathrm{e}^{C_1x+C_2}$. 注意到 $y(0)=1$，并由①式得 $y'(0)=1$. 由此可得 $C_1=1$，$C_2=0$.

故所求曲线的方程是 $y=\mathrm{e}^x$.

● 方法总结

这类题目只需写出等式，即成为由变上限函数表示的方程，通过求导得微分方程进行求解. 特别地，其初始条件可由变上限函数表示的方程中取上限等于下限获得.

【例 4】 设 $f(x)$ 是区间 $[0,+\infty)$ 上具有连续导数的单调增加函数，且 $f(0)=1$. 对任意的 $t \in [0,+\infty)$，直线 $x=0$，$x=t$，曲线 $y=f(x)$ 以及 x 轴所围成的曲边梯形绕 x 轴旋转一周生成一旋转体. 若该旋转体的侧面面积在数值上等于其体积的 2 倍，求函数 $f(x)$ 的表达式.

解 旋转体体积 $V(t)=\pi \int_0^t y^2 \mathrm{d}x$，旋转体的侧面积 $S(t)=\int_0^t 2\pi|y|\sqrt{1+y'^2}\,\mathrm{d}x$，

由题意，$2\pi \int_0^t y^2 \mathrm{d}x = 2\pi \int_0^t |y|\sqrt{1+y'^2}\,\mathrm{d}x$.

上式两边对 t 求导，得 $y^2 = y\sqrt{1+y'^2}$，　即 $y'=\sqrt{y^2-1}$，

由分离变量法解得 $\ln(y+\sqrt{y^2-1})=t+C_1$，　即 $y+\sqrt{y^2-1}=C\mathrm{e}^t$，

又 $y(0)=1$，所以 $C=1$，故 $y+\sqrt{y^2-1}=\mathrm{e}^t$，　　$y=\dfrac{\mathrm{e}^t+\mathrm{e}^{-t}}{2}$.

于是所求函数为　$y=f(x)=\dfrac{1}{2}(\mathrm{e}^x+\mathrm{e}^{-x})$.

【例 5】 （2020 数学二，11 分）设函数 $f(x)$ 可导，且 $f'(x)>0$. 曲线 $y=f(x)(x\geqslant 0)$ 经过坐标原点 O，其上任意一点 M 处的切线与 x 轴交于 T，又 MP 垂直 x 轴于点 P. 已知由曲线 $y=f(x)$，直线 MP 以及 x 轴所围图形的面积与 $\triangle MTP$ 的面积之比恒为 $3:2$，求满足上述条件的曲线的方程.

解 设点 M 的坐标为 (x,y)，则曲线上点 M 处的切线为 $Y-y=y'(X-x)$.

令 $Y=0$，解得 $X=x-\dfrac{y}{y'}$，则点 T 的坐标为 $T\left(x-\dfrac{y}{y'},0\right)$.

由题意，得 $\displaystyle\int_0^x f(t)\mathrm{d}t : \left(\dfrac{1}{2}\cdot\dfrac{y}{y'}\cdot y\right)=3:2$，整理得 $\displaystyle\int_0^x f(t)\mathrm{d}t=\dfrac{3y^2}{4y'}$.

两边对 x 求导，得 $3y^2y'-2y(y')^2=0$. 因 $y>0$，故 $3yy''-2(y')^2=0$. 这是可降阶的二阶微分方程，令 $y'=p(y)$，则 $y''=p(y)\dfrac{\mathrm{d}p}{\mathrm{d}y}$，代入得 $3yp\dfrac{\mathrm{d}p}{\mathrm{d}y}-2p^2=0$.

因 $p>0$，故 $3y\dfrac{\mathrm{d}p}{\mathrm{d}y}-2p=0$. 即 $\dfrac{\mathrm{d}p}{\mathrm{d}y}-\dfrac{2}{3y}p=0$，解得 $p=C_1\mathrm{e}^{-\int\left(-\frac{2}{3y}\right)\mathrm{d}y}=C_1y^{\frac{2}{3}}$.

从而，$y^{-\frac{2}{3}}\mathrm{d}y=C_1\mathrm{d}x$，积分得 $3y^{\frac{1}{3}}=C_1x+C_2$.

因曲线经过坐标原点，故 $C_2=0$. 从而所求曲线为 $y=Cx^3\,(C>0)$.

习题 7—5 解答

1. 求下列各微分方程的通解：

(1) $y''=x+\sin x$；　　　　(2) $y'''=x\mathrm{e}^x$；　　　　(3) $y''=\dfrac{1}{1+x^2}$；

(4) $y''=1+y'^2$；　　　　(5) $y''=y'+x$；　　　　(6) $xy''+y'=0$；

(7) $xy''+2y'^2=0$；　　　(8) $y^3y''-1=0$；　　　(9) $y''=\dfrac{1}{\sqrt{y}}$；

(10) $y''=(y')^3+y'$.

解 （1）方程不显含 y，故令 $y'=p$，于是原方程可化为 $p'=x+\sin x$

积分得 $p=\int(x+\sin x)\mathrm{d}x=\dfrac{1}{2}x^2-\cos x+C_1$　即 $y'=\dfrac{1}{2}x^2-\cos x+C_1$,

再积分后得原方程通解为 $y=\dfrac{1}{6}x^3-\sin x+C_1x+C_2$.

(2)对原方程积分得 $y''=\int x\mathrm{e}^x\mathrm{d}x=x\mathrm{e}^x-\mathrm{e}^x+C_1'$.

再积分得 $y'=\int(x\mathrm{e}^x-\mathrm{e}^x+C_1')\mathrm{d}x=x\mathrm{e}^x-2\mathrm{e}^x+C_1'x+C_2$.

再积分得方程的通解为 $y=\int(x\mathrm{e}^x-2\mathrm{e}^x+C_1'x+C_2)\mathrm{d}x=x\mathrm{e}^x-3\mathrm{e}^x+C_1x^2+C_2x+C_3$. $\left(C_1=\dfrac{C_1'}{2}\right)$

(3)方程不显含 y,故设 $y'=p$,则原方程可化为 $p'=\dfrac{1}{1+x^2}$,

积分得　$p=\int\dfrac{1}{1+x^2}\mathrm{d}x=\arctan x+C_1$,

再积分得 $y=\int(\arctan x+C_1)\mathrm{d}x=x\arctan x-\dfrac{1}{2}\ln(1+x^2)+C_1x+C_2$.

即原方程通解为 $y=x\arctan x-\dfrac{1}{2}\ln(1+x^2)+C_1x+C_2$.

(4)方程不显含 y,故设 $y'=p$,则原方程化为 $p'=1+p^2$,

分离变量得 $\dfrac{\mathrm{d}p}{1+p^2}=\mathrm{d}x$　积分得 $\arctan p=x+C_1$,

故 $p=\tan(x+C_1)$　即 $y'=\tan(x+C_1)$,　积分得原方程的解为
$\qquad y=-\ln\cos(x+C_1)+C_2$.

(5)令 $y'=p$,则 $y''=p'$,得线性方程 $p'=p+x$　即 $p'-p=x$,

解得 $p=\mathrm{e}^{\int\mathrm{d}x}\left[\int x\mathrm{e}^{-\int\mathrm{d}x}\mathrm{d}x+C_1\right]=\mathrm{e}^x\left[\int x\mathrm{e}^{-x}\mathrm{d}x+C_1\right]=C_1\mathrm{e}^x-x-1$,

则 $y=\int(C_1\mathrm{e}^x-x-1)\mathrm{d}x=C_1\mathrm{e}^x-\dfrac{1}{2}x^2-x+C_2$.

(6)令 $y'=p$,则 $y''=p'$,得 $p'+\dfrac{1}{x}p=0$. 即 $\dfrac{\mathrm{d}p}{p}=-\dfrac{\mathrm{d}x}{x}$,

解得 $\ln p=-\ln x+\ln C_1=\ln\dfrac{C_1}{x}$　即　$y'=p=\dfrac{C_1}{x}$,

则　$y=\int\dfrac{C_1}{x}\mathrm{d}x=C_1\ln|x|+C_2$.

(7)令 $y'=p$,则原方程化成 $yp\dfrac{\mathrm{d}p}{\mathrm{d}y}+2p^2=0$,

分离变量得 $\dfrac{\mathrm{d}p}{p}=\dfrac{-2\mathrm{d}y}{y}$,积分得 $\ln|p|=\ln\dfrac{1}{y^2}+\ln C_0$. 即

$\qquad y'=p=\dfrac{C_0}{y^2}$,　$y^2\mathrm{d}y=C_0\mathrm{d}x$,　$y^3=3C_0x+C_2$,

则通解为　$y^3=C_1x+C_2$. $(C_1=3C_0)$

(8)令 $y'=p$,则 $y''=p'\cdot p$,原方程化为 $y^3p\dfrac{\mathrm{d}p}{\mathrm{d}y}=1$,　即　$p\mathrm{d}p=\dfrac{\mathrm{d}y}{y^3}$,

积分得 $\dfrac{1}{2}p^2=-\dfrac{1}{2y^2}+\dfrac{C_1}{2}$,　即　$p^2=-\dfrac{1}{y^2}+C_1$.

将 $p=y'$ 代入上式得 $(y')^2=-\dfrac{1}{y^2}+C_1$,　即　$\pm y'=\sqrt{C_1-\dfrac{1}{y^2}}$,

分离变量得

$$\pm\frac{y\mathrm{d}y}{\sqrt{C_1 y^2-1}}=\mathrm{d}x,\quad \text{即}\quad \pm\frac{1}{2}\frac{\mathrm{d}(C_1 y^2)}{\sqrt{C_1 y^2-1}}=C_1\mathrm{d}x,$$

积分得 $\pm\sqrt{C_1 y^2-1}=C_1 x+C_2$，即 $C_1 y^2-1=(C_1 x+C_2)^2.$

(9)设 $y'=p$，则原方程化为 $p\dfrac{\mathrm{d}p}{\mathrm{d}y}=y^{-\frac{1}{2}}$，分离变量得 $p\mathrm{d}p=y^{-\frac{1}{2}}\mathrm{d}y$，

积分得 $p^2=4\sqrt{y}+4C_1$，即 $y'=\pm\sqrt{4\sqrt{y}+4C_1}=\pm 2\sqrt{\sqrt{y}+C_1}.$

积分得 $x+C_2=\pm\left[\dfrac{2}{3}(\sqrt{y}+C_1)^{\frac{3}{2}}-2C_1\sqrt{\sqrt{y}+C_1}\right].$

(10)令 $y'=p$，则 $y''=p'$，原方程化为 $p'=p^3+p$，即 $\mathrm{d}x=\dfrac{\mathrm{d}p}{p^3+p}.$

积分得 $x+C=\displaystyle\int\frac{\mathrm{d}p}{p^3+p}=\int\frac{\mathrm{d}p}{p}-\int\frac{p}{p^2+1}\mathrm{d}p=\ln|p|-\frac{1}{2}\ln|p^2+1|.$

整理得 $\mathrm{e}^{2x+2C}=\dfrac{p^2}{1+p^2}$，即 $p^2=\dfrac{C_1^2\mathrm{e}^{2x}}{1-C_1^2\mathrm{e}^{2x}}\ (C_1^2=\mathrm{e}^{2C})$，

即 $p=\dfrac{C_1\mathrm{e}^x}{\sqrt{1-C_1^2\mathrm{e}^{2x}}}$，将 $p=y'$ 代入得 $y'=\dfrac{C_1\mathrm{e}^x}{\sqrt{1-C_1^2\mathrm{e}^{2x}}}$，

积分得 $y=\displaystyle\int\frac{C_1\mathrm{e}^x}{\sqrt{1-C_1^2\mathrm{e}^{2x}}}\mathrm{d}x=\int\frac{\mathrm{d}(C_1\mathrm{e}^x)}{\sqrt{1-C_1^2\mathrm{e}^{2x}}}=\arcsin(C_1\mathrm{e}^x)+C_2.$

故通解为 $y=\arcsin(C_1\mathrm{e}^x)+C_2.$

2. 设 $f(x)$ 具有二阶连续导数，满足 $f'(x)^2=f(x)+\displaystyle\int_0^x(f'(t))^3\mathrm{d}t$，且 $f'(0)=1$，求 $f(x)$.

解 记 $y=f(x)$，在所给等式两边对 x 求导得 $2y'y''=y'+(y')^3$，所以 $2y''=1+(y')^2$.

令 $y'=p(x)$，则 $y''=p'(x)$，所以 $2p'(x)=1+p^2(x)$. 分离变量再积分可得

$\displaystyle\int\frac{2}{1+p^2}\mathrm{d}p=\int\mathrm{d}x$，$2\arctan p=x+C$，又 $y'(0)=1$，所以 $C=\dfrac{\pi}{2}$，

故 $p=\tan\left(\dfrac{x}{2}+\dfrac{\pi}{4}\right)$，即 $y'=\tan\left(\dfrac{x}{2}+\dfrac{\pi}{4}\right)$，两边再积分，得 $y=2\ln\sec\left(\dfrac{x}{2}+\dfrac{\pi}{4}\right)+C_1$，

在题设所给等式两边令 $x=0$ 可得 $f(0)=1$，代入上式得 $C=1-\ln 2$.

故 $f(x)=2\ln\sec\left(\dfrac{x}{2}+\dfrac{\pi}{4}\right)+1-\ln 2.$

3. 求下列各微分方程满足所给初始条件的特解：

(1) $y^3 y''+1=0$，$y\big|_{x=1}=1$，$y'\big|_{x=1}=0$；　　(2) $y''-ay'^2=0$，$y\big|_{x=0}=0$，$y'\big|_{x=0}=-1$；

(3) $y'''=\mathrm{e}^{ax}$，$y\big|_{x=1}=y'\big|_{x=1}=y''\big|_{x=1}=0$；　(4) $y''=\mathrm{e}^{2y}$，$y\big|_{x=0}=y'\big|_{x=0}=0$；

(5) $y''=3\sqrt{y}$，$y\big|_{x=0}=1$，$y'\big|_{x=0}=2$；　　(6) $y''+y'^2=1$，$y\big|_{x=0}=0$，$y'\big|_{x=0}=0$.

解 (1)令 $y'=p(x)$，则 $y''=\dfrac{\mathrm{d}p}{\mathrm{d}y}p$，原方程变为 $y^3 p\dfrac{\mathrm{d}p}{\mathrm{d}y}=-1$.

从而 $p\mathrm{d}p=-y^{-3}\mathrm{d}y$. 积分得 $p^2=\dfrac{1}{y^2}+C_1$，即 $y'^2=\dfrac{1}{y^2}+C_1$.

因为 $x=1$ 时，$y=1$，$y'=0$，故 $C_1=-1$. 因而 $y'^2=\dfrac{1}{y^2}-1$.

由此得 $y'=\pm\dfrac{1}{y}\sqrt{1-y^2}$，即 $\pm\dfrac{y}{\sqrt{1-y^2}}\mathrm{d}y=\mathrm{d}x$，

积分得 $\pm\dfrac{1}{2}\displaystyle\int\frac{\mathrm{d}(1-y^2)}{\sqrt{1-y^2}}=x+C_2$，从而 $\pm\sqrt{1-y^2}=x+C_2$.

由 $x=1$ 时 $y=1$ 得 $C_2=-1$. 因此所求特解为 $\pm\sqrt{1-y^2}=x-1$，即

$$y=\sqrt{2x-x^2}\quad(\text{舍去 } y=-\sqrt{2x-x^2},\text{因 } y(1)=1).$$

(2)令 $p=y'$，则 $y''=\dfrac{\mathrm{d}p}{\mathrm{d}x}$，原方程变为 $\dfrac{\mathrm{d}p}{\mathrm{d}x}-ap^2=0$，即 $\dfrac{\mathrm{d}p}{p^2}=a\mathrm{d}x$，积分得 $-\dfrac{1}{p}=ax+C_1$

因为 $p\big|_{x=0}=y'\big|_{x=0}=-1$，所以 $C_1=1$，从而 $-\dfrac{1}{y'}=ax+1$，即 $\mathrm{d}y=-\dfrac{\mathrm{d}x}{ax+1}$，故

$$y=-\frac{1}{a}\ln(ax+1)+C_2.$$

又因为 $y\big|_{x=0}=0$，故 $C_2=0$. 因此所求的特解为 $y=-\dfrac{1}{a}(ax+1)(a\neq0)$.

(3)$y''=\displaystyle\int e^{ax}\mathrm{d}x=\dfrac{1}{a}e^{ax}+C_1\,(a\neq0).$

由 $y''\big|_{x=1}=0$ 得 $C_1=-\dfrac{1}{a}e^a$ 从而 $y''=\dfrac{1}{a}e^{ax}-\dfrac{1}{a}e^a$.

因此 $y'=\displaystyle\int\left(\dfrac{1}{a}e^{ax}-\dfrac{1}{a}e^a\right)\mathrm{d}x=\dfrac{1}{a^2}e^{ax}-\dfrac{1}{a}e^ax+C_1$

又由 $y'\big|_{x=1}=0$ 得 $C_2=\dfrac{1}{a}e^a-\dfrac{1}{a^2}e^a$. 故 $y'=\dfrac{1}{a^2}e^{ax}-\dfrac{1}{a}e^ax+\dfrac{1}{a}e^a-\dfrac{1}{a^2}e^a$.

因而

$$y=\int\left(\frac{1}{a^2}e^{ax}-\frac{1}{a}e^ax+\frac{1}{a}e^a-\frac{1}{a^2}e^a\right)\mathrm{d}x$$
$$=\frac{1}{a^3}e^{ax}-\frac{1}{2a}e^ax^2+\frac{1}{a}e^ax-\frac{1}{a^2}e^ax+C_3.$$

再次由 $y\big|_{x=1}=0$ 得 $C_3=\dfrac{1}{a^2}e^a-\dfrac{1}{a}e^a+\dfrac{1}{2a}e^a-\dfrac{1}{a^3}e^a$.

因此所求的特解为 $y=\dfrac{1}{a^3}e^{ax}-\dfrac{e^a}{2a}x^2+\dfrac{e^a}{a^2}(a-1)x+\dfrac{e^a}{2a^3}(2a-a^2-2)$.

(4)令 $y'=p(y)$，则 $y''=\dfrac{\mathrm{d}p}{\mathrm{d}y}p$，原方程变为 $p\dfrac{\mathrm{d}p}{\mathrm{d}y}=e^{2y}$，即 $p\mathrm{d}p=e^{2y}\mathrm{d}y$.

积分得 $\dfrac{1}{2}p^2=\dfrac{1}{2}e^{2y}+C_1$，即 $\dfrac{1}{2}y'^2=\dfrac{1}{2}e^{2y}+C_1$.

由 $y\big|_{x=0}=y'\big|_{x=0}=0$，得 $C_1=-\dfrac{1}{2}$，

因而 $y'^2=e^{2y}-1$，从而 $y'=\pm\sqrt{e^{2y}-1}$，即 $\dfrac{\mathrm{d}y}{\sqrt{e^{2y}-1}}=\pm\mathrm{d}x$.

变形为 $\dfrac{e^{-y}\mathrm{d}y}{\sqrt{1-e^{-2y}}}=\pm\mathrm{d}x$. 积分得 $-\arcsin e^{-y}=\pm x+C_2$.

由 $y\big|_{x=0}=0$，得 $C_2=\dfrac{-\pi}{2}$，因而 $e^{-y}=\sin\left(\mp x+\dfrac{\pi}{2}\right)=\cos x$.

从而原方程的特解为 $y=\ln\sec x$.

(5)令 $y'=p(y)$，则 $y''=p\dfrac{\mathrm{d}p}{\mathrm{d}y}$，原方程变为 $p\dfrac{\mathrm{d}p}{\mathrm{d}y}=3y^{\frac{1}{2}}$，即 $p\mathrm{d}p=3\sqrt{y}\mathrm{d}y$. 积分得 $\dfrac{1}{2}p^2=2y^{\frac{3}{2}}+C_1$.

由 $y\big|_{x=0}=1$，$p\big|_{x=0}=y'\big|_{x=0}=2$ 得 $C_1=0$，故 $y'=p=\pm2y^{\frac{3}{4}}$.

又由 $y''=3\sqrt{y}>0$ 可知 $y'=2y^{\frac{3}{4}}$，即 $\dfrac{\mathrm{d}y}{y^{\frac{3}{4}}}=2\mathrm{d}x$. 积分得 $4y^{\frac{1}{4}}=2x+C_2$.

由 $y\big|_{x=0}=1$ 得 $C_2=4$. 故 $y^{\frac{1}{4}}=\dfrac{1}{2}x+1$，即原方程的特解为 $y=\left(\dfrac{1}{2}x+1\right)^4$.

(6)令 $y'=p(y)$，则 $y''=p\dfrac{\mathrm{d}p}{\mathrm{d}y}$，原方程变为 $p\dfrac{\mathrm{d}p}{\mathrm{d}y}+p^2=1$，即 $\dfrac{p\mathrm{d}p}{1-p^2}=\mathrm{d}y$.

积分得 $\frac{1}{2}\ln(p^2-1)=-y+C$，整理得 $p^2-1=C_2\mathrm{e}^{-2y}$.

由 $y\big|_{x=0}=0$，$p\big|_{x=0}=y'\big|_{x=0}=0$，得 $C_2=-1$. 因而 $p^2=1-\mathrm{e}^{-2y}$，即 $p=\pm\sqrt{1-\mathrm{e}^{-2y}}$.

故 $\dfrac{\mathrm{d}y}{\sqrt{1-\mathrm{e}^{-2y}}}=\pm\mathrm{d}x$. 积分得 $\pm x+C_2=\displaystyle\int\dfrac{\mathrm{d}(\mathrm{e}^y)}{\sqrt{\mathrm{e}^{2y}-1}}=\ln(\mathrm{e}^y+\sqrt{\mathrm{e}^{2y}-1})$.

由 $y\big|_{x=0}=0$，得 $C_2=0$. 因而 $\pm x=\ln(\mathrm{e}^y+\sqrt{\mathrm{e}^{2y}-1})$，得 $\mathrm{e}^{\pm x}=\mathrm{e}^y+\sqrt{\mathrm{e}^{2y}-1}$.

由此得 $\mathrm{e}^y=\dfrac{\mathrm{e}^x+\mathrm{e}^{-x}}{2}=\mathrm{ch}x$. 即原方程的特解为 $y=\ln\mathrm{ch}x$.

4. 试求 $y''=x$ 的经过点 $M(0,1)$ 且在此点与直线 $y=\dfrac{x}{2}+1$ 相切的积分曲线.

解　因为积分曲线过 $M(0,1)$，所以当 $x=0$ 时 $y=1$.

由于积分曲线在 $M(0,1)$ 处与 $y=\dfrac{x}{2}+1$ 相切，所以 $x=0$，$y'=\dfrac{1}{2}$.

由 $y''=x$，积分得 $y'=\dfrac{x^2}{2}+C_1$，得 $C_1=\dfrac{1}{2}$，即 $y'=\dfrac{1}{2}x^2+\dfrac{1}{2}\Rightarrow y=\dfrac{1}{6}x^3+\dfrac{1}{2}x+C_2$.

因为 $x=0$，$y=1$，所以 $C_2=1$，故有 $y=\dfrac{1}{6}x^3+\dfrac{1}{2}x+1$.

5. 设有一质量为 m 的物体，在空中由静止开始下落，如果空气阻力 $R=cv$（其中 c 为常数，v 为物体运动的速度），试求物体下落的距离 s 与时间 t 的函数关系.

解　根据牛顿第二定律，有 $m\dfrac{\mathrm{d}^2s}{\mathrm{d}t^2}=mg-c\dfrac{\mathrm{d}s}{\mathrm{d}t}$，并根据题设条件，得初值问题 $\begin{cases}\dfrac{\mathrm{d}^2s}{\mathrm{d}t^2}=g-\dfrac{c}{m}\dfrac{\mathrm{d}s}{\mathrm{d}t},\\ s\big|_{t=0}=0,\dfrac{\mathrm{d}s}{\mathrm{d}t}\big|_{t=0}=0.\end{cases}$

令 $\dfrac{\mathrm{d}s}{\mathrm{d}t}=v$，则方程变为 $\dfrac{\mathrm{d}v}{\mathrm{d}t}=g-\dfrac{c}{m}v$.

分离变量后积分得 $\displaystyle\int\dfrac{1}{g-\dfrac{c}{m}v}\mathrm{d}v=\int\mathrm{d}t$，所以 $\ln\left(g-\dfrac{c}{m}v\right)=-\dfrac{c}{m}t+C_1$，

代入初值条件 $v\big|_{t=0}=0$ 得 $C_1=\lg g$.

于是有 $v=\dfrac{\mathrm{d}s}{\mathrm{d}t}=\dfrac{mg}{c}(1-\mathrm{e}^{-\frac{c}{m}t})$，两边再积分得 $s=\dfrac{mg}{c}\left(t+\dfrac{m}{c}\mathrm{e}^{-\frac{c}{m}t}\right)+C_2$.

代入初值条件 $s\big|_{t=0}=0$ 得 $C_2=-\dfrac{m^2g}{c^2}$，故下落距离与时间的关系为 $s=\dfrac{mg}{c}\left(t+\dfrac{m}{c}\mathrm{e}^{-\frac{c}{m}t}-\dfrac{m}{c}\right)$.

第六节　高阶线性微分方程

一、主要内容归纳

1. n 阶线性微分方程

形如 $y^{(n)}+P_1(x)y^{(n-1)}+P_2(x)y^{(n-2)}+\cdots+P_{n-1}(x)y'+P_n(x)y=f(x)$　$(n\geqslant 2)$　①
的方程叫做 n 阶线性微分方程. 其中 $P_1(x),P_2(x),\cdots,P_n(x),f(x)$ 为已知连续函数.

当 $f(x)\equiv 0$ 时，称为齐次的；当 $f(x)$ 不恒为零时，称为非齐次的.

2. 二阶线性微分方程

在①中 $n=2$ 时,即 $y''+P(x)y'+Q(x)y=f(x)$ 称为二阶线性微分方程.若 $f(x)\equiv0$,即

$$y''+P(x)y'+Q(x)y=0 \qquad ②$$

称为二阶齐次线性微分方程.当 $f(x)$ 不恒为 0,即

$$y''+P(x)y'+Q(x)y=f(x) \qquad ③$$

称为二阶非齐次线性微分方程.

3. 二阶线性微分方程解的性质

(1)若函数 $y_1(x),y_2(x)$ 是齐次线性方程②的两个解,则 $C_1y_1(x)+C_2y_2(x)$ 也是方程②的解,其中 C_1,C_2 为任意常数.

(2)若 $y_1(x),y_2(x)$ 是方程②的两个线性无关的解,则 $C_1y_1(x)+C_2y_2(x)$ 是②的通解,其中 C_1,C_2 为任意常数.

(3)设 y^* 是非齐次线性方程③的一个特解,$Y=C_1y_1(x)+C_2y_2(x)$ 是对应的齐次方程②的通解,则 $y=Y+y^*$ 是非齐次方程③的通解.

(4)设线性非齐次方程③的右端 $f(x)$ 是两个函数之和,如

$$y''+P(x)y'+Q(x)y=f_1(x)+f_2(x),$$

而 $y_1(x)$ 与 $y_2(x)$ 分别是方程

$$y''+P(x)y'+Q(x)y=f_1(x) \quad 与 \quad y''+P(x)y'+Q(x)y=f_2(x)$$

的解,则 $y_1(x)+y_2(x)$ 是方程 $y''+P(x)y'+Q(x)y=f_1(x)+f_2(x)$ 的解.

上述性质可推广到任意高阶的线性微分方程.

二、 经典例题解析及解题方法总结

【例1】 设线性无关函数 $y_1(x),y_2(x),y_3(x)$ 都是二阶非齐次线性方程

$$y''+P(x)y'+Q(x)y=f(x)$$

的解,C_1,C_2 是任意常数,则该非齐次方程的通解是_____.

(A)$C_1y_1+C_2y_2+y_3$ (B)$C_1y_1+C_2y_2-(C_1+C_2)y_3$

(C)$C_1y_1+C_2y_2-(1-C_1-C_2)y_3$ (D)$C_1y_1+C_2y_2+(1-C_1-C_2)y_3$

解 因为 y_1,y_2,y_3 都是非齐次方程的解,所以其差 y_1-y_3,y_2-y_3 是对应齐次方程的解,又由于 y_1,y_2,y_3 线性无关,所以 y_1-y_3 与 y_2-y_3 也线性无关.故由线性方程解的结构定理,对应齐次方程的通解 $C_1(y_1-y_3)+C_2(y_2-y_3)$ 再加上非齐次方程的一个特解就是非齐次方程的通解.

故应选(D).

【例2】 设 y_1、y_2 是二阶线性齐次方程 $y''+p(x)y'+q(x)y=0$ 的两个线性无关特解,则由 $y_1(x)$ 与 $y_2(x)$ 能构成该方程的通解,其充分条件为_____.

(A)$y_1(x)y_2'(x)-y_2(x)y_1'(x)=0$ (B)$y_1(x)y_2'(x)-y_2(x)y_1'(x)\neq0$

(C)$y_1(x)y_2'(x)+y_2(x)y_1'(x)=0$ (D)$y_1(x)y_2'(x)+y_2(x)y_1'(x)\neq0$

解　由题意知 $y_1(x)$ 与 $y_2(x)$ 线性无关,即 $\dfrac{y_2(x)}{y_1(x)}\neq C$. 求导得,

$$\frac{y_2'(x)y_1(x)-y_2(x)y_1'(x)}{y_1^2(x)}\neq 0,\quad 即\quad y_1(x)y_2'(x)-y_2(x)y_1'(x)\neq 0.$$

故应选(B).

【例 3】　设 $y=e^x$ 是微分方程 $xy'+p(x)y=x$ 的一个解,求此微分方程满足条件 $y\big|_{x=\ln 2}=0$ 的特解.

解　以 $y=e^x$ 代入原方程,得 $xe^x+p(x)e^x=x$,解出 $p(x)=xe^{-x}-x$.

代入原方程得 $y'+(e^{-x}-1)y=1$. 解其对应的齐次方程 $y'+(e^{-x}-1)y=0$ 得

$$\frac{\mathrm{d}y}{y}=(-e^{-x}+1)\mathrm{d}x,\quad \ln y-\ln C=e^{-x}+x.$$

得齐次方程的通解 $y=Ce^{x+e^{-x}}$. 所以原方程的通解为 $y=e^x+Ce^{x+e^{-x}}$.

由 $y\big|_{x=\ln 2}=0$,得

$$2+2e^{\frac{1}{2}}C=0,\quad 即\quad C=-e^{-\frac{1}{2}}.$$

故所求特解为 $y=e^x-e^{x+e^{-x}-\frac{1}{2}}$.

【例 4】　已知 $y_1=xe^x+e^{2x}$, $y_2=xe^x+e^{-x}$, $y_3=xe^x+e^{2x}-e^{-x}$ 是某二阶线性非齐次微分方程的三个解,求此微分方程.

解　**方法一**　由题设知,e^{2x} 与 e^{-x} 是相应齐次方程两个线性无关的解,且 xe^x 是非齐次方程的一个特解,故此方程是 $y''-y'-2y=f(x)$.

将 $y=xe^x$ 代入上式,得

$$f(x)=(xe^x)''-(xe^x)'-2xe^x=2e^x+xe^x-e^x-xe^x-2xe^x=e^x-2xe^x.$$

因此所求方程为 $y''-y'-2y=e^x-2xe^x$.

方法二　由题设知,e^{2x} 与 e^{-x} 是相应齐次方程两个线性无关的解,且 xe^x 是非齐次方程的一个特解,故 $y=xe^x+C_1e^{2x}+C_2e^{-x}$ 是所求方程的解,由

$$y'=e^x+xe^x+2C_1e^{2x}-C_2e^{-x},\qquad y''=2e^x+xe^x+4C_1e^{2x}+C_2e^{-x},$$

消去 C_1,C_2 得所求方程为 $y''-y'-2y=e^x-2xe^x$.

● **方法总结**

对于二阶线性微分方程 $y''+P(x)y'+Q(x)y=f(x)$ 而言,根据解的结构定理,它的通解是齐次方程的通解 $C_1y_1(x)+C_2y_2(x)$ 和非齐次方程的任一特解之和,且根据性质知非齐次方程的两个特解之差是齐次方程的解.

习题 7—6 解答

1. 下列函数组在其定义区间内哪些是线性无关的:

(1) x, x^2;　　　　　　　(2) x, $2x$;　　　　　　　(3) e^{2x}, $3e^{2x}$;

(4) e^{-x}, e^x;　　　　　　(5) $\cos 2x$, $\sin 2x$;　　　　(6) e^{x^2}, xe^{x^2};

(7)$\sin 2x$, $\cos x \sin x$;   (8)$e^x \cos 2x$, $e^x \sin 2x$;   (9)$\ln x$, $x\ln x$;

(10)e^{ax}, e^{bx} $(a \neq b)$.

解 (1)由于 $\dfrac{x}{x^2} = \dfrac{1}{x} \neq$ 常数,故 x, x^2 线性无关.

(2)由于 $\dfrac{x}{2x} = \dfrac{1}{2}$ 为常数,故 x, $2x$ 线性相关.

(3)由于 $\dfrac{e^{2x}}{3e^{2x}} = \dfrac{1}{3}$ 常数,故 e^{2x}, $3e^{2x}$ 线性相关.

(4)由于 $\dfrac{e^{-x}}{e^x} = e^{-2x} \neq$ 常数,故 e^{-x}, e^x 线性无关.

(5)由于 $\dfrac{\cos 2x}{\sin 2x} = \cot 2x \neq$ 常数,故 $\cos 2x$, $\sin 2x$ 线性无关.

(6)由于 $\dfrac{e^{x^2}}{xe^{x^2}} = \dfrac{1}{x} \neq$ 常数,故 e^{x^2}, xe^{x^2} 线性无关.

(7)由于 $\dfrac{\sin 2x}{\sin x \cos x} = 2$ 为常数,故 $\sin 2x$, $\sin x \cos x$ 线性相关.

(8)由于 $\dfrac{e^x \cos 2x}{e^x \sin 2x} = \cot 2x \neq$ 常数,故 $e^x \cos 2x$ 与 $e^x \sin 2x$ 线性无关.

(9)由于 $\dfrac{\ln x}{x\ln x} = \dfrac{1}{x} \neq$ 常数,故 $\ln x$, $x\ln x$ 线性无关.

(10)由于 $\dfrac{e^{ax}}{e^{bx}} = e^{(a-b)x} \neq$ 常数,故 e^{ax}, e^{bx} 线性无关.

2. 验证 $y_1 = \cos \omega x$ 及 $y_2 = \sin \omega x$ 都是方程 $y'' + \omega^2 y = 0$ 的解,并写出该方程的通解.

  解 $y'_1 = -\omega \sin \omega x$, $y''_1 = -\omega^2 \cos \omega x$,

    故 $y''_1 + \omega^2 y_1 = -\omega^2 \cos \omega x + \omega^2 \cos \omega x = 0$,即 y_1 是 $y'' + \omega^2 y = 0$ 的解.

    又 $y'_2 = \omega \cos \omega x$, $y''_2 = -\omega^2 \sin \omega x$,

    故 $y''_2 + \omega^2 y_2 = -\omega^2 \sin \omega x + \omega^2 \sin \omega x = 0$,即 y_2 是 $y'' + \omega^2 y = 0$ 的解.

    又 $\dfrac{y_1}{y_2} = \dfrac{\cos \omega x}{\sin \omega x} = \cot \omega x \neq$ 常数,故 y_1 与 y_2 线性无关,

    则原方程通解为 $y = C_1 \cos \omega x + C_2 \sin \omega x$.

3. 验证 $y_1 = e^{x^2}$ 及 $y_2 = xe^{x^2}$ 都是方程 $y'' - 4xy' + (4x^2 - 2)y = 0$ 的解,并写出该方程的通解.

  解 $y'_1 = 2xe^{x^2}$, $y''_1 = 4x^2 e^{x^2} + 2e^{x^2} = (2 + 4x^2)e^{x^2}$,

    故 $y''_1 - 4xy'_1 + (4x^2 - 2)y_1 = (2 + 4x^2)e^{x^2} - 8x^2 e^{x^2} + (4x^2 - 2)e^{x^2} = 0$,

    故 y_1 是 $y'' - 4xy' + (4x^2 - 2)y = 0$ 的解.

    $y'_2 = e^{x^2} + 2x^2 e^{x^2} = (1 + 2x^2)e^{x^2}$,

    $y''_2 = 4x \cdot e^{x^2} + (1 + 2x^2) \cdot 2xe^{x^2} = (4x^3 + 6x)e^{x^2}$,

    故 $y''_2 - 4xy'_2 + (4x^2 - 2)y_2 = (4x^3 + 6x)e^{x^2} - (4x + 8x^3)e^{x^2} + (4x^3 - 2x)e^{x^2} = 0$,

    故 y_2 是 $y'' - 4xy' + (4x^2 - 2)y = 0$ 的解.

    又 $\dfrac{y_1}{y_2} = \dfrac{1}{x} \neq$ 常数,即 y_1, y_2 线性无关,

    故原方程的通解为 $y = C_1 e^{x^2} + C_2 xe^{x^2}$.

4. 验证

(1)$y = C_1 e^x + C_2 e^{2x} + \dfrac{1}{12} e^{5x}$ (C_1, C_2 是任意常数)是方程 $y'' - 3y' + 2y = e^{5x}$ 的通解;

(2)$y = C_1 \cos 3x + C_2 \sin 3x + \dfrac{1}{32}(4x\cos + \sin x)$ (C_1, C_2 是任意常数)是方程 $y'' + 9y = x\cos x$ 的通解;

(3)$y=C_1x^2+C_2x^2\ln x(C_1,C_2$ 是任意常数)是方程 $x^2y''-3xy'+4y=0$ 的通解;

(4)$y=C_1x^5+\dfrac{C_2}{x}-\dfrac{x^2}{9}\ln x(C_1,C_2$ 是任意常数)是方程 $x^2y''-3xy'-5y=x^2\ln x$ 的通解;

(5)$y=\dfrac{1}{x}(C_1e^x+C_2e^{-x})+\dfrac{e^x}{2}$ $(C_1,C_2$ 是任意常数)是方程 $xy''+2y'-xy=e^x$ 的通解;

(6)$y=C_1e^x+C_2e^{-x}+C_3\cos x+C_4\sin x-x^2(C_1,C_2,C_3,C_4$ 是任意常数)是方程 $y^{(4)}-y=x^2$ 的通解.

解 (1)令 $y_1=e^x$, $y_2=e^{2x}$, $y^*=\dfrac{1}{12}e^{5x}$.

由于 $\quad\quad\quad\quad y''_1-3y'_1+2y_1=e^x-3e^x+2e^x=0,$

$\quad\quad\quad\quad\quad y''_2-3y'_2+2y_2=4e^{2x}-3(2e^{2x})+2e^{2x}=0.$

所以 y_1 和 y_2 均是齐次方程 $y''-3y'+2y=0$ 的解,又 $\dfrac{y_1}{y_2}=e^{-x}\not\equiv$ 常数,即 y_1 与 y_2 线性无关,因而

$Y=C_1e^x+C_2e^{2x}$ 是齐次方程 $y''-3y'+2y=0$ 的通解.

又由于 $y^*{}''-3y^*{}'+2y^*=\dfrac{25}{12}e^{5x}-3\dfrac{5}{12}e^{5x}+2\dfrac{1}{12}e^{5x}=e^{5x}$,

所以 y^* 是所给方程的特解.

因此 $y=C_1e^x+C_2e^{2x}+\dfrac{1}{12}e^{5x}$ 是方程 $y''-3y'+2y=e^{5x}$ 的通解.

(2)令 $y_1=\cos 3x$, $y_2=\sin 3x$, $y^*=\dfrac{1}{32}(4x\cos x+\sin x)$,

由于 $\quad\quad\quad\quad y''_1+9y_1=-9\cos 3x+9\cos 3x=0,$

$\quad\quad\quad\quad\quad y''_2+9y_2=-9\sin 3x+9\sin 3x=0,$

且 $\dfrac{y_1}{y_2}=\cot 3x\not\equiv$ 常数,故 y_1 和 y_2 是齐次方程 $y''+9y=0$ 的两个线性无关解.

又因为 $\quad\quad\quad\quad y^*{}'=\dfrac{1}{32}(5\cos x-4x\sin x),$

$\quad\quad\quad\quad\quad y^*{}''=\dfrac{1}{32}(-9\sin x-4x\cos x),$

$\quad\quad\quad\quad y^*{}''+9y^*=\dfrac{1}{32}(-9\sin x-4x\cos x)+\dfrac{9}{32}(4x\cos x+\sin x)=x\cos x.$

所以 y^* 是齐次方程 $y''+9y=x\cos x$ 的一个特解.

因而 $y=C_1\cos 3x+C_2\sin 3x+\dfrac{1}{32}(4x\cos x+\sin x)$ 是所给方程的通解.

(3)令 $y_1=x^2$, $y_2=x^2\ln x$,则

$\quad\quad\quad x^2y''_1-3xy'_1+4y_1=2x^2-6x^2+4x^2=0,$

$\quad\quad\quad x^2y''_2-3xy'_2+4y_2=x^2(2\ln x+3)-3x(2x\ln x+x)+4x^2\ln x=0,$

且 $\dfrac{y_2}{y_1}=\ln x\not\equiv C($ 常数$)$,因而 $y_1=x^2$, $y_2=x^2\ln x$ 为方程 $x^2y''-3xy'+4y=0$ 的两个线性无关解

因此 $y=C_1x^2+C_2x^2\ln x$ 为原方程的通解.

(4)令 $y_1=x^5$, $y_2=\dfrac{1}{x}$, $y^*=-\dfrac{x^2}{9}\ln x$,

因为 $\quad\quad x^2y''_1-3xy'_1-5y_1=x^2(20x^3)-3x(5x^4)-5(x^5)=0,$

$\quad\quad\quad x^2y''_2-3xy'_2-5y_2=x^2\left(\dfrac{2}{x^3}\right)-3x\left(-\dfrac{1}{x^2}\right)-5\left(\dfrac{1}{x}\right)=0,$

$\quad\quad\quad\quad \dfrac{y_1}{y_2}=x^6\not\equiv$ 常数,

所以 $y_1=x^5$ 和 $y_2=\dfrac{1}{x}$ 是齐次方程 $x^2y''-3xy'-5y=0$ 的两个线性无关解,

从而 $Y=C_1x^5+\dfrac{C_2}{x}$ 是齐次方程 $x^2y''-3xy'-5y=0$ 的通解.

又由于 $\qquad\qquad x^2y^{*''}-3xy^{*'}-5y^*$

$$=x^2\left(-\frac{2}{9}\ln x-\frac{1}{3}\right)-3x\left(-\frac{2x}{9}\ln x-\frac{x}{9}\right)-5\left(-\frac{x^2}{9}\ln x\right)=x^2\ln x$$

所以 y^* 是非齐次方程 $x^2y''-3xy'-5y=x^2\ln x$ 的一个特解.

因此 $y=C_1x^5+\dfrac{C_2}{x}-\dfrac{x^2}{9}\ln x$ 是 $x^2y''-3xy'-5y=x^2\ln x$ 的通解.

(5) 设 $y_1=\dfrac{e^x}{x}$, $\quad y_2=\dfrac{e^{-x}}{x}$, $\quad y^*=\dfrac{e^x}{2}$, 则

$$y'_1=\frac{xe^x-e^x}{x^2}, \qquad\qquad y''_1=\frac{x^3e^x-2x(xe^x-e^x)}{x^4},$$

$$y'_2=\frac{-xe^{-x}-e^{-x}}{x^2}, \qquad\qquad y''_2=\frac{x^3e^{-x}+2x(xe^{-x}+e^x)}{x^4},$$

代入方程易验证 y_1,y_2 均为方程 $xy''+2y'-xy=0$ 的解.

又因为 $\dfrac{y_1}{y_2}=e^{2x}\neq$ 常数, 故 $Y=\dfrac{1}{x}(C_1e^x+C_2e^{-x})$ 是方程 $xy''+2y'-xy=0$ 的通解.

又因为 $y^{*'}=\dfrac{e^x}{2}$, $y^{*''}=\dfrac{e^x}{2}$, 所以 $xy^{*''}+2y^{*'}-xy^*=x\dfrac{e^x}{2}+2\dfrac{e^x}{2}-x\dfrac{e^x}{2}=e^x$,

即 y^* 是 $xy''+2y'-xy=0$ 的一个特解.

因此 $y=\dfrac{1}{x}(C_1e^x+C_2e^{-x})+\dfrac{e^x}{2}$ 是方程的通解.

(6) 令 $y_1=e^x$, $\quad y_2=e^{-x}$, $\quad y_3=\cos x$, $\quad y_4=\sin x$, $\quad y^*=-x^2$

由于 $\quad y_1^{(4)}-y_1=e^x-e^x=0$, $\qquad\qquad y_2^{(4)}-y_2=e^{-x}-e^{-x}=0$,

$\qquad\qquad y_3^{(4)}-y_3=\cos x-\cos x=0$, $\qquad\qquad y_4^{(4)}-y_4=\sin x-\sin x=0$,

故 y_1,y_2,y_3,y_4 均为齐次方程 $y^{(4)}-y=0$ 的解.

又 y_1,y_2,y_3,y_4 线性无关, 故 $Y=C_1y_1+C_2y_2+C_3y_3+C_4y_4$ 是齐次方程 $y^{(4)}-y=0$ 的通解, 又

$$y^{*(4)}-y^*=0-(-x^2)=x^2,$$

故 y^* 是所给方程的特解.

故 $y=C_1e^x+C_2e^{-x}+C_3\cos x+C_4\sin x-x^2$ 是方程 $y^{(4)}-y=x^2$ 的通解.

*5. 已知 $y_1(x)=e^x$ 是齐次线性方程 $(2x-1)y''-(2x+1)y'+2y=0$ 的一个解, 求此方程的通解.

解 设 $y_2(x)=y_1(x)u(x)=e^xu(x)$ 也为该方程的解, 则

$$y'_2=e^xu(x)+e^xu'(x)=e^x[u(x)+u'(x)],$$

$$y''_2=e^x[u(x)+u'(x)]+e^x[u'(x)+u''(x)]=e^x[u(x)+2u'(x)+u''(x)],$$

将 y_2、y'_2、y''_2 代入原方程得

$(2x-1)e^x[u(x)+2u'(x)+u''(x)]-(2x+1)e^x[u(x)+u'(x)]+2e^xu(x)=0$,

即 $(2x-1)u''(x)+(2x-3)u'(x)=0$,

令 $u'(x)=p(x)$, 则 $u''(x)=\dfrac{\mathrm{d}p}{\mathrm{d}x}$,

从而以上方程变为 $(2x-1)\dfrac{\mathrm{d}p}{\mathrm{d}x}+(2x-3)p=0$, 即 $\dfrac{\mathrm{d}p}{p}=-\dfrac{2x-3}{2x-1}\mathrm{d}x$.

积分得 $\ln p=-x+\ln(2x-1)+\ln C_1$, 即 $p=C_1(2x-1)e^{-x}$.

从而 $u=C_1\displaystyle\int(2x-1)e^{-x}\mathrm{d}x=-C_1\displaystyle\int(2x-1)\mathrm{d}(e^{-x})=-C_1[(2x-1)e^{-x}+2e^{-x}+C_2]$.

故 $y_2(x)=e^xu(x)=-C_1(2x+1)+C_2e^x$.

令 $C_1=-1$, $C_2=0$, 则 $y_2(x)=2x+1$ 为原方程的一个特解, 且与 $y_1(x)$ 线性无关.

所以原方程的通解为 $y=C_1(2x+1)+C_2\mathrm{e}^x$.

*6. 已知 $y_1(x)=x$ 是齐次线性方程 $x^2y''-2xy'+2y=0$ 的一个解,求此非齐次线性方程 $x^2y''-2xy'+2y=2x^3$ 的通解.

解　令 $y_2(x)=y_1(x)u(x)=xu(x)$ 为齐次方程的一个解.
$$y_2'=u(x)+xu'(x),\quad y_2''=2u'(x)+xu''(x),$$
则 $x^2y_2''-2xy_2'+2y_2=0$.
即 $x^2[2u'(x)+xu''(x)]-2x[u(x)+xu'(x)]+2xu(x)=0$,　即 $u''(x)=0$.
故 $u(x)=Cx-C^*$,不妨取 $u(x)=x$,
则 $y_2(x)=x^2$,故齐次方程通解为 $Y=C_1x+C_2x^2$.

将 $x^2y''-2xy'+2y=2x^3$ 化为 $y''-\dfrac{2}{x}y'+\dfrac{2}{x^2}y=2x$,

得 $y=C_1x+C_2x^2-y_1\displaystyle\int\dfrac{y_2f}{W}\mathrm{d}x+y_2\int\dfrac{y_1f}{W}\mathrm{d}x$.

其中 $f=2x$,　$W=y_1y_2'-y_1'y_2=x^2$.
故 $x^2y''-2xy'+2y=2x^3$ 的通解可写为
$$y=C_1x+C_2x^2+x^3.$$

*7. 已知齐次线性方程 $y''+y=0$ 的通解为 $Y(x)=C_1\cos x+C_2\sin x$,求非齐次线性方程 $y''+y=\sec x$ 的通解.

解　$y_1=\cos x$,$y_2=\sin x$ 是齐次方程 $y''+y=0$ 的两个无关解.
令 $y=y_1v_1+y_2v_2=\cos x\cdot v_1+\sin x\cdot v_2$,

满足 $\begin{cases}y_1v_1'+y_2v_2'=0,\\ y_1'v_1'+y_2'v_2'=f,\end{cases}$　即 $\begin{cases}\cos x\cdot v_1'+\sin x\cdot v_2'=0,\\ -\sin x\cdot v_1'+\cos x\cdot v_2'=f,\end{cases}$

得 $v_1'=-\tan x$,　$v_2'=1$.
积分得 $v_1=C_1+\ln|\cos x|$,　$v_2=C_2+x$.
故非齐次方程 $y''+y=\sec x$ 的通解为 $y=C_1\cos x+C_2\sin x+\cos x\cdot\ln|\cos x|+x\sin x$.

*8. 已知齐次线性方程 $x^2y''-xy'+y=0$ 的通解为 $Y(x)=C_1x+C_2x\ln|x|$,求非齐次线性方程 $x^2y''-xy'+y=x$ 的通解.

解　$y_1=x$,$y_2=x\ln|x|$ 是 $x^2y''-xy'+y=0$ 的两个线性无关的解,将 $x^2y''-xy'+y=x$ 化为标准形式
$$y''-\dfrac{1}{x}y'+\dfrac{1}{x}y=\dfrac{1}{x},$$

其中 $f(x)=\dfrac{1}{x}$,由 $y_1'=1$,$y_2'=\ln|x|+1$,得 $W=y_1y_2'-y_1'y_2=x$.

故由常数变易公式知 $y=C_1x+C_2x\ln|x|-x\displaystyle\int\dfrac{x\ln|x|\cdot\dfrac{1}{x}}{x}\mathrm{d}x+x\ln|x|\int\dfrac{x\cdot\dfrac{1}{x}}{x}\mathrm{d}x$

$\qquad\qquad =C_1x+C_2x\ln|x|-\dfrac{x}{2}(\ln|x|)^2+x(\ln|x|)^2$,

即 $y=C_1x+C_2x\ln|x|+\dfrac{x}{2}(\ln|x|)^2$ 为 $x^2y''-xy'+y=x$ 的通解.

第七节　常系数齐次线性微分方程

一、主要内容归纳

1. 二阶常系数齐次线性微分方程

（1）**定义**

形如 $y''+py'+qy=0$ 的方程叫做二阶常系数齐次线性微分方程.对应的代数方程 $r^2+pr+q=0$ 叫做它的特征方程（p、q 为实数）.

（2）**解法**

当 $r^2+pr+q=0$ 有两个相异实根 r_1,r_2 时，$y''+py'+qy=0$ 的通解为
$$Y=C_1\mathrm{e}^{r_1x}+C_2\mathrm{e}^{r_2x};$$

当 $r^2+pr+q=0$ 有两个相等实根 $r_1=r_2$ 时，$y''+py'+qy=0$ 的通解为
$$Y=(C_1+C_2x)\mathrm{e}^{r_1x};$$

当 $r^2+pr+q=0$ 有一对共轭复根 $r_{1,2}=\alpha\pm\mathrm{i}\beta$ 时，$y''+py'+qy=0$ 的通解为
$$Y=\mathrm{e}^{\alpha x}(C_1\cos\beta x+C_2\sin\beta x).$$

2. n 阶常系数齐次线性微分方程

（1）**定义**

形如 $y^{(n)}+p_1y^{(n-1)}+p_2y^{(n-2)}+\cdots+p_{n-1}y'+p_ny=0$ 的方程叫做 n 阶常系数齐次线性微分方程.对应的代数方程 $r^n+p_1r^{n-1}+p_2r^{n-2}+\cdots+p_{n-1}r+p_n=0$ 叫做它的特征方程（$p_1,p_2,\cdots,p_n$ 为常数）.特征方程的根叫做它的特征根.

（2）**解法**

若 r_1 是特征方程的单根，则 $y=C\mathrm{e}^{r_1x}$ 是微分方程的解.

若 $\alpha\pm\mathrm{i}\beta$ 是特征方程的一对共轭复根，则 $y=\mathrm{e}^{\alpha x}(C_1\cos\beta x+C_2\sin\beta x)$ 是微分方程的解.

若 r_1 是特征方程的 k 重根，则 $y=(C_1+C_2x+\cdots+C_kx^{k-1})\mathrm{e}^{r_1x}$ 是微分方程的解.

若 $\alpha\pm\mathrm{i}\beta$ 都是特征方程的 k 重根，则
$$y=\mathrm{e}^{\alpha x}\left[(C_1+C_2x+\cdots+C_kx^{k-1})\cos\beta x+(D_1+D_2x+\cdots+D_kx^{k-1})\sin\beta x\right]$$
是微分方程的解.

二、经典例题解析及解题方法总结

【**例 1**】　求微分方程 $y''-12y'+35y=0$ 的通解.

解　特征方程为 $r^2-12r+35=0$，解得 $r_1=5,r_2=7$.

故微分方程的通解为 $y=C_1\mathrm{e}^{5x}+C_2\mathrm{e}^{7x}$.

【**例 2**】　设函数 $y=f(x)$ 满足条件 $\begin{cases}y''+4y'+4y=0,\\y(0)=2,y'(0)=-4,\end{cases}$ 求广义积分 $\displaystyle\int_0^{+\infty}y(x)\mathrm{d}x$.

解　解特征方程 $r^2+4r+4=0$，得 $r_1=r_2=-2$．原方程的通解为

$$y=(C_1+C_2x)\mathrm{e}^{-2x},$$

由初始条件得 $C_1=2,C_2=0$．因此，微分方程的特解为 $y=2\mathrm{e}^{-2x}$，

$$\int_0^{+\infty}y(x)\mathrm{d}x=\int_0^{+\infty}2\mathrm{e}^{-2x}\mathrm{d}x=1.$$

【例3】　微分方程 $y''+2y'+5y=0$ 的通解为_____．

解　特征方程为 $r^2+2r+5=0$，特征根为 $r=-1\pm2\mathrm{i}$．

所以通解为 $y=\mathrm{e}^{-x}(C_1\cos2x+C_2\sin2x)$．

故应填 $y=\mathrm{e}^{-x}(C_1\cos2x+C_2\sin2x)$．

【例4】　求微分方程 $y^{(4)}-2y'''+2y''-2y'+y=0$ 的通解．

解　特征方程为 $r^4-2r^3+2r^2-2r+1=0$，即 $(r-1)^2(r^2+1)=0$ 得二重实根1，单重共轭复根 $\pm\mathrm{i}$，故方程通解为 $y=(C_1+C_2x)\mathrm{e}^x+C_3\cos x+C_4\sin x$．

【例5】　(2023数学一，数学二，数学三，5分)若微分方程 $y''+ay'+by=0$ 的解在 $(-\infty,+\infty)$ 上有界，则_____．

(A) $a<0,b>0$　　　(B) $a>0,b>0$　　　(C) $a=0,b>0$　　　(D) $a=0,b<0$

解　特征方程为 $\lambda^2+a\lambda+b=0,\Delta=a^2-4b$．

$\Delta=a^2-4b>0$ 时，特征方程有二个不同实根 λ_1、λ_2．

$y^*=C_1\mathrm{e}^{\lambda_1x}+C_2\mathrm{e}^{\lambda_2x}$，且 λ_1,λ_2 至少有一个不等于 $0(b\ne0)$．

若 C_1、C_2 都不为0，则 $y^*=C_1\mathrm{e}^{\lambda_1x}+C_2\mathrm{e}^{\lambda_2x}$ 在 $(-\infty,+\infty)$ 内无界．

$\Delta=a^2-4b=0,\lambda_{1,2}=-\dfrac{a}{2},y=(C_1+C_2x)\mathrm{e}^{-\frac{a}{2}x}$．

若 $C_2\ne0$，则 $y=(C_1+C_2x)\mathrm{e}^{-\frac{a}{2}x}$ 在 $(-\infty,+\infty)$ 上无界．

$\Delta=a^2-4b<0,\lambda_{1,2}=-\dfrac{a}{2}\pm\dfrac{\sqrt{4b-a^2}}{2}$，

$$y=\mathrm{e}^{-\frac{a}{2}x}\left(C_1\cos\frac{\sqrt{4b-a^2}}{2}x+C_2\sin\frac{\sqrt{4b-a^2}}{2}x\right).$$

故欲使解在 $\mathbf{R}$ 上有界，$a=0,\Delta=a^2-4b<0,b>0$．

故应选(C)．

【例6】　(2022数学二，5分)微分方程 $y'''-2y''+5y'=0$ 的通解 $y(x)=$_____．

解　微分方程 $y'''-2y''+5y'=0$ 对应的特征方程为 $r^3-2r^2+5r=0$，

解得 $r_1=0,r_2=1+2\mathrm{i},r_3=1-2\mathrm{i}$．

故通解为 $y(x)=C_1+\mathrm{e}^x(C_2\cos2x+C_3\sin2x)$．

应填 $C_1+\mathrm{e}^x(C_2\cos2x+C_3\sin2x)$．

习题 7—7 解答

1. 下题中给出了四个结论，从中选一个正确的结论：

在下列微分方程中，以 $y=C_1\mathrm{e}^{-x}+C_2\cos x+C_3\sin x(C_1,C_2,C_3$ 为任意常数)为通解的常系数齐次线性

微分方程是（　　）.

(A)$y'''+y''-y'-y=0$　　　　　　　(B)$y'''+y''+y'+y=0$

(C)$y'''-y''-y'+y=0$　　　　　　　(D)$y'''-y''-y'-y=0$

解 从通解表达式可知$-1,\pm i$为特征方程的根,特征方程为$(r+1)(r^2+1)=0$,即$r^3+r^2+r+1=0$,因此应选(B).

2. 求下列微分方程的通解：

(1)$y''+y'-2y=0$;　　　　　　　　(2)$y''-4y'=0$;

(3)$y''+y=0$;　　　　　　　　　　(4)$y''+6y'+13y=0$;

(5)$4\dfrac{d^2x}{dt^2}-20\dfrac{dx}{dt}+25x=0$;　　(6)$y''-4y'+5y=0$;

(7)$y^{(4)}-y=0$;　　　　　　　　　(8)$y^{(4)}+2y''+y=0$;

(9)$y^{(4)}-2y'''+y''=0$;　　　　　　(10)$y^{(4)}+5y''-36y=0$.

解 (1)特征方程为$r^2+r-2=0$,　特征根为$r=-2,1$(一重).

故通解为$y=C_1e^x+C_2e^{-2x}$

(2)特征方程为$r^2-4r=0$,　特征根为$r=0,4$(一重).

故方程通解为$y=C_1+C_2e^{4x}$

(3)特征方程为$r^2+1=0$,　特征根为$r=\pm i$(一重).

故方程通解为$y=C_1\cos x+C_2\sin x$.

(4)特征方程为$r^2+6r+13=0$,　特征根为$r=-3\pm 2i$(一重).

故方程通解为$y=e^{-3x}(C_1\cos 2x+C_2\sin 2x)$.

(5)特征方程为$4r^2-20r+25=0$,　特征根为$r=\dfrac{5}{2}$(二重).

故方程通解为$x=(C_1+C_2t)e^{\frac{5}{2}t}$.

(6)特征方程为$r^2-4r+5=0$,　特征根为$r=2\pm i$(一重).

故方程通解为$y=e^{2x}(C_1\cos x+C_2\sin x)$.

(7)特征方程为$r^4-1=0$,　特征根为$r_1=1$, $r_2=-1$, $r_3=i$, $r_4=-i$.

故方程通解为$y=C_1e^x+C_2e^{-x}+C_3\cos x+C_4\sin x$.

(8)特征方程为$r^4+2r^2+1=0$,　特征根为$r_{1,2}=i$(二重)　$r_{3,4}=-i$(二重).

故方程通解为$y=(C_1+C_2x)\cos x+(C_3+C_4x)\sin x$.

(9)特征方程为$r^4-2r^3+r^2=0$,　特征根为$r_{1,2}=0$(二重)　$r_{3,4}=1$(二重)

故方程通解为$y=C_1+C_2x+(C_3+C_4x)e^x$.

(10)特征方程为$r^4+5r^2-36=0$,　解得$r^2=4,-9$.

特征根为$r_1=2$, $r_2=-2$, $r_3=3i$, $r_4=-3i$.

故方程通解为$y=C_1e^{2x}+C_2e^{-2x}+C_3\cos 3x+C_4\sin 3x$.

3. 求下列微分方程满足所给初值条件的特解：

(1)$y''-4y'+3y=0$, $y\big|_{x=0}=6$, $y'\big|_{x=0}=10$;

(2)$4y''+4y'+y=0$, $y\big|_{x=0}=2$, $y'\big|_{x=0}=0$;

(3)$y''-3y'-4y=0$, $y\big|_{x=0}=0$, $y'\big|_{x=0}=-5$;

(4)$y''+4y'+29y=0$, $y\big|_{x=0}=0$, $y'\big|_{x=0}=15$;

(5)$y''+25y=0$, $y\big|_{x=0}=2$, $y'\big|_{x=0}=5$;

(6)$y''-4y'+13y=0$, $y\big|_{x=0}=0$, $y'\big|_{x=0}=3$.

解 (1)特征方程为 $r^2-4r+3=0$, 特征根为 $r=1,3$.

故方程通解为 $y=C_1e^x+C_2e^{3x}$. 代入初始条件得 $C_1=4$, $C_2=2$.

故所求特解为 $y=4e^x+2e^{3x}$.

(2)特征方程为 $4r^2+4r+1=0$, 特征根为 $r=-\dfrac{1}{2}$(二重根).

故方程通解为 $y=(C_1+C_2x)e^{-\frac{x}{2}}$. 代入初始条件得 $C_1=2$, $C_2=1$.

故所求特解为 $y=(2+x)e^{-\frac{x}{2}}$.

(3)特征方程为 $r^2-3r-4=0$, 特征根为 $r=-1,4$.

故方程通解为 $y=C_1e^{-x}+C_2e^{4x}$. 代入初始条件得 $C_1=1$, $C_2=-1$,

故所求特解为 $y=e^{-x}-e^{4x}$.

(4)特征方程为 $r^2+4r+29=0$, 特征根为 $r_{1,2}=-2\pm5i$.

故通解为 $y=e^{-2x}(C_1\cos5x+C_2\sin5x)$. 由此
$$y'=e^{-2x}(5C_2-2C_1)\cos5x+(-5C_1-2C_2)\sin5x.$$

代入初始条件得 $0=C_1$, $15=5C_2-2C_1$,故 $C_1=0$, $C_2=3$.

因此 $y=e^{-2x}(0\cdot\cos5x+3\sin5x)=3e^{-2x}\sin5x$ 即为所求的特解.

(5)特征方程为 $r^2+25=0$,特征根 $r_{1,2}=\pm5i$.

故通解为 $y=C_1\cos5x+C_2\sin5x$. 因此 $y'=-5C_1\sin5x+5C_2\cos5x$

代入初始条件,得 $\begin{cases}C_1=2,\\5C_2=5,\end{cases}$ 即 $\begin{cases}C_1=2,\\C_2=1.\end{cases}$

因此所求特解为 $y=2\cos5x+\sin5x$.

(6)特征方程为 $r^2-4r+13=0$,特征根 $r_{1,2}=2\pm3i$

故通解为 $y=e^{2x}(C_1\cos3x+C_2\sin3x)$,$y'=e^{2x}[(2C_1+3C_2)\cos3x+(2C_2-3C_1)\sin3x]$.

代入初始条件得 $0=C_1$, $3=2C_1+3C_2$, 从而 $C_1=0$, $C_2=1$.

因此 $y=e^{2x}\sin3x$ 即为所求特解.

4. 一个单位质量的质点在数轴上运动,开始时质点在原点 O 处且速度为 v_0,在运动过程中,它受到一个力的作用,这个力的大小与质点到原点的距离成正比(比例系数 $k_1>0$)而方向与初速度一致. 又介质的阻力与速度成正比(比例系数 $k_2>0$).求反映这质点的运动规律的函数.

解 设数轴为 x 轴,v_0 方向为正轴方向 $x''=k_1x-k_2x'$,

即 $x''+k_2x'-k_1x=0$,则由题意得

当 $t=0$ 时,$x=0$,$x'=v_0$,

方程 $x''+k_2x'-k_1x=0$ 的特征方程为 $r^2+k_2r-k_1=0$,

特征根为 $r_{1,2}=\dfrac{-k_2\pm\sqrt{k_2^2+4k_1}}{2}$.

故通解为 $x=C_1\exp\left\{\dfrac{-k_2-\sqrt{k_2^2+4k_1}}{2}t\right\}+C_2\exp\left\{\dfrac{-k_2+\sqrt{k_2^2+4k_1}}{2}t\right\}$,

又 $x'=\dfrac{-k_2-\sqrt{k_2^2+4k_1}}{2}C_1\exp\left\{\dfrac{-k_2-\sqrt{k_2^2+4k_1}}{2}t\right\}+\dfrac{-k_2+\sqrt{k_2^2+4k_1}}{2}C_2\exp\left\{\dfrac{-k_2+\sqrt{k_2^2+4k_1}}{2}t\right\}$.

由于 $t=0$ 时,$x=0$,$x'=v_0$,所以 $0=C_1+C_2$,且

$v_0=\dfrac{-k_2+\sqrt{k_2^2+4k_1}}{2}C_1+\dfrac{-k_2+\sqrt{k_2^2+4k_1}}{2}C_2$,$C_1=-\dfrac{v_0}{\sqrt{k_2^2+4k_1}}$, $C_2=\dfrac{v_0}{\sqrt{k_2^2+4k_1}}$.

因此 $x=\dfrac{v_0}{\sqrt{k_2^2+4k_1}}\exp\left(\dfrac{-k_2+\sqrt{k_2^2+4k_1}}{2}t\right)[1-\exp(-\sqrt{k_2^2+4k_1}\,t)]$即为原点运动规律.

评注:题解中 $\exp(f(x))$ 表示 $e^{f(x)}$.

5. 在图 7-3 所示的电路中先将开关 S 拨向 A,达到稳定状态后再将开关 S 拨向 B,求电压 $u_C(t)$ 及电流 $i(t)$. 已知 $E=20\text{V}$,$C=0.5\times10^{-6}\text{F}$,$L=0.1\text{H}$,$R=2\,000\Omega$.

图 7-3

解 由回路电压定律得 $E-L\dfrac{\mathrm{d}i}{\mathrm{d}t}-\dfrac{q}{C}-Ri=0$

由于 $q=Cu_c$,故 $i=\dfrac{\mathrm{d}q}{\mathrm{d}t}=Cu'_c$,$\dfrac{\mathrm{d}i}{\mathrm{d}t}=Cu''_c$,

因此 $-LCu''_c-u_c-RCu'_c=0$, 即 $u''_c+\dfrac{R}{L}u'_c+\dfrac{1}{LC}u_c=0$

已知 $\dfrac{R}{L}=\dfrac{2\,000}{0.1}=2\times10^4$,$\dfrac{1}{LC}=\dfrac{1}{0.1\times0.5\times10^{-6}}=\dfrac{1}{5}\times10^8$,

故 $u''_c+2\times10^4u'_c+\dfrac{1}{5}\times10^8u_c=0$.

特征方程为 $r^2+2\times10^4r+\dfrac{1}{5}\times10^8=0$.

特征根为 $r_1=-1.9\times10^4$,$r_2=-10^3$.

通解为 $u_c=C_1e^{-1.9\times10^4t}+C_2e^{-10^3t}$.

又 $u'_c=-1.9\times10^4C_1e^{-1.9\times10^4t}-10^3C_2e^{-10^3t}$,由初始条件 $t=0$ 时,$u_c=20$,$u'_c=0$
知 $C_1+C_2=20$,$-1.9\times10^4C_1-10^3C_2=0$.

解方程组得 $C_1=-\dfrac{10}{9}$,$C_2=\dfrac{190}{9}$,

故 $u_c(t)=\dfrac{10}{9}(19e^{-10^3t}-e^{-1.9\times10^4t})$ (V),$i(t)=\dfrac{19}{18}\times10^{-2}(e^{-1.9\times10^4t}-e^{-10^3t})$ (A)

即为所求.

6. 设圆柱形浮筒的底面直径为 0.5m,将它铅直放在水中,当稍向下压后突然放开,浮筒在水中上下振动的周期为 2s,求浮筒的质量.

图 7-4

解 设 ρ 为水的密度,S 为浮筒的横截面积,D 为浮筒的直径,且设压下的位移为 x(如图 7-4 所示),则 $f=-\rho gSx$.

又 $f=ma=m\dfrac{\mathrm{d}^2x}{\mathrm{d}t^2}$,因而 $-\rho gSx=m\dfrac{\mathrm{d}^2x}{\mathrm{d}t^2}$,即 $m\dfrac{\mathrm{d}^2x}{\mathrm{d}t^2}+\rho gSx=0$.

此方程的特征方程为 $mr^2+\rho gS=0$,

特征根为 $r_{1,2}=\pm\left(\sqrt{\dfrac{\rho gS}{m}}\right)i$,

故通解为 $x=C_1\cos\left(\sqrt{\dfrac{\rho gS}{m}}t\right)+C_2\sin\left(\sqrt{\dfrac{\rho gS}{m}}t\right)$ 即 $x=A\sin\left(\sqrt{\dfrac{\rho gS}{m}}t+\varphi\right)$.

因而浮筒的振动的频率 $\omega=\sqrt{\dfrac{\rho gS}{m}}$,

周期 $T=\dfrac{2\pi}{\omega}=2\pi\sqrt{\dfrac{m}{\rho gS}}$,由已知 $T=2$ 得 $2=2\pi\sqrt{\dfrac{m}{\rho gS}}$,即 $m=\dfrac{\rho gS}{\pi^2}$,

而 $\rho=1\,000\text{kg/m}^2$,$g=9.8\text{m/s}^2$,$D=0.5\text{m}$,因此 $m=\dfrac{\rho gS}{\pi^2}=\dfrac{1\,000\times9.8\times0.5^2}{4\pi}=195\text{kg}$.

第八节　常系数非齐次线性微分方程

一、主要内容归纳

1. 二阶常系数非齐次线性微分方程

方程 $y''+py'+qy=f(x)$，其中 p,q 为常数，$f(x)\neq 0$，称为二阶常系数非齐次线性微分方程.

2. 方程 $y''+py'+qy=f(x)$ 的特解形式

(1) $f(x)=\mathrm{e}^{\lambda x}P_m(x)$ 型

特征方程 $r^2+pr+q=0$ 的根 r_1,r_2	特解形式
$\lambda\neq r_1$ 且 $\lambda\neq r_2$	$y^*=Q_m(x)\mathrm{e}^{\lambda x}$
$\lambda=r_1$ 但 $\lambda\neq r_2$	$y^*=xQ_m(x)\mathrm{e}^{\lambda x}$
$\lambda=r_1=r_2$	$y^*=x^2Q_m(x)\mathrm{e}^{\lambda x}$

(2) $f(x)=\mathrm{e}^{\lambda x}[P_k(x)\cos\omega x+P_l(x)\sin\omega x]$ 型

特征根 r_1,r_2	特解形式
$r_{1,2}\neq\lambda\pm\mathrm{i}\omega$	$y^*=\mathrm{e}^{\lambda x}[R_m^{(1)}(x)\cos\omega x+R_m^{(2)}(x)\sin\omega x]$
$r_{1,2}=\lambda\pm\mathrm{i}\omega$	$y^*=x\mathrm{e}^{\lambda x}[R_m^{(1)}(x)\cos\omega x+R_m^{(2)}(x)\sin\omega x]$

其中 $m=\max\{k,l\}$.

注意：如果 $P_l(x)=0$，则 $f(x)=\mathrm{e}^{\lambda x}P_k(x)\cos\omega x$.

特征根 r_1,r_2	特解形式
$r_{1,2}\neq\lambda\pm\mathrm{i}\omega$	$y^*=\mathrm{e}^{\lambda x}[R_k^{(1)}(x)\cos\omega x+R_k^{(2)}(x)\sin\omega x]$
$r_{1,2}=\lambda\pm\mathrm{i}\omega$	$y^*=x\mathrm{e}^{\lambda x}[R_k^{(1)}(x)\cos\omega x+R_k^{(2)}(x)\sin\omega x]$

如果 $P_k(x)=0$，则 $f(x)=\mathrm{e}^{\lambda x}P_l(x)\sin\omega x$.

特征根 r_1,r_2	特解形式
$r_{1,2}\neq\lambda\pm\mathrm{i}\omega$	$y^*=\mathrm{e}^{\lambda x}[R_l^{(1)}(x)\cos\omega x+R_l^{(2)}(x)\sin\omega x]$
$r_{1,2}=\lambda\pm\mathrm{i}\omega$	$y^*=x\mathrm{e}^{\lambda x}[R_l^{(1)}(x)\cos\omega x+R_l^{(2)}(x)\sin\omega x]$

二、经典例题解析及解题方法总结

【例 1】　微分方程 $y''+y=x^2+1+\sin x$ 的特解形式可设为_____.

（A）$y^*=ax^2+bx+c+x(A\sin x+B\cos x)$

(B) $y^* = x(ax^2 + bx + c + A\sin x + B\cos x)$

(C) $y^* = ax^2 + bx + c + A\sin x$

(D) $y^* = ax^2 + bx + c + A\cos x$

解 微分方程的特征方程为 $r^2 + 1 = 0$,特征根为 $r = \pm i$. $y'' + y = x^2 + 1$ 的特解形式为
$$y_1^* = ax^2 + bx + c,$$

$y'' + y = \sin x$ 的特解形式为 $y_2^* = x(A\sin x + B\cos x)$,

故所求微分方程的特解形式为 $y^* = y_1^* + y_2^* = ax^2 + bx + c + x(A\sin x + B\cos x)$.

故应选(A).

【例 2】 $y'' - 4y = e^{2x}$ 的通解为_____.

解 对应齐次方程的特征方程为 $r^2 - 4 = 0$,特征根为 $r = \pm 2$,故齐次方程通解为
$$Y = C_1 e^{-2x} + C_2 e^{2x}.$$

设原方程特解为 $y^* = Axe^{2x}$,代入原方程可得 $A = \dfrac{1}{4}$. 因此,原方程的通解为
$$y = C_1 e^{-2x} + C_2 e^{2x} + \frac{1}{4}xe^{2x}, \quad 即 \quad y = C_1 e^{-2x} + \left(C_2 + \frac{1}{4}x\right)e^{2x},$$

其中 C_1, C_2 为任意常数.

故应填 $y = C_1 e^{-2x} + \left(C_2 + \dfrac{1}{4}x\right)e^{2x}$.

【例 3】 微分方程 $y'' - 2y' + 2y = e^x$ 的通解为_____.

解 对应齐次方程的特征方程为 $r^2 - 2r + 2 = 0$,特征根为 $r = 1 \pm i$,故齐次方程通解为
$$Y = e^x(C_1\cos x + C_2\sin x).$$

设原方程特解为 $y^* = Ae^x$,代入原方程可得 $A = 1$,则 $y^* = e^x$.故原方程通解为
$$y = Y + y^* = e^x(C_1\cos x + C_2\sin x + 1).$$

应填 $e^x(C_1\cos x + C_2\sin x + 1)$.

【例 4】 微分方程 $y'' + y = -2x$ 的通解为_____.

解 对应齐次方程的特征方程为 $r^2 + 1 = 0$,其特征根为 $r = \pm i$,故齐次方程通解为
$$Y = C_1\cos x + C_2\sin x.$$

设原方程特解为 $y^* = ax + b$,代入原方程可得 $a = -2, b = 0$,即 $y^* = -2x$,

故原方程通解为 $y = Y + y^* = C_1\cos x + C_2\sin x - 2x$.

应填 $C_1\cos x + C_2\sin x - 2x$.

【例 5】 求微分方程 $y'' + y' = x^2$ 的通解.

解 **方法一** 对应齐次方程的特征方程为 $\lambda^2 + \lambda = 0$,解之得 $\lambda = 0, \lambda = -1$. 故齐次方程的通解为 $y = C_1 + C_2 e^{-x}$.

设非齐次方程的特解为 $y^* = x(ax^2 + bx + c)$,代入原方程得 $a = \dfrac{1}{3}, b = -1, c = 2$. 因此,原方程的通解为 $y = \dfrac{1}{3}x^3 - x^2 + 2x + C_1 + C_2 e^{-x}$.

方法二 令 $p=y'$，代入原方程得 $p'+p=x^2$，故

$$p=\mathrm{e}^{-x}\left(\int x^2\mathrm{e}^x\mathrm{d}x+C_0\right)=\mathrm{e}^{-x}(x^2\mathrm{e}^x-2x\mathrm{e}^x+2\mathrm{e}^x+C_0).$$

再积分得到 $y=\displaystyle\int(x^2-2x+2+C_0\mathrm{e}^{-x})\mathrm{d}x=\frac{1}{3}x^3-x^2+2x+C_1+C_2\mathrm{e}^{-x}.$

● 方法总结

本题既可用二阶常系数非齐次线性微分方程的方法求解,也可用降阶法求微分方程的解.

【例6】 (2019 数学二,数学三,4 分) 已知微分方程 $y''+ay'+by=c\mathrm{e}^x$ 的通解为 $y=(C_1+C_2x)\mathrm{e}^{-x}+\mathrm{e}^x$,则 a,b,c 依次为_____.

    (A)1,0,1   (B)1,0,2   (C)2,1,3   (D)2,1,4

解 由线性微分方程通解的结构知,-1 是特征方程 $\lambda^2+a\lambda+b=0$ 的二重根. 故 $a=2,b=1$.

将特解 $y=\mathrm{e}^x$ 代入所给微分方程,得 $c=4$.

故应选(D).

【例7】 求微分方程 $y''-2y'-\mathrm{e}^{2x}=0$ 满足条件 $y(0)=1,y'(0)=1$ 的解.

解 齐次方程 $y''-2y'=0$ 的特征方程为 $\lambda^2-2\lambda=0$.

由此求得特征根 $\lambda_1=0$,$\lambda_2=2$. 对应齐次方程的通解为 $\bar{y}=C_1+C_2\mathrm{e}^{2x}$.

设非齐次方程的特解为 $y^*=Ax\mathrm{e}^{2x}$,则 $(y^*)'=(A+2Ax)\mathrm{e}^{2x}$, $(y^*)''=4A(1+x)\mathrm{e}^{2x}$,代入原方程,求得 $A=\frac{1}{2}$. 从而 $y^*=\frac{1}{2}x\mathrm{e}^{2x}$.

于是,原方程的通解为 $y=\bar{y}+y^*=C_1+(C_2+\frac{1}{2}x)\mathrm{e}^{2x}$.

将 $y(0)=1$ 和 $y'(0)=1$ 代入通解,求得 $C_1=\frac{3}{4}$, $C_2=\frac{1}{4}$,

从而所求解为 $y=\frac{3}{4}+\frac{1}{4}(1+2x)\mathrm{e}^{2x}.$

● 方法总结

求二阶常系数非齐次微分方程的特解时,应先求出其通解,再根据初始条件确定任意常数 C_1,C_2.

【例8】 设 $\varphi(x)=\mathrm{e}^x-\displaystyle\int_0^x(x-u)\varphi(u)\mathrm{d}u$,其中 $\varphi(x)$ 为连续函数,求 $\varphi(x)$.

解 原方程化简得 $\varphi(x)=\mathrm{e}^x-x\displaystyle\int_0^x\varphi(u)\mathrm{d}u+\int_0^x u\varphi(u)\mathrm{d}u$,两端关于 x 求导数,得

$$\varphi'(x)=\mathrm{e}^x-\int_0^x\varphi(u)\mathrm{d}u,\quad 再求导得\quad \varphi''(x)+\varphi(x)=\mathrm{e}^x,$$

该微分方程所对应齐次方程的特征方程为 $r^2+1=0$,其特征根为 $r=\pm i$.
所以齐次方程的通解为 $y=C_1\cos x+C_2\sin x$.

设 $\varphi''(x)+\varphi(x)=e^x$ 的特解为 $y^*=Ae^x$,代入方程求得 $A=\dfrac{1}{2}$,故知

$$\varphi(x)=C_1\cos x+C_2\sin x+\frac{1}{2}e^x.$$

又 $\varphi(0)=1,\varphi'(0)=1$,于是 $C_1=C_2=\dfrac{1}{2}$,所以 $\varphi(x)=\dfrac{1}{2}\cos x+\dfrac{1}{2}\sin x+\dfrac{1}{2}e^x$.

● **方法总结** ··

当方程中含有变上限定积分时,需先求导数,转换为微分方程后再求解.并注意方程中隐含的初值条件,从而得到方程的特解.

【例9】 设函数 $f(x),g(x)$ 满足 $f'(x)=g(x),g'(x)=2e^x-f(x)$ 且 $f(0)=0,g(0)=2$,求 $\displaystyle\int_0^\pi\left[\dfrac{g(x)}{1+x}-\dfrac{f(x)}{(1+x)^2}\right]dx$.

解 由 $f'(x)=g(x)$ 得 $f''(x)=g'(x)=2e^x-f(x)$.于是有 $\begin{cases}f''(x)+f(x)=2e^x,\\ f(0)=0,\\ f'(0)=2,\end{cases}$

解得 $f(x)=\sin x-\cos x+e^x$.又

$$\int_0^\pi\left[\frac{g(x)}{1+x}-\frac{f(x)}{(1+x)^2}\right]dx=\int_0^\pi\frac{g(x)(1+x)-f(x)}{(1+x)^2}dx=\int_0^\pi\frac{f'(x)(1+x)-f(x)}{(1+x)^2}dx$$

$$=\int_0^\pi d\frac{f(x)}{1+x}=\frac{f(x)}{1+x}\Big|_0^\pi=\frac{f(\pi)}{1+\pi}-f(0)=\frac{1+e^\pi}{1+\pi}.$$

● **方法总结** ··

本题考查了二阶常系数非齐次微分方程的求解方法和运用定积分计算的技巧.在求积分时,先利用题设条件对被积函数整理化简,最后代入 $f(x)$ 的式子进行计算.

【例10】 函数 $y=C_1e^x+C_2e^{-2x}+xe^x$ 满足的一个微分方程是_____.
(A)$y''-y'-2y=3xe^x$ (B)$y''-y'-2y=3e^x$
(C)$y''+y'-2y=3xe^x$ (D)$y''+y'-2y=3e^x$

解 特征方程两根为 $r_1=1,r_2=-2$,特征方程为 $(r-1)(r+2)=0$,$r^2+r-2=0$ 排除选项(A)、(B).

由 $y=xe^x$, $y'=(1+x)e^x$, $y''=(2+x)e^x$ 代入方程

$$y''+y'-2y=(2+x)e^x+(1+x)e^x-2xe^x=3e^x.$$

故应选(D).

习题 7-8 解答

1. 求下列各微分方程的通解：

(1) $2y''+y'-y=2e^x$；

(2) $y''+a^2y=e^x$；

(3) $2y''+5y'=5x^2-2x-1$；

(4) $y''+3y'+2y=3xe^{-x}$；

(5) $y''-2y'+5y=e^x\sin2x$；

(6) $y''-6y'+9y=(x+1)e^{3x}$；

(7) $y''+5y'+4y=3-2x$；

(8) $y''+4y=x\cos x$；

(9) $y''+y=e^x+\cos x$；

(10) $y''-y=\sin^2x$.

解 (1) 对应的齐次方程 $2y''+y'-y=0$，其特征方程为 $2r^2+r-1=0$，特征根为 $r=-1$，$\dfrac{1}{2}$.

故齐次方程的通解为 $Y=C_1e^{\frac{x}{2}}+C_2e^{-x}$，设原方程的特解为 $y^*=Ce^x$，代入原方程得 $2Ce^x+Ce^x-Ce^x=2e^x$，故 $C=1$，特解 $y^*=e^x$. 故原方程的通解为 $y=C_1e^{\frac{x}{2}}+C_2e^{-x}+e^x$.

(2) 对应齐次方程为 $y''+a^2y=0$，其特征方程为 $r^2+a^2=0$，特征根为 $r=\pm ai$，故齐次方程的通解为 $Y=C_1\cos ax+C_2\sin ax$. 设原方程的特解为 $y^*=Ce^x$，代入原方程得 $Ce^x+a^2Ce^x=e^x$，故 $C=\dfrac{1}{1+a^2}$，$y^*=\dfrac{1}{1+a^2}e^x$. 故原方程的通解为 $y=\cos axC_1+C_2\sin ax+\dfrac{e^x}{1+a^2}$.

(3) 对应齐次方程为 $2y''+5y'=0$，其特征方程为 $2r^2+5r=0$，解之得 $r=0,-\dfrac{5}{2}$，故齐次方程的通解

为 $Y=C_1+C_2e^{-\frac{5}{2}x}$. 设原方程的特解为 $y^*=x(Ax^2+Bx+C)$，代入原方程得 $15Ax^2+(10B+12A)x$

$+(5C+4B)=5x^2-2x-1$. 故 $\begin{cases}15A=5,\\10B+12A=-2,\\5C+4B=-1,\end{cases}\Rightarrow\begin{cases}A=\dfrac{1}{3},\\B=-\dfrac{3}{5},\\C=\dfrac{7}{25},\end{cases}$ 故 $y^*=\dfrac{1}{3}x^3-\dfrac{3}{5}x^2+\dfrac{7}{25}x$.

故原方程的通解为 $y=C_1+C_2e^{-\frac{5}{2}x}+\dfrac{1}{3}x^3-\dfrac{3}{5}x^2+\dfrac{7}{25}x$.

(4) 对应齐次方程 $y''+3y'+2y=0$，其特征方程为 $r^2+3r+2=0$，特征根为 $r=-1,-2$，故齐次方程的通解 $Y=C_1e^{-x}+C_2^{-2x}$.

设原方程的特解为 $y^*=x(Ax+B)e^{-x}$，代入原方程得 $A=\dfrac{3}{2}$，$B=-3$.

故 $y^*=\left(\dfrac{3}{2}x^2-3x\right)e^{-x}$，故原方程的通解为 $y=C_1e^{-x}+C_2e^{-2x}+\left(\dfrac{3}{2}x^2-3x\right)e^{-x}$.

(5) 对应齐次方程为 $y''-2y'+5y=0$，其特征方程为 $r^2-2r+5=0$，特征根为 $r=1\pm2i$，故其通解为 $Y=e^x(C_1\cos2x+C_2\sin x)$.

设原方程的一特解为 $y^*=xe^x(A\cos2x+B\sin2x)$，代入原方程得 $A=-\dfrac{1}{4}$，$B=0$，故 $y^*=-\dfrac{1}{4}x$

$e^x\cos2x$.

故原方程的通解为 $y=e^x(C_1\cos2x+C_2\sin x)-\dfrac{1}{4}xe^x\cos2x$.

(6) 对应齐次方程 $y''-6y'+9y=0$，其特征方程为 $r^2-6r+9=0$，特征根为 $r=3$(二重)，故齐次方程的通解为 $Y=(C_1+C_2x)e^{3x}$.

设原方程一特解为 $y^*=x^2(Ax+B)e^{3x}$，代入原方程得 $A=\dfrac{1}{6}$，$B=\dfrac{1}{2}$，故 $y^*=x^2\left(\dfrac{1}{6}x+\dfrac{1}{2}\right)e^{3x}$.

故原方程的通解为 $y=(C_1+C_2x)e^{3x}+\dfrac{x^2}{2}\left(\dfrac{1}{3}x+1\right)e^{3x}$.

(7)对应齐次方程 $y''+5y'+4y=0$,其特征方程 $r^2+5r+4=0$,特征根为 $r=-1,-4$,故齐次方程的通解为 $Y=C_1 e^{-x}+C_2 e^{-4x}$.

设原方程一特解为 $y^*=Ax+B$,代入原方程得 $A=-\dfrac{1}{2}$,$B=\dfrac{11}{8}$,$y^*=-\dfrac{1}{2}x+\dfrac{11}{8}$.

故方程的通解为 $y=C_1 e^{-x}+C_2 e^{-4x}-\dfrac{1}{2}x+\dfrac{11}{8}$.

(8)对应齐次方程 $y''+4y=0$,其特征方程为 $r^2+4=0$,特征根为 $r=\pm 2i$,故其通解为 $Y=C_1 \cos 2x+C_2 \sin 2x$.

设原方程一特解为 $y^*=(Ax+B)\cos x+(Cx+D)\sin x$,代入原方程得 $A=\dfrac{1}{3}$,$B=0$,$C=0$,$D=\dfrac{2}{9}$,故 $y^*=\dfrac{1}{3}x\cos x+\dfrac{2}{9}\sin x$.

故通解为 $y=C_1 \cos 2x+C_2 \sin 2x+\dfrac{1}{3}x\cos x+\dfrac{2}{9}\sin x$.

(9)对应齐次方程为 $y''+y=0$,其特征方程为 $r^2+1=0$,特征根 $r=\pm i$,故通解为 $Y=C_1 \cos x+C_2 \sin x$.

设 $y''+y=e^x$ 的特解为 $y_1^*=Ce^x$,代入得 $C=\dfrac{1}{2}$,故 $y_1^*=\dfrac{1}{2}e^x$.

设 $y''+y=\cos x$ 的特解为 $y_2^*=x(A\cos x+B\sin x)$,代入得 $A=0$,$B=\dfrac{1}{2}$,故 $y_2^*=\dfrac{x}{2}\sin x$.

故原方程的一特解 $y^*=y_1^*+y_2^*=\dfrac{1}{2}e^x+\dfrac{x}{2}\sin x$.

故原方程的通解为 $y=C_1 \cos x+C_2 \sin x+\dfrac{1}{2}e^x+\dfrac{x}{2}\sin x$.

(10)对应齐次方程 $y''-y=0$,其特征方程为 $r^2-1=0$,特征根为 $r=\pm 1$.
故齐次方程的通解为 $Y=C_1 e^x+C_2 e^{-x}$.

设 $y''-y=\dfrac{1}{2}$ 的特解为 $y_1^*=C$,代入得 $C=-\dfrac{1}{2}$,故 $y_1^*=-\dfrac{1}{2}$.

设 $y''-y=-\dfrac{1}{2}\cos 2x$ 的特解为 $y_2^*=A\cos 2x+B\sin 2x$,代入得 $A=\dfrac{1}{10}$,$B=0$,故 $y_2^*=\dfrac{1}{10}\cos 2x$.

故原方程 $y''-y=\sin^2 x=\dfrac{1}{2}(1-\cos 2x)$ 的一特解 $y^*=y_1^*+y_2^*=-\dfrac{1}{2}+\dfrac{1}{10}\cos 2x$,则原方程的通解为 $y=C_1 e^x+C_2 e^{-x}-\dfrac{1}{2}+\dfrac{1}{10}\cos 2x$.

2. 求下列各微分方程满足已给初值条件的特解:

(1)$y''+y+\sin 2x=0$,$y\big|_{x=\pi}=1$,$y'\big|_{x=\pi}=1$;　　(2)$y''-3y'+2y=5$,$y\big|_{x=0}=1$,$y'\big|_{x=0}=2$;

(3)$y''-10y'+9y=e^{2x}$,$y\big|_{x=0}=\dfrac{6}{7}$,$y'=\dfrac{33}{7}$;　　(4)$y''-y=4xe^x$,$y\big|_{x=0}=0$,$y'\big|_{x=0}=1$;

(5)$y''-4y'=5$,$y\big|_{x=0}=1$,$y'\big|_{x=0}=0$.

解　(1)特征方程为 $r^2+1=0$,特征根为 $r=\pm i$,
故对应的齐次方程的通解为 $Y=C_1 \cos x+C_2 \sin x$.
而 $f(x)=-\sin 2x$,$\lambda+i\omega=2i$ 不是特征方程的根,故设 $y^*=A\cos 2x+B\sin 2x$ 为原方程的一个特解,
则　　$(y^*)'=-2A\sin 2x+2B\cos 2x$,
　　　$(y^*)''=-4A\cos 2x-4B\sin 2x$
代之入原方程得 $-3A\cos 2x-3B\sin 2x+\sin 2x=0$,从而 $-3A=0$,$-3B+1=0$.

故 $A=0$，$B=\dfrac{1}{3}$，从而 $y^*=\dfrac{1}{3}\sin2x$.

因此原方程的通解为 $y=C_1\cos x+C_2\sin x+\dfrac{1}{3}\sin2x$.

而 $y'=-C_1\sin x+C_2\cos x+\dfrac{2}{3}\cos2x$ 代入初值条件得

$$1=-C_1,\quad 1=-C_2+\dfrac{2}{3},\qquad 求得 C_1=-1,\ C_2=-\dfrac{1}{3}.$$

因此满足初值条件的特解为 $y=-\cos x-\dfrac{1}{3}\sin x+\dfrac{1}{3}\sin2x$.

(2) 特征方程为 $r^2-3r+2=0$，特征根为 $r_1=1$，$r_2=2$，

故对应的齐次方程的通解为 $Y=C_1\mathrm{e}^x+C_2\mathrm{e}^{2x}$.

易观察到 $y^*=\dfrac{5}{2}$ 为原方程的一个特解，

因而原方程的通解为 $y=C_1\mathrm{e}^x+C_2\mathrm{e}^{2x}+\dfrac{5}{2}$.

由初值条件得 $\begin{cases}C_1+C_2+\dfrac{5}{2}=1,\\ C_1+2C_2=2,\end{cases}$ 解得 $\begin{cases}C_1=-5,\\ C_2=\dfrac{7}{2}.\end{cases}$

因此满足初值条件的特解为 $y=-5\mathrm{e}^x+\dfrac{7}{2}\mathrm{e}^{2x}+\dfrac{5}{2}$.

(3) 特征方程为 $r^2-10r+9=0$，解之得特征根 $r_1=1$，$r_2=9$，因而对应齐次方程的通解为

$$Y=C_1\mathrm{e}^x+C_2\mathrm{e}^{9x}.$$

而 $f(x)=\mathrm{e}^{2x}$，$\lambda=2$ 不是特征方程的根，故设 $y^*=A\mathrm{e}^{2x}$ 为原方程的一个特解，则 $(y^*)'=2A\mathrm{e}^{2x}$，

$(y^*)''=4A\mathrm{e}^{2x}$ 代之入原方程有 $4A-20A+9A=1$ 即 $A=-\dfrac{1}{7}$，则 $y^*=-\dfrac{1}{7}\mathrm{e}^{2x}$，

从而 $y=C_1\mathrm{e}^x+C_2\mathrm{e}^{9x}-\dfrac{1}{7}\mathrm{e}^{2x}$ 为原方程的通解.

由初始条件得 $C_1=\dfrac{1}{2}$，$C_2=\dfrac{1}{2}$，故方程满足初始条件的特解为 $y=\dfrac{1}{2}(\mathrm{e}^x+\mathrm{e}^{9x})-\dfrac{1}{7}\mathrm{e}^{2x}$.

(4) 相应齐次方程为 $y''-y=0$，其特征方程为 $r^2-1=0$，特征根 $r=\pm1$，

故齐次方程的通解 $Y=C_1\mathrm{e}^x+C_2\mathrm{e}^{-x}$.

设原方程一特解为 $y^*=x(Ax+B)\mathrm{e}^x$，代入原方程可得 $A=1$，$B=-1$，

故 $y^*=(x^2-x)\mathrm{e}^x$.

原方程通解为 $y=C_1\mathrm{e}^x+C_2\mathrm{e}^{-x}+(x^2-x)\mathrm{e}^x$.

将初始条件代入得 $\begin{cases}C_1+C_2=0,\\ C_1-C_2-1=1,\end{cases}\Rightarrow\begin{cases}C_1=1,\\ C_2=-1.\end{cases}$

故所求特解为 $y=\mathrm{e}^x-\mathrm{e}^{-x}+(x^2-x)\mathrm{e}^x$.

(5) 对应齐次方程 $y''-4y'=0$，特征方程为 $r^2-4r=0$，特征根为 $r=0,4$，

故齐次方程通解为 $Y=C_1+C_2\mathrm{e}^{4x}$.

设原方程一特解为 $y^*=Ax$，

代入原方程可得 $A=-\dfrac{5}{4}$ 故 $y^*=-\dfrac{5}{4}x$，

故原方程通解为 $y=C_1+C_2\mathrm{e}^{4x}-\dfrac{5}{4}x$.

将初始条件代入可得 $\begin{cases}C_1+C_2=1,\\ 4C_2-\dfrac{5}{4}=0,\end{cases}\Rightarrow\begin{cases}C_1=\dfrac{11}{16},\\ C_2=\dfrac{5}{16}.\end{cases}$

故所求特解为 $y=\dfrac{11}{16}+\dfrac{5}{16}\mathrm{e}^{4x}-\dfrac{5}{4}x$.

3. 已知二阶常系数齐次线性微分方程 $y''+my'+ny=0$ 的通解为 $y=(C_1+C_2x)\mathrm{e}^x$,求 m,n 的值,并求非齐次方程 $y''+my'+ny=x$ 满足初值条件 $y(0)=2,y'(0)=0$ 的特解.

解 由通解表达式知 1 为特征方程的二重根,故特征方程为 $r^2-2r+1=0$,所以 $m=-2,n=1$.

因为 0 不是特征方程的根,所以设特解为 $y^*=Ax+B$,则 $y^{*'}=A,y^{*''}=0$,代入 $y''-2y'+y=x$ 得 $0-2A+Ax+B=x$,故 $A=1,B=2$,特解 $y^*=x+2$.

从而 $y''-2y'+y=x$ 的通解为 $y=(C_1+C_2x)\mathrm{e}^x+x+2$.再由 $y(0)=2,y'(0)=0$ 得
$$\begin{cases}2=C_1+2,\\0=C_1+C_2+1,\end{cases}$$
所以 $C_1=0,C_2=-1$,所求特解为 $y=-x\mathrm{e}^x+x+2$.

4. 大炮以仰角 α、初速度 v_0 发射炮弹,若不计空气阻力,求弹道曲线.

解 取炮口为原点,炮弹前进的水平方向为 x 轴,铅直向上为 y 轴,

弹道的运动微分方程为
$$\begin{cases}\dfrac{\mathrm{d}^2y}{\mathrm{d}t^2}=-g,\\[2mm]\dfrac{\mathrm{d}x}{\mathrm{d}t}=v_0\cos x,\end{cases}$$
且满足初始条件
$$\begin{cases}y\big|_{t=0}=0,\ y'\big|_{t=0}=v_0\sin\alpha,\\[2mm]x\big|_{t=0}=0,\ x'\big|_{t=0}=v_0\cos\alpha.\end{cases}$$

解这个初值问题可得弹道曲线为
$$\begin{cases}x=v_0\cos\alpha\cdot t,\\[2mm]y=v_0\sin\alpha\cdot t-\dfrac{1}{2}gt^2.\end{cases}$$

5. 在 RLC 含源串联电路中,电动势为 E 的电源对电容器 C 充电.已知 $E=20\text{V}$, $C=0.2\mu\text{F}$, $L=0.1\text{H}$, $R=1\,000\Omega$,试求合上开关 S 后的电流 $i(t)$ 及电压 $u_C(t)$.

解 由回路定律可知 $LCu''_C+RCu'_C+u_C=E$,

即 $u''_C+\dfrac{R}{L}u'_C+\dfrac{u_C}{LC}=\dfrac{E}{LC}$,且 $t=0$ 时, $u_C=0,u'_C=0$.

已知 $R=1\,000\Omega$, $L=0.1\text{H}$, $C=0.2\mu\text{F}$,

故 $\dfrac{R}{L}=\dfrac{1\,000}{0.1}=10^4$,

$\dfrac{1}{LC}=\dfrac{1}{0.1\times0.2\times10^{-6}}=5\times10^7$, $\dfrac{E}{LC}=\dfrac{20}{2\times10^{-8}}=10\times10^8=10^9$,

因此方程为 $u''_C+10^4u'_C+5\times10^7u_C=10^9$.

其特征方程为 $r^2+10^4r+5\times10^7=0$,

特征根为 $r_{1,2}=-\dfrac{10^4}{2}\pm\dfrac{10^4}{2}\mathrm{i}=-5\times10^3\pm5\times10^3\mathrm{i}$,

因而对应齐次方程的通解为 $u_C=\mathrm{e}^{-5\times10^3t}[C_1\cos(5\times10^3)t+C_2\sin(5\times10^3)t]$,

由观察法易知 $u_C^*=20$ 为非齐次方程的一个特解,

因此 $u_C=\mathrm{e}^{-5\times10^3t}[C_1\cos(5\times10^3)t+C_2\sin(5\times10^3)t]+20$ 为原方程的通解.

又 $u'_C=-(5\times10^3)\mathrm{e}^{-5\times10^3t}[C_1\cos(5\times10^3)t+C_2\sin(5\times10^3)t]$
$\qquad+\mathrm{e}^{-5\times10^3t}[-(5\times10^3)C_1\sin(5\times10^3)t+(5\times10^3)C_2\cos(5\times10^3)t]$.

代入初始条件得 $0=20+C_1$, $0=-5\times10^3C_1+5\times10^3C_2$,从而 $C_1=-20,C_2=-20$.

因此 $u_C(t)=20-20\mathrm{e}^{-5\times10^3t}[\cos(5\times10^3)t+\sin(5\times10^3)t]$(V)

$i(t)=Cu'_C=0.2\times10^{-6}u'_C=4\times10^{-2}\mathrm{e}^{-5\times10^3t}\sin(5\times10^3t)$(A).

6. 设函数 $\varphi(x)$ 连续,且满足 $\varphi(x)=\mathrm{e}^x+\displaystyle\int_0^x t\varphi(t)\mathrm{d}t-x\int_0^x\varphi(t)\mathrm{d}t$,求 $\varphi(x)$.

解 两边对 $\varphi(x)=\mathrm{e}^x+\displaystyle\int_0^x t\varphi(t)\mathrm{d}t-x\int_0^x\varphi(t)\mathrm{d}t$ 求导得 $\varphi'(x)=\mathrm{e}^x-\displaystyle\int_0^x\varphi(t)\mathrm{d}t$, $\varphi''(x)=\mathrm{e}^x-\varphi(x)$,

从而 $$\varphi''(x)+\varphi(x)=\mathrm{e}^x \qquad\qquad ①$$

再由题设可知 $\varphi(0)=1$，$\varphi'(x)=1$ 和①对应的齐次方程的特征方程为 $r^2+1=0$，解之得特征根 $r_{1,2}=\pm\mathrm{i}$ 故其对应的齐次方程的通解为 $\varphi=C_1\cos x+C_2\sin x$，

不难观察出 $y^*=\dfrac{1}{2}\mathrm{e}^x$ 为①的一个特解，

因而①的通解为 $\varphi(x)=C_1\cos x+C_2\sin x+\dfrac{1}{2}\mathrm{e}^x$.

又 $$\varphi'(x)=-C_1\sin x+C_2\cos x+\dfrac{1}{2}\mathrm{e}^x,$$

由初始条件 $\varphi(0)=1$，$\varphi'(0)=1$ 得 $1=C_1+\dfrac{1}{2}$，$1=C_2+\dfrac{1}{2}$，从而 $C_1=\dfrac{1}{2}$，$C_2=\dfrac{1}{2}$，因此

$$\varphi(x)=\dfrac{1}{2}(\cos x+\sin x+\mathrm{e}^x).$$

评注：由上述第 4,5,6 三题可见观察特解有一定技巧. 例如第 4,5 题中欲求出一个常数解，且要令 $u'=u''=0$ 即可解出 u^*；第 6 题中注意 $(\mathrm{e}^x)'=(\mathrm{e}^x)''=\mathrm{e}^x$，由此特点也不难求出一个特解.

*第九节 欧拉方程

一、主要内容归纳

1. 欧拉方程

形如 $x^n y^{(n)}+a_1 x^{n-1} y^{(n-1)}+\cdots+a_{n-1}xy'+a_n y=0$ 的方程，称为欧拉方程，其中 $a_1,a_2,\cdots,a_n$ 为常数.

2. 欧拉方程求解方法

设 $x=\mathrm{e}^t$，即 $t=\ln x$，把 y 看作 t 的函数，则

$$\frac{\mathrm{d}y}{\mathrm{d}x}=\frac{\mathrm{d}y}{\mathrm{d}t}\frac{\mathrm{d}t}{\mathrm{d}x}=\frac{1}{x}\frac{\mathrm{d}y}{\mathrm{d}t},$$

$$\frac{\mathrm{d}^2 y}{\mathrm{d}x^2}=\frac{1}{x^2}\left(\frac{\mathrm{d}^2 y}{\mathrm{d}t^2}-\frac{\mathrm{d}y}{\mathrm{d}t}\right),$$

$$\frac{\mathrm{d}^3 y}{\mathrm{d}x^3}=\frac{1}{x^3}\left(\frac{\mathrm{d}^3 y}{\mathrm{d}t^3}-3\frac{\mathrm{d}^2 y}{\mathrm{d}t^2}+2\frac{\mathrm{d}y}{\mathrm{d}t}\right),\cdots,$$

若采用 D 表示对 t 的运算 $\dfrac{\mathrm{d}}{\mathrm{d}t}$，则

$$xy'=Dy,$$

$$x^2 y''=D(D-1)y,$$

$$x^3 y'''=D(D-1)(D-2)y,\cdots,$$

将它们代入欧拉方程，可得一个以 t 为自变量的常系数线性微分方程，求解后把 t 换成 $\ln x$ 即得原方程的解.

二、 经典例题解析及解题方法总结

【例 1】 欧拉方程 $x^2\dfrac{\mathrm{d}^2y}{\mathrm{d}x^2}+4x\dfrac{\mathrm{d}y}{\mathrm{d}x}+2y=0\ (x>0)$ 的通解为 _____.

解 令 $x=\mathrm{e}^t$，则

$$\frac{\mathrm{d}y}{\mathrm{d}x}=\frac{\mathrm{d}y}{\mathrm{d}t}\frac{\mathrm{d}t}{\mathrm{d}x}=\mathrm{e}^{-t}\frac{\mathrm{d}y}{\mathrm{d}t}=\frac{1}{x}\,\frac{\mathrm{d}y}{\mathrm{d}t},$$

$$\frac{\mathrm{d}^2y}{\mathrm{d}x^2}=-\frac{1}{x^2}\frac{\mathrm{d}y}{\mathrm{d}t}+\frac{1}{x}\frac{\mathrm{d}^2y}{\mathrm{d}t^2}\frac{\mathrm{d}t}{\mathrm{d}x}=\frac{1}{x^2}\left(\frac{\mathrm{d}^2y}{\mathrm{d}t^2}-\frac{\mathrm{d}y}{\mathrm{d}t}\right),$$

代入原方程，整理得 $\dfrac{\mathrm{d}^2y}{\mathrm{d}t^2}+3\dfrac{\mathrm{d}y}{\mathrm{d}t}+2y=0$，通解为 $y=C_1\mathrm{e}^{-t}+C_2\mathrm{e}^{-2t}=\dfrac{C_1}{x}+\dfrac{C_2}{x^2}$.

故应填 $y=\dfrac{C_1}{x}+\dfrac{C_2}{x^2}$.

【例 2】 设函数 $y=y(x)$ 由方程 $(1+x)y=\displaystyle\int_0^x\left[2y+(1+t)^2\,y''(t)\right]\mathrm{d}t-\ln(1+x)$
所确定，其中 $x\geqslant0$，且 $y'\big|_{x=0}=0$，试求 $y(x)$.

解 将方程两边求导，得 $y+(1+x)y'=2y+(1+x)^2y''-\dfrac{1}{1+x}$.

有初值问题 $\begin{cases}(1+x)^2y''-(1+x)y'+y=\dfrac{1}{1+x},\\ y\big|_{x=0}=0,\ y'\big|_{x=0}=0.\end{cases}$

令 $1+x=\mathrm{e}^t$，记 $D=\dfrac{\mathrm{d}}{\mathrm{d}t}$，有 $D(D-1)y-Dy+y=\mathrm{e}^{-t}$，即为 $y''_t-2y'_t+y=\mathrm{e}^{-t}$，特征方程
为 $\lambda^2-2\lambda+1=0$ 得 $\lambda_{1,2}=1$，齐次方程通解为 $y=(C_1+C_2t)\mathrm{e}^t$.

由 $f(t)=\mathrm{e}^{-t}$，$\lambda=-1$ 不是特征根，故可设一特解 $y^*=A\mathrm{e}^{-t}$，代入得 $A=\dfrac{1}{4}$. 故通解为

$$y=\left[C_1+C_2\ln(1+x)\right](1+x)+\frac{1}{4(1+x)}.$$

把 $y\big|_{x=0}=0$，$y'\big|_{x=0}=0$ 代入得 $C_1=-\dfrac{1}{4}$，$\quad C_2=\dfrac{1}{2}$.

故原方程的解为 $y=\left[-\dfrac{1}{4}+\dfrac{1}{2}\ln(1+x)\right](1+x)+\dfrac{1}{4(1+x)}$.

【例 3】 (2021 数学一，5 分) 欧拉方程 $x^2y''+xy'-4y=0$ 满足条件 $y(1)=1$，$y'(1)=2$ 的解为 $y=$ _____.

解 令 $x=\mathrm{e}^t$，$\dfrac{\mathrm{d}y}{\mathrm{d}x}=\dfrac{\mathrm{d}y}{\mathrm{d}t}\dfrac{\mathrm{d}t}{\mathrm{d}x}=\dfrac{1}{x}\,\dfrac{\mathrm{d}y}{\mathrm{d}t}$，

$$\frac{\mathrm{d}^2y}{\mathrm{d}x^2}=\frac{\mathrm{d}}{\mathrm{d}x}\left(\frac{1}{x}\frac{\mathrm{d}y}{\mathrm{d}t}\right)=-\frac{1}{x^2}\frac{\mathrm{d}y}{\mathrm{d}t}+\frac{1}{x}\frac{\mathrm{d}^2y}{\mathrm{d}t^2}\frac{\mathrm{d}t}{\mathrm{d}x}=\frac{1}{x^2}\left(\frac{\mathrm{d}^2y}{\mathrm{d}t^2}-\frac{\mathrm{d}y}{\mathrm{d}t}\right),$$

则原欧拉方程 $x^2y''+xy'-4y=0$ 化简为 $y''(t)-4y(t)=0$.

故方程的通解为 $y=C_1\mathrm{e}^{2t}+C_2\mathrm{e}^{-2t}$，将 $t=\ln x$ 代入，得通解为 $y=C_1x^2+C_2x^{-2}$.

又 $y(1)=1, y'(1)=2$. 则 $C_1+C_2=1, 2C_1-2C_2=2$, 故 $C_1=1, C_2=0$.

即满足初值条件的解为 $y=x^2$.

故应填 x^2.

* 习题 7-9 解答

1. $x^2 y''+xy'-y=0$.

解 令 $x=e^t$, $t=\ln x$, 则原方程化为 $(y''-y')+y'-y=0$ 即 $y''-y=0$, 其特征方程为 $r^2-1=0$, 特征根为 $r=\pm 1$, 故通解为 $y=C_1 e^t+C_2 e^{-t}$, 代回原变量, $y=C_1 x+\dfrac{C_2}{x}$ 为原方程通解.

2. $y''-\dfrac{y'}{x}+\dfrac{y}{x^2}=\dfrac{2}{x}$.

解 将方程化为 $x^2 y''-xy'+y=2x$.   ①

令 $x=e^t$, 即 $t=\ln x$, 则原方程可化为 $D(D-1)y-Dy+y=2x$,

即 $y_t''-2y_t'+y=2e^t$,   ②

②的特征方程为 $r^2-2r+1=0$, 特征根为 $r_{1,2}=1$,

因而②对应的齐次方程的通解为 $Y=(C_1+C_2 t)e^t$.

而 $f(t)=2e^t$, $\lambda=1$ 为特征方程的二重根, 故设 $y^*=At^2 e^t$ 为②的一个特解, 则
$$(y^*)'=A(t^2+2t)e^t, \quad (y^*)''=A(t^2+4t+2)e^t,$$

代之入②得 $A=1$, 故 $y^*=t^2 e^t$, 因此②的通解为 $y=(C_1+C_2 t)e^t+t^2 e^t$.

从而原方程的通解为 $y=x(C_1+C_2\ln|x|)+x\ln^2|x|$.

3. $x^3 y'''+3x^2 y''-2xy'+2y=0$.

解 令 $x=e^t$, 则原方程化为 $D(D-1)(D-2)y+3D(D-1)y-2Dy+2y=0$,

化简得 $D^3 y-3Dy+2y=0$ 即 $y_t'''-3y_t'+2y=0$,

其特征方程为 $r^3-3r+2=0$, 特征根为 $r_{1,2}=1$, $r_3=-2$,

故通解为 $y=(C_1+C_2 t)e^t+C_3 e^{-2t}$.

代回原变量, 得原方程通解为 $y=(C_1+C_2\ln|x|)x+C_3 x^{-2}$.

4. $x^2 y''-2xy'+2y=\ln^2 x-2\ln x$.

解 令 $x=e^t$, 即 $t=\ln x$, 则原方程可化为 $D(D-1)y-2Dy+2y=t^2-2t$,

即 $y_t''-3y_t'+2y=t^2-2t$.   ①

①的特征方程为 $r^2-3r+2=0$, 特征根为 $r_1=1$, $r_2=2$,

故①对应的齐次方程的通解为 $Y=C_1 e^t+C_2 e^{2t}$.

而 $f(t)=t^2-2t$, $\lambda=0$ 不是特征根, 所以设 $y^*=At^2+Bt+C$ 为①的一个特解, 将 y^*, $(y^*)'=2At+B$, $(y^*)''=2A$ 代入①得 $A=\dfrac{1}{2}$, $B=\dfrac{1}{2}$, $C=\dfrac{1}{4}$, 故 $y^*=\dfrac{1}{2}t^2+\dfrac{1}{2}t+\dfrac{1}{4}$.

从而①的通解为 $y=C_1 e^t+C_2 e^{2t}+\dfrac{1}{2}t^2+\dfrac{1}{2}t+\dfrac{1}{4}$, 代入 $t=\ln x$ 得原方程的通解为 $y=C_1 x+C_2 x^2+\dfrac{1}{2}(\ln^2 x+\ln x)+\dfrac{1}{4}$.

5. $x^2 y''+xy'-4y=x^3$.

解 设 $x=e^t$, 则原方程可化为 $D(D-1)y+Dy-4y=e^{3t}$,

即 $\quad y''_t - 4y = e^{3t}$, ①

其特征方程为 $r^2 - 4 = 0$，特征根为 $r = \pm 2$,

故 $y''_t - 4y = 0$ 的通解为 $Y = C_1 e^{-2t} + C_2 e^{2t}$.

设 $y^* = C_3 e^{3t}$ 是方程①的一个特解，代入方程①中可知 $C_3 = \dfrac{1}{5}$，故 $y^* = C_3 e^{3t} = \dfrac{1}{5} e^{3t}$.

故①的通解为 $y = C_1 e^{-2t} + C_2 e^{2t} + \dfrac{1}{5} e^{3t}$,

代回原变量得原方程的通解为 $y = C_1 x^{-2} + C_2 x^2 + \dfrac{1}{5} x^3$.

6. $x^2 y'' - xy' + 4y = x\sin(\ln x)$.

解 令 $x = e^t$，即 $t = \ln x$，则原方程可化为 $D(D-1)y - Dy + 4y = e^t \sin t$,

即 $\quad y''_t - 2y'_t + 4y = e^t \sin t$, ①

①的特征方程为 $r^2 - 2r + 4 = 0$，解之得 $r_1 = 1 + \sqrt{3}i$，$r_2 = 1 - \sqrt{3}i$,

故①对应的齐次方程的通解为 $Y = e^t(C_1 \cos\sqrt{3}t + C_2 \sin\sqrt{3}t)$.

而 $f(t) = e^t \sin t$，$\lambda + \omega i = 1 + i$ 不是特征根，所以设 $y^* = e^t(A\cos t + B\sin t)$ 为①的一个特解，则

$$(y^*)' = e^t[(A+B)\cos t + (B-A)\sin t], \quad (y^*)'' = e^t[2B\cos t - 2A\sin t],$$

代入①得 $A = 0$，$B = \dfrac{1}{2}$，故 $y^* = \dfrac{1}{2} e^t \sin t$,

因此①的通解为 $y = e^t(C_1 \cos\sqrt{3}t + C_2 \sin\sqrt{3}t) + \dfrac{1}{2} e^t \sin t$.

代入 $t = \ln x$ 得原方程的通解为 $y = x[C_1 \cos(\sqrt{3}\ln x) + C_2 \sin(\sqrt{3}\ln x)] + \dfrac{1}{2} x\sin(\ln x)$.

7. $x^2 y'' - 3xy' + 4y = x + x^2 \ln x$.

解 令 $x = e^t$，即 $t = \ln x$，则原方程可化为 $D(D-1)y - 3Dy + 4y = e^t + te^{2t}$,

即 $\quad y''_t - 4y'_t + 4y = e^t + te^{2t}$, ①

方程①的特征方程为 $r^2 - 4r + 4 = 0$，解得 $r_1 = r_2 = 2$,

故方程①对应的齐次方程的通解为 $Y = (C_1 + C_2 t)e^{2t}$.

由于 $\lambda_1 = 1$ 不是特征方程的根，$\lambda_2 = 2$ 是特征方程的根，所以方程 $y''_t - 4y'_t + 4y = e^t$ 有形如 Ae^t 的特解，$y''_t - 4y'_t + 4y = te^{2t}$ 有形如 $t^2(Bt+C)e^{2t}$ 的特解，因而设 $y^* = Ae^t + t^2(Bt+C)e^{2t}$ 为方程①的特解，

代之入方程①得 $Ae^t + (6Bt + 2C)e^{2t} = e^t + te^{2t}$,

比较系数得 $A = 1$，$B = \dfrac{1}{6}$，$C = 0$，故 $y^* = e^t + \dfrac{1}{6} t^3 e^{2t}$.

因而方程①的通解为 $y = (C_1 + C_2 t)e^{2t} + e^t + \dfrac{1}{6} t^3 e^{2t}$.

代入 $t = \ln x$ 即得原方程的通解为 $y = C_1 x^2 + C_2 x^2 \ln x + x + \dfrac{1}{6} x^2 \ln^3 x$.

8. $x^3 y''' + 2xy' - 2y = x^2 \ln x + 3x$.

解 令 $x = e^t$，而 $t = \ln x$，则原方程化为 $D(D-1)(D-2)y + 2Dy - 2y = te^{2t} + 3e^t$,

即 $\quad D^3 y - 3D^2 y + 4Dy - 2y = te^{2t} + 3e^t$,

亦即 $\quad y'''_t - 3y''_t + 4y'_t - 2y = te^{2t} + 3e^t$, ①

①的特征方程为 $r^3 - 3r^2 + 4r - 2 = 0$，即 $(r-1)(r^2 - 2r + 2) = 0$,

解得 $r_1 = 1$，$r_{2,3} = 1 \pm i$

因而和方程①对应的齐次方程的通解为 $Y = C_1 e^t + e^t(C_2 \cos t + C_3 \sin t)$

由于方程 $y'''_t - 3y''_t + 4y'_t - 2y = te^{2t}$ 中的 $f(t) = te^{2t}$，$\lambda = 2$ 不是特征根，所以它具有形如 $(At+B)e^{2t}$ 的特解，又由于方程 $y'''_t - 3y''_t + 4y'_t - 2y = 3e^t$ 中的 $f(t) = 3e^t$，$\lambda = 1$ 为单特征根，因而具有形如 Cte^t 的特解，故由叠加原理，方程①具有形如 $y_1 = (At+B)e^{2t} + Cte^t$ 的特解，代入①，比较系数得（请读者自己验算）

$$A = \frac{1}{2}, \quad B = -1, \ C = 3.$$

从而 $y^* = \left(\frac{1}{2}t - 1\right)e^{2t} + 3te^t$ 为①的一个特解

故①的通解为 $y = C_1 e^t + e^t(C_2 \cos t + C_3 \sin t) + \left(\frac{1}{2}t - 1\right)e^{2t} + 3te^t$

代入 $t = \ln x$ 得原方程的通解为 $y = C_1 x + x[C_2 \cos(\ln x) + C_3 \sin(\ln x)] + \left(\frac{1}{2}\ln x - 1\right)x^2 + 3x\ln x$.

*第十节 常系数线性方程组解法举例

一、主要内容归纳

1. 常系数线性微分方程组

由几个具有同一自变量的常系数线性微分方程联立起来所确定的方程组称为常系数线性微分方程组.

2. 常系数线性微分方程组的解法

第一步 从方程组中消去一些未知函数及其各阶导数，得到只含有一个未知函数的高阶常系数线性微分方程.

第二步 解此高阶微分方程，求出满足该方程的未知函数.

第三步 把已求得的函数代入原方程组，一般说来，不必经过积分就可求出其余的未知函数.

二、经典例题解析及解题方法总结

【例1】 求微分方程组 $\begin{cases} \dfrac{dx}{dt} = 2x - 4y + 4e^{-2t}, \\ \dfrac{dy}{dt} = 2x - 2y \end{cases}$ 的解.

解 由第二个方程式可求得 $x = \dfrac{1}{2}\dfrac{dy}{dt} + y$, ①

将①代入第一个方程式，得

$$\frac{1}{2}\frac{d^2 y}{dt^2} + 2y = 4e^{-2t}.$$

求此二阶常系数非齐次线性微分方程的通解为

$$y = e^{-2t} + C_1 \cos 2t + C_2 \sin 2t$$

将其代入①,即得 $x=(C_2+C_1)\cos2t+(C_2-C_1)\sin2t$,故原方程通解为

$$\begin{pmatrix}x\\y\end{pmatrix}=\begin{pmatrix}C_1+C_2\\C_1\end{pmatrix}\cos2t+\begin{pmatrix}C_2-C_1\\C_2\end{pmatrix}\sin2t+\begin{pmatrix}0\\e^{-2t}\end{pmatrix}.$$

【例2】 求微分方程组 $\begin{cases}\dfrac{dx}{dt}=-x+y+\sin2t, & ① \\ \dfrac{dy}{dt}=x-y-\sin2t & ②\end{cases}$ 满足初始条件 $x(0)=1,y(0)=0$

的解.

解 由①式可得 $\qquad y=\dfrac{dx}{dt}+x-\sin2t,$ ③

将其代入②得

$$\dfrac{d^2x}{dt^2}+2\dfrac{dx}{dt}=2\cos2t. \qquad ④$$

易知④对应的齐次方程通解为 $X=C_1+C_2e^{-2t}$,下求④的一个特解.

设 $x^*=-A\cos2t+B\sin2t$,用待定系数法可得到 $A=-\dfrac{1}{4}$,$B=\dfrac{1}{4}$,故

$$x^*=-\dfrac{1}{4}\cos2t+\dfrac{1}{4}\sin2t.$$

从而原微分方程组的通解为

$$\begin{cases}x=C_1+C_2e^{-2t}-\dfrac{1}{4}\cos2t+\dfrac{1}{4}\sin2t,\\ y=C_1-C_2e^{-2t}+\dfrac{1}{4}\cos2t-\dfrac{1}{4}\sin2t.\end{cases}$$

由初始条件 $x(0)=1$,$y(0)=0$ 解得 $C_1=\dfrac{1}{2}$,$C_2=\dfrac{3}{4}$,故所求解为

$$\begin{cases}x=\dfrac{1}{2}+\dfrac{3}{4}e^{-2t}-\dfrac{1}{4}\cos2t+\dfrac{1}{4}\sin2t,\\ y=\dfrac{1}{2}-\dfrac{3}{4}e^{-2t}+\dfrac{1}{4}\cos2t-\dfrac{1}{4}\sin2t.\end{cases}$$

上述求解微分方程组的方法为消元法.

* 习题 7—10 解答

1. 求下列微分方程组的通解:

(1) $\begin{cases}\dfrac{dy}{dx}=z,\\ \dfrac{dz}{dx}=y;\end{cases}$ 　　(2) $\begin{cases}\dfrac{d^2x}{dt^2}=y,\\ \dfrac{d^2y}{dt^2}=x;\end{cases}$

(3) $\begin{cases}\dfrac{dx}{dt}+\dfrac{dy}{dt}=-x+y+3,\\ \dfrac{dx}{dt}-\dfrac{dy}{dt}=x+y-3;\end{cases}$ 　　(4) $\begin{cases}\dfrac{dx}{dt}+5x+y=e^t,\\ \dfrac{dy}{dt}-x-3y=e^{2t};\end{cases}$

$$(5)\begin{cases}\dfrac{\mathrm{d}x}{\mathrm{d}t}+2x+\dfrac{\mathrm{d}y}{\mathrm{d}t}+y=t,\\[2mm]5x+\dfrac{\mathrm{d}y}{\mathrm{d}t}+3y=t^2;\end{cases}\qquad(6)\begin{cases}\dfrac{\mathrm{d}x}{\mathrm{d}t}-3x+2\dfrac{\mathrm{d}y}{\mathrm{d}t}+4y=2\sin t\\[2mm]2\dfrac{\mathrm{d}x}{\mathrm{d}t}+2x+\dfrac{\mathrm{d}y}{\mathrm{d}t}-y=\cos t.\end{cases}$$

解 (1)①两边对 x 求导得 $\dfrac{\mathrm{d}z}{\mathrm{d}x}=\dfrac{\mathrm{d}^2y}{\mathrm{d}x^2}$,

代入②得 $\dfrac{\mathrm{d}^2y}{\mathrm{d}x^2}-y=0.$　　　　　③

③的特征方程为 $r^2-1=0$,解之得特征值 $r_{1,2}=\pm1$,

因而③的通解为 $y=C_1\mathrm{e}^x+C_2\mathrm{e}^{-x}$,代入①得 $z=C_1\mathrm{e}^x-C_2\mathrm{e}^{-x}$

因此原方程组的通解为 $\begin{cases}y=C_1\mathrm{e}^x+C_2\mathrm{e}^{-x},\\z=C_1\mathrm{e}^x-C_2\mathrm{e}^{-x}.\end{cases}$

(2)①两边对 t 求 2 阶导数得 $\dfrac{\mathrm{d}^2y}{\mathrm{d}t^2}=\dfrac{\mathrm{d}^4x}{\mathrm{d}t^4}$,

代入②得　　　　　　　　$\dfrac{\mathrm{d}^4x}{\mathrm{d}t^4}-x=0,$　　　　　③

③的特征方程为 $r^4-1=0$,特征值为 $r_{1,2}=\pm1$, $r_{3,4}=\pm\mathrm{i}$,

故③的通解为 $x=C_1\mathrm{e}^t+C_2\mathrm{e}^{-t}+C_3\cos t+C_4\sin t$,

代入①得 $y=C_1\mathrm{e}^t+C_2\mathrm{e}^{-t}-C_3\cos t-C_4\sin t.$

故原方程组的通解为 $\begin{cases}x=C_1\mathrm{e}^t+C_2\mathrm{e}^{-t}+C_3\cos t+C_4\sin t,\\y=C_1\mathrm{e}^t+C_2\mathrm{e}^{-t}-C_3\cos t-C_4\sin t.\end{cases}$

(3)①+②得 $2\dfrac{\mathrm{d}x}{\mathrm{d}t}=2y$,即　　　　　　$\dfrac{\mathrm{d}x}{\mathrm{d}t}=y,$　　　　　③

①-②得 $2\dfrac{\mathrm{d}y}{\mathrm{d}t}=-2x+6$,即　　　　　$\dfrac{\mathrm{d}y}{\mathrm{d}t}=-x+3.$　　　　　④

③两边对 t 求导得,$\dfrac{\mathrm{d}y}{\mathrm{d}t}=\dfrac{\mathrm{d}^2x}{\mathrm{d}t^2}$代之入④得　$\dfrac{\mathrm{d}^2x}{\mathrm{d}t^2}+x=3,$　　　　　⑤

⑤的特征方程为 $r^2+1=0$,解之得特征根 $r=\pm\mathrm{i}$,

故⑤对应的齐次方程的通解为 $X=C_1\cos t+C_2\sin t.$

而 $x^*=3$ 为⑤的一个特解,因而⑤的通解为 $x=3+C_1\cos t+C_2\sin t$,

代入③得 $y=-C_1\sin t+C_2\cos t$,

因而原方程组的通解为 $\begin{cases}x=3+C_1\cos t+C_2\sin t,\\y=-C_1\sin t+C_2\cos t.\end{cases}$

(4)原方程组改写为 $\begin{cases}(D+5)x+y=\mathrm{e}^t,\\-x+(D-3)y=\mathrm{e}^{2t},\end{cases}$　　　　　①②

故　　　$\begin{vmatrix}D+5&1\\-1&D-3\end{vmatrix}x=\begin{vmatrix}\mathrm{e}^t&1\\\mathrm{e}^{2t}&D-3\end{vmatrix}$

即　　　　　　　　　　$(D^2+2D-14)x=-2\mathrm{e}^t-\mathrm{e}^{2t}.$　　　　　③

其特征方程为 $r^2+2r-14=0$,$r_{1,2}=-1\pm\sqrt{15}$,故③的齐次方程的通解为

$$X=C_1\mathrm{e}^{(-1+\sqrt{15})t}+C_2\mathrm{e}^{(-1-\sqrt{15})t}.$$

在方程 $(D^2+2D-14)x=-2\mathrm{e}^t$ 中,$f(t)=-2\mathrm{e}^t$,因而其具有形如 $A\mathrm{e}^t$ 的特解;

而方程 $(D^2+2D-14)x=-\mathrm{e}^{2t}$ 中 $f(t)=-\mathrm{e}^{2t}$,因而其具有形如 $B\mathrm{e}^{2t}$ 的特解,

因此③具有形如 $x^*=A\mathrm{e}^t+B\mathrm{e}^{2t}$ 的特解,代入③整理得 $-11A\mathrm{e}^t-6B\mathrm{e}^{2t}\equiv-2\mathrm{e}^t-\mathrm{e}^{2t}$,因而 $A=\dfrac{2}{11}$,

$B=\dfrac{1}{6}.$

故③的一个特解为 $x^* = \dfrac{2}{11}e^t + \dfrac{1}{6}e^{2t}$,

因此③的通解为 $x = C_1 e^{(-1+\sqrt{15})t} + C_2 e^{(-1-\sqrt{15})t} + \dfrac{2}{11}e^t + \dfrac{1}{6}e^{2t}$.

再由①得 $y = e^t - Dx - 5x = (-4-\sqrt{15})C_1 e^{(-1+\sqrt{15})t} - (4-\sqrt{15})C_2 e^{(-1-\sqrt{15})t} - \dfrac{e^t}{11} - \dfrac{7}{6}e^{2t}$.

原方程的通解为
$$\begin{cases} x = C_1 e^{(-1+\sqrt{15})t} + C_2 e^{(-1-\sqrt{15})t} + \dfrac{2}{11}e^t + \dfrac{1}{6}e^{2t}, \\ y = (-4-\sqrt{15})C_1 e^{(-1+\sqrt{15})t} - (4-\sqrt{15})C_2 e^{(-1-\sqrt{15})t} - \dfrac{e^t}{11} - \dfrac{7}{6}e^{2t}. \end{cases}$$

(5)原方程组改写为
$$\begin{cases} (D+2)x + (D+1)y = t, & \text{①} \\ 5x + (D+3)y = t^2, & \text{②} \end{cases}$$

故 $\begin{vmatrix} D+2 & D+1 \\ 5 & D+3 \end{vmatrix} y = \begin{vmatrix} D+2 & t \\ 5 & t^2 \end{vmatrix}$,即 $(D^2+1)y = 2t^2 - 3t$, ③

其特征方程为 $r^2 + 1 = 0$, 特征根为 $r_{1,2} = \pm i$,

故③的相应齐次方程的通解为 $Y = C_1 \cos t + C_2 \sin t$,

易观察出③的一个特解为 $y^* = 2t^2 - 3t - 4$,

所以③的通解为 $y = C_1 \cos t + C_2 \sin t + 2t^2 - 3t - 4$.

又由②得 $x = \dfrac{1}{5}(t^2 - y' - 3y)$

$= \dfrac{1}{5}(t^2 + C_1 \sin t - C_2 \cos t - 4t + 3 - 3C_1 \cos t - 3C_2 \sin t - 6t^2 + 9t + 12)$

$= \dfrac{C_1 - 3C_2}{5}\sin t - \dfrac{3C_1 + C_2}{5}\cos t - t^2 + t + 3$,

原方程组的通解为
$$\begin{cases} x = \dfrac{C_1 - 3C_2}{5}\sin t - \dfrac{3C_1 + C_2}{5}\cos t - t^2 + t + 3, \\ y = C_1 \cos t + C_2 \sin t + 2t^2 - 3t - 4. \end{cases}$$

(6)原方程组改写为
$$\begin{cases} (D-3)x + (2D+4)y = 2\sin t, & \text{①} \\ (2D+2)x + (D-1)y = \cos t, & \text{②} \end{cases}$$

故 $\begin{vmatrix} D-3 & 2D+4 \\ 2D+2 & D-1 \end{vmatrix} x = \begin{vmatrix} 2\sin t & 2D+4 \\ \cos t & D-1 \end{vmatrix}$,

即 $(3D^2 + 16D + 5)x = 2\cos t$, ③

③的特征方程为 $3r^2 + 16r + 5 = 0$,特征根为 $r_1 = -5$, $r_2 = -\dfrac{1}{3}$,

因而③对应的齐次方程的通解为 $X = C_1 e^{-5x} + C_2 e^{-\frac{1}{3}x}$,

在③中 $f(x) = 2\cos t$,故③具有形如 $x^* = A\cos t + B\sin t$ 的特解,则

$\qquad x^{*\prime} = -A\sin t + B\cos t$; $x^{*\prime\prime} = -A\cos t - B\sin t$,

代入③得 $(2A + 16B)\cos t + (2B - 16A)\sin t \equiv 2\cos t$,

比较系数得 $A = \dfrac{1}{65}$, $B = \dfrac{8}{65}$, 于是 $x^* = \dfrac{8\sin t + \cos t}{65}$,

因而③的通解为 $x = C_1 e^{-5t} + C_2 e^{-\frac{1}{3}t} + \dfrac{8}{65}\sin t + \dfrac{1}{65}\cos t$.

又由 $2\times② - ①$ 得 $3Dx - 7x - 6y = 2\cos t - 2\sin t$,

将③的通解代入上式得 $y = -\dfrac{4}{3}C_1 e^{-5t} + C_2 e^{-\frac{1}{3}t} + \dfrac{61}{130}\sin t - \dfrac{33}{130}\cos t$.

因而原方程组的通解为
$$\begin{cases} x = C_1 e^{-5t} + C_2 e^{-\frac{1}{3}t} + \dfrac{8}{65} \sin t + \dfrac{1}{65} \cos t, \\ y = -\dfrac{4}{3} C_1 e^{-5t} + C_2 e^{-\frac{1}{3}t} + \dfrac{61}{130} \sin t - \dfrac{33}{130} \cos t. \end{cases}$$

2. 求下列微分方程组满足所给初值条件的特解：

(1) $\begin{cases} \dfrac{\mathrm{d}x}{\mathrm{d}t} = y,\ x\big|_{t=0} = 0, \\ \dfrac{\mathrm{d}y}{\mathrm{d}t} = -x,\ y\big|_{t=0} = 1; \end{cases}$
(2) $\begin{cases} \dfrac{\mathrm{d}^2 x}{\mathrm{d}t^2} + 2\dfrac{\mathrm{d}y}{\mathrm{d}t} - x = 0,\ x\big|_{t=0} = 1, \\ \dfrac{\mathrm{d}x}{\mathrm{d}t} + y = 0,\ y\big|_{t=0} = 0; \end{cases}$

(3) $\begin{cases} \dfrac{\mathrm{d}x}{\mathrm{d}t} + 3x - y = 0,\ x\big|_{t=0} = 1, \\ \dfrac{\mathrm{d}y}{\mathrm{d}t} - 8x + y = 0,\ y\big|_{t=0} = 4; \end{cases}$
(4) $\begin{cases} 2\dfrac{\mathrm{d}x}{\mathrm{d}t} - 4x + \dfrac{\mathrm{d}y}{\mathrm{d}t} - y = e^t,\ x\big|_{t=0} = \dfrac{3}{2}, \\ \dfrac{\mathrm{d}x}{\mathrm{d}t} + 3x + y = 0,\ y\big|_{t=0} = 0; \end{cases}$

(5) $\begin{cases} \dfrac{\mathrm{d}x}{\mathrm{d}t} + 2x - \dfrac{\mathrm{d}y}{\mathrm{d}t} = 10\cos t,\ x\big|_{t=0} = 2, \\ \dfrac{\mathrm{d}x}{\mathrm{d}t} + \dfrac{\mathrm{d}y}{\mathrm{d}t} + 2y = 4e^{-2t},\ y\big|_{t=0} = 0; \end{cases}$
(6) $\begin{cases} \dfrac{\mathrm{d}x}{\mathrm{d}t} - x + \dfrac{\mathrm{d}y}{\mathrm{d}t} + 3y = e^{-t} - 1,\ x\big|_{t=0} = \dfrac{48}{49}, \\ \dfrac{\mathrm{d}x}{\mathrm{d}t} + 2x + \dfrac{\mathrm{d}y}{\mathrm{d}t} + y = e^{2t} + t,\ y\big|_{t=0} = \dfrac{95}{98}. \end{cases}$

解：(1) 为方便解题，我们设每个方程组中的第一个方程为①，第二个方程为②，其他的依次排序. ①两边

对 t 求导得 $\dfrac{\mathrm{d}y}{\mathrm{d}t} = \dfrac{\mathrm{d}x^2}{\mathrm{d}t^2}$，代入②得 $\dfrac{\mathrm{d}x^2}{\mathrm{d}t^2} + x = 0$, ③

方程③的特征方程为 $r^2 + 1 = 0$，解得特征根 $r_{1,2} = \pm i$,

故③的通解为 $x = C_1 \cos t + C_2 \sin t$.

再由①得 $y = -C_1 \sin t + C_2 \cos t$，由初始条件 $x\big|_{t=0} = 0$, $y\big|_{t=0} = 1$ 而得 $C_1 = 0$, $C_2 = 1$.

故原方程组的特解为 $\begin{cases} x = \sin t, \\ y = \cos t. \end{cases}$

(2) 由②得 $y = -\dfrac{\mathrm{d}x}{\mathrm{d}t}$，代入①则有 $\dfrac{\mathrm{d}^2 x}{\mathrm{d}t^2} + x = 0$, ③

③的特征方程为 $r^2 + 1 = 0$，特征根为 $r_{1,2} = \pm i$，故③的通解为 $x = C_1 \cos t + C_2 \sin t$.

于是 $y = -\dfrac{\mathrm{d}x}{\mathrm{d}t} = C_1 \sin t - C_2 \cos t$,

因此原方程组的通解为 $\begin{cases} x = C_1 \cos t + C_2 \sin t, \\ y = C_1 \sin t - C_2 \cos t, \end{cases}$

代入初始条件得 $\begin{cases} C_1 = 1, \\ C_2 = 0, \end{cases}$ 故满足初始条件的特解为 $\begin{cases} x = \cos t, \\ y = \sin t. \end{cases}$

(3) 原方程组改写为 $\begin{cases} (D+3)x - y = 0, & ① \\ -8x + (D+1)y = 0, & ② \end{cases}$

故 $\begin{vmatrix} D+3 & -1 \\ -8 & D+1 \end{vmatrix} x = \begin{vmatrix} 0 & 1 \\ 0 & D+1 \end{vmatrix}$，即 $(D^2 + 4D - 5)x = 0$, ③

③的特征方程为 $r^2 + 4r - 5 = 0$，特征根为 $r_1 = 1$, $r_2 = -5$，因而③的通解为 $x = C_1 e^t + C_2 e^{-5t}$.

又由②得 $y = \dfrac{\mathrm{d}x}{\mathrm{d}t} + 3x = 4C_1 e^t - 2C_2 e^{-5t}$,

因此原方程组的通解为 $\begin{cases} x = C_1 e^t + C_2 e^{-5t}, \\ y = 4C_1 e^t - 2C_2 e^{-5t}, \end{cases}$ 将初始条件代入得 $C_1 = 1$, $C_2 = 0$.

故原方程组的特解为 $\begin{cases} x = e^t, \\ y = 4e^t. \end{cases}$

（4）原方程组改写为
$$\begin{cases}(2D-4)x+(D-1)y=e^t, & ① \\ (D+3)x+y=0. & ②\end{cases}$$

故 $\begin{vmatrix} 2D-4 & D-1 \\ D+3 & 1 \end{vmatrix} x = \begin{vmatrix} e^t & D-1 \\ 0 & 1 \end{vmatrix}$ 即

$$D^2 x + x = e^t, \qquad\qquad ③$$

方程③的特征方程为 $r^2+1=0$，特征根为 $r_{1,2}=\pm i$,故方程③对应的齐次方程的通解为
$$X = C_1\cos t + C_2\sin t,$$

观察易知 $x^* = -\dfrac{1}{2}e^t$ 为③的一个特解,因而方程③的通解为 $x = C_1\cos t + C_2\sin t - \dfrac{1}{2}e^t$.

再由②得 $y = -\dfrac{\mathrm{d}x}{\mathrm{d}t} - 3x = (C_1 - 3C_2)\sin t - (3C_1 + C_2)\cos t + 2e^t.$

因此原方程组的通解为
$$\begin{cases} x = C_1\cos t + C_2\sin t - \dfrac{1}{2}e^t, \\ y = (C_1 - 3C_2)\sin t - (3C_1 + C_2)\cos t + 2e^t. \end{cases}$$

代入初始条件得 $\begin{cases} C_1 - \dfrac{1}{2} = \dfrac{3}{2}, \\ -3C_1 + C_2 + 2 = 0. \end{cases}$ 从而解得 $\begin{cases} C_1 = 2, \\ C_2 = -4. \end{cases}$

故满足初始条件的特解为
$$\begin{cases} x = 2\cos t - 4\sin t - \dfrac{1}{2}e^t, \\ y = 14\sin t - 2\cos t + 2e^t. \end{cases}$$

（5）原方程组改写成
$$\begin{cases} (D+2)x + (-Dy) = 10\cos t, & ① \\ Dx + (D+2)y = 4e^{-2t}, & ② \end{cases}$$

故 $\begin{vmatrix} D+2 & -D \\ D & D+2 \end{vmatrix} x = \begin{vmatrix} D+2 & 10\cos t \\ D & 4e^{-2t} \end{vmatrix}$ 即

$$(D^2 + 2D + 2)y = 5\sin t, \qquad\qquad ③$$

③的特征方程为 $r^2 + 2r + 2 = 0$，特征值为 $r_{1,2} = -1 \pm i$
因而③的齐次方程的通解为 $Y = e^{-t}(C_1\cos t + C_2\sin t)$.
又③中的 $f(t) = 5\sin t$,故设③的一个特解为 $y^* = A\cos t + B\sin t$,则
$$y^{*\prime} = -A\sin t + B\cos t, \qquad y^{*\prime\prime} = -A\cos t - B\sin t,$$
代入③得 $(A+2B)\cos t + (B - 2A)\sin t = 5\sin t,$
比较系数得 $A = -2$, $B = 1$, 故 $y^* = -2\cos t + \sin t$,因此③的通解为
$$y = e^{-t}(C_1\cos t + C_2\sin t) + \sin t - 2\cos t. \qquad\qquad ④$$

由①−②得 $2x - \dfrac{\mathrm{d}y}{\mathrm{d}x} - 2y = 10\cos t - 4e^{-2t},$

从而 $x = \dfrac{\mathrm{d}y}{\mathrm{d}x} + y + 5\cos t - 2e^{-2t} \xlongequal{④} e^{-t}(C_2\cos t - C_1\sin t) + 4\cos t + 3\sin t - 2e^{-2t},$

代入初始条件得 $C_1 = 2$, $C_2 = 0$,

故方程组的特解为
$$\begin{cases} x = 4\cos t + 3\sin t - 2e^{-2t} - 2e^{-t}\sin t, \\ y = \sin t - 2\cos t + 2e^{-t}\cos t. \end{cases}$$

（6）原方程组改写成
$$\begin{cases} (D-1)x + (D+3)y = e^{-t} - 1, & ① \\ (D+2)x + (D+1)y = e^{2t} + t, & ② \end{cases}$$

故 $\begin{vmatrix} D-1 & D+3 \\ D+2 & D+1 \end{vmatrix} x = \begin{vmatrix} e^{-t}-1 & D+3 \\ e^{2t}+5 & D+1 \end{vmatrix}$

即 $(5D+7)x = 5e^{2t} + 3t + 2$, 亦即 $\dfrac{\mathrm{d}x}{\mathrm{d}t} + \dfrac{7}{5}x = e^{2t} + \dfrac{3}{5}t + \dfrac{2}{5},$ ③

③为一阶常系数线性非齐次方程,故通解为

$$x = \mathrm{e}^{-\int \frac{7}{5} \mathrm{d}t}\left[C + \int\left(\mathrm{e}^{2t} + \frac{3}{5}t + \frac{2}{5}\right)\mathrm{e}^{\int \frac{7}{5}\mathrm{d}t}\,\mathrm{d}t\right] = \mathrm{e}^{-\frac{7}{5}t}\left[C + \int\left(\mathrm{e}^{2t} + \frac{3}{5}t + \frac{2}{5}\right)\mathrm{e}^{\frac{7}{5}t}\,\mathrm{d}t\right],$$

即 $x = C\mathrm{e}^{-\frac{7}{5}t} + \frac{5}{17}\mathrm{e}^{2t} + \frac{3}{7}t - \frac{1}{49}.$

又①－②得 $-3x + 2y = \mathrm{e}^{-t} - 1 - \mathrm{e}^{2t} - t,$

即 $y = \frac{3}{2}x + \frac{1}{2}(\mathrm{e}^{-t} - 1 - \mathrm{e}^{2t} - t) = \frac{3}{2}C\mathrm{e}^{-\frac{7}{5}t} - \frac{1}{17}\mathrm{e}^{2t} + \frac{1}{2}\mathrm{e}^{-t} + \frac{1}{7}t - \frac{26}{49},$

由初始条件 $x\Big|_{t=0} = \frac{48}{49}$, $y\Big|_{t=0} = \frac{95}{98}$, 得 $C = \frac{12}{17}.$

故原方程组的特解为 $\begin{cases} x = \dfrac{12}{17}\mathrm{e}^{-\frac{7}{5}t} + \dfrac{5}{17}\mathrm{e}^{2t} + \dfrac{3}{7}t - \dfrac{1}{49}, \\ y = \dfrac{18}{17}\mathrm{e}^{-\frac{7}{5}t} - \dfrac{1}{17}\mathrm{e}^{2t} + \dfrac{1}{2}\mathrm{e}^{-t} + \dfrac{1}{7}t - \dfrac{26}{49}. \end{cases}$

总习题七解答

1. 填空：

(1)$xy'''+2x^2y'^2+x^3y=x^4+1$ 是_____阶微分方程；

(2)一阶线性微分方程 $y'+P(x)y=Q(x)$ 的通解为_____；

(3)与积分方程 $y=\displaystyle\int_{x_0}^x f(x,y)\mathrm{d}x$ 等价的微分方程初值问题是_____；

(4)已知 $y=1,y=x,y=x^2$ 是某二阶非齐次线性微分方程的三个解，则该方程的通解为_____.

解 (1)三 $\qquad\qquad$ (2)$y=\mathrm{e}^{-\int P(x)\mathrm{d}x}\left[\int Q(x)\mathrm{e}^{\int P(x)\mathrm{d}x}+C\right]$

(3)$y'=f(x,y),\ y\big|_{x=x_0}=0$ $\qquad$ (4)$y=C_1(x-1)+C_2(x^2-1)+1$

2. 以下两题中给出了四个结论，从中选出一个正确的结论：

(1)设非齐次线性微分方程 $y'+P(x)y=Q(x)$ 有两个不同的解：$y_1(x)$ 与 $y_2(x)$，C 为任意常数，则该方程的通解是（ ）.

(A)$C[y_1(x)-y_2(x)]$ $\qquad\qquad$ (B)$y_1(x)+C[y_1(x)-y_2(x)]$

(C)$C[y_1(x)+y_2(x)]$ $\qquad\qquad$ (D)$y_1(x)+C[y_1(x)+y_2(x)]$

(2)具有特解 $y_1=\mathrm{e}^{-x},y_2=2x\mathrm{e}^{-x},y_3=3\mathrm{e}^x$ 的三阶常系数齐次线性微分方程是（ ）.

(A)$y'''-y''-y'+y=0$ $\qquad\qquad$ (B)$y'''+y''-y'-y=0$

(C)$y'''-6y''+11y'-6y=0$ $\qquad$ (D)$y'''-2y''-y'+2y=0$

解 (1)$y_1(x)-y_2(x)$ 是对应的齐次方程 $y'+P(x)y=0$ 的非零解，从而由线性微分方程解的性质定理知 $C[y_1(x)-y_2(x)]$ 是齐次方程的通解，再由非齐次线性方程解的结构定理知 $y_1(x)+C[y_1(x)-y_2(x)]$ 是原方程的通解. 故选(B).

(2)由题设知 $r=-1,-1,1$ 为所求齐次线性微分方程对应的特征方程的 3 个根，而 $(r+1)^2(r-1)=r^3+r^2-r-1$，故应选(B).

3. 求以下列各式所表示的函数为通解的微分方程：

(1)$(x+C)^2+y^2=1$（其中 C 为任意常数）；

(2)$y=C_1\mathrm{e}^x+C_2\mathrm{e}^{2x}$（其中 C_1,C_2 为任意常数）.

解 (1)对方程 $(x+C)^2+y^2=1$ 两边关于 x 求导，得 $2(x+C)+2yy'=0$

消去常数 C，得 $2(1-y^2)^{\frac{1}{2}}+2yy'=0$，即 $y^2(1+y'^2)=1$.

(2)将 $y=C_1\mathrm{e}^x+C_2\mathrm{e}^{2x}$ 对 x 求导，有 $y'=C_1\mathrm{e}^x+2C_2\mathrm{e}^{2x}$

对 x 再求导，有 $y''=C_1\mathrm{e}^x+4C_2\mathrm{e}^{2x}$ 消去常数 C_1,C_2，有 $y''-3y'+2y=0$.

4. 求下列微分方程的通解：

(1)$xy'+y=2\sqrt{xy}$；$\qquad\qquad$ (2)$xy'\ln x+y=ax(\ln x+1)$；

(3)$\dfrac{\mathrm{d}y}{\mathrm{d}x}=\dfrac{y}{2(\ln y-x)}$；$\qquad$ *(4)$\dfrac{\mathrm{d}y}{\mathrm{d}x}+xy-x^3y^3=0$；

(5)$y''+y'^2+1=0$；$\qquad\qquad$ (6)$yy''-y'^2-1=0$；

(7)$y''+2y'+5y=\sin2x$；$\qquad$ (8)$y'''+y''-2y'=x(\mathrm{e}^x+4)$；

*(9)$(y^4-3x^2)\mathrm{d}y+xy\mathrm{d}x=0$；$\qquad$ (10)$y'+x=\sqrt{x^2+y}$.

解 (1)令 $u=\dfrac{y}{x}$，则 $\dfrac{\mathrm{d}y}{\mathrm{d}x}=u+x\dfrac{\mathrm{d}u}{\mathrm{d}x}$，于是原方程变为 $\dfrac{\mathrm{d}u}{2(\sqrt{u}-u)}=\dfrac{\mathrm{d}x}{x}$.

积分得 $\qquad x(1-\sqrt{u})=C \qquad$ 即 $\quad x-\sqrt{xy}=C.$

(2)将方程改写为 $y'+\dfrac{1}{x\ln x}y=a\left(1+\dfrac{1}{\ln x}\right)$

则 $\quad y=\mathrm{e}^{-\int\frac{1}{x\ln x}\mathrm{d}x}\left[\int a\left(1+\dfrac{1}{\ln x}\right)\mathrm{e}^{\int\frac{1}{x\ln x}\mathrm{d}x}\mathrm{d}x+C\right]=\dfrac{1}{\ln x}\left[a\int(\ln x+1)\mathrm{d}x+C\right]$

$\qquad =\dfrac{1}{\ln x}\left\{a\left[x(\ln x+1)-\int\mathrm{d}x\right]+C\right\}=\dfrac{1}{\ln x}(ax\ln x+C)=ax+\dfrac{C}{\ln x},$

故该方程的通解为 $y=ax+\dfrac{C}{\ln x}.$

(3)原方程变形为 $\dfrac{\mathrm{d}x}{\mathrm{d}y}+\dfrac{2}{y}=2\dfrac{\ln y}{y},$

于是 $x=\mathrm{e}^{-\int\frac{2}{y}\mathrm{d}y}\left[C+\int 2\dfrac{\ln y}{y}\mathrm{e}^{\int\frac{2}{y}\mathrm{d}y}\mathrm{d}y\right]=\ln y-\dfrac{1}{2}+Cy^{-2},$

即 $x=\ln y+Cy^{-2}-\dfrac{1}{2}.$

(4)将方程改写成 $y^{-3}\dfrac{\mathrm{d}y}{\mathrm{d}x}+xy^{-2}=x^3,$ 令 $y^{-2}=u,$ 则 $-2y^{-3}y'=u',$ $y^{-3}y'=-\dfrac{1}{2}u'.$

上面方程变为 $u'-2xu=-2x^3,$

$u=\mathrm{e}^{\int 2x\mathrm{d}x}\left[\int\left(-2x^3\mathrm{e}^{\int(-2x)\mathrm{d}x}\right)\mathrm{d}x+C\right]=\mathrm{e}^{x^2}\left[\int\left(-2x^3\mathrm{e}^{-x^2}\right)\mathrm{d}x+C\right]=C\mathrm{e}^{x^2}+x^2+1,$

将 $u=y^{-2}$ 代入上式,得 $y^{-2}=C\mathrm{e}^{x^2}+x^2+1,$
这就是该方程的通解.

(5)令 $y'=p,$ 则 $y''=p',$ $\quad p'+p^2+1=0,$ 变量分离 $\dfrac{\mathrm{d}p}{p^2+1}=-\mathrm{d}x,$

两边积分得 $\arctan p=-x+C_1,$

从而 $p=\tan(-x+C_1),$ 即 $\dfrac{\mathrm{d}y}{\mathrm{d}x}=\tan(-x+C_1).$

所以通解为 $y=\int\tan(-x+C_1)\mathrm{d}x=\ln|\cos(x-C_1)|+C_2.$

(6)令 $y'=p,$ 则 $y''=\dfrac{\mathrm{d}p}{\mathrm{d}x}=\dfrac{\mathrm{d}p}{\mathrm{d}y}\dfrac{\mathrm{d}y}{\mathrm{d}x}=p\dfrac{\mathrm{d}p}{\mathrm{d}y},$ 原方程化为 $yp\dfrac{\mathrm{d}p}{\mathrm{d}y}-p^2-1=0,$

分离变量得 $\dfrac{p\mathrm{d}p}{p^2+1}=\dfrac{\mathrm{d}y}{y},$ 积分得 $\quad\dfrac{1}{2}\ln(p^2+1)=\ln y+\ln C_1$ 即 $\quad p=\pm\sqrt{(C_1y)^2-1},$

将 $p=y'$ 代入上式,得 $y'=\pm\sqrt{(C_1y)^2-1},$

对于 $y'=\sqrt{(C_1y)^2-1},$ 分离变量得 $\dfrac{\mathrm{d}y}{\sqrt{(C_1y)^2-1}}=\mathrm{d}x,$

两边积分,得 $\ln\left[C_1y+\sqrt{(C_1y)^2-1}\right]=C_1x+C_2$ 即 $\quad C_1y+\sqrt{(C_1y)^2-1}=\mathrm{e}^{C_1x+C_2}.$

另有 $C_1y-\sqrt{(C_1y)^2-1}=\dfrac{1}{C_1y+\sqrt{(C_1y)^2-1}}=\mathrm{e}^{-C_1x+C_2}.$

将上面两个式子相加,得 $C_1y=\dfrac{\mathrm{e}^{C_1x+C_2}+\mathrm{e}^{-C_1x+C_2}}{2}=\mathrm{ch}(C_1x+C_2),$

所以 $\qquad y=\dfrac{1}{C_1}\mathrm{ch}(C_1x+C_2).$

由上面的计算可知,对于 $y'=-\sqrt{(C_1y)^2-1}$ 也有同样的结论.

故该方程的通解为 $y=\dfrac{1}{C_1}\mathrm{ch}(C_1x+C_2).$

(7)该方程所对应的齐次方程为 $y''+2y'+5y=0,$

特征方程为 $r^2+2r+5=0$,其根为 $r_{1,2}=-1\pm 2\mathrm{i}$,该齐次方程的通解为
$$Y=\mathrm{e}^{-x}(C_1\cos 2x+C_2\sin 2x)$$
由于 $f(x)=\sin 2x$,$\lambda=0$,$w=2$,$\lambda\pm\mathrm{i}w=\pm 2\mathrm{i}$ 不是特征方程的根,所以设特解
$$y^*=A\cos 2x+B\sin 2x.$$
将 y^* 代入所给方程中,得 $(4B+A)\cos 2x+(B-4A)\sin 2x=\sin 2x$,

比较上式两边同类项的系数,得 $A=-\dfrac{4}{17}$,$B=\dfrac{1}{17}$,

所以 $y^*=-\dfrac{4}{17}\cos 2x+\dfrac{1}{17}\sin 2x.$

该方程的通解为 $y=\mathrm{e}^{-x}(C_1\cos 2x+C_2\sin 2x)-\dfrac{4}{17}\cos 2x+\dfrac{1}{17}\sin 2x.$

(8) 由特征方程 $\varphi(r)=r^3+r^2-2r=0$ 的根为 $r_1=0$,$r_2=1$,$r_3=-2$,得对应的齐次方程的通解 $Y=C_1+C_2\mathrm{e}^x+C_3\mathrm{e}^{-2x}.$

设方程 $y'''+y''-2y'=x\mathrm{e}^x$ 和 $y'''+y''-2y'=4x$ 的特解分别为 y_1^*,y_2^*,
且 $y_1^*=x(Ax+B)\mathrm{e}^x$,$y_2^*=x(Cx+D).$

分别代入方程中,得 $A=\dfrac{1}{6}$,$B=-\dfrac{4}{9}$,$C=D=-1$,即
$$y_1^*=x\left(\dfrac{1}{6}x-\dfrac{4}{9}\right)\mathrm{e}^x,\quad y_2^*=x(-x-1),$$

故通解为 $y=C_1+C_2\mathrm{e}^x+C_3\mathrm{e}^{-2x}+x\left(\dfrac{1}{6}x-\dfrac{4}{9}\right)\mathrm{e}^x-x^2-x.$

(9) 因 $\dfrac{\partial Q}{\partial x}-\dfrac{\partial P}{\partial y}=-7x$,且 $\dfrac{\dfrac{\partial Q}{\partial x}-\dfrac{\partial P}{\partial y}}{P}=-\dfrac{7}{y}$ 可取积分因子 $\mu=\mathrm{e}^{\int\frac{\frac{\partial Q}{\partial x}-\frac{\partial P}{\partial y}}{P}\mathrm{d}y}=\mathrm{e}^{-\int\frac{7}{y}\mathrm{d}y}=y^{-7}$,并用 y^{-7} 乘以方

程两边,得 $xy^{-6}\mathrm{d}x+(y^{-3}-3x^2y^{-7})\mathrm{d}y=0$,分组凑微得
$$(2xy^{-6}\mathrm{d}x-6x^2y^{-7}\mathrm{d}y)+2y^{-3}\mathrm{d}y=0,$$
即 $\mathrm{d}(x^2y^{-6})-\mathrm{d}(y^{-2})=0$,积分得 $x^2y^{-6}-y^{-2}=C.$

(10) 令 $u=\dfrac{\sqrt{x^2+y}}{x}$,则 $x+y'=(u+xu')2xu-x$,原方程变为 $\dfrac{2u\mathrm{d}u}{1+u-2u^2}=\dfrac{\mathrm{d}x}{x}$,

积分得 $\dfrac{1}{(1-u)^2(1+2u)}=C_1x^3$,

即 $(x-\sqrt{x^2+y})^2(x+2\sqrt{x^2+y})=C_2$,

经整理得 $\sqrt{(x^2+y)^3}=x^2+\dfrac{3}{2}xy+C.$

5. 求下列微分方程组满足所给初值条件的特解:

*(1) $y^3\mathrm{d}x+2(x^2-xy^2)\mathrm{d}y=0$,$x=1$ 时 $y=1$;

(2) $y''-ay'^2=0$,$x=0$ 时 $y=0$,$y'=-1$;

(3) $2y''-\sin 2y=0$,$x=0$ 时 $y=\dfrac{\pi}{2}$,$y'=1$;

(4) $y''+2y'+y=\cos x$,$x=0$ 时 $y=0$,$y'=\dfrac{3}{2}$.

解 (1) 原方程变形为 $\dfrac{\mathrm{d}x}{\mathrm{d}y}-\dfrac{2}{y}x=-\dfrac{2}{y^3}x^2.$

令 $z=x^{-1}$,则方程又变为 $\dfrac{\mathrm{d}z}{\mathrm{d}y}+\dfrac{2}{y}z=\dfrac{2}{y^3}$,

于是有 $z=\mathrm{e}^{-\int\frac{2}{y}\mathrm{d}y}\left[C+\int\dfrac{2}{y^3}\mathrm{e}^{\int\frac{2}{y}\mathrm{d}y}\mathrm{d}y\right]=y^{-2}(2\ln y+C)$

即 $x(2\ln y+C)-y^2=0$.

又由 $y\big|_{x=1}=1$，得 $C=1$，故特解为 $x(2\ln y+1)-y^2=0$.

(2)令 $y'=p$，则 $y''=p'$. 原方程化为 $p'-ap^2=0$，即 $\dfrac{\mathrm{d}p}{p^2}=a\mathrm{d}x$，

两边积分，得 $-\dfrac{1}{p}=ax+C_1$，即 $\qquad y'=-\dfrac{1}{ax+C_1}$.

由于 $x=0$ 时，$y'=-1$ 所以 $C_1=1$. 这时，有 $y'=-\dfrac{1}{ax+1}$ 即 $\mathrm{d}y=-\dfrac{1}{ax+1}\mathrm{d}x$.

两边积分，得 $y=-\dfrac{1}{a}\ln|ax+1|+C_2$.

由于 $x=0$ 时，$y=0$，所以 $C_2=0$. 故所求特解为 $y=-\dfrac{1}{a}\ln|ax+1|$.

(3)令 $y'=p$，则 $y''=p\dfrac{\mathrm{d}p}{\mathrm{d}y}$. 原方程变为 $2p\dfrac{\mathrm{d}p}{\mathrm{d}y}=\sin 2y$.

积分得 $p^2=\sin^2 y+C_1$，由 $y(0)=\dfrac{\pi}{2}$，$y'(0)=1$，得 $C_1=0$，从而 $\dfrac{\mathrm{d}y}{\mathrm{d}x}=\sin y$，

再积分得 $x=\ln\tan\dfrac{y}{2}+C_2$，

又由 $y(0)=\dfrac{\pi}{2}$，得 $C_2=0$，故所求的特解为 $y=2\arctan\mathrm{e}^x$.

(4)该方程所对应的齐次方程的特征方程为 $r^2+2r+1=0$，

它的根为 $r_1=r_2=-1$，该方程所对应的齐次方程的通解为 $Y=(C_1+C_2 x)\mathrm{e}^{-x}$.

由于 $f(x)=\cos x$，$\lambda=0$，$\omega=1$，$\lambda\pm\mathrm{i}\omega=\pm\mathrm{i}$，不是特征方程的根，所以设特解 $y^*=A\cos x+B\sin x$

将 y^* 代入所给方程，得

$$(-A\cos x-B\sin x)+2(-A\sin x+B\cos x)+(A\cos x+B\sin x)=\cos x,$$

即 $2B\cos x-2A\sin x=\cos x$.

比较上式两边同类项的系数，得 $A=0$，$B=\dfrac{1}{2}$，故 $y^*=\dfrac{1}{2}\sin x$.

所给方程的通解为 $y=(C_1+C_2 x)\mathrm{e}^{-x}+\dfrac{1}{2}\sin x$.

由初始条件：$x=0$ 时 $y=0$，$y'=\dfrac{3}{2}$，得 $C_1=0$，$C_2=1$，

故所求特解为 $y=x\mathrm{e}^{-x}+\dfrac{1}{2}\sin x$.

6. 已知某曲线经过点 $(1,1)$，它的切线在纵轴上的截距等于切点的横坐标，求它的方程.

解 设点 (x,y) 为曲线上任一点，则曲线在该点的切线方程为 $Y-y=y'(X-x)$，该切线在纵轴上的截距为 $y-xy'$.

由于切线在纵轴上的截距等于切点的横坐标，所以该曲线所满足的微分方程为

$$y-xy'=x,\qquad 即\quad y'-\dfrac{1}{x}y=-1.$$

这是一阶线性微分方程，它的通解为 $y=\mathrm{e}^{\int\frac{1}{x}\mathrm{d}x}\left[\int-\mathrm{e}^{\int\left(-\frac{1}{x}\right)\mathrm{d}x}\mathrm{d}x+C\right]=x(C-\ln|x|)$.

由于所求曲线经过点 $(1,1)$，即 $x=1$ 时，$y=1$，所以 $C=1$.

故所求曲线的方程为 $y=x(1-\ln|x|)$.

7. 已知某车间的容积为 $5\,400\mathrm{m}^3$，其中的空气含 0.12% 的 CO_2（以容积计算）. 现以含 CO_2 0.04% 的新鲜空气输入，问每分钟应输入多少，才能在 $30\mathrm{min}$ 后使车间空气中 CO_2 的含量不超过 0.06%？（假定输入的新鲜空气与原有空气很快混合均匀后，以相同的流量排出.）

解 设 $x(t)$ 为 t 时刻车间内 CO_2 的体积分数函数,M 为每分钟输入的新鲜空气(m^3),则 t 时刻车间内 CO_2 的体积分数为 $\dfrac{x}{30\times 30\times 6}=\dfrac{x}{5\ 400}$.

当时间增量 Δt 很小时,排出的气体中 CO_2 的体积分数可近似看作是相同的.

排出的 CO_2 为 $M\Delta t\cdot\dfrac{x}{5\ 400}=\dfrac{Mx}{5\ 400}\Delta t$,输入的 CO_2 为 $M\Delta t\cdot 0.000\ 4$,

$$\Delta x=0.000\ 4M\Delta t-\dfrac{Mx}{5\ 400}\Delta t,$$

所以 $\quad\dfrac{\mathrm{d}x}{\mathrm{d}t}=\lim\limits_{\Delta t\to\infty}\dfrac{\Delta x}{\Delta t}=0.000\ 4M-\dfrac{Mx}{5\ 400}$.

于是有 $\begin{cases}\dfrac{\mathrm{d}x}{\mathrm{d}t}+\dfrac{M}{5\ 400}=0.000\ 4M,\\ x(0)=5\ 400\times 0.001\ 2=6.48,\end{cases}$

解之得 $x=2.16+Ce^{-\frac{M}{5\ 400}t}$,将 $x(0)=6.48$ 代入,得 $C=4.32$,

故 $\quad x(t)=2.16+4.32e^{-\frac{M}{5\ 400}t}$.

据题意知 $\dfrac{x(30)}{5\ 400}\leqslant 0.06\%$ 所以,求得 $M\geqslant 180\ln 4\approx 249.48m^3$.

即每分钟应输入约 $250m^3$ 的新鲜空气,才能满足题中的要求.

8. 设可导函数 $\varphi(x)$ 满足 $\varphi(x)\cos x+2\displaystyle\int_0^x\varphi(t)\sin t\mathrm{d}t=x+1$,求 $\varphi(x)$.

解 在 $\varphi(x)\cos x+2\displaystyle\int_0^x\varphi(t)\sin t\mathrm{d}t=x+1$ 两边对 x 求导,得 $\varphi'(x)\cos x-\varphi(x)\sin x+2\varphi(x)\sin x=1$,

即 $\quad\varphi'(x)\cos x+\varphi(x)\sin x=1$.

记 $y=\varphi(x)$,则上式可写成 $y'\cos x+y\sin x=1$ 即 $y'+y\tan x=\sec x$,

这是一阶线性微分方程.

$$y=e^{-\int\tan x\mathrm{d}x}\left(\int\sec x e^{\int\tan x\mathrm{d}x}\mathrm{d}x+C\right)=\sin x+C\cos x.$$

在 $\varphi(x)\cos x+2\displaystyle\int_0^x\varphi(t)\sin t\mathrm{d}t=x+1$ 中令 $x=0$,得 $\varphi(0)=1$ 即 $y\big|_{x=0}=1$,

于是,求得 $C=1$.

故 $\quad y=\sin x+\cos x$, 即 $\varphi(x)=\sin x+\cos x$.

9. 设光滑曲线 $y=\varphi(x)$ 过原点,当 $x>0$ 时 $\varphi(x)>0$. 对应于 $[0,x]$ 一段曲线的弧长为 e^x-1,求 $\varphi(x)$.

解 由已知 $\displaystyle\int_0^x\sqrt{1+\varphi'^2(x)}\mathrm{d}x=e^x-1$,整理,得 $\varphi'(x)=\sqrt{e^{2x}-1}$,

两边积分,得 $\varphi(x)=\displaystyle\int\sqrt{e^{2x}-1}\ \mathrm{d}x=\sqrt{e^{2x}-1}-\arctan\sqrt{e^{2x}-1}+C$,

又 $\varphi(0)=0$,得 $C=0$.

所以 $\varphi(x)=\sqrt{e^{2x}-1}-\arctan\sqrt{e^{2x}-1}$.

10. 设 $y_1(x),y_2(x)$ 是二阶齐次线性方程 $y''+p(x)y'+q(x)y=0$ 的两个解,令

$$W(x)=\begin{vmatrix}y_1(x)&y_2(x)\\ y_1'(x)&y_2'(x)\end{vmatrix}=y_1(x)y_2'(x)-y_1'(x)y_2(x),$$

证明:(1)$W(x)$ 满足方程 $W'+p(x)W=0$;

(2)$W(x)=W(x_0)e^{-\int_{x_0}^x p(t)\mathrm{d}t}$.

解 (1)由题设知 $y_i''+p(x)y_i'+q(x)y_i=0\ (i=1,2)$.

又由 $\quad W'=y_1y_2''-y_1''y_2$,所以

$$W'+p(x)W=y_1y_2''-y_1''y_2+p(x)y_1y_2'-p(x)y_1'y_2$$

$$= y_1(y''_2 + p(x)y'_2) - y_2(y''_1 + p(x)y'_1)$$
$$= y_1(-q(x)y_2) - y_2(-q(x)y_1) = 0.$$

即 $W(x)$ 满足方程 $W' + p(x)W = 0$.

(2)由 $W' + p(x)W$，有 $\dfrac{\mathrm{d}W}{W} = -p(x)\mathrm{d}x$,

$$\int_{x_0}^{x} \frac{\mathrm{d}W}{W} = -\int_{x_0}^{x} p(x)\mathrm{d}x = -\int_{x_0}^{x} p(t)\mathrm{d}t,$$

故 $W(x) = W(x_0)\,\mathrm{e}^{-\int_{x_0}^{x} p(t)\mathrm{d}t}$.

*11. 求下列欧拉方程的通解:

(1) $x^2 y'' + 3xy' + y = 0$;   (2) $x^2 y'' - 4xy' + 6y = x$.

解 (1)令 $x = \mathrm{e}^t$，即 $t = \ln x$，则原方程变为

$$D(D-1)y + 3Dy + y = 0, \quad 即 \quad D^2 y + 2Dy + y = 0, \quad 亦即$$
$$y''_t + 2y'_t + y = 0. \tag{①}$$

方程①的特征方程为 $r^2 + 2r + 1 = 0$，特征根为 $r_1 = r_2 = -1$，

于是方程①的通解为 $y = (C_1 + C_2 t)\mathrm{e}^{-t}$.

将 $t = \ln x$ 代入即得原方程的通解为 $y = \dfrac{C_1 + C_2 \ln|x|}{x}$.

(2)令 $x = \mathrm{e}^t$，即 $t = \ln x$，则 $\dfrac{\mathrm{d}y}{\mathrm{d}x} = \dfrac{1}{x}\dfrac{\mathrm{d}y}{\mathrm{d}t}$，$\dfrac{\mathrm{d}^2 y}{\mathrm{d}x^2} = \dfrac{1}{x^2}\left(\dfrac{\mathrm{d}^2 y}{\mathrm{d}t^2} - \dfrac{\mathrm{d}y}{\mathrm{d}t}\right)$,

故原方程化为 $\dfrac{\mathrm{d}^2 y}{\mathrm{d}t^2} - 5\dfrac{\mathrm{d}y}{\mathrm{d}t} + 6y = \mathrm{e}^t$.   ①

方程①的特征方程为 $r^2 - 5r + 6 = 0$，特征根为 $r_1 = 2, r_2 = 3$，

因而方程①对应的齐次方程的通解为 $Y = C_1 \mathrm{e}^{2t} + C_2 \mathrm{e}^{3t}$.

又由于 $f(t) = \mathrm{e}^t$，$\lambda = 1$ 不是特征根，所以方程①具有形如 $y^* = A\mathrm{e}^t$ 的特解，代入方程①得 $2A\mathrm{e}^t = \mathrm{e}^t$，即 $A = \dfrac{1}{2}$,

故 $y^* = \dfrac{1}{2}\mathrm{e}^t$，从而方程①的通解为 $y = C_1\mathrm{e}^{2t} + C_2\mathrm{e}^{3t} + \dfrac{1}{2}\mathrm{e}^t$.

将 $t = \ln x$ 代入即得原方程的通解为 $y = C_1 x^2 + C_2 x^3 + \dfrac{x}{2}$.

*12. 求下列常系数线性微分方程组的通解:

(1) $\begin{cases} \dfrac{\mathrm{d}x}{\mathrm{d}t} + 2\dfrac{\mathrm{d}y}{\mathrm{d}t} + y = 0, \\[2mm] 3\dfrac{\mathrm{d}x}{\mathrm{d}t} + 2x + 4\dfrac{\mathrm{d}y}{\mathrm{d}t} + 3y = t; \end{cases}$ (2) $\begin{cases} \dfrac{\mathrm{d}^2 x}{\mathrm{d}t^2} + 2\dfrac{\mathrm{d}x}{\mathrm{d}t} + x + \dfrac{\mathrm{d}y}{\mathrm{d}t} + y = 0, \\[2mm] \dfrac{\mathrm{d}x}{\mathrm{d}t} + x + \dfrac{\mathrm{d}^2 y}{\mathrm{d}t^2} + 2\dfrac{\mathrm{d}y}{\mathrm{d}t} + y = \mathrm{e}^t. \end{cases}$

解 (1)原方程组可表示成

$$\begin{cases} Dx + (2D+1)y = 0, & ① \\ (3D+2)x + (4D+3)y = t, & ② \end{cases}$$

①$\times(3D+2) - $②$\times D$，得 $(2D^2 + 4D + 2)y = -1$,

即 $2y'' + 4y' + 2y = -1$.   ③

方程③的特征方程为 $2r^2 + 4r + 2 = 0$，特征根为 $r_1 = r_2 = -1$，

因此方程③对应的齐次方程的通解为 $Y = (C_1 + C_2 t)\mathrm{e}^{-t}$,

由于 $f(t) = -1$，0 不是特征根，所以方程③具有形如 $y^* = A$ 的特解，把 y^* 代入方程③得 $2A = -1$，即 $A = \dfrac{-1}{2}$，从而 $y^* = -\dfrac{1}{2}$.

因此方程③的通解为 $y=(C_1+C_2t)\mathrm{e}^{-t}-\dfrac{1}{2}$.

又由②-①×3得 $2x-2Dy=t$,即

$$x=\frac{\mathrm{d}y}{\mathrm{d}t}+\frac{1}{2}t=C_2\mathrm{e}^{-t}+(C_1+C_2t)\mathrm{e}^{-t}\cdot(-1)+\frac{1}{2}t=(-C_1+C_2-C_2t)\mathrm{e}^{-t}+\frac{1}{2}t.$$

即原方程组的通解为
$$\begin{cases}x=(-C_1+C_2-C_2t)\mathrm{e}^{-t}+\dfrac{1}{2}t,\\[2mm]y=(C_1+C_2t)\mathrm{e}^{-t}-\dfrac{1}{2}.\end{cases}$$

(2)原方程组可表示成
$$\begin{cases}(D+1)^2x+(D+1)y=0,\\(D+1)x+(D+1)^2y=\mathrm{e}^t,\end{cases}\quad\qquad\text{①}\\ \text{②}$$

①×$(D+1)$-②, 得 $(D^3+3D^2+2D)x=-\mathrm{e}^t$,

即 $\qquad\qquad\qquad\qquad\qquad x'''_t+3x''_t+2x'_t=-\mathrm{e}^t.$ ③

方程③的特征方程为 $r^3+3r^2+2r=0$,解之,得特征根 $r_1=0,r_2=-1,r_3=-2$.

因此方程③对应的齐次方程的通解为

$$X=C_1+C_2\mathrm{e}^{-t}+C_3\mathrm{e}^{-2t}.$$

由于 $f(t)=-\mathrm{e}^t,\lambda=1$ 不是特征根,所以方程③有形如 $x^*=A\mathrm{e}^t$ 的特解,代入方程③得 $6A\mathrm{e}^t=-\mathrm{e}^t$, 即 $A=-\dfrac{1}{6}$, 从而 $x^*=-\dfrac{1}{6}\mathrm{e}^t$.

因此方程③的通解为 $x=C_1+C_2\mathrm{e}^{-t}+C_3\mathrm{e}^{-2t}-\dfrac{1}{6}\mathrm{e}^t$.

由原方程组中的第一个方程有

$$\begin{aligned}\frac{\mathrm{d}y}{\mathrm{d}t}+y&=-\frac{\mathrm{d}^2x}{\mathrm{d}t^2}-2\frac{\mathrm{d}x}{\mathrm{d}t}-x\\ &=-\left(C_2\mathrm{e}^{-t}+4C_3\mathrm{e}^{-2t}-\frac{1}{6}\mathrm{e}^t\right)-2\left(-C_2\mathrm{e}^{-t}-2C_3\mathrm{e}^{-2t}-\frac{1}{6}\mathrm{e}^t\right)\\ &\quad-\left(C_1+C_2\mathrm{e}^{-t}+C_3\mathrm{e}^{-2t}-\frac{1}{6}\mathrm{e}^t\right)\\ &=-C_1-C_3\mathrm{e}^{-2t}+\frac{2}{3}\mathrm{e}^t,\end{aligned}$$

即 $\dfrac{\mathrm{d}y}{\mathrm{d}t}+y=-C_1-C_3\mathrm{e}^{-2t}+\dfrac{2}{3}\mathrm{e}^t$,其通解为

$$\begin{aligned}y&=\mathrm{e}^{-\int\mathrm{d}t}\left[\int\left(-C_1-C_3\mathrm{e}^{-2t}+\frac{2}{3}\mathrm{e}^t\right)\mathrm{e}^{\int\mathrm{d}t}\,\mathrm{d}t+C_4\right]\\ &=\mathrm{e}^{-t}\left[\int\left(-C_1\mathrm{e}^t-C_3\mathrm{e}^{-t}+\frac{2}{3}\mathrm{e}^{2t}\right)\mathrm{d}t+C_4\right]\\ &=\mathrm{e}^{-t}\left(-C_1\mathrm{e}^t+C_3\mathrm{e}^{-t}+\frac{1}{3}\mathrm{e}^{2t}+C_4\right)\\ &=-C_1+C_3\mathrm{e}^{-2t}+\frac{1}{3}\mathrm{e}^t+C_4\mathrm{e}^{-t}.\end{aligned}$$

因此原方程组的通解为
$$\begin{cases}x=C_1+C_2\mathrm{e}^{-t}+C_3\mathrm{e}^{-2t}-\dfrac{1}{6}\mathrm{e}^t,\\[2mm]y=-C_1+C_3\mathrm{e}^{-2t}+C_4\mathrm{e}^{-t}+\dfrac{1}{3}\mathrm{e}^t.\end{cases}$$

第七章自测题

一、填空题

1. 微分方程 $\sec^2 x\tan y\,\mathrm{d}x + \sec^2 y\tan x\,\mathrm{d}y = 0$ 的通解为_____.

2. 微分方程 $y^2\,\mathrm{d}x = (x + y^2\mathrm{e}^{-\frac{1}{y}})\,\mathrm{d}y$ 满足初始条件 $y(0)=1$ 的特解为_____.

3. 以 $y = 3x\mathrm{e}^{2x}$ 为一个特解的二阶常系数齐次线性微分方程是_____.

4. 微分方程 $y^{(4)} + 5y'' - 36y = 0$ 的通解为_____.

5. 微分方程 $\dfrac{\mathrm{d}y}{\mathrm{d}x} = (x+y)^2$ 的通解为_____.

二、选择题

1. 函数 $y = C_1\mathrm{e}^{C_2-x}$（$C_1,C_2$ 是任意常数）是微分方程 $y'' - 2y' - 3y = 0$ 的（　　）.

(A) 通解　　　　(B) 特解　　　　(C) 不是解　　　　(D) 是解，但既不是通解，也不是特解

2. 已知函数 $y(x)$ 满足微分方程 $xy' = y\ln\dfrac{y}{x}$，且当 $x=1$ 时，$y=\mathrm{e}^2$ 则当 $x=-1$ 时，$y=$（　　）.

(A) -1　　　　(B) 0　　　　(C) 1　　　　(D) e^{-1}

3. 微分方程 $y'' - 5y' + 6y = \mathrm{e}^x\sin x + 6$ 的特解形式可设为（　　）.

(A) $x\mathrm{e}^x(a\cos x + b\sin x) + c$　　　　(B) $a\mathrm{e}^x\sin x + b$

(C) $\mathrm{e}^x(a\cos x + b\sin x) + c$　　　　(D) $a\mathrm{e}^x\cos x + b$

4. 微分方程 $y'' - 3y' + 2y = x\mathrm{e}^{2x}$ 的特解形式可设为（　　）.

(A) $x(Ax+B)\mathrm{e}^{2x}$　　　　　　　　(B) $(Ax+B)\mathrm{e}^{2x}$

(C) $x^2(Ax+B)\mathrm{e}^{2x}$　　　　　　　　(D) $A\mathrm{e}^x + (Bx+C)$

三、解答题

1. 试解下列各题

(1) 求微分方程 $\left(2x\sin\dfrac{y}{x} + 3y\cos\dfrac{y}{x}\right)\mathrm{d}x - 3x\cos\dfrac{y}{x}\,\mathrm{d}y = 0$ 的通解.

(2) 求微分方程 $\dfrac{\mathrm{d}y}{\mathrm{d}x} + \dfrac{1}{x}y = x^2y^6$ 的通解.

(3) 求微分方程 $(1+x^2)y'' = 2xy'$ 的通解.

2. 求微分方程 $y'' + y' - y = \sin 3x + 2\cos 3x$ 的一个特解.

3. 一个质量为 m 的潜水艇从水面由静止状态开始下降，所受阻力与下降速度成正比（比例系数为 k）. 求潜水艇下降深度 x 与时间 t 的函数.

4. 求解下列各题

(1) 求以 $y^2 = 2Cx$ 为通解的微分方程.

(2) 求以 $y = C_1\mathrm{e}^x + C_2\mathrm{e}^{2x}$ 为通解的微分方程.

(3) 求以 $y_1 = \mathrm{e}^x$，$y_2 = 2x\mathrm{e}^x$，$y_3 = \cos 2x$，$y_4 = 3\sin 2x$ 为特解的最低阶常系数齐次线性微分方程.

(4) 已知二阶齐次线性微分方程的两个解是 x 和 x^2，求此方程及其通解.

第七章自测题答案

一、**1.** $\tan x \cdot \tan y = C$　　**2.** $x = \mathrm{e}^{-\frac{1}{y}}(\mathrm{e}^y - \mathrm{e})$　　**3.** $y'' - 4y' + 4y = 0$

4. $y = C_1\mathrm{e}^{2x} + C_2\mathrm{e}^{-2x} + (C_3\cos 3x + C_4\sin 3x)$　　**5.** $y = \arctan(x+y) + C$（提示：令 $z = x+y$）.

二、**1.** D　**2.** A　**3.** C　**4.** A

三、1. (1) 原方程可化为 $\dfrac{\mathrm{d}y}{\mathrm{d}x}=\dfrac{2}{3}\tan\dfrac{y}{x}+\dfrac{y}{x}$，令 $u=\dfrac{y}{x}$，则 $y=ux$，$\dfrac{\mathrm{d}y}{\mathrm{d}x}=u+x\dfrac{\mathrm{d}u}{\mathrm{d}x}$，

代入 $\dfrac{\mathrm{d}y}{\mathrm{d}x}=\dfrac{2}{3}\tan\dfrac{y}{x}+\dfrac{y}{x}$ 中，得 $u+x\dfrac{\mathrm{d}u}{\mathrm{d}x}=\dfrac{2}{3}\tan u+u$，

分离变量并积分，得 $\ln|\sin u|=\dfrac{2}{3}\ln|x|+\ln C$，即 $\sin u=Cx^{\frac{2}{3}}$，

将 $u=\dfrac{y}{x}$ 回代，得 $\sin\dfrac{y}{x}=Cx^{\frac{2}{3}}$，故原方程的通解为 $\sin\dfrac{y}{x}=Cx^{\frac{2}{3}}$.

(2) 方程两边除以 y^6，得 $y^{-6}\dfrac{\mathrm{d}y}{\mathrm{d}x}+\dfrac{1}{x}y^{-5}=x^2$，令 $z=y^{-5}$，则 $\dfrac{\mathrm{d}z}{\mathrm{d}x}=-5y^{-6}\dfrac{\mathrm{d}y}{\mathrm{d}x}$，原方程化为一阶线性微分

方程 $\dfrac{\mathrm{d}z}{\mathrm{d}x}-\dfrac{5}{x}z=-5x^2$ 按照通解公式，得 $z=\mathrm{e}^{\int\frac{5}{x}\mathrm{d}x}\left(\int(-5x^2)\mathrm{e}^{-\int\frac{5}{x}\mathrm{d}x}\mathrm{d}x+C\right)=Cx^5+\dfrac{5}{2}x^3$，

故原方程的通解为 $y^{-5}=Cx^5+\dfrac{5}{2}x^3$.

(3) 设 $y'=p$，$y''=p'=\dfrac{\mathrm{d}p}{\mathrm{d}x}$，则原方程可化为 $\dfrac{\mathrm{d}p}{p}=\dfrac{2x}{1+x^2}\mathrm{d}x$ 积分得 $\ln p=\ln(1+x^2)+\ln C_1$，即 $y'=$

$C_1(1+x^2)$，再积分一次，得 $y=C_1x+\dfrac{C_1}{3}x^3+C_2$，

故原方程的通解为 $y=C_1x+\dfrac{C_1}{3}x^3+C_2$.

2. 解 对应齐次方程的特征方程为 $r^2+r-1=0$，$r_1=\dfrac{-1+\sqrt{5}}{2}$，$r_2=\dfrac{-1-\sqrt{5}}{2}$，设 $y^*=A\sin 3x+B\cos x$，

则 $A=-\dfrac{4}{109}$，$B=-\dfrac{23}{109}$，从而 $y^*=-\dfrac{1}{109}(4\sin 3x+23\cos 3x)$.

3. 解 由题意得 $m\dfrac{\mathrm{d}^2x}{\mathrm{d}t^2}=-k\dfrac{\mathrm{d}x}{\mathrm{d}t}+mg$，$x\big|_{t=0}=0$，$x'\big|_{t=0}=0$，方程可化为 $x''+\dfrac{k}{m}x'=g$，该方程对应齐

次方程的特征方程为 $r^2+\dfrac{k}{m}r=0$，特征根为 $r_1=0$，$r_2=-\dfrac{k}{m}$.

由于 $r=0$ 为特征方程的单根，所以方程的特解可设为 $x^*=At$，从而原方程的通解为

$$x=C_1+C_2\mathrm{e}^{-\frac{k}{m}t}+\dfrac{m}{k}gt,\quad 而\quad x'=-\dfrac{k}{m}C_2\mathrm{e}^{-\frac{k}{m}t}+\dfrac{m}{k}g.$$

将初始条件代入上面两式得 $\begin{cases}C_1+C_2=0,\\ -\dfrac{k}{m}C_2+\dfrac{m}{k}g=0,\end{cases}$ 解得 $\begin{cases}C_1=-\dfrac{m^2}{k^2}g,\\ C_2=\dfrac{m^2}{k^2}g,\end{cases}$

于是所求的函数为 $x=\dfrac{m}{k}gt+\dfrac{m^2}{k^2}g(\mathrm{e}^{-\frac{k}{m}t}-1)$.

4. (1) 这是含有一个任意常数的曲线族，它应是一阶微分方程的通解. 把 y 看作 x 的函数，方程两端对 x 求导，得 $2yy'=2C$，代入原方程，得 $y^2=2yy'x$，约去 y，即得所求微分方程为 $2xy'=y$.

(2) 这是含有两个任意常数的曲线族，它应是二阶微分方程的通解. 方程两端对 x 求导

$$y=C_1\mathrm{e}^x+C_2\mathrm{e}^{2x},\quad y'=C_1\mathrm{e}^x+2C_2\mathrm{e}^{2x},\quad y''=C_1\mathrm{e}^x+4C_2\mathrm{e}^{2x},$$

由这 3 个方程消去 C_1,C_2 得 $y''-y'-2(y'-y)=0$，即 $y''-3y'+2y=0$，这就是所求微分方程.

(3) 因为 $y_1=\mathrm{e}^x$，$y_2=2x\mathrm{e}^x$ 是方程的解，所以 $r=1$ 是特征方程的一个二重根；又因为 $y_3=\cos 2x$，$y_4=3\sin 2x$ 是方程的特解，所以 $r=\pm 2i$ 是所求特征方程的一对共轭单根，于是特征方程为 $(r-1)^2(r+2i)(r-2i)=0$，即 $r^4-2r^3+5r^2-8r+4=0$，故所求最低阶常系数齐次线性微分方程为 $y^{(4)}-2y'''+5y''-8y'+4y=0$.

(4) 由于 x 与 x^2 线性无关，于是 $y=C_1x+C_2x^2$ 为所求微分方程的通解. 又由于 $y'=C_1+2C_2x$，$y''=2C_2$，于是由上述 3 个方程消去 C_1,C_2 即得所求二阶齐次线性微分方程为 $x^2y''-2xy'+2y=0$.

附录 Ⅰ 习题解答

1. 利用二阶行列式解下列方程组：

(1) $\begin{cases} 5x - y = 2, \\ 3x + 2y = 9; \end{cases}$ (2) $\begin{cases} 3x + 4y = 2, \\ 2x + 3y = 7. \end{cases}$

解　(1) $D = \begin{vmatrix} 5 & -1 \\ 3 & 2 \end{vmatrix} = 13, D_1 = \begin{vmatrix} 2 & -1 \\ 9 & 2 \end{vmatrix} = 13, D_2 = \begin{vmatrix} 5 & 2 \\ 3 & 9 \end{vmatrix} = 39,$

所以 $x = \dfrac{D_1}{D} = 1, y = \dfrac{D_2}{D} = 3.$

(2) $D = \begin{vmatrix} 3 & 4 \\ 2 & 3 \end{vmatrix} = 1, D_1 = \begin{vmatrix} 2 & 4 \\ 7 & 3 \end{vmatrix} = -22, D_2 = \begin{vmatrix} 3 & 2 \\ 2 & 7 \end{vmatrix} = 17,$

所以 $x = \dfrac{D_1}{D} = -22, y = \dfrac{D_2}{D} = 17.$

2. 利用对角线法则，计算下列各行列式：

(1) $\begin{vmatrix} 2 & 0 & 1 \\ 1 & -4 & -1 \\ -1 & 8 & 3 \end{vmatrix} = 2 \times (-4) \times 3 + 1 \times 1 \times 8 + 0 \times (-1) \times (-1) - 1 \times (-4) \times (-1) - 2 \times$

$(-1) \times 8 - 0 \times 1 \times 3$

$= -24 + 8 + 0 - 4 + 16 - 0 = -4.$

(2) $\begin{vmatrix} 4 & -2 & 4 \\ 10 & 2 & 12 \\ 1 & 2 & 2 \end{vmatrix} = 4 \times 2 \times 2 + (-2) \times 12 \times 1 + 4 \times 10 \times 2 - 4 \times 2 \times 1 - 4 \times 12 \times 2 - (-2) \times 10 \times 2$

$= 16 - 24 + 80 - 8 - 96 + 40 = 8.$

(3) $\begin{vmatrix} 3 & 4 & 2 \\ 7 & 5 & 1 \\ 3 & 2 & 4 \end{vmatrix} = 3 \times 5 \times 4 + 2 \times 7 \times 2 + 4 \times 1 \times 3 - 2 \times 5 \times 3 - 3 \times 1 \times 2 - 4 \times 7 \times 4$

$= 60 + 28 + 12 - 30 - 6 - 112 = -48.$

(4) $\begin{vmatrix} 1 & 1 & 1 \\ 1 & 1+a & 1 \\ 1 & 1 & 1+b \end{vmatrix} = 1 \times (1+a) \times (1+b) + 1 \times 1 \times 1 + 1 \times 1 \times 1 - 1 \times (1+a) \times 1 - 1 \times 1 \times 1$

$-1 \times 1 \times (1+b)$

$= 1 + a + b + ab + 1 + 1 - 1 - a - 1 - 1 - b = ab.$

3. 将下列行列式按第一行展开并计算它们的值：

(1) $\begin{vmatrix} 1 & 2 & 3 \\ 3 & 1 & 2 \\ 2 & 3 & 1 \end{vmatrix} = \begin{vmatrix} 1 & 2 \\ 3 & 1 \end{vmatrix} - 2 \begin{vmatrix} 3 & 2 \\ 2 & 1 \end{vmatrix} + 3 \begin{vmatrix} 3 & 1 \\ 2 & 3 \end{vmatrix} = 5 - 2 \times (-1) + 3 \times 7 = 18.$

(2) $\begin{vmatrix} -1 & 2 & 2 \\ 2 & -1 & 2 \\ 2 & 2 & -1 \end{vmatrix} = - \begin{vmatrix} -1 & 2 \\ 2 & -1 \end{vmatrix} - 2 \begin{vmatrix} 2 & 2 \\ 2 & -1 \end{vmatrix} + 2 \begin{vmatrix} 2 & -1 \\ 2 & 2 \end{vmatrix} = 3 - 2 \times (-6) + 2 \times 6 = 27.$

4. 证明下列等式：

（1） $\begin{vmatrix} a_{11} & a_{12} & a_{13} \\ a_{21} & a_{22} & a_{23} \\ a_{31} & a_{32} & a_{33} \end{vmatrix} = -a_{21} \begin{vmatrix} a_{12} & a_{13} \\ a_{32} & a_{33} \end{vmatrix} + a_{22} \begin{vmatrix} a_{11} & a_{13} \\ a_{31} & a_{33} \end{vmatrix} - a_{23} \begin{vmatrix} a_{11} & a_{12} \\ a_{31} & a_{32} \end{vmatrix}.$

（2） $\begin{vmatrix} a_{11} & a_{12} & a_{13} \\ a_{21} & a_{22} & a_{23} \\ a_{31} & a_{32} & a_{33} \end{vmatrix} = a_{31} \begin{vmatrix} a_{12} & a_{13} \\ a_{22} & a_{23} \end{vmatrix} - a_{32} \begin{vmatrix} a_{11} & a_{13} \\ a_{21} & a_{23} \end{vmatrix} + a_{33} \begin{vmatrix} a_{11} & a_{12} \\ a_{21} & a_{22} \end{vmatrix}.$

证　（1）利用对角线法则

$$\begin{vmatrix} a_{11} & a_{12} & a_{13} \\ a_{21} & a_{22} & a_{23} \\ a_{31} & a_{32} & a_{33} \end{vmatrix} = a_{11}a_{22}a_{33} + a_{12}a_{23}a_{31} + a_{13}a_{21}a_{32}$$

$$- a_{13}a_{22}a_{31} - a_{12}a_{21}a_{33} - a_{11}a_{23}a_{32}$$

$$= -a_{21}(a_{12}a_{33} - a_{13}a_{32}) + a_{22}(a_{11}a_{33} - a_{13}a_{31})$$

$$- a_{23}(a_{11}a_{32} - a_{12}a_{31})$$

$$= -a_{21} \begin{vmatrix} a_{12} & a_{13} \\ a_{32} & a_{33} \end{vmatrix} + a_{22} \begin{vmatrix} a_{11} & a_{13} \\ a_{31} & a_{33} \end{vmatrix} - a_{23} \begin{vmatrix} a_{11} & a_{12} \\ a_{31} & a_{32} \end{vmatrix}.$$

（2）　$\begin{vmatrix} a_{11} & a_{12} & a_{13} \\ a_{21} & a_{22} & a_{23} \\ a_{31} & a_{32} & a_{33} \end{vmatrix} = a_{11}a_{22}a_{33} + a_{12}a_{23}a_{31} + a_{13}a_{21}a_{32}$

$$- a_{13}a_{22}a_{31} - a_{12}a_{21}a_{33} - a_{11}a_{23}a_{32}$$

$$= a_{31}(a_{12}a_{23} - a_{13}a_{22}) - a_{32}(a_{11}a_{23} - a_{13}a_{21})$$

$$+ a_{33}(a_{11}a_{22} - a_{12}a_{21})$$

$$= a_{31} \begin{vmatrix} a_{12} & a_{13} \\ a_{22} & a_{23} \end{vmatrix} - a_{32} \begin{vmatrix} a_{11} & a_{13} \\ a_{21} & a_{23} \end{vmatrix} + a_{33} \begin{vmatrix} a_{11} & a_{12} \\ a_{21} & a_{22} \end{vmatrix}.$$